DE L'ATOME AU NOYAU

Une approche historique
de la physique atomique
et de la physique nucléaire

Bernard FERNANDEZ

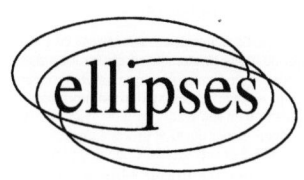

ISBN 2-7298-2784-6

© Ellipses Édition Marketing S.A., 2006
32, rue Bargue 75740 Paris cedex 15

Le Code de la propriété intellectuelle n'autorisant, aux termes de l'article L.122-5.2° et 3°a), d'une part, que les « copies ou reproductions strictement réservées à l'usage privé du copiste et non destinées à une utilisation collective », et d'autre part, que les analyses et les courtes citations dans un but d'exemple et d'illustration, « toute représentation ou reproduction intégrale ou partielle faite sans le consentement de l'auteur ou de ses ayants droit ou ayants cause est illicite » (Art. L.122-4). Cette représentation ou reproduction, par quelque procédé que ce soit constituerait une contrefaçon sanctionnée par les articles L. 335-2 et suivants du Code de la propriété intellectuelle.

www.editions-ellipses.fr

à Paule, Hélène et Suzanne

Avant-propos

Ami lecteur

Au point de départ de ce livre, une question qui s'est posée régulièrement au physicien nucléaire que je suis : d'où est venue telle idée ? Par quel cheminement en est-on venu là ? Cela vaut bien entendu pour la théorie, mais aussi, on l'oublie trop souvent, pour l'instrumentation. Les incroyables bouleversements qui se sont produits en quelques décennies concernent l'une aussi bien que l'autre. Mieux, les bouleversements théoriques, tel l'avènement de la mécanique quantique, ont toujours été enfantés, quelquefois au forceps, par des données expérimentales têtues, qui ne se laissaient pas expliquer dans le cadre des théories en vigueur. Curieusement, je n'ai guère trouvé d'ouvrage qui réponde vraiment à mes questions, ni en français, ni en anglais. Le magnifique livre d'Abraham Pais, *Inward Bound*, source inépuisable de références, est plutôt une histoire des particules élémentaires, qui se désintéresse de la physique nucléaire dès que le neutron a pris sa place dans le noyau en 1932. De plus, c'est un plutôt livre écrit pour des spécialistes, et qui met l'accent sur l'évolution des idées théoriques sans faire vraiment sa part à l'instrumentation. On peut aussi citer les deux volumes consacrés à l'histoire de la physique nucléaire par Milorad Mladjenović, certes bien documenté, mais réservé, lui aussi, à des physiciens, et qui ne répondait pas vraiment aux questions que je me posais. En français on ne peut guère citer que le chapitre de quarante pages signé par Jean Teilhac, Michel Langevin, Pierre Radvanyi et Roger Nataf dans *La Science contemporaine*, ouvrage dirigé par René Taton, paru en 1964.

En allant rechercher, article après article, livre après livre, les traces des progrès, culs-de-sac, interrogations, controverses qui sont le tissu de la science en train de se faire, j'ai chaque fois constaté que toute évolution, modeste ou fondamentale, est le fruit d'une nécessité, qu'elle n'est jamais sortie tout habillée de l'esprit de tel ou tel physicien, fût-il génial — et nous rencontrerons quelques génies — mais qu'elle est souvent, presque toujours, la réponse à un problème concret.

Ce livre est le récit de cette enquête. Délibérément, il est écrit en langue française ordinaire, sans détails techniques, sans formules mathématiques, puisqu'il s'agit seulement de saisir les idées principales telles qu'elles sont apparues depuis que Becquerel a découvert la radioactivité en 1896. Mais ce n'est pas vraiment un livre *vulgarisé*, au sens où l'on tenterait de faire comprendre au lecteur l'essentiel d'une théorie par un jeu d'analogies. Je voudrais que chaque phrase soit lisible aussi bien par un physicien chevronné que par un lecteur non spécialiste mais suffisamment intéressé pour poursuivre la lecture, éventuellement à l'aide du glossaire en fin de volume (les mots ou expressions qui figurent dans le glossaire sont signalés dans le texte par le signe ◊). D'où le système de notes utilisé : en bas de page pour des éclaircissements ponctuels, en fin de volume pour les références à la littérature originale. On pourra trouver ces dernières bien nombreuses, mais elles permettent au lecteur de savoir d'où provient tel renseignement, tel récit, telle idée. Si le cœur lui en dit, il peut aller chercher, éclaircir, étendre, contredire...

Dans toute la mesure du possible, les chemins empruntés par ce récit sont délibérément non téléologiques. À chaque étape, les idées, les concepts, les mots même changeront, lentement ou brutalement. Ceux qui ont cours à telle époque seront quelquefois remis en cause de façon radicale un peu plus tard, mais tant qu'ils sont en vigueur, ils constituent, pour les physiciens de cette époque, la meilleure hypothèse de travail, la plus plausible même. Il serait malséant d'y mêler des considérations, ou pire, des critiques, de quelqu'un « qui sait la fin de l'histoire ». Le lecteur qui en sait un peu plus pourrait toutefois être surpris par telle ou telle hypothèse considérée comme une certitude, et dont le destin sera pourtant d'être rejetée. Une phrase d'attente l'invitera à patienter.

Peut-être faut-il enfin dire ce que ce livre *n'est pas*. Sauf de façon très limitée, il ne traite pas des applications techniques, ni de la physique atomique, ni de la physique nucléaire : les centrales nucléaires, pour ne citer qu'elles, sont hors du champ de ce livre. On trouvera toutefois une chronologie rapide de la bombe atomique, car son développement a transformé qualitativement les conditions de la recherche fondamentale après 1945, surtout en physique nucléaire.

Tout part de la découverte de Becquerel. La radioactivité a tout à la fois confirmé la réalité des atomes, et profondément transformé l'idée même d'atome. Elle a ensuite permis de comprendre la structure intime des dits atomes, et de montrer l'existence d'un noyau en leur sein. À partir d'un phénomène banal, le noircissement mystérieux d'une plaque photographique, des physiciens se sont mis en chasse, mûs par cet impérieux désir de lever un coin du grand voile, selon l'expression d'Einstein. Peu à peu, grâce à leur travail acharné et à leur imagination, ils ont forgé instruments et concepts nouveaux. La connaissance du noyau de l'atome s'est prodigieusement développée dans la décennie 1930-1940, et les grands modèles théoriques, cadres

Avant-propos vii

de notre compréhension actuelle, sont apparus peu avant ou peu après la seconde guerre mondiale. C'est à cette étape que s'interrompra notre récit, comme une aventure inachevée.

$$* \quad *$$
$$*$$

Ce travail a bénéficié des encouragements et souvent de l'aide active de tous mes proches, et du soutien, jamais démenti, de mes amis du Service de physique nucléaire du CEA à Saclay, ainsi que des responsables de la Direction des Sciences de la Matière du CEA. Mais une entreprise de ce genre repose avant tout sur une recherche de documentation, des heures et des jours passés dans de nombreuses bibliothèques. C'est à cette occasion que le chercheur découvre, tout heureux et ravi, l'accueil toujours aimable des bibliothécaires, prêts à l'aider avec compétence et dévouement. Les bibliothèques le plus souvent visitées furent la bibliothèque centrale du CEA à Saclay, et la magnifique bibliothèque de l'École Polytechnique, auxquelles il faut ajouter les bibliothèques universitaires de Jussieu, la bibliothèque du Muséum d'Histoire naturelle, et quelques autres. Il faut enfin rappeler l'institution du prêt entre bibliothèques, qui permet d'obtenir et de pouvoir consulter rapidement des documents de toutes les bibliothèques de France et d'Europe.

Quelques amis fidèles enfin, non contents de m'encourager, ont bien voulu lire de façon critique cet assez gros pavé. La lecture « profane » de Maurice Mourier, celle du scientifique non spécialiste Philippe Lazar, celle du physicien nucléaire expérimentateur Jean Gastebois et enfin celle du théoricien Georges Ripka, toutes ont été infiniment précieuses. La translittération et la traduction des textes russes est due à Anne-Emmanuelle Lazar. Enfin Bernard Gicquel a pris le temps de relire et d'amender les traductions des textes allemands.

À tous, merci !

Première partie

La Radioactivité, premières énigmes

> Leurs métamorphoses sont soumises à des lois stables, que vous ne sauriez comprendre.
>
> A. France, *La Révolte des anges*.

CHAPITRE 1

Henri Becquerel :
les « rayons uraniques »

Où l'on voit comment Henri Becquerel, en cherchant des rayons X, découvre l'activité radiante de l'uranium. Où l'on voit le monde scientifique se désintéresser d'un phénomène incompréhensible, faible, sans portée pratique.

LE 1er MARS 1896, un dimanche, Henri Becquerel travaille dans son laboratoire du Muséum d'Histoire Naturelle. Il attend le soleil depuis plusieurs jours, en vain[1]. Il aurait bien besoin de l'intensité de la lumière solaire pour confirmer les expériences très intéressantes faites une semaine auparavant, et communiquées à l'Académie des Sciences le 24 février. Mais en cette fin d'hiver le ciel de Paris reste obstinément couvert.

Becquerel est un physicien distingué, héritier d'une grande lignée scientifique[2]. Son grand-père Antoine César, né le 7 mars 1788 à Châtillon-sur-Loing (aujourd'hui Châtillon-Coligny), était entré à l'École Polytechnique en 1806 et avait fait une brillante carrière d'officier des armées napoléoniennes. En 1815, après la chute définitive de Napoléon, il avait quitté l'armée pour entreprendre une grande carrière scientifique. Ses travaux portèrent sur l'électricité, l'optique, la phosphorescence, l'électrochimie. Il fabriqua en 1829 la première pile à courant constant. Il devint membre de l'Académie des Sciences en 1828, reçut en 1837 la prestigieuse médaille Copley de la Société Royale de Londres, et fut à compter de 1838 le premier titulaire de la chaire de physique du Muséum d'Histoire Naturelle. Il devait mourir le 18 juin 1878 (Henri Becquerel avait vingt-six ans).

Le second fils d'Antoine César, Alexandre Edmond, était né le 24 mars 1820 à Paris. Reçu en 1838 à l'École Polytechnique et à l'École Normale

Supérieure, il renonça aux deux Écoles pour travailler comme assistant de son père au Muséum d'Histoire Naturelle. En 1852 il devenait Professeur au Conservatoire National des Arts et Métiers ; en 1863 il était élu à l'Académie des Sciences et, à la mort de son père en 1878, il lui succéda comme professeur au Muséum. Il s'intéressa particulièrement à l'électricité, au magnétisme et à l'optique. Ses travaux sur la luminescence et la phosphorescence furent rassemblés en 1859 dans son livre *Recherches sur les divers effets lumineux qui résultent de l'action de la lumière sur les corps,* qui fit autorité pendant un demi siècle. Grâce à un appareil de son invention, le phosphoroscope, il montra que le phénomène de fluorescence, découvert par G. G. Stokes en 1852, était un phénomène de même nature que la phosphorescence, mais de durée très courte. Il mourut à Paris le 11 mai 1891.

Henri, Antoine Henri pour l'état civil, est le fils d'Alexandre Edmond. Il naît à Paris le 15 décembre 1852, au domicile de ses parents, au Muséum. Reçu à l'École Polytechnique en 1872, il y rencontre Henri Poincaré avec qui il se lie d'une amitié durable. En 1874, il entre à l'École des Ponts et Chaussées, et devient à sa sortie en 1876 répétiteur à l'École Polytechnique, puis aide-naturaliste au Muséum. En 1889, à 37 ans, il est élu membre de l'Académie des Sciences, et en 1895, il est nommé professeur de Physique à l'École Polytechnique.

Homme courtois et affable, Henri Becquerel était un expérimentateur habile et rigoureux. Comme beaucoup de physiciens français de cette époque, il avait peu de penchant pour la spéculation théorique et privilégiait avant tout l'observation. Il avait jusque-là travaillé principalement sur l'optique. Il avait épousé en 1876 Lucie Jamin, fille de J. C. Jamin, académicien, professeur de Physique à la Faculté des Sciences de Paris, et ami des ses parents. Mais Lucie devait mourir à vingt ans, quelques semaines après avoir donné naissance à leur fils Jean, le 5 février 1878. Le 14 août 1890, Henri Becquerel épousait en secondes noces Louise Désirée Lorieux, qui éleva le jeune Jean comme son fils. Jean Becquerel devait, lui aussi, entrer à l'École Polytechnique, et devenir académicien.

La découverte

La série d'expériences que Becquerel avait entamées en février 1896 trouvaient leur origine dans la découverte des rayons « X », faite quelques mois auparavant par Wilhelm Conrad Röntgen[3], alors qu'il étudiait les « rayons cathodiques » produits par des décharges électriques dans des gaz$^{\diamond 4}$. Un conducteur chargé d'électricité et placé dans une enceinte contenant un gaz à faible pression se décharge en effet si la tension entre la borne positive et la borne négative dépasse un millier de volts. Cette décharge se fait par l'intermédiaire de *rayons cathodiques*$^\diamond$ issus de la borne négative, la cathode (les rayons cathodiques, nous le savons maintenant, sont des électrons arrachés à la cathode). Röntgen avait découvert que ces rayons cathodiques, lorsqu'ils frappaient la paroi de verre, donnaient naissance à un rayonnement inconnu, qu'il avait appelé « rayons X ». La découverte avait fait grand bruit, et le monde des physiciens était en effervescence. À la séance de l'Académie des Sciences du 20 janvier 1896, les docteurs Paul Oudin et Toussaint Barthélémy avaient montré les premières radiographies réalisées selon la méthode de Röntgen. Poincaré, l'un des savants les plus connus à l'époque, avait reçu un tiré-à-part de l'article de Röntgen. Lui-même et Becquerel furent particulièrement frappés par le fait que les rayons X provenaient de la tache luminescente formée par les rayons cathodiques sur l'ampoule de verre dans laquelle Röntgen produisait les décharges électriques. Dans un article paru le 30 janvier 1896 dans la *Revue Générale des Sciences* et consacré aux rayons X, Poincaré écrivait :

> Ainsi, c'est le verre qui émet les rayons Röntgen, et il les émet en devenant fluorescent. Ne peut-on alors se demander si tous les corps dont la fluorescence est suffisamment intense n'émettent pas, outre les rayons lumineux, des rayons X de Röntgen, *quelle que soit la cause de leur fluorescence ?*[5]

Or Becquerel connaissait bien la luminescence[◇] pour l'avoir longtemps étudiée à la suite de son père. Les substances luminescentes ne sont pas lumineuses par elles-mêmes, mais si elles sont éclairées, elles émettent à leur tour une lumière qui leur est propre, soit presque immédiatement*, c'est la fluorescence, soit pendant un temps plus ou moins long, on parle alors de phosphorescence†. Dans son laboratoire du Muséum d'Histoire Naturelle, Becquerel possède des lamelles cristallines de sulfate double d'uranyle‡ et de potassium, dont il connaît bien la phosphorescence : elle est intense, mais ne dure que quelques centièmes de seconde. Il fait alors l'expérience suivante, qu'il décrira dans sa communication à l'Académie du 24 février :

> On enveloppe une plaque photographique Lumière, au gélatino-bromure, avec deux feuilles de papier noir très épais, tel que la plaque ne se voile pas par une exposition au soleil, durant une journée. On pose sur la feuille de papier, à l'extérieur, une plaque de la substance phosphorescente, et on expose le tout au soleil, pendant plusieurs heures. Lorsqu'on développe ensuite la plaque photographique, on reconnaît que la silhouette de la substance phosphorescente apparaît en noir sur le cliché [...]
>
> On doit conclure de ces expériences que la substance phosphorescente en question émet des radiations qui traversent le papier opaque à la lumière[6].

Becquerel a exposé son montage au soleil, car c'est la source de lumière la plus intense dont il dispose. Le mercredi suivant, le 26 février, il tente de faire une radiographie : entre sa lamelle cristalline phosphorescente et la plaque photographique, toujours soigneusement enveloppée de papier noir, il interpose une petite croix de cuivre mince, une croix dite « de Malte », et il s'apprête à exposer le tout au soleil. Si le cuivre arrête les radiations comme il arrête les rayons X, la forme de la croix de Malte devrait se dessiner en négatif sur la plaque. Il fait beau jusqu'à 10 heures, puis les nuages envahissent le ciel. Le lendemain, le soleil se montre entre 15 et 19 heures,

---

*C'est-à-dire en un laps de temps de l'ordre du cent-millionième de seconde.

†Le temps, très variable, peut aller de quelques millièmes de seconde à des milliers de secondes.

‡L'uranyle est un cation d'oxyde d'uranium UO_2^+.

avant l'arrivée de nouveaux nuages. Becquerel rentre alors son montage et le range dans un tiroir de son bureau. Mais le temps reste gris pendant les deux jours suivants.

Aucun signe d'éclaircie le dimanche 1er mars au matin, et même quelques gouttes de pluie de temps en temps[7]. Plutôt que d'attendre encore pendant des jours peut-être, Becquerel décide de développer la plaque photographique. Il s'attend à y trouver une impression très faible, puisqu'elle n'avait été exposée que peu de temps au soleil, et n'avait reçu pendant un jour que la lumière diffuse d'un ciel couvert de février. Les rayonnements de phosphorescence, consécutifs à l'exposition à la lumière, avaient donc été peu intenses. Mais contrairement à son attente, la plaque est fortement impressionnée, comme on peut le voir sur la reproduction de cette plaque qui figure en couverture de ce livre. Sur la tache du bas, on peut distinguer une zone un peu plus claire, qui a la forme d'une croix. C'est la croix de cuivre qui a atténué les radiations ! On peut lire sur cette photo, reproduction d'époque de la plaque originale, l'écriture de Becquerel :

> 26 fév – 1er mars 96. Sulfate double d'uranyle et de potassium
> Papier noir. Croix de cuivre mince.
> Exposé au soleil le 27 et à la lumière diffuse le 26. –
> développé le 1er mars.

Surpris, et c'est là qu'on reconnaît la clairvoyance et la rigueur du physicien, il recommence aussitôt l'expérience en laissant le montage dans le noir : la plaque est encore impressionnée. Dans la note qu'il présente à l'Académie dès le lendemain, le lundi 2 mars 1896, il écrit :

> J'insisterai particulièrement sur le fait suivant, qui me paraît tout à fait important et en dehors des phénomènes que l'on pouvait s'attendre à observer : les mêmes lamelles cristallines, placées en regard de plaques photographiques, dans les mêmes conditions et au travers des mêmes écrans, mais à l'abri des radiations incidentes et maintenues à l'obscurité, produisent encore les mêmes impressions photographiques. [...] Je pensai aussitôt que l'action avait dû continuer à l'obscurité[8].

Henri Becquerel vient de découvrir ce que nous appelons aujourd'hui *la radioactivité*.

Vous avez dit phosphorescence ?

Becquerel pense que ce phénomène est une phosphorescence, un phénomène provoqué par l'exposition à la lumière, qui devrait donc s'atténuer avec le temps. Mais le doute est le meilleur conseiller du physicien. Pour en avoir le cœur net, Becquerel enferme des lamelles dans l'obscurité dès le 3 mars, et de temps en temps, il va vérifier leur activité « radiante ». Mois après mois, le phénomène persiste, sans montrer de signe d'affaiblissement ! En novembre 1996 Becquerel note :

> ... à l'abri de toute radiation connue, [...] les substances ont continué à émettre des radiations actives, traversant le verre et le papier noir, et cela depuis plus de six mois pour les unes, de huit mois pour les autres[9].

Autre constatation étonnante : les essais faits avec d'autres substances phosphorescentes sont tous négatifs[10]. En revanche :

> Tous les sels d'uranium que j'ai étudiés, qu'ils soient phosphorescents ou non par la lumière, cristallisés, fondus ou dissous, m'ont donné des résultats comparables ; *j'ai donc été amené à conclure que l'effet était dû à la présence de l'élément uranium dans ces sels**, et que le métal donnerait des effets plus intenses que ses composés. L'expérience faite [...] a confirmé cette prévision ; l'effet photographique est notablement plus fort que l'impression produite par un des sels d'uranium[11].

Becquerel mentionne les sels d'uranium cristallisés, fondus ou dissous, car c'est seulement sous la forme cristallisée qu'ils sont phosphorescents. Le lien entre le phénomène qu'il a découvert et la phosphorescence est donc de plus en plus douteux, autrement dit, l'activité « radiante » de l'uranium ne semble pas avoir de lien avec l'exposition à la lumière du soleil. En fait, bien qu'il continue à utiliser le mot « phosphorescence », Becquerel s'affranchit peu à peu de l'idée originale, celle qui l'a mené à la découverte. La constatation que le nouveau phénomène est lié à l'élément uranium, qui se manifeste de la même manière dans tous les composés chimiques où il est présent, est tout à fait extraordinaire pour un physicien ou un chimiste de la fin du XIXe siècle. Un des acquis de la chimie depuis Lavoisier était précisément que les propriétés des corps chimiques ne reflétaient pas celles des éléments qui entraient dans leur composition : le sel de cuisine est du chlorure de sodium, mais ses propriétés chimiques ou ses propriétés physiques sont très différentes de celles du chlore ou du sodium qui entrent dans sa composition. L'activité radiante de l'uranium était donc un phénomène étrange, et unique en son genre.

Quelle est la nature de ces radiations ?

Les mots « rayon » ou « radiation » évoquent simplement que quelque chose se propage en ligne droite à partir d'une source, comme les rayons du soleil. Dans l'article qui annonçait la découverte des rayons X, Röntgen écrivait :

> La raison pour laquelle je me suis cru autorisé à donner le nom de « rayons » à l'agent émanant de la paroi de l'appareil de décharge réside en partie dans le fait de la formation très régulière d'ombres que l'on constate lorsqu'on interpose entre l'appareil et l'écran fluorescent (ou la plaque sensible) des corps plus ou moins transparents[12].

Or, selon la théorie de Maxwell, que Hertz avait brillamment confirmée huit ans auparavant, tout ébranlement électrique ou magnétique crée un champ électromagnétique◇ se propageant en ligne droite, à la vitesse de la lumière, comme la lumière : c'est en fait de la lumière, dont la lumière visible par l'œil humain n'est qu'un cas particulier. Röntgen avait montré que les rayons X se propageaient en ligne droite, et bien que, contrairement aux

---

*Souligné par nous.

radiations lumineuses visibles, ils ne pussent être ni réfléchis, ni réfractés, il pensait qu'il s'agissait d'ondes électromagnétiques, c'est-à-dire une sorte de lumière invisible par nos yeux, mais détectable par la plaque photographique (ou un écran luminescent).

Dès sa seconde communication sur la découverte des rayons X, Röntgen avait noté que les rayons X avaient le pouvoir de décharger les corps électrifiés[13], c'est-à-dire qu'ils permettaient le passage d'un courant électrique dans l'air, fait confirmé par de nombreux autres travaux[14–16]. Becquerel soumet aux mêmes tests les « rayons uraniques ». Pour cela, il utilise un électroscope à feuilles d'or$^\diamond$. Quand celui-ci est chargé, les feuilles se repoussent. Mais s'il approche un morceau d'uranium, elles se rapprochent graduellement. L'électroscope se décharge, signe que l'électricité s'est échappée à travers l'air :

> J'ai observé récemment que les radiations invisibles émises dans ces conditions ont la propriété de décharger les corps électrisés soumis à leur rayonnement[17].

Cette propriété va jouer un rôle capital, on le verra par la suite. S'il se manifeste par des phénomènes électriques mesurables, le rayonnement peut être détecté. C'est l'amorce du premier détecteur autre que la plaque photographique.

Un impact scientifique et public limité

Alors que la découverte des rayons X avait suscité un très grand intérêt, tout à la fois du grand public et des physiciens, l'« activité radiante de l'uranium » eut sur le moment un impact limité sur les physiciens, et nul sur le grand public. Au cours de la seule année 1896, plus de 1 000 publications portent sur l'étude des rayon X, à peine une douzaine sur les radiations de l'uranium[18]. Il faut dire que les rayons X offrent une possibilité de voir l'intérieur du corps humain, rêve de tout médecin, que celui-ci n'aurait pas osé envisager tout juste un an auparavant. De plus, les rayons X sont très faciles à produire. On trouve dans pratiquement tout laboratoire l'ampoule de Crookes et la bobine de Rühmkorff nécessaires. On peut ainsi lire dans *l'Almanach Hachette* de l'année 1897, qui porte le sous-titre *Petite Encyclopédie populaire de la vie pratique* :

> C'est bien l'invisible que nous montrent désormais ces mystérieux rayons X, dont tout le monde a entendu parler, et qui constituent certainement la plus intéressante découverte de l'année 1896. Reproduire l'os caché sous la chair, l'arme ou le projectile resté dans la blessure ; lire dans le corps humain tout entier — dans la pensée peut-être ! — compter les pièces de monnaie à travers la bourse soigneusement fermée ; aller chercher, derrière l'enveloppe close et scellée, le secret de nos plus intimes confidences ; ce sont aujourd'hui jeux d'enfant pour le premier amateur venu. Et que faut-il pour exécuter ces prodiges ? Bien peu de chose. Une bobine d'induction, une ampoule de verre, et une simple plaque photographique[19].

En comparaison, les radiations de l'uranium sont beaucoup moins intéressantes. Elles sont d'abord très faibles : il faut des heures d'exposition, au contact, alors que dès 1897 dix minutes suffisent pour faire une radiographie avec les rayons X (la première radiographie, celle de la main de Bertha, l'épouse de Röntgen, avait pris une heure). Et surtout, personne n'y voit aucun intérêt pratique. L'exemple du physicien anglais Silvanus P. Thomson est probant à cet égard. Comme Becquerel, il s'intéressait aux rayons X, et comme lui, il imagina un lien possible entre la phosphorescence et les rayons X. Il observa, à peu près en même temps que Becquerel, que les sels d'uranium phosphorescents émettaient des radiations qu'il proposa d'appeler « hyperphosphorescence ». Mais Becquerel ayant publié sa découverte avant lui, il ne publia son article[20] que quelques mois plus tard, en juin 1896, puis abandonna complètement le sujet pour se consacrer aux rayons X. Après novembre 1896, Becquerel lui-même abandonne pour plusieurs années l'étude des radiations de l'uranium. Avec les moyens expérimentaux dont il dispose il ne voit pas comment aller plus loin.

Une découverte « par hasard » ?

En développant ses plaques photographiques le 1er mars 1896, Becquerel ne s'attendait certes pas à ce qu'il allait voir. Mais peut-on dire qu'il a découvert la radioactivité par hasard, sur une sorte de coup de chance ? Becquerel avait monté son expérience dans un but précis : observer, si elles existaient, des radiations, semblables aux rayons X, émises par des substances phosphorescentes. L'absence de soleil du 26 février au 1er mars a certes joué un rôle important, de même que la décision de développer malgré tout les plaques photographiques. Mais sa démarche expérimentale l'aurait mené tôt ou tard à la même observation. Le propre du vrai physicien, c'est de s'étonner à bon escient. À cet égard, Becquerel n'a pas laissé passer sa chance[21]. Mieux, il a, par une succession d'expériences méthodiques et rigoureuses, peu à peu montré que son idée de départ était fausse, qu'il ne s'agissait nullement d'une phosphorescence, mais bien d'un phénomène nouveau, lié à l'élément uranium. C'est en cela qu'il a vraiment découvert la radioactivité. Silvanus Thomson a lui aussi fait la même observation en suivant une voie parallèle, mais sans persévérer. On peut aussi penser aux expériences faites en 1867 par le physicien français Niepce de Saint-Victor, qui observa qu'une plaque photographique était impressionnée par des sels d'uranium (ou d'acide tartrique, dit-il) longtemps après une exposition à la lumière[22]. Mais il ne vit là rien de bien extraordinaire, et ne découvrit pas la radioactivité.

La découverte de Becquerel était, c'est vrai, tout à fait inattendue. Toute vraie découverte ne l'est-elle pas ?

CHAPITRE 2

La physique à la fin du XIXe siècle

> *Où l'on se penche sur la physique au tournant du XIXe siècle, toile de fond des découvertes à venir : spectroscopie, thermodynamique, électromagnétisme sont en plein renouvellement. Où des progrès techniques de détail permettent des avancées majeures. Où l'organisation de la Recherche commence, elle aussi, à évoluer, avec l'émergence de grands laboratoires.*

BECQUEREL AVAIT COUTUME DE DIRE que la radioactivité devait être découverte au Muséum. Il considérait que ses découvertes étaient « les filles de celles de son père et de son grand-père ; elles auraient été impossibles sans elles. »[23]

De son côté Ernest Rutherford, dans un cours fait en mars 1905 à l'Université de Yale, remarquait que la radioactivité aurait pu être découverte presque un siècle plus tôt :

> [...] il est intéressant de noter que la découverte des propriétés radioactives de l'uranium aurait pu être faite accidentellement il y a un siècle, car tout ce qui était nécessaire était d'exposer la borne d'un électroscope à feuilles d'or chargé à un composé d'uranium. Des indications de l'existence de l'élément uranium avaient été données par Klaproth en 1789, et si on l'avait placée près d'un électroscope chargé, la propriété de cette substance de le décharger n'aurait pu passer inaperçue. Il n'aurait pas été difficile d'en déduire que l'uranium émettait un type de radiation capable de traverser des métaux opaques à la lumière ordinaire[24].

Mais c'était pour ajouter immédiatement :

> On ne serait probablement pas allé plus loin, car à cette époque la connais-

sance sur le lien entre électricité et matière était trop maigre pour qu'une propriété isolée de cette sorte suscite beaucoup d'intérêt.

Un coup d'œil rapide sur l'évolution de la physique pendant le XIXe siècle nous permettra de mieux replacer dans son contexte la découverte et le développement des travaux sur la radioactivité[25].

Une promenade à grandes enjambées

Optique et spectroscopie

Le XIXe siècle voit les progrès de l'optique matérialisés par la construction de lunettes astronomiques, de télescopes et de microscopes de plus en plus puissants. Mais ce qui domine, c'est la naissance et le développement considérable d'une branche particulière de l'optique : la spectroscopie. Dès 1675 Newton avait montré que la traversée d'un prisme décomposait la lumière blanche en un ensemble de couleurs allant du rouge au violet, ce qu'il appela le « spectre » de la lumière solaire. Depuis cette époque les physiciens avaient fait de grands progrès, observant bientôt que le spectre se poursuivait au-delà du violet (l'ultraviolet) et en deçà du rouge (l'infrarouge). Puis c'est Joseph von Fraunhofer qui observait, entre 1813 et 1817, que le spectre solaire contenait de nombreuses raies sombres[26]. Il fabriqua les premiers vrais spectroscopes, permettant de mesurer les longueurs d'onde° de ces raies, utilisant un prisme, ou un réseau de diffraction (4 000 traits sur 12 mm, soit environ 300 traits par mm), et d'en dresser le premier catalogue : 576 raies ! En 1859 Gustav Kirchhoff et Robert Bunsen, tous deux professeurs à Heidelberg, fondaient l'analyse chimique par observation des spectres de raies, observées grâce au fameux bec « Bunsen », dont la flamme, très peu lumineuse par elle-même, permettait d'observer aisément les spectres des éléments. Kirchhoff expliquait le phénomène de « renversement des raies », observé par Fraunhofer : les raies sombres du spectre solaire correspondent à des raies brillantes d'éléments observés sur terre. Elles témoignent de l'existence de ces éléments à la surface du soleil. Cette méthode permit bientôt la découverte de nombreux nouveaux éléments.

Thermodynamique

C'est au XIXe siècle qu'ont été énoncés les deux grands principes de la thermodynamique, science de la chaleur et de ses rapports avec la mécanique et la chimie. Ils sont la base d'une magnifique architecture théorique, avec des conséquences nombreuses et souvent imprévues, car souvent peu intuitives, sur les machines thermiques, la production de froid, etc...[27] C'est le « second principe » qui avait été énoncé en premier, dès 1824, par Sadi Carnot, dans un petit livre d'un trentaine de pages, passé inaperçu : *Réflexions sur la puissance motrice du feu*[28] : un moteur thermique ne peut fournir de travail qu'en puisant de la chaleur à une source chaude, et en cédant un surplus de chaleur à un environnement froid. Carnot croit alors à l'indestructibilité du « calorique », c'est-à-dire de la chaleur, et il n'envisage pas qu'une partie de la chaleur se soit transformée en énergie mécanique, en énergie de mouvement. Il va modifier ce point de vue par la suite, mais, emporté par le choléra à trente-six ans, il n'aura le temps de rien publier sur le sujet.

Le principe de l'équivalence de la chaleur et du travail mécanique, réunis dans le concept d'énergie, sera énoncé d'abord en 1842 par Robert Mayer puis précisé en 1843 par James Joule, et formulé définitivement par Rudolf Clausius comme le « premier principe » : *l'énergie totale d'un système isolé ne varie pas.* On peut transformer de l'énergie mécanique en chaleur, ou l'inverse, mais le total ne peut ni augmenter, ni diminuer, ce qui interdit l'existence d'un mouvement perpétuel dit « de première espèce » : on ne peut pas produire d'énergie à partir de rien, tout moteur a besoin d'un carburant. Le second principe était énoncé par Clausius en 1850, puis par William Thomson en 1854. On retrouvait le principe de Carnot, en montrant que c'était une autre façon de dire que « la chaleur ne peut passer d'elle-même d'un corps froid à un corps chaud ». Clausius introduisit alors le concept d'« entropie », et proposa un autre énoncé du second principe : l'entropie d'un système isolé ne peut que croître. Un résultat spectaculaire et inattendu de la thermodynamique est l'existence d'une température minimum : la température ne peut pas descendre au-dessous de -273,15°C, température qu'on nomme le *zéro absolu*. On peut s'en approcher, sans jamais pouvoir l'atteindre.

À la fin du siècle la thermodynamique classique est, pour ainsi dire, achevée, tandis que commence la physique statistique. Il s'agit, en s'appuyant sur la théorie atomique, de montrer que les « principes » de la thermodynamique sont des conséquences de ce qui n'est encore que « l'hypothèse atomique », tout d'abord en ce qui concerne les gaz. Clausius, Maxwell, Boltzmann s'attellent à la tâche.

Électricité, magnétisme, électromagnétisme

L'attraction des brindilles par l'ambre frottée avec une fourrure, que nous attribuons aujourd'hui à l'accumulation d'électricité statique, avait déjà été décrite par Thalès de Milet, au VIe siècle avant J. C. Le mot « électricité » vient d'ailleurs du grec *êlektron,* qui désigne l'ambre. Thalès de Milet décrit également l'attraction du fer par les « pierres de Magnès », en Magnésie, province de Grèce où se trouvaient des gisements d'aimants naturels[29].

Pendant des siècles ces phénomènes ne furent que de simples curiosités. Sans entrer dans les méandres d'une histoire pourtant passionnante, sautons à la fin du XIXe siècle. Michael Faraday, fils de forgeron, avait dû gagner sa vie dès l'âge de treize ans comme garçon de courses chez un libraire, puis il avait appris la reliure, et fut captivé par le chapitre sur l'électricité d'une encyclopédie qu'il devait restaurer ; il décida de se lancer dans l'étude de l'électricité, devenant un expérimentateur exceptionnel. En 1830 il montra que, de même qu'un courant électrique produit un champ magnétique, la variation d'un champ magnétique produit un courant électrique : c'est la découverte capitale de *l'induction électromagnétique**. Il appliqua sa découverte à la fabrication d'un moteur électrique, d'un transformateur... Son apport le plus important est peut-être d'avoir donné, lui qui n'avait pas une grande culture mathématique, une réalité presque palpable à un concept fort abstrait, celui de *champ électrique* et de *champ magnétique*.

James Clerck Maxwell l'un des plus grands théoriciens du siècle, compléta les lois de l'induction, et fit la synthèse des connaissances en électromagnétisme, qu'il réunit en 1864 dans les célèbres équations qui portent son nom. En fait ces équations impliquent des phénomènes insoupçonnés : tout ébranlement ou oscillation électrique crée un champ électromagnétique qui se propage à la vitesse de la lumière, ce qui suggère que la lumière elle-même est en fait constituée d'ondes électromagnétiques. C'est en 1888, neuf ans après la mort de Maxwell, que le jeune Heinrich Hertz démontrait expérimentalement la propagation du champ électromagnétique, puis parvenait à réfracter◇, diffracter◇, polariser◇ les ondes produites et à mesurer leur vitesse de propagation, qu'il trouva comme prévu égale à celle de la lumière.

Les implications des équations de Maxwell allaient avoir une portée conceptuelle immense : tout d'abord elles donnaient une assise théorique solide au concept de champ. Au départ simple commodité de calcul, le champ de gravitation du soleil, par exemple, permet de calculer l'intensité de la force qui s'exerce sur une planète, ainsi que la direction vers laquelle la planète est attirée. Il en est de même pour le champ électrique, ou le champ magnétique. Mais Maxwell introduit une notion tout à fait nouvelle : *le champ se propage*, et le fait à la vitesse de la lumière, certes très grande, mais non pas infinie ! De là à penser qu'il ne peut y avoir d'actions instantanées à distance, il n'y a qu'un pas, que franchira définitivement Einstein en 1905, avec la Relativité. Mais s'il n'y a pas d'action instantanée à distance, la force qui s'exerce sur une particule ici et maintenant ne peut provenir que de quelque chose qui existe ici et maintenant : c'est le *champ*, qui prend en quelque sorte son indépendance[30].

Quelques avancées techniques cruciales

Les observations expérimentales dont la science se nourrit dépendent, à chaque époque, des possibilités techniques disponibles. Au demeurant, c'est souvent en cherchant à faire une mesure que personne n'avait pensé ou réussi à faire avant lui que le physicien imagine et construit de nouveaux instruments, faisant ainsi évoluer à la fois la technique, et la science.

Il est arrivé cependant que des avancées techniques importantes soient le fait de techniciens sans formation universitaire, mais possédant une connaissance intuitive profonde des phénomènes[31]. Ainsi un progrès majeur de la technique du vide est-il dû à Heinrich Geissler, mécanicien et souffleur de verre. Né à Thuringe en 1815, mort à Bonn en 1879, il imagina la première pompe à vide à mercure. Jusque-là les pompes à vide mécaniques étaient

---

*Le physicien américain Joseph Henry l'a découverte de son côté, presque en même temps, de façon indépendante.

pour l'essentiel héritières de la première machine pneumatique d'Otto von Guericke, utilisée pour sa fameuse expérience des hémisphères de Magdebourg en 1654 : seize chevaux furent incapables de séparer deux demi-sphères creuses de cuivre, de 51 cm de diamètre, tenues ensemble par la pression de l'air, une fois le vide fait à l'intérieur. Le vide le plus poussé, c'est-à-dire les pressions les plus faibles qu'on pouvait obtenir étaient de l'ordre du millibar$^\diamond$. La raison pour laquelle il était impossible d'obtenir une pression plus faible était qu'on utilisait des joints en cuir graissé qui n'étaient pas très étanches. Geissler imagina un système astucieux permettant de faire dans une enceinte un vide barométrique, en la remplissant de mercure et en la vidant ensuite, par un effet de vases communicants, à l'aide de tuyaux souples. Il parvint ainsi à obtenir des pressions cent fois plus faibles ! Cette qualité de vide allait être cruciale pour l'étude des décharges électriques dans les gaz raréfiés. Et là aussi Geissler apporta une amélioration décisive : il fabriqua en 1856 des ampoules de verre vidées d'air (avec une pression résiduelle de l'ordre du centième de millimètre de mercure), les fameux « tubes de Geissler », dans lesquelles il réussit à installer des électrodes traversant l'ampoule, et scellées dans le verre, ce qui permettait toutes les manipulations électriques. Ce type d'ampoule fut ensuite perfectionnée par William Crookes et devinrent célèbres sous le nom d'« ampoules de Crookes ».

Un autre progrès technique décisif est dû à un technicien allemand, Heinrich Daniel Rühmkorff, né à Hanovre en 1803, qui, après de nombreux voyages en Europe, s'était établi à Paris, où il devait mourir en 1874. Dans son petit atelier de la rue Champollion, il fabrique un appareil à produire des tensions électriques élevées. Il s'agissait d'un perfectionnement de la bobine d'induction de Nicholas Callan, fondée sur la découverte de Faraday : un transformateur dans lequel l'enroulement secondaire est fait de très nombreuses spires (de l'ordre de 100 000). L'enroulement primaire est alimenté par une pile, et le courant est interrompu régulièrement : à chaque interruption, la variation brusque du courant primaire produit une énorme montée de la tension secondaire, jusqu'à des tensions de l'ordre de 100 000 volts ! L'allumage des moteurs à explosion a longtemps fonctionné sur ce principe. L'habileté de Rühmkorff, son savoir-faire, sa compréhension sans doute empirique mais profonde des phénomènes électriques firent de sa bobine un objet célèbre dans toute l'Europe : Faraday, Zeeman, et Röntgen utilisèrent des *bobines de Rühmkorff*. Il existait en effet peu de moyens de produire des tensions électriques élevées : on employait soit des piles en série, mais la tension maximum était vite limitée, soit des machines électriques à frottement, qui produisaient certes des tensions élevées, mais avec une quantité de courant possible très faible.

Décharges électriques dans les gaz, rayons cathodiques, l'électron

En 1675 l'abbé Picard, astronome à Paris, décrivait pour la première fois un phénomène lumineux extraordinaire : comme il transportait de nuit un baromètre, il observa que chaque fois que le mercure était secoué de mouvements plus ou moins violents, on pouvait voir une lueur bleutée illuminant le vide. L'expérience fut refaite de nombreuses fois à l'Académie des Sciences, en particulier par Daniel Bernoulli, sans que l'on pût en trouver aucune explication raisonnable. Soixante-dix ans plus tard, le lien avec l'électricité est fait par Christian Ludloff, qui « démontre que le baromètre lumineux est rendu parfaitement électrique par les mouvements du vif argent, attirant d'abord, puis repoussant des morceaux de papier »[32].

Les phénomènes lumineux engendrés par les décharges° électriques dans les gaz raréfiés furent longtemps un simple objet de curiosité, montré dans les salons ou les foires. L'apparition, presque au même moment, des tubes de Geissler et de la bobine de Rühmkorff permit en 1857 à un professeur à l'Université de Bonn, mathématicien venu sur le tard à la physique expérimentale, Julius Plücker, de découvrir que les phénomènes lumineux se modifiaient au fur et à mesure que le vide s'améliorait, tandis qu'apparaissait sur le verre, en face de l'électrode négative, que Faraday avait appelée « cathode »*, une « merveilleuse lueur verte »[34]. Onze ans plus tard son élève Johann Wilhelm Hittorf remarqua qu'il s'agissait de « rayons » qui prenaient naissance à la cathode et se propageaient en ligne droite[35]. Ces observations furent confirmées par Eugen Goldstein qui les nomma « Cathodenstrahlen », *rayons cathodiques*[36].

Dès lors, dans toute l'Europe, les physiciens s'emparent de l'étude des rayons cathodiques. Quant à l'interprétation, les physiciens se séparent en deux groupes : les matérialistes, qui voient les rayons cathodiques comme des corpuscules matériels chargés, et ceux qui pensent qu'il s'agit d'ondes, comme les ondes électromagnétiques. Dans le premier camp, il faut ranger le célèbre Joseph John Thomson, qui dirige l'un des grands laboratoires anglais, le *Cavendish Laboratory*, dont nous reparlerons plus loin. Dans le second, on trouve de nombreux physiciens allemands comme Heirich Hertz et son élève Philipp Lenard, Gustav Wiedemann, Eugen Goldstein.

Les premiers allaient l'emporter. En 1895, Jean Perrin, dans son travail de thèse, montrait que les rayons cathodiques transportent de l'électricité négative. De son côté, Joseph Thomson étudiait leur déviation par un champ magnétique et par un champ électrique. Il pouvait en déduire leur vitesse, ainsi que le rapport entre leur charge et leur masse. Cette vitesse était à peine 10% de celle de la lumière, ce qui excluait que les rayons cathodiques fussent des ondes semblables à la lumière. Et comme le rapport entre la masse et la charge était remarquablement constant dans toutes les expériences qu'il avait conduites, quel que fût le gaz utilisé dans ses tubes à rayons cathodiques, et quel que fût le métal constituant la cathode, Thomson conclut[37] qu'il s'agissait d'un seul et même corpuscule. Il réussit par la suite à mesurer indépendamment et la masse et la charge de ce corpuscule, qui apparaissait comme un constituant universel de la matière, porteur de la plus petite quantité d'électricité jamais observée, de l'unité universelle de charge électrique[38,39]. Le nom d'« électron », proposé en 1788 par George

---

*Pour trouver ce nom, il s'était adressé à William Whewell, *Master of Trinity College*, spécialiste de langues anciennes. Whewell lui suggéra le nom d'anode (le chemin vers le haut) et cathode (le chemin vers le bas) pour les électrodes positive et négative. Il proposa aussi : ion, anion, cation[33].

Johnstone Stoney pour désigner l'unité naturelle d'électricité, ne désignait pas clairement un corpuscule ; c'est pourquoi J. J. Thomson évitait d'utiliser ce mot, et parlait de corpuscule d'électricité négative. Il s'est cependant imposé en quelques années, sans doute parce qu'il existait d'autres corpuscules et qu'il fallait bien distinguer l'électron. L'histoire retiendra Joseph John Thomson, surnommé « J. J. » dans le laboratoire, comme celui qui a « découvert » l'électron, découverte qui fut cependant une œuvre à laquelle ont participé de nombreux physiciens, parmi lesquels on peut citer particulièrement Emil Wiechert et Walter Kaufmann[40].

« Rayons canaux », ou rayons d'électricité positive

En 1886, au cours de l'étude des rayons cathodiques, Eugen Goldstein s'aperçoit que dans son ampoule de Crookes, un rayonnement se propage en sens contraire des rayons cathodiques[41]. En effet, s'il perce un trou, un « canal » qui traverse la cathode perpendiculairement à sa surface, des « rayons » passent par ce canal, et forment à la sortie, du côté opposé à l'anode, un pinceau lumineux dont la couleur dépend du gaz résiduel. Ils voyagent en sens contraire des rayons cathodiques, donc sont probablement porteurs d'une charge électrique positive. Goldstein les désigne sous le nom de « Canalstrahlen ». Le terme *rayons canaux* sera utilisé en France jusque dans les années trente. En 1898 Wilhelm Wien réussit à obtenir une déviation de ces « rayons canaux » par un champ électrique et par un champ magnétique, ce qui lui permet de mesurer le rapport e/m entre la charge et la masse de certains de ces « rayons »[42]. Il trouve qu'il est du même ordre que celui des ions[◊] électrolytiques bien connus des chimistes.

Au fil du temps l'étude des « rayons canaux » prendra une importance considérable, principalement sous l'impulsion de J. J. Thomson, qui s'empare du problème de ces « rayons d'électricité positive », dont il fait son sujet de recherche principal. Il confirme qu'il s'agit d'ions, mais alors que les rayons cathodiques (les électrons) sont identiques quelle que soit la nature du gaz résiduel, ce qui avait établi leur nature de corpuscule universel, les « rayons positifs » dépendent du gaz dans lequel ils aont été formés : il s'agit probablement d'atomes du gaz qui ont été « ionisés », transformés en « ions » par arrachage d'un électron, et ainsi devenus porteurs d'une charge positive.

Quand Becquerel découvre que l'air autour de l'uranium devient conducteur de l'électricité, les physiciens du *Cavendish* sont en territoire familier : il leur est naturel de penser que des molécules d'air ont été ionisées, transformées en ions.

Joseph John Thomson obtint le prix Nobel de physique en 1906 pour « les grands mérites de ses investigations théoriques et expérimentales sur la conduction de l'électricité par les gaz ».

Lothar Meyer et Dmitrij Mendeleev : le tableau périodique des éléments

À la fin du XIXe siècle les chimistes étaient à la recherche d'un système de classification des éléments qui avaient été découverts en grand nombre. Le chimiste allemand Lothar Meyer et le chimiste russe Dmitrij Mendeleev faisaient indépendamment, en 1869, une constatation intéressante : si l'on classait les éléments par ordre de masse croissante, on retrouvait régulièrement des éléments dont les propriétés chimiques étaient proches[43,44]. Ainsi naquit le tableau périodique des éléments représenté en annexe sous sa forme moderne, où les éléments apparaissant dans une même colonne ont des propriétés semblables. Mais pour que cela fonctionne vraiment ainsi, Mendeleev avait laissé des cases vides, supposant qu'elles correspondaient à des éléments encore inconnus. Il écrivait :

> Nous pouvons nous attendre à découvrir de nombreux d'éléments *nouveaux*, analogues par exemple à Al et Si [l'aluminium et le silicium], avec des poids atomiques de 65 et 75.

La découverte progressive des éléments manquants fit sa gloire, et celle du « tableau périodique ». Cependant la cause de ces régularités et de la similitude des propriétés chimiques des éléments d'une même colonne était inconnue. Lothar Meyer ne publia son tableau qu'en 1870, tandis que Mendeleev l'avait fait dès 1869, ce qui lui assura la priorité, mais il prit toujours soin de reconnaître les travaux de Meyer.

Une organisation de la Recherche en pleine évolution

Depuis les origines, c'est au sein des universités que l'on trouvait la plupart de ceux qu'on appelait les « savants », professeurs dont le laboratoire était attaché à la chaire. Jusqu'au XIXe siècle, il suffisait souvent d'un matériel modeste pour faire de la bonne physique expérimentale, mais de plus en plus souvent on se trouvait confronté à des problèmes d'argent pour renouveler un matériel qui, progrès technique aidant, se périmait plus vite, et devenait plus complexe et plus coûteux. Certains hommes de science utilisèrent leur fortune personnelle pour financer leur recherche. Lavoisier était dans ce cas, qui utilisait les revenus de sa charge de fermier général pour poursuivre ses recherches personnelles. En Angleterre, on peut citer par exemple Henry Cavendish, James Prescott Joule, John William Strutt (Lord Rayleigh). Deux grands laboratoires furent fondés à la même époque, grâce à de généreux donateurs[45] : Le *Clarendon Laboratory* à Oxford en 1872, et le *Cavendish Laboratory* à Cambridge en 1874.

Le *Cavendish* est un exemple intéressant car il sera au centre des découvertes les plus importantes en physique nucléaire pendant la première moitié du XXe siècle. En 1868-1869, un rapport universitaire avait recommandé la création d'un laboratoire de physique expérimentale, à l'image de ceux qui se construisaient à Oxford, à Manchester, ou en Allemagne. La tradition de Cambridge était brillante en mathématiques mais n'était pas à la même hauteur en physique expérimentale, qui était pourtant dans l'air du temps. Le laboratoire fut construit et équipé grâce à une donation de £6 300 faite en 1870 par le chancelier de l'Université, William Cavendish, septième duc de Devonshire, et apparenté au fameux Henry Cavendish, le premier à avoir mesuré la force de gravitation entre deux masses au laboratoire. Le laboratoire fut prêt en 1874, et prit le nom de *Cavendish Laboratory*. Son premier directeur fut James Clerk Maxwell. Le successeur de Maxwell, à la mort de celui-ci en 1879, fut John William Strutt, lord Rayleigh, qui démissionna en 1884. Il fut alors remplacé par un physicien de vingt-huit ans, surtout connu comme théoricien, Joseph John Thomson. Sous sa direction, le laboratoire allait devenir l'un des plus brillants du monde. Lui-même obtint le prix Nobel en 1906 pour ses recherches sur le passage de l'électricité dans les gaz, mais surtout sept de ses assistants du *Cavendish* l'obtinrent par la suite : Ernest Rutherford (chimie, 1908), William Henry Bragg et son fils William Lawrence Bragg (physique, 1915), Charles Barkla (physique, 1917), Francis Aston (chimie, 1922), Charles Wilson (physique, 1927), James Chadwick (physique, 1935), Patrick Blackett (physique, 1948).

En Allemagne, Hermann von Helmholtz plaidait pour la création d'un Institut de recherche qui pût rivaliser avec les grands laboratoires anglais. Grâce à son immense prestige il obtint finalement la création de la *Physikalisch-Technische Reichanstalt* à Charlottenburg, près de Berlin, dont il fut le premier directeur. Les liens étroits qu'il maintenait avec l'université de Berlin en firent un des grands laboratoires du monde. Au premier congrès international de physique, organisé à Paris en 1900, et dont nous reparlerons plus loin, Henri Pellat, professeur à la faculté des sciences de l'Université de Paris, fit un rapport sur « Les laboratoires nationaux physico-chimiques », sur le modèle de la *Physikalisch-Technische Reichanstalt*. À la suite du rapport de Pellat, qui plaidait pour la construction de tels laboratoires, l'assemblée des congressistes adopta à l'unanimité le vœu suivant :

> Vu les immenses avantages pour la Science et pour l'Industrie que les laboratoires nationaux physico-techniques analogues à la Physikalisch-Technische Reichanstalt à Charlottenburg ont procuré aux pays qui en sont pourvus, le Congrès international de Physique de 1900 émet le vœu que les pouvoirs publics s'occupent d'urgence de la création de semblables laboratoires dans les pays qui, comme la France, n'en possèdent pas encore[46].

À la fin du siècle, l'Allemagne était le pays le plus avancé scientifiquement. C'est dans cet « empire du milieu » de l'Europe que la physique théorique était née et avait pris son essor. Fait significatif, c'est elle qui attirait le plus de jeunes physiciens étrangers, Américains par exemple, venus se former en Europe. Ils venaient travailler avec Hermann von Helmholtz, un des physiciens les plus universels de son temps, ou avec Heinrich Hertz, Philipp Lenard, Max Planck, Wilhelm Wien. L'influence germanique s'étendait en fait à l'Autriche avec le grand Ludwig Boltzmann, et aux Pays-Bas, où une école remarquable s'était formée autour de Hendrik Antoon Lorentz.

Le Royaume Uni avait également une activité scientifique brillante, avec des physiciens comme Lord Kelvin (William Thomson), Lord Rayleigh, Sir William Crookes, Sir William Ramsay. Michael Faraday avait disparu en

1867 et James Clerk Maxwell en 1879.

En France, la célébrité de Louis Pasteur, mort en 1895, cachait mal le déclin de la physique depuis le milieu du siècle, alors que la période précédente avait été si brillante : Pierre Simon Laplace, André Marie Ampère, Augustin Jean Fresnel, Sadi Carnot. La physique théorique était particulièrement absente de France, malgré la présence de celui que l'on considérait comme le plus grand mathématicien vivant, Henri Poincaré.

Les grandes revues scientifiques, instrument essentiel de diffusion des résultats de la recherche, témoignent du poids des différents pays. Les plus prestigieuses étaient *Annalen der Physik und Chemie*, fondée en 1799 par Hans Christian Poggendorff, qui devint simplement *Annalen der Physik* à partir de 1900. Il faut ajouter *Zeitschrift für Physik*. Fondée en 1899, la revue *Physikalische Zeitschrift*, qui publiait rapidement des articles plus courts était également très respectée. On trouve ensuite les *Annales de Physique et de Chimie* (fondée en 1789), le *Philosophical Magazine* (fondé en 1798), les *Proceedings of the Royal Society* (fondés en 1856) ainsi que les *Philosophical Transactions* (la revue la plus ancienne, fondée en 1665). Les *Comptes rendus de l'Académie des Sciences de Paris* jouaient un rôle particulier : les notes étaient courtes, mais publiées très rapidement. Fondée en 1893, la revue américaine *Physical Review* prit de l'importance surtout à partir des années vingt.

Toutes revues confondues, 2 000 articles scientifiques environ étaient publiés chaque année autour de 1900. À titre de comparaison, ce nombre sera environ de 10 000 en 1960, et de 120 000 en 1990.

L'arrière-plan politique, industriel et social : espoirs et inquiétudes

La fin du siècle est marquée par un essor sans précédent de l'industrie, et particulièrement de l'application des découvertes scientifiques faites au laboratoire. C'est l'apparition de la « fée électricité », du téléphone, de l'enregistrement de la parole et de la musique, des débuts de la T. S. F. La tour Eiffel est construite en 1889. La première projection cinématographique a lieu le 28 décembre 1895 à Paris. Les premières voitures automobiles apparaissent en 1890, et ont leur premier salon en 1898.

Le développement de la modeste bicyclette témoigne des progrès de la technique et de l'industrie mécaniques. Lointain descendant de la draisienne du baron Karl Drais von Sawebron (1791), le premier vélocipède à pédales est fabriqué en 1855 par un charron, Pierre Michaux, qui fixe les pédales sur le moyeu avant. En 1869 Meyer réalise la première bicyclette avec pédalier central et entraînement de la roue arrière par une transmission à chaîne. Les roues sont entourées de caoutchouc. En 1887 John Boyd Dunlop crée le premier pneumatique en caoutchouc, muni d'une chambre à air. Le premier Tour de France a lieu en 1903.

C'est aussi une époque de grande effervescence artistique et littéraire. Alors que disparaissent Giuseppe Verdi, Johannes Brahms ou César Franck, c'est l'époque des premières compositions de Gabriel Fauré, de Leoš Janáček, de Gustav Mahler, de Claude Debussy. La peinture est marquée par Paul Cézanne, Pierre Auguste Renoir, Paul Gauguin, Vincent van Gogh, Edvard Munch, Pierre Bonnard, Pablo Picasso. C'est aussi l'époque d'Émile Zola, de Frédéric Nietzsche, d'Anatole France, d'Oscar Wilde, de Gerhardt Hauptmann, de Gabriele D'Annunzio, de William Yeats, d'Alfred Jarry, de Hugo von Hofmannstahl. Sigmund Freud publie en 1895 ses *Études sur l'hystérie* en collaboration avec Josef Breuer.

Jules Verne commença la publication de ses *Voyages extraordinaires* en 1863 avec *Cinq semaines en ballon*. Le succès immédiat et mondial de ces romans « scientifiques » (c'est l'écrivain français le plus traduit au monde) montre à quel point il a su exprimer l'esprit de son époque, ses rêves, ses espoirs, et aussi ses craintes. Dans un domaine différent, c'est en 1891 qu'Arthur Conan Doyle commence, influencé par Émile Gaboriau, la série des *Aventures de Sherlock Holmes*, qui marquent le véritable début du roman policier à énigme, énigme dont la solution est, bien entendu, « scientifique ».

En 1894 le baron Pierre de Coubertin fonde les Jeux Olympiques.

Bref, c'est une époque de dynamisme, d'optimisme, de foi dans le progrès. Mais en toile de fond des nuages s'amoncellent.

Dans une Angleterre à l'apogée de sa puissance, la reine Victoria, sur le trône depuis 1837, fête en grande pompe son jubilé en 1887. Depuis 1885 elle est impératrice des Indes. L'empire colonial s'étend sur tous les continents. Berceau de la révolution industrielle, l'Angleterre commence cependant à s'irriter de la concurrence croissante de l'industrie allemande, et s'inquiète de voir l'Allemagne entreprendre en 1900 la construction d'une grande flotte de guerre.

L'Allemagne, précisément, a connu une expansion sans précédent sous la houlette de Bismarck, mais celui-ci est remercié en 1890 par le jeune empereur Guillaume II, qui veut conduire son pays vers un avenir glorieux. L'armée exerce une influence croissante. Le dynamisme même de l'Allemagne est un sujet d'inquiétude pour ses voisins.

En France la situation politique et sociale est instable. Le pays est encore sous le choc de l'humiliation de 1871, avec l'amputation de l'Alsace et d'une partie de la Lorraine. La République n'est pas encore acceptée par tous. C'est l'époque de l'affaire Dreyfus, qui éclate en 1894, et celle des attentats anarchistes, comme celui qui coûta la vie au président de la République Sadi Carnot (neveu du physicien) le 24 juin 1894. C'est aussi l'époque de l'affairisme, et des scandales (Panama, 1887).

Presque partout en Europe, sauf en Angleterre, on assiste à une montée de l'antisémitisme.

Enfin, trois immenses empires commencent à se lézarder : l'empire austro-hongrois, l'empire ottoman, et l'empire russe. Tandis qu'on assiste à une montée des nationalismes, la région des Balkans, à l'intersection de ces trois empires, est de plus en plus instable. C'est le lieu de tous les dangers, « la poudrière de l'Europe ».

Chapitre 3

Le polonium et le radium

Où une jeune étudiante polonaise et son mari français découvrent, en marge de l'establishment universitaire français, deux éléments nouveaux, beaucoup plus radioactifs que l'uranium : le polonium et le radium. Où l'on voit comment cette découverte capitale relance l'étude de la radioactivité. Où Pierre et Marie Curie posent la question cruciale : d'où provient l'énergie irradiée par les corps radioactifs ?

Deux ans après la découverte d'Henri Becquerel, l'étude de l'« activité radiante » de l'uranium est délaissée. La situation n'a pas évolué. Mais le 12 avril 1898, une jeune femme polonaise, épouse d'un physicien français, fait à l'Académie des Sciences une communication qui va remettre le feu aux poudres, un feu qui, cette fois, n'est pas près de s'éteindre.

Marya Skłodowska

Marya Skłodowska[47] naît à Varsovie le 7 novembre 1867, dans une famille qui compte déjà trois filles, Sofia, Bronislawa et Helena, et un garçon, Joseph. Son père Wladyslaw Skłodowski est professeur de physique et de mathématiques au Gymnase de la rue Nowolipki, à Varsovie. La naissance de Marya survient à un moment particulièrement sombre de l'histoire polonaise. L'échec du soulèvement de janvier 1864 contre la domination russe a été suivi par une répression impitoyable. Le tsar décide de russifier le pays. Le russe est la langue officielle, l'enseignement et même l'usage du polonais sont interdits dans les écoles. Et en 1873 Wladyslaw perd son poste. Après de nombreuses difficultés, il trouve un poste de surveillant de pensionnat, avec une petite charge d'enseignement. Mais la famille doit vivre dans la pauvreté. Sofia meurt du typhus en 1876, et la tuberculose dont souffre Mme Skłodowska finit par l'emporter le 9 mai 1878. Marya n'a pas 11 ans.

À quinze ans, Marya voit ses études secondaires brillamment couronnées, le 12 juin 1883, par une médaille d'or, mais les portes de l'université sont fermées aux femmes. Sa sœur Bronia voudrait elle aussi poursuivre des études supérieures, et les deux sœurs concluent un pacte de mutuelle assistance : Marya contribuera aux dépenses de Bronia qui part pour Paris, en devenant institutrice privée, à charge de revanche quand Bronia aurait son diplôme en poche. Sept ans plus tard, Bronia a presque terminé ses études de médecine, s'est mariée, et peut enfin accueillir sa sœur à Paris.

À l'automne 1891 Marya est à Paris, suivant à la Sorbonne les cours de Gabriel Lippmann, d'Edmond Bouty, de Paul Appell. Et en juillet 1893, après deux années vécues à Paris dans des conditions très difficiles, presque misérables, elle est reçue première à la licence de physique, et repart en Pologne pour les vacances, craignant de ne pouvoir revenir à Paris, faute d'argent. Mais grâce à une bourse providentielle (une bourse *Aleksandrovič* de 600 roubles) elle peut regagner la France, et en juillet 1894, elle est reçue 2e à la licence ès Sciences Mathématiques.

Tout en préparant la licence de Mathématiques, elle a commencé à travailler au laboratoire de Gabriel Lippmann, et elle a reçu une commande qui a dû la ravir : la *Société d'Encouragement de l'Industrie Nationale* lui demande une étude sur l'aimantation de divers aciers. Elle manque malheureusement de moyens et d'expérience, et comme elle en parle un jour à un ami polonais de passage à Paris, Josef Kowalski, professeur de physique à Fribourg, celui-ci lui propose de lui faire connaître un physicien, auteur de travaux importants sur l'aimantation : Pierre Curie.

Pierre Curie

Né le 15 mai 1859, Pierre Curie avait alors trente-cinq ans[48]. Il avait un père médecin, Eugène Curie, et un frère, Jacques, de quatre ans son aîné. Pierre n'alla jamais à l'école : l'enseignement lui fut dispensé par ses parents, des amis, des précepteurs. C'était un garçon qu'on décrit comme rêveur, qui aimait beaucoup les promenades à la campagne, qui connaissait, grâce à son père, les noms de toutes les plantes et de tous les animaux qu'on pouvait y rencontrer. À quatorze ans, son père le confie à un professeur de mathématiques, Albert Bazille, qui lui enseigne les « mathématiques élémentaires et les mathématiques spéciales ». Reçu au baccalauréat à seize ans, il obtient la licence de physique à dix-huit ans, et un an plus tard il entre comme préparateur chez Paul Desains, un spécialiste des infrarouges, puis au laboratoire de minéralogie de Charles Friedel, où il suit son frère Jacques. Là les deux frères découvrent que certains cristaux peuvent produire de l'électricité quand ils sont comprimés ou étirés, phénomène qu'on appellera dix ans plus tard la *piézoélectricité*[49]. Pierre utilise ce nouveau phénomène pour concevoir et fabriquer un électromètre extrêmement sensible et précis.

En 1882, Pierre Curie est nommé préparateur à l'École Municipale de Physique et de Chimie Industrielle qui vient d'être créée. Il n'y dispose pas de laboratoire, car en principe celui de l'école est réservé aux travaux pratiques des étudiants. Heureusement le directeur, Léon Schützenberger, qui est chimiste et professeur au Collège de France, est un homme intelligent et libéral, et il permet à Pierre Curie d'y poursuivre ses recherches personnelles. Celui-ci continue à travailler sur la cristallographie. Il pense que les symétries que manifestent les cristaux, avec leurs belles figures géométriques, doivent refléter les symétries plus profondes des atomes qui les constituent[50]. L'importance que donnait ainsi Pierre Curie aux considérations de symétrie le font considérer aujourd'hui comme un précurseur[51].

À partir de 1891 Pierre Curie s'intéresse au magnétisme, et plus précisément à l'aimantation. Il découvre et énonce ce qu'on appelle aujourd'hui la loi de Curie$^\diamond$, et montre l'existence d'une température critique pour les substances ferromagnétiques, qu'on nomme depuis lors la température de Curie$^{\diamond 52}$. Il n'a toujours pas de poste universitaire, ni même de moyen officiel de travailler, mais c'est un savant de grande renommée, particulièrement à l'étranger. Très logiquement Josef Kowalski recommande à Marya Skłodowska de s'adresser à lui pour les études d'aimantation qu'elle voulait faire.

La rencontre eut lieu un jour du printemps 1894. Ce fut une révélation réciproque. Ils se marièrent un an plus tard, le 25 juillet 1895, non sans quelques hésitations chez Marya, qui renonçait du coup à rentrer en Pologne auprès de son père. De plus, elle avait le sentiment de trahir d'une certaine façon son pays en épousant un Français et en s'établissant en France. Mais Pierre lui fit valoir que c'est en France qu'elle aurait la possibilité de faire une œuvre scientifique, et puis ils étaient amoureux...

Le polonium et le radium : Pierre et Marie Curie inventent la radiochimie

Grâce aux conseils de Pierre, Marya, qu'on appelle maintenant Marie, fait son étude d'aimantation[53], après quoi elle se met en quête d'un sujet de recherche en vue d'une thèse. Rien que cela est exceptionnel : aucune femme n'a jusque-là soutenu de thèse en France. Pierre lui suggère l'étude des « rayons Becquerel », sujet délaissé depuis presque deux ans. Il a même quelque chose à lui proposer : il s'agit de l'électromètre à quartz piézo-électrique, qui permet de mesurer le courant extrêmement faible produit dans l'air par les radiations de l'uranium. Il existait certes des électromètres, dits « à quadrant », mais le sien permettait de mesurer le courant de façon *absolue* : il donne un résultat directement en ampères (en fait en infimes fractions d'ampères), et non pas seulement une comparaison plus ou moins précise avec d'autres courants. Comme dira Marie Curie :

> On a ainsi non seulement une indication mais un nombre qui rend compte de la richesse du produit en substance active[56].

Par où commencer ? Marie, en accord avec Pierre, décide de rechercher si des substances autres que l'uranium émettent des radiations semblables, et elle découvre bientôt que le thorium a, lui aussi, une activité radiante[54].

Coïncidence : l'activité du thorium a été découverte par le physicien allemand Gerhard Schmidt, qui a publié ce résultat une semaine auparavant[55]. Marie a cependant été frappée par un détail : dans presque tous les cas étudiés l'activité d'un composé d'uranium est précisément celle qu'elle peut calculer, connaissant la quantité d'uranium pur qu'il contient. Il y a cependant une exception :

> Deux minéraux d'uranium : la pechblende (oxyde d'urane) et la chalcolite (phosphate de cuivre et d'uranyl) sont beaucoup plus actifs que l'uranium lui-même. Ce fait est très remarquable et porte à croire que ces minéraux peuvent contenir un élément beaucoup plus actif que l'uranium.

C'est ici que l'électromètre de Pierre Curie est précieux. Sans lui il aurait été difficile de faire des comparaisons quantitatives aussi précises. Car il faut bien souligner la difficulté de mesurer des courants extrêmement faibles, de l'ordre de 10^{-11} ampère*, et de les mesurer avec suffisamment de précision pour être capable de déceler de faibles anomalies.

Mais il faut aussi saluer la perspicacité de Marie Curie, qui a su reconnaître l'anomalie, qui a su *s'étonner à bon escient*.

Comment aller plus loin ? Ce minerai contient certainement une substance active, mais en quantité si faible qu'elle échappe à toute analyse chimique. À ce moment, Marie Curie a une idée de génie. Puisque cette substance se manifeste par son activité, servons-nous de son activité pour la suivre à la trace ! Avec l'aide de Pierre, qui abandonne (pour un temps, croit-il) ses travaux sur les cristaux, elle va se lancer dans une séparation, ou au moins une concentration chimique particulière. Elle tente plusieurs réactions chimiques successives, afin de séparer progressivement les éléments présents, tout en conservant ceux qui sont le plus radioactifs. Or l'activité augmente chaque fois qu'elle fait une réaction chimique qui concentre le bismuth, comme si elle voulait extraire le bismuth du minerai :

> [...] on obtient des produits de plus en plus actifs. Finalement, nous avons obtenu une substance dont l'activité est environ 400 fois plus grande que celle de l'uranium. Nous croyons donc que la substance que nous avons retirée de la pechblende contient un métal non encore signalé, voisin du bismuth par ses propriétés analytiques. Si l'existence de ce nouveau métal se confirme, nous proposons de l'appeler polonium, du nom du pays d'origine de l'un d'entre nous[56].

Pierre et Marie Curie viennent d'inventer ce que nous nommons la *radiochimie*.

Dans le titre de leur publication, « Sur une nouvelle substance radioactive, contenue dans la pechblende », l'adjectif *radioactive* apparaît pour la première fois. Les mots « radioactif » et « radioactivité » seront rapidement adoptés par le monde entier.

Mais bientôt, ils font une nouvelle découverte, communiquée à l'Académie des Sciences le 26 décembre 1898 :

> [...] nous avons découvert une deuxième substance fortement radioactive

---

*Soit un cent-millième de microampère, un centième de nanoampère, dix picoampères.

et entièrement différente de la première [le polonium] par ses propriétés chimiques[57].

Ils procèdent, comme pour le polonium, à une séparation chimique guidée par le contrôle de l'activité radiante. Cette fois-ci,

> La nouvelle substance chimique que nous venons de trouver a toutes les apparences chimiques du baryum.

En fait, ils ne peuvent pas séparer la nouvelle substance du baryum, mais

> Le baryum et ses composés ne sont pas d'ordinaire radioactifs ; or, l'un de nous a montré que la radioactivité semblait être une propriété atomique, persistant dans tous les états chimiques et physiques de la matière. Dans cette manière de voir, la radioactivité de notre substance n'étant pas due au baryum doit être attribuée à un nouvel élément.

C'est ici que *pour la première fois on parle de radioactivité comme d'un phénomène atomique*. Curieusement, cette phrase fait référence à la première publication de Marie Curie sur le sujet[54], publication où le mot « atomique » n'apparaît que dans l'expression « poids atomique ».

Pour en avoir le cœur net, ils demandent à un expert, Eugène Demarçay, de faire l'examen spectroscopique de leur substance. Le résultat est conforme à leur hypothèse : Demarçay observe une raie optique inconnue, d'autant plus intense que la préparation est plus radioactive[58]. Ils concluent :

> Les diverses raisons que nous venons d'énumérer nous portent à croire que la nouvelle substance radioactive renferme un élément nouveau, auquel nous proposons de donner le nom de *radium*.

C'est la découverte du radium, qui va devenir mythique. Ils notent :

> La nouvelle substance radioactive renferme certainement une très forte proportion de baryum ; malgré cela, la radioactivité est considérable. La radioactivité du radium doit donc être énorme.

Il y a plus. Un écran de platinocyanure de baryum, qui est lumineux sous l'effet des rayons X, l'est aussi quand il est placé près de cette nouvelle substance. Mais à leurs yeux cela pose un problème étrange :

> On réalise ainsi une source de lumière, à vrai dire très faible, mais qui fonctionne sans source d'énergie. Il y a là une contradiction, au moins apparente, avec le principe de Carnot.

Le principe de Carnot dont il est question ici est le second principe de la thermodynamique. Le premier principe, celui de la conservation de l'énergie, n'est même pas mentionné, car visiblement il n'est pas question de le mettre en doute. Il interdit en effet de créer de l'énergie. Le second principe ajoute une restriction : l'énergie de cette source lumineuse ne peut pas être empruntée au milieu ambiant (en le refroidissant par exemple). Mais alors, d'où vient cette énergie inépuisable ? Mystère ! C'est la première fois que la question est clairement posée.

Pierre et Marie Curie entreprennent d'extraire et de purifier le radium, ce qui leur prendra des mois et même des années. Ce sera chose faite en 1900, au prix d'un labeur épuisant : deux tonnes de minerai fournissent à peine quelques décigrammes de radium pur[59] ! Cela fut d'autant plus difficile que la pièce mise à leur disposition par le bon Schützenberger avait ne convenait plus. Le nouveau directeur de l'École, Gariel, leur permit d'utiliser un hangar abandonné, dans la cour de l'École. Il était chaud en été, glacial en hiver, et de toute façon il fallait faire la plupart des traitements chimiques dans la cour, en plein air. À chaque étape de ce travail de purification, Marie Curie mesure par une méthode chimique le poids atomique$^\diamond$ du radium. En 1902, elle trouve 225, avec une incertitude qu'elle estime à une unité[60], ce qu'elle confirmera[61] en 1907, avec une valeur plus précise de 226,18 (la valeur actuelle est 226,05). Le radium est bel et bien un nouvel élément, et quel élément ! Il est plusieurs millions de fois plus radioactif que l'uranium.

Énigmes

Quelle est donc la nature de ces rayons Becquerel, et d'abord, d'où provient leur énergie ? En 1899, Marie Curie publie un article qui fait le point de la question dans la *Revue Générale des Sciences*[62]. Elle note :

> Le rayonnement de Becquerel est spontané ; il n'est entretenu par aucune cause excitatrice connue.[...] Ce qui est peut-être encore plus remarquable, c'est la conservation de la radioactivité de l'uranium dans ses divers états physiques et chimiques. [...] Le rayonnement uranique apparaît donc comme une propriété moléculaire, inhérente à la matière même de l'uranium.

Dans un nouvel article, publié cette fois dans la *Revue Scientifique*, dite *Revue Rose*, en 1900, elle est encore plus nette :

> La radioactivité est donc une propriété qui accompagne l'uranium et le thorium à tous les états, — c'est une propriété atomique de ces éléments[63].

Mais l'énigme profonde de la radioactivité, c'est l'origine de son énergie :

> L'émission des rayons uraniques est spontanée, c'est-à-dire qu'elle n'est produite par aucune cause excitatrice connue. Pendant longtemps M. Becquerel avait pensé que la lumière était la cause du phénomène ; que l'uranium emmagasinait en quelque sorte de la lumière et qu'il restituait ensuite l'énergie ainsi emprisonnée sous forme de rayons uraniques. [...] Mais l'expérience n'est pas favorable à cette interprétation du phénomène. [...] L'émission des rayons uraniques est très constante, elle ne varie sensiblement ni avec le temps, ni avec l'éclairement, ni avec la température. C'est là le côté le plus troublant du phénomène. Quand nous observons la production de rayons Röntgen, nous fournissons nous-mêmes au tube producteur l'énergie électrique ; cette énergie est fournie par des piles qu'il faut renouveler ou par des machines que l'on fait marcher en dépensant du travail. Mais lors de l'émission uranique aucune modification ne se produit dans cette matière qui rayonne de l'énergie, très faiblement à la vérité, mais de façon continue.

Marie Curie s'interroge enfin sur la nature de la radioactivité. Est-elle de nature « matérialiste », ainsi que les rayons cathodiques, que J. J. Thomson avait réussi à identifier comme des particules matérielles, possédant une masse, une charge et une vitesse mesurables ? Dans ce cas, dit-elle, il faut en tirer toutes les conséquences, ce qui conduit à bouleverser les idées admises de la chimie :

> La théorie matérialiste de la radioactivité est très séduisante. Elle explique bien les phénomènes de la radioactivité. Cependant, en adoptant cette théorie, il faut nous résoudre à admettre que la matière radioactive n'est pas à un état chimique ordinaire ; les atomes n'y sont pas constitués à l'état stable, puisque des particules plus petites que l'atome sont rayonnées. L'atome, indivisible au point de vue chimique, est divisible ici, et les sous-atomes sont en mouvement. La matière radioactive éprouve donc une transformation chimique qui est la source de l'énergie rayonnée ; mais ce n'est point une transformation chimique ordinaire, car les transformations chimiques ordinaires laissent l'atome invariable. Dans la matière radioactive, s'il y a quelque chose qui se modifie, c'est forcément l'atome, puisque c'est à l'atome qu'est attachée la radioactivité. La théorie matérialiste de la radioactivité nous conduit donc bien loin.

Marie Curie considère donc que la théorie « matérialiste » conduit inévitablement à la transformation d'atomes, donc à des *transmutations*, ce qu'elle n'est pas encore prête à admettre. Elle poursuit :

> D'ailleurs, si nous nous refusons à la suivre dans ses conséquences, nous n'en sommes pas moins embarrassés. Si la matière radioactive ne se modifie pas, alors nous nous retrouvons en présence de la question : d'où vient l'énergie de la radioactivité ? Et si la source d'énergie ne peut être trouvée, nous voilà en contradiction avec le principe de Carnot, principe fondamental de la thermodynamique, d'après lequel un corps à température invariable ne peut pas fournir d'énergie, s'il n'en reçoit pas de l'extérieur. Nous sommes alors forcés à admettre que le principe de Carnot n'est pas absolument général, qu'il ne s'applique plus à certains phénomènes moléculaires et que certaines substances, les substances radioactives, possèdent la faculté de transformer en travail la chaleur du milieu ambiant.

Et Marie Curie de conclure... qu'il est difficile de conclure :

> Cette hypothèse porte une atteinte aussi grave aux idées admises en physique que l'hypothèse de la transformation des éléments aux principes de la chimie, et on voit que la question n'est pas facile à résoudre.

CHAPITRE 4

L'émanation du thorium

Où l'étude de la radioactivité compte un nouvel arrivant, en la personne du jeune physicien néo-zélandais Ernest Rutherford. Où celui-ci montre que la radioactivité comporte deux sortes de rayons, qu'il baptise α et β. Où l'on montre que les « rayons β » sont des électrons. Où Rutherford montre qu'une émanation radioactive, gaz de la famille chimique de l'argon, se dégage continuellement du thorium radioactif. Où l'étude de cette émanation lui permet de découvrir une loi fondamentale de la radioactivité, la décroissance exponentielle. Mais où persiste l'énigme : d'où provient l'énergie de la radioactivité ?

DEPUIS PLUSIEURS ANNÉES le *Cavendish Laboratory*, à Cambridge, était le théâtre d'une grande activité : J. J. Thomson et son équipe étudiaient les rayons cathodiques et le passage de l'électricité à travers les gaz. Or en novembre 1895 survient la découverte des rayons X, et l'on observe presque aussitôt que sous l'influence des rayons X l'air devient conducteur de l'électricité. J. J. Thomson propose aussitôt une interprétation de ce phénomène : les rayons X ioniseraient les molécules du gaz, les brisant en deux « ions », l'un positif, l'autre négatif. Reste à confirmer par l'expérience cette interprétation. Or un jeune physicien venant de la lointaine Nouvelle-Zélande est arrivé depuis quelques mois au laboratoire.

ERNEST RUTHERFORD

Ernest Rutherford[64] était né en Nouvelle Zélande le 30 septembre 1871 dans une famille de fermiers. Son père, James Rutherford, avait trois ans lorsque sa famille arriva dans ce nouveau pays, occupé en 1840 par les

Anglais.

La maison dans laquelle grandit le jeune Ernest était dirigée par sa mère, une femme de forte personnalité, active jusqu'à sa mort à quatre-vingt-douze ans, en 1935. Ancienne institutrice, elle aimait lire et jouer du piano. Ernest Rutherford fera toute sa vie une grande consommation de livres, en particulier de romans policiers. Il avait précisément six ans lorsque l'éducation devint obligatoire en Nouvelle-Zélande pour les enfants âgés de six à treize ans. Élève brillant, il obtint en 1887, à l'âge de quinze ans, une bourse pour l'Université de Nelson, le *Nelson College*, qui s'appelle aujourd'hui, noblesse oblige, *Rutherford College*. Il y excella en littérature anglaise, en français, en histoire, en latin, en mathématiques... et en rugby. Deux ans plus tard, il obtenait une bourse de l'Université lui permettant d'entrer à *Canterbury College*, à Christchurch, en Nouvelle-Zélande. Il passait brillamment l'équivalent du baccalauréat de physique et de mathématiques en 1892, puis la maîtrise en 1893. La même année il commençait des recherches sur le magnétisme et la détection des toutes récentes ondes hertziennes, et en 1894 il publiait ses premiers articles dans le journal scientifique local, les *Transactions of the New Zealand Institute*[65]. C'était dès cette époque un jeune homme au caractère affirmé. Toujours prêt à aider ses collègues, il était capable d'en obtenir de l'aide pour ses projets de recherche, grâce à son charme, son rayonnement, sa capacité de persuasion. En 1895, il se classait second dans le concours pour l'obtention d'une bourse de recherche, institué lors de l'Exposition Universelle de 1851, permettant d'aller poursuivre ses études en Angleterre pendant deux ou trois ans. Or des raisons personnelles empêchent le candidat classé premier de partir, si bien que la bourse échoit à Rutherford. Il choisit le *Cavendish Laboratory* à Cambridge, où il arrive en octobre 1895. Jusqu'à la mort de sa mère en 1935, il lui écrira toutes les deux semaines au moins. Nous possédons là un témoignage inestimable, bien qu'une grande partie de cette correspondance ait été perdue.

Au début de son séjour au *Cavendish*, il poursuit ses recherches sur la détection des ondes électromagnétiques, mais en février 1896 J. J. Thomson lui propose d'étudier avec lui le mécanisme par lequel l'air devient conducteur de l'électricité sous l'influence des rayons X. Rutherford confirme rapidement les idées de J. J. Thomson : les rayons X dissocient des molécules du gaz traversé en paires d'« ions » de charges opposées*, à la façon des sels dissous dans l'eau lors d'une électrolyse◊. Un corps chargé électriquement dans le voisinage attire les ions de charge électrique opposée et provoque donc le passage du courant dans le gaz[66]. Rutherford poursuit alors l'étude de cette « ionisation » des gaz par les rayons X, avec la minutie, la rigueur, le souci du moindre détail qui le caractériseront toute sa vie : taux de production, de recombinaison, vitesse de leur déplacement dans les gaz[67].

---

*Dans cette dissociation un électron est arraché à l'atome. Pendant quelque temps, on appela « ion positif » l'atome privé d'un électron et « ion négatif » l'électron, mais le terme d'« ion négatif » fut rapidement réservé aux atomes ayant un électron supplémentaire, et non pas à l'électron.

L'émanation du thorium 33

Rutherford aborde la radioactivité : rayons α et β

En 1898, Rutherford se tourne vers les « rayons de Becquerel ». Il veut savoir si l'« électrisation de l'air » qu'ils provoquent est de même nature que celle des rayons X, ce qu'il confirme rapidement. Ce faisant, il est amené à étudier en détail la pénétration de ces rayons dans différentes substances, et découvre qu'ils sont en fait composés de deux types de radiations différentes : certaines radiations ionisent très fortement les gaz traversés (elles produisent beaucoup d'ions), et sont arrêtées par une simple feuille de carton, tandis que les autres sont à la fois beaucoup plus pénétrantes et beaucoup moins ionisantes :

> Ces expériences montrent que la radiation de l'uranium est complexe, et qu'il existe au moins deux types distincts de radiation — l'un, très facilement absorbé, qu'on appellera par commodité la radiation α, et l'autre, de caractère plus pénétrant, qu'on appellera radiation β[68].

Les « rayons α » et les « rayons β » sont nés. On appelle souvent alors les premiers « rayons peu pénétrants » et les seconds « rayons très pénétrants ».

Les rayons β sont des électrons

La découverte du radium marque un nouveau départ de l'étude de la radioactivité : un échantillon minuscule de radium constitue en effet une source intense et quasi ponctuelle de rayons, ce qui permet des études beaucoup plus fines, pratiquement impossibles avec les radiations très faibles de l'uranium.

Dès 1899, Friedrich Giesel[69], à Braunschweig en Allemagne, ainsi que Stefan Meyer et Egon von Schweidler[70] montrent que certains rayons du radium sont déviés par un champ magnétique, tandis que d'autres ne le sont pas. Becquerel fait de son côté la même observation[71], et remarque que les rayons déviables ont des propriétés semblables aux rayons cathodiques, c'est-à-dire aux électrons. Puis Pierre Curie reprend le problème de façon plus quantitative et constate que les rayons « déviables » sont plus pénétrants que les rayons « non déviables »[72]. En collaboration avec Marie Curie, il montre que la charge transportée est bien négative[73]. Les « rayons déviables » semblent bien être ceux que Rutherford avait appelés « rayons β ».

Becquerel parvient ensuite à évaluer le rapport entre la masse et la charge des rayons « déviables » en mesurant leur déviation par un champ magnétique et par un champ électrique : ce rapport est le même que celui des rayons cathodiques[74,75]. En 1902 enfin le physicien allemand Walter Kaufmann mesure soigneusement ce rapport pour les rayons déviables du radium et confirme qu'il est identique à celui des rayons cathodiques, des électrons[76].

Dès lors la cause était entendue : les rayons β étaient des électrons « de grande vitesse », certainement plus grande que celle des rayons cathodiques, car ils étaient moins déviés par les champs mangnétiques, mais cette vitesse β était mal connue.

Rutherford à Montréal : l'émanation du thorium, la décroissance exponentielle

En 1899 la bourse de Rutherford arrive à son terme. Or un poste de *research professor* (professeur chargé de recherche) vient de se libérer à l'Université McGill de Montréal. Le financement de ce poste ainsi que celui du laboratoire de physique qui lui est attaché est assuré par un millionnaire du tabac, un certain MacDonald. Le salaire n'est pas très élevé, mais le laboratoire passe pour être l'un des mieux équipés au monde. Consulté, J. J. Thomson recommande vivement Rutherford, qui est bientôt nommé *MacDonald Professor of Physics* à l'Université McGill. Il n'a que vingt-huit ans. Dès son arrivée, il reprend ses recherches sur la radioactivité. Pour ne pas perdre de temps, il avait pris soin, avant de quitter l'Angleterre, de faire expédier à Montréal des sels d'uranium et de thorium. Comme il l'expliquera un peu plus tard dans une lettre à sa mère :

> Je dois continuer à avancer, car il y a toujours d'autres personnes sur la même piste. Il faut que je publie mon travail actuel aussi vite que possible afin de rester dans la course. Les meilleurs coureurs sur cette voie de recherche sont Becquerel et les Curie à Paris, qui ont fait pendant les dernières années un travail important sur le sujet des corps radioactifs[77].

Il entame une collaboration avec un autre professeur de l'Université, R. B. Owens, qui avait commencé à étudier l'ionisation de l'air produite par le thorium. Et un jour ils découvrent un phénomène de prime abord surprenant :

> La sensibilité de l'oxyde de thorium à de faibles courants d'air est très remarquable. Le déplacement d'air provoqué par l'ouverture ou la fermeture d'une porte située à l'opposé de l'endroit où est disposé l'appareillage est souvent suffisant pour diminuer considérablement le taux de décharge[78].

Rutherford ne voit qu'une interprétation :

> les composés du thorium émettent continuellement une certaine sorte de particules radioactives qui conservent leur activité plusieurs minutes. Cette « émanation », ainsi nommée pour faire bref, a le pouvoir d'ioniser le gaz dans son voisinage.

Toujours extrêmement prudent, Rutherford ne dit pas qu'il peut s'agir d'un gaz, mais il montre par des expériences minutieuses que cette « émanation » n'est constituée ni par des poussières très fines de thorium, ni par de la vapeur de thorium.

De plus, il remarque un fait essentiel : l'activité de l'« émanation » décroît de façon *géométrique*, nous disons aujourd'hui plus souvent *exponentielle*. Cela signifie que si au bout d'un certain laps de temps, que nous appelons la *période radioactive*◊, l'activité d'un échantillon radioactif est réduite de moitié, elle sera encore réduite de moitié après une nouvelle période radioactive, et ainsi de suite. Selon les mesures de Rutherford, cette période est de 60 secondes pour l'« émanation du thorium », ce qui signifie que l'activité d'un échantillon d'émanation du thorium est réduite à la moitié de sa valeur initiale moitié après une minute, au quart après deux minutes, au huitième après trois minutes. Elle est mille fois plus faible après 10 minutes, un million de fois plus faible après 20 minutes.

La découverte de cette loi de décroissance radioactive est d'une importance considérable : on constatera bientôt que la période radioactive appartient en propre à chaque substance radioactive, elle pourra donc servir à caractériser un corps radioactif, et à déceler sa présence, même en très faible quantité.

Radioactivité « induite », radioactivité « provoquée »

De leur côté, Pierre et Marie Curie font une observation qu'ils communiquent à l'Académie des Sciences le 6 novembre 1899 :

> En étudiant les propriétés des substances fortement radioactives, préparées par nous (le polonium et le radium), nous avons constaté que les rayons émis par ces matières, en agissant sur des substances inactives, peuvent leur communiquer la radioactivité, et que cette radioactivité persiste pendant un temps assez long[79].

Comme Rutherford, ils constatent une décroissance de cette « radioactivité induite » :

> Si l'on soustrait la plaque activée à l'influence de la substance radioactive, elle reste radioactive pendant plusieurs jours. Toutefois, cette radioactivité induite va en décroissant, d'abord très rapidement, puis de moins en moins vite et tend à disparaître suivant une loi asymptotique.

C'est, décrit de façon qualitative, la décroissance exponentielle mise en évidence par Rutherford. En bons expérimentateurs, Pierre et Marie Curie s'assurent eux aussi qu'il ne s'agit pas d'un effet banal, d'une illusion :

> Le but du présent travail a été surtout de rechercher si la radioactivité induite n'était pas due à des traces de matière radioactive qui seraient transportées sous forme de vapeur ou de poussière sur la lame exposée. [...] nous croyons pouvoir affirmer qu'il n'en est pas ainsi et qu'il existe une *radioactivité induite*.

Et cette radioactivité induite a une caractéristique étonnante :

> Nous avons examiné ainsi l'effet des rayons de Becquerel sur diverses substances : le zinc, l'aluminium, le laiton, le plomb, le platine, le bismuth, le nickel, le papier, le carbonate de baryum, le sulfure de bismuth. Nous avons été très surpris de ne point trouver des différences d'ordre de grandeur dans les radioactivités induites dans ces différentes substances qui se comportent toutes de manière analogue.

Comment interpréter ce phénomène ? Peut-on les comparer aux rayons X de Röntgen, que produisent des électrons quand ils frappent un corps ?

> Le phénomène de radioactivité induite est une sorte de rayonnement secondaire dû aux rayons de Becquerel. Cependant ce phénomène est différent de celui que l'on connaît pour les rayons de Röntgen. En effet les rayons

secondaires des rayons de Röntgen étudiés jusqu'ici prennent naissance brusquement au moment où le corps qui les émet est frappé par les rayons de Röntgen et cessent brusquement avec la suppression de ces derniers. Devant les faits dont nous venons de parler, on peut se demander si la radioactivité, en apparence spontanée, n'est pas pour certaines substances un effet induit.

C'est le caractère spontané de la radioactivité, *l'existence d'un effet sans cause*, qui est depuis le début incompréhensible. Pierre et Marie Curie se demandent s'ils ne tiennent pas un début d'explication : il s'agirait tout bonnement d'un rayonnement secondaire, provoqué par un autre rayonnement inconnu. Mais le 22 novembre 1899, Rutherford envoie un deuxième article sur le sujet au *Philosophical Magazine*. Il n'a pas encore lu la communication de Pierre et Marie Curie sur la radioactivité induite, qu'il vient d'observer lui-même :

> Dans certaines conditions les composés du thorium ont la propriété de provoquer une radioactivité temporaire sur toutes les substances solides dans leur voisinage. Les substances rendues radioactives se comportent, au regard de leurs actions photographiques et électriques, comme si elles étaient recouvertes d'une couche de substance radioactive analogue à l'uranium ou au thorium[80].

Rutherford montre alors que cette radioactivité « provoquée » est toujours associée à une « émanation ». Il en mesure la décroissance, et trouve une période de 11 heures environ (il faut 11 heures pour que l'activité soit réduite de moitié), la même pour toutes les substances exposées à la radioactivité, une période beaucoup plus longue que celle de l'émanation (une minute). Après une discussion approfondie, véritable modèle de rigueur et d'imagination, il propose une explication, la seule plausible à ses yeux : la radioactivité provoquée* doit provenir de particules radioactives issues du thorium, sans doute transportées par l'« émanation » :

> Le pouvoir de produire de la radioactivité est étroitement lié à la présence de l'« émanation » des composés du thorium, en quelque sorte il en dépend.

Rutherford observe quelque chose de plus. En l'absence de champ électrique, la radioactivité provoquée est distribuée uniformément sur les parois des corps environnants, mais si un corps est chargé d'électricité négative, il concentre sur lui cette radioactivité provoquée, ce qui suggère qu'elle est associée à des charges électriques positives :

> Tous les composés du thorium que nous avons examinés produisent de la radioactivité sur les substances dans leur voisinage, si les corps ne sont pas chargés [électriquement]. Avec des conducteurs chargés la radioactivité est produite sur le conducteur chargé négativement.

---

*Nous traduisons « excited radioactivity » par « radioactivité provoquée », pour respecter le fait que Rutherford préférait le terme « excited » au terme « induced ». Il expliquera plus tard[81] que le second terme peut donner à penser que ce phénomène est dû à une action à travers l'air, alors qu'il montre que la radioactivité « provoquée » est transportée par des particules chargées positivement. Il s'agit bien cependant du phénomène que Pierre et Marie Curie appellent « radioactivité induite ».

Elster et Geitel : la radioactivité de l'air et de la terre

Une pièce supplémentaire est apportée au dossier par deux physiciens allemands, Julius Elster et Hans Geitel, qui joueront un rôle important dans le domaine de la radioactivité. Julius Elster était né le 24 décembre 1854 à Bad Blankenburg, en Allemagne. Au cours de ses études au lycée il se lia d'amitié avec Hans Geitel, de quelques mois son cadet (né le 16 juillet 1855 à Brunswick). Après des études de physique à l'Université de Heidelberg de 1875 à 1877, puis à Berlin jusqu'en 1878, Elster retourne à Heidelberg, et y obtient son doctorat. Il passe avec succès l'examen qui lui permet de devenir professeur dans l'enseignement secondaire, et obtient un poste à Wolfenbüttel, où Geitel, qui avait passé le même examen en 1879 à Berlin, enseigne depuis un an. Lorsque Elster se marie, il fait construire une maison, et Geitel vient y vivre. Ils installent un laboratoire et commencent bientôt leurs recherches. Ils s'intéressent pour commencer au passage de l'électricité à travers les gaz, et tout particulièrement aux phénomènes électriques dans l'atmosphère, bien avant que la théorie de l'ionisation en donne une explication. En 1889 ils se tournent vers l'effet photoélectrique, domaine dans lequel ils feront des travaux importants.

Dès l'annonce de la découverte de la radioactivité en 1896, ils commencent à travailler sur le sujet. En 1898 ils réfutent expérimentalement une hypothèse de Crookes, selon laquelle la radioactivité serait provoquée par des collisions entre l'atome d'uranium et des molécules de l'air[*]. Elster et Geitel montrent que l'activité de l'uranium est identique dans l'air à la pression atmosphérique, dans le vide, ou dans un récipient sous pression[82]. L'air n'est donc pas responsable de la radioactivité.

Ils tentent ensuite de voir si la radioactivité peut varier dans différentes circonstances : bombardement par des rayons cathodiques, chauffage à des températures variées. Ils mesurent même la radioactivité de l'uranium en altitude, dans les Alpes, et au fond d'un puits de mine (à 852 mètres de profondeur). Comme l'activité de l'uranium est décidément insensible à tout, il en concluent que

> l'atome d'un élément radioactif se comporte comme un composé instable qui devient stable en dégageant de l'énergie. Il est clair que cette conception impliquerait l'idée d'une transformation graduelle d'une substance active en une substance inactive, et logiquement, d'une altération de ses propriétés élémentaires[83].

Et en 1901 ils découvrent qu'en disposant dans l'atmosphère un conducteur électrique relié à la borne négative d'une pile, donc chargé d'électricité

---

[*]En fait cette hypothèse violait le second principe de la thermodynamique, ou principe de Carnot, puisque dans ce cas un corps radioactif pourrait emprunter de l'énergie, et ainsi s'échauffer, aux dépens de l'air ambiant qui ne pourrait que se refroidir : la chaleur s'écoulerait alors spontanément d'un corps vers un autre corps plus chaud. C'est précisément ce qui préoccupait Marie Curie.

négative, il devient radioactif. L'air est donc faiblement radioactif. Ils s'aperçoivent bientôt que la terre l'est également[84].

Elster et Geitel acquirent en quelques années une grande notoriété scientifique. Connus comme les « Castor et Pollux » de la physique, ils faisaient toutes leurs recherches ensemble. En 1899, l'Université de Breslau proposa un poste de professeur de physique à chacun d'eux. Mais, craignant de perdre leur belle indépendance, ils préférèrent rester professeurs au *Gymnasium* de Wolfenbüttel. L'estime et le respect qu'ils suscitaient de la part de la communauté scientifique se manifesta en 1915, avec l'édition, pour leur soixantième anniversaire, d'un épais volume de commémoration, avec des contributions des plus grands noms de la physique allemande : Max Born, Max von Laue, Philip Lenard, Max Planck, Arnold Sommerfeld. Elster mourut le 6 avril 1920 à Bad Harzburg, et Geitel le 15 août 1923 à Wolfenbüttel[85].

Une troisième sorte de rayons : les rayons γ

À la séance du 9 avril 1900 de l'Académie des Sciences est présentée une communication de Paul Villard sur « la réflexion et la réfraction des rayons cathodiques et des rayons déviables du radium ». Sous cette présentation anodine on trouve une « remarque sur le rayonnement du radium » :

> [...] j'ai presque toujours observé qu'au faisceau réfracté se superpose un faisceau à propagation rectiligne. [...] Les faits précédents conduisent à admettre que l'émission du radium contient des radiations très pénétrantes, capables de traverser des lames métalliques, radiations que la méthode photographique permet de déceler[86].

Poursuivant son étude, Villard montre quelques mois plus tard[87] que ces rayons « non déviables » sont 160 fois plus pénétrants que les rayons β. Il pense qu'ils sont semblables aux rayons X, et les appelle « les rayons X du radium ». On les appellera bientôt les *rayons* γ, troisième lettre de l'alphabet grec, après α et β.

L'émanation du thorium est un gaz de la famille de l'argon

De son côté, Rutherford prend des vacances et retourne en Nouvelle-Zélande pour un événement important. Quelque six ans auparavant, alors qu'il était étudiant à Christchurch, il avait loué une chambre chez Mrs Arthur de Renzy Newton, une veuve qui avait quatre enfants. Le jeune Ernest tomba amoureux de la fille aînée, Mary. Ils se fiancèrent, mais il n'était pas question de mariage tant qu'il n'aurait pas de revenus permettant de faire vivre une famille. En 1900, le moment était arrivé : ils se marièrent et revinrent à Montréal. Dès son retour, Rutherford continue à examiner en détail l'« émanation » du thorium. Il s'affirme non seulement comme un physicien hors du commun, mais aussi comme un meneur d'hommes. Il rassemble une petite équipe, dont un jeune chimiste venu d'Oxford, Frederick Soddy. C'est le début d'une collaboration fructueuse. Dans leur article publié en 1901 ils étudient tout d'abord les propriétés chimiques de « l'émanation du thorium [...], [qui] se comporte à tous égards comme un gaz temporairement radioactif ». L'émanation du thorium est soumise à une série de tests chimiques qui conduisent à une conclusion importante :

> On notera que les seuls gaz connus capables de traverser tous les réactifs employés sans changement quantitatif sont les gaz récemment découverts de la famille de l'argon[88].

Remarquons au passage la prudence de Rutherford, et son art de dire les choses : il conduit le lecteur à remarquer lui-même, à conclure lui-même, que *l'émanation est un gaz de la famille de l'argon*.

Tout se complique : la multiplication des « X »

Alors que leur article sur la radioactivité des composés du thorium et sur l'émanation est pratiquement écrit, Rutherford et Soddy découvrent un nouveau phénomène qui, une fois de plus, les déroute. Mais ils ne réécrivent pas pour autant leur article. Ils poursuivent :

> [...] des développements ont été faits sur le sujet, qui modifient complètement l'aspect de toute la question de l'émanation et de la radioactivité[88].

Ils ont observé qu'une quantité donnée de thorium ne dégage pas la même quantité d'émanation selon qu'il s'agit d'un composé chimique ou d'un autre ! Rutherford et Soddy font une analyse chimique par fractionnement, du type de celle qu'avait utilisée Marie Curie, et ils en arrivent à la seule solution possible (car à leurs yeux il est hors de question de remettre en cause la nature atomique de la radioactivité) :

> Il semble y avoir peu de doute sur l'existence effective d'un constituant ThX auquel les propriétés de radioactivité et l'origine de l'émanation peuvent être attribuées.

Et ils ajoutent un peu plus loin :

> La façon dont il se manifeste [...] ressemble au comportement de l'UrX de Crookes.

Ils font allusion à un article du célèbre chimiste anglais sir William Crookes, qui s'était lancé, à soixante-huit ans, dans l'étude de la radioactivité de l'uranium, et qui venait de montrer qu'elle n'était peut-être pas due à l'uranium lui-même, mais à un autre constituant :

> [...] la propriété radioactive attribuée à l'uranium et à ses composés n'est pas une propriété appartenant à cet élément, mais réside dans quelque substance étrangère qui peut en être séparée[89].

Crookes nomme cette substance « uranium X », en abrégé UrX, pour rappeler qu'elle est associée à l'uranium (mais ce n'est pas de l'uranium). Becquerel avait fait dix-huit mois auparavant des expériences semblables : il avait réussi à séparer un sel d'uranium inactif d'une substance notablement plus radioactive mêlée à un sulfate de baryte[90,91]. *Or il avait gardé sa préparation d'uranium inactivé.* Et il constate que l'uranium a retrouvé sa radioactivité originelle :

> J'ai repris l'étude des produits progressivement affaiblis que j'avais préparés il y a dix-huit mois, et, comme je m'y attendais, j'ai trouvé tous ces produits identiques entre eux. [...] Ainsi l'activité perdue a été regagnée spontanément. Par contre, le sulfate de baryte précipité, autrefois plus actif que l'uranium, est aujourd'hui complètement inactif. La perte d'activité, qui est le propre des corps activés ou induits, montre que le baryum n'a pas entraîné la partie essentiellement active et permanente de l'uranium[92].

Le mystère s'épaissit.

« Une énigme, un sujet d'étonnement profond »

L'année 1900 est marquée à Paris par une exposition universelle, et à cette occasion la Société Française de Physique prend l'initiative d'organiser pour la première fois un congrès international de physique. La première circulaire est envoyée en juin 1899 aux physiciens du monde entier, qui répondent en grand nombre. Plus de 800 physiciens sont présents au Grand Palais le lundi 6 août 1900 pour la séance d'ouverture, présidée par Alfred Cornu, tandis que Lord Kelvin est élu par acclamation président d'honneur. Le congrès durera six jours, du lundi 6 au samedi 11 août. Il est organisé en sept sections, qui représentent les grands problèmes de l'heure, dont font partie les rayons cathodiques et les rayons *uraniques*.

Les congressistes furent reçus à l'Élysée par le président de la République ainsi que par le prince Roland Bonaparte dans son hôtel particulier avenue d'Iéna. Ils furent invités à une ascension de la tour Eiffel. Des visites de laboratoires furent organisées ainsi que quelques conférences générales. Parmi celles-ci, deux conférences sur la radioactivité, par Becquerel et Pierre Curie.

La conférence de Becquerel porta sur la radioactivité de l'uranium[93], celle de Pierre Curie, signée de lui-même et de Marie Curie, sur « les nouvelles substances radioactives » et sur les problèmes généraux de la radioactivité[94]. Leur conclusion est un nouveau point d'interrogation :

> Mais la spontanéité du rayonnement est une énigme, un sujet d'étonnement profond. Quelle est la source d'énergie des rayons de Becquerel ? Faut-il la rechercher dans les corps radioactifs eux-mêmes ou bien à l'extérieur ? [...] Dans le premier cas, l'énergie pourrait être empruntée au milieu ambiant sous forme de chaleur, mais une semblable hypothèse serait en contradiction avec le principe de Carnot. Dans le second cas, [...] le radium émettrait d'une façon continue des particules extrêmement petites chargées d'électricité négative. L'énergie utilisable emmagasinée sous forme d'énergie potentielle se dissiperait peu à peu, et cette manière de voir conduirait nécessairement à ne plus admettre l'invariabilité de l'atome.

Chapitre 5

L'écheveau démêlé

Où Rutherford montre que la radioactivité est une transformation d'éléments les uns en les autres : des atomes explosent, projetant avec violence des particules microscopiques. Où l'on voit que l'énergie de la radioactivité provient donc du cœur de l'atome, qui en recèle d'énormes quantités.

DANS LEUR LABORATOIRE de l'Université McGill, Rutherford et Soddy poursuivent, en ce début de l'an 1902, leur travail patient et obstiné. La situation est très embrouillée. À la simple radioactivité constante de l'uranium ou du thorium (ou du radium) se sont superposés toute une série de phénomènes supplémentaires : la radioactivité provoquée, que Pierre Curie appelle radioactivité « induite », l'émanation, la perte, puis la renaissance de l'activité du thorium et de l'uranium. Et il y a le « thorium X », en abrégé ThX, qu'ils ont découvert tout récemment. De même que l'« uranium X » n'est pas de l'uranium, le thorium X n'est pas non plus du thorium, il en diffère chimiquement puisqu'il peut en être séparé par des méthodes chimiques. Rutherford l'appelle ainsi pour rappeler qu'il est associé au thorium. C'est justement lui qui va servir de fil conducteur. Ils étudient soigneusement comment décroît l'activité du ThX, et comment renaît celle du thorium rendu inactif. Ils font une hypothèse :

> [...] on suppose que deux processus ont lieu : 1. Le constituant actif ThX est produit à un taux constant. 2. L'activité du ThX décroît géométriquement avec le temps[95].

Une série de mesures minutieuses confirment cette idée. Attentifs à la question posée de façon récurrente par Pierre et Marie Curie, ils discutent de manière détaillée de l'origine de l'énergie mise en jeu :

Si l'on considère l'énergie mise en jeu, il est nécessaire que l'intensité des radiations d'une source quelconque s'éteigne avec le temps sauf s'il existe une fourniture constante d'énergie pour remplacer celle qui a été dissipée. Cela est avéré pour tous les types connus de radioactivité, si l'on excepte les éléments « naturellement » radioactifs. [...] Dans le cas des trois éléments naturellement radioactifs, il est toutefois évident qu'il doit y avoir un remplacement continu de l'énergie dissipée ; or aucune explication satisfaisante n'a été proposée pour en rendre compte.

Rutherford et Soddy avancent alors une explication de l'ensemble des phénomènes observés : *le thorium produit constamment, par sa radioactivité propre, du « thorium X », qui va disparaître progressivement par radioactivité, mais comme il reste mêlé au thorium, il s'établit un équilibre entre production et disparition du thorium X* :

Le constituant responsable de la radioactivité, une fois séparé du thorium qui le produit, se comporte de la même façon que d'autres substances radioactives habituelles. Son activité décroît géométriquement avec le temps [...] La radioactivité normale se maintient cependant à une valeur constante par une modification chimique qui produit du matériau radioactif frais.

Cette explication leur paraît s'appliquer aussi bien à l'uranium qu'au radium, ce qui leur permet de conclure :

Tous les types de radioactivité peuvent donc être rangés dans la même catégorie.

Ils ne sont pas au bout de leur peine, mais ils ont maintenant en main le fil d'Ariane qui va les guider dans le labyrinthe. *La radioactivité n'est pas un phénomène simple, mais un enchevêtrement de phénomènes qui se superposent.* Les corps radioactifs sont en perpétuelle transformation, émettant des radiations, et donnant naissance à d'autres corps radioactifs qui, à leur tour, vont se transformer. Et pour compliquer encore les choses, chaque transformation se fait à un rythme différent des autres. Les radiations qu'on peut observer sont donc un mélange des radiations de tous ces différents corps. Un écheveau bien emmêlé !

Rutherford insiste sur la nature atomique du phénomène :

Les physiciens les plus éminents travaillant sur ce sujet sont d'accord pour considérer que la radioactivité est un phénomène atomique. M. et Mme Curie, les pionniers de la chimie de ce domaine, ont affirmé [...] que cette idée est à la base de tout leur travail depuis le début, et qu'elle a créé leur méthode de recherche.

De plus, les radiations émises par les corps radioactifs sont de nature *matérielle*, c'est-à-dire qu'il ne s'agit pas d'ondes semblables aux radiations électromagnétiques[◇], comme les radiations lumineuses ou les rayons X :

M. Becquerel, qui le premier a découvert cette propriété pour l'uranium, insiste sur le fait significatif que l'uranium émet des rayons cathodiques. Ces derniers, selon l'hypothèse de Sir William Crookes et du Professeur J. J.

Thomson, sont des particules matérielles dont la masse vaut un millième de celle de l'atome d'hydrogène.

Quant à la radioactivité induite, elle se comporte comme un dépôt d'une certaine sorte de matière radioactive :

> Les recherches présentes ont eu comme point de départ les faits apparus à propos de l'émanation du thorium, et la propriété qu'elle possède d'induire de la radioactivité sur les objets environnants. Dans chaque cas, la radioactivité est apparue comme la manifestation d'une sorte spéciale de matière en quantité minuscule. L'émanation s'est comportée à tous égards comme un gaz, et la radioactivité provoquée qu'elle produit comme un dépôt invisible d'un matériau intensément actif, indépendant de la nature de la substance sur laquelle il était déposé, et qu'on peut retirer par frottement ou par l'action d'acides.

Et après avoir posé soigneusement leurs jalons, Rutherford et Soddy en arrivent à une inévitable conclusion :

> On est ainsi conduit à considérer que la radioactivité est tout à la fois un phénomène atomique et l'accompagnement d'un changement chimique dans lequel de nouvelles sortes de matières sont produites. Ces deux considérations nous forcent à conclure que la radioactivité est la manifestation d'un changement chimique subatomique.

Conclusion tout à fait extraordinaire ! Ainsi de nouvelles sortes de matière, c'est-à-dire, peut-être, de nouveaux éléments, peuvent se créer. Rutherford évite de se prononcer pour l'instant, tout comme il évite le mot de « transmutation », car c'est bien de cela qu'il s'agit : il ne veut pas passer pour un alchimiste. Il s'en tient à la formulation minimale, mais avec une insistance rare : « nous somme forcés de conclure... » L'emploi de la première personne, rare en anglais dans les textes scientifiques, et rarissime chez lui, est ici particulièrement significatif. Enfin, Rutherford et Soddy observent que le thorium « inactivé » (c'est-à-dire séparé du ThX) n'est pas vraiment inactif : il conserve en fait une activité résiduelle qui lui est vraiment propre. Soddy fait la même observation pour l'uranium[96].

Les rayons α revisités

Ce faisant, Rutherford s'intéresse à ces radiations peu pénétrantes, et non déviables par un champ magnétique, que sont les « rayons α ». Jusquelà on y avait porté peu d'attention. On s'intéressait naturellement aux radiations pénétrantes, les « rayons β ». Becquerel avait établi que le rayonnement des corps radioactifs était de même nature que les rayons cathodiques, c'est-à-dire qu'il était constitué d'électrons d'une très grande vitesse, beaucoup plus grande encore que celle des rayons cathodiques[97]. D'ailleurs la radioactivité que Becquerel avait découverte était le fait de « rayons β », car les « rayons α » émis par l'uranium étaient arrêtés par le carton qu'il avait interposé entre l'uranium et la plaque photographique pour protéger celle-ci du soleil.

Rutherford se penche donc sur les « rayons α ». Ce n'est pas facile, car ils sont justement très peu pénétrants, arrêtés par une faible épaisseur de matière, si bien qu'il faut disposer le produit radioactif en une couche extrêmement mince pour qu'ils ne soient pas arrêtés avant même de pouvoir s'échapper dans l'air. En utilisant un aimant plus puissant que celui de Stefan Meyer et Egon R. von Schweidler*, il s'aperçoit que *les « rayons α » sont en fait bel et bien déviables par le champ magnétique d'un aimant*, eux aussi. Ils transportent donc une charge électrique. Rutherford parvient également à produire une faible déviation par un champ électrique, ce qui lui permet d'en déduire un ordre de grandeur de leur masse[98,99]. Il s'aperçoit alors que celle-ci est beaucoup plus grande que celle des électrons, au moins 1 000 fois plus grande, et que leur vitesse est par contre beaucoup plus petite, environ 25 000 km/s. Les « rayons α » s'apparentent donc plutôt à des particules matérielles, de masse assez comparable à celle des atomes ionisés. Ce sont peut-être des atomes d'hydrogène, ou d'hélium. Et comme cette masse est beaucoup plus grande que celle des « rayons β », ils transportent beaucoup plus d'énergie, malgré leur vitesse plus faible.

La radioactivité est une désintégration atomique

Au printemps 1903, Frederick Soddy se voit offrir un poste à Londres, à l'*University College*, dans le laboratoire de Sir William Ramsay, le chimiste célèbre, qui avait isolé, purifié, et identifié comme éléments chimiques nouveaux l'argon en 1894, avec Rayleigh, puis l'hélium, le néon, le krypton et le xénon[100], c'est-à-dire une nouvelle famille d'éléments chimiques occupant une nouvelle colonne ajoutée au tableau de Mendeleev† : ce sont des gaz qu'on appelle aujourd'hui « gaz rares » ou « gaz nobles » (ce sont des gaz inertes, qui ne se combinent ni entre eux ni avec d'autres éléments). Ramsay s'intéressait beaucoup aux « émanations » qui ressemblaient à s'y méprendre à « ses » gaz rares. Avant le départ de Soddy pour l'Angleterre, Rutherford et lui publient plusieurs articles dans lesquels ils font le point de leurs travaux à l'université McGill. Tout d'abord ils réécrivent les deux articles publiés dans le *Journal of the Chemical Society*, et les envoient au *Philosophical Magazine*[101], qui a une audience beaucoup plus étendue, particulièrement parmi les physiciens. Dans le deuxième de ces deux articles, ils font un ajout très important :

> Jusque-là on a supposé, comme l'explication la plus simple, que la radioactivité est précédée par une transformation chimique, dont les produits posséderaient une certaine quantité d'énergie disponible, dissipée au cours du temps. Un point de vue légèrement différent est au moins envisageable, et à certains égards préférable. La radioactivité peut aussi bien accompagner la transformation chimique [...] De ce point de vue, l'activité non séparable du thorium et de l'uranium serait causée par la transformation originale dans laquelle le ThX et UrX sont produits.

---

*Voir p. 33.
†Voir p. 18.

Ce serait donc au cours de la transformation de l'élément thorium (ou uranium) en ce mystérieux ThX (ou UrX) que les rayons seraient émis. La transformation radioactive serait une sorte d'explosion, au cours de laquelle des particules α seraient expulsées de l'atome : une véritable *désintégration* !

L'ÉCHEVEAU DÉMÊLÉ : LES FAMILLES RADIOACTIVES

À l'automne 1903, Rutherford et Soddy publient l'article[102] qui marque la fin de leur collaboration au laboratoire de McGill. Ils rappellent tout d'abord de manière systématique la teneur de leurs travaux, et les résultats importants obtenus. Leurs idées sur la nature de la radioactivité ont décanté. Ils font maintenant un pas de plus :

> [...] il y a toute raison de supposer non pas que l'expulsion d'une particule chargée accompagne la transformation, mais bien que cette expulsion est la transformation.

En d'autres termes, la radioactivité est la façon dont se manifeste à nous une transformation de l'atome. Revenant sur la loi de décroissance radioactive, ils l'expriment de façon simple :

> [...] la proportion de matière radioactive qui se transforme par unité de temps est constante.

Ce qui est une autre façon d'exprimer la loi de décroissance exponentielle. Ils ajoutent :

> La complexité des phénomènes radioactifs est due à l'existence en règle générale de différents types de matière qui se transforment en même temps les uns dans les autres, chaque type ayant une constante radioactive différente.

Quant à la nature de la radioactivité, ce ne peut être qu'une désintégration :

> Puisque la radioactivité est une propriété spécifique de l'élément, le système qui se transforme doit être l'atome chimique, et puisqu'un seul système est impliqué dans la production d'un nouveau système, et tout à la fois de particules chargées, dans une transformation radioactive l'atome chimique doit subir une désintégration.

Maintenant la situation est claire : la radioactivité, c'est la désintégration d'un atome, qui expulse une particule. L'atome résiduel est différent de l'atome initial, il y a eu transformation chimique, transmutation.

Mais Rutherford et Soddy ne se contentent pas de dire que la radioactivité qu'on peut observer est un mélange de plusieurs décroissances radioactives, ils classent en trois familles les substances radioactives qui proviennent de la désintégration de l'uranium, du thorium et du radium. Nous avons ici la première ébauche de ce qu'on appellera bientôt les « familles radioactives ». Évidemment, il y a encore des « X », des émanations dont on ignore la nature, mais la voie est tracée. Le travail des physiciens va être maintenant de compléter ce tableau, d'identifier les différents éléments, de mesurer les

Uranium	Thorium	Radium
⇓	⇓	⇓
Uranium X	Thorium X	Émanation du Radium
⇓	⇓	⇓
?	Émanation du Thorium	Activité induite par le Radium
	⇓	⇓
	Activité induite par le Thorium	idem II
	⇓	⇓
	idem II	idem III

TAB. 5.1 – *Les trois familles radioactives proposées en 1903 par Rutherford et Soddy. Chaque élément connu, (uranium, thorium et radium) est le point de départ d'une succession de transformations radioactives : l'uranium se transforme en uranium X, puis on ne sait pas ; le thorium se transforme en thorium X, qui se transforme à son tour en « émanation du thorium », etc.*

taux de décroissance, etc. Le cadre général ne bougera plus. Comment appeler, se demandent Rutherford et Soddy, ces substances intermédiaires, ces fragments d'atomes,

> qui n'apparaissent que pour un temps limité, se transformant continuellement à leur tour. Leur instabilité est leur principale caractéristique. D'une part, elle empêche leur accumulation en quantité, et en conséquence il est peu probable qu'ils puissent jamais être étudiés par des méthodes ordinaires. D'autre part, leur instabilité et l'expulsion de rayonnement fournissent le moyen par lequel on peut les étudier. Nous suggérons donc le terme *métabolon* pour les désigner.

Ce terme de *métabolon* n'a pas survécu. S'agit-il d'éléments nouveaux ? Visiblement Rutherford, toujours prudent, ne voulait pas en augmenter trop facilement la liste, même avec des points d'interrogation. Il n'avait d'ailleurs aucune donnée expérimentale, ni chimique, ni spectroscopique, qui pût donner à penser qu'il s'agissait d'éléments nouveaux. Ce sont dit-il, des fragments d'atomes, des atomes nouveaux, qui ont une spécificité : une existence éphémère ; en conséquence ils sont présents en quantité bien trop faible pour être identifiés par des méthodes chimiques ordinaires, ou même par des méthodes spectroscopiques. Chacun d'entre eux a cependant une caractéristique bien spécifique : sa période radioactive. Mais de là à penser que ces substances seraient des éléments chimiques nouveaux, il y a un pas que Rutherford se garde bien de franchir.

D'où provient l'énergie de la radioactivité ? L'hypothèse de Rutherford

Rutherford était très attentif au problème de l'énergie mise en jeu par la radioactivité, et qui semblait ne provenir de nulle part. C'était aussi, on le sait, une préoccupation majeure de Pierre et Marie Curie. L'hypothèse de Rutherford est que les atomes possèdent une énergie interne « latente » qui se libère au moment de leur désintégration radioactive. De façon similaire la combustion de l'hydrogène dans l'oxygène dégage de la chaleur, c'est-à-dire de l'énergie, et cette énergie est libérée lorsque deux atomes d'hydrogène s'unissent à un atome d'oxygène pour former une molécule d'eau. Dans ce cas, cependant, il ne s'agit pas d'une désintégration, mais plutôt de l'agrégation de trois atomes en une seule molécule.

Pendant cet automne 1902, Rutherford et Soddy tentent une estimation de l'énergie libérée dans la transformation radioactive du radium. Ils connaissent approximativement la masse et la vitesse des « rayons » émis, qui sont pour eux des particules matérielles, ils en estiment le nombre, et ils en déduisent l'énergie dégagée, qui leur semble énorme : cent millions (10^8) de calories dégagées par un gramme de radium (en supposant qu'il se désintègre totalement), et encore cela n'est qu'une estimation minimale :

> on peut admettre 10^8 calories-gramme par gramme comme l'estimation la plus basse possible de l'énergie de la transformation radioactive du radium. L'union de l'hydrogène et de l'oxygène libère approximativement [4 000] calories-gramme par gramme d'eau produite, et cette réaction libère plus d'énergie que toute réaction chimique connue. L'énergie de la transformation radioactive doit par conséquent être au moins vingt mille fois, et peut-être un million de fois supérieure à l'énergie de toute transformation moléculaire.

Ils calculent ainsi qu'en un an un gramme de radium libère au minimum 15 000 calories-gramme. Cela leur permet d'avancer une explication de l'apparente permanence de la radioactivité du radium, et aussi de l'uranium et du thorium :

> Puisque la radiation α de tous les radio-éléments présente un caractère extrêmement similaire, il apparaît raisonnable de supposer que la faiblesse des radiations de l'uranium et du thorium est due au fait que ces éléments se désintègrent moins rapidement que le radium.[...] nous obtenons le nombre de 6×10^{-10} comme estimation maximum de la proportion d'uranium ou de thorium subissant une transformation par an. Donc dans un gramme de ces éléments moins d'un milligramme se transformerait en un million d'années. Dans le cas du radium cependant, la même quantité doit se transformer par an. La « vie » du radium ne peut par conséquent être supérieure à quelques milliers d'années selon cette estimation minimum.

En d'autres termes, l'uranium et le thorium ne sont pas éternels, mais leur taux de désintégration est très faible : un millième d'un échantillon se désintègre par million d'années, et il faut un ou deux milliards d'années pour que la moitié disparaisse, ce qui explique la permanence apparente observée. Quant au radium, il se désintègre un million de fois plus vite, ce qui donne une estimation de quelques milliers d'années pour la « vie » du radium*.

---

*Le mot « vie » étant pris ici dans le sens de ce qu'on nomme aujourd'hui « période radioactive »$^\diamond$, qui est le temps nécessaire pour que la moitié d'un échantillon se soit désintégré.

Tout en étant grossières, ces estimations ont le bon ordre de grandeur : les valeurs aujourd'hui admises sont de 4,47 milliards d'années pour l'uranium, de 14 milliards d'années pour le thorium, et de 1 600 ans pour le radium.

Ce n'est pas tout. Cela leur suggère une explication d'un tout autre phénomène, la source d'énergie du soleil :

> l'énergie latente dans l'atome doit être énorme en comparaison de celle qui est libérée dans les transformations chimiques ordinaires. [...] Elle doit être prise en compte dans la physique cosmique. Le maintien de l'énergie solaire, par exemple, ne présente plus de difficulté fondamentale si l'énergie interne des éléments qui entrent dans sa composition est considérée comme disponible, c'est-à-dire si des processus subatomiques sont en jeu.

Cela est plus qu'une conjecture hardie. Rutherford était d'ailleurs peu porté à la spéculation abstraite, et encore moins aventureuse. Il constate simplement que l'énergie interne des atomes a sans doute l'ordre de grandeur nécessaire pour être à l'origine de l'énergie du soleil, une énigme non résolue à l'époque, et l'objet de nombreuses controverses.

Au même moment, Pierre Curie, en collaboration avec son jeune assistant Albert Laborde, mesure l'échauffement d'un bain d'eau dans lequel ils ont immergé une ampoule de verre contenant une petite quantité de radium (sous forme de chlorure mélangé à du chlorure de baryum). Le résultat est un nombre considérable :

> 1^g *de radium dégage une quantité de chaleur qui est de l'ordre de 100 petites calories par heure.*
>
> 1 atome-gramme de radium (225^g) dégagerait, pendant chaque heure, $22\,500^{cal}$, nombre comparable à celui de la chaleur dégagée par la combustion dans l'oxygène de 1 atome-gramme d'hydrogène.
>
> Le dégagement continu d'une telle quantité de chaleur ne peut s'expliquer par une transformation chimique ordinaire. Si l'on cherche l'origine de la production de chaleur dans une transformation interne, cette transformation doit être de nature plus profonde et doit être due à une modification de l'atome de radium lui-même. [...] Si donc l'hypothèse précédente était exacte, l'énergie mise en jeu dans la transformation des atomes serait extraordinairement grande.
>
> L'hypothèse d'une transformation continue de l'atome n'est pas la seule compatible avec le dégagement de chaleur du radium. Ce dégagement de chaleur peut encore s'expliquer en supposant que le radium utilise une énergie extérieure de nature inconnue[103].

Ignorons les atomes-gramme, petites calories◊, ou calories-gramme◊, unités de mesure qui ne sont plus employées de nos jours, pour retenir l'essentiel : 225 grammes de radium fournissent autant de chaleur *par heure, et cela de façon qui semble permanente,* que la combustion totale de 22 litres d'hydrogène. Comme Rutherford, Pierre Curie note que cette énergie est très supérieure aux énergies mises en jeu dans les réactions chimiques, et que la radioactivité doit être liée à une transformation profonde de l'atome de radium lui-même. Mais il n'abandonne pas encore l'hypothèse d'un flux d'énergie cosmique que le radium (ainsi que les autres corps radioactifs) serait capable de capter. Pierre Curie s'attache à cette hypothèse parce que ce dégagement d'énergie du radium est permanent, sans qu'on puisse mesurer une diminution quelconque du poids du radium. Il n'a pas encore pris connaissance de l'explication de Rutherford qui est bien ici la clé de l'énigme : *c'est précisément parce que l'énergie dégagée par la désintégration de chaque atome est énorme que cette énergie peut se manifester à notre échelle* alors qu'une infime proportion des atomes de l'élément radioactif s'est désintégrée : en un an à peine 0,04% des atomes de radium, environ un dix-milliardième des atomes d'uranium ou de thorium. *La permanence de la radioactivité de ces éléments n'est en fait qu'une apparence.*

Comment se comparent le résultat des mesures de Pierre Curie et l'estimation de Rutherford ? La désintégration de la moitié d'un échantillon de radium de 1 gramme prend 1 600 ans, donc selon l'estimation de Rutherford il dégagerait une chaleur d'une dizaine de calories-grammes au moins par heure, et peut-être dix ou cent fois plus : cette estimation était ainsi tout à fait compatible avec la mesure de Pierre Curie, qui donne 100 calories par heure.

La théorie de Rutherford et Soddy ne fut pas acceptée immédiatement par tout le monde. J. J. Thomson fut immédiatement convaincu, mais cette idée de transmutation, même si l'on se gardait bien de prononcer le mot, était difficile à admettre, particulièrement pour les chimistes, mais aussi pour Lord Kelvin, qui avait peine à croire qu'une énergie aussi énorme pût être emmagasinée dans l'atome. Il pensait plutôt, comme Pierre Curie, que certains atomes pouvaient absorber des radiations qui traversaient l'espace. Pierre Curie lui-même avait quelque réticence à croire à ces substances dont l'existence n'était attestée que par une radioactivité d'une période donnée.

Mais la théorie de Rutherford était *efficace*, elle apportait une clé pour comprendre la grande complexité des phénomènes radioactifs. En 1904, elle avait triomphé. Cette même année Rutherford publiait son premier livre, *Radioactivity*[104], dédié « en témoignage de respect et d'admiration » à J. J. Thomson. Dans la préface, il précisait son attitude philosophique :

> Les phénomènes présentés par les corps radioactifs sont extrêmement compliqués et sous une forme ou sous une autre une théorie est essentielle pour relier de manière intelligible la masse de faits expérimentaux qui ont maintenant été accumulés. J'ai constaté que la théorie selon laquelle les corps radioactifs subissent une désintégration spontanée est extrêmement utile, non seulement pour corréler entre eux les phénomènes connus, mais aussi pour suggérer de nouvelles lignes de recherche.

Force est de constater, en effet, que sa théorie donne une explication à tous les faits observés, et permet de démêler un écheveau qui semblait jusque-là inextricable.

La preuve concrète de la transmutation

Rutherford et Soddy avaient remarqué que les minerais d'uranium contenaient toujours une certaine quantité d'hélium. L'hélium est un élément qui avait été observé pour la première fois en 1868 par la présence d'une raie jaune brillante dans le spectre° de la lumière solaire par Joseph Norman

Lockyer[105], le fondateur de la revue *Nature*, au cours d'une observation des protubérances solaires faite lors de l'éclipse totale du 18 août 1868. Il attribua cette raie à un nouvel élément qu'il nomma *hélium*, pour souligner son origine solaire. Ce n'est que 27 ans plus tard que William Ramsay observa sa présence dans une variété rare de pechblende originaire de Suède, la clévéite. Il montra qu'il s'agissait d'un gaz inerte, de poids atomique$^\diamond$ 4 (c'est-à-dire quatre fois plus lourd que l'hydrogène), et Crookes montra que son spectre était bien celui de l'hélium de Lockyer.

En 1903, Frederick Soddy rejoint William Ramsay au laboratoire de l'University College de Londres, et tous deux entreprennent bientôt l'étude du spectre de l'émanation du radium. Ils enferment un échantillon de 20 milligrammes de bromure de radium dans un récipient clos, et au bout de quelques mois *ils découvrent qu'il contient de l'hélium*[106].

C'est bien la preuve que l'atome de radium se scinde en expulsant un atome d'hélium. Le résidu est alors nécessairement *un autre élément*. Avec cette observation, c'est la théorie générale des transformations radioactives de Rutherford qui est considérablement renforcée, et qui va dès lors faire autorité.

La radioactivité établie. Les familles radioactives

À partir de cette époque, les bases de la théorie sont acquises. Il reste à identifier chacune des étapes de transformation successives des éléments radioactifs naturels. Le 19 mai 1904 Rutherford est invité à prononcer, devant la *Royal Society* de Londres, la prestigieuse conférence annuelle dite « Bakerian lecture »[107], dont la tradition remonte à 1775 : Henry Baker avait légué une somme de £100 pour qu'une conférence soit prononcée par un *Fellow* de la *Royal Society* « sur telle partie de l'histoire naturelle ou de la philosophie expérimentale, à la date et de la façon qui conviendraient au Président et au Conseil de la *Royal Society* ». Parmi les orateurs précédents, on pouvait noter William Thomson (Lord Kelvin), James Clerk Maxwell, George Darwin, Osbourne Reynolds, Lord Rayleigh. Rutherford fait le point de la théorie des transformations radioactives. La liste des familles radioactives s'est enrichie et précisée.

Certes il reste un long chemin à parcourir pour compléter ces familles radioactives. Il va falloir identifier ces *métabolons*, comme les appelle provisoirement Rutherford, que sont les radium A, B, C, et autres thorium A, B, C, dont la nature est inconnue, et dont le nom ne fait que rappeler leur appartenance à une des familles radioactives. Mais maintenant la voie est bien tracée. Rutherford insiste sur un point qu'il considère comme essentiel : chaque corps radioactif est caractérisé par une durée, sa période radioactive, comme on l'appelle aujourd'hui, qui lui est propre, et qui peut servir à l'identifier sans ambiguïté.

Rutherford allait encore rester trois ans à Montréal. Pendant ces années les résultats furent plutôt des confirmations ou des consolidations. La renommée de Rutherford grandissait de façon continue, et avec elle le nombre d'invitations, dont il devait refuser une grande partie. Le laboratoire McGill

Radium	Thorium	Uranium	Actinium
⇓	⇓	⇓	⇓
Émanation du radium	ThX	UrX	Actinium X ?
⇓	⇓	⇓	⇓
Radium A	Émanation du Thorium	Produit final	Émanation de l'Actinium
⇓	⇓		⇓
Thorium A	Thorium A		Actinium A
⇓	⇓		⇓
Radium C	Thorium B		Actinium B
⇓	⇓		⇓
& c.	Thorium C (produit final)		Actinium C (produit final)

TAB. 5.2 – *Les familles radioactives en 1904. Elles sont quatre maintenant, avec la famille de l'actinium. En peu de temps le nombre des « métabolons » a presque triplé.*

attirait aussi de nombreux chercheurs, parmi lesquels un jeune chimiste allemand dont on entendra parler, Otto Hahn.

En septembre 1906 Rutherford recevait une lettre d'Arthur Schuster, professeur de physique à l'Université de Manchester. D'origine allemande (il était né en 1851 à Francfort dans une famille juive aisée) il était depuis 1887 *Langworthy Professor of Experimental Physics at Owens College* à Manchester, et s'y était taillé une réputation de spectroscopiste et de spécialiste du passage de l'électricité à travers les gaz. À cinquante-cinq ans il désirait se retirer, profiter de sa fortune, et écrire un livre. Et il voulait que son successeur soit celui qu'il considérait comme le plus grand physicien expérimentateur de son temps, Ernest Rutherford. Après une correspondance qui dura quelque six mois, Rutherford accepta, au grand regret de ses collègues de McGill. C'était pour lui une occasion de retourner en Angleterre, et ainsi de se rapprocher des hauts lieux de la physique. En quittant son poste, Arthur Schuster créait une bourse pour permettre le séjour d'un jeune spécialiste de physique mathématique, bourse qui sera utilisée plus tard par un jeune physicien danois promis à un grand avenir, un certain Niels Bohr.

C'est ainsi que le 17 mai 1907, Ernest Rutherford s'embarquait pour le vieux continent.

CHAPITRE 6

Consécrations, deuils :
la fin d'une époque

Où le prix Nobel couronne Henri Becquerel, Pierre et Marie Curie, puis Ernest Rutherford. Où la mort de Pierre Curie, puis celle de Henri Becquerel marquent la fin d'une époque.

LE 10 DÉCEMBRE 1896 l'industriel suédois Alfred Bernhard Nobel mourait à l'âge de 63 ans, dans sa villa de San Remo, léguant presque toute sa fortune (30 millions de couronnes, soit 40 millions de francs de l'époque), à une fondation chargée de décerner chaque année cinq prix afin de récompenser des personnes « qui, au cours de l'année écoulée, auront rendu à l'humanité les plus grands services » dans trois domaines : physique, chimie, médecine ou physiologie[108]. Les deux autres prix devaient être décernés à « l'auteur d'une œuvre littéraire la plus remarquable d'inspiration idéaliste », et « à la personne qui aura le plus contribué au rapprochement entre les peuples, à la suppression ou à la réduction des armées permanentes, à la réunion et à la propagation des congrès de la paix. » Alfred Nobel demandait à l'Académie Royale de Suède de choisir les lauréats pour la physique et la chimie, en sollicitant des propositions des plus grands savants du monde entier. Le lauréat du prix de physiologie ou de médecine devait être choisi par l'Institut Karolinska de Stockholm, celui de littérature par l'Académie de Stockholm, et celui de la paix par une commission de cinq membres élus par le parlement norvégien, le *Storting*. Les prix devaient être remis chaque année par le roi de Suède, à la date anniversaire de la mort d'Alfred Nobel, le 10 décembre. D'emblée il se plaçait à un niveau international, les lauréats devant être choisis sans référence à leur nationalité.

Le prix Nobel acquit immédiatement une notoriété et un prestige que n'ont jamais eus les autres prix décernés dans le monde. Les premiers prix Nobel furent attribués en 1901. Le prix de physique récompensa Conrad Röntgen, pour sa découverte des rayons X. En 1902 il échut à Lorentz et Zeeman.

1903 : LE PRIX NOBEL POUR HENRI BECQUEREL, PIERRE ET MARIE CURIE

En novembre 1903, des télégrammes en provenance de Stockholm annonçaient que le prix Nobel de Physique était attribué pour moitié à Henri Becquerel et pour moitié à Pierre et Marie Curie[109] :

> L'Académie a jugé équitable de partager le prix Nobel de 1903 pour la physique en en décernant la moitié au
>
> **Professeur HENRI BECQUEREL**
>
> pour la découverte de la radio-activité spontanée, et l'autre moitié à
>
> **Monsieur et Madame CURIE**
>
> pour les grands mérites dont ils ont fait preuve dans l'étude des rayons découverts d'abord par Henri Becquerel.

Marie Curie avait soutenu sa thèse quelques mois auparavant, le 25 juin 1903, devant un jury composé de Gabriel Lippmann, Edmond Bouty et Henri Moisan. Elle était intitulée simplement « Recherches sur les substances radioactives ». *C'était la première thèse à être soutenue en France par une femme.* Le soir même, Paul Langevin invitait à dîner les époux Curie, Jean Perrin et sa femme, et enfin Ernest Rutherford et sa femme, de passage à Paris. Paul Langevin avait fait la connaissance de Rutherford au *Cavendish*, où il avait passé un an en 1897–1898, à sa sortie de l'École Normale Supérieure. Ce fut la seule rencontre entre Rutherford et Pierre Curie.

La remise officielle des prix Nobel eut lieu le 11 décembre. Les statuts de la fondation Nobel font obligation aux lauréats de donner dans les six mois une conférence devant l'Académie suédoise. Becquerel s'y rendit avec son épouse et fit un exposé très précis de ses recherches. Mais Pierre et Marie Curie ne purent s'y rendre. Depuis quelque temps ils souffraient d'une grande fatigue, et ils craignaient d'y ajouter celle d'un voyage en train qui prenait alors deux jours. Marie avait accouché quelques mois auparavant d'une petite fille prématurée qui mourut au bout de quelques heures. Pierre souffrait de douleurs articulaires, des « rhumatismes », pensait-il. Ils attribuaient ces maux au fait qu'ils travaillaient durement, ce qui était certes vrai, mais l'idée ne semblait pas les effleurer que leur exposition continuelle à de forts rayonnements pouvait jouer quelque rôle que ce fût dans cette fatigue. Pourtant les effets biologiques dus à la radioactivité avaient été notés dès 1900 par Giesel[110], qui avait observé une rougeur, puis la formation d'une plaie sur son bras, après l'avoir exposé à une source radioactive. Un jour de 1901, Pierre Curie prêta un échantillon de radium à Henri Becquerel, sous forme de chlorure de baryum enfermé dans un tube scellé, lui-même enfermé dans une boîte de carton. Becquerel l'ayant laissé environ six heures dans une poche de son gilet, il s'aperçut ensuite que la peau, sous les vêtements, était rouge. Puis une plaie se forma, qui ne cicatrisa qu'au bout d'un mois. Pierre Curie recommença volontairement la même opération en fixant un échantillon sur son bras. La plaie se cicatrisa au bout de 52 jours. Dans leur communication commune à l'Académie des Sciences, Becquerel et Pierre Curie déclarent :

> Les rayons du radium agissent énergiquement sur la peau ; l'effet produit est analogue à celui qui résulte de l'action des rayons de Röntgen[111].

Et ils soulignent les effets produits sur les mains des expérimentateurs au contact de produits radioactifs :

> En dehors de ces actions vives, nous avons sur les mains, pendant les recherches faites avec les produits très actifs, des actions diverses. Les mains ont une tendance générale à la desquamation ; les extrémités des doigts qui ont tenu les tubes ou capsules renfermant les produits très actifs deviennent dures et parfois très douloureuses ; pour l'un de nous, l'inflammation des extrémités des doigts a duré une quinzaine de jours et s'est terminée par la chute de la peau, mais la sensibilité douloureuse n'a pas encore complètement disparu au bout de deux mois.

Pierre et Marie Curie devaient penser que ces inconvénients étaient seulement locaux. Pierre écrivit à l'Académie de Suède qu'il lui était difficile de se déplacer en raison de ses charges d'enseignement, et c'est l'ambassadeur de France qui reçut le prix des mains du roi de Suède.

Après avoir été remis plusieurs fois, leur voyage en Suède eut lieu en juin 1905, et fut finalement très agréable. Au cours de la conférence que Pierre Curie prononce le 6 juin, il fait plusieurs expériences de démonstration, utilisant du radium et divers appareils et produits apportés de Paris. Puis il rappelle la controverse qui l'a opposé à Rutherford[112]. Pour expliquer l'énorme dégagement d'énergie de la radioactivité, Pierre et Marie Curie avaient, on s'en souvient, émis l'hypothèse que les noyaux radioactifs seraient capables de capter des rayonnements inconnus qui traverseraient l'espace de façon continue. Pierre Curie rend ensuite justice à Rutherford, dont il souligne la hardiesse, une hardiesse que lui-même a considérée un temps comme de la témérité. On voit ici comment deux très grands physiciens peuvent, en raison d'un tempérament différent, et d'une culture différente, avoir une vision différente des choses. Pierre Curie préférait la première hypothèse parce que, en l'absence de données expérimentales convaincantes, elle était pour lui la plus plausible, la plus naturelle, la moins hardie. C'était tout le contraire, visiblement, pour Rutherford. Beau joueur, Pierre Curie constate que la deuxième hypothèse est plus féconde, or la fécondité est la pierre de touche de toute théorie.

Pierre Curie termine sa conférence sur des considérations prémonitoires, marquées par son idéalisme et sa foi dans la science :

> On peut concevoir que dans des mains criminelles le radium puisse devenir très dangereux et ici on peut se demander si l'humanité a avantage à connaître les secrets de la nature, si elle est mûre pour en profiter ou si

cette connaissance ne lui sera pas nuisible. L'exemple des découvertes de Nobel est caractéristique, les explosifs puissants ont permis aux hommes de faire des travaux admirables. Ils sont aussi un moyen terrible de destruction entre les mains des grands criminels qui entraînent les peuples vers la guerre. Je suis de ceux qui pensent avec Nobel que l'humanité tirera plus de bien que de mal des découvertes nouvelles.

La mort de Pierre Curie

Il restait à Pierre Curie moins d'un an à vivre. Le 19 avril 1906, en traversant la rue Dauphine, il

> [...] ne put éviter un camion qui venait du Pont Neuf, et tomba sous les roues. La contusion à la tête fut instantanément mortelle, et ainsi fut détruite l'espérance que l'on pouvait fonder sur l'être merveilleux qui venait de disparaître. Dans le cabinet de travail où il ne devait plus revenir, les renoncules d'eau, qu'il avait rapportées de la campagne, étaient toutes fraîches encore[113].

Ses obsèques eurent lieu dans l'intimité le samedi 21 avril. Le 23, Henri Poincaré, qui présidait la séance de l'Académie des Sciences, prononça son éloge :

> Vous savez quel était l'agrément et la sûreté de son commerce ; vous savez quel charme délicat s'exhalait pour ainsi dire de sa douce modestie, de sa naïve droiture, de la finesse de son esprit. On n'aurait pas cru que cette douceur cachait une âme intransigeante. Il ne transigeait pas avec les principes généreux dans lesquels il avait été élevé, avec l'idéal moral qu'il avait conçu, cet idéal de sincérité absolue, trop haut peut-être pour le monde où nous vivons[114].

Puis, fait exceptionnel, Poincaré fit lever la séance en signe de deuil.

1908 : Le prix Nobel de chimie pour Rutherford

Fin novembre 1908, un télégramme de Stockholm informait Rutherford que l'Académie Royale de Suède lui attribuait le prix Nobel de Chimie « pour ses investigations de la désintégration des éléments, et la chimie des substances radioactives ». Il fut très surpris d'obtenir le prix de chimie et non pas celui de physique, alors que toute son œuvre est celle d'un physicien. Cela fut pour un temps un sujet de plaisanterie de sa part. Mais il est vrai qu'il avait aussi bouleversé l'image que les chimistes se faisaient de l'atome. Il fit le voyage de Stockholm avec sa femme Mary. Sa conférence porta sur « la nature chimique des particules α émises par les substances radioactives », et fut illustrée, comme celle de Pierre Curie, d'expériences de démonstration.

La mort d'Henri Becquerel

Quelques mois auparavant, le 29 juin 1908, Henri Becquerel était élu secrétaire perpétuel de l'Académie des Sciences, et il partait, comme chaque année, pour sa résidence d'été au Croisic. C'est là qu'il devait mourir, le 29 août, après une brève maladie.

La première page de la radioactivité était désormais tournée.

DEUXIÈME PARTIE

Un noyau au cœur de l'atome

> Les atomes, petits dieux. Le monde n'est pas une façade, une apparence. Il est : ils sont. Ils sont, les innombrables petits dieux, ils rayonnent. Mouvement infini, infiniment prolongé.
>
> Henri Michaux, « Difficultés », *Plume*.

CHAPITRE 1

Préhistoire de l'atome

Où l'on parcourt les siècles à la recherche de l'atome, depuis les spéculations d'Épicure jusqu'aux hésitations de l'abbé Nollet. Où l'on assiste à l'apparition des premières manifestations expérimentales, et aux conjectures de Dalton, d'Avogadro et de Prout. Où l'atome, objet modeste et sans structure, se pare des couleurs des raies optiques, et acquiert le droit à une constitution intime.

L'IDÉE QUE LA MATIÈRE soit composée de petites parties insécables, les atomes, nous vient des philosophes grecs des quatrième et cinquième siècles avant Jésus-Christ, Leucippe, Démocrite, Épicure, dont la plupart des écrits sont perdus, mais dont les idées ont été exposées par le poète latin Lucrèce dans son poème *De Rerum Natura*. La doctrine qu'il énonce s'articule autour de quelques grands principes :

> Le principe que nous poserons pour débuter, c'est que rien ne peut être créé de rien [...]
> En outre et réciproquement, la nature résout chaque corps en ses éléments, mais ne le détruit pas jusqu'à l'anéantissement[...]
> Rien donc n'est détruit tout à fait de ce qui semble périr, puisque la nature reforme les corps les uns à l'aide des autres et n'en laisse se créer aucun sans l'aide fournie par la mort d'un autre[1].

Ces principes l'amènent à considérer que la matière est constituée de *primordia rerum*, ces corps primordiaux dont l'assemblage permet de constituer tous les corps. Quand les corps sont détruits, les *corps primordiaux* sont dispersés, et utilisés pour former de nouveaux corps. Eux-mêmes doivent donc être indestructibles et éternels. Des siècles plus tard, les *éléments chimiques* de Lavoisier reprendront la même idée.

Se pose alors le problème de la divisibilité. Peut-elle se faire à l'infini ? Lucrèce répond par la négative :

> Puisqu'il y a une limite extrême où aboutit ce corps élémentaire qui déjà lui-même cesse d'être perceptible à nos sens, ce dernier est évidemment exempt de parties et atteint au dernier degré de petitesse.

Et ce, pour des raisons qui lui paraissent fondamentales :

> S'il n'y a pas de terme dans la petitesse, les corps les plus petits se composeront d'une infinité de parties ; puisque chaque moitié de moitié aura toujours une moitié, et ceci à l'infini. Quelle différence y aura-t-il donc entre l'ensemble des choses et le plus petit élément ? Impossible d'en établir, car si infiniment étendu que soit l'ensemble de l'univers, pourtant les corps les plus petits seront, eux aussi, composés d'une infinité de parties. La juste raison se révolte contre cela et n'admet pas que l'esprit puisse y croire : [...] il existe des corps qui cessent d'être divisibles en parties et qui atteignent aux limites de la petitesse.

Ainsi l'existence d'une limite à la petitesse, et d'éléments primordiaux insécables, les atomes, est une question de bon sens : imaginer que la matière soit divisible à l'infini mène à ce que Lucrèce considère comme une absurdité.

Au XVIIIe siècle : l'abbé Nollet

Sautons les siècles, et les débats pour ou contre les atomes. Au milieu du XVIIIe siècle, l'abbé Nollet est un physicien reconnu, membre de l'Académie Royale des Sciences, de la Société Royale de Londres, et professeur Royal de Physique Expérimentale au collège de Navarre. Ce sont précisément ces derniers cours qu'il réunit en 1743 dans un *Traité de physique expérimentale*[2] qui le rendit célèbre. Il y aborde la question de savoir si la matière est divisible à l'infini, et conclut :

> Quoique j'aie plus de penchant pour admettre les Atomes ou Corpuscules insécables, que pour supposer la matière physiquement divisible à l'infini ; je ne puis dissimuler cependant que l'argument que je viens de citer, tout spécieux qu'il est, n'a point assez de force pour décider de la question, & qu'on ne peut y répondre validement.

La conclusion de l'abbé Nollet est celle d'un physicien moderne : faute d'indications *expérimentales* dans un sens ou dans un autre, il ne tranche pas.

Au début du XIXe siècle : John Dalton, William Prout, Gay-Lussac, Avogadro, Ampère

Jusqu'au XVIIIe siècle l'idée d'atome ne changera guère, et comptera partisans et détracteurs, sans possibilité de les départager. Mais à la fin du siècle se produit une évolution majeure. Antoine Laurent de Lavoisier établit les bases de la chimie moderne en la fondant sur le principe de la conservation des éléments de la conservation de la masse lors des réactions chimiques, ce qu'il montre par un usage systématique de la balance. Le chimiste allemand Jeremias Benjamin Richter montre en 1792 que lors de la formation d'un sel, c'est dans une proportion bien définie que l'acide et la base se combinent. En 1802 Joseph Louis Proust étend cette loi à toutes les combinaisons chimiques. C'est cette fixité des proportions qui va conduire un médecin anglais passionné de chimie, John Dalton, à la fameuse théorie contenue dans son livre *New System of Chemical Philosophy*[3], qu'il publie en 1808 et 1810, et qu'il complète en 1827. Pour Dalton, la loi des proportions définies s'explique naturellement si l'on admet que les éléments simples sont constitués d'atomes invariables qui se combinent entre eux pour former les corps composés. Selon Dalton, toute matière est composée de particules indestructibles, toutes identiques pour un élément donné. Moyennant une hypothèse sur ce qu'on appelle aujourd'hui la « formule chimique », c'est-à-dire les proportions respectives des corps simples qui se combinent pour former des corps composés, il peut calculer les masses relatives des différents atomes. Il suppose par exemple que les « atomes » d'eau (nous disons aujourd'hui *molécule*) sont composés d'un atome d'oxygène et d'un atome d'hydrogène, ce qui lui permet de déduire que l'atome d'oxygène est huit fois plus lourd que celui d'hydrogène*.

En 1808 Joseph Louis Gay-Lussac fait une autre découverte[4] : dans une réaction chimique entre gaz, les *volumes* des gaz mis en jeu sont dans un rapport simple. Par exemple, une litre d'oxygène se combine exactement avec deux litres d'hydrogène pour produire de l'eau, précisément deux litres si elle est sous forme gazeuse. Loi étrange, et qui semble difficile à concilier avec la loi de Proust selon laquelle ce sont les *masses* des éléments qui se combinent dans des rapports simples. Cette contradiction apparente est résolue par Amedio Avogadro qui énonce en 1811 sa fameuse hypothèse : *des volumes égaux de gaz (à même température et pression) contiennent toujours le même nombre de molécules, quel que soit le gaz*[5]. Au même moment, et indépendamment, Ampère arrivait au même résultat[6].

Cette hypothèse, bien nécessaire pour concilier les faits expérimentaux avec la théorie atomique, est de prime abord stupéfiante. On peut comprendre qu'elle n'ait pas été admise facilement, d'autant plus qu'on ne disposait d'aucun moyen de la vérifier, par exemple en déterminant le nombre de molécules de différents gaz dans un volume donné. Autant abandonner la théorie atomique !

Un médecin et chimiste anglais, William Prout, va faire un pas de plus. Il constate[7] que les masses des éléments connus, mesurées soit par lui soit par d'autres chimistes, sont proportionnelles aux masses d'un volume donné de ces éléments (ce qu'on nomme la *masse volumique*) lorsqu'ils se présentent sous forme de gaz, en s'appuyant alors sur ce qu'il appelle « la doctrine des volumes » de Gay-Lussac. Il en déduit naturellement que la masse de chaque atome d'un élément est proportionnelle à cette *masse volumique* qu'il appelle *poids spécifique*. Il arrive ainsi, sous une autre forme, à la même

---

*Dalton prenait l'hypothèse la plus simple. On considère aujourd'hui que la molécule d'eau comprend un atome d'oxygène et deux atomes d'hydrogène, ce qui est symbolisé par la formule H_2O, la masse de l'oxygène est alors 16 fois celle de l'hydrogène.

conclusion qu'Avogadro.

Il calcule alors les masses des atomes de 14 éléments, du carbone à l'iode, et constate qu'elles sont des multiples entiers de la masse de l'hydrogène : le carbone pèse 12 fois plus que l'hydrogène, l'azote 14 fois plus, l'oxygène 16 fois plus, etc. Cela le conduit à proposer une nouvelle idée[8] : *l'hydrogène serait la substance primordiale, dont tous les atomes seraient formés* :

> Si la façon de voir que nous nous sommes risqués à proposer était correcte, on peut presque considérer que la [substance primordiale] des anciens est réalisée dans l'hydrogène.

Pour la première fois on émet l'hypothèse que les atomes sont eux-mêmes riches d'une structure interne.

Mais les atomes existent-ils réellement ?

La réalité concrète des atomes ne fut cependant admise que lentement, plus lentement encore par les chimistes que par les physiciens. En 1853, Adolphe Ganot écrivait dans son *Traité élémentaire de Physique* :

> Les propriétés des corps font voir qu'ils ne sont point formés d'une matière continue, mais d'éléments pour ainsi dire infiniment petits, qui ne peuvent être divisés physiquement, et sont simplement juxtaposés sans se toucher [...]. Ces éléments des corps se nomment atomes[9].

En fait, jusqu'à l'apparition de la théorie cinétique des gaz, la théorie atomique n'avait pas d'incidence sur la physique, elle était une hypothèse somme toute gratuite, spéculation philosophique intéressante n'ayant pas nécessairement de réalité concrète. Mais il en allait autrement pour la chimie, car, selon qu'on employait ou non la notation atomique, les formules des corps étaient différentes, ainsi que leurs masses de référence (« atomique » ou « équivalente »). Et comme l'unanimité était loin d'être faite sur le sujet, il s'ensuivait une grande confusion. C'est précisément dans le but de rechercher un accord sur quelques questions importantes que le chimiste allemand August Kekulé prit l'initiative d'organiser le premier congrès international de chimie, qui se tint à Karlsruhe les 3, 4 et 5 septembre 1860[10]. Il ne permit pas d'obtenir un assentiment général, mais le chimiste italien Stanislao Cannizzaro parvint à convaincre nombre de ses collègues de l'avantage pédagogique de la notation atomique, et celle-ci commença dès lors à s'imposer.

Si l'hypothèse atomique gagne progressivement du terrain, l'hypothèse de Prout est, quant à elle, progressivement abandonnée, car les mesures de masse de plus en plus précises de Berzelius montrent que *les masses ne sont pas des multiples de celles de l'hydrogène*. Pour le chimiste belge Jean Stas la conjecture de Prout n'est, en 1860, qu'une illusion.

1865 : Loschmidt estime la taille des molécules de l'air

Jusque-là l'hypothèse atomique souffrait d'un handicap : on ignorait la taille des atomes, et, les deux choses sont liées, leur nombre dans un certaine quantité de matière. C'est le physicien autrichien Johann Joseph Loschmidt qui le premier proposa une méthode pour estimer cette taille. Dans une communication présentée le 12 octobre 1865 à l'Académie des Sciences de Vienne, Loschmidt part de la valeur du libre parcours moyen des molécules dans l'air, tel qu'il avait été calculé par Maxwell[11], à partir de la viscosité de l'air*. Le libre parcours moyen est la distance que parcourent en moyenne les molécules de l'air entre deux collisions entre elles. Loschmidt montre alors qu'on peut en déduire le diamètre des molécules d'oxygène et d'azote de l'air : un millionième de millimètre. Il sait que cette valeur est approchée, mais il précise que l'ordre de grandeur est le bon[12].

Pour les détracteurs de la théorie atomique de la matière, cette estimation avait cependant un défaut : elle se fondait sur la théorie cinétique des gaz, une théorie qui n'était pas encore acceptée par tous, et qui prenait comme hypothèse de base l'existence d'atomes. Les anti-atomistes pouvaient penser qu'on tournait en rond. En tout cas cette estimation demandait confirmation par d'autres mesures indépendantes.

Les spectres de raies, premiers témoins de la structure interne des atomes

À partir de 1859 Gustav Kirchhoff et Robert Bunsen[†] montrent que la longueur d'onde de la lumière émise par chaque élément, vue au spectroscope, ne contient que des raies ayant certaines valeurs bien précises : chaque élément possède un *spectre de raies* qui lui est propre, qui en est la véritable signature. L'existence de ces spectres de raies devait avoir son origine dans la structure même de l'atome qui le produisait. C'était la première indication concrète de l'existence d'une structure interne de l'atome.

Jean Perrin, avocat de la réalité des atomes

Le 16 février 1901, les étudiants et les Amis de l'Université de Paris sont réunis pour écouter une conférence de Jean Perrin sur « Les hypothèses moléculaires ». À trente ans, Jean Perrin[13], auteur d'une thèse brillante dans laquelle il a montré en 1895 que les rayons cathodiques avaient une charge négative[‡], est depuis deux ans chargé de cours à la Sorbonne. Il présente ce qu'il appelle encore l'« hypothèse des molécules » :

---

*La viscosité d'un fluide, gaz ou liquide, se manifeste par la vitesse avec laquelle il s'échappe par un petit orifice : une baudruche remplie l'hydrogène se vide plus vite qu'une baudruche remplie d'un gaz lourd comme le krypton, plus visqueux. La viscosité des gaz est beaucoup plus faible que celle des liquides (l'air est cent fois moins visqueux que l'eau, elle-même mille fois moins visqueuse que la glycérine), mais tout à fait mesurable.

[†] Voir p. 12.
[‡] Voir p. 16.

> L'hypothèse choisie d'un commun accord, comme étant la plus simple, consiste à admettre que tout corps pur, l'eau par exemple, est en réalité formé par un nombre extrêmement grand de particules matérielles distinctes, *absolument identiques* les unes aux autres, qui définissent le terme extrême de la divisibilité possible de l'eau. Ce sont les molécules du corps[14].

Jean Perrin expose ensuite comment la mesure de la viscosité des gaz a permis la première détermination de la taille des molécules, et comme conséquence celle de leur nombre* :

> Quant au nombre N des molécules contenues par litre dans un gaz, dans les conditions ordinaires de température et de pression, il est, comme on devait s'y attendre, extraordinairement grand. On trouve qu'il doit être égal à 55 milliards de trillions ($5,5 \times 10^{22}$), nombre qui, en raison même de son énormité, ne dit plus rien à l'imagination.

Au cours des années suivantes, Jean Perrin va se consacrer à la détermination du nombre d'atomes dans la matière, et plus précisément du nombre N d'atomes dans une mole$^\diamond$ d'un élément, qu'on appelait à l'époque un « atome-gramme », car c'est le nombre d'atomes contenus dans 1 gramme d'hydrogène, le plus léger des éléments. Naturellement dans un gramme d'hydrogène il y a deux fois moins de molécules, puisque chacune d'elles est constituée de deux atomes d'hydrogène. Donc 2 grammes d'hydrogène contiennent N molécules, de même que 32 grammes d'oxygène, 28 grammes d'azote, car leurs masses atomiques, déterminées chimiquement, sont dans ces rapports. Perrin proposa d'appeler[15] *constante d'Avogadro* ce nombre N qu'on appelle aujourd'hui *nombre d'Avogadro*.

Pour mesurer le nombre d'Avogadro, Perrin utilisera le mouvement brownien, et l'interprétation qu'en avait faite Einstein. Dans un livre célèbre paru en 1913, *Les Atomes*[16], il compare une douzaine de méthodes différentes et tout à fait indépendantes, allant de l'intensité du bleu du ciel à la constante de Planck en passant par la radioactivité et le mouvement brownien. Constatant leur convergence, il concluait :

> On est saisi d'admiration devant le miracle de concordances aussi précises à partir de phénomènes si différents. D'abord, qu'on retrouve la même grandeur, pour chacune des méthodes, [...] puis que les nombres ainsi définis sans ambiguïté par tant de méthodes coïncident, cela donne à la réalité moléculaire une vraisemblance bien voisine de la certitude.

La connaissance de plus en plus précise et certaine du nombre d'Avogadro permettait de connaître la masse réelle des atomes des éléments. Les méthodes chimiques avaient, dès le XIX$^\text{e}$ siècle, permis de déterminer les *rapports* entre les masses des différents éléments, ce qui donnait toutes les masses de façon relative. Si bien que dès qu'une masse était connue, toutes les autres l'étaient également. Cela permettait d'atteindre les dimensions des molécules : en supposant que dans un liquide les molécules sont « au contact » les unes des autres, et sachant que 18 grammes d'eau contiennent N molécules et occupent 18 centimètres cubes, on peut calculer le volume

---

*Voir p. 65.

approximatif occupé par une molécule d'eau, et donc sa taille approximative. Le nombre d'Avogadro est une clé qui ouvre d'un coup bien des portes !

Ses travaux sur la détermination du nombre d'Avogadro vaudront le prix Nobel de physique à Jean Perrin en 1926.

CHAPITRE 2

1897 : les électrons sont dans l'atome

Où la découverte de l'électron, constituant universel de la matière, encourage le libre cours des spéculations, de Paris à Tokyo et de Heidelberg à Cambridge. Où l'on voit J. J. Thomson tout d'abord tenté par l'idée d'un atome constitué de milliers d'électrons, se faire l'avocat de l'atome « plum-pudding ». Où Barkla parvient à compter les électrons dans l'atome. Mais où l'on ne comprend pas pourquoi l'atome ne rayonne pas.

L'ÉTUDE DES RAYONS CATHODIQUES, nous l'avons vu précédemment[*], a culminé en 1897 avec les mesures d'Emil Wiechert, Walter Kaufmann et J. J. Thomson. C'est à ce dernier que l'Histoire a donné la paternité de la découverte de l'électron. Par ailleurs, l'ionisation des gaz traversés par des rayons X, ou par des particules émises par les corps radioactifs, était interprétée comme une ionisation des atomes du gaz, une transformation des atomes en ions, analogues aux ions qu'on connaissait bien en électrolyse. On considérait que l'ionisation consistait à décomposer l'atome en deux ions, l'un positif et l'autre négatif. L'ion positif avait une masse semblable aux masses des ions électrolytiques, c'est-à-dire aux masses des atomes, alors que ceux qu'on appelait des « ions négatifs » avaient une masse beaucoup plus petite : ils ressemblaient à s'y méprendre aux rayons cathodiques, il s'agissait des particules que J. J. Thomson appelait des « corpuscules », dont il avait mesuré la charge électrique et la masse[†] : les électrons.

Ainsi les atomes, dont l'existence n'était même pas encore acceptée universellement, n'étaient pas des objets éternels et insécables, puisque ces

---

[*]Voir p. 15.
[†]Voir p. 16.

minuscules corpuscules d'électricité, ces électrons, pouvaient s'en échapper ! D'ailleurs l'explication par Lorentz de l'effet Zeeman◊ venait confirmer la présence d'électrons dans l'atome. L'atome avait une structure interne, on en avait maintenant la conviction, et cette structure mettait certainement en jeu des électrons. De plus, on savait que dans le phénomène de la radioactivité β des électrons de très grande vitesse étaient expulsés de l'atome. En 1903, il est évident que des électrons sont présents dans l'atome.

L'ATOME SELON PHILIPP LENARD : LES « DYNAMIDES »

En 1903, un nouveau modèle de l'atome est proposé par un physicien allemand, Philipp Lenard. Né en Hongrie en 1862, Lenard avait obtenu un poste de *Privatdozent*, comme assistant de Hertz à Bonn. En 1894, sur la suggestion de Hertz, il fait passer les rayons cathodiques à travers une fine feuille d'aluminium, juste assez solide pour tenir le vide. C'est la fameuse « fenêtre » de Lenard, qui va lui permettre une série d'études originales. Sur l'effet photoélectrique◊, découvert par Hertz, il va faire quelques observations cruciales : le *nombre* d'électrons émis par le métal ne dépend que de *l'intensité* de la lumière, alors que leur *énergie* ne dépend que de la *fréquence*, fait très surprenant qui sera expliqué en 1905 par Einstein.

Dans son modèle de 1903, Lenard part du fait que les rayons cathodiques, les électrons, traversent très facilement la matière[17]. Cela le conduit à décrire l'atome comme un assemblage de ce qu'il appelait des « dynamides », sortes de particules très petites (moins de 3 dix-millièmes de la taille de l'atome, dit Lenard) séparées par de grands espaces vides. Pour Lenard, « l'espace occupé par 1 m^3 de platine métallique est vide, de même que l'espace astronomique est vide », car il est seulement occupé par des dynamides dont le volume total n'excède par pour lui 1 mm^3. Les rayons cathodiques pouvaient donc traverser la matière assez facilement, puisque, selon ce modèle, ils traversaient essentiellement du vide. Les dynamides eux-mêmes étaient dans son esprit des particules neutres constituées par un électron intimement associé à une charge positive.

Lenard obtint le prix Nobel de physique en 1905 pour ses travaux sur les rayons cathodiques. Puis il développa ensuite une véritable paranoïa, accusant le monde entier de lui voler ses idées et ses découvertes. Il n'a ainsi jamais pardonné à Einstein d'avoir expliqué l'effet photoélectrique, qu'il considérait comme « son » effet. Adepte du nazisme, il devint un haut dignitaire du parti nazi, et fut, à partir de 1933, l'un des « théoriciens » de la « science aryenne et allemande » opposée à la « science juive » (qui comprenait la Relativité et la mécanique quantique).

TENTATIVES « NUMÉROLOGIQUES » POUR DÉCRIRE LES SPECTRES DE RAIES : BALMER, RYDBERG

En fait on connaissait bien une manifestation extrêmement nette, mais totalement énigmatique, de la présence d'une structure interne des atomes : il s'agissait de ces spectres de raies si étranges et précis, qui caractérisaient chaque élément. La disposition immuable des raies de différentes couleurs présentait un véritable défi à la compréhension. Faute d'une explication physique, de nombreux physiciens cherchèrent au moins une logique à l'ordonnancement de ces raies. Dans son rapport au Congrès International de Physique de Paris en 1900, le physicien suédois Johannes Robert Rydberg, spécialiste de spectroscopie, fait le point de ces tentatives, qu'on pourrait appeler *numérologiques*, et en cite une quarantaine[18]. L'histoire a retenu celle du mathématicien suisse Johann Jacob Balmer, qui montrait en 1885 que les longueurs d'onde[◇] des quatre raies connues de l'hydrogène, dites H_α, $H_\beta, H_\gamma, H_\delta$, obéissaient à une loi mathématique simple[19] :

$$\lambda = h \frac{m^2}{m^2 - n^2}$$

où h est un nombre déterminé empiriquement, et m et n des nombres entiers petits (2, 3, 4, 5). Rydberg généralise cette loi ainsi : les valeurs des fréquences des raies de l'hydrogène sont égales à la différence des carrés des inverses de deux nombres entiers petits, le tout multiplié par un nombre constant, qu'on appelle encore aujourd'hui la *constante de Rydberg*. Mais on voit bien qu'on en est à un stade tout à fait empirique : personne n'a aucune idée de la signification de ces nombres entiers, ni de cette constante.

Premier modèle de J. J. Thomson : un atome entièrement fait d'électrons

Dès qu'il a identifié les rayons cathodiques à des « corpuscules » chargés, que tout le monde va appeler « électrons », J. J. Thomson entreprend de mesurer leur masse et leur charge. En fait la première quantité qu'il mesure[20], par déflexion électrique et magnétique, c'est le rapport des deux, e/m. Puis il reprend cette mesure et la complète par la mesure directe de la charge de l'électron, en déterminant la vitesse de la chute de gouttelettes d'eau chargées dans l'air, qu'il accélère ou ralentit à volonté en imposant un champ électrique qui s'ajoute au poids ou s'en soustrait[21]. C'est une expérience très difficile, que le physicien américain Robert Millikan reprendra plus tard[22] en utilisant des gouttelettes d'huile, qui ont l'avantage de ne pas s'évaporer dans l'air, ce qui faussait quelque peu les premières mesures.

L'idée de J. J. Thomson est alors que les atomes sont constitués d'électrons. Il sait bien que les électrons sont deux mille fois plus légers que l'atome le plus léger, celui d'hydrogène, si bien que les atomes devraient contenir des milliers d'électrons. Plus ennuyeux, les électrons portent une charge électrique négative, alors que l'atome est neutre. Mais J. J. Thomson pense tout de même que c'est la meilleure hypothèse possible :

> Je considère que l'atome contient un grand nombre de corps plus petits que j'appellerai corpuscules ; ces corpuscules sont égaux entre eux ; la masse d'un corpuscule est la masse de l'ion négatif* du gaz à basse pression, c'est-à-dire environ 3×10^{26} gramme. Dans l'atome normal, cet assemblage

---

*J. J. Thomson appelle ici « ion négatif » l'électron. Voir p. 32, note de bas de page.

de corpuscules forme un système qui est électriquement neutre. Les corpuscules négatifs se comportent comme des ions négatifs, mais quand ils sont assemblés dans un atome neutre, l'effet de leur charge négative est compensé par quelque chose qui fait que l'espace à travers lequel les corpuscules sont répartis se comporte comme s'il avait une charge positive égale en quantité à la somme des charges négatives des corpuscules[23].

On le voit, J. J. Thomson est passablement embarrassé pour neutraliser toute cette charge négative constituée par les électrons. Il s'en tire par une hypothèse assez vague : « quelque chose » modifierait l'espace, qui se comporterait « comme si » une charge positive était présente. En fait, comme il l'écrivait en 1904 dans une lettre à Oliver Lodge[24], il entretiendra pendant quelque temps l'espoir de pouvoir se passer d'électricité positive.

Une spéculation de Jean Perrin : l'atome comme système solaire en miniature

Dans sa conférence aux Amis de l'Université de Paris[*], Jean Perrin insiste sur un fait à ses yeux particulièrement important :

> Mais ce qu'il est essentiel de remarquer, c'est que *les corpuscules négatifs paraissent toujours identiques entre eux, quelle que soit la nature chimique de l'atome dont on les détache*[†].

Et il va plus loin, spéculant sur une structure possible de l'atome :

> Pour la première fois nous entrevoyons un moyen de pénétrer dans la constitution intime de l'atome. On fera, *par exemple*, l'hypothèse suivante, qui concorde avec les faits précédents. Chaque atome serait constitué, d'une part, par une ou plusieurs masses chargées d'électricité positive, une sorte de soleil positif dont la charge serait très supérieure à celle d'un corpuscule, et, d'autre part, par une multitude de corpuscules, sortes de petites planètes négatives, l'ensemble de ces masses gravitant sous l'action de forces électriques, et la charge totale équivalant exactement à la charge positive totale, en sorte que l'atome soit électriquement neutre.

Ce n'est qu'un exemple, comme le souligne Perrin, parmi les modèles qu'on peut concevoir. Il va tout de même jusqu'à calculer les vitesses de révolution des électrons autour de leur « soleil » et il insiste sur le fait que ces rotations ont des fréquences semblables à celles des raies observées en spectroscopie.

Ce modèle d'atome « planétaire » pose malheureusement un grave problème, dont Perrin ne souffle mot : ces électrons qui tournent à toute vitesse sont, selon les lois de l'électromagnétisme, des émetteurs de rayonnement électromagnétique, de véritables petites antennes. Cette énergie émise ne pourrait être empruntée qu'au mouvement des électrons, ce qui devrait provoquer une contraction continue de l'orbite, et les électrons devraient finir par tomber dans un mouvement en spirale sur ce que Perrin appelle « le

---

[*]Voir p. 65.
[†]Les italiques sont de Jean Perrin.

soleil positif ». Pour un tel système planétaire, avec l'essentiel de la masse concentrée en un petit volume, on peut calculer par exemple qu'un atome d'hydrogène disparaîtrait en un dix-milliardième de seconde.

Jean Perrin ne précisera pas cette spéculation hardie par une étude plus approfondie, et il ne publiera plus rien sur le sujet. Le texte de la conférence apparaîtra dans la *Revue Scientifique (Revue rose)*, une revue de bon niveau, mais non pas une revue scientifique spécialisée[14].

Un atome « saturnien » : Hantaro Nagaoka

Quelques années plus tard, en 1904, un physicien japonais, Hantaro Nagaoka, professeur à l'Université Impériale de Tokyo, propose un modèle de l'atome un peu semblable. Il souligne dès l'introduction de son article que le spectre de raies est le phénomène physique qu'il cherche, après d'autres, à expliquer :

> Depuis la découverte de la régularité des spectres de raies la dynamique d'un système matériel pouvant donner lieu à des vibrations spectrales a été un sujet important de discussion entre physiciens. Dans la plupart des travaux entrepris on a cherché à trouver un système qui donnerait naissance à des vibrations en accord avec les formules données par Balmer, par Kayser et Runge, et par Rydberg[25].

Puis il présente son modèle. Il s'agit d'un atome « saturnien », où les électrons formeraient des anneaux :

> Le système consiste en un grand nombre de particules d'égale masse disposées en cercle à des intervalles angulaires égaux, et se repoussant l'une l'autre suivant une loi de force inversement proportionnelle au carré de la distance ; au centre du cercle se trouve une particule de grande masse qui attire les autres particules suivant la même loi.

Il est conscient de la difficulté que nous avons notée pour le modèle de Jean Perrin :

> L'objection à un tel système d'électrons est que le système doit finalement arriver à un état de repos, à la suite de l'épuisement de l'énergie par radiation, si la perte d'énergie n'est pas compensée correctement.

Sans répondre à l'objection, Nagaoka continue l'étude de son système, et écrit les équations qui déterminent la stabilité du système. Nagaoka ne fait que des calculs formels, sans la moindre évaluation numérique. Il se contente de dire, par exemple, que la charge du centre doit être « très grande » devant celle d'un électron. Et il étudie la forme des spectres de vibration. Malheureusement un calcul simple montre qu'un anneau de ce type n'est pas stable vis-à-vis de déplacements d'un électron hors du plan de l'anneau. Cela sans mentionner l'instabilité par rayonnement.

L'atome « plum pudding » de J. J. Thomson

Deux mois auparavant, Joseph John Thomson, reprenant une idée lancée par Lord Kelvin[26], a publié dans *Philosophical Magazine* un article dans lequel il propose un autre modèle, qui diffère à la fois de son premier modèle, et de celui de Nagaoka[27]. Il voit les électrons immergés dans une sphère d'électricité positive. Dans une telle sphère, les électrons sont soumis à deux forces contradictoires : les forces répulsives qui tendent à éloigner les électrons les uns des autres, et la force attractive de la sphère positive qui attire vers son centre chaque électron, mais de plus en plus faiblement à mesure qu'il s'en approche : la force est simplement proportionnelle à la distance entre l'électron et le centre de la sphère. Cette sphère d'électricité positive aurait les dimensions de l'atome. La question principale qui se pose et que discute Thomson est évidemment celle de la stabilité de ce système : comment évolue-t-il dans le temps ? S'il est perturbé d'une façon ou d'une autre, revient-il dans son état initial, ou au contraire cela risque-t-il de provoquer des mouvements chaotiques, propres à faire exploser l'atome ?

Thomson s'inspire d'une expérience d'Alfred Mayer, un physicien connu pour ses montages simples, spectaculaires et pédagogiques, l'expérience des « aimants flottants »[28] : Mayer disposait des aiguilles aimantées fixées sur des flotteurs, et lestées de façon à être verticales, seul le pôle nord (par exemple) sortant de l'eau. Enfin le pôle sud d'un aimant plus puissant est disposé au-dessus de la surface de l'eau. On se trouve alors dans une situation semblable à celle de l'atome de J. J. Thomson, car les pôles des aimants flottants se repoussent les uns les autres suivant une loi en inverse carré de la distance qui les sépare (comme les électrons), alors que l'aimant extérieur les attire suivant une loi proportionnelle à la distance entre chaque petit aimant flottant et le point à la verticale du gros aimant (comme les électrons attirés par le centre de la sphère positive). C'est une sorte de simulation de l'atome de J. J. Thomson, mais à plat, les aimants flottants étant contraints à rester dans un plan, matérialisé par la surface de l'eau. Mayer avait alors constaté une chose curieuse : les aimants flottants ont tendance à former des anneaux concentriques.

Thomson tente alors de construire un modèle d'atome où les électrons seraient organisés en anneaux concentriques de plus en plus grands, et il obtient un mouvement stable des électrons, pouvu que les anneaux soient animés d'une certaine vitesse de rotation : son atome ressemble à un manège !

Mais ces électrons qui tournent devraient rayonner, comme des antennes, donc perdre de l'énergie, cet atome ne peut pas être stable ! Thomson a calculé, dans un article précédent[29], que l'énergie rayonnée par un grand nombre d'électrons situés à des intervalles égaux le long d'un cercle est de plus en plus faible à mesure que croît le nombre d'électrons. Par exemple, pour deux électrons dont la vitesse serait un centième de la vitesse de la lumière, l'énergie rayonnée serait mille fois plus petite que pour un seul électron, et dans le cas de 6 électrons, elle serait 10^{17} fois plus petite. Comme Thomson pense que l'atome contient des milliers d'électrons, l'argument a un poids certain, mais il reste fragile, pas vraiment satisfaisant, puisque les atomes sont tout de même un peu instables.

Enfin, Thomson est conscient que son calcul suppose un atome « plat » (comme le système solaire dans une certaine mesure, d'ailleurs). Que se passe-t-il dans un atome réel, où aucune contrainte imaginable ne force les électrons à rester dans un plan ? Thomson avoue qu'il n'est pas en mesure de traiter le problème mathématiquement :

> Les difficultés analytiques et géométriques du problème de la distribution des corpuscules lorsqu'ils sont disposés en couches sont beaucoup plus grandes que lorsqu'ils sont disposés en anneaux. Jusqu'à présent je n'ai pas réussi à obtenir une solution générale.

Mais il se risque à imaginer la solution, par une extrapolation qui lui semble naturelle :

> Quand les corpuscules ne sont pas contraints à rester dans un plan, mais peuvent se mouvoir dans toutes les directions, ils s'arrangeront d'eux-mêmes en une série de coquilles sphériques concentriques ; en effet nous pouvons voir facilement que, comme dans le cas des anneaux, un nombre quelconque de corpuscules distribués sur la surface d'une coquille sphérique ne sera pas en équilibre stable, à moins qu'il n'y ait d'autres corpuscules à l'intérieur de la coquille, tandis qu'on peut obtenir l'équilibre en introduisant à l'intérieur de la coquille un nombre approprié d'autres corpuscules.

C'est le modèle *plum-pudding* de l'atome, référence au très anglais *pudding*, ce gâteau de Noël à base de farine, d'œufs et de graisse de rognon de veau, dans lequel on ajoute des raisins secs (*plums**) qui représentent les électrons immergés dans un *pudding* chargé positivement. L'atome *plum-pudding* de J. J. Thomson fera référence jusqu'à l'intervention de Rutherford, en 1911. C'est la nouvelle version de la « théorie électronique de la matière ».

CHARLES BARKLA MESURE LE NOMBRE D'ÉLECTRONS DE L'ATOME

Dans son modèle, J. J. Thomson pense au départ que l'atome contient des milliers d'électrons, puisqu'il considère la masse de l'atome comme devant être égale à la somme de celle des électrons. Une donnée essentielle est donc le nombre d'électrons que contient chaque atome. Cette étape cruciale va être bientôt franchie.

On le sait, la découverte des rayons X avait, dès son annonce à la fin de 1895, suscité un très grand intérêt parmi les physiciens. Dès 1897 Jean Perrin avait remarqué que, outre l'effet d'ionisation des gaz que traversaient les rayons X, ceux-ci provoquaient un phénomène particulier lorsqu'ils frappaient une surface métallique[30,31]. Georges Sagnac montrait ensuite que les gaz traversés par les rayons X étaient en fait le siège d'une émission secondaire, une *dissémination*, comme il l'appela, qu'il attribuait soit à une diffusion, soit à une luminescence[32]. Il s'intéressait particulièrement à l'effet produit par les rayons X sur des métaux[33], et il montrait, dans une série d'expériences réalisées en collaboration avec Pierre Curie[34,35], que cette

---

*Il n'y a jamais de prunes dans le *plum pudding* !

émission secondaire provoquée par l'exposition aux rayons X transportait une charge négative : il s'agissait d'électrons. Quant aux autres rayons disséminés, c'était des rayons X, peut-être diffusés par les atomes de gaz, un peu comme les minuscules particules de fumée diffusent la lumière.

En 1902 c'est un physicien de 25 ans qui s'attaque au problème. Charles Barkla vient d'arriver à l'université de Liverpool. Après des études dans cette université, il a travaillé au *Cavendish* sous la direction de J. J. Thomson, et au Kings College. Barkla décide d'étudier les rayons X secondaires produits dans les gaz, un sujet qui va l'occuper toute sa vie.

Il commence à étudier le rayonnement X secondaire produit dans différents gaz soumis à des rayons X (air, hydrogène, hydrogène sulfuré, dioxyde de carbone, dioxyde de soufre). Pour caractériser ces rayons secondaires, il dispose d'un électromètre, qui lui permet de mesurer la présence mais aussi l'intensité des rayons secondaires, et il étudie leur atténuation progressive à la traversée de la matière. L'*absorbabilité* plus ou moins grande de chaque radiation mesurée lui donne ainsi une idée, certes grossière et qualitative, mais infiniment précieuse, de son énergie. Ainsi, muni de son seul électromètre et de feuilles pour mesurer l'absorption des rayons X, Barkla parvient à ce résultat capital : *tous les gaz soumis à des rayons X renvoient des rayons X de caractéristiques identiques à celles des rayons X primaires, et ce rayonnement secondaire est d'autant plus intense que l'atome de gaz est plus lourd*[36].

Barkla mesure alors soigneusement l'atténuation du rayonnement X lorsqu'il traverse l'air, et il trouve que l'intensité diminue de 0,024% par centimètre parcouru[37]. *Or cette atténuation avait été calculée par J. J. Thomson dans le cadre de sa théorie « électronique » de la matière*[38]. Thomson supposait que les rayons X étaient diffusés (ou *disséminés*, comme disait Sagnac) *par les électrons contenus dans les atomes* du gaz. La formule de la « diffusion Thomson » reliait directement l'atténuation du rayonnement X au nombre d'électrons dans un volume donné. Barkla utilise la formule de Thomson pour tirer de ses mesures la première estimation du nombre d'électrons dans un centimètre cube de gaz, qu'il trouve égale à $0,6 \times 10^{22}$, ce qui correspond à une centaine d'électrons par atome d'azote. Cela confirme, dit-il, que les rayons X sont bien réémis par les électrons, et non pas par les molécules du gaz, car il en faudrait, calcule-t-il, cent milliards de fois plus pour obtenir le résultat observé expérimentalement.

La structure de l'atome, c'est devenu la spécialité de J. J. Thomson, qui trouve dans les résultats de Barkla un moyen de déterminer *le nombre d'électrons par atome*. À la méthode de Barkla il ajoute deux autres méthodes utilisant des données tout à fait indépendantes de celles de Barkla : l'indice de réfraction des gaz (c'est-à-dire leur pouvoir de dévier la lumière) et l'atténuation des rayons β à la traversée d'un gaz. Les trois méthodes donnent des résultats très concordants :

> les données disponibles actuellement semblent suffisantes pour permettre de conclure que le nombre de corpuscules n'est pas très différent du poids atomique[39].

L'atome ne contient donc pas des milliers d'électrons comme Thomson lui-même l'avait suggéré peu de temps auparavant. Thomson ne discute pas du tout ce point. Pas un mot non plus du problème lancinant de la stabilité. Et pourtant, avec un si petit nombre d'électrons, son atome ne peut pas être stable.

Cet article marque néanmoins une avancée décisive. C'est la première fois, comme le note Abraham Pais[40], que nous apprenons quelque chose de tangible sur la structure de l'atome, jusque-là essentiellement matière à spéculation : mieux qu'une estimation, on a une véritable mesure du nombre d'électrons contenus dans chaque atome.

Pendant plusieurs années Barkla continue à étudier les rayons X. En 1911 il reprend la discussion de son travail de 1904, dans lequel il avait estimé le nombre d'électrons[41]. En utilisant des valeurs plus précises de la masse et de la charge de l'électron, il estime que :

> Selon la théorie de la diffusion telle qu'elle a été donnée par Sir J. J. Thomson, on est amené à conclure que le nombre d'électrons diffuseurs par atome est environ la moitié du poids atomique dans le cas des atomes légers.

Et il ajoute en note :

> Ceci s'applique aux poids atomiques pas plus grands que 32, avec l'exception *possible* de l'hydrogène.

Ainsi les choses se précisent : le carbone (masse 12) par exemple aurait 6 électrons, l'oxygène (masse 16) 8, le soufre 16, et l'hydrogène un seul.

Chapitre 3

La « diffusion » des particules α permet de voir un noyau dans l'atome

Où l'on observe la déviation de rayons pourtant réputés non déviables. Où l'on peut même les voir rebondir. Où l'aigle de Manchester, alias Rutherford, aperçoit un noyau dans l'atome, malgré son incroyable petitesse. Mais où l'on voit le paradoxe de l'instabilité plus verrouillé que jamais.

EN 1900 MARIE CURIE AVAIT ÉTUDIÉ le pouvoir pénétrant des « particules α » qu'elle appelait encore les « rayons non déviables »[42]. Pour cela elle avait utilisé une source de polonium, qui n'émet justement que des particules α, et avait été surprise de constater que ces « rayons non déviables » perdaient assez brusquement leur pouvoir d'ioniser l'air dès qu'ils avaient parcouru une distance de 4 cm environ. De plus,

> les rayons non déviables sont d'autant plus absorbables que l'épaisseur de matière qu'ils ont déjà traversée est plus grande. Cette loi d'absorption singulière est contraire à celle que l'on connaît pour les autres rayonnements ; elle rappelle plutôt la manière de se comporter d'un projectile, qui perd une partie de sa force vive en traversant les obstacles.

Dans le rapport que Pierre et Marie Curie font au Congrès International de Physique de 1900, dont nous avons parlé plus haut, ils soulignent encore la particularité curieuse de l'absorption des « rayons non déviables »[43].

William Henry Bragg : le freinage des particules α dans la matière

Quelques années plus tard, en 1904, un professeur de physique à l'Université d'Adelaïde, dans le sud de l'Australie, tombe sur l'article de Marie Curie. William Bragg est né le 2 juillet 1862 à Westward, dans le Cumberland, un comté du nord-ouest de l'Angleterre. Après de brillantes études de mathématiques à Cambridge, il entre en 1885 au *Cavendish Laboratory* pour étudier la physique sous la direction de J. J. Thomson, mais la même année, il accepte un poste de professeur en Australie, à l'Université d'Adélaïde. Pendant quelque vingt ans il se consacre presque exclusivement à l'enseignement. Cet article va tout changer :

> Mme Curie décrivait des expériences qui impliquaient que les particules α expulsées de cette façon parcouraient toutes à peu près la même distance.
>
> Cela m'intrigua grandement. Toutes les radiations ordinaires s'atténuent graduellement avec la distance ; les particules α semblaient se comporter comme des balles de fusil tirées sur un morceau de bois. Mais s'il en est ainsi, la particule doit se déplacer en ligne droite dans l'air, comme le fait la balle dans le bois. Mais alors quelques centaines de milliers d'atomes d'air se trouvent nécessairement sur son chemin. Comment passe-t-elle? [...]
>
> Il n'y avait qu'une réponse au problème. La particule doit *traverser* les atomes d'air qu'elle rencontre[44].

Avec l'aide de son assistant Richard Kleeman il reprend l'étude des particules α émises par différents corps radioactifs. Bragg conjecture : *la particule α doit traverser les atomes sans être déviée de sa trajectoire en ligne droite*. Il suppose donc que la différence entre les α et les β est simplement

> que les particules β sont soumises à une déflexion par collision, alors que les particules α ne le sont pas[45].

Nous sommes en 1904. Bragg considère, selon le modèle de J. J. Thomson, que la particule α est constituée de milliers d'électrons, ce qui permet d'expliquer ce comportement :

> [...] dans le cas des rayons α il y a une seule cause d'« absorption ». Le rayon α est un ioniseur très efficace, dépensant rapidement son énergie dans ce processus. L'ionisation d'un atome traversé est bien plus probable que dans le cas d'un rayon β, car le rayon α contient des milliers d'électrons, ce qui rend d'autant plus probables les collisions provoquant une ionisation. Mais une collision entre l'atome en vol du rayon α et l'atome traversé ne peut avoir qu'un effet très faible sur le mouvement d'ensemble de l'atome α.

Il entreprend des expériences avec l'aide de Kleeman, et montre que l'ionisation est approximativement constante le long du parcours, pour s'interrompre brutalement à la fin. Mieux, il utilise du radium en couche très mince, car, contrairement à Marie Curie, il ne dispose pas de source de polonium. La courbe observée est complexe, et semble révéler la présence de trois ou quatre groupes de particules α de vitesses différentes. Bragg propose une interprétation :

> L'atome subit plusieurs transformations successives, et on suppose qu'une particule α est émise lors de quatre de ces transformations. Les particules α émises lors d'une transformation sont probablement projetées avec la même vitesse. Nous devons donc nous attendre à observer quatre courants de particules α, qui ne se distinguent les uns des autres que par leur énergie initiale.

Le fait que, pour chaque substance radioactive, les particules α émises lors d'une désintégration radioactive aient toutes la même vitesse est une découverte importante, qui va jouer un grand rôle par la suite.

L'article est complété par une étude détaillée par lui-même et Kleeman et datée du 8 septembre 1904. Comme Marie Curie l'avait fait quatre ans auparavant, ils notent que :

> la particule α a un pouvoir ionisant plus grand vers l'extrême fin de son parcours[46].

Ils cherchent une explication à ce phénomène :

> La perturbation provoquée par le passage de la particule α à travers un atome doit augmenter au fur et à mesure que sa vitesse diminue. Cette diminution est probablement peu importante sauf à la fin du parcours [...] Il est possible que ce soit à la fin du parcours, quand la perte de vitesse est grande en comparaison de la vitesse résiduelle, que l'influence de cette cause est perceptible. Il est également concevable que, lorsque sa vitesse approche la valeur critique au-dessous de laquelle elle perd son pouvoir de pénétration, la particule n'ait plus une trajectoire rectiligne, et qu'elle soit ballottée de tous côtés, provoquant une ionisation considérable sans pour autant s'éloigner beaucoup de sa source.

Un dernier article sur le sujet est présenté le 6 juin 1904 devant la *Royal Society of South Australia*, et paraît en septembre 1905 dans le *Philosophical Magazine*. Bragg et Kleeman y reprennent les conclusions des articles précédents, en y ajoutant des mesures plus précises des *parcours* des particules α du radium, de l'émanation et du radium A et C, qu'ils donnent à un demi-millimètre près[47].

Le ralentissement des particules α lorsqu'elles traversent différentes matières donna lieu à une série de travaux qui confirmeront les résultats de Bragg[48-50] :
- les particules α émises par une substance radioactive ont toutes la même vitesse,
- le freinage des particules α est à peu près constant (en fait lentement croissant) le long de leur parcours, avant d'augmenter brusquement vers la fin du parcours, puis de tomber rapidement à zéro.

La « diffusion » des particules α

Pendant ce temps la préoccupation centrale de Rutherford, qui est alors à l'Université McGill, est de déterminer de façon incontestable la nature de la particule α. Il pense bien qu'il s'agit d'un atome d'hélium ionisé, mais il n'en a pas encore la preuve indiscutable. Il mesure aussi précisément que possible le rapport e/m entre la charge électrique et la masse de particules α de différentes vitesses, pour s'assurer qu'il est bien le même quelle que soit la vitesse. Dans une conférence faite le 24 mai 1905 à la *Royal Society of Canada*, il salue les résultats de Bragg et Kleeman, et donne au passage le nom de *range* à cette distance parcourue par les particules α dans la matière[51]. Il utilise là un terme issu du vocabulaire militaire, et qui désigne la portée d'une arme à feu*. On retrouve l'image du projectile qu'avait suggérée Marie Curie. Pour Rutherford, la particule α émise lors d'une désintégration radioactive est, selon ses propres termes, « un projectile d'une rare violence ».

Rutherford entreprend de mesurer la vitesse des particules α, par déviation magnétique, après la traversée successive de feuilles minces d'aluminium. Il constate que le « parcours » de Bragg correspond également à la distance au bout de laquelle les particules α cessent d'impressionner la plaque photographique ou de provoquer la phosphorescence d'un écran de sulfure de zinc. Quand elles ont parcouru la distance fatidique déterminée par leur vitesse initiale, elles deviennent inaccessibles à tout moyen de détection, elles disparaissent.

Dans un article daté du 15 novembre 1905, Rutherford note pour la première fois que la tache formée par l'impact des particules après la traversée d'une certaine épaisseur d'air est plus large et plus floue :

> La largeur plus grande et le manque de définition des raies en présence d'air ont été observées dans toutes les autres expériences, ce qui est le signe indubitable d'une certaine diffusion des rayons lors de leur passage dans l'air[52].

Ainsi, après tout, les particules α pourraient être légèrement déviées lors de leur passage à travers la matière. Le 27 février 1906, Rutherford envoie une lettre à l'éditeur de *Philosophical Magazine* dans laquelle il donne le résultat de ses dernières mesures sur le ralentissement des particules α : la plus petite vitesse qu'il ait mesurée après ralentissement est maintenant 43% de la vitesse initiale, et il confirme que la particule α conserve sa masse et sa charge quel que soit le ralentissement[53]. Et le 14 juin 1906, dans un article complet, il mentionne et précise cette « diffusion » due au passage à travers la matière :

> Il y a indubitablement une légère diffusion ou déflexion de la trajectoire de la particule α lors de son passage à travers la matière [...]
>
> La mesure de la largeur de la raie due aux particules α diffusées permet de montrer facilement qu'une partie des rayons α ont été déviés de leur direction d'un angle de 2° environ. Il est possible que certains aient été déviés à des angles beaucoup plus grands ; mais dans ce cas leur action photographique était trop faible pour être détectée sur la plaque[54].

Une déviation de trajectoire d'un angle de 2°, c'est beaucoup pour une particule aussi rapide. Pour Rutherford, c'est le signe de la présence de champs électriques intenses à l'intérieur des atomes :

---

*En français c'est le terme *parcours* qui a été adopté.

> On peut calculer facilement que pour obtenir une déviation de 2° du mouvement de certaines particules α lors du passage à travers la feuille de mica (0,003 cm) un champ électrique transversal d'environ 100 millions de volts par centimètre est nécessaire. Ce résultat montre clairement le fait que les atomes de la matière doivent être le siège de forces électriques très intenses, une conclusion en harmonie avec la théorie électronique de la matière.

Rutherford attachait une importance primordiale à ce phénomène, qui fit l'objet de plusieurs travaux à travers le monde[55-57]. En 1907, lorsqu'il devient professeur de physique à l'Université de Manchester, Rutherford note sur son cahier une liste intitulée « *Researches possible* »[58]. Ce sont des idées d'expériences à tenter, parmi lesquelles on peut lire « *Scattering of α-rays* » (diffusion de rayons α) et « *Number of α rays from radium* » (nombre de rayons α du radium), deux séries de travaux qui vont bouleverser la physique de l'atome.

La nature de la particule α, une question en suspens

Il reste que la nature de la particule α n'est pas encore établie de façon incontestable aux yeux de Rutherford, en particulier la valeur de sa charge. Il fait ainsi le point dans une conférence prononcée le 31 janvier 1908 à la *Royal Institution* :

> Nous pouvons voir la particule α comme un projectile voyageant à une vitesse si grande qu'il plonge à travers chaque molécule rencontrée sur son chemin, produisant au passage des ions chargés positivement et négativement. En moyenne, une particule α brise environ 100 000 molécules avant que s'achève sa violente carrière. Si grande est l'énergie cinétique de la particule α que les collisions avec la matière ne la font sensiblement pas dévier [...] Il y a cependant des signes indiscutables d'un léger changement de la direction de certaines particules α lors de leur passage à travers la matière[59].

Mais si l'on connaît le rapport entre sa charge électrique et sa masse, on ne connaît pas sa masse. On sait seulement, par les mesures de déviation magnétique, que sa masse est celle d'un atome léger. Elle pourrait ainsi avoir deux unités de charge et une masse 4 (c'est-à-dire quatre fois la masse de l'hydrogène), ce serait alors le noyau de l'atome d'hélium qui aurait perdu ses deux électrons. Mais elle pourrait aussi avoir une seule charge et une masse deux. Pour régler cette question il suffirait de déterminer la charge de la particule α, mais il faudrait pour cela disposer d'un instrument permettant de compter les particules *une à une*. Avec un tel instrument Rutherford pourrait compter le nombre de particules émises par une certaine quantité de radium, mesurer la charge électrique globale, et il pourrait enfin déduire la charge électrique d'une particule α.

Le premier compteur « Geiger »

Lors de sa première visite dans le laboratoire de Manchester qu'il va diriger, Rutherford est reçu par un jeune physicien, Hans Geiger, qui lui fait visiter le laboratoire, lui montre les différents équipements, et lui expose les sujets de recherche en cours. Lui-même termine un séjour post-doctoral d'un an, et se prépare à retourner à Erlangen, en Allemagne. Hans Geiger était né le 30 septembre 1882 à Neustadt, dans le Palatinat rhénan, qui faisait alors partie du royaume de Bavière[60]. Il fit toutes ses études à Erlangen, où son père était professeur de langues anciennes, et soutint en 1906 une thèse sur les décharges dans les gaz, sous la direction de Gustav Wiedemann[61], puis partit, en principe pour un an, à Manchester.

Geiger dut plaire à Rutherford, car celui-ci lui proposa de rester quelque temps encore à Manchester pour travailler avec lui. De son côté, Geiger, certainement impressionné par la réputation scientifique de Rutherford, et sans doute séduit par sa personnalité, abandonna ses projets de retour. Il restera cinq ans auprès de Rutherford, dont il devint l'assistant. Hans Geiger était un expérimentateur exceptionnellement doué et rigoureux, avec un appétit presque glouton pour le travail[62]. Son prestige et sa popularité étaient grands dans le laboratoire. Le chimiste Alexander Russel dit de lui dans un discours prononcé en 1950 :

> Geiger était beaucoup trop olympien pour que je le connaisse bien. Aimable sans être docile, distant, il avait l'air de vivre entièrement pour son travail pendant les heures qu'il passait au laboratoire. C'était un magnifique expérimentateur, du type de Sir James Dewar, extraordinairement habile de ses mains. Comme beaucoup d'Allemands, il adorait la bonne musique et les bons dîners[63].

Rutherford pense toujours au *comptage des particules* α une à une, mais la quantité de courant électrique induit par une seule particule est trop faible pour faire dévier un électromètre. Il a calculé que l'ionisation provoquée par une particule α crée environ 20 000 paires d'ions, ce qui, dans les champs électriques utilisés, avec les capacités usuelles, provoquait une saute de potentiel de 6 microvolts, trop faible pour être observée.

Or un physicien qu'il avait autrefois connu au *Cavendish*, et qui était maintenant professeur à Oxford, John Townsend, avait découvert et étudié de manière approfondie un phénomène potentiellement intéressant[64]. On savait, et Rutherford lui-même avait apporté sa contribution, que le passage de l'électricité à travers les gaz exposés par exemple aux rayons X était dû à l'ionisation des molécules, ce qui libérait des électrons et des ions positifs. Le courant observé était dû au déplacement des électrons. Quand on augmentait le champ électrique° le courant augmentait, puis atteignait une valeur constante, on disait qu'on avait atteint le courant de « saturation ». Avec un champ électrique faible, en effet, la vitesse des électrons était faible ; certains pouvaient se recombiner avec un ion positif (un atome qui avait perdu justement un électron), et reformer ainsi un atome neutre. Ce phénomène de recombinaison avait une conséquence indésirable : en raison de la disparition d'une partie des électrons, le courant électrique n'était pas un reflet fidèle du nombre d'électrons produits, donc de l'intensité des rayons X. Cependant, si on augmentait la vitesse des électrons en augmentant le potentiel, le nombre de recombinaisons diminuait, pour disparaître tout à fait. Le courant électrique restait constant, il ne dépendait plus du potentiel. Mais en étudiant particulièrement des gaz à faible pression, Townsend avait montré que si on continuait à augmenter le champ au-delà d'une certaine valeur, le courant se mettait à augmenter de nouveau, car les électrons prenaient une telle vitesse qu'ils pouvaient à leur tour arracher d'autres électrons à des atomes du gaz. Il y avait alors *un phénomène de multiplication des électrons*, par un processus en boule de neige qui fait penser au déclenchement d'une avalanche. On recueillait en fait plus de charges que celles qui avaient été créées, on avait produit une *amplification*.

Ce phénomène d'amplification, connu depuis sous le nom d'« avalanche de Townsend » attira l'attention de Rutherford. Il y avait là, peut-être, une façon d'amplifier le signal électrique provoqué par le passage d'une particule α. De plus, Rutherford a sans doute eu connaissance d'un essai fait par un étudiant de Townsend, P. J. Kikby, avec un appareil en forme de cylindre, où le cylindre d'aluminium joue le rôle de la cathode et un fil central celui de l'anode[65]. Il propose à Geiger de tenter d'utiliser ce phénomène pour construire un compteur, un compteur électrique qui permettrait de détecter les particules α une à une.

Un an plus tard, en 1908, Rutherford et Geiger parviennent à faire fonctionner *le premier compteur*. Après une courte communication à la *Manchester Literary and Philosophical Society* le 11 février, ils font une communication détaillée à la *Royal Society* le 18 juin suivant[66,67]. C'est une étape cruciale dans la détection des rayonnements.

Ce premier compteur, ancêtre des compteurs « Geiger », est constitué par un tube métallique de 25 cm de long, d'un diamètre de 17 mm. Un fil métallique isolé est tendu le long de l'axe du cylindre, et on établit une tension de 1 200 à 1 300 volts entre ce fil, relié à la borne positive d'une pile (ou plutôt de près d'une centaine de piles mises en série), et la paroi extérieure, reliée à la borne négative. Le cylindre est rempli de gaz (air ou gaz carbonique) à une pression réduite (entre 30 et 50 Torr, ou millimètres de mercure, soit entre 4 et 5% de la pression atmosphérique). Lorsqu'une particule α traverse le tube, elle crée sur son passage des paires d'ions-électrons. Les électrons sont attirés par le fil central chargé positivement, tandis que les ions positifs le sont par la paroi extérieure. Beaucoup plus légers, les électrons prennent rapidement une grande vitesse. De plus, la configuration cylindrique fait que le champ électrique$^\diamond$, donc la force d'attraction vers le fil, augmente beaucoup à mesure qu'ils s'approchent du fil. À un certain moment leur énergie est telle qu'ils créent, lors de collisions avec les molécules de gaz, de nouvelles paires ion-électron. Les électrons produits vont à leur tour créer de nouvelles paires, et ainsi de suite. On assiste alors au phénomène de l'avalanche dont nous avons parlé. Dans le premier compteur de Rutherford et Geiger, un électron initial produisait ainsi un millier d'électrons, augmentant d'autant le signal électrique produit sur le fil, et sur l'électromètre relié à ce fil : *le passage d'une seule particule α produisait un mouvement visible de l'électromètre*.

Rutherford touchait à son but : détecter le passage d'une particule, et donc compter les particules α une à une. Cet appareil, ancêtre de tous les compteurs « Geiger » actuels, était certes d'un maniement délicat ; et il fallait entre 10 et 20 secondes après la détection d'une particule pour que la perturbation électrique ait disparu, permettant la détection d'une nouvelle particule. Mais pour la première fois, on *comptait les particules*. On pouvait ainsi détecter le passage *d'une seule particule* ! Magnifique succès, mais Rutherford ne s'intéresse à un instrument, aussi spectaculaire soit-il, que pour les résultats nouveaux qu'il peut apporter à la physique. Cet appareil est aussitôt mis à contribution pour déterminer le nombre de particules α émises par seconde par un échantillon radioactif de radium-C.

La nature de la particule α

Le même jour Rutherford et Geiger font une seconde communication à la *Royal Society*, sur la « charge et la nature de la particule α ». D'emblée ils annoncent :

> Dans l'article précédent, nous avons déterminé par une méthode de comptage direct le nombre de particules α expulsées par seconde par gramme de radium. Ce nombre étant connu, on peut déterminer la charge transportée par chaque particule en mesurant la charge totale transportée par seconde par les particules α expulsées d'une quantité connue de radium[68].

Et après une description minutieuse de leur expérience et de leurs résultats, ils arrivent au résultat tant recherché :

> Si nous prenons en compte l'ensemble des données, nous pouvons conclure avec quelque certitude que la particule α transporte une charge $2e$, et que la valeur de e n'est pas très différente de $4,65 \times 10^{-10}$ u.e.s.$^\diamond$

Ils ajoutent dans une note de bas de page :

> Il est intéressant de noter que Planck a déduit une valeur de $4,69 \times 10^{-10}$ u.e.s.$^\diamond$ d'une théorie générale de la radiation du corps noir.

L'accord ne peut pas être fortuit, évidemment. Rutherford touche enfin au but :

> Nous pouvons conclure qu'une particule α est un atome d'hélium, ou, pour être plus précis, la particule α, une fois qu'elle a perdu sa charge positive, est un atome d'hélium.

Mais ce n'est pas tout. Une fois connue sans ambiguïté la charge de la particule α, il est possible de calculer d'autres grandeurs fondamentales. C'est ainsi qu'ils fixent maintenant à 1 760 ans la période radioactive du radium (la valeur actuellement admise est 1 600 ans). Ils peuvent également déterminer le fameux nombre d'Avogadro de façon tout à fait nouvelle et indépendante des autres méthodes. Or sa valeur coïncide avec les autres déterminations. Ils sont maintenant en terrain solide.

Une autre méthode de comptage : les scintillations

À vrai dire, il existait une autre méthode possible pour compter les particules α une à une. On savait bien que les substances fluorescentes telles que le sulfure de zinc émettaient une faible lumière lorsqu'on les approchait d'une source radioactive. En 1903 William Crookes avait eu l'idée d'observer la surface lumineuse du sulfure de zinc avec un microscope de faible grossissement. Il avait alors remarqué que l'éclairement n'était pas uniforme, mais qu'il était dû à une multitude d'éclairs ponctuels très brefs. Il avait même construit un appareil simple pour observer ces scintillations, appareil qu'il avait nommé le « spinthariscope » (du grec *spintharis*, scintillation)[69]. De leur côté, Elster et Geitel, dont nous avons parlé plus haut, faisaient la même observation[70]. La tentation était grande d'attribuer chaque éclair au passage d'une particule, mais comment être sûr que chaque particule produisait bien un éclair et un seul ?

Dans un cours sur *Les transformations radioactives* fait à l'Université de Yale en 1905, Rutherford passe en revue les moyens de mesure et de détection des rayonnements radioactifs :

> Il y a trois propriétés générales des rayonnements des substances radioactives que l'on a utilisées dans le but de faire des mesures, mettant en jeu (1) l'action des rayonnements sur la plaque photographique, (2) la phosphorescence produite dans certaines substances cristallines, (3) l'ionisation produite par les rayonnements dans un gaz[71].

Son opinion sur la méthode du comptage des scintillations est à cette époque pour le moins prudente :

> La propriété des rayons α de provoquer des scintillations sur un écran recouvert de sulfure de zinc est particulièrement intéressante. On a pu détecter par cette méthode des rayons α émis par des substances faiblement radioactives comme l'uranium, le thorium ou la pechblende. On a utilisé des écrans de sulfure de zinc comme une méthode visuelle pour mettre en évidence la présence de l'émanation du radium et de l'actinium. D'une façon générale on peut dire que la méthode de la phosphorescence, tout en étant très intéressante comme moyen visuel pour examiner les rayons, est cependant très limitée dans son application, car elle n'est que grossièrement quantitative[72].

Mais maintenant qu'il tient, avec le compteur électrique, un moyen d'évaluer la fiabilité de la méthode des scintillations, sa première préoccupation va être de comparer les deux méthodes. Rutherford et Geiger entreprennent donc des mesures comparées. Et c'est une bonne nouvelle :

> Le nombre de scintillations observées sur un écran de sulfure de zinc bien préparé est, aux erreurs expérimentales près, égal au nombre de particules α qui l'ont frappé, tel qu'il a été déterminé par la méthode électrique. On en déduit que chaque particule α produit une scintillation[67].

Il y a donc là deux méthodes tout à fait indépendantes qui donnent des résultats concordants. C'est une magnifique validation croisée. Rutherford va utiliser dès lors exclusivement, pendant plus de 20 ans, la méthode des scintillations, beaucoup plus simple à mettre en œuvre. L'utilisation de cette méthode avait été étudiée de près en 1908 à Berlin par un jeune physicien allemand, Erich Regener, qui cherchait à déterminer la charge d'électricité élémentaire°. Regener mit au point un protocole pour compter les particules par l'observation des scintillations[73]. Il recommandait de travailler dans une pièce faiblement éclairée, et d'utiliser un microscope de grandissement moyen, avec un objectif de grande ouverture, afin d'augmenter la luminosité apparente des éclairs. L'écran devait être faiblement éclairé. À chaque scintillation, le physicien actionnait un contact électrique, qui enregistrait une déviation sur la bande de papier d'un chronographe. Le comptage demandait une grande concentration pour ne pas laisser échapper des scintillations. Les yeux se fatiguaient vite, ce qui nécessitait des périodes de comptages courtes, avec des pauses fréquentes. Dans de bonnes conditions, un observateur bien entraîné détectait jusqu'à 95% des éclairs, quand le nombre de ceux-ci ne dépassait pas une vingtaine par minute environ.

Cette méthode présente de multiples avantages. Tout d'abord, elle permet de détecter les particules α et seulement elles, car ni les rayons β ni les rayons γ ne produisent de scintillations visibles. De plus, sa mise en œuvre, très simple, est fiable et souple. Jusqu'au début des années vingt, elle sera la méthode-reine du comptage des particules α.

Retour sur la diffusion des particules α

Au cours de la mise au point de leur compteur Rutherford et Geiger ont remarqué une légère diffusion des particules α dans le long tube (4 mètres) que celles-ci devaient franchir avant d'être détectées, diffusion due au gaz résiduel dans le tube. Rutherford suggère alors à Geiger d'entreprendre une mesure systématique de la diffusion des particules α à l'aide du comptage de scintillations puisque la méthode est maintenant validée. Le 17 juillet 1908, Rutherford présente devant la *Royal Society* les premiers résultats obtenus par Geiger. Celui-ci a disposé une source de particules α au bout d'un tube de 114 cm. Après avoir parcouru cette distance, les particules doivent passer par une fente étroite avant d'être détectées par les scintillations qu'elles produisent sur un écran disposé 54 cm plus loin. L'ensemble est mis sous vide. Il n'observe aucune diffusion, les particules se propagent en ligne droite. Mais s'il place une feuille d'or ou d'aluminium devant la fente, l'image devient floue :

> Nos mesures montrent de façon directe qu'il existe une diffusion très marquée des particules α lorsqu'elles traversent la matière solide ou gazeuse. On remarquera que certaines particules α, après la traversée d'une feuille très mince, — le pouvoir d'arrêt d'une feuille correspondait à environ 1 mm d'air — ont été déviées d'un angle très appréciable[74].

Hans Geiger reprend ces expériences de façon systématique. Il étudie la déviation des particules α par différents métaux, et pour des épaisseurs variables. Il utilise ainsi des feuilles d'or, car c'est le métal qui provoque la plus forte déviation, et, observant l'effet produit par une ou plusieurs feuilles d'or (jusqu'à 35), il conclut :

> L'angle le plus probable dont une particule α est déviée lorsqu'elle traverse un atome est proportionnel à son poids atomique. Dans le cas de l'or la

valeur de cet angle est d'environ 1/200 de degré[75].

Cette valeur de 1/200 de degré vaut pour la déviation *moyenne* à la traversée d'un seul atome. Au total, la particule α traverse de nombreux atomes, si bien que la déviation peut être un peu plus grande, si plusieurs petites déviations s'ajoutent les unes aux autres. Or Geiger observe, pour les plus grandes épaisseurs d'or traversées, des déviations à des angles de plus de 15 degrés : il faudrait 3 000 déviations, *toutes dans le même sens*, pour produire une telle déviation. Cela est infiniment peu probable, car les déviations successives se font au hasard dans toutes les directions.

Les expériences de Geiger et Marsden

Ces grandes déviations intriguent beaucoup Rutherford. Dans une conférence faite en 1936 à Cambridge, il évoque ses souvenirs :

> Un jour le docteur Geiger vint me voir et dit : « Ne pensez-vous pas que le jeune Marsden, à qui j'enseigne les méthodes de la radioactivité, devrait commencer une petite recherche ? » J'étais bien du même avis, et je dis : « Pourquoi ne chercherait-il pas à voir si certaines particules α sont déviées à de grands angles ? » Je peux vous faire une confidence : je ne croyais pas qu'elles le seraient, puisque nous savions que la particule α était une particule massive, de grande énergie, et qu'on pouvait montrer que si la déviation était le résultat d'une accumulation de petites déviations la probabilité qu'une particule α soit déviée vers l'arrière était très faible[76].

Le « jeune Marsden » était un étudiant de 20 ans, prénommé Ernst, qui venait d'arriver de Nouvelle Zélande. Marsden entreprend cette expérience sous la direction de Geiger. Rutherford poursuit son récit :

> Et je me rappelle Geiger venant me voir deux ou trois jours plus tard en me disant, tout excité : « Nous avons pu observer quelques particules α revenant en arrière... » C'était vraiment l'événement le plus incroyable qui me soit arrivé dans ma vie. C'était presque aussi incroyable que si vous tiriez un obus de 380 mm sur un morceau de papier et qu'il revienne vous frapper.

Le 17 juin 1909, Rutherford présente devant la *Royal Society* le travail de Geiger et Marsden :

> Quand des particules β tombent sur une feuille, un fort rayonnement émerge du côté même de la plaque sur lequel les particules sont tombées. [...] Pour les particules α un tel effet n'a pas été observé, et d'ailleurs on ne s'y attend peut-être pas, en raison de la diffusion relativement faible que les particules α subissent en traversant la matière. Les expériences suivantes montrent cependant de façon concluante l'existence d'une réflexion diffuse des particules α. Une petite fraction des particules α tombant sur une feuille de métal subissent un changement de direction tel qu'elles émergent de nouveau du côté de l'incidence[77].

Geiger et Marsden ont essayé des feuilles de différents métaux : aluminium, fer, cuivre, argent, étain, platine, or et plomb. Ils remarquent que l'effet est plus important avec les métaux les plus lourds. Ils essayent aussi des feuilles de différentes épaisseurs, en empilant des feuilles très minces. Jusqu'à un certain point, l'effet augmente avec l'épaisseur de métal traversée, ce qui prouve bien qu'il ne s'agit pas d'une réflexion de surface, comme la lumière peut être réfléchie par une surface métallique, mais bien d'événements qui se passent à l'intérieur de la feuille :

> Il semble très surprenant que certaines particules α, ainsi que le montre l'expérience, puissent être déviées de 90°, et même plus, à l'intérieur d'une feuille d'or de 6×10^{-5} cm. [...] Trois déterminations différentes ont montré qu'une particule α sur environ 8 000 était réfléchie.

Les grandes déviations sont-elles dues à de multiples petites déviations ?

Comment interpréter un tel phénomène ? Comment comprendre qu'une particule aussi massive et rapide puisse ainsi ricocher, rebondir sur une surface qui semble si tendre ? Si l'atome ressemblait à l'image de Joseph John Thomson, la particule α n'avait en effet à traverser qu'une sorte de gelée chargée positivement (le *pudding*), dans laquelle elle ne rencontrerait que des corpuscules chargés négativement, mais des milliers de fois plus légers qu'elle, bien incapables donc de la renvoyer en arrière. La première idée est celle de la diffusion multiple, la particule α étant déviée d'un petit angle un grand nombre de fois, à chaque traversée d'un atome. Il se trouve que Lord Rayleigh (William Strutt) a calculé dans un but tout différent la déviation moyenne due à la somme de déviations aléatoires[78]. Or selon ce calcul la proportion de particules déviées à des angles supérieurs à 90° devrait être beaucoup plus faible que ce qu'ont observé Geiger et Marsden.

Rutherford invente le noyau

Rutherford réfléchit longuement. Un an plus tard, le 14 décembre 1910, il écrit à son ami Bertram Boltwood :

> J'ai fait ces derniers temps bon nombre de calculs sur la diffusion. Je pense que je peux concevoir un atome très supérieur à celui de J.J. pour expliquer l'arrêt des particules α et β, et en même temps je pense que ses résultats vont concorder de façon extraordinaire avec les valeurs expérimentales. Il rendra compte des particules α réfléchies observées par Geiger, et d'une façon générale, ce sera une bonne hypothèse de travail. Je pense vraiment que nous allons tirer de la diffusion plus d'information sur la nature de l'atome que par n'importe quelle autre méthode d'attaque[79].

La « diffusion » dont il est question ici, c'est évidemment la diffusion des particules α aux grands angles, et J. J. n'est autre que J. J. Thomson. Effectivement, quelque temps plus tard, un jour de 1911, Geiger raconte :

> Il arriva dans mon bureau, visiblement de très bonne humeur, et me dit qu'il savait maintenant à quoi ressemblait l'atome et comment il fallait comprendre les grandes déviations. J'entrepris le jour même une recherche pour vérifier la relation que Rutherford établissait entre l'angle de déviation

et le nombre de particules. En raison de la forte variation de cette fonction
avec l'angle, le travail était relativement facile et on put assez vite établir
au moins de façon approchée la validité de son modèle[80].

Rutherford est arrivé à une conclusion qu'il juge inéluctable. Pour que la
particule α revienne vers l'arrière, il faut nécessairement qu'elle subisse une
très grande poussée de la part d'un objet suffisamment massif. Et cela *au
cours d'un choc unique*, car il est impossible de comprendre le phénomène
par l'addition de plusieurs petites déviations : dans ce cas le nombre de particules déviées vers l'arrière serait beaucoup plus faible. Ces événements sont
donc nécessairement dus à une seule collision entre la particule et un atome.
Mais dans le modèle de référence, le « plum-pudding » de J. J. Thomson,
une collision qui renvoie en arrière une particule α est impossible. Les « corpuscules », c'est-à-dire les électrons, sont beaucoup trop légers, la sphère
chargée positivement est peut-être assez massive, mais la charge positive est
diluée sur un trop grand volume. Reste une possibilité, la seule à laquelle
Rutherford puisse penser : *cette sphère doit être beaucoup plus petite*. Dans
un premier temps, il prend même une hypothèse extrême : toute la charge
positive serait ponctuelle. On est loin de l'atome de J. J. Thomson ! Dans
ce cas les particules α qui s'en approchent suffisamment peuvent effectivement être repoussées en arrière. D'une manière plus précise Rutherford
calcule quelle serait dans un tel cas la proportion des particules déviées à
tel ou tel angle, et il demande à Geiger d'en entreprendre la mesure pour
mettre à l'épreuve son modèle. Les premières mesures entreprises par Geiger
confirment l'hypothèse : la répartition des déviations selon l'angle concorde
avec le calcul de Rutherford, et ce qui pouvait paraître comme une idée
folle prend du poids. Dans une note de deux pages lue devant la *Manchester
Literary and Philosophical Society* le 7 mars 1911, Rutherford présente la
première ébauche de son modèle de l'atome :

> [Il] consiste en une charge électrique centrale concentrée en un point et entourée par une distribution sphérique uniforme d'électricité de signe opposé
> en quantité égale[81].

En avril Rutherford a rédigé un article qui paraît dans la livraison de
mai de *Philosophical Magazine*. Il note d'emblée :

> Étant donné que les particules α et β traversent les atomes, il devrait être
> possible, à partir d'un étude précise de la nature de la déflexion, de se faire
> quelque idée de la constitution de l'atome qui produit de tels effets. En
> fait, la diffusion de particules chargées de grande vitesse par les atomes de
> matière est une méthode d'attaque de ce problème parmi les plus prometteuses. Le développement du comptage une par une de particules α par la
> méthode de scintillation présente des avantages peu communs pour cette
> investigation et les recherches de Hans Geiger par cette méthode ont déjà
> beaucoup ajouté à notre connaissance de la diffusion de particules α par
> la matière[82].

Il présente ensuite son modèle de l'atome de façon plus détaillée, décrit
son calcul des trajectoires des particules, et évalue même la valeur de la

charge positive qu'il place en un point au centre de l'atome. Enfin il discute de la taille de la région de l'espace occupée par cette charge :

> Il est intéressant d'examiner dans quelle mesure les faits expérimentaux jettent quelque lumière sur la question de l'extension de la charge centrale.

Il montre alors de façon précise qu'*on ne peut expliquer les résultats expérimentaux que si les particules α ne traversent pas le domaine occupé par la charge centrale* (sinon la déviation serait moindre). Or les particules s'approchent beaucoup du centre de l'atome, donc cette région centrale est à coup sûr très petite. Rutherford fait une estimation pour un atome dont la charge centrale serait de 100 unités de charge élémentaire, ce qui, pense-t-il, est le cas de l'or (elle a été mesurée peu après, elle est de 79 unités de charge élémentaire). Il trouve que certaines particules s'approchent du centre à 3×10^{-12} cm, trois millièmes de milliardième de millimètre, trois dix-millièmes de la taille de l'atome ! Et de plus, non seulement *toute la charge positive*, mais *presque toute la masse de l'atome* doivent être concentrées dans cette petite région.

Pour l'instant Rutherford n'en dit pas plus. Il remet à plus tard la question sans réponse de la stabilité de l'atome avec une telle structure, qui ressemble beaucoup à celles de Perrin ou Nagaoka, que Rutherford se contente de citer sans s'engager :

> La question de la stabilité de l'atome que nous proposons n'a pas à être considérée à ce stade, car cela dépendra évidemment de la structure précise de l'atome et du mouvement de ses constituants chargés.

C'est que, comme nous l'avons dit à propos de l'image de Jean Perrin, un atome ayant une structure de ce type est *a priori* instable. Si les électrons sont immobiles, ils ne vont pas le rester longtemps : selon un théorème établi en 1842 par Samuel Earnshaw, il n'existe pas d'équilibre statique possible pour un ensemble de particules qui interagissent entre elles suivant une loi de force inversement proportionnelle au carré de la distance[83]. Reste à faire graviter les électrons comme des planètes autour du soleil, mais alors le rayonnement électromagnétique intervient, les électrons doivent rayonner de l'énergie et le système n'est pas stable non plus.

Jusque-là Rutherford a parlé de « petite région », de « charge supposée concentrée en un point ». Dans un article daté du 16 août 1912 et paru en octobre, il emploie, pour la première fois, semble-t-il, le mot latin, donc savant, *nucleus*[84]. Il l'emprunte à la biologie où l'on désigne ainsi le noyau d'une cellule. C'est l'acte de baptême de cet objet étrange, si incroyablement petit, qui rassemble toute la charge positive de l'atome, et presque toute sa masse : *le noyau de l'atome*.

On l'a vu, Rutherford a laissé de côté, et pour cause, la structure de l'atome, car il savait bien que son modèle d'atome n'était pas satisfaisant. Il s'est contenté de dire ce que lui dictaient les faits expérimentaux. Pour lui, en effet, le métier d'expérimentateur est celui d'un *lecteur de la nature*. Et il a lu, de façon indubitable, que l'atome était constitué d'un noyau minuscule entouré d'électrons. Reste le paradoxe du rayonnement. C'est à un jeune physicien danois qu'il reviendra bientôt de trancher le nœud gordien.

Chapitre 4

Dernière touche :
Moseley mesure la charge du noyau

Où Max von Laue apprend à diffracter les rayons X. Où Bragg invente un spectromètre à rayons X. Où le jeune Moseley mesure le rayonnement caractéristique des éléments. Où le vieux numéro atomique de Mendeleev est promu du rang de simple numéro de catalogue à celui de constante physique fondamentale : c'est le nombre de charges électriques que contient le noyau de l'atome.

Barkla crée la spectroscopie X

Nous avons évoqué les travaux fondamentaux de Barkla sur les rayons X, qui ont permis de déterminer le nombre d'électrons de chaque espèce d'atome. Barkla a fait une autre observation d'importance : une partie du rayonnement X secondaire, consécutif au bombardement d'un atome par des rayons X « primaires », n'a pas la même énergie que les rayons X primaires. Ce rayonnement secondaire n'est pas une simple *dissémination*, car son énergie est indépendante de celle du rayonnement primaire : elle est propre à l'élément qui est bombardé[85]. Barkla en fait une liste, élément par élément, donnant chaque fois, non pas l'énergie, qu'il ne peut mesurer, mais le coefficient d'absorption, nombre qui mesure le fait d'être absorbé plus ou moins vite lors de la traversée de matière, et qui doit dépendre étroitement de l'énergie. Il remarque de plus que ces radiations X caractéristiques se comportent en tout point comme une fluorescence$^\diamond$, et observe que ces « radiations de Röntgen fluorescentes » se classent naturellement en deux familles, selon leur pouvoir de pénétration, familles qu'il appelle d'abord B et A, leur préférant ensuite K et L, car, dit-il, il y a sûrement des radiations plus pénétrantes que celles qu'il appelle « K » et moins pénétrantes que celles qu'il appelle « L »[86].

On reste pantois et admiratif devant les résultats de Barkla qui, avec pour seuls moyens expérimentaux une source de rayons X, un électromètre et quelques feuilles d'aluminium, a pu, en quelques années, obtenir une telle moisson de résultats.

La voie est prête pour l'étape suivante, la mesure précise de la longueur d'onde de ces rayons X.

La diffraction des rayons X : Max von Laue, William Henry et William Lawrence Bragg

Dès la découverte des rayons X, plusieurs physiciens tentèrent d'obtenir diffraction° ou interférences°, ce qui aurait immédiatement démontré le caractère ondulatoire des rayons X, mais ces premières tentatives échouèrent. Le physicien français Louis-Georges Gouy[87] radiographia des fils fins sans résultat, ce qui lui permit de fixer une limite supérieure de 50 Ångströms à la longueur d'onde des X*. En 1903 H. Haga et C. H. Wind utilisèrent une fente-source de $15\mu m$ (15 millièmes de millimètre) et une fente de diffraction en triangle, dont la largeur était de de $27\mu m$ à une extrémité et de zéro à l'autre, mais leurs résultats ne furent pas concluants[88]. Enfin en 1909 deux physiciens de Hambourg, B. Walter et R. Pohl, firent une tentative du même genre[89], mais ils ne peuvent que donner une limite supérieure à la longueur d'onde des rayons X, qui pourrait être, selon eux, entre un Ånström et un-dixième d'Åström.

En 1912, le jeune Paul Ewald préparait sa thèse de doctorat au laboratoire de Munich, sous la direction d'Arnold Sommerfeld. C'est dans le cadre de ce travail qu'il demanda un jour conseil à Max von Laue, alors *Privat-Docent* (assistant) à Munich, sur l'analyse mathématique qu'il faisait de la lumière traversant un réseau cristallin. Max von Laue lui demanda ce qui se passerait si la longueur d'onde de la lumière était plus petite que la distance entre les atomes du réseau, ce à quoi Ewald répondit que ses calculs seraient toujours valables dans ce cas. Laue se demanda alors si l'on n'avait pas là un moyen d'obtenir la diffraction des rayons X, et proposa à Walter Friedrich, un assistant de Sommerfeld, de tenter une expérience. Malgré le scepticisme de Sommerfeld, Friedrich fit l'expérience avec l'aide d'un étudiant, Paul Knipping.

Le faisceau de rayons X, défini par une série de fentes, avait une largeur de 1 mm environ et tombait sur un cristal. Des plaques photographiques étaient disposées derrière le cristal, et sur les côtés. Ils utilisèrent d'abord un cristal de sulfate de cuivre, et observèrent une image de diffraction assez floue. Un cristal de blende (sulfure de zinc, de structure cubique, d'aspect cireux et jaunâtre) leur permit d'obtenir une bien plus belle image : au lieu d'une tache simplement floue, on voyait une série de taches disposées géométriquement, montrant indubitablement la diffraction des rayons X provoquée par la traversée du cristal. C'est cette image que von Laue analysa mathématiquement, montrant que les taches de diffraction étaient

---

*Un Ångström est un dix-millionième de millimètre

celles qu'il avait calculées en supposant la présence dans le faisceau incident d'un certain nombre d'ondes de longueur d'onde donnée[90]. Du coup cela lui permettait de déterminer le rapport entre ces longueur d'onde et la distance entre les atomes successifs du réseau cristallin. Il trouve ainsi que les longueurs d'onde des rayons X sont très petites, allant de 3 à 14% de la distance entre deux atomes successifs dans le cristal, qui est d'environ 1Å, un dix-millionième de millimètre.

La prochaine avancée devait venir de Cambridge, où William Henry Bragg, dont nous avons évoqué plus haut les travaux sur le ralentissement des particules α*, et son fils William Lawrence parviennent à obtenir une diffraction des rayons X par *réflexion sur un cristal*[91]. Le « spectromètre X » utilisé ressemblait à un spectromètre optique, à cela près que le prisme était remplacé par un cristal sur lequel les rayons X issus d'une fente se réfléchissaient avant de frapper une plaque photographique ou une « chambre d'ionisation »[92], qui permettait de mesurer l'intensité du rayonnement reçu. Les premiers résultats furent spectaculaires : en déplaçant le détecteur, ils observèrent que l'intensité reçue variait avec l'angle, passant par des « pics » bien définis : il existait bien des raies monochromatiques, superposées à un fond « blanc », mélange de très nombreuses longueurs d'onde. On avait là un moyen direct et simple de mesurer les longueurs d'onde en question, bien plus facilement qu'avec le système de von Laue. Le nouveau spectromètre à rayons X ouvrait alors deux voies à la physique : l'étude des raies X émises par les différents éléments, et l'étude de la structure des réseaux cristallins. William Henry, le père, s'intéressa dès lors surtout à la première, et William Lawrence, le fils, à la seconde.

Henry Moseley mesure la charge des noyaux

Dès la publication des résultats de von Laue, Friedrich et Knipping, un jeune physicien de Manchester s'intéresse activement à la diffraction des rayons X. Il s'agit de Henry Gwyn Jeffreys Moseley. Né en 1887, il a fait ses études à Oxford, où il a soutenu sa thèse, pour rejoindre ensuite Rutherford à Manchester. Il reprend le dispositif de Friedrich et Knipping, puis adopte celui de Bragg, et publie un premier article en 1913, en collaboration avec Charles Galton Darwin, le théoricien de Manchester, petit-fils du père de la théorie de l'évolution des espèces. La réflexion « sélective » qu'ont découverte les Bragg intéresse particulièrement Moseley, qui détaille les difficultés expérimentales :

> Le rapport de la réflexion sélective à la réflexion générale augmente beaucoup quand on limite la largeur des fentes, augmentant ainsi le parallélisme du faisceau primaire. Malheureusement une très petite rotation du cristal supprime toute trace de l'effet sélectif. Il s'est donc avéré nécessaire de faire des mesures pour des positions du cristal de 5' en 5' d'arc entre 10° et 14°[...][93]

---

*Voir p. 80.

Ce travail préliminaire lui ayant permis de prendre la dimension du problème, Moseley entreprend de mesurer les longueurs d'onde des rayons X que Barkla avait appelé « rayonnement caractéristique » de chaque élément. Il mesure les longueurs d'onde du rayonnement caractéristique de douze éléments: calcium, scandium, titane, vanadium, chrome, manganèse, fer, cobalt, nickel, cuivre et zinc[94]. Dans tous les cas il trouve deux raies de haute fréquence, qu'il nomme α et β, et il observe que leurs longueurs d'onde diminuent régulièrement lorsque la masse atomique augmente.

C'est alors la grande découverte. Moseley dresse un tableau dans lequel il note pour chaque élément les fameux angles caractéristiques, les longueurs d'onde α et β correspondantes, la masse atomique (on disait à l'époque « poids atomique »), le numéro atomique, et une quantité Q, calculée à partir de la longueur d'onde*.

Le numéro atomique n'est encore ici que le numéro d'ordre de chaque élément dans la classification de Mendeleev, l'ensemble des éléments connus étant classés par ordre de masse croissante (avec quelques exceptions). C'est en faisant ce classement que Mendeleev avait observé des régularités dans les propriétés chimiques des différents éléments[†]. Le numéro atomique n'était donc encore en 1913, qu'un numéro de nomenclature, n'ayant pas de sens physique (ou chimique) particulier. Mais Moseley observe une chose étonnante:

> On peut voir immédiatement que Q augmente d'une quantité constante en passant d'un élément au suivant, selon l'ordre chimique des éléments dans le système périodique. Excepté dans le cas du nickel et du cobalt, cela est également de l'ordre de grandeur du poids atomique. Mais tandis que Q augmente régulièrement, les poids atomiques varient d'une façon apparemment arbitraire, si bien qu'une exception dans leur variation n'est pas particulièrement surprenante. Nous avons ici une preuve qu'il y a dans l'atome une quantité fondamentale, qui augmente régulièrement quand nous passons d'un élément au suivant. Cette quantité ne peut être que la charge du noyau central positif, dont l'existence est d'ores et déjà prouvée. [...] L'expérience nous conduit donc à considérer que N est le même nombre que le numéro du rang occupé par l'élément dans le système périodique.

La découverte de Moseley est considérable: *le numéro atomique est le nombre de charges élémentaires du noyau de l'atome!* Et il a le moyen de le mesurer directement.

Puis Moseley continue, travaillant frénétiquement, montant et démontant ses appareils pour les améliorer. Il construit un second spectromètre, et publie bientôt un second article[95]. Il a maintenant mesuré les fréquences des raies K de 44 éléments, dont il a déterminé le numéro atomique, allant de l'aluminium à l'or. Le numéro atomique est maintenant établi comme le nombre de charges du noyau.

---

*En fait, ce qui revient au même, de la fréquence qu'il appelle ν : $Q = \sqrt{\dfrac{\nu}{\frac{3}{4}\nu_0}}$. ν_0 est une fréquence de référence liée à la constante de Rydberg: $N_0 = \frac{\nu_0}{c} = 109,72$.

[†]Voir p. 18.

Lorsque la guerre éclate en 1914, Moseley est mobilisé dans la marine, et meurt au cours de la bataille des Dardanelles en 1915. Le 14 septembre 1915, Rutherford écrit à Boltwood pour lui faire part de la triste nouvelle :

> Cher Boltwood,
> Vous serez très peiné d'apprendre que Moseley a été tué aux Dardanelles le 10 août. Vous pourrez lire ma notice nécrologique sur lui dans *Nature*. Il était le meilleur des jeunes physiciens que j'aie jamais eu. Sa mort est une grande perte pour la science.

Une lettre personnelle n'est pas une notice nécrologique officielle, avec ce qu'elle a de convenu dans l'éloge du défunt. Il est clair que pour Rutherford Moseley était un des meilleurs physiciens de sa génération.

Paradoxe

Par la voix de Rutherford, de Barkla, de Moseley, l'expérience a parlé. L'atome semble bien constitué d'un noyau dont on connaît maintenant la masse (à peu de chose près la masse de l'atome entier) et la charge positive, multiple de la charge élémentaire. Ce noyau est entouré d'électrons en nombre exactement égal à celui de la charge du noyau, si bien que l'atome lui-même est neutre électriquement.

Mais il y a une ombre au tableau, une ombre bien noire. Quelle est la structure d'un tel atome ? Comme nous l'avons mentionné*, les lois de Newton interdisent l'existence d'une structure stable et statique ce de genre, les électrons finissent toujours par « tomber » sur le noyau. On pourrait imaginer des électrons gravitant autour du noyau comme les planètes autour du soleil, mais alors ce sont les lois de Maxwell qui disent que cela est impossible, car un électron tournant est un électron qui rayonne, donc qui perd continuement de l'énergie, et qui doit tomber en spirale sur son « soleil ».

Il n'y a pas de solution à ce paradoxe dans le cadre de la physique de Newton et de Maxwell. Qui aura l'imagination, la clairvoyance, l'audace nécessaires pour surmonter ce formidable obstacle ?

---

*Voir p. 92.

Troisième partie

Mécanique quantique, le passage obligé

> Zwei Eimer sieht man ab und auf
> In einem Brunnen steigen
> Und schwebt der eine voll herauf,
> Muß sich der andre neigen.
> Sie wandern rastlos hin und her,
> Und bringst du diesen an den Mund
> Hängt jener in dem tiefsten Grund,
> Nie können sie mit ihrer Gaben
> In gleichem Augenblick dich laben.
>
> Friedrich von Schiller
>
> Tour à tour on peut voir deux seaux
> Monter et plonger dans un puits,
> Et quand l'un s'élève, rempli,
> L'autre ne peut que s'abaisser.
> Ils vont sans trêve ni repos,
> L'un est à hauteur de tes lèvres
> Quand l'autre touche au plus profond,
> Ils ne peuvent de leurs présents
> Te combler dans le même instant.
>
> *Traduction de Bernard Gicquel*

TROISIÈME PARTIE

Mécanique quantique

Chapitre 1

Bifurcation

Dans sa conférence du 16 février 1901 sur « Les hypothèses moléculaires »*, Jean Perrin disait :

> Entendons-nous bien sur ce qu'on veut dire en donnant la molécule comme terme de la division possible pour le corps. Une comparaison nous suffira. Supposons qu'on aperçoive dans la campagne une tache blanche, éloignée, pouvant se diviser sous des influences quelconques en taches d'aspect semblables, mais plus petites. On fera une hypothèse moléculaire en supposant que cette tache est en réalité un troupeau de moutons. Le mouton est ainsi le terme extrême jusqu'auquel on peut pousser la division du troupeau. Je ne crois pas bien utile d'ajouter que cela ne veut pas dire qu'un mouton n'est pas divisible en parties plus petites, mais seulement que, pour le diviser, il faudra s'y prendre autrement que pour subdiviser le troupeau et que les phénomènes observés deviendront tout différents.

Jean Perrin avance ici deux idées importantes. Premièrement, *la partie n'a pas les qualités du tout,* une molécule d'eau n'est pas la quantité d'eau la plus petite possible, *car ce n'est pas de l'eau* : elle ne coule pas, ne s'évapore pas, ne gèle pas ; la matière « eau » doit les caractéristiques que nous lui connaissons au fait d'être une agrégation de molécules en nombre très grand. Deuxièmement, le fait que la molécule soit le terme « ultime » de divisibilité de la matière n'implique pas qu'elle n'ait pas de structure interne. Mais, ajoute Jean Perrin, *les phénomènes observés deviendront tout différents.* Il ne croyait pas si bien dire : pour comprendre la structure interne de l'atome, il a fallu élaborer la mécanique quantique.

Dès que l'existence d'un noyau au cœur de l'atome fut démontrée par Rutherford, il devint clair en effet que les lois connues de la mécanique et de l'électromagnétisme ne permettraient pas de comprendre comment les électrons pouvaient former une structure stable autour du noyau. Formidable défi ! Pour le relever, les physiciens vont s'engager sur un chemin de plus en

---

*Voir p. 65.

plus étrange, un chemin parfois escarpé, souvent glissant et périlleux, mais toujours soumis à la nécessité de rendre compte des faits expérimentaux, aussi déconcertants soient-ils. Engendrée par cette contrainte, chaque avancée conceptuelle a suscité étonnement, incrédulité, controverses. Au bout du chemin, la mécanique quantique, sans doute le plus grand bouleversement de la physique du vingtième siècle.

Dans les pages qui suivent nous proposons au lecteur d'assister à cette éclosion, depuis la découverte du quantum d'action par Planck en 1930 jusqu'à la mécanique quantique relativiste de Dirac en 1930. Les physiciens auront alors entre leurs mains *la clé des spectres*, c'est-à-dire la clé de la physique atomique. Et dès lors ils seront armés pour tenter de comprendre bien d'autres phénomènes, parmi lesquels la structure interne du noyau lui-même, la physique nucléaire. Cela aurait été impossible hors de la mécanique quantique.

Chapitre 2

Débuts improbables

Où un problème de la théorie du rayonnement du corps noir, petite lézarde d'un édifice imposant, devient une faille, et même un gouffre. Où, Max Planck, théoricien conservateur, sauve la théorie au prix d'une révolution, en inventant le quantum d'action. Où le jeune Einstein propage les idées révolutionnaires en imaginant les « quanta de lumière », accueillis dans l'incrédulité générale. Où la fécondité des idées nouvelles met les physiciens dans l'embarras, en raison des incohérences d'une théorie hybride.

Le dix-neuvième siècle a vu le triomphe de la mécanique de Newton dans les domaines les plus variés. La puissance de cette théorie est à son comble lorsque Le Verrier parvient à prédire à moins de un degré la position d'une nouvelle planète, Neptune, en analysant les irrégularités de l'orbite d'Uranus. Dès lors il n'est pas surprenant de voir que l'explication mécanique est l'*ultima ratio* que recherchent les physiciens dans leur tentative séculaire pour unifier la physique. Maxwell lui-même a commencé par là, quand il tentait de comprendre les lois de l'électromagnétisme.

Les conceptions de Newton sur la lumière, qu'il croyait constituée de « grains » se propageant en ligne droite, avaient cependant été abandonnées. L'expérience avait montré que la lumière pouvait être réfractée°, diffractée° et qu'elle pouvait provoquer des interférences° : elle devait donc nécessairement avoir un caractère ondulatoire. Maxwell enfin montra que toute perturbation d'un champ électrique ou magnétique provoquait l'apparition d'ondes électromagnétiques se propageant dans l'espace à la vitesse de la lumière. Ce fait l'incita à penser que la lumière n'était autre qu'une onde électromagnétique. Comme la lumière, les ondes électromagnétiques devaient pouvoir être réfractées°, diffractées° et provoquer des interférences°, ce que confirmerait Heinrich Hertz en 1887.

Un aspect gênant de la théorie ondulatoire de la lumière, ou de l'électromagnétisme en général, était tout de même que l'on ne savait pas bien *ce qui vibrait*. Quand une corde de violon vibre, on a devant soi un phénomène mécanique concret. En se déplaçant dans l'air, la corde ébranle les molécules de l'air environnant, provoquant des surpressions locales périodiques (440 fois par seconde, s'il s'agit d'une corde de *la*) qui se transmettent de proche en proche jusqu'à notre oreille. Mais dans le cas des ondes lumineuses ou plus généralement des ondes électromagnétiques, qu'est-ce qui vibre *au juste* ? On avait ainsi inventé un milieu vibrant *ad hoc*, appelé *l'éther*, un milieu vraiment étonnant : sans masse, s'infiltrant partout, infiniment élastique, présent même dans le vide... On pouvait ainsi se représenter l'énergie transportée par le champ électromagnétique comme de l'énergie mécanique, énergie d'une déformation élastique du milieu traversé, l'éther, ce qui permettait d'expliquer sa propagation, même dans le vide. Un milieu bien commode, mais bien étrange !

Un problème qui résiste

Le XIXe siècle se terminait également par l'apogée de la thermodynamique classique, dans la formulation « définitive » de Clausius. C'était peut-être même l'exemple le plus parfait de la théorie idéale, fondée sur deux grands principes très généraux, et qui permettait de comprendre pratiquement tous les phénomènes connus dans lesquels intervenait la chaleur. Tous sauf un, cependant : le rayonnement du corps noir°. Il s'agit du rayonnement émis par un corps idéal qui serait parfaitement absorbant, et dont un corps bien noir et bien mat donne une bonne idée. Lorsqu'un tel corps est porté à une certaine température, il émet un rayonnement calorifique puis, à mesure que la température s'élève, un rayonnement visible de plus en plus brillant, dont nous avons un exemple quotidien avec l'émission lumineuse (et calorifique) du filament des ampoules à incandescence. C'était un phénomène connu depuis fort longtemps, que Newton évoquait déjà dans son *Opticks* :

> Question VIII. Les corps fixes, échauffés à un certain degré, deviennent lumineux et brillants : cette émission n'est-elle pas produite par les vibrations de leurs parties[1] ?

On savait bien que l'énergie rayonnée augmentait quand la température s'élèvait. À quel taux ? En 1879 la première estimation quantitative fut faite par le physicien autrichien Joseph Stefan, d'après les données expérimentales disponibles : l'énergie totale ainsi rayonnée semblait varier comme la puissance quatrième de la température absolue. Cinq ans plus tard son élève Ludwig Boltzmann parvenait à démontrer ce résultat dans le cadre de la thermodynamique, en tenant compte des lois de l'électromagnétisme de Maxwell.

Cette « loi de Stefan » concerne la totalité de l'énergie rayonnée. Or cette énergie est répartie en de multiples longueurs d'onde, un « spectre », comme disent les physiciens. La question qui se pose immédiatement est alors : *comment l'énergie rayonnée est-elle répartie suivant les différentes longueurs d'onde ?* On savait bien que la longueur d'onde moyenne diminuait à mesure que la température augmentait, commençant par des rayonnements infrarouges (invisibles à l'œil humain), continuant par un rayonnement rouge sombre à une température de l'ordre de 500 à 600°C (celle des résistances de nos fours électriques), puis par une lumière de plus en plus blanche : la lumière d'une lampe à incandescence dont le filament est porté à quelque 2600°C contient toutes les couleurs de l'arc-en-ciel. Elle est plus riche en rouge et moins riche en bleu que la lumière solaire qui correspond à la température à la surface du soleil, environ 5600°C[*]. Le problème posé était donc le suivant : *peut-on déduire des lois de la thermodynamique la façon selon laquelle l'énergie émise par rayonnement se répartit, pour chaque température, selon les différentes longueurs d'onde ?*

En 1893 le physicien allemand Wilhelm Wien obtient un premier résultat : il montre, toujours à l'aide d'arguments thermodynamiques, que la courbe de répartition a la même forme à toutes les températures, mais qu'elle se décale vers les courtes longueurs d'ondes lorsque la température s'élève : l'énergie qui est rayonnée dépend seulement du produit de la longueur d'onde λ par la température absolue T, si bien qu'elle reste inchangée si on augmente la température en diminuant simultanément la longueur d'onde dans la même proportion[†]. C'est la « loi du déplacement » de Wien[2].

Wilhelm Wien était né en 1864 en Prusse orientale, dans une famille de riches propriétaires terriens. C'est son goût pour la physique qui le poussa à entreprendre des études universitaires à Göttingen puis à Berlin, où il travailla sous la direction de Helmholtz, et où il soutint sa thèse en 1886. En 1896 il devint professeur de physique à Aix-la-Chapelle, puis en 1899 à Giessen, et il succéda à Röntgen en 1900 comme professeur de physique à Würtzburg. En 1920 il fut nommé professeur à Munich où il termina sa carrière. Il mourut en 1928. Le prix Nobel de physique lui fut attribué en 1911 « pour ses découvertes sur les lois qui gouvernent le rayonnement de la chaleur ».

La loi de Wien ne disait cependant rien sur la répartition de l'énergie, elle donnait simplement la façon d'obtenir cette répartition à une température si on la connaissait à une autre température. Un jeune physicien de Hanovre, Friedrich Paschen entreprit à cette époque de mesurer expérimentalement cette répartition. Il utilisait en guise de corps noir un filament de platine noirci par du carbone, ce qui en était une assez bonne approximation. Pour représenter ses mesures, il mit au point, de façon purement empirique, une formule mathématique[‡] qui représentait assez fidèlement les résultats des mesures[3], puis il montra sa formule à son collègue Wilhelm Wien. Or, de son côté, Wien venait d'obtenir théoriquement une formule quasi identique à l'aide des principes de la thermodynamique, en y ajoutant un modèle du corps noir dans lequel celui-ci était représenté comme

---

[*]Le bleu a une longueur d'onde en gros deux fois plus petite que le rouge.
[†]Cette loi s'écrit $E_\lambda = \lambda^5 f(\lambda T)$
[‡]$\rho_\lambda = c_1 \lambda^{-\alpha} e^{-\frac{c_2}{\lambda T}}$

une assemblée d'oscillateurs*. Le modèle de Wien consistait à représenter le corps noir par une enceinte fermée dans laquelle il y a un rayonnement en équilibre avec les parois : le rayonnement se propage dans l'enceinte, se réfléchit contre les parois ou bien est absorbé par elles, tandis que les parois absorbent et rayonnent. Wien représente les parois par des assemblées de charges électriques oscillantes, semblables à de microscopiques antennes capable de recevoir et d'émettre. S'inspirant de la théorie cinétique des gaz de Boltzmann, il attribuait à ces oscillateurs une répartition des énergies semblable à celle des molécules dans un gaz[4]. Le calcul de Wien s'appuyait sur une sorte de conjecture plutôt que sur une démonstration rigoureuse, mais elle rendait très bien compte des données expérimentales disponibles, ce qui persuada bientôt les physiciens que l'on tenait probablement la loi recherchée, même si la façon de l'obtenir n'était pas inattaquable.

Au *Physikalisch-technische Reichanstalt* de Berlin-Charlottenburg, certainement le laboratoire le mieux équipé du monde à l'époque, plusieurs jeunes physiciens développent bientôt de nouvelles méthodes expérimentales permettant d'étendre les mesures aux grandes longueurs d'onde, dans l'infrarouge lointain : Otto Lummer et Ernst Pringsheim font des mesures[5] pour des longueurs d'onde de 12 à 18μm †, pour une gamme de températures semblables, de 300 à 1650°K. De leur côté Heinrich Rubens et Ferdinand Kurlbaum[6] parviennent à faire des mesures pour des longueurs d'onde de 30 à 60 μm à des températures variant entre 300 et 1500°K. Ce sont de véritables prouesses expérimentales : à 300°K la lumière est émise dans une gamme de longueurs d'onde allant de 4 à 60 μm, mais l'énergie émise est très difficile à détecter, car c'est une température voisine de la température ambiante (300°K, c'est $300 - 273 = 27$°C, la température d'une bonne journée d'été); à 1500°K la gamme de longueurs d'onde va en gros de 1 à 10 μm, et seulement 0,1% de l'énergie est comprise dans la gamme 12–18μm ou 30–30μm.

Or les résultats de ces nouvelles mesures étaient en désaccord flagrant avec la formule de Wien. Le désaccord s'amplifiait au fur et à mesure qu'augmentait la longueur d'onde.

Et pour couronner le tout, en juin 1900, le physicien anglais Lord Rayleigh, s'appuyant sur des résultats du jeune James Jeans, remarque que la stricte application de la thermodynamique à un ensemble d'oscillateurs interagissant avec un champ électromagnétique ne conduisait pas à la formule de Wien, mais à une formule très différente[7]. Pour les grandes longueurs d'onde, la formule de Rayleigh donne de bons résultats, mais, à l'opposé de la formule de Wien, c'est pour les courtes longueurs d'onde qu'elle est en désaccord avec les données expérimentales‡. Elle donne même un résultat absurde puisqu'elle prédit que l'énergie émise augmente indéfiniment lorsque

---

*Cette loi exponentielle s'écrit : $\rho(\nu,T) = \alpha\nu^3 e^{-\beta\nu/T}$, où ν est la fréquence. Les valeurs des constantes α et β sont choisies de façon que la formule reproduise au mieux les données expérimentales, sans qu'on leur attribue, ici non plus, un sens physique précis.

†La longueur d'onde maximum de la lumière visible, le rouge, est de 0,8μm. Le *micromètre* (μm) vaut un millième de millimètre.

‡La formule de Rayleigh est : $\rho = \frac{8\pi\nu^2}{c^3}kT$, où ν est la fréquence et k est la constante de Boltzmann.

la longueur d'onde diminue, ce qui est manifestement faux. C'est ce qu'on a appelé la « catastrophe ultraviolette ». Comment sortir de cette situation pour le moins inconfortable ?

1900 : Max Planck invente le « quantum d'action »

C'est ici que va intervenir un physicien de 42 ans, directeur de l'Institut de physique théorique du *Kaiser Wilhelm Institut*[8-10]. Max Planck, ami proche de Wilhelm Wien, travaillait depuis plusieurs années sur le rayonnement du corps noir. Né à Kiel le 23 avril 1858 dans une famille bourgeoise de juristes et de pasteurs, il fait ses études universitaires à Munich puis à Berlin. Après sa thèse soutenue à Munich en 1879, il devient *professeur extraordinaire** à Kiel en 1885. A la mort de Kirchhoff en 1887, on lui propose de prendre sa succession comme professeur de physique théorique à l'université de Berlin. Il y côtoie Helmholtz, fait la connaissance de Heinrich Rubens, qui devient un ami intime. Planck est à cette époque un spécialiste de thermodynamique classique. Il est circonspect devant la thermodynamique statistique de Boltzmann, qui s'appuie sur des probabilités, donc des incertitudes[8]. Homme d'une droiture et d'une honnêteté unanimement reconnues, Max Planck est animé par un idéal d'absolu. Ce qui lui plaît dans la thermodynamique, c'est justement qu'à l'aide de principes très généraux on puisse établir des lois universelles. Jusqu'en 1900 cependant ses tentatives pour établir une loi vraiment universelle pour le rayonnement du corps noir, problème qui lui paraissait primordial, sont restées vaines.

Le dimanche 7 octobre 1900 l'ami Rubens et sa femme sont invités à prendre le thé chez les Planck[11]. Rubens a apporté les résultats de ses toutes dernières mesures, pour les très grandes longueurs d'onde. Il est impatient de les montrer à Planck, car ils contredisent la formule de Wien de façon définitive. Ses invités partis, Planck se met au travail. Il lui faut trouver une formule qui soit en accord avec les données de Rubens pour les grandes longueurs d'onde et qui retrouve la formule de Wien pour les petites longueurs d'onde, là où elle donne de si bons résultats. C'est ainsi que naît, à l'issue d'un bricolage sans fondement théorique aucun, la célébrissime formule :

$$\rho(\nu, T) = \frac{8\pi h \nu^3}{c^3} \frac{1}{e^{\frac{h\nu}{kT}} - 1}$$

Cette formule permet de calculer l'énergie rayonnée ρ à une fréquence ν, et à la température absolue T ; c est la vitesse de la lumière, h et k sont des paramètres ajustables, des quantités que Planck choisit une fois pour toutes, de telle façon que sa formule s'accorde le mieux possible aux données, à toutes les données disponibles.

Or ce qui est surprenant, c'est que, une fois fixées de façon adéquate les valeurs de ces deux constantes, la formule donne, dans toute la gamme des longueurs d'onde, des résultats tout à fait satisfaisants, mieux, époustouflants. Il en fait part immédiatement à Rubens par lettre. Celui-ci doit

---

*C'est-à-dire professeur non titulaire.

présenter le 25 octobre ses résultats à la réunion de l'Académie de Prusse. Lors de cette réunion, il montre que la formule de Planck permet de rendre compte de toutes les données dans la limite des incertitudes expérimentales[6]. Cette formule est certainement la bonne, pense Planck. Comment en trouver une justification autre qu'empirique ? Dans le discours prononcé vingt ans plus tard, le 2 juin 1920, lors de la réception de son Prix Nobel de Physique, il expliquera :

> Cependant, même si la formule du rayonnement s'avérait absolument exacte, elle n'aurait qu'une valeur limitée à celle d'une formule d'interpolation choisie de façon heureuse. C'est la raison pour laquelle je me consacrai dès lors, c'est-à-dire depuis le jour où je l'ai établie, à la tâche d'élucider le vrai caractère physique de la formule, et ce problème me conduisit automatiquement à considérer la connexion entre entropie et probabilité, dans la ligne des idées de Boltzmann ; ce n'est qu'après plusieurs semaines du travail le plus épuisant de ma vie que la lumière apparut dans la nuit, et que s'ouvrit devant moi une nouvelle perspective dont je n'avais jamais rêvé[12].

Pour obtenir le résultat recherché, Planck, jusque-là si conservateur et prudent, est prêt à renoncer à tout, sauf quand même aux deux principes fondamentaux de la thermodynamique. Lui qui rejetait la physique statistique de Boltzmann va l'adopter. Comme dit John Heilbron, c'est une véritable capitulation[13]. Planck écrira plus tard dans une lettre envoyée à Robert Wood :

> En bref, ce que j'ai fait peut être simplement décrit comme un acte de désespoir. Par nature je suis plutôt pacifique et je rejette toutes les aventures douteuses. Mais à cette époque je venais de passer six ans (depuis 1894) à me battre sans succès avec le problème de l'équilibre entre le rayonnement et la matière, et je savais que ce problème était d'une importance fondamentale pour la physique ; je connaissais également la formule qui exprime la distribution d'énergie dans les spectres normaux. Il fallait donc trouver une interprétation théorique, à n'importe quel prix, aussi élevé fût-il[14].

Que fait Planck ? Il reprend le modèle des oscillateurs, des minuscules antennes. Mais pour évaluer la probabilité que les oscillateurs en question émettent un rayonnement de telle ou telle énergie, il doit faire un pas de plus : il suppose que l'énergie est absorbée ou émise par un oscillateur non pas sous forme continue, mais par paquets indivisibles, par *quanta*, dont la valeur est liée à la fréquence[◊] du rayonnement : d'une manière précise, l'énergie d'un quantum est obtenue en multipliant sa fréquence par une constante, un nombre fixé une fois pour toutes, qu'il nomme h, et qu'on appelle depuis la *constante de Planck*. Planck ne se rend pas compte immédiatement des implications considérables de cette hypothèse. Comme il le dira dans la lettre à Robert Wood citée ci-dessus :

> Cela était une hypothèse purement formelle, et je n'y accordai pas trop d'importance, sauf que, quel que soit le prix à payer, je devais parvenir à un résultat positif.

Débuts improbables

C'était pourtant la première pierre de l'édifice qu'allait devenir la mécanique quantique.

Quant à l'autre paramètre, la constante k, Planck se rendit compte qu'elle caractérisait l'entropie° telle qu'elle avait été définie par Boltzmann, et qu'en divisant la constante R, dite constante des gaz parfaits* par k on obtenait rien de moins que *le nombre d'Avogadro*°! Planck détermina ainsi le nombre d'Avogadro, encore assez mal connu à l'époque, et grande fut sa joie lorsque quelques années plus tard Rutherford et Geiger donnèrent une autre détermination très proche en utilisant le comptage des particules α d'une source radioactive[15]. Par déférence pour Boltzmann, Planck proposa d'appeler k la *constante de Boltzmann*.

Le quantum d'action

Voilà comment le quantum d'action est né un jour de décembre 1900. Quelle réalité physique se cache derrière ces mots étranges ?

Et d'abord qu'est-ce que l'*action* ? Ce mot du langage courant désigne en physique une quantité abstraite : pour un objet mécanique classique (une particule, une bille, une planète...), c'est une quantité reliée à la distance parcourue, à la masse en mouvement, et à la vitesse du déplacement : c'est le produit, intégré tout au long du chemin parcouru, de la masse par la vitesse, et par la distance parcourue. L'intérêt pour cette quantité est ancien, et il découle d'une propriété remarquable, découverte par Maupertuis : lorsqu'un objet va d'un point à un autre, la trajectoire fixée par les lois de la mécanique est telle que l'action calculée tout au long de cette trajectoire est plus petite que celle calculée pour tout autre chemin imaginable, c'est *le principe de moindre action*. Ce que Planck a découvert, c'est que l'action a une constitution atomique, qu'elle ne peut pas prendre n'importe quelle valeur : toute action vaut un nombre entier de fois ce qu'on pourrait appeler *l'atome d'action*, et que Planck a appelé le *quantum d'action h*.

Einstein et les quanta de lumière

Jusqu'ici seuls les *échanges d'énergie* entre la matière et la lumière se produisent par *quanta*, la lumière restant quant à elle soumise aux équations de Maxwell, qui la décrit comme des ondes continues qui se propagent dans l'éther, et le succès de ces équations était tel que les physiciens n'étaient pas prêts à y changer un seul *iota*.

Mais cinq ans plus tard un obscur employé du bureau des brevets de Berne jette un nouveau pavé dans la mare. Né à Ulm le 14 mars 1879, le jeune Albert Einstein[16] était le fils d'un ingénieur électricien. Brillant en mathématiques dès son entrée au *Gymnasium* (lycée) de Munich, il y fut médiocre dans les autres matières, et surtout rétif à l'enseignement très

---

*Pour une mole de gaz parfait, soit 22,4 l à 20°C et à la pression atmosphérique, le produit de la constante R par la température absolue (soit la température ordinaire plus 273°) est égal au produit de la pression par le volume.

rigide que l'on y dispensait. Il a quinze ans lorsque sa famille part pour l'Italie où son père a décidé de tenter sa chance, car ses affaires ne marchent pas fort en Allemagne. Le jeune Albert doit rester à Munich pour terminer ses études. En fait, il va quitter le *Gymnasium* pour rejoindre ses parents en Italie, mais il le quitte sans l'*Abitur* (l'équivalent du baccalauréat), ce qui lui ferme désormais les portes de l'Université. Il tente alors d'entrer à l'École Polytechnique de Zürich, échoue une première fois, et réussit l'année suivante, en 1896. En juillet 1900, il a obtenu son diplôme, et cherche du travail. Il a pris goût à la physique et pose sa candidature comme assistant de plusieurs professeurs, en Suisse, en Allemagne, en Hollande, sans aucun succès. Après avoir vécu de façon précaire de leçons de mathématiques, il obtient en 1902 le poste d'expert technique de troisième classe à l'office des brevets de Berne. Pour lui ce travail est idéal. Il a un salaire convenable, et fixe, un métier qui l'intéresse, et du temps libre, qu'il consacre à la physique. Il prépare une thèse de doctorat, mais ses intérêts sont divers. Un de ses sujets de prédilection est la physique statistique de Boltzmann, pour qui il professera tout sa vie la plus grande admiration.

Le 17 mars 1905, trois jours après son vingt-sixième anniversaire, Einstein envoie un article à la grande revue scientifique *Annalen der Physik*. Le titre de l'article est inhabituel : « Un point de vue heuristique concernant la production et la transformation de la lumière ». Einstein sait qu'il va rencontrer l'incrédulité, aussi prend-il soin de présenter son idée comme un simple point de vue « heuristique », qui n'a ni rigueur ni justification, mais dont on demande au lecteur d'examiner les conséquences, en somme, un jeu intellectuel. Après avoir rappelé les succès de la théorie ondulatoire de la lumière, il jette son pavé :

> Or il me semble en fait que l'on peut mieux comprendre les observations sur le rayonnement du corps noir, la photoluminescence, l'émission de rayons cathodiques provoquée par la lumière ultraviolette,[...] si l'on suppose que l'énergie de la lumière est répartie dans l'espace de façon discontinue. Selon l'hypothèse envisagée ici, lorsqu'un rayon lumineux se propage à partir d'un point, l'énergie n'est pas distribuée dans des volumes de plus en plus grands, mais elle se compose plutôt de quanta d'énergie en nombre fini, localisés en des points de l'espace, qui se déplacent sans se diviser et ne peuvent être absorbés ou émis qu'en bloc. Je me propose de décrire maintenant cette démarche et de de montrer les faits qui m'ont conduit sur cette voie, dans l'espoir que le point de vue exposé ici puisse se révéler utile à quelques chercheurs dans leurs investigations[17].

Einstein montre alors que le rayonnement du corps noir se comporte, du point de vue de son entropie°, comme un gaz dont les molécules seraient des « quanta de lumière » ; il montre que cette hypothèse donne de l'effet photoélectrique une explication simple, qu'il en est de même pour la loi de Stokes sur la luminescence et qu'il peut de cette façon démontrer la loi de Planck de façon indépendante de l'hypothèse des *quanta* de Planck. Pour l'effet photoélectrique, le résultat est frappant, il rend compte de façon remarquable des observations expérimentales : Einstein suppose qu'un « quantum de lumière » communique *toute son énergie* à un électron du métal dont l'énergie est dès lors simplement l'énergie du photon à laquelle on a retranché l'énergie (fixe) nécessaire pour extraire l'électron du métal. On comprend dès lors qu'au-dessous d'une certaine énergie, donc d'une certaine fréquence du photon, aucun électron ne soit émis, et qu'au-dessus l'énergie de l'électron dépende linéairement de la fréquence du photon.

En fait, la masse des arguments est impressionnante, mais cette hypothèse est incroyable, elle défie le bon sens[18] : comment la lumière, dont la nature ondulatoire était tellement bien établie, pourrait-elle être *en même temps* constituée de grains, de « particules », pour dire le mot ? Doit-on revenir à Newton, et dans ce cas, comment parvenir à conserver l'aspect ondulatoire indiscutable de la lumière ?

L'accueil du monde des physiciens à cette hypothèse fut à tout le moins mitigé. Personne, en fait, n'était convaincu, à commencer par Planck. Einstein lui-même était bien conscient du problème, évidemment. En 1909, il fut invité à Salzbourg, lors de la réunion de la Société Allemande de Physique, à faire un exposé intitulé « Sur le développement de notre conception de la nature et de la constitution du rayonnement ». Il appelle de ses vœux une nouvelle théorie qui englobe mécanique et lumière :

> Je pense que la prochaine étape du développement de la physique théorique nous fournira une théorie de la lumière que l'on pourra interpréter comme une sorte de fusion de la théorie ondulatoire et de la théorie de l'émission de la lumière. Je me propose, dans les développements qui vont suivre, d'étayer cette opinion et de montrer qu'un changement radical de nos conceptions concernant la lumière est devenu indispensable[19].

Einstein se montrait visionnaire, mais il était un peu optimiste. Il faudrait quelque vingt ans d'efforts pour parvenir à cette fusion. Mais n'anticipons pas. En 1909 les « quanta de lumière » ne convainquaient guère les physiciens. Lorentz ou Planck, pour ne citer qu'eux, étaient très réticents. Neuf ans plus tard, Einstein écrit à son ami Michele Besso, un ingénieur qu'il avait rencontré à Berne et avec qui il a correspondu toute sa vie :

> J'ai réfléchi pendant un nombre incalculable d'heures à la question des quanta, naturellement sans faire de véritables progrès. Mais je ne doute plus de la *réalité* des quanta dans le rayonnement, bien que je sois toujours seul à avoir cette conviction. Et il en sera ainsi aussi longtemps que l'on n'aura pas réussi à établir une théorie mathématique[20].

Il n'empêche : même ceux que cette idée rebutait devaient reconnaître que dans le cas de l'effet photoélectrique, les mesures expérimentales successives se trouvaient toutes en accord avec le calcul d'Einstein, qui expliquait d'ailleurs par la même occasion d'autres phénomènes non élucidés : la loi de Stokes sur la fluorescence°, l'ionisation des gaz par la lumière ultraviolette. On peut citer par exemple le cas de Robert Millikan, le physicien américain connu pour sa détermination de la charge de l'électron. Millikan entreprit une série de mesures systématiques sur l'effet photoélectrique, et, visiblement à sa grande surprise, ses résultats vérifièrent totalement la loi d'Einstein. Perplexe, il écrivait :

> Il faut admettre que les expériences présentes constituent une justifica-

tion bien meilleure [de l'équation d'Einstein] que ce qui a été fait jusqu'à présent. Si cette équation était valable de façon générale, alors on doit certainement la considérer comme l'une des équations les plus fondamentales de la physique, avec une portée considérable [...] Et cependant la théorie semi-corpusculaire qui a permis à Einstein d'établir cette équation paraît actuellement indéfendable[21].

Avec un langage très direct, Millikan disait clairement ce que beaucoup pensaient. On voit dans quels abîmes de perplexité la théorie des *quanta de lumière* pouvait plonger les physiciens de l'époque. Millikan reçut le prix Nobel en 1923 « pour ses travaux sur la charge élémentaire d'électricité et sur l'effet photoélectrique ».

Einstein publie quelques mois plus tard l'article qui fonde la Relativité[22], et dès lors sa renommée va croître très rapidement. En 1909 il est nommé professeur assistant (*extraordinarius*) à l'Université de Zürich, puis professeur titulaire à Prague en 1911, et enfin Professeur à Berlin, et membre de l'Académie des Sciences de Prusse en 1914*. C'est là qu'il va élaborer pour l'essentiel sa théorie de la gravitation, que l'on nomme la Relativité Générale.

La chaleur spécifique des solides

Avec son hypothèse « heuristique » sur les *quanta* de lumière Einstein appliquait pour la première fois la théorie de Planck à d'autres phénomènes physiques que le rayonnement du corps noir. À la fin de 1906 il allait encore plus loin en appliquant ces conceptions à un domaine cette fois-ci bien distinct, celui de la chaleur spécifique des corps solides. La chaleur spécifique d'un corps est la quantité de chaleur qu'il faut lui fournir pour élever d'un degré sa température : elle mesure sa capacité à emmagasiner de la chaleur. En 1819 Pierre Louis Dulong (1785-1838) et Alexis Thérèse Petit avaient établi empiriquement une loi[23] qui fit autorité pendant quelque cinquante ans : « Les atomes de tous les corps simples ont exactement la même capacité pour la chaleur », soit environ 6 calories par mole$^\diamond$. Ce n'est qu'à partir des années 1870 que des mesures à des températures notablement plus basses que la température ambiante montrèrent que cette chaleur spécifique diminuait à basse température, pour devenir peut-être même nulle au zéro absolu (soit -273,15° C).

La théorie de Boltzmann rendait bien compte de la loi de Dulong et Petit aux températures habituelles, mais pas aux très basses températures. C'est précisément dans ce contexte qu'Einstein intervint[24] en 1907. Il montre en effet que si on ne peut fournir de la chaleur à un corps que par *quanta* indivisibles, et non pas de façon continue, la possibilité d'échauffer ce corps, donc sa chaleur spécifique, s'effondre près du zéro absolu.

---

*Sans chercher à comparer leur importance scientifique, on ne peut manquer d'être frappé par le cheminement si difficile d'un Pierre Curie, à peu près à la même époque, en France. Malgré des travaux éminents, nul ne lui a proposé de poste de professeur d'université avant qu'il n'ait le prix Nobel de physique. Quant à l'Académie des Sciences, ses portes lui resteront fermées.

Débuts improbables 113

Ainsi la théorie des quanta commençait à être plus, beaucoup plus qu'une simple formule d'interpolation heureuse valable seulement pour le rayonnement du corps noir : elle était capable de rendre compte de phénomènes tout à fait différents. Elle était bien désormais une réalité inéluctable de la physique à l'échelle atomique.

Le premier Conseil Solvay et la théorie des quanta

Changeons de décor. Nous nous trouvons maintenant à Bruxelles. Ernest Solvay fait partie des hommes qui ont bâti leur fortune grâce à la seconde révolution industrielle, commencée vers 1870. Parti de rien, Solvay a inventé un nouveau procédé de fabrication de la soude, et s'est emparé d'une bonne partie du marché européen et même mondial. En partie autodidacte, car il n'a pu, pour des raisons de maladie, aller à l'Université, il est devenu chimiste, mais a des ambitions scientifiques, politiques et sociales beaucoup plus grandes. Il est un fervent énergétiste, qui pense que matière et énergie ne font qu'un, mais que la « gravité » est à l'origine de tout[25]. Politiquement, Ernest Solvay se veut progressiste, membre d'une gauche modérée. Résolument scientiste, il voit dans la Science le seul moyen d'apaiser les tensions sociales. On pense au modèle de la ville-utopie *France-Ville* imaginée par Jules Verne dans *Les Cinq cents millions de la Bégum* (1879).

Afin de discuter de ses propres idées en physique, Solvay eut l'idée de convoquer quelques grands savants de son époque. Par l'intermédiaire de Robert Goldschmidt, professeur à l'Université Libre de Bruxelles, il contacte le grand chimiste et physicien allemand Walther Nernst, qui pensait, de son côté, convoquer un *concile scientifique* pour discuter d'une question qui lui semblait cruciale : la théorie des quanta, inventée par Planck, et dont Einstein avait fait un usage brillant pour interpréter l'effet photo-électrique, mais qui lui paraissait remettre en cause les fondements de la physique de l'époque. La réunion, qui prit le nom de *Conseil Solvay*, eut lieu du 29 octobre au 4 novembre 1911 à Bruxelles.

Ce fut Hendrik Lorentz qui présida finalement le Conseil, consacré à des *Questions d'actualité sur des théories moléculaires et cinétiques* (on n'y parla pas des idées de Solvay, mais il fut chaleureusement remercié pour son hospitalité). De Lorentz, Maurice de Broglie disait en 1951 :

> Il était à l'époque de la fondation des congrès Solvay un des maîtres les plus écoutés de toute la physique et désigné pour leur présidence à la fois par cette autorité reconnue, par la parfaite connaissance qu'il avait des langues européennes et par son incomparable érudition dans toute les parties de la physique. Tous ceux qui assistaient aux réunions de Bruxelles étaient émerveillés par la façon claire et précise dont il résumait les questions les plus diverses, comme par la portée de ses interventions à propos des rapports les plus divers. S'adressant à chacun dans sa langue toujours avec affabilité en même temps qu'avec précision il était le président rêvé pour des réunions internationales[26].

Ce premier conseil Solvay fut un grand succès. Parmi les 23 participants, on note les noms de Hendrik Lorentz, Marie Curie, Henri Poincaré,

Albert Einstein, Maurice de Broglie, Heike Kamerlingh-Onnes (spécialiste des très basses températures), Heinrich Rubens, Ernest Rutherford, Max Planck, Walther Nernst, Marcel Brillouin, Jean Perrin, James H. Jeans, Arnold Sommerfeld, Wilhelm Wien, Paul Langevin. Du beau monde, l'élite de la physique mondiale, c'est-à-dire, à l'époque, européenne. Les comptes rendus seront publiés en français, sous la direction de Paul Langevin et Maurice de Broglie sous le titre *La théorie du rayonnement et les quanta*[27]. Des *Conseils Solvay* devaient se tenir en 1913, puis 1921, 1924, 1927, 1933, et après la guerre. Ils ont joué un rôle très important dans l'évolution de la physique pendant la première moitié du siècle.

La théorie des quanta, sujet particulièrement brûlant, fut l'objet de discussions passionnées. En fait, si tout le monde reconnaissait l'efficacité de la formule de Planck, et même de l'hypothèse d'Einstein, il était difficile d'admettre non seulement la rupture avec les conceptions classiques mais surtout la coexistence entre deux mécaniques apparemment inconciliables. Einstein, dans la discussion qui suivit son rapport sur « L'État actuel du problème des chaleurs spécifiques », pose le problème :

> Nous sommes tous d'accord que la théorie des quanta, sous sa forme actuelle, peut être d'un emploi utile, mais ne constitue pas véritablement une théorie au sens ordinaire du mot, en tout cas pas une théorie qui puisse être, dès maintenant, développée de manière cohérente. D'autre part, il est bien établi aussi que la dynamique classique, traduite par les équations de Lagrange et Hamilton, ne peut plus être considérée comme fournissant un schéma suffisant pour la représentation théorique de tous les phénomènes physiques.

Poincaré voit dans la théorie des quanta deux séries de questions troublantes :

> Ce que les nouvelles recherches semblent mettre en question, ce ne sont pas seulement les principes fondamentaux de la Mécanique, c'est quelque chose qui nous paraissait jusqu'ici inséparable de la notion même de la loi naturelle. Pourrons-nous encore exprimer ces lois sous la forme d'équations différentielles ? D'autre part, ce qui m'a frappé dans les discussions que nous venons d'entendre, c'est de voir une même théorie s'appuyer tantôt sur les principes de l'ancienne mécanique et tantôt sur les nouvelles hypothèses qui en sont la négation ; on ne doit pas oublier qu'il n'est pas de proposition qu'on ne puisse aisément démontrer, pour peu que l'on fasse entrer dans la démonstration deux prémisses contradictoires.

Comme beaucoup de physiciens, à commencer par Planck lui-même, Nernst imagine et espère qu'on pourra trouver une façon de parvenir au même résultat en modifiant la mécanique habituelle, par exemple dans le cas de très fortes accélérations :

> Peut-être pourra-t-on un jour remplacer le procédé de calcul que nous a donné la théorie des quanta, si féconde en succès, par une autre conception, et revenir ainsi à la notion des changements d'énergie, par voie continue dans les oscillations atomiques ; par exemple en modifiant la mécanique pure pour les cas extrêmes qui se réalisent dans les mouvements atomiques.

Débuts improbables 115

C'est aussi l'espoir de Poincaré :

> Avant d'admettre ces discontinuités, qui nous forceraient à abandonner l'expression habituelle des lois naturelles sous forme d'équations différentielles, il vaudra mieux essayer la voie proposée par M. Nernst ; cela revient, en somme, à supposer que la masse, au lieu d'être constante, ou de dépendre seulement de la vitesse, comme dans la théorie électromagnétique, dépend également de l'accélération si celle-ci est très grande.

Mais de retour à Paris il reviendra sur cette opinion, et ajoutera dans les comptes rendus une note de bas de page :

> J'ai, à mon retour à Paris, essayé des calculs dans cette direction ; ils m'ont conduit à un résultat négatif. L'hypothèse des quanta paraît être la seule qui conduise à la loi expérimentale du rayonnement, si l'on admet la formule habituellement adoptée pour la relation entre l'énergie des résonateurs et celle de l'éther, et si l'on suppose que les échanges d'énergie puissent se faire entre les résonateurs par le choc mécanique des atomes ou des électrons.

Si Poincaré l'a démontré, il faut bien s'incliner ! On ne sait pas vraiment à quoi va ressembler cette nouvelle mécanique, mais on sait qu'elle est désormais *nécessaire*. On entre délibérément dans un univers inconnu.

CHAPITRE 3

Niels Bohr : les quanta sont dans l'atome

Où l'on peut voir un jeune physicien danois trancher net le nœud gordien, et résoudre le paradoxe de l'atome de Rutherford, jetant les bases d'une nouvelle mécanique fondée sur la théorie des quanta de Planck et d'Einstein.

Le 7 octobre 1885 naissait à Copenhague Niels Hendrik Bohr. Son père Christian Bohr, médecin et physicien, avait découvert le rôle du dioxyde de carbone dans la production d'oxygène par l'hémoglobine, ce qui lui valut d'être proposé pour le prix Nobel en 1907 et 1908. Niels fit des études brillantes à l'Université de Copenhague, s'adonnant au sport, au football en particulier, avec son frère Harald, d'un an et demi son cadet, qui allait devenir un grand mathématicien.

Le 13 mai 1911 Niels Bohr soutient sa thèse sur « La théorie électronique des métaux ». Il obtient alors une bourse de la fondation Carlsberg qui finance un séjour post-doctoral d'un an à l'étranger. Comme un certain Rutherford quelque seize ans auparavant, le jeune Niels choisit naturellement le *Cavendish*, dirigé par le célèbre J. J. Thomson, prix Nobel de Physique 1906. Il y arrive en septembre 1911, mais il est déçu par le peu d'intérêt de J. J. Thomson pour la discussion.

Il fait quelques expériences sur la production de rayons cathodiques, mais sa nature profonde n'est pas celle d'un expérimentateur, qui doit souffler du verre et faire de nombreuses tâches pratiques. Au mois de novembre Bohr rencontre Rutherford lors d'une visite à Manchester. Il veut travailler sur la radioactivité, et le laboratoire de Rutherford à Manchester est devenu le premier du monde en ce domaine. Après avoir tenté de l'en dissuader, car il est sans doute embarrassant pour lui de « débaucher » un physicien du laboratoire de J. J. Thomson, Rutherford accepte et en janvier 1912 Bohr arrive à Manchester.

À cette époque l'atome à noyau de Rutherford n'est qu'un modèle parmi d'autres. Personne n'en parle, surtout pas J. J. Thomson qui n'y croit pas. Rutherford lui-même est assez silencieux à ce sujet, n'évoquant même pas le sujet lors du premier conseil Solvay à l'automne de 1911. Dans la réédition de son livre sur la radioactivité[28], paru en 1913, il le mentionne à peine. Pourquoi ? Lui accorde-t-il si peu d'importance ? Est-il préoccupé par l'instabilité structurelle de son modèle dans le cadre de la mécanique classique ?

Bohr introduit les quanta dans la théorie atomique

Le point d'achoppement du modèle classique d'atome nucléaire était bien connu. Pour l'atome d'hydrogène, par exemple, dont on pensait qu'il contenait un électron, cet électron était donc un *vibrateur atomique*, une antenne miniature, qui devait émettre un rayonnement, donc perdre de l'énergie, et tomber sur le noyau en suivant une trajectoire en spirale.

Mais même si on laisse de côté la perte d'énergie par rayonnement, un autre problème préoccupe Bohr. Le temps mis à parcourir un tour sur l'orbite et le rayon de cette dernière sont liés, en mécanique classique, par une équation : on peut choisir librement le rayon de l'atome, et alors la vitesse de rotation de l'électron autour du noyau est fixée, exactement comme les satellites de la terre, qui tournent plus ou moins vite autour de la terre suivant qu'ils en sont plus ou moins proches. Mais pour l'atome, cela signifie que la mécanique classique ne dit rien sur sa taille, toutes les tailles étant théoriquement possibles dès lors que la vitesse de l'électron est ajustée en conséquence. Or la taille des atomes est fixe, de même que les fréquences des raies. Bohr expliquera plus tard (en 1922) à un jeune physicien allemand, Werner Heisenberg, dont nous reparlerons plus loin, comment il était arrivé à son modèle :

> Par stabilité j'entends que ce sont toujours les mêmes substances, avec les mêmes propriétés, qui apparaissent ; que ce sont toujours les mêmes cristaux qui se forment, les mêmes composés chimiques qui se créent, etc. Ceci signifie nécessairement que, après de nombreuses modifications dues à des influences extérieures, un atome de fer redevient un atome de fer possédant exactement les mêmes propriétés qu'auparavant. Ceci est incompréhensible selon la mécanique classique, surtout si l'on admet que l'atome ressemble à un système planétaire. Il existe donc dans la nature une tendance à produire des formes déterminées — j'utilise ici le mot « formes » dans son sens le plus général — et de faire réapparaître des formes déterminées, encore et toujours, mêmes lorsqu'elles ont été perturbées ou détruites[29].

L'idée de Bohr est qu'on ne peut pas ignorer la théorie de Planck et d'Einstein : un vibrateur ne peut émettre d'énergie que par paquets indivisibles, par *quanta* de valeur $h\nu$. Et cela donne la clé qu'il cherche, pour donner à l'atome une taille et non pas une autre, afin que tous les atomes d'hydrogène de l'univers aient la même taille et les mêmes propriétés *exactement*. La stabilité de la matière doit être assurée par la *constante de Planck*.

Le 6 juillet 1912 Bohr envoie à Rutherford une lettre, appelée le « mémorandum Rutherford »[30], qui fait le point sur ses réflexions. Dans ce document, brouillon des idées de Bohr à ce moment, il analyse le modèle de Rutherford. Tout d'abord, il rappelle qu'il ne peut y avoir d'équilibre statique entre un noyau et des électrons, et que par conséquent ceux-ci doivent nécessairement tourner. De plus, un anneau en rotation n'est pas stable pour plus de 7 électrons, ce qui suggère une structure en anneaux successifs*. Remarquant que s'il en est ainsi, les anneaux intérieurs n'ont que peu d'influence sur la stabilité des anneaux extérieurs, Bohr entrevoit

> [...] une explication possible de la loi périodique des propriétés chimiques des éléments (en supposant que les propriétés chimiques dépendent de la stabilité de l'anneau le plus externe, les « électrons de valence »).

L'idée que les électrons des « couches extérieures » jouent un rôle privilégié pour donner les propriétés chimiques de l'atome était déjà celle de J. J. Thomson. Ainsi, les atomes ayant le même nombre d'électrons dans la couche la plus externe pourraient avoir, comme dans la classification périodique de Mendeleev, des propriétés chimiques semblables. Affaire à suivre.

Bohr retourne au Danemark le 24 juillet 1912, afin d'accomplir un acte très important pour lui, mais sans rapport avec la physique atomique : il épouse Margrethe Nørlund, sa cadette de cinq ans, le 1er août 1912.

Il obtient ensuite un poste d'assistant auprès de Martin Knudsen, professeur à l'Université de Copenhague, ce qui interrompt pendant quelques mois ses travaux théoriques. En février il discute avec H. M. Hansen, un spectroscopiste, qui revient d'une visite à Göttingen, et qui lui parle de la formule de Balmer, qui donne la répartition des raies optiques de l'hydrogène. Il dira plus tard :

> Dès que je vis la formule de Balmer, tout devint clair à mes yeux[31].

Maintenant il travaille avec frénésie, car il entrevoit une solution. Le 6 mars enfin, il envoie une version de son article à Rutherford pour que celui-ci le transmette au *Philosophical Magazine*. Mais Rutherford soulève quelques objections : il est sceptique sur les idées radicales de Bohr, et critique la structure même de l'article. Comme Bohr le dira plus tard :

> J'eus donc le sentiment que la seule façon d'arranger les choses était d'aller immédiatement à Manchester et d'en discuter à fond avec Rutherford lui-même. Bien que Rutherford fût plus occupé que jamais il me montra une patience presque angélique, et après plusieurs soirées de discussion au cours desquelles il déclara qu'il n'aurait jamais cru que je pusse me montrer aussi obstiné, il consentit à laisser tous les points, anciens et nouveaux, dans l'article[32].

L'article, daté du 5 avril 1913, paraît dans la livraison de juillet du *Philosophical Magazine*, sous le titre : « On the constitution of Atoms and Molecules ».

---

*Voir p. 74.

« Sur la constitution des atomes et des molécules »

Cet article est exceptionnel à plus d'un titre. Sa démarche, à la fois pragmatique, rigoureuse, avec une vision très profonde de toute la physique et l'audace de son imagination en font une pièce d'anthologie, un de ces textes qu'on doit faire lire et méditer à tout étudiant en épistémologie, ou en physique[33].

Bohr expose tout d'abord les différences entre les modèles de Thomson et de Rutherford. Puis il va s'occuper uniquement du modèle de Rutherford. Il commence par l'atome le plus simple, l'atome d'hydrogène : un seul électron tournant autour d'un noyau. Selon la mécanique classique un tel atome n'a pas de taille fixe, il doit se contracter indéfiniment, tout en rayonnant de l'énergie. Bohr fait une constatation évidente :

> Un calcul simple montre que le comportement d'un tel système est très différent de celui d'un système atomique existant dans la nature [...] Dans leurs états permanents les atomes réels semblent avoir des dimensions et des fréquences absolument fixes.

Il rappelle alors la quantification du rayonnement :

> Or le point essentiel dans la théorie des radiations de Planck est que l'émission d'énergie par rayonnement n'a pas lieu de façon continue comme le suppose l'électrodynamique ordinaire, mais qu'elle a lieu au contraire par émissions séparées et distinctes.

Bohr propose tout d'abord d'imaginer le processus par lequel un électron au repos, loin d'un noyau, se lie à ce noyau, en émettant de la lumière. Le fait de ne pouvoir émettre cette lumière que par paquets indivisibles, par *quanta*, a une conséquence importante : comme l'électron ne peut pas émettre moins qu'un quantum d'énergie, il reste en quelque sorte bloqué sur une orbite, qui est donc l'orbite la plus basse possible. Bohr calcule les dimensions de cette orbite, et l'énergie perdue de cette façon par l'électron, énergie qui est l'énergie de liaison de l'atome ainsi formé. Le miracle est qu'il trouve précisément pour les dimensions de l'atome d'hydrogène et pour cette énergie de liaison les valeurs connues expérimentalement ! Il énonce alors ses hypothèses de façon plus formelle :

> Les hypothèses principales sont :
> (1) que l'équilibre dynamique d'un système dans ses états stationnaires peut être discuté à l'aide de la mécanique ordinaire, tandis que le passage d'un système entre différents états stationnaires ne peut être traité sur cette base.
> (2) que ce dernier processus est suivi par l'émission d'un rayonnement homogène.

« Homogène » veut dire ici « monochromatique », c'est-à-dire d'une énergie, donc d'une longueur d'onde — d'une couleur — bien définie : une *raie optique*. L'explication de Bohr est simple : l'électron ne peut se mouvoir autour du noyau que selon certaines orbites déterminées. Tant qu'il est sur son orbite, il obéit aux lois de la mécanique ordinaire, mais il ne peut changer d'orbite que par « sauts », sauts au cours desquels il émet un rayonnement de longueur d'onde bien précise. *Voilà l'origine des spectres de raies!*

La première hypothèse est facile à admettre, dit-il. Quant à la seconde, Bohr annonce d'emblée qu'elle est en contradiction avec la physique connue, mais il fait cette hypothèse *parce qu'elle est dictée par les données expérimentales*:

> La seconde hypothèse est en contradiction évidente avec les idées ordinaires de l'électrodynamique, mais elle apparaît nécessaire pour rendre compte des faits expérimentaux.

Bohr applique ensuite ces principes au spectre de l'hydrogène. Comme seules certaines orbites sont autorisées par ses hypothèses, elles sont simplement numérotées par un nombre n directement lié au rayon de l'orbite et donc à la vitesse de rotation : 1, 2, 3, etc. Le passage de l'une à l'autre se fait par « sauts », avec émission d'un *quantum* de lumière. Quelle est la fréquence de ces quanta ? Pour passer de l'orbite n à l'orbite p, Bohr calcule la fréquence du quantum de lumière émis, et il retrouve l'énigmatique formule de Balmer[*] :

$$\nu = R\Big(\frac{1}{p^2} - \frac{1}{n^2}\Big)$$

Mais surtout *il est à même de calculer la valeur de la constante R*, dite constante de Rydberg, dès lors qu'il connaît la valeur de la charge, de la masse de l'électron, et de la fameuse constante de Planck h :

$$R = \frac{2\pi^2 m e^4}{h^3}$$

ce qui donne $3,1 \times 10^{15} s^{-1}$, vraiment très proche de la valeur empirique de Rydberg, $3,29 \times 10^{15} s^{-1}$[†].

Cet accord remarquable va faire le succès du modèle. Jusque-là les efforts des spectroscopistes comme Rydberg étaient fondés sur une sorte de numérologie, et la constante R était purement empirique. Bohr introduit des éléments physiques généraux, la masse et la charge de l'électron, et la constante de Planck, issue de la toute récente théorie des quanta. Une anecdote rapportée par Max Jammer, et qui lui a été communiquée par F. Tank[34] illustre tout à la fois le caractère révolutionnaire de l'article de Bohr et la force de ses arguments : lors d'une des réunions hebdomadaires organisées à Zurich par l'Université et l'Institut de technologie, l'article de Bohr fut présenté et discuté. Max von Laue s'écria :

> C'est insensé, les équations de Maxwell s'appliquent dans toutes les circonstances, un électron en orbite doit rayonner !

Mais Einstein se leva et déclara :

---

[*]Voir ci-dessus p. 71.
[†]En utilisant les valeurs adoptées aujourd'hui pour la charge, la masse de l'électron, et la constante de Planck, on trouve $3,2899 \times 10^{15} s^{-1}$!

> Très curieux, il doit y avoir quelque chose là derrière ; je ne crois pas que le calcul de la constante de Rydberg donne par hasard la bonne valeur absolue.

Tout le dilemme du physicien est résumé là : dans l'état des connaissances d'alors, Bohr proposait des idées surprenantes, presque inacceptables, mais en même temps il livrait des clés dont on n'allait plus pouvoir se passer. Notons enfin la dernière remarque importante de Bohr dans ce premier article. Il souligne que

> le moment angulaire de l'électron en rotation autour du noyau dans un état stationnaire du système est égal à un multiple entier d'une valeur universelle, indépendante de la charge du noyau.

Cette valeur universelle, *l'atome de moment angulaire*, n'est autre que la constante de Planck h divisée par 2π. Bohr remarquait tout simplement que *le quantum d'action est un quantum de moment angulaire*. Rappelons que l'*action* d'une planète dans une révolution autour du soleil, par exemple, est le produit de trois nombres : sa masse, sa vitesse, la longueur de la trajectoire. Son *moment angulaire* est le produit de trois nombres : sa masse, sa vitesse, le rayon (la distance au soleil). Or la longueur de la trajectoire, ce n'est rien d'autre que le rayon multiplié par 2π. Dans le cas d'un mouvement de rotation, l'*action* se confond donc avec le *moment angulaire*, au facteur 2π près. *Exiger que l'action soit quantifiée revient donc à exiger que le moment angulaire soit quantifié.*

La physique quantique vient d'étendre son règne à la structure de l'atome. Les hypothèques sur le modèle de Rutherford d'atome à noyau sont levées. La tâche la plus urgente est maintenant de bâtir une véritable théorie de l'atome, ce qui demandera quelque vingt ans.

Les deux autres articles de la « trilogie » de 1913

L'article paru en juillet, dont nous venons de parler, n'est que le premier d'une série de trois. Le deuxième article[35] étend l'analyse faite pour l'hydrogène aux « systèmes contenant un seul noyau », c'est-à-dire aux atomes de toutes sortes, dont le noyau ne comporte pas une charge unique mais un nombre quelconque de charges. Bohr tente de voir comment les électrons pourraient se disposer en anneaux successifs, comme dans le fameux modèle de J. J. Thomson.

Pour l'hélium, dont le noyau contient deux charges et qui possède donc deux électrons, Bohr imagine que l'un des électrons forme avec le noyau un système assez compact, et que l'autre électron évolue plus loin, sensible à l'action conjuguée du noyau et du premier électron, c'est-à-dire d'une charge unité, ce qui ressemble encore à un atome d'hydrogène. Calculant les valeurs des raies pour le premier électron, il les trouve très proches des *raies de Pickering*, observées par l'astronome Edward Pickering en 1896 dans le spectre de l'étoile ζ *Puppis*[36]. Ce spectre présentait des parentés curieuses avec le spectre de l'hydrogène : il avait deux fois plus de raies, une raie sur deux étant quasiment identique à une raie de l'hydrogène. Or en

1912, l'astronome Alfred Fowler avait réussi à les observer en provoquant des décharges électriques dans un mélange d'hydrogène et d'hélium. Bohr propose de les attribuer à un système « hydrogénoïde », constitué par le noyau d'hélium (deux charges élémentaires) mais avec un seul électron, qu'on peut aussi considérer comme un atome d'hélium ionisé, qui aurait perdu un électron. Tout en donnant des résultats proches des mesures expérimentales, son calcul en diffère cependant de façon significative. On a l'impression de toucher la vérité, mais elle se dérobe encore. Abordant la radioactivité, Bohr annonce sans ambiguïté :

> Une conséquence nécessaire de la théorie de Rutherford sur la structure de l'atome est que les particules α ont leur origine dans le noyau. De même, dans notre théorie, il semble nécessaire que le noyau soit le siège de l'expulsion des particules β de grande vitesse.

C'est bien ce que nous disons aujourd'hui : *la radioactivité est un phénomène nucléaire.*

Dans le troisième article enfin[37], Bohr tente de comprendre, à la lumière de son modèle d'atome, comment plusieurs atomes peuvent se lier les uns aux autres pour former une molécule. Il a l'intuition que les électrons sont responsables de cette liaison de plusieurs atomes. Mais la théorie qui permettra de le comprendre est encore à faire. Avec son modèle, Bohr vient d'en poser la première pierre, celle qui va rendre tout le reste possible.

CHAPITRE 4

1913-1923 : victoires et déboires

Où l'on voit se développer une théorie paradoxale, aux fondements incertains, une théorie qui repose sur le doigté, le flair du physicien, une théorie qui obtient des succès spectaculaires et des échecs retentissants. Où les « nombres de quanta » se multiplient. Où Bohr explique le tableau de Mendeleev, mais continue de réclamer une vraie théorie.

PARMI LES PHYSICIENS, la nouvelle théorie de Bohr fut reçue avec intérêt ou scepticisme, enthousiasme ou circonspection[38]. Tandis que certains s'y ralliaient immédiatement, tels Sommerfeld ou Paschen, d'autres étaient plus prudents, comme Planck, ou Max Born. La plupart avaient du mal à croire à un tel chambardement de la physique classique. De passage à Göttingen, haut lieu des mathématiques, Harald, le frère mathématicien de Niels Bohr, lui écrit à l'automne 1913 :

> Les gens ici s'intéressent vraiment beaucoup à tes articles, mais j'ai l'impression que la plupart d'entre eux — à l'exception toutefois de Hilbert — et en particulier parmi les plus jeunes, Born, Madelung, etc., n'osent pas croire qu'ils pourraient être dans le vrai ; ils trouvent les hypothèses trop « audacieuses » et trop « fantastiques ». Si la question du spectre de l'hydrogène-hélium pouvait être définitivement réglée, cela aurait un effet considérable : tous tes opposants persistent à dire qu'à leur avis il n'y a pas la moindre raison de croire que ce ne sont pas des raies de l'hydrogène.

Cette question de l'hydrogène-hélium, comme dit Harald, était celle des fameuses raies de Pickering. Alfred Fowler objectait que le calcul de Bohr s'écartait systématiquement des valeurs mesurées[39], mais Bohr montra que cela était dû à une approximation faite dans son premier article (il avait supposé négligeable la masse de l'électron en comparaison de celle du noyau, 1850 fois plus grande). Une fois rectifié, le calcul donnait les résultats à cinq décimales près[40] ! Comme le prévoyait Harald, cela allait faire beaucoup pour emporter l'adhésion de nombreux physiciens, dont celle, notable, d'Einstein.

Confirmation : l'expérience de Franck et Hertz

L'hypothèse de base de Bohr, l'existence d'orbites « stationnaires » d'énergie bien définie, allait recevoir dès 1914 une confirmation éclatante. Deux jeunes physiciens de l'université de Berlin, James Franck et Gustav Hertz (petit-neveu de Heinrich Hertz) avaient entrepris depuis 1911 des expériences dans lesquelles ils envoyaient des électrons d'énergie variable sur différents atomes. L'appareillage ressemblait à une simple lampe radio, dite « triode », remplie du gaz à étudier. En 1914, Franck et Hertz tentent de provoquer un effet photoélectrique « inverse ». L'effet photoélectrique consiste en une libération d'électrons lorsque des métaux sont illuminés par de la lumière d'une longueur d'onde suffisamment courte (ultra-violette, ou rayons X). L'interprétation d'Einstein consiste à dire qu'un électron lié à un atome absorbe toute l'énergie d'un « quantum de lumière », ce qui peut le libérer de son lien à l'atome, au prix d'une partie de l'énergie fournie par le quantum de lumière. Il reste alors une certaine énergie, donc une certaine vitesse à l'électron. Franck et Hertz envoient au contraire des électrons bombarder des atomes de mercure, et ils étudient ce qui se passe lorsque leur vitesse varie : or lorsque l'électron a juste l'énergie nécessaire à un atome de mercure pour « sauter » de l'état fondamental au premier état « excité », soit 4,9 électronvolts, il a une bonne probabilité de lui communiquer cette énergie, et par conséquent de la perdre, si bien que Franck et Hertz observent une nette diminution du nombre d'électrons juste à cette énergie. Mieux, Franck et Herz observent le retour de l'atome à son état fondamental, avec émission d'un quantum de lumière dont l'énergie est précisément 4,9 électronvolts, qui correspond à une raie bien connue du spectre optique du mercure. C'est une indication forte de l'existence d'orbites stationnaires d'énergie bien déterminée[42].

Cette expérience d'anthologie sera récompensée par le prix Nobel, attribué en 1925 à Franck et Hertz « pour leur découverte des lois gouvernant l'impact d'un électron sur un atome ».

La multiplication des raies : effets Zeeman et Stark

Avec son modèle Bohr était en mesure d'expliquer les raies observées, tout au moins pour l'hydrogène et pour l'hélium ionisé par la perte d'un électron (qui ressemble donc à un hydrogène dont le noyau aurait une charge double). L'électron ne peut tourner autour du noyau que le long de certaines orbites caractérisées par la suite des nombre entiers $n = 1, 2, 3, \ldots$ Comme nous l'avons vu, chaque orbite correspond à une énergie de liaison° bien déterminée, et quand l'électron « saute » d'une orbite à l'autre, il perd une énergie (égale à la différence entre les énergies de liaison des deux orbites), énergie qui s'échappe sous la forme d'un quantum de lumière. Ce nombre n, nombre entier qui permet de calculer l'énergie de liaison de l'orbite, était le *nombre de quanta* caractérisant chaque orbite.

Mais à mesure que les expériences progressaient, les choses se compliquaient : *les raies étaient en fait beaucoup plus nombreuses que ce que prévoyait le calcul de Bohr*. Dès 1891 Michelson (celui qui avait mesuré la vitesse de la lumière en 1887) avait mesuré avec des spectroscopes de haute précision les raies de l'hydrogène, et il s'était rendu compte que certaines d'entre elles étaient au moins doubles[43].

Par ailleurs, on connaissait depuis 1896 les expériences de Pieter Zeeman, qui avait observé au moyen d'un spectromètre que les raies du lithium et du sodium se séparaient en trois raies proches lorsqu'il soumettait ces atomes à un champ magnétique, la séparation du triplet ainsi constitué augmentant avec l'intensité du champ magnétique[44]. Lorentz avait réussi à interpréter cet effet Zeeman en supposant que l'émission de lumière était due à des vibrations des électrons dans les atomes, et il avait ainsi estimé la valeur du rapport e/m entre la charge et la masse de l'électron. La concordance de la valeur trouvée avec d'autres mesures (en particulier celles de J. J. Thomson) avait confirmé l'idée que les électrons étaient bien des particules ayant une charge et une masse, et qu'ils étaient un des constituants universels de la matière.

Quelques semaines plus tard Thomas Preston, à Dublin, confirmait cette découverte, tout en observant que certaines raies se subdivisaient en un nombre nettement plus élevé que ce que Zeeman avait observé, en quatre ou six raies par exemple[45]. On appela cela « l'effet Zeeman anormal », mais on s'aperçut bien vite qu'il était en fait plus fréquent que l'effet Zeeman « normal »[46].

Enfin en 1913 le physicien allemand Johannes Stark observe[47] que si l'hydrogène est soumis à un fort champ électrique, les raies en apparence simples se séparent en de multiples raies, d'une façon différente de celle de l'effet Zeeman. C'est ce qu'on appela « l'effet Stark ».

Arnold Sommerfeld : orbites elliptiques, nouveaux nombres quantiques

Tout cela montrait bien que la classification par un seul nombre de quanta, ou nombre quantique (*Quantenzahl*) à la manière de Bohr était insuffisante, et que chaque orbite devait être en fait une petite constellation d'orbites proches les unes des autres. Les orbites des électrons semblaient se présenter en groupes avec la même valeur de nombre de quanta n, qui était donc insuffisant pour décrire toute la richesse, toute la variété des phénomènes observés. Le premier à faire avancer la théorie dans ce qui devenait une jungle fut Arnold Sommerfeld[48-50].

Arnold Sommerfeld était né le 5 décembre 1868 à Königsberg, où il fit ses études et obtint sa thèse en 1891. Assistant du grand mathématicien Félix Klein à Göttingen de 1894 à 1896, il travaille avec lui sur la théorie du gyroscope, et obtient en 1897 une chaire de mathématiques à la *Bergakademie* de Clausthal, puis en 1900 à la *Technische Hochschule* d'Aix-la-Chapelle ; en 1906 il est nommé professeur de physique théorique à Munich. Dès 1911 il s'intéresse à la théorie des quanta, qui devient son sujet principal de recherche en 1915. Il mourra le 26 avril 1951 des suites d'un accident de la circulation.

Sommerfeld fonda une véritable école de physique théorique, et nombre de ses élèves ont joué un rôle important en physique : Alfred Landé, Peter Debye, puis, après la première guerre mondiale : Wilhelm Lenz, Adolf Kratzer, Gregor Wentzel, Otto Laporte. Les plus célèbres restent toutefois Wolfgang Pauli et Werner Heisenberg, dont nous aurons à reparler.

L'idée de Sommerfeld lorsqu'il aborde le problème est tout d'abord de dépasser l'hypothèse simple de Bohr, qui avait attribué aux électrons des orbites circulaires autour du noyau. À cette limitation il n'y avait pas de raison autre que de simplicité, dans un premier temps. En fait, si les électrons obéissent sur leur orbite aux lois de la mécanique classique, ils doivent en général décrire des ellipses, avec le noyau comme l'un des foyers, tout comme les planètes décrivent des ellipses dont le soleil occupe un foyer. Sommerfeld généralise donc les conditions quantiques qui ont permis à Bohr de construire son modèle d'atome. Pour cela il a recours à une formulation mathématique de la mécanique formulée par le mathématicien irlandais William Hamilton.

Pour tenir compte de l'existence, maintenant inéluctable, du *quantum d'action*, Sommerfeld s'inspire du travail de Bohr, qu'il généralise. La formulation de Hamilton permet à Sommerfeld de proposer une règle générale de quantification par *degré de liberté* de l'électron sur son orbite autour du noyau de l'atome. Ce qu'on appelle les *degrés de liberté* sont les quantités indépendantes qui caractérisent le mouvement ; dans le cas de l'atome d'hydrogène, Sommerfeld en dénombre trois : la taille de l'orbite, sa forme, son orientation dans l'espace. Concrètement, cela signifie que la règle de quantification qu'il propose aboutit à un ensemble de *trois nombres*, qu'il appelle *nombres quantiques* (Quantenzahl) :

(a) *le nombre quantique principal (ou radial) n*, celui qu'avait introduit Bohr, et qui définit la taille de l'orbite, plus précisément le grand axe de l'ellipse (c'était le rayon du cercle pour les orbites circulaires de Bohr) ;

(b) *le nombre quantique azimutal n'*, qu'on appellera aussi k, qui détermine le caractère plus ou moins allongé de l'ellipse, son *excentricité*. Ce nombre détermine également le moment angulaire° de l'électron sur l'orbite, qui se trouve maintenant quantifié d'une manière tout à fait générale : il ne peut valoir qu'un nombre entier de fois $h/2\pi$;

(c) *le nombre quantique de latitude*, qui détermine l'orientation de l'orbite dans l'espace, orientation elle aussi quantifiée.

Les corrections relativistes et la *constante de structure fine*

Sommerfeld calcule également des corrections relativistes, ce qui lui permet de découvrir une autre origine à la multiplicité des trajectoires, en l'absence de tout champ extérieur. En effet, dans un calcul relativiste les trajectoires des électrons cessent d'être exactement des ellipses, car dans ce cas la vitesse de l'électron varie tout au long de la trajectoire (comme varie la vitesse des planètes autour du soleil). Dans le cas présent la correction est faible, si bien que ce sont presque des ellipses, mais les trajectoires ne se referment pas exactement sur elles-mêmes, si bien que tout se passe comme si l'ellipse tournait lentement autour du foyer que constitue le noyau : l'électron décrit une sorte de rosette, dessinant les pétales successifs d'une fleur. C'est un mouvement de précession, tout comme celui de l'orbite de la planète Mercure autour du soleil, dont le périhélie (le point de l'orbite elliptique le plus proche du soleil) « avance » de 43 secondes d'arc par siècle, en raison de minuscules corrections relativistes. Sommerfeld montre que si l'on prend en compte la Relativité, l'énergie de chaque orbite varie suivant la forme de l'ellipse (donnée par le nombre k). Le groupe d'orbites correspondant à un nombre de quanta n donne bien lieu à des raies très légèrement séparées, phénomène baptisé « structure fine » de l'atome. Cette séparation met en jeu une constante universelle combinant la charge de l'électron e, la constante de Planck h et la vitesse de la lumière c : on l'a appelée la *constante de structure fine* $\alpha = \frac{e^2}{\hbar c}$.

Un canular !

Il est intéressant de noter à ce propos ce qui est plus qu'une anecdote. La constante de structure fine est un nombre pur, dont la valeur ne dépend pas des unités utilisées : $0,007298$, ce qui est presque exactement égal à $1/137$. Pourquoi la constante de structure fine serait-elle l'inverse d'un nombre entier ? Si grande était l'invasion des nombres entiers dans la physique atomique pendant ces années qu'on se demanda s'il y avait là plus qu'une coïncidence. Cela donna lieu à toutes sortes de spéculations plus ou moins extravagantes, et même à une blague extraordinaire de trois jeunes physiciens : Guido Beck, Hans Bethe et Wolfgang Riezler parvinrent à faire accepter par une revue allemande de premier plan, *Naturwissenschaften*, un article dans lequel ils prétendaient relier la constante de structure fine et la valeur du zéro absolu en degrés Kelvin*, un pur canular[51]! Les mesures les plus précises donnent actuellement $\alpha = 0,007297353$, nombre dont l'inverse est $137,03599$, avec une petite incertitude, mais seulement sur la dernière décimale. L'inverse de la constante de structure fine n'est donc pas un nombre entier. Une jolie histoire s'arrête là. Qui dira que les physiciens n'ont ni imagination exubérante, ni humour ?

Nouvelle intervention d'Einstein : l'interaction rayonnement-matière

En 1916 Einstein vient de terminer le travail le plus épuisant de sa carrière : il a mis la dernière main à sa théorie de la gravitation, la Relativité

---

*Par des raisonnements tout à fait délirants, ils arrivent à la formule : $T_0 = -(2/\alpha - 1)$ degrés.

Générale. Il revient à la théorie des quanta, et plus particulièrement à l'affaire de l'interaction entre le rayonnement et la matière. Il écrit le 11 août 1916 à son ami Michele Besso :

> J'ai eu un trait de lumière à propos de l'absorption et de l'émission du rayonnement ; cela va t'intéresser. Une conséquence tout à fait étonnante de la formule de Planck, je dirais même la conséquence. Le tout entièrement quantique[52].

L'article d'Einstein[53] est publié au début de 1917. Il comporte plusieurs innovations de grande portée. Tout d'abord il considère que lorsqu'un quantum de lumière interagit avec un atome *il a tous les attributs d'une « vraie » particule*, une énergie et une *impulsion,* en tout cas une *direction.* La chose remarquable est qu'Einstein parvient à donner une nouvelle démonstration de la loi du rayonnement de Planck, en utilisant uniquement ces hypothèses très générales ! *Einstein voit maintenant la loi de Planck comme la conséquence du caractère qu'on peut appeler corpusculaire du rayonnement,* alors que pour Planck le rayonnement conservait son caractère purement ondulatoire, les *quanta* n'apparaissant que lors de l'échange d'énergie entre le rayonnement et un corps absorbant ou émettant ce rayonnement. Lors de l'hypothèse des *quanta de lumière* de 1905, Einstein avait franchi un pas en supposant que l'énergie du rayonnement pouvait être localisée dans une petite région de l'espace, comme un corpuscule, mais il n'attribuait pas à ce quantum une impulsion, comme à un vrai corpuscule.

La deuxième innovation est que, chemin faisant, Einstein introduit, dans le cas de l'émission d'un quantum par une molécule, une probabilité pour que cela se produise pendant un laps de temps donné. L'émission a lieu, tout comme une désintégration radioactive, à un moment imprévisible, dans une direction imprévisible, avec simplement une probabilité que cela se produise ainsi.

UNE VICTOIRE DE LA THÉORIE DES QUANTA : L'EFFET STARK

En pleine guerre, un jeune physicien russe qui travaille à Munich, Paul Epstein, et un physicien allemand, Karl Schwarzschild, parviennent, chacun de son côté, à expliquer de façon très satisfaisante l'effet Stark, cette démultiplication des raies sous l'effet d'un champ électrique[54,55]. Ils utilisent la théorie de Bohr-Sommerfeld, qui tient là un beau succès : sous l'effet du champ électrique les orbites sont perturbées, et par suite les raies, qui correspondent à la lumière émise lorsque l'électron « saute » d'une orbite à l'autre, ont leur longueur d'onde un peu modifiée. Leurs calculs donnent un résultat en bon accord avec les résultats expérimentaux. En 1919 Sommerfeld publie un traité sur la structure de l'atome, *La constitution de l'atome et les raies spectrales.* Ce livre plusieurs fois réédité avec des mises à jour successives devint rapidement la bible des physiciens. Dans la traduction française publiée en 1923, Sommerfeld écrit :

> La plus belle manifestation de ces différentes ellipses peut se constater sans même que l'on doive procéder artificiellement ou agir par une force

> quelconque ; les conséquences de la théorie de la relativité prouvent en effet, que naturellement déjà, ces diverses orbites sont visibles [...]
>
> L'observation de la structure des raies nous dévoile donc tout le mécanisme des mouvements intra-atomiques jusqu'au mouvement du périhélie des orbites elliptiques[56].

Le titre même du livre montre d'ailleurs le rôle extraordinaire, unique, de la collection des longueurs d'onde des raies mesurées soigneusement par de très nombreux physiciens depuis 1860, et, grâce à des perfectionnements constants, avec une précision toujours meilleure. Toute la physique de la structure de l'atome, tout ce qui va être la mécanique quantique, l'un des plus grands bouleversements conceptuels du siècle, vient pour l'essentiel de l'étude, de la contemplation de ces raies, ces merveilleuses raies aux couleurs de l'arc-en-ciel !

Reste pourtant une ombre au tableau, un phénomène inexplicable dans ce schéma : dans l'effet Zeeman (émission de raies sous l'effet d'un champ magnétique) *on observe plus de raies que ce que prévoit la théorie*. On est ainsi dans une situation embarrassante : la théorie explique tellement bien certains phénomènes autrement inexplicables qu'on peut raisonnablement penser qu'on n'est pas loin du but. Mais ce but se dérobe chaque fois qu'on croit l'atteindre.

Le « principe de correspondance »

Dès 1913, lorsqu'il écrivait les trois articles fondateurs de la physique atomique, Bohr avait profondément réfléchi à la jonction entre la mécanique des quanta et la mécanique classique (qui inclut la Relativité). Car cette dernière s'applique de façon extrêmement précise aux échelles habituelles, ainsi qu'aux grandes échelles comme la mécanique céleste, mais elle cesse de décrire correctement la nature quand elle s'adresse à l'atome : là commence le règne du *quantum d'action* de Planck. Une théorie idéale devrait s'appliquer partout, et englober la théorie habituelle aux grandes échelles, et la théorie des quanta à l'échelle de l'atome. Après tout, le quantum d'action doit se manifester aussi à notre échelle, mais il est si petit que le passage d'une énergie à une autre ne semble pas montrer de discontinuité. C'est en somme l'expérience que nous faisons tous les jours en regardant une photo dans un magazine : vue à distance normale, on reconnaît un personnage, un objet familier, un paysage. Si nous regardons à la loupe, ou mieux, au microscope, nous voyons une série de points noirs plus ou moins gros où l'on a du mal à distinguer un dessin précis. En raison des capacités limitées de notre œil, on croit voir à distance normale un dessin passant continûment du noir au gris et au blanc, sans percevoir les discontinuités sous-jacentes.

L'idée capitale de Bohr est alors la suivante : considérant que la théorie classique donne des résultats exacts aux grandes échelles, et qu'on doit pouvoir passer insensiblement des grandes échelles aux échelles les plus petites, il doit exister une correspondance entre les propriétés révélées par la mécanique classique et celles de la mécanique des quanta. Bohr pose donc en principe *qu'il existe une analogie formelle entre la mécanique classique et la mécanique des quanta.*

Ce « principe de correspondance » doit donc jouer un rôle très utile, en permettant de prévoir certaines propriétés de la théorie quantique. Pour le physicien c'est un guide autant qu'une contrainte, car toute conséquence de la nouvelle théorie des quanta doit avoir son répondant dans la théorie classique. Bohr fut invité à participer au troisième Conseil Solvay[57], le premier après la guerre, qui se tint à Bruxelles du 1er au 6 avril 1921. Mais surchargé de travail, et en mauvaise santé, il renonça à y participer. C'est son ami Paul Ehrenfest qui présenta une partie de son rapport à sa place, en y ajoutant une discussion particulière sur le principe de correspondance[58].

La formulation précise apparut dans un article publié dans *Zeitschrift für Physik* en 1923. Son importance fut jugée si grande qu'il en parut une traduction anglaise sous la forme d'un supplément aux comptes rendus de la *Cambridge philosophical society*[59,60]. Le principe de correspondance de Bohr va jouer un rôle capital pour guider les physiciens en terrain inconnu, c'est une contrainte bienvenue qui permettra les intuitions les plus efficaces, et mènera finalement à la mécanique quantique. En 1923 nous commençons à nous en approcher. L'utilisation du principe de correspondance demandait cependant beaucoup de doigté, et même de flair, qualités que Bohr possédait au plus haut point, mais ce n'était pas encore une vraie théorie physique pure et dure, qu'on pût appliquer sans états d'âme. Patience! encore quelques années...

BOHR ET LE TABLEAU DE MENDELEEV

La théorie des quanta avait permis de comprendre la structure de l'atome d'hydrogène, mais elle était encore incapable d'expliquer celle des atomes plus lourds. Les électrons se répartissaient-ils en anneaux, ainsi que Bohr l'avait tout d'abord pensé? Tous les calculs montraient que ce n'était pas possible, qu'ils devaient plutôt se répartir dans tout l'espace d'une sorte de sphère autour du noyau. Mais comment?

En 1916 un étudiant de Sommerfeld, Walther Kossel, avait proposé une idée[61]. Considérant les éléments les plus légers (jusqu'au manganèse), il appuie son raisonnement sur certaines propriétés à la base même du tableau périodique : les atomes des gaz rares (hélium, néon, argon) sont particulièrement stables, difficiles à ioniser (il est difficile de leur arracher un électron), et ne forment pas de composés chimiques. Cela suggère que les électrons de ces gaz se trouvent sur la surface d'une sphère, une coquille, une « couche », comme on dira bientôt, et que lorsqu'elle contient un certain nombre d'électrons, on doit considérer cette couche comme complète, « fermée », et particulièrement stable. Il est difficile de lui arracher un électron, et aussi d'en ajouter un, car ce dernier devrait être sur une couche de plus grand diamètre, nettement plus loin du centre attractif que constitue le noyau. Kossel construit ainsi un modèle de l'atome où la première « couche » est complète avec 2 électrons, la deuxième avec 8 (ce qui fait 10 au total, c'est le néon), la troisième avec encore 8 (18 en tout, c'est l'argon). Pour ce qui est des autres éléments, la couche la plus externe étant incomplète, la perte d'un électron est plus facile, et par ailleurs, les liaisons chimiques peuvent être réalisées par ces électrons externes, qui, attirés par deux noyaux, formeraient un lien entre eux. On se souvient que J. J. Thomson lui aussi, dans son modèle *plum-pudding* de l'atome, imaginait les électrons répartis sur des anneaux ou des sphères concentriques.

Cette image avait tout pour plaire, mais on butait tout de même sur une difficulté importante : le casse-tête des terres rares, qu'on appelle aujourd'hui les *lanthanides*, mot bâti sur *lanthane*, qui vient du grec *lanthanein*, « être inaperçu » (Petit Robert). Ils s'agit d'éléments dont deux seulement étaient connus par Mendeleev lorsqu'il conçut sa classification, le lanthane et le terbium[*]. Les autres terres rares furent découvertes par la suite, principalement pendant la seconde moitié du XIXe siècle. Ce sont des éléments aux propriétés chimiques extrêmement proches, et pourtant non identiques[†].

Comment les classer dans le fameux tableau « périodique » de Mendeleev ? Beaucoup de chimistes pensaient qu'ils devaient tous aller dans la même case, mais c'était rompre le sacro-saint principe « un élément, une case ». D'autres proposèrent une classification en trois dimensions, façon de démultiplier la case.

C'est alors que Bohr intervint, en envoyant deux articles à la revue *Nature*, l'un en février[62], l'autre en septembre[63]; il écrivit peu après un article de vulgarisation ayant pour titre « Nos connaissances actuelles sur les atomes », concluant par ces mots :

> nous pouvons dire qu'il est possible maintenant d'expliquer qualitativement et quantitativement de nombreux faits individuels et les variations — en partie régulières et en partie capricieuses — des propriétés chimiques lorsqu'on passe d'un élément à un autre de numéro atomique supérieur. Ces variations, si magnifiquement exprimées dans ce qu'on appelle le tableau périodique des éléments, ne sont plus le secret incompréhensible qu'elles étaient il y a quelques années[64].

Quelles sont les idées de Bohr sur l'arrangement des électrons dans l'atome ? D'un point de vue théorique pur, le problème paraît inextricable. On réussit en gros à comprendre l'hydrogène, le plus simple des éléments, avec seulement un noyau de charge unité et un électron, et encore reste-t-il l'épine de l'effet Zeeman anormal. Déjà l'hélium (noyau de charge 2, de masse 4, deux électrons) est difficile à comprendre. Comment s'en tirer lorsqu'on a 10, 20, 50 électrons ? La voie de la raison est celle de Kossel. Le fameux tableau périodique de Mendeleev est un guide précieux, qui suggère l'existence de « couches » successives d'électrons : une couche de 2 électrons, puis une autre de 8, puis encore une autre de 8. Kossel s'est arrêté là, mais Bohr continue, et tente de construire tout l'édifice. Il utilise le guide que représente l'existence des gaz rares, qui ponctuent le tableau périodique, et qui ont tous pour caractéristique d'être chimiquement inertes, incapables

---

[*] Voir p. 18.

[†] Il existe quinze éléments qu'on appelle « terres rares » ou lanthanides, dont les numéros atomiques vont de 57 à 71 : lanthane, cérium, pradéodyme, néodyme, prométhium, samarium, europium, gadolinium, terbium, dysprosium, holmium, erbium, thulium, ytterbium, lutecium. Le promethium fut le dernier à être identifié, en 1947.

de se combiner à quelque substance que ce soit. Chaque couche nouvelle correspond à un *nombre quantique principal n* augmenté d'une unité, ce qui semble naturel puisque les couches ont des rayons de plus en plus grands et que c'est justement n qui fixe le rayon moyen des orbites :

gaz	numéro atomique (nombre d'électrons)	nombre quantique principal n
Hélium (He)	2	1
Néon (Ne)	10	2
Argon	18	3
Krypton	36	4
Xénon	54	5
Niton*(Rn)	86	6

Dans le premier article Bohr donne une interprétation globale de la façon dont les électrons s'arrangent, sur les mêmes orbites ou sur des orbites de plus en plus grandes (la taille de l'orbite dépend principalement du nombre n). Combien d'électrons par orbite ? Pourquoi ne pas mettre tous les électrons dans la ou les orbites les plus basses ? Le raisonnement de Bohr s'appuie sur deux éléments fondamentaux : d'une part, l'examen attentif, aigu, scrupuleux des données expérimentales, c'est-à-dire des spectres de raies optiques (ou de raies X) et la loi périodique de Mendeleev, et d'autre part le principe de correspondance, qu'on pourrait aussi bien appeler le *flair bohrien*. Bohr parvient ainsi à imaginer un modèle cohérent de la façon dont les électrons se répartissent sur des groupes d'orbites à un, deux, trois et quatre quanta :

> [le principe de correspondance] suggère que, après les deux premiers électrons liés dans une orbite à un quantum, les huit électrons suivants seront liés dans des orbites à deux quanta, les dix-huit suivants dans des orbites à trois quanta, et les trente-deux suivants dans des orbites à quatre quanta.

LE CAS DES TERRES RARES

L'examen des spectres, et leur patiente analyse par Sommerfeld, ou par d'autres physiciens comme Alfred Landé, permet à Bohr de découvrir un fait essentiel : il est avéré que, en général, les électrons successifs se placent sur des orbites à un, puis deux, puis trois, puis quatre quanta[†]. L'idée de Bohr est que le remplissage ne se fait pas nécessairement dans un ordre simple. L'examen des spectres, et les propriétés chimiques des différents éléments suggèrent qu'à partir des orbites à trois quanta un nouveau phénomène va apparaître : l'élément dont le numéro atomique suit celui de l'argon (18)

---

*Nous nommons aujourd'hui radon (Rn) ce que Bohr appelait Niton.

[†]Rappelons que le nombre de quanta est égal au nombre quantique principal n, qui fixe la taille de l'orbite et permet de calculer (malheureusement pas de façon simple) l'énergie de l'orbite « à n quanta », ou plutôt du groupe d'orbites correspondant, car l'énergie de chaque orbite dépend aussi du nombre quantique k qui détermine la forme plus ou moins allongée de l'orbite. Voir p. 128.

est le potassium (19). Tout indique que le 19e électron va se placer sur un groupe d'orbite suivant, à 4 quanta, alors que le groupe d'orbites à 3 quanta n'était pas complet. Cependant, après quelques électrons dans le groupe à 4 quanta, celui à trois quanta continue à se remplir. Ce genre de phénomène expliquerait par exemple l'ensemble des terres rares : ces éléments auraient le même arrangement des électrons sur les orbites extrêmes, ce qui leur confère l'essentiel de leurs propriétés chimiques, et les différents éléments correspondraient au remplissage d'orbites plus internes.

Pour parvenir à ces résultats, Bohr s'est fié à des arguments très généraux et à l'examen attentif des spectres. Il n'y a dans ses articles aucun calcul mathématique, ce qui est d'ailleurs un trait général des articles de Bohr. Non que les mathématiques ne soient nécessaires, elles sont sous-jacentes, mais Bohr ne dispose pas encore d'une théorie fiable, établie sur des principes solides. La théorie des quanta est encore un théorie hybride, qui mélange l'idée purement classique des orbites *à la Kepler* avec des conditions quantiques imposées sans justification théorique. Cela n'empêche pas Bohr de dégager les idées directrices, qui seront à la base des calculs mathématiques futurs. Mieux que quiconque, Bohr sait lire dans le livre de la nature.

1918, 1921 et 1922 : trois prix Nobel pour les quanta

En 1918 le prix Nobel fut attribué à Max Planck « en reconnaissance des services rendus à l'avancement de la Physique par sa découverte des quanta d'énergie ». Après de longues hésitations (le prix avait failli lui être attribué en 1908), la théorie des quanta était donc reconnue. Le président de l'Académie Royale des Sciences de Suède, A. G. Ekstrand, concluait ainsi son discours, lors de l'attribution du prix à Stockholm le 2 juin 1920 :

> La théorie du rayonnement de Planck est en vérité le principe directeur le plus significatif de la recherche moderne en physique, et il semble qu'il s'écoulera beaucoup de temps avant que les trésors mis au jour par le génie de Planck ne soient épuisés.

En 1921 le prix Nobel de physique ne fut pas attribué. Et en 1922 l'Académie suédoise décida d'attribuer le prix 1921 à Einstein « pour les services rendus à la Physique Théorique, et particulièrement pour sa découverte de la loi de l'effet photo-électrique ». C'est pour les « quanta de lumière », donc pour sa contribution à la mécanique quantique, sa contribution la plus controversée, et non pour la Relativité, qu'Einstein reçut le prix Nobel.

Quant au prix Nobel de 1922, il fut attribué à Niels Bohr « pour les services rendus dans l'investigation de la structure des atomes et du rayonnement qu'ils émettent ». Dans son discours de présentation, le président de l'Académie suédoise insista sur l'importance du principe de correspondance*:

> Bohr a réussi à résoudre les difficultés [de la théorie des quanta] en introduisant ce qu'on appelle le principe de correspondance, qui ouvre de nouvelles perspectives de grande importance. Dans une certaine mesure ce principe

---
*Voir p. 131.

rapproche la nouvelle théorie de l'ancienne théorie classique. [...] Grâce au principe de correspondance, Bohr est [...] en mesure de déterminer, dans les cas les plus importants, les orbites des électrons dans [les] atomes. C'est des orbites des électrons les plus extérieurs que dépendent les propriétés chimiques des atomes, et c'est sur cette base que leur valence chimique a été en partie déterminée. Nous pouvons avoir les plus grands espoirs dans le développement de ce magnifique travail.

Trois prix Nobel en trois ans. La physique des quanta tenait le devant de la scène. Ce sera pour longtemps.

CHAPITRE 5

1925 : le principe de Pauli, le spin

Où un jeune physicien prodige découvre une règle, simple et générale, qui gouverne la répartition des électrons dans l'atome. Où il montre l'existence nécessaire d'une grandeur physique mystérieuse « à deux valeurs ». Où deux jeunes physiciens néerlandais montrent que cette grandeur n'est autre que le moment angulaire de l'électron, qui se comporte comme une sorte de toupie, dont le moment angulaire est un demi-quantum, une étrange toupie en vérité, qui a l'air de tourner, qui en manifeste tous les signes extérieurs, mais dans laquelle rien ne tourne, une toupie quantique enfin : l'électron possède un « spin » !

Dans la grande *Encyclopédie des Connaissances mathématiques* publiée par les Éditions Teubner en 1921, l'article sur la théorie de la Relativité[65] retint particulièrement l'attention et suscita même l'admiration d'Einstein qui considérait que c'était un des meilleurs exposés sur le sujet. Or cet article avait été écrit par un tout jeune homme, qui avait entrepris ce travail alors qu'il avait à peine 19 ans.

Wolfgang Pauli

Wolfgang Pauli[66] était né le 25 avril 1900. Son père, Wolfgang Joseph Pascheles, de famille juive, était un spécialiste de la chimie physique des protéines. Installé à Vienne en 1892, il s'était converti au catholicisme en prenant le nom de Pauli. C'était un ami d'enfance du grand physicien Ernst Mach, professeur de physique à l'Université de Vienne, qui fut le parrain du jeune Wolfgang.

Wolfgang Pauli se révéla très vite un enfant prodige, surtout en mathématiques et en physique, capable, au moment où il passait son *Abitur* (baccalauréat), de publier trois articles sur la relativité générale, deux dans la respectable *Physikalische Zeitschrift*, et l'autre dans les prestigieux *Comptes rendus* de la Société Allemande de Physique[67-69]. Il décida, naturellement, de faire de la physique théorique, et choisit d'aller travailler avec Arnold Sommerfeld, un des maîtres de la mécanique des quanta et grand professeur. Sollicité pour écrire l'article sur la Relativité dans l'*Encyclopédie des Mathématiques,* Sommerfeld suggéra de demander plutôt à Pauli de le faire. Pauli gardera toute sa vie une grande admiration pour Sommerfeld et pour la qualité du cercle d'étudiants et collaborateurs qu'il avait su rassembler autour de lui à Munich, créant ainsi un lieu privilégié d'activité et de stimulation scientifiques. C'est là que Pauli rencontrera un étudiant, son cadet d'un an, qui va devenir un ami pour la vie, Werner Heisenberg. Après avoir soutenu sa thèse à Munich, il devient assistant de Max Born à Göttingen.

Max Born

Max Born est né le 11 décembre 1882 à Breslau*, en Silésie. Le père de Max Born, Gustav Born, était un universitaire, spécialiste d'anatomie et de physiologie, et sa mère Margarete Kauffmann était issue d'une famille d'industriels de Silésie[70]. Le jeune Max fit ses études secondaires et universitaires à Breslau, où il fut initié à l'algèbre des matrices par le mathématicien Jakob Rosanes. Il poursuivit ses études en allant à Heidelberg, puis à Zurich et Göttingen où il obtint sa thèse en 1907. Il passa ensuite un an au *Cavendish,* à Cambridge, travaillant sous la direction de Joseph John Thomson, puis retourna en 1908–1909 à Breslau. Sa notoriété naissante le fait inviter à Göttingen, puis il devient assistant de Max Planck à Berlin en 1915. Là il rencontre Einstein, avec qui il sympathise immédiatement. Ils resteront amis toute leur vie. Après la guerre, il est nommé assistant d'Otto Stern à Francfort, puis en 1921 professeur à Göttingen, en même temps que James Franck, un expérimentateur de très grand talent. En quelques années il va faire de Göttingen un des hauts lieux de la physique théorique, et le berceau de la mécanique quantique. Voici la description, par Heisenberg, du Göttingen de cette époque :

> Born [...] fonda à Göttingen une école de physique théorique ; il donnait des conférences normales, organisait des séminaires de travaux pratiques et réussit bientôt à constituer à ses côtés un groupe important de jeunes physiciens exceptionnels avec lesquels il tenta d'explorer la *terra incognita* qu'était la mécanique quantique. Göttingen était à l'époque un des principaux centres de physique moderne du monde. La tradition mathématique s'était perpétuée, plus d'un siècle durant, dans cette petite ville universitaire, grâce à des noms brillants : Carl Friedrich Gauss, Bernhard Riemann, Felix Klein, David Hilbert ont enseigné à Göttingen [...][71]

---

*Aujourd'hui située en Pologne, cette ville porte le nom de Wrocław.

Mais ce qui frappa Heisenberg, c'est l'atmosphère intellectuelle chaleureuse et stimulante que Max Born avait su créer, sans doute la clé des succès à venir :

> C'est Born et sa femme Hedwig qui animaient, tant du point de vue scientifique qu'humain, ce groupe de jeunes physiciens, dont la plupart n'avaient pas 25 ans. La maison des Born était grande ouverte aux réunions de jeunes gens, et ceux qui rencontraient cette jeune bande à la *mensa** ou sur les pistes de ski du Harz se demandaient sans doute comment leurs professeurs avaient réussi à orienter, de façon aussi exclusive, leur intérêt vers une science ardue et abstraite[72].

En 1922, du 12 au 22 juin, Max Born organisa à Göttingen une série de conférences de Niels Bohr sur la structure atomique[73]. Bohr consacra les trois premières aux principes de la théorie des quanta et à son application au cas de l'hydrogène et il aborda dans les autres la constitution des atomes plus lourds. C'est ce qu'on a appelé plus tard le « festival Bohr », dont le retentissement fut énorme. C'est à cette occasion que le jeune Pauli rencontra Bohr pour la première fois, comme il le racontera plus tard :

> Au cours de ces réunions à Göttingen, Bohr vint me voir un jour [...] et me demanda si je pouvais venir à Copenhague auprès de lui pour un an. Il avait besoin d'un collaborateur pour diriger l'édition en allemand de ses travaux. Très surpris, je répondis, après un instant de réflexion, avec cette certitude dont est seul capable un jeune homme : « Je n'ai pas l'impression que je rencontrerai des difficultés dans les travaux scientifiques que vous me demanderez, mais apprendre un langue étrangère comme le danois dépasse de loin mes capacités... » Cela provoqua un grand éclat de rire de Bohr [...], et j'allai à Copenhague à l'automne 1922, où les deux choses que j'avais dites se trouvèrent fausses[74].

En effet, Pauli réussit à apprendre un peu de danois, mais malgré un travail acharné, il ne parvint pas à élucider l'effet Zeeman anormal :

> Après un examen plus approfondi du problème j'eus l'impression qu'il était [...] hors de portée. Un de mes collègues rencontré alors que je flânais dans les jolies rues de Copenhague me dit de façon très amicale : « Tu n'as vraiment pas l'air heureux », à quoi je répondis d'un air féroce : « Qui peut avoir l'air heureux quand il pense à l'effet Zeeman anormal ? » Je fus incapable de trouver une solution satisfaisante à cette époque [...]

Après son année à Copenhague, Pauli partit pour Hambourg où il fut *Privatdozent* puis professeur. Pauli fut bientôt connu dans toute l'Europe des physiciens pour son franc parler, son sens critique aigu, son humour parfois dévastateur, mais aussi pour sa gentillesse et la chaleur de ses rapports humains. Il était considéré comme un « juge de paix » qu'on allait voir avec espoir et/ou crainte pour obtenir son avis sur une nouvelle idée, un article. Heisenberg par exemple le consulta souvent pour ses articles les plus importants. À Hambourg Pauli se lia d'amitié avec Otto Stern, qui venait

---

*Restaurant de l'université.

de surprendre le monde entier (enfin, celui des physiciens de l'atome) par une expérience très curieuse.

L'EXPÉRIENCE DE STERN ET GERLACH

Otto Stern était né le 17 février 1888 dans une famille de riches marchands de céréales et de minotiers, ce qui lui donna une indépendance financière grâce à laquelle il put choisir les laboratoires où il voulait travailler. Après avoir commencé une carrière de théoricien (il travailla avec Einstein, Max Born, Ehrenfest, Max von Laue) il entreprit de mesurer directement la vitesse des molécules d'un gaz. Cette vitesse était en principe connue par le calcul depuis 1850, mais personne ne l'avait encore mesurée directement. Il développa alors une façon de produire des jets de gaz presque parallèles, de véritables « faisceaux » de molécules de gaz. Si en effet on fait pénétrer du gaz par un petit orifice dans une enceinte dans laquelle on a fait le vide, les molécules se déplacent en ligne droite depuis l'orifice, comme les rayons lumineux issus d'une source lumineuse. Stern mesura ces vitesses, trouva les valeurs attendues, c'était satisfaisant mais pas révolutionnaire.

Stern s'aperçut alors que son faisceau moléculaire devait lui permettre de trancher une question importante de la physique des quanta. D'après les calculs de Sommerfeld par exemple, les atomes de certains métaux devaient se comporter comme de petits aimants. Sommerfeld avait calculé leur moment magnétique, qui était quantifié : c'était un multiple d'un moment magnétique élémentaire, le *magnéton de Bohr*[75].

Si un aimant est placé dans un champ magnétique uniforme, il ne fait que s'orienter sans se déplacer, comme l'aiguille aimantée d'une boussole dans le champ magnétique terrestre s'oriente invariablement dans la direction nord-sud. Mais s'il est placé dans un champ magnétique qui varie beaucoup d'un point à un autre, un *champ inhomogène*, le petit aimant subit une force qui doit provoquer un déplacement. Stern pensa donc que si les molécules d'argent traversaient l'entrefer d'un aimant à champ très inhomogène, cela devait provoquer une déviation de leur trajectoire. Lorsqu'il envoie les atomes sur une plaque photographique, elles font, en l'absence de champ magnétique, une tache noire. Et si on les oblige à traverser un champ magnétique inhomogène ? Stern fit l'expérience en collaboration avec un de ses collègues, Walther Gerlach, et le résultat fut spectaculaire : ils observèrent deux taches bien distinctes[76-78] ! Mais cette expérience était difficile à interpréter. Einstein publia même un article en collaboration avec Paul Ehrenfest dans lequel tous deux tentaient, mais sans succès, de comprendre ce résultat dans le cadre des théories existantes :

> Les difficultés qui viennent d'être énumérées montrent que les deux tentatives d'interprétation des résultats trouvés par Stern et Gerlach discutées ici ne sont satisfaisantes ni l'une ni l'autre[79].

Décidément les atomes se comportaient de moins en moins à la manière des objets à notre échelle. Il fallait vraiment une nouvelle théorie.

L'EFFET COMPTON

Peu après paraissait dans la revue américaine *The Physical Review* un article d'Arthur Compton, physicien spécialiste des rayons X, qui étudiait depuis des années l'interaction entre les rayons X et les électrons des atomes[80]. Or Compton découvre que, lors de la traversée du gaz, certains rayons X sont déviés à des angles plus ou moins grands *en changeant d'énergie* (c'est-à-dire de fréquence, ou de longueur d'onde). Et la seule explication qu'il trouve à ce phénomène, c'est de considérer que les rayons X se comportent comme s'ils étaient des particules, très semblables aux *quanta de lumière* chers à Einstein*. Le *quantum de lumière* qui entre en collision avec un électron lui communique une certaine vitesse, donc une certaine énergie, perdue pour lui ; il est dévié et change de fréquence, puisque celle-ci est directement liée à l'énergie par la relation de Planck. Compton montre que le changement de fréquence correspond bien, pour chaque angle, au calcul d'Einstein†.

C'est, cette fois-ci, une vérification directe de la théorie d'Einstein, un an après le prix Nobel qui récompensait la théorie... des *quanta de lumière*. Mais cela montrait surtout qu'une nouvelle théorie était plus nécessaire que jamais. Comment la lumière pouvait-elle se comporter tout à la fois comme une véritable particule, et comme une onde, se propageant continûment dans l'espace ?

UNE EXPLICATION ÉTRANGE DE L'EFFET ZEEMAN

Malgré la prouesse magnifique de Bohr, qui était parvenu à expliquer le tableau périodique de Mendeleev grâce à un mélange savant de principe de correspondance, de considérations de symétrie, d'empirisme et d'intuition, la constitution de l'atome restait en grande partie mystérieuse. Pourquoi donc les électrons se disposaient-ils docilement sur des orbites successives, au lieu d'occuper tous les mêmes orbites ? Pourquoi ces nombres étranges : 2, 8, 18, 32 ? Le physicien suédois Rydberg avait d'ailleurs fait remarquer qu'ils correspondaient aux carrés des nombres 1, 2, 3, 4 (c'est-à-dire 1, 4, 9, 16) multipliés par 2. Encore une incompréhensible numérologie !

Parmi les physiciens de cette époque Alfred Landé était sans doute un des plus capables d'imaginer des solutions empiriques et pratiques permettant d'expliquer les spectres. Né en 1888 à Ebenfeld, en Rhénanie, dans une famille cultivée, il s'était passionné pour la musique, avait étudié le piano et la composition jusqu'à 18 ans. Brillant en mathématiques et en physique, il avait entrepris des études universitaires sans trop d'idées sur une direction précise, avait un peu tâté de la physique expérimentale, pour se rendre compte que ce n'était pas sa voie, et après un passage à Göttingen il était arrivé en 1912 à Munich, où il fut fasciné par les cours de Sommerfeld et par tout le groupe des étudiants parmi lesquels se trouvaient Debye, Epstein,

---
*Voir p. 109.
†Sans d'ailleurs que le travail ni même le nom d'Einstein soit simplement mentionné par Compton.

Ewald, von Laue. Il soutint sa thèse en 1914, deux semaines avant le déclenchement de la première guerre mondiale.

Après la guerre, il est nommé *Privatdozent* à Francfort. Landé commence à travailler sur le spectre de l'hélium, que personne ne comprend, et à partir de la fin de l'année 1920, après un voyage à Copenhague, il entreprend l'étude de l'effet Zeeman « anormal ». Il connaît bien la théorie de l'atome de Bohr-Sommerfeld, et il sait que personne n'a réussi à expliquer l'effet Zeeman anormal en utilisant cette théorie. L'idée de base de la théorie est que seul un électron, le plus externe, doit jouer un rôle. Sa rotation autour du noyau produit, comme tout courant électrique circulaire, un champ magnétique perpendiculaire au plan de l'orbite. Une *toupie électrique*, qui serait chargée d'électricité, se comporterait comme un aimant dont la direction Nord-Sud serait le long de son axe de rotation. Lorsqu'on soumet l'atome à un champ magnétique, ce petit aimant interne est perturbé, ce qui modifie l'énergie de liaison de l'orbite correspondante ; cette modification est différente selon la position de l'orbite, d'où une multiplication des orbites et par suite des raies. Mais ce schéma prédit que chaque raie se divise en trois, alors que l'expérience montre que cela peut être 4 ou 5 ! Landé imagine alors que l'ensemble des autres électrons qui tournent sur des orbites plus proches du noyau, et qu'on ignorait jusque-là, peuvent bien avoir, tous ensemble, un certain moment angulaire, donc un champ magnétique. On savait calculer le champ magnétique d'un électron ayant un certain moment angulaire (en unités de moment angulaire élémentaire, soit la constante de Planck h divisée par 2π) : il suffisait de multiplier par une constante connue sous le nom de *magnéton de Bohr*[75], ce magnéton de Bohr étant ainsi le plus petit moment magnétique possible. Landé découvre quelque chose d'extraordinaire, d'incompréhensible : l'effet Zeeman anormal est parfaitement expliqué si l'on suppose que l'ensemble des électrons plus intérieurs, qu'il appelle le « cœur », a un moment angulaire *d'une demi-unité*, et à condition de poser que le champ magnétique produit s'obtient de la façon habituelle, à cela près que le résultat obtenu par le calcul est trop petit. Landé introduit alors un facteur multiplicatif purement empirique g* et tout va bien !

La formule de Landé avait de quoi laisser rêveur. Qu'on en juge : elle supposait que les électrons « internes » avaient globalement un moment angulaire *moitié* de l'unité, et on obtenait le moment magnétique en multipliant le résultat du calcul par un nombre mystérieux, inventé pour la circonstance !

Le principe d'exclusion de Pauli

C'est à ce point de l'enquête que Pauli entre en scène.

Comment admettre qu'un ensemble d'électrons puissent avoir un moment angulaire *demi-entier*, valant la moitié de la quantité de rotation la plus petite qui pût exister ? En arrangeant tous les moments angulaires en-

---

*Ce nombre g est encore utilisé aujourd'hui, son origine n'est plus mystérieuse, on l'appelle cependant toujours le *facteur de Landé*.

tiers de toutes les façons possibles, on ne trouvera que des valeurs entières !

Pour Pauli, l'idée de Landé ne peut pas être correcte, mais sa formule donne des résultats excellents, vraiment surprenants, donc elle doit toucher à la vérité. Plutôt que d'attribuer au « cœur » un moment angulaire, Pauli trouve qu'il serait *plus judicieux d'attribuer à l'électron extérieur* une propriété quantique encore inconnue, *qui se manifesterait par un quatrième nombre quantique*. Pour que cela aboutisse à la formule de Landé, il faudrait *que ce nombre quantique ne puisse prendre que deux valeurs*[81].

C'est alors que Pauli eut une idée extraordinaire, géniale pour tout dire. Dans l'atome de Bohr et Sommerfeld, chaque orbite est étiquetée par un ensemble de nombres quantiques (nous nous écartons des notations originales de Sommerfeld qui sont plus compliquées, mais donnent évidemment les mêmes résultats) :

- le nombre principal (ou radial) n peut prendre les valeurs 1, 2, 3,... et fixe la taille de l'orbite,
- le nombre k donne la forme de l'orbite, et peut valoir entre 1 et n : il a donc une seule valeur possible pour $n = 1$ ($k = 1$), deux valeurs possibles pour $n = 2$ ($k = 1$ ou $k = 2$), etc.
- m varie entre $-k + 1$ et $(k - 1)$, suivant l'orientation de l'orbite dans l'espace. Il a une seule valeur possible pour $k = 1$ ($m = 0$), trois valeurs possibles pour $k = 2$ ($m = -1$, $m = 0$ et $m = 1$), etc.
- m_2 le nombre quantique supplémentaire qui ne peut prendre que deux valeurs.

Pauli pose alors un principe général, un postulat :

> Deux électrons ne peuvent avoir leurs quatre nombres quantiques identiques[82].

Cela permet de comprendre d'un coup la façon dont les électrons remplissent les couches successives. Tout se passe en effet comme si dans l'atome on avait un certain nombre de cases, chacune correspondant à un ensemble de quatre nombres quantiques (sans que deux cases puissent avoir les quatre nombres quantiques identiques) : on ne peut mettre qu'un électron par case. Il en résulte que

- pour $n = 1$ les orbites possibles sont au nombre de 2, car il y a une seule valeur possible de n et de k (égaux à 1), ainsi que de m (égal à 0), et deux valeurs possibles pour ce nouveau nombre quantique.
- pour $n = 2$, il y a 8 orbites possibles* ;
- pour $n = 3$, il y a 18 orbites possibles.

On voit surgir tout naturellement les « couches » successives d'électrons : la première couche peut en contenir deux, après quoi elle est pleine, on la dit *saturée*. La seconde peut en contenir 8, la troisième 18, etc. La construction

---

*Si $n = 2$, k peut prendre deux valeurs, 1 ou 2 ; pour $k = 1$, une seule valeur de m possible, $m = 0$ et pour $k = 2$, trois valeurs possibles, $m = -1$, $m = 0$ ou $m = 1$; au total, 4 jeux de n, k, et m pour chacune des deux valeurs possibles de m_2, ce qui fait 8.

de tout l'atome est simple et évidente. Ce principe est connu depuis sous le nom de *principe d'exclusion de Pauli*.

On peut remarquer enfin une évolution du discours de Pauli, qui n'est pas uniquement sémantique : il ne parle pas d'orbite électronique, il ne parle que d'électrons. À chaque électron correspondent *quatre nombres quantiques*, dont au moins un n'a aucun sens dans la physique classique. Nous avançons vers un formalisme de plus en plus abstrait.

Le « spin » de l'électron

Les choses se précipitent maintenant. Comme dans tout bon roman policier, c'est le signe que nous approchons du dénouement. Pauli avait envoyé son article en janvier 1925. En octobre paraît dans *Naturwissenschaften* un court article signé par deux jeunes physiciens hollandais, George Uhlenbeck et Samuel Goudsmit, qui proposent une signification physique concrète à cette grandeur quantique à deux valeurs introduite par Pauli, qu'ils nomment R :

> Pour nous une autre voie paraît encore ouverte. Pauli ne s'assujettit pas à un modèle. Les 4 nombres quantiques attribués à chaque électron ont perdu leur signification originelle liée à la représentation de Landé. Il convient donc d'attribuer en plus à chaque électron caractérisé par 4 nombres quantiques 4 degrés de liberté. On pourrait alors donner à chaque nombre quantique la signification suivante :
> – n et k sont comme toujours jusqu'ici les nombres quantiques principal et azimutal de l'électron sur son orbite.
> – à R on associera toutefois une rotation propre de l'électron. Les nombres quantiques conservent leur ancienne signification[83].

Cette grandeur R, « associée à une rotation propre de l'électron », c'est ce qu'on va bientôt appeler le *spin*, mot anglais qui signifie « tournoiement », ou « giration » : c'est bien l'image de la toupie. Mais, et c'est là que l'image classique perd toute pertinence, *rien ne tourne dans l'électron* ! L'idée que quelque chose tourne se heurte à des contradictions insurmontables, car selon ce qu'on pensait être la taille de l'électron, les parties les plus externes de celui-ci auraient dû avoir une vitesse bien supérieure à celle de la lumière ! C'est *une grandeur qui se comporte comme un moment angulaire, qui est un moment angulaire, mais sans être associé à la rotation de quoi que ce soit*.

Cette quantité, ce *spin*, a une valeur étrange : c'est la moitié du moment angulaire élémentaire $h/2\pi$, qu'on a pris l'habitude de noter d'un h barré : $\hbar$. On a donc découvert que l'électron avait un « moment angulaire intrinsèque » $\frac{1}{2}\hbar$. Cela souligne bien qu'il ne provient pas d'une rotation matérielle, car le moment angulaire de tout ce qui tourne ne peut valoir qu'un nombre entier de fois $\hbar$.

Comme on peut l'imaginer, cet article provoqua dans le monde de la physique une grande effervescence. Cette interprétation de la grandeur quantique à deux valeurs de Pauli était-elle pertinente ? Il se trouve que Bohr devait se rendre aux Pays-Bas le 11 décembre, pour la célébration du cin-

Le principe de Pauli, le spin

quantième anniversaire du doctorat de Lorentz*. Ehrenfest, alors professeur à Leyde[84], en profita pour inviter à séjourner chez lui Bohr et Einstein, afin qu'ils puissent discuter tranquillement et sans interférences extérieures. Bohr était un homme qui forgeait ses convictions dans la discussion. Il envisage de s'arrêter à Hambourg pour discuter avec Pauli, mais ne part de Copenhague que le 9 décembre, ce qui ne lui laisse pas le temps de s'arrêter plus de quelques heures. Sur le quai de la gare de Hambourg, il retrouve Pauli et Stern, qui sont tout à fait opposés à cette idée d'électron en rotation. Bohr arrive à Leyde, et la première question que lui pose Einstein est pour lui demander ce qu'il pense de cette idée de l'électron tournant. Comme Bohr lui fait part de réserves dues au fait par exemple que cette « rotation intrinsèque » semble devoir dépendre de la rotation de l'électron autour du noyau, Einstein lui dit que c'était une conséquence normale de la théorie de la Relativité. Bohr écrira plus tard dans une lettre :

> Cette remarque fit sur moi l'effet d'une révélation, et jamais je n'ai faibli dans la conviction que nous sommes enfin à la fin de nos tourments. Tel un apôtre de la nouvelle foi, j'ai eu depuis beaucoup de mal à convaincre Pauli et Heisenberg, qui étaient tellement sous le charme de la dualité magique qu'ils avaient beaucoup de réticence à admettre une issue de cette sorte[85].

La « dualité magique » dont parle Bohr, c'est évidemment la théorie de Pauli d'une grandeur abstraite, quantique, sans équivalent classique, pouvant prendre deux valeurs... et ils avaient beaucoup de mal à abandonner cette beauté abstraite pour cette « rotation intrinsèque », ce spin de l'électron, qui pouvait paraître, lui, concret et classique, mais qui, au fond, ne l'était guère plus !

Sur le chemin du retour Bohr s'arrête à Göttingen, où il rencontre et apparemment convainc Heisenberg, puis à Berlin. Il y rencontre Pauli, venu exprès de Hambourg, sans parvenir à le convaincre. À l'instigation d'Ehrenfest, Uhlenbeck et Goudsmit publièrent un article un peu plus circonstancié dans *Nature*[86], longuement discuté par correspondance avec Bohr, qui ajoute un commentaire. La bataille du spin de l'électron était gagnée.

Comme toujours en physique, ce sont des données expérimentales incompréhensibles qui ont amené les physiciens à imaginer les théories les plus abstraites. Dans le cas de la mécanique des quanta, c'est en bonne partie l'effet Zeeman « anormal » qui a littéralement contraint les physiciens à inventer le spin de l'électron.

Le cours de la découverte ne s'écoule cependant pas toujours de façon égale et rationnelle. Le spin de l'électron avait été imaginé un an auparavant par Ralph de Laer Kronig, un jeune physicien américain né en Allemagne. Celui-ci avait soumis son idée à Pauli et à Heisenberg, qui l'avaient repoussée. Il avait donc renoncé à publier, si bien que ce sont Uhlenbeck et Goudsmit qui sont restés dans l'histoire comme les découvreurs du spin de l'électron.

---

*Le récit qui suit est pour l'essentiel tiré de l'introduction faite par Klaus Stolzenburg au cinquième volume de l'édition des Œuvres complètes de Bohr.

Chapitre 6

La mécanique quantique

Où l'on voit en quelque cinq ans une poignée de physiciens ayant pour nom de Broglie, Heisenberg, Born, Schrödinger, Dirac fonder la théorie quantique. Une théorie tellement étonnante pour le sens commun que des hommes tels qu'Einstein ou Planck refusent d'en admettre certaines conséquences. Où le physicien touche les limites de ce qu'il peut connaître de la nature telle qu'il l'imaginait. Mais où la théorie appliquée sans états d'âme remporte des succès stupéfiants.

Louis de Broglie

La prochaine avancée importante est faite en 1923 par un physicien français de 31 ans, Louis de Broglie. Né à Paris le 15 août 1892, celui-ci avait commencé des études d'histoire, puis s'était orienté vers la physique, et avait obtenu sa licence en 1913. Il avait alors commencé à travailler dans le laboratoire de son frère Maurice de Broglie, spécialiste connu des rayons X, qui utilisait sa grande fortune pour s'adonner à sa passion, la physique. Maurice de Broglie avait été secrétaire du premier Conseil Solvay en 1911, l'autre secrétaire étant Paul Langevin. Mobilisé pendant la guerre de 1914-18, Louis de Broglie avait servi à la station radio de la tour Eiffel, et, la paix revenue, il se consacra de nouveau à la physique, particulièrement à la physique théorique. Dans la préface qu'il écrivit en 1963 à la réédition de sa thèse il en évoque le souvenir :

> Je me remémore donc ces brèves années où ma pensée, nourrie par d'innombrables lectures s'étendant aux domaines les plus divers, revenait sans cesse vers le grave problème du double aspect granulaire et ondulatoire de la lumière qu'Einstein avait posé, près de vingt ans auparavant, dans sa

> géniale théorie des quanta de lumière. Après avoir longuement réfléchi dans la solitude et la méditation, j'ai eu tout à coup, pendant l'année 1923, l'idée qu'il fallait généraliser la découverte faite par Einstein en 1905 en l'étendant à toutes les particules matérielles et notamment aux électrons. Je découvris alors les relations généralisant celles de la théorie des quanta de lumière qui permettent d'établir entre toute particule matérielle et l'onde que je lui associais un lien analogue à celui qu'Einstein avait établi entre l'onde électromagnétique et ce que nous appelons maintenant le photon[87].

Le point de départ des réflexions de Louis de Broglie est justement ce paradoxe irritant de la lumière qui se comporte tantôt comme une onde et tantôt comme un corpuscule. Lui vient alors une idée d'une immense portée, qu'il expose dans deux notes[88] soumises à l'Académie des Sciences les 10 et 24 septembre 1923. Il propose tout d'abord d'associer à un « atome de lumière », qu'on appelle aujourd'hui un photon*, une onde qui se propage dans sa direction. *Il étend alors son hypothèse à des particules de matière, les électrons,* parcourant une trajectoire fermée comme dans l'atome de Bohr-Rutherford. Il montre que la condition de Bohr pour avoir une orbite stable est la même que celle qu'il obtient s'il impose à l'électron de *rester en phase avec l'onde associée.* Cette condition de phase est semblable à celle du surfeur qui doit avancer avec la vague, à la même vitesse, sous peine de sombrer. Elle conduit à associer à chaque électron une « onde de matière » dont la longueur d'onde s'obtient en divisant la constante de Planck h par l'impulsion$^\diamond$ de la particule. Dans l'esprit de Louis de Broglie, cette onde était une « onde pilote », et il entrevoyait là une unification possible de toute la physique. À peine un an plus tard, il soutenait sa thèse sur ce sujet. Son directeur de thèse, qui n'était autre que Paul Langevin, envoya un exemplaire à son ami Einstein, pour lui demander son avis. Très intéressé, Einstein lui répond :

> Le travail de Louis de Broglie m'a fait grande impression. Il a levé un coin du grand voile[89].

Et il écrit dans une lettre à Lorentz :

> Un jeune frère du de Broglie que nous connaissons a fait une très intéressante tentative d'interprétation de la règle de Bohr-Sommerfeld (thèse soutenue à Paris, 1924). Je crois que c'est la première faible lueur qui éclaire l'une de nos pires énigmes en physique. J'ai moi aussi trouvé deux ou trois choses qui parlent en faveur de sa construction[90].

Le « de Broglie que nous connaissons » est Maurice de Broglie. La thèse de Louis de Broglie fut soutenue le 25 novembre 1924 devant un jury composé de Jean Perrin, Élie Cartan, Charles Mauguin et Paul Langevin. En 1925 elle fut publiée dans les *Annales de physique*[91].

Deux ans plus tard, deux expériences indépendantes confirmaient la nature « ondulatoire » des électrons, en obtenant des figures de diffraction

---

*Le mot *photon* a été proposé en 1926 par le physicien américain Gilbert Lewis (« Conservation of photons », *Nature* **118**, 874, 1926). Il a été très rapidement adopté par les physiciens.

lors de la traversée d'électrons de faible énergie à travers un cristal : il s'agit d'une part de l'expérience de Clinton Davisson et Lester Germer, des laboratoires Bell à New York[92], et d'autre part de celle de George Paget Thomson (le fils de J. J. Thomson) à Londres[93]. De plus, la longueur d'onde mesurée était égale, dans la limite de la précision des mesures, à la longueur d'onde prédite par Louis de Broglie.

Les « ondes de matière » étaient bien là, les électrons pouvaient donc, eux aussi, se comporter comme des ondes. Le paradoxe du double aspect, corpusculaire et ondulatoire, de la lumière s'étendait maintenant à toute la matière ! Louis de Broglie notait à ce propos dans sa thèse :

> Il faut avouer que la structure réelle de l'énergie lumineuse reste encore très mystérieuse[94].

Heisenberg et la mécanique des matrices

À la même époque un physicien allemand de tout juste 23 ans attaquait le problème d'une façon toute différente. Werner Heisenberg était né le 5 décembre 1901 à Würzburg, en Allemagne. Après des études à l'Université de Munich, où son père était professeur de grec, il prépare sa thèse sous la direction d'Arnold Sommerfeld. Un de ses condisciples n'est autre que Wolfgang Pauli, qui devient son ami. Or, en juin 1922, Niels Bohr est invité par Max Born à donner sept conférences à Göttingen sur la structure de l'atome : ce fut « le festival Bohr », que nous avons évoqué à propos de Wolfgang Pauli*. Invité à y participer, Sommerfeld emmène avec lui le jeune Heisenberg. Celui-ci ayant fait une remarque critique lors d'une des conférences, Bohr lui propose une promenade sur les collines du Hainberg tout proche, pour discuter de physique. Nous voyons là un trait bien caractéristique de la personnalité de Bohr : ce jeune homme, cet étudiant, l'intéresse parce qu'il le critique, et il veut en savoir plus sur lui. Ce fut pour Heisenberg un vrai choc :

> Cette promenade a sans aucun doute exercé une influence très puissante sur mon évolution scientifique ultérieure ; ou peut-être serait-il plus exact de dire que mon évolution scientifique proprement dite n'a vraiment commencé qu'avec cette promenade[95].

Bohr, qui a vite vu à qui il avait affaire, l'invite à venir travailler à Copenhague. Mais Heisenberg n'a pas encore terminé ses études. Pendant l'année universitaire 1922–23, Sommerfeld est invité à l'université de Wisconsin, à Madison, aux États-Unis, et il propose à Heisenberg de mettre à profit cette période pour travailler quelque temps à Göttingen auprès de Max Born. Celui-ci a besoin d'un assistant pour remplacer Wolfgang Pauli qui vient de partir, et qui lui a recommandé... Werner Heisenberg. Born décrira plus tard son premier contact avec Heisenberg :

> Sommerfeld lui avait conseillé d'accepter ma proposition, ce qui lui ferait respirer un autre air. Quand il arriva [...] il avait l'air d'un jeune paysan,

---
*Voir p. 139.

avec ses cheveux blonds et courts, ses yeux clairs et une expression pleine de charme. Il prit son travail d'assistant plus au sérieux que Pauli ne l'avait fait et me fut d'une grande aide. Son esprit incroyablement rapide et incisif lui permettait d'abattre une quantité colossale de travail sans beaucoup d'effort ; il termina sa thèse sur l'hydrodynamique, travailla sur des problèmes atomiques, en partie tout seul, et en partie en collaboration avec moi, tout en m'aidant à diriger mes étudiants en recherche[96].

Finalement Heisenberg doit soutenir sa thèse. Sommerfeld lui a donné un sujet de physique plus classique que la physique de l'atome : il s'agit de calculer comment un fluide passe d'un écoulement laminaire à un écoulement turbulent, problème mathématique très difficile, auquel Heisenberg trouva tout de même une solution approchée, ce qui lui valut les éloges de Sommerfeld lors de sa soutenance, le 10 juillet 1923 à Munich[97]. Mais Wilhelm Wien, son professeur de physique expérimentale, n'est pas content de lui, car il a peut-être un peu négligé ses cours. Il lui pose des questions délicates de technique expérimentale, auxquelles Heisenberg ne sait pas répondre. Furieux, Wien veut même refuser la thèse. On imagine l'embarras de Sommerfeld, qui considère Heisenberg comme le meilleur étudiant qu'il ait eu dans sa carrière. Finalement un compromis est trouvé : Heisenberg obtient sa thèse avec la mention minimum, *rite* (équivalent de *passable*, les autres mentions possibles étant *cum laude, magna cum laude, summa cum laude*). C'est infamant, et cela aurait pu compromettre toute sa carrière ultérieure. Heisenberg arrive le lendemain tout penaud chez Max Born, et lui raconte les faits. Après avoir vu les questions posées par Wien, Born décide tout de même de le prendre comme assistant. La même année Heisenberg obtient à Göttingen son *venia legendi*, habilitation qui lui permet d'enseigner à l'Université. C'est alors, à Pâques 1924, qu'il peut enfin réaliser son rêve : aller travailler auprès de Bohr à Copenhague. Il y passe un an, grâce à une bourse Rockefeller, et revient à Göttingen comme assistant de Max Born en juillet 1925.

Depuis quelque temps Heisenberg réfléchissait à la pertinence de notions comme les positions, les vitesses, les trajectoires des électrons dans les atomes. Il partageait ces doutes avec Pauli, qui avait cessé de mentionner les orbites dans son dernier travail sur le principe d'exclusion. Mais par quoi remplacer ces grandeurs tellement habituelles qu'elles paraissent évidentes : l'électron se trouve en ce point à ce moment, il se déplace avec telle vitesse dans telle direction, il décrit telle trajectoire ? Heisenberg en est amené à une critique radicale, et fait table rase de toute notion non nécessaire. Or que sait-on du mouvement des électrons dans l'atome ? Comme nous l'avons souligné plusieurs fois, les seules choses vraiment observées sont les spectres lumineux, ces séries de raies qu'on peut voir et photographier dans un spectroscope. Heisenberg admet tout de même l'hypothèse de Bohr, selon laquelle chaque raie est une émission de lumière produite lors du passage, du « saut » de l'électron d'un « état stationnaire » à un autre. Dans la mécanique de Newton, la formulation fondamentale la plus simple consiste simplement à poser qu'une force donnée (en intensité et en direction, un vecteur) agissant sur un corps quelconque, disons un électron, provoque un changement de sa vitesse dont le taux de variation, qu'on appelle accélération, est proportionnel à la force (en intensité et en direction)*.

Heisenberg imagine alors de représenter chaque grandeur qui a trait à l'électron, position, vitesse, accélération, non pas par un nombre habituel, mais par un ensemble de nombres rangés dans des tableaux à double entrée : chaque ligne et chaque colonne correspondrait ainsi à un état stationnaire, et le nombre situé au croisement d'une ligne et d'une colonne ne serait autre que l'intensité (par exemple) de la raie qui correspond à l'émission de lumière entre les deux états stationnaires. Comment faire une « mécanique » avec ça ? Comment *calculer* avec de tels tableaux, c'est-à-dire additionner, multiplier, soustraire ? À tâtons, Heisenberg détermine des règles, des recettes qui permettent de le faire, et qui soient cohérentes. Il construit, de façon empirique et intuitive, une *algèbre* (un ensemble de règles permettant d'additionner, multiplier, soustraire) pour manipuler ces objets bizarres. C'est au cours d'un séjour solitaire dans la petite île de Heligoland, où il soignait un violent rhume des foins, que Heisenberg parvint à poser les bases de sa nouvelle mécanique :

> À part les promenades quotidiennes dans le haut pays et le long de la plage en direction de la dune, il n'y avait rien à faire à Heligoland qui pût me détourner de mon travail, et ainsi je pus avancer plus rapidement dans le traitement de mon problème que cela n'eût été possible à Göttingen. Quelques jours me suffirent [...] pour trouver une formulation mathématique simple. Au bout de quelques jours supplémentaires, j'eus la vision nette de ce qui — dans une physique de ce genre, où seules les grandeurs observables devaient jouer un rôle — devait prendre la place des conditions quantiques de Bohr-Sommerfeld[99].

Heisenberg vient d'avoir une intuition fulgurante, mais il n'est pas au bout de ses peines, car il veut s'assurer que la nouvelle mécanique qu'il commence à entrevoir est vraiment cohérente, et démontrer qu'elle satisfait au principe de conservation de l'énergie, sans lequel il sait que sa théorie sera sans valeur. Il y parvient quelques jours plus tard :

> Lorsque le calcul des premiers termes confirma effectivement la loi de conservation de l'énergie, cela me mit dans un état d'excitation assez intense ; il s'ensuivit que, au cours des calculs suivants, je fis sans cesse des erreurs de calcul. Ce ne fut que vers trois heures du matin que le résultat complet du calcul se trouva enfin devant moi[100].

Heisenberg envoie un manuscrit à Max Born, son patron, en lui demandant son opinion. Dans une lettre à Einstein, Born écrit, le 15 juillet 1925 :

> La nouvelle étude de Heisenberg, qui va bientôt paraître, a une allure très visionnaire†, mais elle est sûrement exacte et profonde[101].

---

*C'est l'équation $f = m\gamma$ où f est la force exercée sur l'électron de masse m qui prend alors une accélération γ.

†Nous traduisons ainsi, sur la suggestion de Bernard Gicquel, l'adjectif allemand *mystisch*, qui signifie, disent les dictionnaires, *mystique*, mais qui est employé ici, sans aucune connotation religieuse, pour souligner le caractère audacieux, imaginatif et surprenant du travail de Heisenberg.

D'ailleurs Born se rend compte assez vite que ces objets bizarres, ces tableaux introduits par Heisenberg, ne sont autres que des *matrices*, bien connues des mathématiciens de l'époque (mais pas de Heisenberg). Un travail fait en commun par Born et un autre jeune assistant, Pascual Jordan, aboutit bientôt à une publication essentielle qui complète celle de Heisenberg et qui constitue la base, maintenant bien étayée mathématiquement, de ce qui va s'appeler pour quelque temps la *mécanique des matrices*[102]. Cette publication est suivie quelques mois plus tard d'un article signé cette fois de Born, Heisenberg et Jordan[103]. Car le but est bien maintenant de construire une nouvelle mécanique, fondée, comme celle de Newton, sur un certain nombre de principes généraux, dont tout le reste doit pouvoir être déduit logiquement, une *mécanique quantique* qui soit évidemment exempte des contradictions dont souffre la théorie des quanta. Bohr considère que c'est probablement un pas dans la bonne direction, mais il note qu'aucun calcul concret n'a encore été fait, qui permette de voir les résultats dans la pratique[104].

Une physique d'un type nouveau

Nous entrons dans une nouvelle ère de la physique contemporaine avec les articles de Heisenberg, Born et Jordan : leur formalisme mathématique particulièrement abstrait rend très difficile une discussion approfondie des phénomènes en langage ordinaire, point de vue développé de façon éclairante par Roland Omnès dans son essai *Philosophie de la science contemporaine*[105]. Et cela, bien qu'il soit en quelque sorte calqué sur la mécanique classique, à laquelle la nouvelle mécanique fait plus que ressembler. Formellement on a « simplement » remplacé des nombres ordinaires (positions, vitesses...) par des matrices, mais les équations sont les mêmes. La réaction d'Einstein même en est une illustration. Dans une lettre à son ami Michele Besso, il écrit :

> La chose la plus intéressante, livrée dernièrement par la théorie, est la théorie de Heisenberg-Born-Jordan des états quantiques. Un véritable calcul de sorcières où apparaissent des déterminants infinis (matrices) à la place des coordonnées cartésiennes. Cela est ingénieux et suffisamment protégé, par une grande complexité, de toute preuve de fausseté[106].

Et il écrit de la même façon à Lorentz, le 13 mars 1926 :

> Je me suis acharné sur Born-Heisenberg. Malgré toute l'admiration que j'ai pour l'intelligence que manifestent ces travaux, mon instinct se rebiffe contre ce genre de conception[107].

D'ailleurs, ce n'est pas tant que le formalisme *cache* quoi que ce soit à nos yeux. Ce qui va bouleverser les physiciens, et pas seulement eux, c'est l'émergence d'une description de l'infiniment petit absolument incompatible avec ce que nos sens, notre intuition, notre instinct, comme dit Einstein, nous apprennent à partir de l'expérience acquise à notre échelle. Les atomes, les électrons ne ne se comportent pas, ne peuvent être décrits comme de petits objets, des grains de sable, simplement très petits. Leur nature, leur *être* sont radicalement différents, irréductibles aux représentations issues de l'expérience quotidienne.

Pauli applique la nouvelle mécanique quantique au spectre de l'hydrogène

En janvier 1926, Pauli envoie à *Zeitschrift für Physik* un article qui contient le premier calcul utilisant la nouvelle mécanique quantique de Heisenberg, Born et Jordan[108]. Pauli retrouve la formule de Balmer, celle que Bohr avait calculée en 1913 grâce à ses intuitions audacieuses.

Dès lors la réserve de Bohr était levée : on possédait une théorie qui donnait les bons résultats et qui était fondée théoriquement de façon solide.

L'équation de Schrödinger

Pendant que ces événements se déroulaient à Göttingen, un article d'Einstein[109] attirait l'attention d'un physicien de l'université de Zürich sur la thèse de Louis de Broglie. Erwin Schrödinger était né le 12 août 1887 à Vienne dans une famille aisée[110]. Après des études secondaires brillantes, il avait fréquenté l'Université de Vienne et soutenu sa thèse en 1910. En 1921 il était nommé professeur à Zürich, en remplacement de Max von Laue, nommé à Berlin. L'idée de Louis de Broglie fut pour lui comme une révélation. Les fameux nombres entiers, les « nombres de quanta », ou « nombres quantiques » pourraient s'introduire naturellement, sans que l'on ait besoin de poser de façon plus ou moins arbitraire une « condition de quanta » :

> Je dois l'impulsion première qui a fait éclore ce travail pour la plus grande part à la remarquable thèse de M. Louis de Broglie ; j'ai été amené aux considérations précédentes en réfléchissant à la distribution spatiale des « ondes de phase » dont M. de Broglie a montré qu'il y en a toujours le long de la trajectoire un nombre entier par période ou quasi-période de l'électron[111].

Où trouve-t-on des nombres entiers en physique ? Très couramment dans tous les phénomènes impliquant une *résonance*, dans la vibration d'une corde de violon par exemple. Le timbre de l'instrument est le résultat de la superposition à la fréquence fondamentale (440 vibrations par seconde pour le *la* de référence) de fréquences qui en sont des multiples entiers (880, 1320, etc.) et qui correspondent à une longueur de corde vibrante égale à la moitié, au tiers, etc. de la longueur de corde de la fondamentale. La corde de violon ne peut pas vibrer à n'importe quelle fréquence, mais seulement à des fréquences qui sont des multiples entiers de la fréquence fondamentale. Dans l'article qu'il publie en deux parties dans *Annalen der Physik*, Schrödinger s'inspire de cette analogie pour rechercher une équation qui gouverne des « ondes de matière ». D'emblée il annonce :

> Dans cette communication, je voudrais montrer tout d'abord, sur l'exemple le plus simple possible d'un atome d'hydrogène (sans relativité ni perturba-

tion), que les règles habituelles de quantification peuvent être remplacées par une autre condition, dans laquelle il n'est plus du tout question de « nombres entiers ». Ces nombres entiers s'introduisent de la même manière naturelle que le nombre entier des nœuds d'une corde vibrante. Cette nouvelle conception est susceptible de généralisations étendues et je crois qu'elle touche de très près la véritable essence des conditions de quanta.

Dans son article, Schrödinger entreprend d'établir une équation qui détermine le comportement de l'électron sur son orbite en s'inspirant des équations des cordes vibrantes. Et son équation retrouve les conditions de quantification de Bohr ! C'est la première mouture de ce qui va être la fameuse *équation de Schrödinger*. Dans cette équation apparaît pour la première fois la fonction qu'il appelle ψ, et qu'on appellera bientôt la *fonction d'onde* (mais qu'Einstein n'appellera jamais autrement que « la fonction ψ »). Dans le cas d'une corde qui vibre, cela représenterait la distance dont un petit élément de la corde s'écarte de sa position au repos. Mais dans le cas de l'atome ? Pour l'instant, mystère ! Cette fonction a une valeur opératoire certaine : si on parvient à la déterminer, elle permet de calculer par exemple l'énergie des différents « états stationnaires », donc les fameuses raies du spectre des atomes. *L'intérêt considérable de l'équation de Schrödinger est qu'elle permet de calculer, sans aucune hypothèse supplémentaire, le spectre de l'atome d'hydrogène*, avec ses différents nombres quantiques : ces nombres entiers apparaissent alors naturellement.

Les réactions de Planck et d'Einstein sont extrêmement favorables. Einstein écrit à Schrödinger le 16 avril 1926 :

> Monsieur Planck m'a présenté avec un enthousiasme légitime votre théorie, que j'ai moi-même étudiée avec le plus grand intérêt[112].

Et il ajoute en *post-scriptum* dans la marge :

> L'idée de base de votre travail témoigne d'un authentique génie !

Quand on sait qu'Einstein était plutôt avare d'éloges...
De son côté, Planck écrit à Schrödinger :

> Je lis votre travail comme un enfant curieux qui découvre avec avidité la solution d'une énigme qui l'a longtemps tracassé, et je suis heureux d'avoir sous les yeux tant de beautés, mais il faut toutefois que je les étudie beaucoup plus en détail pour les saisir entièrement[113].

Le succès immédiat de l'*équation de Schrödinger* tient en bonne part au fait qu'elle permet des calculs plus simples que ceux de la mécanique des matrices. C'est aussi l'espoir, pour des physiciens comme Einstein et Planck, de retrouver une théorie plus conforme à l'idée qu'ils se font de ce que doit être un théorie. On a l'impression d'être en terrain plus familier, plus solide aussi.

Schrödinger lui-même espère que son équation va permettre de supprimer toutes les contradictions de la théorie des quanta, en remplaçant complètement la notion de particule par celle des ondes de matière, qui seraient le pendant « matériel » des ondes électromagnétiques de Maxwell. Il pensait pouvoir s'affranchir des fameux « sauts quantiques » que faisaient les électrons d'une orbite à une autre pour émettre leur quantum de lumière.

Heisenberg et Schrödinger,
bonnet blanc et blanc bonnet

Curieusement cependant, on retrouve des résultats identiques lorsqu'on parvient à résoudre les mêmes problèmes par la méthode de Schrödinger ou celle de Heisenberg. Schrödinger va bientôt découvrir pourquoi. Il publie en 1926 un article qui commence ainsi :

> Si l'on réfléchit à l'extraordinaire diversité des points de départ et des conceptions qui caractérisent d'une part la mécanique quantique de Heisenberg, et d'autre part la théorie que nous avons appelée mécanique « ondulatoire » ou « physique » [...], on conviendra qu'il est bien étrange de constater que ces deux théories quantiques nouvelles conduisent aux mêmes résultats, au moins pour les cas particuliers connus jusqu'à présent, *même lorsque ces résultats diffèrent de ceux que donne l'ancienne théorie des quanta*. [...] Cela est, en effet, extrêmement remarquable parce que tout, point de départ, conception, méthode, appareil mathématique utilisé, paraît radicalement différent[114].

Schrödinger annonce alors ce qu'il a découvert :

> Dans les pages suivantes je vais mettre en évidence le lien intime, extrêmement serré, qui existe entre la mécanique quantique de Heisenberg et ma mécanique ondulatoire. Formellement, d'un point de vue purement mathématique, ces deux théories sont identiques.

Voilà la boucle refermée. Les deux théories ne font que montrer deux aspects de la même chose.

L'interprétation probabiliste de Max Born
et l'abandon du déterminisme

L'équation de Schrödinger met en jeu une certaine fonction ψ dont personne ne savait très bien ce qu'elle représentait. L'équation permet de la calculer (dans des cas simples) et de déterminer ainsi, par exemple pour l'hydrogène, les états stationnaires successifs, donc les raies optiques correspondantes, le spectre en un mot. Le calcul des états stationnaires ressemble beaucoup aux calculs d'un acousticien cherchant à se représenter les ondes dans une enceinte acoustique, en particulier les résonances, qui correspondent aux états stationnaires de l'atome, avec une différence de taille, cependant : la fonction ψ n'est pas une fonction de l'espace ordinaire à trois dimensions, comme en acoustique, elle est définie dans un espace mathématique abstrait.

Max Born intervient alors avec deux articles successifs dans lesquels il étudie, avec la nouvelle mécanique, non pas la structure d'un atome, mais la collision entre une particule chargée, un électron par exemple, et un point chargé, un noyau par exemple[115]. Il introduit dans son calcul une approximation qui consiste à ne considérer que les trajectoires quasi-rectilignes de l'électron avant et après la collision, et à traiter l'interaction de l'électron et du noyau pendant la collision comme une perturbation du mouvement de l'électron. Cette approximation est universellement connue sous le nom d'*approximation de Born*.

Born expose son calcul, et il arrive à cette constatation d'une portée immense :

> Veut-on maintenant analyser ce résultat d'un point de vue corpusculaire, une seule interprétation est possible : [la fonction ψ] détermine la probabilité pour que l'électron [...] soit dévié dans [une direction donnée ...]
>
> La mécanique quantique de Schrödinger donne donc une réponse bien précise à la question du résultat d'une collision ; mais il ne s'agit pas d'une relation causale. On n'obtient pas de réponse à la question : « quel est l'état après la collision ? », mais seulement à la question : « quelle est la probabilité d'un certain résultat de la collision ? ».

Lors de la correction des épreuves, Born ajoute une note qui précise les choses :

> Une réflexion plus approfondie montre que la probabilité est proportionnelle au carré de la grandeur ψ.

Probabilité ! le mot est lancé. Born prend acte du fait que la seule chose que l'on sache calculer, en fait la seule chose que l'on puisse connaître, c'est la fonction d'onde, qui permet de calculer *la probabilité de tel ou tel résultat de la collision* (le fait qu'on détecte l'électron, dévié par la collision, à tel ou tel angle). Dans une collision unique, on ne peut pas prévoir avec certitude où sera détecté l'électron dévié. Born ajoute :

> Voilà posée toute la problématique du déterminisme. Du point de vue de notre mécanique quantique, il n'existe pas de grandeur qui, dans un cas isolé, fixe de manière causale le résultat d'une collision ; mais jusque-là l'expérience ne nous a pas non plus donné le moindre indice qu'existent des propriétés internes de l'atome qui conditionnent un résultat déterminé lors d'une collision. Devons-nous espérer découvrir dans l'avenir de telles propriétés ([...]) et pouvoir les déterminer dans chaque cas ? Ou bien devons-nous croire que cette concordance entre théorie et expérience, cette incapacité, à la fois de la théorie et de l'expérience, à indiquer les conditions d'un déroulement causal, est le fruit d'une harmonie préétablie, qui repose sur l'inexistence de telles conditions ? Pour ma part j'incline à penser que dans le domaine de l'atome le déterminisme doit être abandonné. Mais il s'agit d'une question philosophique, que les arguments de physique ne permettent pas à eux seuls de trancher.

Il faut bien garder à l'esprit que la démarche initiale de Heisenberg, reprise par Born et Jordan pour parvenir à la mécanique quantique, consiste à ignorer la notion même de trajectoire. On ne peut alors être trop surpris que cette notion soit absente de la mécanique quantique, de même que celle de position précise d'une particule. Mais le saut philosophique est énorme : d'un coup, Born annonce qu'il est prêt à renoncer au déterminisme, qui est la base même de toute la physique classique ! Encore faut-il bien lire : *Si l'on veut interpréter le résultat de façon corpusculaire*, on ne peut que renoncer au déterminisme. On ne peut calculer que des probabilités, mais l'évolution de la fonction d'onde, donc des probabilités, est parfaitement déterministe.

L'abandon du déterminisme est directement lié au fait que les électrons et autres particules à l'échelle atomique *ne sont pas de minuscules grains de matière ordinaire*, obéissant aux lois de la mécanique classique. On peut dans une certaine mesure interpréter les résultats de cette façon, mais on le paye par l'abandon du déterminisme.

Cette interprétation fut très rapidement admise par Bohr, ainsi que par Heisenberg et Pauli, tous deux visiteurs réguliers de l'Institut de Physique théorique de Copenhague, si bien qu'on désigna rapidement cette façon de voir les choses comme « l'interprétation de Copenhague », alors qu'on aurait pu tout aussi bien l'appeler « interprétation de Göttingen ». Mais elle fut combattue par Schrödinger et par Einstein, qui, tout en reconnaissant sa valeur opérationnelle, pensaient qu'une théorie complète ne pouvait en rester à calculer des probabilités. Vif débat, qui s'est terminé en gros à l'avantage de l'interprétation de Copenhague, avec cependant des opposants ou des insatisfaits, presque jusqu'à nos jours. Einstein considérait la mécanique quantique comme une théorie « incomplète », et il recherchera toute sa vie une mécanique déterministe, sans jamais y parvenir.

Les matrices de Pauli

Il restait malgré tout une imperfection à la base de la mécanique quantique, qu'il s'agisse de la version de Heisenberg ou de celle de Schrödinger : elle n'était pas relativiste. En réalité Schrödinger avait tenté initialement de construire une équation relativiste (comme d'ailleurs Louis de Broglie) mais sans y parvenir. Il y avait renoncé et avait obtenu son équation non relativiste, ce qui était tout de même un magnifique succès.

Outre ce problème, la nouvelle mécanique ne disait rien du *spin*, cette grandeur étrange, apparue en octobre 1925, d'origine purement quantique justement, incompréhensible autrement, puisqu'il s'agissait d'un moment angulaire° sans aucune rotation, et qui plus est, d'un moment angulaire demi-entier.

Dès 1927 Wolfgang Pauli propose une façon de traiter ce spin demi-entier. Dans un article envoyé en mai à *Zeitschrift für Physik* il utilise la mécanique ondulatoire de Schrödinger en y ajoutant ce caractère « bivalent » dû au spin[116]. Il parvient au résultat en utilisant un couple de fonctions d'onde, et il représente le spin, dans l'esprit de Heisenberg, par une matrice particulièrement simple, à deux rangées et deux colonnes. Il s'agit en fait d'un ensemble de trois matrices, qui sont depuis lors connues comme « les matrices de Pauli ». Le spin peut ainsi faire partie de la nouvelle mécanique, et on a l'espoir de pouvoir calculer d'une façon satisfaisante les spectres des atomes. Mais quelques ingrédients essentiels manquent encore. Ils ne vont pas tarder à arriver.

Des particules indiscernables : la « statistique » de Bose-Einstein

Deux électrons sont considérés comme parfaitement identiques, de même que deux protons : même masse, même charge, même « spin ». Et personne ne doute que tous les photons de même longueur d'onde, ou de même fréquence, soient rigoureusement identiques. Observons un faisceau de protons issu d'un accélérateur, et qui traverse une feuille mince d'une matière organique contenant de l'hydrogène, donc des protons pratiquement au repos. De temps en temps un proton du faisceau, doué d'une certaine vitesse, interagit, « entre en collision », comme disent les physiciens, avec un des protons de la feuille. Tout comme lors du choc de deux boules de billard, les deux protons émergent et peuvent être détectés. Lequel est lequel ? En mécanique classique, la réponse à cette question est somme toute banale, puisqu'on peut suivre, du moins en principe, la trajectoire de chaque proton au cours du temps, si bien que cela se passe comme si on pouvait mettre une étiquette sur chacun. C'est le raisonnement qu'avait suivi Boltzmann. Mais en mécanique quantique, tout change, puisque *la notion même de trajectoire disparaît*. Tout ce qu'on sait, *et tout ce qu'on peut savoir,* c'est qu'on a deux protons avant, et deux après. Si on les considère comme indiscernables, et on ne voit pas très bien comment faire autrement, les deux possibilités vont se mélanger, *mais comme des ondes*, les fonctions d'onde vont *interférer*°, d'une manière analogue aux ondes, lumineuses ou acoustiques, donnant des résultats très différents de ceux qu'on aurait en mécanique classique. Comment faire ce mélange des deux possibilités ?

En juin 1924, un physicien indien pratiquement inconnu, Satyendranâth Bose, écrit à Einstein. Il joint à sa lettre un article en anglais qui vient d'être refusé par *Philosophical Magazine*, et lui demande s'il pense que son article mérite d'être publié, et dans ce cas s'il peut l'aider à le publier dans *Zeitschrift für Physik*. Ce court article s'intitule simplement « La loi de Planck et l'hypothèse des quanta de lumière ». Il propose une nouvelle démonstration de la loi de Planck, qui ne s'appuie pas sur la théorie électromagnétique. Une nouvelle démonstration, après celle de Planck lui-même, et les deux d'Einstein, présente-t-elle un intérêt quelconque ? Einstein le pense, puisqu'il traduit lui-même l'article en allemand, et l'adresse à *Zeitschrift für Physik*[117], avec un commentaire de sa main :

> Remarque du traducteur. *La démonstration de la formule de Planck par Bose constitue, à mon avis, un progrès important. La méthode utilisée ici peut conduire à la théorie quantique des gaz parfaits, comme je l'exposerai par ailleurs*[118].

Pour établir sa loi, Planck avait dû évaluer le nombre d'ondes pour chaque fréquence, ou plutôt pour chaque « fourchette », chaque intervalle de fréquence. Il avait considéré les ondes électromagnétiques stationnaires dans une cavité comme des ondes sonores dans une pièce qui résonne pour certaines notes, certaines fréquences particulières. Bose part de l'hypothèse des quanta de lumière d'Einstein, et considère, comme l'avait fait Einstein, que tous ces quanta de lumière dans cette cavité doivent se comporter comme

La mécanique quantique

les molécules d'un gaz ; il évalue ainsi les différentes façons qu'ils ont de se combiner pour aboutir à une température donnée, et retrouve ainsi la formule de Planck. Un gaz « parfait », comme dit Einstein, est un gaz idéal dans lequel le parcours des molécules entre deux chocs est très grand, chaque molécule rebondissant sur les parois sans jamais en rencontrer une autre. Le « gaz de photons » supposé par Bose est bien un gaz parfait° au sens des physiciens, puisqu'il suppose (implicitement) qu'il n'y a pas d'interaction entre les photons.

L'intérêt de redémontrer une formule qui avait atteint la gloire depuis 24 ans, tient au fait que, avec sa méthode de comptage, Bose a, presque innocemment, introduit une hypothèse fondamentale : *les quanta de lumière sont indiscernables*. Il compte en effet simplement le nombre de photons qui se trouvent dans tel ou tel état stationnaire. Pour ce faire, il compte pour une seule configuration deux configurations dans lesquelles chaque état est occupé par le même nombre de photons, mais où l'on a interverti deux photons. D'ailleurs cela lui paraît évident : intervertir deux photons identiques n'a pas de sens. Tout aussi innocemment, il admet qu'un nombre quelconque de photons peuvent se trouver dans un état donné. Il démontre alors la formule de Planck, et du coup, les dites hypothèses sont validées.

Einstein voit immédiatement les conséquences que cette méthode peut avoir si on l'applique à un gaz, particulièrement à très basse température. Il publie bientôt une série de trois articles sur la théorie quantique des gaz parfaits[119], dans lesquels il prévoit un phénomène très particulier, qu'on appelle depuis lors « la condensation de Bose-Einstein », un phénomène qui se produit à très basse température : une transition entre l'hélium liquide « normal » et un hélium liquide superfluide. Il faudra attendre 1928 pour observer une transition entre deux états de l'hélium liquide. En 1938 Fritz London propose de l'interpréter comme le phénomène qu'on désigne aujourd'hui sous le nom de « condensation de Bose-Einstein ». Ce n'est qu'en 1995 que le phénomène sera observé de façon indiscutable par une équipe américaine du Colorado, dirigée par Eric Cornell et Carl Wieman[120].

La « statistique de Bose-Einstein » venait de naître : elle supposait que les particules étaient indiscernables, qu'un nombre quelconque d'entre elles pouvaient se trouver dans un « état » donné. Tout ce qu'on peut savoir d'un gaz qui obéit à cette loi, c'est le nombre de particules qui occupent tel ou tel état, c'est-à-dire le « nombre d'occupation » de chaque état.

Enrico Fermi : une nouvelle « statistique »

Dans un premier temps, Einstein pensa que les électrons obéissaient également à la statistique de Bose-Einstein. C'est un tout jeune physicien italien qui va se rendre compte le premier que tel n'est pas le cas.

Enrico Fermi est né le 21 septembre 1901. Son père était employé de chemin de fer. Enrico avait une sœur, Maria, son aînée de deux ans, et un frère Giulio, son aîné d'un an. Études primaires et secondaires brillantes, au cours desquelles il montre un talent particulier pour les mathématiques, et une mémoire prodigieuse. Son meilleur ami est son frère, avec qui il joue à toutes sortes de jeux, comme de construire des moteurs électriques. Malheureusement Giulio meurt brutalement en 1915 des suites d'une opération bénigne. C'est un coup très dur pour toute la famille, et naturellement pour Enrico qui perd son ami le plus proche. Il se lance dès lors très activement dans l'étude des mathématiques et de la physique. Un ami de son père, Adolfo Amidei, ingénieur des chemins de fer, commence à lui prêter des livres que le jeune Fermi lit et assimile en très peu de temps. Après le lycée il aurait normalement dû poursuivre ses études à l'Université de Rome. Mais Amidei lui conseille, avec l'accord de ses parents, de tenter le concours d'entrée à l'École Normale Supérieure de Pise, ce qu'il fait le 14 novembre 1918. Il époustoufle son examinateur de physique, et passe les quatre années suivantes à Pise où il obtient son doctorat en 1922. Il a déjà publié quatre articles sur l'électromagnétisme et la relativité, et il est considéré en Italie comme un expert en relativité.

Fermi obtient alors une bourse post-doctorale qui lui permet de partir à Göttingen en 1923 auprès de Born, puis il rentre en Italie, obtient un poste temporaire auprès de l'un des meilleurs physiciens italiens de l'époque, Orso Mario Corbino. Corbino, né en 1876, a 25 ans de plus que Fermi. Excellent physicien, académicien, sénateur, il regrette de ne pas avoir accompli une véritable carrière scientifique, en raison des structures archaïques de l'Université italienne, et il rêve de favoriser l'émergence d'une nouvelle génération de physiciens qui pourraient permettre à l'Italie de retrouver le rayonnement qu'elle avait au temps de Galilée. Il a repéré Enrico Fermi, et fonde sur lui de grands espoirs. Fermi obtient ensuite un poste temporaire à Florence, où il retrouve son ami Franco Rasetti. Ils s'étaient connus à Pise, alors que Fermi était à l'École Normale Supérieure, et que Rasetti faisait ses études de physique à l'université, et ils étaient restés très liés. Très doué en physique expérimentale, Rasetti s'intéressait aussi à la littérature, à la botanique, à l'alpinisme[121]. Ensemble, ils vont commencer à faire des expériences.

C'est à Florence que Fermi prend connaissance de l'article de Pauli sur le principe d'exclusion. Or la théorie des gaz parfaits le tracassait depuis un moment. Plus précisément, le comportement des gaz à très basse température, aux températures qui avaient conduit Einstein à proposer la statistique de Bose-Einstein. Mais elle donnait de mauvais résultats si l'on tentait de l'appliquer à un gaz d'électrons, dont l'exemple-type est celui du métal, dans lequel les électrons se meuvent librement, comme les molécules d'un gaz. Sa femme Laura raconte dans le livre qu'elle lui consacrera plus tard :

> La loi à laquelle un gaz [parfait] obéit précisément l'avait depuis longtemps déconcerté. Pour vraiment comprendre [cette loi] il lui manquait un élément, mais il ne parvenait pas à trouver lequel[122].

Le principe d'exclusion, voilà ce qui lui manquait ! Il publie bientôt un article « Sur la quantification du gaz parfait monoatomique »[123]. Dans son introduction, il annonce :

> Le but de ce travail est d'exposer une méthode permettant d'effectuer la quantification du gaz parfait qui soit, à notre avis, la plus indépendante possible d'hypothèses non justifiées sur le comportement statistique des

molécules du gaz.

Et après avoir mentionné le principe de Pauli, il formule son hypothèse :

> Nous nous proposons maintenant de chercher si une hypothèse semblable ne pourrait pas donner également de bons résultats pour le problème de la quantification du gaz parfait : nous admettrons donc que dans notre gaz il ne peut y avoir au maximum qu'une molécule dont le mouvement soit caractérisé par certains nombres quantiques, et nous montrerons que cette hypothèse conduit à une théorie parfaitement conséquente de la quantification des gaz parfaits, et qu'en particulier elle rend compte de la diminution exacte de la chaleur spécifique prévue pour les basses températures, et qu'elle conduit à la valeur exacte de la constante de l'entropie des gaz parfaits.

Le zéro absolu, c'est l'état d'énergie le plus bas. Dans la statistique de Bose-Einstein, toutes les particules sont dans l'état d'énergie zéro. Mais, dit Fermi, pour un gaz d'électrons, si l'on applique le principe de Pauli, *il ne peut y avoir qu'un électron dans cet état*, un dans l'état suivant, et ainsi de suite. L'état d'énergie le plus bas possible n'est pas d'énergie nulle !

Où trouve-t-on un *gaz d'électrons* ? Tout simplement dans un métal, dont on décrit les propriétés de conduction de l'électricité en considérant que les électrons sont libres de se mouvoir dans le métal, qu'ils se comportent *comme un gaz*. Fermi explique de cette façon le comportement des métaux à très basse température.

Paul Adrien Maurice Dirac

Entre temps, un jeune physicien anglais avait commencé à se faire connaître dans le cercle étroit des bâtisseurs de la nouvelle mécanique de l'atome. Né le 8 août 1902 à Bristol[124], d'un père suisse et d'une mère anglaise, Paul Adrien Maurice Dirac fit ses études à l'université de Bristol, obtenant un diplôme d'ingénieur électricien en 1921. C'est pendant ses études, en 1919, juste après la fin de la terrible guerre, qu'il découvrit avec émerveillement la Relativité :

> À cette époque se produisit un événement extraordinaire. La Relativité déferla sur le monde, avec un impact prodigieux. Soudain tout un chacun se mit à parler de Relativité. Les journaux en étaient pleins. Les magazines contenaient également des articles écrits par des gens de toutes sortes sur la Relativité, pas toujours en faveur de la Relativité, mais quelquefois contre elle [...]
>
> L'impact de la Relativité concernait simultanément la Relativité restreinte et la Relativité générale. Bien sûr, la Relativité restreinte était bien plus ancienne, elle datait de 1905, mais en fait personne n'y connaissait rien, à part quelques spécialistes dans les universités. L'homme ordinaire n'avait jamais entendu parler d'Einstein. Soudain Einstein était sur toutes les lèvres[125].

Passionné par les mathématiques, tout particulièrement par la géométrie, Dirac poursuit des études à l'Université de Bristol, puis en 1923 il commence à faire de la recherche à *St. John's College,* à Cambridge, sous la direction de Ralph Fowler (qui n'était autre que le gendre de Rutherford). C'est là, pendant l'été 1925, que Fowler lui envoie un tiré-à-part du premier article de Heisenberg sur la nouvelle mécanique quantique, avec une question : « Qu'en pensez-vous ? ». Dirac raconte la suite :

> Je le reçus fin août ou début septembre, [...] et naturellement je le lus. Au premier abord je ne fus pas très impressionné. Il me paraissait trop compliqué. Je ne voyais pas quel était le point principal, et en particulier la façon dont il déduisait les conditions de quanta me paraissait tirée par les cheveux, si bien que je mis l'article de côté, comme sans intérêt. Mais une semaine ou dix jours plus tard je repris l'article de Heisenberg, et je l'étudiai de plus près. Et soudain je me rendis compte qu'il apportait la clé ouvrant la voie à une solution globale de nos difficultés.

En quelques semaines, Dirac reformule à sa façon la mécanique des matrices de Heisenberg. La mécanique de Heisenberg remplace, nous l'avons vu, les nombres simples indiquant la position ou la vitesse d'un électron par des tableaux de nombres, des matrices, qu'on peut additionner et multiplier entre elles, mais avec une particularité : le produit de deux matrices ne donne pas le même résultat, en général, si l'on permute les deux matrices. Si par exemple on veut multiplier la position q par la quantité de mouvement p, la différence entre les deux résultats est un nombre imaginaire, car le dénominateur du second membre de l'équation contient le nombre i, égal à la racine carré de (-1), un *nombre imaginaire* :

$$pq - qp = \frac{h}{2\pi i}$$

Dirac fut frappé par la grande similitude entre ce résultat et le formalisme classique dit des « crochets de Poisson » de la mécanique classique, et reformula la mécanique de Heisenberg, en faisant de la formule ci-dessus le principe fondamental de la mécanique quantique, le tout dans une forme particulièrement élégante, et plus facile à utiliser que la mécanique de Heisenberg[126]. Âgé de 24 ans, il n'avait pas encore soutenu sa thèse.

Les communications de Dirac sur la mécanique quantique à la *Royal Society* sont dès lors régulières. En janvier un deuxième article[127] présente un calcul « préliminaire » du spectre de l'hydrogène, avec la mécanique quantique qu'il a reformulée, en introduisant ce qu'il appelle les nombres-q (q-numbers), des nombres qui ont toutes les propriétés des nombres ordinaires, sauf une : le résultat d'un produit dépend de l'ordre dans lequel est fait le produit, donc $x \times y$ et $y \times x$ ne sont pas équivalents si x et y sont des *nombres-q* : en fait ils ont toutes les propriétés pratiques des matrices. Il donne les règles générales qui permettent de faire tous les calculs avec ces *nombres-q* aussi bien qu'avec des nombres ordinaires, qu'il appelle les *nombres-c* (c-numbers).

En août 1926, Dirac aborde la façon de traiter les systèmes contenant plus d'un électron[128]. Il utilise pour cela la toute nouvelle équation de Schrödinger, dans laquelle le système est représenté par la « fonction d'onde » ψ, et pose la question de savoir comment va se traduire mathématiquement le caractère indiscernable des électrons. Il y a deux possibilités, dit Dirac : la fonction d'onde doit être soit *symétrique*, soit *antisymétrique*. Qu'est-ce que cela signifie ? Si la fonction d'onde dépend par exemple des positions x et y de deux électrons, cela signifie la chose suivante : ou bien, si on permute les deux variables, la fonction est absolument inchangée, et on dit qu'elle est *symétrique*, ou bien elle change seulement de signe, et on dit qu'elle est *antisymétrique*. Ces propriétés mathématiques abstraites ont des conséquences très importantes : *une fonction d'onde symétrique correspond à la statistique de Bose-Einstein*, mais *une fonction d'onde antisymétrique à celle de Fermi*, qu'on va désormais appeler *Fermi-Dirac*, car Fermi et Dirac sont arrivés indépendamment à la même conclusion pour ce qui est d'un gaz d'électrons.

Le succès le plus retentissant de Dirac était encore à venir. Jusque-là la mécanique quantique de Heisenberg, Born et Jordan, ainsi que la mécanique ondulatoire de Schrödinger sont les correspondants quantiques de la mécanique classique *non relativiste*. Plusieurs tentatives pour établir une équation conforme à la Relativité ont échoué. Schrödinger avait commencé par là, sans résultat. C'est en 1928 que Dirac publie un article intitulé « La théorie quantique de l'électron »[129]. Dans l'introduction, il explique :

> Lorsqu'on applique la nouvelle mécanique quantique au problème de la structure de l'atome en considérant l'électron comme une charge ponctuelle, les résultats obtenus ne sont pas conformes à l'expérience. Les désaccords proviennent du phénomène de « dédoublement », le nombre observé d'états stationnaires pour un électron dans un atome étant deux fois celui donné par la théorie. Pour faire face à cette difficulté, Goudsmit et Uhlenbeck ont introduit l'idée d'un électron possédant un moment angulaire intrinsèque d'un demi-quantum et un moment magnétique d'un magnéton de Bohr [...]
>
> Reste la question de savoir pourquoi la Nature aurait choisi ce modèle particulier de l'électron au lieu de se satisfaire de celui d'une charge ponctuelle. On souhaiterait découvrir quelque imperfection dans les méthodes antérieures appliquant la mécanique quantique à l'électron considéré comme une charge ponctuelle de telle sorte que, une fois cette imperfection éliminée, l'ensemble du phénomène du dédoublement en découle sans hypothèses arbitraires. L'article présent montre que c'est en effet le cas, l'imperfection des théories antérieures résidant dans leur désaccord avec la Relativité [...]

Walter Gordon[130] et Oscar Klein[131] ont bien établi une équation relativiste, mais pour l'électron cette équation a des défauts que Dirac commence par discuter, avant de proposer sa solution. L'équation à laquelle il parvient est mieux que satisfaisante, elle est miraculeuse. En effet, *sans aucune hypothèse supplémentaire, simplement en exigeant qu'elle obéisse aux règles de la Relativité, l'équation de Dirac implique que l'électron a un spin* qui peut être décrit par les matrices de Pauli. Comme Dirac l'avait annoncé dans l'introduction, le spin, cette « giration intrinsèque » spécifiquement quantique, est une conséquence inéluctable de la Relativité dans les équations de la mécanique quantique. La mécanique quantique est maintenant capable, sinon de résoudre tous les problèmes, du moins de les poser correctement. Il reste encore une notion qui va prendre une importance tout à fait particulière, c'est ce qu'on appelle la « statistique » des particules considérées comme « élémentaires », le proton et l'électron.

« Bosons » et « fermions »

Il y a donc deux sortes de particules : celles qui obéissent à la règle de Bose-Einstein (il peut y avoir un nombre quelconque de particules ayant le même ensemble de nombres quantiques), et celles qui obéissent à la règle de Fermi-Dirac (il ne peut pas y avoir plus d'une particule ayant un ensemble de nombres quantiques). On parle de « statistique » de Bose-Einstein ou de Fermi-Dirac, et on classe les particules en deux familles : les *bosons* et les *fermions*. Pour l'instant, on sait seulement que *les photons sont des bosons* et que *les électrons sont des fermions*.

Il est évidemment important de savoir comment on doit appliquer ces règles, car les résultats obtenus sont très différents. Si l'on revient à l'origine, c'est-à-dire à la formule de Planck, le travail de Bose, qui supposait la statistique de Bose-Einstein pour les photons, conduisait à la formule de Planck, conforme aux résultats expérimentaux. De même les électrons devaient obéir à la loi de Fermi-Dirac. Précisons que ces règles s'appliquent en pratique aux particules *en interaction*, par exemple aux électrons d'un atome, ou d'une molécule, ou d'un métal. Lorsque les particules sont trop éloignées pour interagir, ces règles sont indifférentes, elles n'ont pas d'effet, qu'on applique l'une ou qu'on applique l'autre.

Comment doit-on traiter les protons ou les neutrons ? Comme des bosons ou comme des fermions ? Le problème est en fait plus général. Un noyau, composé de protons et neutrons, est-il justiciable de ces lois ? Et une molécule ? Prenons le cas de l'hélium liquide : tous les atomes d'hélium sont identiques et indiscernables. À quelle règle doit obéir leur fonction d'onde globale ? De même dans une molécule d'azote, les deux noyaux d'azote sont indiscernables, eux aussi. Quelle règle doit-on appliquer ?

Le Cinquième *Conseil de Physique Solvay* se tint à Bruxelles, du 24 au 29 octobre 1927, et fut consacré principalement à la mécanique quantique. Nous y reviendrons un peu plus loin. Dans la discussion qui suivit l'exposé de Bohr, la question des « statistiques » fut abordée. À une question de Langevin, Heisenberg répondit[132] :

> Il n'y a pas de raison, en mécanique des quanta, de préférer une statistique à une autre. [...] Nous sentons cependant que la statistique d'Einstein-Bose pourrait convenir le mieux pour les quanta de lumière, la statistique de Fermi-Dirac pour les électrons positifs et négatifs. La statistique pourrait être en rapport avec la différence entre le rayonnement et la matière, ainsi que M. Bohr l'a fait remarquer.

Et un peu plus loin :

> D'après les expériences, les protons et les électrons ont tous deux une quantité de mouvement de rotation et obéissent aux lois de la statistique de

Fermi-Dirac ; ces deux points semblent être connexes.

Le noyau de He[lium] n'a pas de quantité de mouvement de rotation et une réunion de noyaux de He obéit aux lois de la statistique de Bose-Einstein.

Ce que Heisenberg appelle ici la « quantité de mouvement de rotation » est ce que nous avons appelé le *spin*, ou moment angulaire intrinsèque. Quid du proton ? Heisenberg pense que c'est un *fermion*, et il cite un article récent d'un physicien américain, David Dennison[133], qui interprétait les résultats expérimentaux du Japonais Takeo Hori[134], avec en sus la remarque suivante : *ces résultats sont exactement ce à quoi on doit s'attendre si l'on suppose que les noyaux d'hydrogène, les protons, ont justement un spin 1/2, et que ce sont des fermions.*

Entre 1925 et 1928 les opinions des physiciens sur la façon d'appliquer soit la statistique de Bose-Einstein, soit celle de Fermi-Dirac, n'étaient pas encore très claires. Dans le passage ci-dessus, Heisenberg donne les bases des règles qui vont s'imposer empiriquement avant d'être démontrées plus tard mathématiquement par Pauli[135] : les particules dont le spin est entier (0, 1, 2, ...) sont des bosons, tandis que celles dont le spin est demi-entier (1/2, 3/2, ...) sont des fermions. Quant aux atomes ou aux molécules, il existe des situations dans lesquelles on peut les traiter comme des « particules », sans tenir compte de leur structure interne : par exemple dans l'hélium liquide les atomes d'hélium ont des vitesses assez faibles pour que les collisions entre eux soient uniquement élastiques, sans que leur structure interne intervienne. L'isotope 4 de l'hélium (dont le noyau compte deux protons et deux neutrons) a un spin total nul, et se comporte comme un boson, tandis que l'isotope rare d'hélium-3 (deux protons et un neutron) a un spin 1/2 et se comporte comme un fermion. Les propriétés de l'hélium liquide sont effectivement très différentes suivant qu'il s'agit de l'un ou de l'autre des deux isotopes.

Les « relations d'incertitude » de Heisenberg

Au printemps de 1926, Heisenberg est invité à faire un exposé sur la nouvelle mécanique quantique à l'Université de Berlin, haut lieu de la physique allemande, où se trouvent Planck, Einstein, von Laue, Nernst, Rubens. Il fait ainsi connaissance d'Einstein, qui l'invite à venir chez lui pour discuter plus longuement. Heisenberg rapporte que la question principale d'Einstein était la suivante :

> Ce que vous nous avez dit a l'air très étrange. Vous admettez qu'il existe des électrons dans l'atome, et sans doute avez-vous raison en cela. Et cependant, vous voulez éliminer entièrement les orbites ou trajectoires des électrons dans l'atome, et cela bien que l'on puisse observer directement les trajectoires des électrons dans la chambre de Wilson*. Pouvez-vous

---

*Nous décrirons plus loin, p. 241, cet appareil dans lequel le passage d'une particule chargée électriquement, d'un électron par exemple, provoque la condensation de fines gouttelettes d'eau, un brouillard matérialisant la trajectoire de l'électron, un peu à la manière de la traînée laissée derrière eux par les avions à haute altitude.

m'expliquer d'un peu plus près les motifs de ces curieuses hypothèses[136] ?

Heisenberg exposa les raisons qui l'avaient conduit à ignorer les orbites des électrons, et à n'introduire dans ses équations que des grandeurs directement observables comme la position ou l'intensité d'une raie optique :

> « Mais vous ne croyez tout de même pas sérieusement, répliqua Einstein, que l'on ne peut inclure dans une théorie physique que des grandeurs observables. »
>
> Je fus assez surpris. « Je pensais, dis-je, que c'était vous, précisément, qui aviez fait de cette idée la base de votre théorie de la relativité. Vous avez souligné que l'on ne pouvait pas parler d'un temps absolu. Vous avez dit que seules les indications des horloges, que ce fût dans un système de référence en mouvement ou au repos, étaient déterminantes pour la mesure du temps. »[137]

En effet, grâce aux expériences idéales d'observateurs munis d'horloges, et en mouvement l'un par rapport à l'autre, Einstein avait fait une critique radicale de la notion de simultanéité, montrant que des paradoxes surgissent dès lors que les signaux utilisés par les observateurs pour communiquer entre eux ne peuvent avoir une vitesse supérieure à celle de la lumière : deux événements simultanés pour l'un ne le sont pas nécessairement pour l'autre. Cette démonstration avait beaucoup impressionné Heisenberg, et avait été pour lui une source d'inspiration. Réponse d'Einstein :

> Peut-être en effet ai-je utilisé cette sorte de philosophie, mais il n'en reste pas moins qu'elle est absurde. Ou peut-être dirai-je plus prudemment que, d'un point de vue heuristique, il peut être utile de se souvenir de ce que l'on observe vraiment. Mais sur le plan des principes, il est tout à fait erroné de vouloir baser une théorie uniquement sur des grandeurs observables.

Einstein explique en effet qu'une mesure physique est un processus compliqué, où l'on est amené à interpréter de multiples phénomènes pour aboutir à une observation. La mesure est donc le résultat d'une interprétation des signaux fournis par divers appareils, interprétation nécessairement guidée par une théorie :

> Tout au long de ce chemin, qui va du phénomène à la fixation dans notre conscience, nous devons savoir comment fonctionne la nature, nous devons connaître — au moins sur le plan pratique — les lois de la nature, dès que nous voulons pouvoir affirmer que nous avons observé quelque chose. C'est seulement la théorie, c'est-à-dire la connaissance des lois naturelles, qui nous permet de déduire, à partir de l'impression sensorielle, le phénomène qui se trouve à la base de notre observation.

Einstein se montre là un pur cartésien. Nous sommes tout près de la deuxième méditation métaphysique de Descartes :

> [...]si par hasard je [...] regardais d'une fenêtre des hommes qui passent dans la rue, à la vue desquels je ne manque pas de dire que je vois des hommes [...] ; et cependant que vois-je de cette fenêtre, sinon des chapeaux et des manteaux, qui peuvent couvrir des spectres ou des hommes feints qui ne remuent que par ressorts ? Mais je juge que ce sont de vrais hommes ;

et ainsi je comprends, par la seule puissance de juger qui réside en mon esprit, ce que je croyais voir de mes yeux.

Einstein touchait de toute façon un point délicat, bien connu de Heisenberg : comment concilier sa négation des trajectoires dans l'atome et le fait qu'avec la chambre à brouillard de Wilson on puisse précisément observer ce qui ressemble en effet à des trajectoires ?

Au mois de mai 1926, Niels Bohr avait offert à Heisenberg un poste de lecteur à l'université de Copenhague, et il lui proposait d'être son assistant, succédant ainsi à Hendrik Kramers. Heisenberg fut heureux d'accepter. Il enseigna à l'université, en danois, et continua à travailler avec Bohr.

En septembre 1926, Bohr invite Schrödinger à Copenhague pour qu'il y expose sa théorie, et aussi pour discuter à fond, selon son habitude. Il lui offre de l'héberger chez lui et les conversations, qui commencent dès le matin se poursuivent tard dans la nuit. Schrödinger en est bientôt épuisé, au point de s'aliter avec de la fièvre, veillé par Margrethe Bohr qui lui apportait gâteaux et thé. Heisenberg prit lui aussi une part active aux discussions. Mais aucun consensus ne fut obtenu, Schrödinger refusant l'existence des fameux « sauts quantiques » et Bohr expliquant qu'il ne pouvait pas en être autrement. En fait Schrödinger espérait que sa « mécanique ondulatoire » permettrait de supprimer toutes les discontinuités, les sauts, et de retrouver une physique de la continuité en supprimant la notion de particules pour la remplacer par celle d'ondes. L'espoir de Schrödinger était en fait celui qu'avait un temps caressé Planck : réconcilier la physique du continu avec les quanta. Ce n'était pas l'opinion de Bohr, ni celle de Heisenberg. Celui-ci raconte qu'à un certain point de la discussion Schrödinger s'écria :

> Si ces damnés sauts quantiques devaient subsister, je regretterais de m'être jamais occupé de théorie quantique[138] !

À quoi Bohr répondit, toujours d'après Heisenberg :

> Mais nous autres, nous vous sommes très reconnaissants de vous en être occupé, car votre mécanique ondulatoire représente, de par sa clarté et sa simplicité mathématique, un immense progrès vis-à-vis de la forme antérieure de la mécanique quantique.

Pendant les mois qui suivirent, Heisenberg et Bohr eurent d'intenses discussions. Bohr avait besoin de parler, de discuter, pour faire progresser sa pensée, et il était d'autant plus heureux qu'il trouvait en face de lui quelqu'un qui pouvait lui répondre, lui apporter la contradiction. En retour, Bohr ne pouvait manquer d'influencer profondément Heisenberg, qui n'avait encore que 25 ans.

En février 1927 Bohr, épuisé par un travail intense, décide de partir faire du ski en Norvège. Resté à Copenhague, Heisenberg va réfléchir d'une façon plus précise à toute cette histoire de position et de trajectoire d'un électron. Peut-on parler de position, d'orbite, de vitesse ? Le formalisme complet et très abstrait de la mécanique quantique, élaboré par Heisenberg, Born et Jordan, puis par Dirac, avait déjà amené Jordan à une conclusion surprenante concernant des grandeurs « conjuguées » comme la position et la vitesse : pour une valeur bien définie de l'une, l'autre pouvait avoir n'importe quelle valeur !

Dans les jours précédent son départ, Bohr avait longuement discuté avec Heisenberg du paradoxe des trajectoires des électrons : alors que la mécanique quantique interdisait l'existence même de trajectoire pour un électron, on pouvait observer, à l'œil nu, de telles trajectoires dans une chambre de Wilson !*. Resté seul à Copenhague, Heisenberg continue à réfléchir. Comment concilier la mécanique quantique avec l'observation de trajectoires ?

> Ce soir-là, ce fut peut-être aux environs de minuit que je me rappelai brusquement ma discussion avec Einstein, et que je me souvins de sa phrase : « Seule la théorie décide de ce que l'on peut observer. » Je réalisai immédiatement que c'était dans cette remarque qu'il fallait chercher la clef de l'énigme qui nous avait tant préoccupés. J'entrepris alors une promenade nocturne à travers le Fälledpark pour réfléchir à la portée de la phrase d'Einstein. Nous avions toujours dit : on peut observer la trajectoire d'un électron dans la chambre de Wilson. Mais peut-être n'était-ce pas tout à fait cela que l'on observait réellement. Peut-être ne pouvait-on apercevoir qu'une suite discontinue de positions imparfaitement précisées de l'électron. Effectivement, ce que l'on voit dans la chambre, ce sont simplement des gouttelettes d'eau dont chacune est certainement beaucoup plus étendue qu'un électron[139].

Heisenberg sent que c'est la clé du paradoxe : la mécanique quantique impose une certaine imprécision dans la localisation de l'électron, ce qui empêche de définir une trajectoire précise, telle qu'on l'imagine en mécanique classique, mais elle donne une indication, plus ou moins floue, sur les positions successives de l'électron, et à notre échelle cela ressemble à une trajectoire continue. De retour au laboratoire, quelques calculs confirment rapidement son intuition : lorsqu'on pose la question : « Quelle est la position de l'électron ? », la mécanique quantique répond *avec une certaine imprécision*, et il en est de même pour la question : « Quelle est la vitesse de l'électron ? ». Or ces deux imprécisions sont liées : l'une est d'autant plus grande que l'autre est plus petite.

Dans les jours qui suivent, Heisenberg approfondit ce qu'il vient de découvrir, et prépare un article qu'il soumet à Bohr lorsque celui-ci revient de Norvège. Tout d'abord Bohr est très favorable, puis il émet des objections, mais finalement l'article[140] est envoyé à *Zeitschrift für Physik*, qui le reçoit le 23 mars 1927. Entre temps Heisenberg a écrit longuement à son ami Pauli pour lui demander son avis, et reçoit une réponse très positive. Dans son article, Heisenberg, après avoir rappelé que l'interprétation générale de la mécanique quantique est pleine de contradictions dues aux confrontations entre la conception corpusculaire et ondulatoire, continue et discontinue de la théorie, ajoute :

> Ce seul fait amènerait à conclure qu'une interprétation de la mécanique quantique n'est en tout cas pas possible par les notions cinématiques et mécaniques habituelles.

---

*Voir note p. 165, et la description de la chambre de Wilson p. 241.

Il décide alors d'une voie radicale : il veut redéfinir ce qu'on entend par
« position », « vitesse », « orbite » d'un objet comme un électron :

> Si l'on veut clarifier ce qu'on doit comprendre sous le mot « position de
> l'objet », par exemple de l'électron, [...] il faut définir des expériences
> grâce auxquelles on compte mesurer la « position de l'électron » ; faute de
> quoi ce mot n'a aucun sens. Les expériences de ce genre, qui permettent
> en principe de mesurer la « position de l'électron » avec la précision que
> l'on souhaite, ne manquent pas, par exemple : on éclaire l'électron et on
> l'observe au microscope. C'est la longueur d'onde de la lumière que l'on
> utilise qui fixe pour l'essentiel la plus haute précision accessible dans la
> mesure. En principe on construira un microscope à rayons gamma pour
> faire cette mesure avec la précision voulue.

Effectivement, la précision est limitée par la longueur d'onde de la lumière, ce que savent bien les astronomes et les photographes. On ne peut pas voir de détails plus petits que la longueur d'onde de la lumière qu'on utilise pour « éclairer ». Or la lumière visible a une gamme de longueurs d'onde allant de 0,4 à 0,8 μm, ce qui est près de 10 000 fois la taille qu'un atome. Pour observer l'électron sur son orbite il faut donc envoyer de la lumière dont la longueur d'onde serait, mettons 100 000 fois plus petite (donc la fréquence 100 000 fois plus grande). Mais alors l'énergie du quantum de lumière, la plus petite quantité de lumière qu'on peut envoyer sur l'électron, est 100 000 fois plus grande, et elle augmente à mesure qu'on veut une meilleure précision. Pour « éclairer » l'électron, ce quantum doit entrer en collision avec lui, mais s'il a une grande énergie, il va le perturber, donc modifier sa vitesse, et ce, d'autant plus que l'énergie est plus grande, donc que la mesure de la position est précise. Heisenberg montre de façon rigoureuse, en utilisant les équations de la mécanique quantique, que la précision sur la position x et la précision sur l'impulsion p (c'est la vitesse multipliée par la masse) sont liées par une relation simple : leur produit doit être au minimum de l'ordre de grandeur de la constante de Planck h. Si l'on veut préciser l'une, on perd en précision sur l'autre dans la même proportion, ce qu'on a pris l'habitude d'écrire sous la forme devenue classique :

$$\Delta x \Delta p \approx h$$

Le signe $\approx$ signifie « à peu près égal à » : la formule de Heisenberg signifie que le produit de Δx, l'imprécision sur la position x, par Δp, l'imprécision sur l'impulsion p, est de l'ordre de grandeur de h. Heisenberg montre de la même façon qu'il existe une relation du même type entre la précision avec laquelle l'énergie d'un état stationnaire, par exemple, est connue, et le temps pendant lequel on peut l'observer :

$$\Delta E \Delta t \approx h$$

La conséquence de cette équation est qu'un système qui n'existe que pendant un temps très court n'a pas une énergie précise : le flou sur l'énergie est d'autant plus grand que le système existe pendant un temps plus court.

On a pris l'habitude d'appeler ces relations « relations d'incertitude », expression peut-être malheureuse, car l'incertitude dont il est question ici n'a rien d'incertain. Il s'agit simplement du lien entre le flou inévitable d'une certaine grandeur et celui d'une autre grandeur qui lui est associée : le flou sur la position est en raison inverse du flou sur la vitesse, mieux on connaît l'une, moins bien on connaît l'autre. Nous avons des manifestations semblables dans tous les phénomènes ondulatoires. Prenons l'exemple d'une corde de violon donnant le *la*, qui vibre à une fréquence de 440 Hz, soit 440 allers et retours par seconde, et considérons maintenant une note très grave, un *la*, mais cinq octaves plus bas. Sa fréquence est de 18 Hz environ. Pour que notre oreille (en admettant qu'elle en soit capable) puisse identifier un *la*, il faut qu'elle puisse évaluer la rapidité des vibrations, donc entendre au moins, disons trois ou quatre vibrations successives, ce qui implique que le son dure au moins 1/4 de seconde. Si le son dure moins longtemps, on ne peut plus lui attribuer de fréquence, donc identifier une note : c'est simplement un bruit. On voit bien qu'il existe une relation simple entre la durée de la note et la précision avec laquelle on peut identifier sa fréquence, qui est, en mécanique quantique, son énergie.

Consécrations

Les prix Nobel des années 1918, 1921 et 1922 avaient récompensé trois avancées de la mécanique des quanta, en couronnant Planck, Einstein et Bohr. Ils furent également attribués, plus ou moins rapidement, aux principaux bâtisseurs de la nouvelle mécanique : Louis de Broglie en 1929 « pour sa découverte de la nature ondulatoire des électrons » ; Werner Heisenberg en 1932, « pour la création de la mécanique quantique, dont l'application a permis, entre autres, la découverte des formes allotropiques de l'hydrogène » ; Erwin Schrödinger et Paul Dirac en 1933, « pour la découverte de nouvelles formes productives de la théorie atomique » ; Wolfgang Pauli en 1945, « pour la découverte du principe d'exclusion, également nommé Principe de Pauli » ; Max Born en 1954, « pour ses recherches fondamentales en mécanique quantique, et particulièrement pour son interprétation statistique de la fonction d'onde. »

En 1930, la mécanique quantique est encore dans une phase de développement rapide. Il reste à construire la théorie des champs quantifiés, ce qui prendra des décennies. Cependant les bases ne changeront plus. L'essentiel de la physique de l'atome est maintenant solidement fondé. La physique du noyau de l'atome est balbutiante, mais l'outil nécessaire pour y travailler est prêt.

Cinquième Conseil Solvay :
le point sur la nouvelle mécanique

Le cinquième Conseil Solvay, tenu à Bruxelles du 24 au 29 octobre 1927, fut le dernier présidé par Hendrik Lorentz, qui devait mourir peu après, en février 1928. Le thème choisi était au départ « Électrons et photons », mais la toute nouvelle mécanique quantique fut en fait l'objet de toutes les discussions[141].

Les invités étaient, selon la tradition, triés sur le volet : Marie Curie, Niels Bohr, Max Born, William Lawrence Bragg, Léon Brillouin, Arthur Compton, Louis de Broglie, Peter Debye, Paul Dirac, Paul Ehrenfest, Albert Einstein, Ralph Fowler, Werner Heisenberg, Martin Knudsen, Hendrik Kramers, Paul Langevin, Wolfgang Pauli, Max Planck, Owen Richardson, Charles Wilson.

Les discussions furent très animées, particulièrement entre Bohr et Einstein, ce dernier s'ingéniant à trouver des *Gedankenexperiment*, des expériences par la pensée, des expériences virtuelles, imaginées pour tenter de mettre en défaut des incohérences internes dans l'interprétation de Niels Bohr et de ce qu'on commençait à appeler « l'école de Copenhague ». Mais Niels Bohr réussit chaque fois à trouver une réponse satisfaisante.

L'exposé de Niels Bohr est d'une grande nouveauté : Bohr énonce *le principe de complémentarité*, qu'il vient de présenter pour la première fois un mois auparavant au Congrès de Come, à l'occasion des fêtes jubilaires en l'honneur de Volta. Avant d'en arriver là, Bohr présente ce qu'il appelle *le principe des quanta*, et ce qu'il considère comme ses conséquences inévitables :

> le sens de la théorie peut être exprimé par ce qu'on appelle le postulat des quanta, d'après lequel tout processus atomique contient un trait de discontinuité ou plutôt d'individualité qui manque totalement aux théories classiques et qui est caractérisé par le quantum d'action de Planck.
>
> Ce postulat a pour conséquence le renoncement à la description causale des phénomènes atomiques dans le temps et dans l'espace.

Pourquoi donc le principe des quanta entraîne-t-il nécessairement le renoncement à la causalité ? Comme nous l'avons vu à propos des relations d'incertitude de Heisenberg, c'est parce qu'on ne peut pas observer un phénomène sans le perturber : on ne peut plus séparer la quantité mesurée de l'appareil de mesure.

L'idée que l'instrument de mesure perturbe la mesure n'a en fait rien d'extraordinaire. Lorsqu'un professeur de lycée est « inspecté », un inspecteur vient dans la classe, assiste au cours, et cherche à en évaluer la qualité. Mais tout le monde sait bien que par sa seule présence l'inspecteur a bouleversé le cours, et le comportement des élèves, que l'événement qu'il voulait observer est modifié par le fait même d'être observé. Quelque chose de semblable se passe, de façon plus radicale, à l'échelle microscopique. On voit que Bohr exprime ici des idées qu'il a sans doute beaucoup discutées avec Heisenberg, avant et après son article sur les « relations d'incertitude ». Bohr revient en détail sur le fait qu'*il est impossible d'observer un système microscopique sans le perturber de façon importante et imprévisible, ce qui rompt le lien causal*. Analysant précisément le cas de la lumière, Bohr montre qu'il faut renoncer soit à la causalité soit à la description des phénomènes dans le temps et dans l'espace. Il conclut par une remarque philosophique, toujours d'actualité :

> Nous nous trouvons ici, en effet, sur la voie, suivie par Einstein, de l'adaptation de nos formes d'intuition, empruntées aux impressions sensorielles, à la connaissance de plus en plus approfondie des lois de la nature. Les

obstacles que nous rencontrons dans cette voie proviennent avant tout du fait que pour ainsi dire chaque terme de notre langage est lié à ces formes de représentation. Dans la théorie des quanta, cette difficulté se présente immédiatement dans la question de l'impossibilité d'éviter le caractère d'irrationalité*, qui est inhérent au postulat des quanta. Mais j'espère que la notion de complémentarité conviendra pour caractériser l'état de choses actuel, qui montre une profonde analogie avec les difficultés générales de la formation des notions humaines, basées sur la séparation de sujet et d'objet.

Précisons à ce sujet que la rupture du « lien causal » ne vaut que si l'on tient à décrire *un événement individuel* comme la collision d'un électron avec un atome. Mais si nous envoyons un million d'électrons sur un échantillon de matière, la mécanique quantique prédit la proportion relative des électrons qui seront déviés dans telle ou telle direction. La *fonction d'onde* évolue, elle, de façon tout à fait déterministe, mais elle permet de connaître uniquement la probabilité que l'électron soit dévié à tel ou tel angle, ou plus précisément la probabilité de détecter un électron dévié à tel ou tel angle.

Cette remarque constituera le point d'orgue de notre courte histoire de l'émergence de la mécanique quantique. En 1927 bien des problèmes restent à résoudre, dont certains n'ont toujours pas de solution au début du vingt et unième siècle. Nous allons cependant interrompre ici notre récit, car l'essentiel de ce qui va désormais constituer l'outil quotidien du physicien nucléaire est en place.

Langue allemande, langue de la mécanique quantique

Une dernière remarque. La mécanique quantique, dès le début, a été une physique de langue allemande. Planck, Einstein, Sommerfeld, Landé, Pauli, Heisenberg, Born, Schrödinger, sans oublier les expérimentateurs Paschen, Lummer, Pringsheim, Rubens, Kurlbaum, Stern, Gerlach, Franck, Hertz étaient tous physiciens de langue allemande. On doit ajouter des physiciens comme Uhlenbeck et Goudsmit, néerlandais, ou Fermi et Majorana, italiens, qui publièrent leurs articles importants en langue allemande. Cela montre bien l'extraordinaire vitalité de la physique théorique de langue allemande dans la première moitié du vingtième siècle, même si on peut compter une contribution française (de Broglie a eu l'idée des ondes de matière, mais c'est Schrödinger qui a écrit l'équation) et une contribution anglaise notable, due surtout à Paul Dirac. Cette vitalité a survécu au désastre de la guerre de 1914-1918, à la ruine de l'économie, au boycott que les physiciens allemands eurent à supporter dans les années d'après-guerre. D'ailleurs, lorsque les jeunes physiciens de pays comme l'Italie, les États-Unis ou le Japon voulaient se former, c'est surtout en Allemagne qu'ils allaient, tels Fermi, Majorana, Oppenheimer, Millikan ou Nishina.

Nous avons bien parlé de *langue allemande*, car l'utilisation de l'alle-

---

*Le mot « irrationalité » figure dans le texte français du compte rendu du Conseil Solvay. Il fait simplement référence à l'absence de lien causal. Bohr ne plaidait pas pour le renoncement à la raison.

mand comme langue scientifique débordait de beaucoup les limites de l'Allemagne proprement dite. Cela incluait naturellement l'espace occupé jusqu'en 1918 par l'empire austro-hongrois, mais également les Pays-Bas, et aussi la Pologne ou l'Italie (jusqu'en 1933). Le nazisme, en chassant et en éliminant tant de physiciens juifs, décapita la science allemande*. À partir de 1933, l'usage de la langue allemande, jusque-là langue majeure de communication scientifique internationale, déclina et fut remplacée après 1945 par l'anglo-américain.

Une bibliographie succincte

Sur l'histoire de la mécanique quantique il existe quelques livres écrits pour un public non spécialisé :

- George Gamow, *M. Tompkins au pays des merveilles,* Paris, Dunod, 1953, traduction de *Mr. Tomkins in Wonderland, or, Stories of c, G, and h...*, Cambridge, At the University Press, 1939.
- George Gamow, *M. Tompkins explore l'atome,* Paris, Dunod, 1954, traduction de *Mr. Tompkins explores the atom,* Cambridge, At the University Press, 1945. Les livres de vulgarisation ayant pour héros M. Tompkins ont connu un grand succès, et ont été traduits dans de très nombreuses langues. Ils ne sont pas disponibles en français actuellement.
- George Gamow, *Trente années qui ébranlèrent la physique. Histoire de la théorie quantique,* livre de vulgarisation vif et drôle, illustré par l'auteur, malheureusement épuisé. Il s'agit de la traduction de *Thirty Years that Shook Physics,* Garden City, N.Y., Anchor Books, 1966.
- Banesh Hoffmann et Michel Paty, *L'étrange histoire des quanta,* Éditions du Seuil, Paris 1981. Ce livre de vulgarisation est la traduction du livre de Banesh Hoffmann, *The Strange story of the quantum,* Harper & Brothers, New York, 1947, avec une mise à jour par Michel Paty.

Parmi les livres destinés à des spécialistes, on peut citer :

- F. Hund, *The history of quantum mechanics,* Londres, Harrap, 1974. Une histoire du développement de la mécanique quantique par un des acteurs de cette époque.
- J. Mehra et H. Rechenberg, *The Historical Development of Quantum Mechanics,* Heidelberg, Berlin, 1982. Cet ouvrage monumental en 7 volumes est très bien documenté. Il concerne la période 1925-1932 qui est celle du développement de la mécanique quantique sous sa forme moderne (en anglais).
- Abraham Pais, *Inward Bound,* Oxford, Clarendon Press, 1986. Ce livre est une histoire des particules élémentaires, et par là même aborde l'histoire de la mécanique quantique. Niveau de lecture : technique.

---

*Voir plus loin p. 347.

- Abraham Pais, *Niels Bohr Times,* Oxford University Press, 1991. Ce livre est une biographie scientifique de Niels Bohr, ce qui l'amène à évoquer nécessairement l'évolution de la mécanique quantique.
- Helmut Rechenberg, *Quanta and quantum mechanics*, qui constitue le chapitre 3 du livre *Twentieth Century Physics*, publié, sous la direction de Laurie M. Brown, Abraham Pais et Sir Brian Pippard, par l'Institute of Physics Publishing, Bristol and Philadelphia et l'American Institute of Physics, New York, 1995 (trois volumes en anglais).
- *Sources et évolution de la physique quantique, textes fondateurs*, un livre qui réunit un certain nombre des articles essentiels qui ont jalonné l'élaboration de la mécanique quantique, publié sous la direction et avec des notes introductives de José Leite Lopes et Bruno Escoubès, Masson, Paris 1995 (les articles en langue étrangère sont tous traduits en français).

Par ailleurs on peut trouver de nombreux livres qui cherchent à présenter de façon non technique la mécanique quantique actuelle et ses mystères. On peut citer, de façon non exhaustive :

- Stéphane Deligeorges (dir.), *Le monde quantique*, Paris, Le Seuil, 1984.
- Sven Ortoli et Jean-Michel Pelhate, *Aventure quantique*, Belin, Paris, 1993. Une présentation de la mécanique quantique en bande dessinée.
- Franco Selleri, *Le grand débat de la théorie quantique*, Flammarion (Champs), Paris, 1994. Ce livre, préfacé par Karl Popper, prend parti contre l'interprétation « de Copenhague ».
- Georges Lochak, Simon Diner et Daniel Fargue, *L'objet quantique*, Flammarion (Champs), Paris, 1997.
- Étienne Klein, *La physique quantique*, Flammarion (Dominos), Paris, 1998.
- Étienne Klein, *Petit voyage dans le monde des quanta*, Flammarion (Champs), 2004.

Enfin l'interprétation de la mécanique quantique, et les problèmes philosophiques et épistémologiques qu'elle pose ont suscité de nombreux ouvrages. On peut citer :

- Bernard d'Espagnat, *À la recherche du réel : le regard d'un physicien*, Gauthier-Villars, Paris, 1979.
- Girolamo Ramunni, *Les conceptions quantiques de 1911 à 1927*, Vrin, Paris, 1981.
- Bernard d'Espagnat et Étienne Klein, *Regards sur la matière : des quanta et des choses*, Fayard, Paris, 1993.
- Bernard d'Espagnat, *Le Réel voilé : analyse des concepts quantiques*, Fayard, Paris, 1994.
- R. Omnès, *Philosophie de la science contemporaine*, Gallimard, Paris, 1994.
- M. Bitbol, *La mécanique quantique, une introduction philosophique*, Flammarion (Champs), Paris, 1996.

- Bernard d'Espagnat, *Ondine et les feux du savoir : carnets d'une petite sirène : essai*, Stock, Paris, 1998.
- R. Omnès, *Comprendre la mécanique quantique*, EDP Sciences, Les Ulis, 2000.

Et pour les amateurs de science fiction, un roman :
- R. C. Wagner, *Ravisseurs quantiques*, Le Fleuve Noir, Paris, 1998.

Quatrième partie

Une enfance discrète

> For the Snark's a peculiar creature, that won't
>   Be caught in a commonplace way.
> Do all you know, and try all that you don't:
>   Not a chance must be wasted to-day!
>
> Lewis Carroll, *The Hunting of the Snark*
>
> C'est une drôle de créature que le Snark,
> On ne peut l'attraper par les voies ordinaires.
> Faites tout ce que vous savez,
>   et tentez ce que vous ne savez pas :
> Pas une chance à perdre,
>   c'est aujourd'hui ou jamais !
>
> *Traduction de Maurice Mourier*

Chapitre 1

Le noyau de l'atome en 1913

Lorsque Niels Bohr écrit en 1913 la célèbre suite de trois articles qui fondent la physique de l'atome sur des bases quantiques, il est amené à conclure que le noyau est probablement le siège des phénomènes radioactifs :

> Une conséquence nécessaire de la théorie de Rutherford sur la structure de l'atome est que les particules α ont leur origine dans le noyau. De même, dans notre théorie, il semble nécessaire que le noyau soit le siège de l'expulsion des particules β de grande vitesse[1].

Quelle pouvait bien être la composition de ce noyau incroyablement petit, selon les propres mots de Rutherford, dix à cent mille fois plus petit que l'atome lui-même, déjà minuscule (un dix-millionième de millimètre[*]) ? Dans son article fondateur[2] Rutherford n'en avait dit mot.

Lors du deuxième Conseil Solvay[3], tenu à Bruxelles du 27 au 31 octobre 1913, le sujet est de nouveau évoqué au cours de la discussion du rapport de J. J. Thomson : il paraît clair à Marie Curie, comme à Rutherford, que les phénomènes radioactifs, et en particulier la radioactivité β, qui est une expulsion d'électrons, ont leur origine dans le noyau de l'atome. *Le noyau de l'atome doit donc contenir des électrons.* Mais alors, demande Paul Langevin, à quoi correspond le nombre d'électrons déterminé par les mesures de Barkla?[†] Marie Curie pense qu'il s'agit là des électrons qu'elle appelle *périphériques*, qui gravitent autour du noyau, totalement séparés des électrons contenus dans ce noyau, et qui de temps en temps (pour certains noyaux seulement, les noyaux radioactifs) s'en échappent, pour donner lieu au rayonnement β, tout en provoquant la transformation, la transmutation de l'atome, que Marie Curie appelle la destruction de l'atome :

> Un tel électron est caractérisé par cette considération qu'*il ne peut être*

---

[*]Voir p. 65.
[†]Voir p. 75.

> *séparé de l'atome qui le contient sans que cette séparation entraîne nécessairement la destruction de l'atome.*

En décembre 1913, Rutherford envoie une courte note à la revue *Nature* pour préciser ce qu'il pense de la structure du noyau :

> Il me semble indubitable que la particule α provient bien du noyau, et je pense depuis quelque temps que les faits expérimentaux tendent à montrer que la particule β a la même origine. Bohr a discuté ce point en détail dans un article récent [...].

En résumé, tout le monde s'accorde donc à ce moment pour penser que :

1. Le noyau est le siège des phénomènes radioactifs.
2. Le noyau doit probablement contenir des particules α, puisque celles-ci s'en échappent à grande vitesse dans la radioactivité dite « α ». Il doit également contenir des électrons, puis qu'il en projette violemment à l'extérieur lors de la radioactivité dite « β ».

Mais les électrons qu'on supposait contenus dans le noyau et que Marie Curie proposait d'appeler *essentiels*, sont des électrons bien étranges : hors du noyau où ils sont confinés, ils ne jouent aucun rôle dans l'atome, ils ne se mélangent pas aux électrons périphériques, qui évoluent à de « grandes » distances du noyau : les orbites sont en effet 10 000 à 100 000 fois plus grandes que les dimensions du noyau. De plus les électrons expulsés du noyau lors d'une désintégration β ont une vitesse beaucoup plus grande que les électrons périphériques, qu'on nomme également les électrons du cortège. On est conduit à admettre, comme Marie Curie, que les électrons contenus dans le noyau n'interagissent pas avec les rayons X, et ne sont donc pas comptabilisés dans les mesures par rayons X de Barkla. Ces mesures ne concernent donc que les électrons périphériques. Bizarre, tout de même.

Que sait-on de plus sur le noyau de l'atome ? Presque rien, même pas sa taille, dont on ne connaît qu'une limite supérieure, de quelques 10^{-12} cm, que Rutherford avait déduite des expériences de Geiger et Marsden[*], au moins dix mille fois plus petit que l'atome, une tête d'épingle ! On sait toutefois qu'il contient 99,95% de la masse de l'atome ! Quant à son organisation interne, c'est l'ignorance totale.

Les quelque vingt années qui vont suivre seront celle de la physique atomique, des efforts des plus grands esprits du siècle pour tenter de comprendre la structure de l'atome, ce qui nécessitera de créer la mécanique quantique. Mais quelques physiciens, tel Rutherford, vont se consacrer à l'étude du noyau de l'atome, fondant ainsi une nouvelle discipline, la physique nucléaire.

---

[*]Voir p. 89 et p. 90.

Chapitre 2

La découverte des isotopes et la mesure des masses des noyaux

Où l'on voit comment Frederick Soddy, le chimiste bien connu, en arrive à penser que tous les atomes d'un même élément n'ont pas nécessairement la même masse, et pourquoi il nomme isotopes *ces différentes variétés. Où Francis Aston, chimiste lui aussi, devient physicien et apprend à peser les atomes, découvrant ainsi des dizaines de nouveaux isotopes. Où l'on constate que les masses des noyaux d'atomes, tout comme leurs charges, s'expriment par des nombres entiers. Mais où l'on découvre que finalement ces nombres ne sont pas vraiment entiers.*

Vers 1910 les familles radioactives s'étaient enrichies de nombreux corps radioactifs à période plus ou moins courte qui portaient des noms barbares tels que, pour prendre l'exemple de la famille du thorium : MsTh1 (mésothorium 1), MsTh 2 (mésothorium 2) RaTh (radiothorium), ThX (thorium X), Tn (thoron), ThA, ThB, ThC, ThC', ThD, ThC". Ces noms commençaient tous par le mot « thorium », simplement pour indiquer qu'ils étaient produits au cours de la désintégration du thorium, sans référence à leur nature chimique propre, différente de celle du thorium.

L'étude des propriétés chimiques de toutes ces substances était difficile, car elles se désintégraient rapidement pour la plupart, si bien que les quantités accumulées dans les échantillons d'uranium, de thorium ou de radium étaient très faibles. Marie Curie avait déjà eu beaucoup de mal à identifier et à isoler le radium, dont la période radioactive est pourtant de 1 600 ans. De plus, dans la radioactivité du thorium, pour reprendre notre exemple, celui-ci se transforme d'abord en « mésothorium 1 », qui lui-même se transforme en « mésothorium 2 », qui lui-même se transforme en radiothorium, et ainsi de suite. Dans un échantillon donné, on a donc toujours un mélange de différentes substances. Les chimistes s'attelèrent cependant à la tâche avec obstination, et réussirent à déterminer peu à peu de nombreuses propriétés chimiques.

Dans ce fouillis de substances un fait remarquable apparut alors de plus en plus clairement : certaines d'entre elles avaient des propriétés chimiques très voisines, sinon identiques. Impossible par exemple, de trouver la moindre différence entre les propriétés chimiques de substances telles que le thorium et ce qu'on avait appelé l'ionium (produit dans la désintégration de l'uranium), ou bien entre le radiothorium-1 et le plomb.

Frederick Soddy

Pendant les années 1900-1902 Rutherford, alors professeur à l'Université McGill de Montréal, avait réussi à élucider la nature de la radioactivité, en montrant qu'il s'agissait d'une transformation d'atomes, d'une véritable désintégration, et même d'une série de désintégrations successives. Il avait fait ce travail en collaboration avec un jeune chimiste tout juste arrivé d'Angleterre, Frederick Soddy*. Né à Sussex, en Angleterre, le 2 septembre 1877, Frederick Soddy était le fils d'un commerçant londonien. Il avait soutenu sa thèse de chimie à l'Université d'Oxford en 1898, puis, après deux ans de recherches, il avait obtenu un poste de démonstrateur en chimie à l'Université McGill de Montréal. C'est là que Rutherford l'enrôla pour une collaboration courte mais fructueuse.

Au printemps 1903 Soddy accepta un poste offert par William Ramsay à l'University College de Londres. Ramsay et Soddy montrèrent que de l'hélium était produit dans la désintégration du radium. De 1904 à 1914 Soddy fut *lecturer* (maître de conférences) à l'Université de Glasgow. Il y a laissé le souvenir d'un homme de principes, plutôt entêté, amical avec les étudiants, et souvent mordant avec ses collègues. Pendant cette période il étudia en détail la chimie de tous ces corps radioactifs transitoires, qu'il avait proposé, avec Rutherford, de nommer des *métabolons*.

Les isotopes

À partir de 1904, la *Chemical Society* décida de publier un rapport annuel sur les progrès de la chimie, dont elle confia le chapitre « Radioactivité » à Frederick Soddy, qui signa ces *Annual Progress Reports on Radioactivity* tous les ans de 1905 à 1908, puis de 1910 à 1915, puis tous les deux ans jusqu'en 1921. L'ensemble de ces rapports ont été réédités en fac-similé, sous le titre *Radioactivity and Atomic Theory*, avec une introduction très documentée, par Thaddeus J. Trenn[5]. C'est un témoignage précieux sur l'évolution des expériences et des idées pendant toute cette période, vues par un grand physicien et chimiste.

*Voir p. 38.

Dans le rapport de 1911, Soddy fait le bilan des progrès accomplis pendant l'année 1910. Il commence par décrire la méthode employée pour déterminer les propriétés chimiques de ces *métabolons* :

> Une méthode pour déterminer la nature chimique d'un membre d'une série de désintégration par isomorphisme consiste à ajouter différents sels à la solution, à provoquer une cristallisation partielle, et à déterminer quels types de sels cristallisent avec la substance active.

Après avoir cité d'autres exemples, il en vient à envisager une conclusion inévitable à ses yeux, mais tellement surprenante qu'il prend soin d'y parvenir après une argumentation serrée :

> Ces régularités pourraient bien constituer l'amorce d'une généralisation plus grande, qui jettera une lumière nouvelle, non seulement sur les processus radioactifs, mais plus généralement sur les éléments et sur la Loi Périodique.
> [...] on peut considérer comme tout à fait bien établie l'identité complète de l'ionium, du thorium et du radiothorium d'une part, du radium et du mésothorium-1 d'autre part, et enfin du plomb et du radium-*D*. En fait, [...] on ne peut guère éviter de conclure que dans ces exemples nous sommes en présence non pas de simples analogues chimiques, mais d'identités chimiques.

Idée audacieuse : ce qu'on appelle le radium-*D*, résidu de la désintégration du radium, a toutes les propriétés du plomb, il n'en diffère que par la masse atomique, et par la radioactivité, *il est donc chimiquement identique au plomb, c'est une variété de plomb*. Cette propriété de la matière est peut-être vraie pour les éléments non radioactifs, pense Soddy. Simplement dans ce cas il n'a pas été possible de détecter la présence de ces différentes variétés d'atomes, faute de disposer de la radioactivité pour les suivre à la trace.

Dans un article de 1911 Soddy constate encore que les substances qu'on appelait *mésothorium-X* et *thorium-X* sont chimiquement identiques au radium :

> Il apparaît que la chimie doit envisager des cas, en opposition directe au principe de la Loi Périodique, d'une complète identité chimique entre des éléments de poids atomiques[*] probablement différents ; une loi profonde et générale sous-tend sans doute ces nouvelles relations[6].

Ce que Soddy appelle la Loi Périodique, c'est le tableau de Mendeleev, où les éléments étaient classés par ordre de masse croissante, ce qui supposait implicitement qu'à une masse correspondait un élément et un seul[†]. À vrai dire, l'idée que tous les atomes d'un même élément n'avaient pas nécessairement la même masse avait été émise quelque vingt-cinq ans auparavant par William Crookes, le célèbre chimiste, dans une conférence faite devant la Section de Chimie de la *British Association* à Birmingham :

---

[*]On parlait de *poids atomique* à l'époque, alors que nous préférons parler de *masse atomique*. Voir ces mots dans le glossaire.

[†]Voir p. 18. Le tableau de Mendeleev dans sa forme actuelle est reproduit en fin de volume.

Je peux donc imaginer que lorsque nous disons que le poids atomique du calcium, par exemple, est 40, nous exprimons en réalité le fait que, tandis que la majorité des atomes de calcium ont effectivement un poids atomique de 40, il y en a quelques-uns qui sont représentés par 39 ou 41, un nombre moindre par 38 ou 42, et ainsi de suite[7].

Mais tandis que Crookes faisait une simple spéculation sans portée pratique, Soddy montrait que cela était absolument *nécessaire.*

Deux ans plus tard, Soddy propose un nom pour ces différentes variétés d'un même élément chimique[8]. Puisque ces éléments sont identiques chimiquement, ils occupent *la même place* dans le tableau périodique de Mendeleev, la bible des chimistes*. Soddy propose donc de les appeler « isotopes », mot qu'il a forgé à partir de deux mots grecs : *isos*, égal et *topos*, lieu. Tous les isotopes d'un même élément occupent la même place dans la classification de Mendeleev, car ce sont des variétés du même élément. L'existence d'isotopes était aussi une conséquence de la « loi des déplacemnts » énoncée en 1913 par le chimiste polonais Kasimir Fajans[9,10], qui avait remarqué que dans le phénomène de radioactivité α l'élément original se transforme en un élément qui « a reculé » de deux cases dans le tableau périodique alors qu'il « a avancé » d'une case dans lors de la radioctivité β. Les éléments ainsi produits, les « métabolons », comme les appelait Rutherford, occupent donc *une case déjà occupée* : ce sont, selon le langage de Soddy, des isotopes de cet élément.

Nommé Professeur de Chimie à l'Université d'Oxford en 1919, Soddy y restera jusqu'à son départ en retraite en 1937. Il recevra le prix Nobel de chimie en 1921, « pour ses contributions à notre connaissance de la chimie des substances radioactives, et pour ses recherches sur l'origine et la nature des isotopes ». Il mourra à Brighton le 22 septembre 1956.

La première méthode physique de mesure des masses des atomes

En 1907 J. J. Thomson reprend à son compte l'étude des rayons canaux déouverts par Eugen Goldstein[†]. Il les nomme tout simplement « rayons d'électricité positive »[11]. Il étudie leur nature, leur charge, leur masse. Les rayons d'électricité positive sont produits par décharge électrique dans un ballon semblable au ballon utilisé pour produire des rayons cathodiques. Ils traversent ensuite un fin canal, puis sont soumis à l'action d'un champ électrique et d'un champ magnétique qui tendent à les dévier dans deux directions perpendiculaires. Un calcul élémentaire montre alors que les ions d'une masse et d'une charge données[‡] vont illuminer un écran fluorescent de willémite (cristal de silicate de zinc) en dessinant une parabole, les différentes parties de la parabole correspondant aux vitesses différentes des ions.

---

*Voir p. 18.
[†]Voir p. 17.
[‡]Dans les conditions de ces expériences, la charge est toujours la même, c'est une unité de charge élémentaire positive, puisqu'on a arraché lors de l'ionisation un électron de l'atome.

Cette méthode est devenue célèbre sous le nom de *méthode des paraboles*[12]. La parabole que dessine un ion présente une courbure plus ou moins grande selon la masse de l'ion, ce qui permet de distinguer des ions de masses différentes. J. J. Thomson perfectionne ensuite progressivement son dispositif, et décide d'employer la méthode photographique pour enregistrer les fameuses paraboles[13]. La mesure est, en fait, assez grossière (on ne peut guère distinguer des masses qui diffèrent de moins de 10%), mais on mesure pour la première fois directement la masse d'un ion. S'il existe des isotopes dans les noyaux des atomes ordinaires, non radioactifs, voilà le moyen de les déceler.

Or précisément en 1913 J. J. Thomson observe que la parabole du néon paraît plus large que les autres paraboles, comme si l'on avait affaire, en plus de l'ion de néon « normal », de masse proche de 20, à un autre ion dont la masse serait d'environ 22, ce qui ne correspond à rien de connu. Il soupçonne l'existence d'un isotope du néon, le premier isotope qu'on observerait pour un corps non radioactif, ce qui expliquerait la masse du néon, mesurée trois ans auparavant*, et qui est de 20,2 : il suffirait que le néon soit composé de deux isotopes, de masses 20 et 22, en proportions respectives de 80% et 20%. Encore faudrait-il observer de façon indiscutable la présence d'un isotope 22. Le 17 janvier 1913 il présente les résultats devant la *Royal Institution*, et discute de cette parabole de faible intensité qui accompagne systématiquement celle du néon, comme d'un corps dont la masse serait 22, mais sans pouvoir conclure[15]. Il publie peu après son livre, qui fera longtemps référence, sur les rayons d'électricité positive[16].

Pendant les deux ans qui suivent, son assistant, le jeune Francis Aston, va tenter de séparer physiquement, par distillation fractionnée, puis par diffusion gazeuse, les isotopes du néon, mais sans succès†.

Francis Aston : le premier « spectromètre de masse »

Né en 1877 à Birmingham, Francis Aston avait fait des études de chimie à l'Université de cette ville. Son diplôme obtenu, il travaille pendant trois ans comme chimiste dans le laboratoire d'une brasserie, mais son intérêt pour la physique, et ses talents pour construire des pompes à vide, le poussent à faire de la physique. Il obtient en 1903 une bourse pour travailler à l'Université de Birmingham sur les décharges dans les tubes de Crookes, où il découvre bientôt un nouveau phénomène (l'espace sombre d'Aston). Fin 1909 J. J. Thomson lui propose de devenir son assistant au *Cavendish*, et c'est là que nous le retrouvons en 1912-1914, tentant de séparer les isotopes éventuels du néon. Malheureusement la guerre interrompt les recherches, et pendant toute sa durée Aston redevient un pur chimiste. Au *Royal Aircraft Establishment*, à Farnborough, il étudie les enduits pour la toile des avions

---

*Le chimiste anglais Herbert Watson avait mesuré la densité du néon[14], ce qui permet de déduire sa masse atomique, puisque, selon l'hypothèse d'Avogadro, deux volumes identiques de gaz contiennent le même nombre de molécules, les masses des molécules sont dans le même rapport que les densités.

†Un gaz traverse une paroi poreuse d'autant plus vite qu'il est plus léger, donc dans un mélange de gaz de masses différentes, la proportion des deux est modifiée lors de la traversée d'une telle paroi, ce qu'Aston tenta d'utiliser pour isoler l'isotope 22 du néon.

et tente d'améliorer leur résistance aux conditions atmosphériques.

La paix revenue, Aston retourne au *Cavendish* en 1919. Il voudrait parvenir à séparer ces isotopes. Ses tentatives précédentes ayant échoué, il songe à revenir à une séparation magnétique, mais il faudrait un pouvoir séparateur° bien meilleur que celui du dispositif de J. J. Thomson. Or il ne voit pas comment améliorer ce dispositif sans le modifier profondément. Dans ce système, les particules issues du « canal », aussi fin que soit ce dernier, ont malgré tout des directions légèrement différentes les unes des autres, si bien que la tache produite en devient floue. On ne peut pas réduire indéfiniment le diamètre du canal, sinon il ne laisserait presque plus rien passer, et il faudrait des temps prohibitifs pour exposer la plaque. C'est un phénomène très semblable à celui des photographies faites naguère avec un *sténopé*, appareil photographique très simple, constitué par une *chambre claire* au fond de laquelle est placée une plaque photographique ; un petit trou, le sténopé, tient lieu d'objectif. Les rayons émis par chaque point du sujet à photographier passent par le sténopé, et font une tache de petite taille sur la plaque photographique. On forme ainsi une image dont la netteté dépend de la taille du sténopé. Outre sa simplicité, le système a quelques avantages : grande profondeur de champ, aucune distorsion, mais aussi des inconvénients : les images ne sont jamais très nettes, et les expositions doivent être très longues, car il passe peu de lumière par le sténopé. La solution trouvée pour les appareils photographiques est, comme on sait, de les munir d'un objectif constitué de lentilles qui font converger les rayons lumineux issus de chaque point du sujet en un point du plan focal, où on a placé la plaque ou la pellicule négative. Du coup l'ouverture peut être beaucoup plus grande, et les photographies seront prises plus rapidement.

Or *Aston découvre qu'il est possible, à l'aide de champs électriques et magnétiques, d'obtenir un résultat semblable à celui d'un objectif photographique*. La seule fonction du champ magnétique, ou du champ électrique, était jusque-là de dévier différemment, donc de séparer, les particules de vitesses différentes (mais qui ont même masse et même charge électrique). Les particules ayant même vitesse formaient une tache sur la plaque photographique après avoir été déviées. Pour obtenir des taches de petite taille, et donc permettre de distinguer des particules de vitesses ou de masses différentes, on faisait passer les particules par une fente étroite, l'équivalent du sténopé, avec les inconvénients du sténopé, surtout une durée prohibitive des mesures. Mais un champ magnétique peut, s'il est disposé judicieusement, jouer un rôle inattendu : à l'instar des lentilles optiques, il peut concentrer en un point (à vrai dire en une petite région, comme en optique) des particules de même masse et même vitesse qui entrent dans l'appareil avec des directions différentes. Et on peut utiliser les deux fonctions simultanément : concentrer en une petite tache les particules de même masse, et séparer (on dit *disperser*) les particules de masses différentes. Ainsi, sur une plaque photographique placée dans le « plan focal », les ions de masses différentes apparaîtront comme des taches distinctes (ce « plan focal » est simplement l'emplacement de la plaque photographique pour lequel les taches en question sont les plus petites, les plus nettes).

Aston fabrique alors un appareil qu'il appelle « spectromètre de masse », capable de distinguer des masses différant de 1% environ[17]. Il en fera une étude mathématique plus complète en collaboration avec Ralph Fowler un peu plus tard[18]. La première mesure concerne, à tout seigneur tout honneur, le néon. Elle confirme de façon indiscutable ce que Thomson avait soupçonné : le néon est en fait composé de deux isotopes, de masses 20 et 22[*] :

> la première suggestion qu'il pouvait être un mélange [d'isotopes] fut l'observation en 1912 par J. J. Thomson d'une faible mais indiscutable parabole à une position correspondant grossièrement à un poids atomique 22, [...] chaque fois que du néon était présent dans l'ampoule à décharge [...]
> Les mesures [...] prouvent de façon concluante que le néon contient deux isotopes ayant des poids atomiques 20,00 et 22,00 respectivement à un dixième de pourcent près[19].

Dès lors Aston explore de nombreux éléments, et en quelques années il va découvrir que beaucoup d'entre eux sont, comme l'avait soupçonné Frederick Soddy, composés de plusieurs isotopes. Le phénomène de l'isotopie est en fait très général. Dans l'article qu'il soumet à *Philosophical Magazine* en mars 1920, il donne une liste de 11 éléments qu'il passe en revue : outre le néon, il montre l'existence de deux ou plusieurs isotopes pour le chlore, l'argon, le krypton, le xénon, le mercure. Il découvre par exemple que le xénon a six isotopes ![20]

Les raisons du choix des éléments dans cette première vague de mesures sont surtout techniques. L'hydrogène, l'hélium, l'azote, l'oxygène, le néon, le chlore, l'argon, le krypton, le xénon sont gazeux à température ordinaire, ou ont des composés gazeux, comme le carbone sous forme de gaz carbonique, et il est facile d'obtenir des vapeurs de mercure. Or la fabrication des ions positifs dans les ampoules est bien plus aisée avec des corps gazeux qu'avec des corps solides.

En 1922 il publie son premier livre, *Isotopes*[21]. Le tableau qu'il donne est impressionnant : 27 éléments ont été mesurés, 48 isotopes identifiés de façon sûre. Les mesures comprennent maintenant le sodium, le magnésium (3 isotopes), le silicium, le phosphore, le soufre, le chlore (2 isotopes au moins), etc.

LA LOI DES NOMBRES ENTIERS ET LA VIEILLE HYPOTHÈSE DE WILLIAM PROUT

Une constatation a immédiatement frappé Aston, et tous ceux qui pouvaient examiner les valeurs des masses des isotopes :

> Parmi les résultats acquis [...], il en est un qui domine tous les autres : sauf en ce qui concerne l'hydrogène, toutes les masses atomiques examinées et vraisemblablement, celles de tous les éléments, sont exprimables en nombres entiers, au degré d'exactitude de l'expérience, à 1/1000 près, dans la plupart des cas. Naturellement, la divergence, que nous évaluons

---

[*]Pour les atomes, l'unité de masse est à cette époque, rappelons-le, 1/16 de la masse de l'oxygène. Une masse 20 signifie 20/16 de la masse de l'oxygène.

en fraction d'unité, croît avec la masse mesurée ; pour les éléments légers, elle est très faible[22].

Ce résultat simplifie à l'extrême notre conception de la masse et lève la seule objection sérieuse à une théorie unitaire de la matière.

Aston rappelle alors la théorie de William Prout, dont nous avons parlé plus haut[*] :

> Ce fut Prout qui, en 1815, énonça la première théorie de la constitution des atomes, à partir d'un composant unique (protyle, protoélément, etc.). D'après lui, les divers atomes ne sont que des condensations différentes d'atomes d'hydrogène, et, par conséquent, les masses atomiques doivent toutes s'exprimer en nombres entiers quand on les rapporte à celle de l'hydrogène, prise pour unité.

Mais on se souvient que l'hypothèse de Prout avait été abandonnée car de nombreuses masses atomiques n'étaient pas du tout des nombres entiers, comme le chlore, par exemple, de masse 35,46. La découverte des isotopes et le fait que les *masses des isotopes s'expriment par des nombres entiers* change tout. L'existence des isotopes permet en effet d'expliquer simplement pourquoi les masses atomiques sont souvent proches de nombres entiers (4 pour l'hélium, 12 pour le carbone, 16 pour l'oxygène) mais s'en écartent parfois de façon nette, comme le chlore. Dans la nature, le carbone par exemple est un mélange de deux isotopes, de masses 12 et 13, en proportions respectives de 98,9% et 1,1%, si bien que la masse du mélange est très proche de 12 ; de même l'oxygène naturel contient trois isotopes, de masses 16, 17 et 18, en proportions respectives de 99,76%, 0,04% et 0,2%, si bien que sa masse est très proche de 16 ; le chlore est par contre un mélange de deux isotopes, de masses 35 et 37, en proportion respective de 76% et 24%, si bien que sa masse est 35,46. Aston conclut :

> La seule difficulté notoire, le caractère fractionnaire des poids atomiques, est maintenant écartée. Rien ne subsiste donc pour nous empêcher de considérer les atomes des éléments comme des agrégats d'électricité positive et négative.

C'est ce qu'Aston appelle la « théorie unitaire de la matière ». Il était en effet bien tentant de penser que tous les noyaux des atomes étaient faits d'une seule et même *particule élémentaire*, qui ne pouvait être que le noyau de l'atome d'hydrogène, qu'on appelait *particule H*, et pour laquelle Rutherford propose en 1920 le nom de *proton*, ou de *prouton*, en hommage à William Prout, lors d'une réunion à Cardiff de la *British Association*[23]. C'est *proton* qui a survécu, et qui a été universellement adopté.

L'EXCEPTION DE L'HYDROGÈNE

La masse du noyau d'hydrogène était toutefois un peu trop grande. La masse de l'oxygène étant prise par convention exactement à 16[†], tous les

---

[*]Voir p. 63.

[†]Rappelons que les chimistes ne pouvaient déterminer que des rapports entre les masses des différents éléments. Il fallait donc choisir un élément comme référence. Pour

isotopes avaient des masses entières, tous sauf un : l'hydrogène, dont la masse était de 1,008. Faible écart, direz-vous, mais l'incertitude expérimentale sur la valeur mesurée était de 0,001 en plus ou en moins, donc il était exclu que l'hydrogène eût une masse égale à 1.

Qu'était-ce à dire ? Cela montrait à l'évidence, pensait-on, que plusieurs noyaux d'hydrogène liés ensemble pour former le noyau d'un atome plus lourd devaient peser moins que lorsqu'ils étaient séparés. L'explication que donne Aston en 1922 repose sur la « théorie électromagnétique de la masse », une théorie bien oubliée aujourd'hui[24]. C'était une idée lancée pour la première fois par J. J. Thomson en 1881, puis reprise par plusieurs physiciens, en particulier le physicien allemand Max Abraham, qui l'avait développée, avec l'ambition de déduire toute la physique, et en particulier les lois de la mécanique, des lois de l'électromagnétisme. Le but ultime était de parvenir à une théorie unitaire de la matière, de la mécanique, et de l'électromagnétisme, rêve séculaire des physiciens. Le raisonnement était le suivant : si je veux imprimer un mouvement à une particule chargée électriquement, je dois l'obliger à accélérer, donc à rayonner dans l'espace une onde électromagnétique, contenant une certaine quantité d'énergie. Cette énergie, il faut bien que je la fournisse, donc la particule va opposer au changement de vitesse une résistance analogue à celle d'une masse. C'est le phénomène de self-induction, bien connu des électroniciens. En plus de sa masse habituelle, une particule chargée doit donc manifester une inertie due à sa charge, inertie qui se comporte exactement comme une masse. Il s'agirait d'une *masse électromagnétique*. De nombreux travaux furent consacrés par la suite à cette théorie, qui séduisait beaucoup de physiciens, tels par exemple Wilhelm Wien ou Hendrick Lorentz. Et si on avait là l'origine de toute masse ? C'était l'opinion d'Abraham, qui déclarait en 1902, au cours d'un colloque tenu à Karlsbad :

La masse de l'électron est de nature purement électromagnétique[25].

Dans cette théorie, un lien existait entre la masse et la taille de la particule, considérée comme une petite sphère uniformément chargée d'électricité. La masse obtenue était d'autant plus grande que la taille était petite. Cela conduisait à attribuer une taille à l'électron, un rayon, qu'on appelle encore aujourd'hui le « rayon classique de l'électron »*.

Le noyau d'hydrogène, près de 2 000 fois plus lourd, pour la même charge que l'électron (mais de signe opposé), devait être dans ce cas beaucoup plus petit. Et on imaginait que lorsque les noyaux d'hydrogène étaient serrés dans un noyau, donc très proches les uns des autres, ce tassement provoquait une diminution de la masse, ce qu'Aston appela le *packing effect*, l'effet de tassement :

---

des raisons pratiques, le choix s'était porté sur l'oxygène et on lui attribua la valeur 16 parce que l'hydrogène avait alors une masse proche de 1 et nombre d'éléments légers avaient des masses proches de nombres entiers. Quand on dit qu'un élément a une masse 32, par exemple, cela veut dire qu'il est deux fois plus lourd que l'oxygène.

*Le rayon classique de l'électron est de $2,82 \times 10^{-13}$ cm, une taille comparable à celle des noyaux des atomes. Mais on ne pense plus aujourd'hui que cela représente les dimensions de l'électron, considéré comme ponctuel.

> Dans les noyaux atomiques normaux, les électrons et les protons sont si serrés (*packed*) que la loi d'additivité de la masse ne s'applique pas, et que la masse du noyau est inférieure à la somme des masses de ses charges constituantes[26].

Une autre explication était pourtant disponible depuis 1905. Dans un article de trois pages publié quatre mois après l'article qui fondait la Relativité[27], Einstein posait la question : « La masse d'un corps dépend-elle de l'énergie qu'il contient ? » Il montrait que les équations de la relativité ont une conséquence importante et inattendue :

> Si un corps émet une énergie L sous forme de rayonnement, alors sa masse diminue de L/V^2. [...] la masse d'un corps est une mesure de son contenu d'énergie ; si l'énergie change d'une quantité L, alors la masse change dans le même sens de $L/9.10^{20}$, si l'énergie est exprimée en ergs et la masse en grammes.
>
> Il n'est pas exclu que les corps dont le contenu d'énergie subit une grande variation (par exemple les sels de radium) permettent de mettre à l'épreuve la théorie.
>
> Si la théorie rend bien compte des faits, alors le rayonnement transporte de la masse entre le corps émetteur et le corps absorbant[28].

À la question posée dans le titre de l'article Einstein répond donc par l'affirmative : *l'énergie est équivalente à une masse*, ce que nous exprimons aujourd'hui dans la célèbre formule $E = mc^2$. On voit d'ailleurs que dès ce moment Einstein s'est posé la question de confronter sa théorie à l'expérience. Pour cela il aurait fallu pouvoir mesurer la variation de masse d'un corps avant et après l'émission d'un rayonnement. Dans les cas courants (réaction chimique, refroidissement d'un corps porté à une haute température) la perte d'énergie par rayonnement correspond à une perte de masse infinitésimale, indétectable avec les balances les plus précises (car, comme le note Einstein, pour obtenir la variation de masse il faut diviser la variation d'énergie par 9.10^{20} [9 suivi de 20 zéros !], avec les unités qu'il utilisait, nombre tellement énorme que le résultat est extrêmement petit). C'est précisément pour cette raison qu'Einstein pense aux « sels de radium », c'est-à-dire plus généralement à la radioactivité, phénomène où l'émission d'énergie est beaucoup plus grande (un million de fois plus grande environ) que dans le cas des réactions chimiques. Mais même dans ce cas, la variation de masse est extrêmement faible.

En 1913, Paul Langevin, un des premiers en France à avoir compris l'importance de la Relativité, avait publié un article sur ce sujet. Il y montrait que la variation de la masse des corps était toujours extrêmement petite sauf dans le cas des transformations radioactives, donc des noyaux[29]. Dans son article sur la Relativité, écrit à 19 ans pour *l'Encyclopédie des mathématiques**, Pauli avait conclu de même :

> Peut-être pourra-t-on dans l'avenir vérifier le principe de l'inertie de l'énergie par l'observation de la stabilité des noyaux.

---

*Voir p. 137.

La stabilité des noyaux dont parle Pauli se mesure par l'énergie nécessaire pour désagréger le noyau, en séparer les constituants, c'est ce qu'on appelle son *énergie de liaison*. Un noyau très stable doit donc être, avec des constituants donnés, un noyau un peu plus léger qu'un noyau instable. Les idées théoriques, surtout celles, tellement dérangeantes, de la relativité, avaient-elles du mal à traverser la Manche ? Ou l'expérimentateur qu'était Aston ne considérait-il pas que ce genre de théorie n'intéressait que quelques théoriciens, sans bien mesurer ses conséquences pratiques, en particulier sur les masses des noyaux ? Il faut dire que la théorie électromagnétique de la matière offrait une autre explication à la perte de masse, une explication qui avait bien pénétré les esprits et semblait simple, naturelle et même inévitable. Et d'ailleurs certaines vérifications expérimentales semblèrent en 1906 donner raison à la théorie d'Abraham contre celle d'Einstein[30]. La Relativité allait l'emporter définitivement au cours des années 1915-1920. Mais en 1923 Aston ne l'avait pas encore adoptée.

Le prix Nobel pour la règle des nombres entiers

Homme d'un commerce agréable, Francis Aston était cependant réservé et même timide, ce qui en faisait, paraît-il, un enseignant médiocre. Passionné de musique, il jouait du piano, du violon et du violoncelle. Il pratiquait de nombreux sports tels que le ski, l'alpinisme, le tennis et la natation. Il est mort à Cambridge le 20 novembre 1945.

C'est « pour sa découverte, au moyen de son spectrographe, d'isotopes, dans un grand nombre d'éléments non radioactifs, et pour avoir énoncé la règle des nombres entiers » que Francis Aston reçut le prix Nobel de chimie en 1922.

Cette « règle des nombre entiers » était effectivement une découverte extraordinaire, qui permettait enfin de concilier le fait que de nombreuses masses sont presque entières, tandis que certaines ne le sont pas du tout. Dans son exposé de présentation lors de la cérémonie de remise du prix Nobel, H. G. Söderbaum, membre du Comité Nobel de Chimie, et de l'Académie des Sciences, s'exprimait ainsi :

> Selon les conceptions de la science moderne, les parties les plus simples de la matière sont constituées de sortes de particules différentes, à savoir de petites particules chargées positivement et négativement, les protons et les électrons. Les valeurs non entières des poids atomiques de certaines substances fondamentales apparaissent en fait maintenant comme un simple reflet statistique des quantités relatives de leurs constituants isotopiques.
>
> Un exemple typique d'un élément dont le poids atomique n'est pas entier est celui du chlore. Son poids atomique, selon les déterminations les plus exactes, est 35,46. Or Aston montre que ce que nous avons jusqu'ici appelé chlore est un mélange de deux éléments isotopiques, l'un de poids atomique 35, et l'autre de poids atomique 37, mélangés de telle façon que le poids du mélange soit exactement 35,46.

On était maintenant, grâce aux mesures d'Aston, convaincu que les noyaux des atomes étaient constitués de particules toutes identiques, dont la masse était très proche de celle de l'atome d'hydrogène. Il était naturel de penser que ces constituants étaient des noyaux d'hydrogène, avec une difficulté, cependant. On connaissait la charge des noyaux depuis les mesures de Moseley, le nombre de charges étant égal au numéro atomique de la classification de Mendeleev. Or le nombre de noyaux d'hydrogène nécessaire pour obtenir la bonne masse donnait une charge environ deux fois trop grande, il fallait donc à l'intérieur du noyau un certain nombre de charges négatives pour compenser cet excès, et il était naturel de penser que des électrons étaient présents dans le noyau de l'atome. D'ailleurs dans la radioactivité β, des électrons s'échappaient du noyau, ce qui semblait bien prouver qu'ils préexistaient à l'intérieur. Leur masse très faible, 1 850 fois plus faible que celle du noyau d'hydrogène, pouvait être considérée comme négligeable*. L'idée qu'on pouvait se faire du noyau se précisait peu à peu.

De nouveaux spectromètres de masse

Au *Ryerson Physical Laboratory*, à Chicago, c'est Arthur Dempster qui construit un spectromètre selon le même principe, mais avec quelques différences[31] : les particules parcourent un demi-cercle dans un champ magnétique, et sont détectées par un électromètre, au lieu d'une plaque photographique. Cette méthode présente l'avantage d'être quantitative, de permettre de mesurer l'abondance relative des différents isotopes d'un même élément. Les performances de ce spectromètre sont semblables à celles de celui d'Aston (précision$^\diamond$ de un millième). Dempster publiera une série d'articles sur ses mesures concernant le lithium, le magnésium, le zinc, le calcium et le potassium[32].

À Paris, c'est au laboratoire de Chimie Physique de Jean Perrin que J.-L. Costa construisit un spectromètre de qualité supérieure à celui d'Aston (précision$^\diamond$ de trois dix-millièmes), ce qui lui permit de mesurer les masses des isotopes 6 et 7 du lithium, résultats qui firent longtemps référence, car la mesure était particulièrement délicate, surtout parce qu'il était difficile de produire des ions positifs de lithium[33].

Aston ne restait pas inactif. Dès 1921 il songe aux améliorations qui permettraient d'atteindre une précision plus grande, et se met en devoir de construire un nouveau spectromètre. En 1925 son premier spectromètre est démantelé pour être remplacé par un nouvel appareil qui a maintenant une résolution$^\diamond$ de deux pour mille, et qui peut déterminer les masses des atomes avec une précision$^\diamond$ de un dix-millième. Aston décide de reprendre les mesures de toutes les masses possibles avec son second spectromètre.

La connaissance des masses des noyaux en 1932. L'énergie de liaison des noyaux

En juin 1927, Aston est invité à prononcer la prestigieuse *conférence Baker*. C'est l'occasion pour lui de présenter son dernier spectromètre et

---
*Voir p. 16.

les nouveaux résultats obtenus[34]. Six ans après, la deuxième édition de son livre *Mass Spectra and Isotopes*[35] permet de mesurer le chemin parcouru. Aston fait le point des connaissances accumulées durant huit années de travaux. Maintenant *aucune masse ne s'exprime plus par un nombre entier.* Tout en étant proche d'un nombre entier, chaque masse s'en écarte de façon indiscutable. Mais en 1927 la théorie de la relativité a pénétré les esprits, le défaut de masse, qui est l'écart entre la masse d'un noyau et la simple addition des masses de ses constituants, supposés être des noyaux de l'atome d'hydrogène, est interprété comme la manifestation de l'énergie de liaison[◇] du noyau, l'énergie qui maintient ensemble les constituants. Cette énergie est, comme tout ce qui touche au noyau, colossale. Aston note, dans son livre :

> Deux résultats ont tout d'abord pu être établis grâce au spectrographe de masse, premièrement la règle des nombres entiers, qui montra que les atomes ont toute probabilité d'être composés des mêmes unités ultimes, et deuxièmement le fait qu'un atome d'hélium pèse moins que quatre atomes d'hydrogène. Ces résultats ont des implications théoriques profondes et d'une portée considérable.
>
> Nous savons que, selon la théorie de la Relativité d'Einstein, la masse et l'énergie sont interchangeables [...] Même dans le cas de la plus petite masse cette énergie est énorme [...][36]

Aston calcule alors l'énergie qui serait libérée si on parvenait à produire un noyau d'hélium à partir de quatre noyaux d'hydrogène, une réaction que nous appelons aujourd'hui la *fusion*. Il trouve que cette énergie est énorme, et poursuit :

> Cette transformation de la masse en radiation par annihilation de matière est cette « énergie atomique », comme on l'appelle, qu'on pense être la source de la chaleur des étoiles et qui, selon certaines prédictions, pourrait être utilisée lorsqu'on aura découvert le moyen de provoquer artificiellement la transmutation des éléments.

Aston voyait juste : la fusion nucléaire est bien la source de l'énergie solaire, mais il n'a pas été possible jusqu'à aujourd'hui d'utiliser cette énergie autrement qu'à des fins destructrices, avec la bombe à hydrogène, la terrifiante bombe « H ».

CHAPITRE 3

Une enquête à rebondissements : la radioactivité β

Où l'on fait la connaissance d'un chimiste allemand, d'une physicienne autrichienne, et de deux physiciens anglais. Où la radioactivité β paraît d'abord semblable à la radioactivité α, puis de plus en plus différente. Où un beau spectre de raies n'est finalement qu'un spectre continu. Où l'incrédulité fait place à l'incompréhension, et même au scandale. Où l'intangible principe de la conservation de l'énergie vacille. Où le grand magicien Pauli sort de son chapeau une explication à l'incompréhensible, grâce à une particule inobservable.

RUTHERFORD FUT LE PREMIER à distinguer les rayons α, identifiés plus tard à des noyaux d'atomes d'hélium, et les rayons β, rapidement identifiés à des électrons de grande vitesse[*]. Mais quelles étaient exactement les propriétés de ces électrons tout soudain expulsés d'un noyau ? Quelle était, au juste, leur vitesse ? Et comment se passait le freinage à la traversée de la matière ?

Dans ses premières expériences sur le rayonnement de l'uranium, Rutherford avait mesuré l'ionisation de l'air due au passage du rayonnement[†]. Cette ionisation, en créant des ions par arrachage d'électrons aux atomes, permettait au courant électrique de traverser l'air, et on disposait dès lors d'une mesure quantitative de la radioactivité en mesurant ce courant à l'électromètre.

---

[*] Voir p. 33.
[†] Voir p. 33.

En mesurant le courant produit par les « rayons β » après la traversée de différentes épaisseurs d'aluminium, Rutherford avait mesuré comment le rayonnement β s'atténuait progressivement en traversant la matière :

> Le rayonnement β passe à travers toutes les substances essayées jusqu'ici avec une bien plus grande facilité que la radiation α. Par exemple, une plaque de verre placée sur l'uranium diminua le taux de fuite à un trentième de sa valeur ; mais le rayonnement β passa au travers sans pratiquement aucune perte d'intensité.
>
> Quelques expériences avec différentes épaisseurs d'aluminium semblent montrer, pour ce qui concerne nos résultats, que le rayonnement β est d'un caractère approximativement homogène[37].

Et il ajoute :

> L'intensité de la radiation diminue avec l'épaisseur du métal traversé selon la loi d'absorption ordinaire.

La « loi d'absorption ordinaire », c'est la loi d'absorption dite *exponentielle*, qu'on appelle aussi *géométrique*. Elle avait été énoncée par Pierre Bouguer en 1760 dans son *Traité d'optique sur la gradation de la lumière*. Bouguer avait étudié l'atténuation de la lumière lors de la traversée d'épaisseurs successives de verre teinté :

> Si une certaine épaisseur intercepte la moitié de la lumière, l'autre épaisseur qui suivra la première, & qui lui sera égale, n'interceptera pas toute l'autre moitié, mais seulement la moitié de cette moitié, & la réduira par conséquent au quart : & toutes les autres tranches détruisant de semblables parties, il est sensible que la lumière diminuera toujours en progression géométrique[38].

Pour Rutherford, comme pour la plupart des physiciens de cette époque, c'était donc la loi « ordinaire » d'atténuation des *rayonnements*, dont la lumière restait l'exemple le plus ancien et le plus banal. Le qualificatif de « rayonnement homogène » est en 1899 assez vague : sans doute Rutherford veut-il simplement dire que le rayonnement β ne manifeste pas de caractère complexe, qui pourrait faire soupçonner un mélange de plusieurs rayonnements de caractères différents.

La vitesse des électrons β

En ce qui concerne les particules α, W. H. Bragg avait montré en 1904 qu'elles avaient toutes la même vitesse pour une substance radioactive donnée*, et que cette vitesse semblait caractériser le corps radioactif émetteur. Lors de la traversée de la matière, l'atténuation progressive des électrons β semblait suivre une loi au moins approximativement exponentielle, ce qui semblait compatible avec l'hypothèse d'une vitesse unique pour un corps donné. Plusieurs travaux faits entre 1905 et 1907 vont dans ce sens, mais aucun n'est vraiment concluant. Dans son rapport annuel sur la radioactivité pour l'année 1908, Frederick Soddy ne prend pas parti :

---

*Voir p. 80.

Quant à la nature des rayons β, s'ils sont homogènes ou hétérogènes pour ce qui est de leur vitesse, de même que ce que signifie exactement leur « absorption » lorsqu'ils traversent la matière, toute cette question est encore, en dépit de nombreuses recherches, sujet à controverse. Une discussion détaillée serait, dans l'état actuel des choses, de peu d'intérêt[39].

À Berlin, le chimiste Otto Hahn et une jeune physicienne autrichienne, Lise Meitner, s'attaquent au problème.

OTTO HAHN

Otto Hahn était né le 8 mars 1879 à Francfort, et c'est là qu'il passa sa jeunesse[40]. Son père était un artisan vitrier qui avait fondé une petite entreprise assez prospère. Il entra à l'Université de Marburg, avec l'intention de devenir chimiste et de trouver sa place dans une des grandes entreprises chimiques de l'Allemagne, alors en pleine expansion. Après sa thèse de chimie organique soutenue en juillet 1901, il fait son service militaire, et devient assistant de son ancien directeur de thèse, Theodor Zincke, à Marburg. Deux ans plus tard, il décide de partir pour l'Angleterre afin de parfaire son anglais. Il obtient un poste dans le laboratoire du célèbre chimiste Sir William Ramsay, chez qui il travaille à partir de l'automne 1904. Ramsay lui propose de séparer le radium d'une solution de chlorure de baryum contenant, croyait-il, environ 10 mg de radium. En tentant de le faire, ce qui s'avéra impossible, Hahn découvrit que la substance radioactive n'était pas du radium, mais une substance inconnue qu'il nomma *radiothorium*[41] car sa désintégration produisait une émanation identique à celle produite par le thorium, ce qui permettait de supposer qu'il s'agissait d'un corps faisant partie de la chaîne de désintégration du thorium.

Sur le moment Rutherford, qui était à cette époque à l'Université McGill, à Montréal, fut très sceptique. Il fit part de sa réserve à son ami Boltwood qui lui répondit :

> [...] je parie que la substance qu'il a obtenue est du Th-X mélangé à un peu de radium[42].

Et un peu plus tard :

> Je pense toujours qu'il s'agit seulement d'un nouveau composé de Thorium-X et de stupidité[43].

À l'été 1906 Hahn s'apprête à retourner en Allemagne, avec l'espoir de trouver un poste d'ingénieur chimiste. Ramsay, qui a pu juger des qualités de ce chercheur modeste, mais doué, tenace et rigoureux, cherche à l'en dissuader, et lui conseille de tenter une carrière académique à Berlin. Il envoie une lettre de recommandation très élogieuse à Emil Fischer, le directeur de l'Institut de Chimie de l'Université de Berlin. Fischer était prêt à aider Hahn, mais il n'y avait à l'époque aucune recherche ni aucun enseignement en radiochimie à Berlin, et de son côté Hahn pensait que, pour entamer une vraie carrière de chercheur en radioactivité, il avait besoin d'en apprendre un peu plus sur ce domaine tout nouveau. Il écrit à Rutherford pour lui demander de travailler dans son laboratoire pendant « un hiver ». Rutherford accepte et voilà Hahn à Montréal, où il montre à Rutherford ses résultats. Celui-ci change rapidement d'avis sur Hahn. Dans une lettre du 10 octobre, il écrit à Boltwood :

> Hahn est arrivé, s'est mis au travail ; il semble être un homme subtil [...] manquant de connaissances en physique, mais j'espère pouvoir arranger cela. D'après ce qu'il m'a montré il n'y a pas de doute qu'il a séparé un constituant très actif et assez permanent du thorium[44].

Le radiothorium existait donc bel et bien. C'était une étape dans la désintégration du thorium, l'étape qui précédait le thorium-X, que Rutherford et Soddy[45] avaient mis en évidence en 1902. Hahn restera jusqu'à l'été 1906 à Montréal. Il s'y fera des amis, dont Rutherford, pour lequel il éprouvera toujours respect et admiration.

Hahn entre à l'Institut de Chimie de l'Université, dans le laboratoire dirigé par Emil Fischer. La radiochimie ne faisait toujours pas partie des sujets de recherche à l'Institut, si bien qu'il ne put même pas, au début, être officiellement assistant de Fischer. On lui donne tout de même un laboratoire, il parvient à obtenir des sources radioactives, et se met au travail. Il découvre rapidement une nouvelle substance radioactive, qu'il appelle le *mésothorium*, car c'est encore une étape intermédiaire, dans la désintégration du thorium, avant d'arriver au radiothorium. Il y a même deux substances de cette espèce, qu'il appelle *mésothorium I* et *mésothorium II*.

Au printemps 1907, il devient *Privatdozent* de chimie, étape obligée avant de pouvoir être professeur, mais il reste assez isolé parmi les chimistes de son Institut, en grande partie parce que la chimie qu'il pratique n'a pas grand-chose à voir avec la chimie habituelle. Il est plutôt mieux accueilli chez les physiciens, dont les préoccupations sont plus proches des siennes. Il assiste ainsi régulièrement au *Colloquium* de l'Institut de physique dirigé par Heinrich Rubens. Le *Colloquium* est, dans la tradition allemande, une conférence, souvent hebdomadaire, sur un sujet plus général que les recherches précises du département. C'est là qu'il rencontre, le 28 septembre 1907, une jeune femme, tout juste arrivée de Vienne afin de suivre les cours de physique théorique de Max Planck. Elle s'appelle Lise Meitner ; les cours lui laissent du temps libre, qu'elle aimerait employer à un travail expérimental, et Rubens lui a suggéré de demander à Hahn de travailler avec lui. C'est le début d'une collaboration qui va durer trente ans.

LISE MEITNER

Lise Meitner était née le 7 novembre 1878 à Vienne dans une famille juive peu pratiquante[46,47]. Son père, Philipp Meitner, avocat, appartenait à la génération des premiers Juifs à qui l'État autrichien avait permis l'accès à cette profession. Sans être riche, il pouvait faire vivre sa famille convenablement, payer à ses enfants des études et, Vienne oblige, des leçons de musique. Attirée dès le début par les mathématiques et la physique, Lise ne pouvait malheureusement pas fréquenter le *Gymnasium*, réservé aux garçons, ni par conséquent obtenir le *Matura*, passage obligé pour entrer à l'Université (l'équivalent de notre baccalauréat). Les filles quittaient l'école à 14 ans, et se consacraient dès lors aux travaux ménagers, et à la recherche du mari. Mais en 1897, l'Autriche autorisa enfin les femmes à entrer à l'Université, à condition toutefois d'obtenir le fameux *Matura*, mais sans pouvoir le préparer au *Gymnasium*, toujours réservé aux garçons. Suivant l'exemple de sa sœur aînée Gisela, Lise entreprend, grâce à des leçons privées, de le préparer, et, l'ayant obtenu, elle entre à l'Université à l'automne 1901. La première année, elle étudie mathématiques et physique, après quoi elle se décide pour la physique et s'inscrit en seconde année au cours d'un des plus grands physiciens, des plus grands professeurs du temps, Ludwig Boltzmann. Lise Meitner commence ensuite ses travaux de recherche pour préparer sa thèse sous la direction de Franz Exner, un assistant de Boltzmann. Le 1er février 1906, elle obtient le titre de docteur avec la mention *summa cum laude*. Sa vie est désormais orientée.

Après avoir fait un travail théorique sur l'optique, elle décide de se tourner vers la radioactivité. Elle a suivi le séminaire d'Egon von Schweidler, et Stefan Meyer, un des assistants de Boltzmann, lui propose de mesurer l'absorption des particules α et β à la traversée de feuilles minces de divers métaux. C'est son premier travail sur la radioactivité, qu'elle publie en juin 1906[48]. À cette époque, elle est cependant si peu sûre d'être capable de faire de la recherche scientifique qu'elle passe un examen pour pouvoir enseigner dans une école de filles, et qu'elle demande un poste, qu'elle occupe le jour pour pouvoir faire des recherches la nuit[49]. Il faut dire que les possibilités pour une femme d'obtenir un poste universitaire étaient pour ainsi dire nulles à Vienne à cette époque. Mais finalement les deux premiers sujets sur lesquels elle a travaillé l'encouragent à demander à son père de financer un séjour à Berlin de quelques mois (elle pense à six mois) pour suivre les cours de physique théorique du grand Max Planck.

La jeune femme qui arrive à Berlin en septembre 1907 est, à 29 ans, malgré ses titres et son expérience naissante, très timide, modeste, et peu sûre d'elle. Mais son maître Boltzmann lui a transmis une véritable passion pour la physique. Sa deuxième grande passion, c'est la musique. Elle ne pratique pas, bien qu'elle ait joué du piano, mais elle va beaucoup au concert, qu'elle suit souvent partition en main. C'est une femme chaleureuse quoique réservée, qui a le don de se faire des amis fidèles. Elle s'inscrit aux cours de Planck, qui la reçoit avec gentillesse (malgré ses opinions contre le travail intellectuel des femmes). Ses cours lui laissent beaucoup de temps libre, qu'elle aimerait mettre à profit :

> Je voulais faire du travail expérimental et j'approchai le professeur Rubens, directeur du département de physique expérimentale à Berlin. Il me dit que le seul endroit qu'il avait était dans son propre laboratoire, où je pourrais travailler sous sa direction, c'est-à-dire dans une certaine mesure, avec lui[49].

La proposition de Rubens n'enchante pas Lise Meitner : elle est timide, très impressionnée par le Professeur Rubens, et craint de ne pas avoir le courage de s'adresser à lui pour toutes les questions qu'elle ne manquera pas de se poser. Survient alors un événement inattendu :

> Tandis que je me demandais comment répondre sans être offensante, Rubens ajouta que le Dr. Hahn avait indiqué qu'une collaboration avec moi l'aurait intéressé, et Hahn lui-même arriva quelques minutes plus tard. Hahn avait le même âge que moi, et ses manières étaient très informelles ; j'eus donc l'impression que je n'aurais aucune hésitation à l'interroger sur tout ce que j'avais besoin d'apprendre. Il avait de plus une très bonne réputation en radioactivité, si bien que je fus convaincue qu'il pouvait m'apprendre beaucoup.

Pour une femme, en 1907, à Berlin, une carrière universitaire n'allait cependant pas de soi. Otto Hahn travaillait dans l'institut dirigé par Emil Fischer, un amateur de vin et de musique, très grand chimiste, prix Nobel en 1902, mais qui n'autorisait pas les femmes à assister aux cours ni même à pénétrer dans les laboratoires. Hahn lui demanda s'il serait tout de même possible que Lise Meitner travaille avec lui. Elle raconte la suite :

> J'allai voir Fischer pour connaître sa décision, il me dit que sa réticence à accepter des étudiantes venait des soucis constants que lui avait causés une étudiante russe dont il avait craint que la chevelure de coupe plutôt exotique ne prît feu sur un bec Bunsen. Finalement il fut d'accord pour que je travaille avec Hahn, à condition que je promette de ne pas pénétrer dans le laboratoire de chimie où les étudiants masculins travaillaient et où Hahn menait ses expériences de chimie. Notre travail devait être limité à la petite pièce conçue à l'origine comme un atelier de menuiserie, et que Hahn avait équipée pour les mesures de rayonnement. Pendant les premières années je fus dont limitée à ce travail et il ne me fut pas possible d'apprendre de la radiochimie. Mais lorsque l'éducation des femmes fut officiellement légalisée en 1909, Fischer me permit immédiatement de pénétrer dans le département de chimie.

Prétexte bizarre, tout de même, que cette histoire d'étudiante russe !

Hahn et Meitner et la radioactivité β

Otto Hahn et Lise Meitner commencent à travailler ensemble en octobre 1907 sur l'absorption des particules β, en utilisant plusieurs substances émettrices de particules β. Entre la source radioactive et l'électromètre avec lequel ils mesurent le courant, ils interposent des feuilles très minces de métal, habituellement de l'aluminium. Dans presque tous les cas, ils trouvent, comme prévu, que le courant diminue exponentiellement quand on augmente le nombre de feuilles traversées. Du coup une loi d'absorption différente est pour eux le signe qu'il y a peut-être un mélange de deux sources différentes. Ils publient leur premier article dans *Physikalische Zeitschrift*[50]. Ils étudient ensuite la radioactivité de l'actinium et, comme l'absorption des rayons β n'est pas exponentielle, ils soupçonnent, et découvrent bientôt, qu'il existe dans le dépôt d'actinium une substance nouvelle, qu'ils nomment actinium C.

La collaboration entre Lise Meitner et Otto Hahn s'avère dès le début extrêmement fructueuse. Les connaissances de physique théorique et de mathématiques de Lise Meitner complètent la grande compétence et la rigueur d'Otto Hahn en chimie. En 1908 ils publient deux articles, six en 1909. Ils ont une hypothèse de travail, qui porte la marque de Lise Meitner, pour qui les lois de la nature doivent être simples : tous les électrons β émis par une source radioactive ont la même vitesse, donc la même énergie :

> Nos résultats nous laissent supposer que les corps qui n'émettent que des rayons β n'émettent des β que d'une seule sorte, comme cela se passe pour les rayons α[50].

Ce postulat, s'il est avéré, fournit un moyen simple de détecter des substances radioactives inconnues mélangées à des sources connues. En effet, si l'on observe des électrons de différentes vitesses, cela est une indication de la présence de plusieurs émetteurs différents. Cette idée est appliquée à l'étude de l'actinium, et semble donner des résultats encourageants :

> L'hypothèse que nous avons faite précédemment, à savoir que des produits purs émettent des rayons β uniques et que leur absorption dans l'aluminium obéit à une loi exponentielle, s'est pleinement confirmée aussi comme hypothèse de travail s'agissant de l'actinium et a mené à la découverte de nouveaux groupes de rayons β[51].

Ils s'attaquent au radium, mais la situation est plus complexe, avec une loi d'absorption qui ne semble pas être exponentielle. Ils ne mettent toutefois pas en doute leur principe, qu'ils réaffirment au contraire, et qui les mène à la conclusion que le radium a une nature complexe

> En vertu de notre hypothèse, selon laquelle un rayonnement complexe correspond à une substance complexe, nous devons conclure de l'existence de ce rayonnement que la nature du radium est complexe.

Affaire à suivre.

Le premier « spectromètre β »

Jusque-là Otto Hahn et Lise Meitner avaient abordé le problème par des mesures d'absorption. Or il existait un moyen connu, et beaucoup plus direct, pour s'assurer de façon claire du fait que tous les électrons β émis par une substance donnée avaient la même vitesse : c'est la déviation des électrons par un champ magnétique, déjà utilisée par plusieurs physiciens au début du siècle. En effet, si une particule chargée, un électron par exemple, traverse l'entrefer d'un aimant, zone où se manifeste donc un champ magnétique, et si ce champ magnétique (dont la direction va du pôle sud de l'aimant au pôle nord) est dirigé perpendiculairement à la direction dans laquelle se déplace l'électron*, celui-ci ne se déplace plus en ligne droite, il décrit un cercle dont le rayon est d'autant plus grand que la vitesse de l'électron est plus grande (à condition toutefois que sur toute l'étendue du cercle le champ magnétique ne varie ni en direction, ni en intensité, ce qu'on

---

*L'électron se déplaçant horizontalement, par exemple, dans l'entrefer de l'aimant, avec le pôle sud au-dessous et le pôle nord au-dessus, donc avec le champ magnétique vertical.

caractérise en disant qu'il est uniforme). On a là une façon de mesurer la vitesse, à condition de connaître la masse de l'électron, ce qui est le cas. Or Otto Hahn a participé avec Rutherford à une expérience de déviation magnétique des particules α issues de sources de thorium, qui leur avait permis de démontrer que les particules α émises par une source donnée avaient toutes la même vitesse[52]. Otto Hahn et Lise Meitner s'inspirent de cette expérience pour construire un premier *spectromètre*, un appareil permettant de mesurer le rayon du cercle décrit par les électrons, de même que les spectromètres optiques permettent de mesurer la longueur d'onde des ondes lumineuses :

> Nous pensions, Lise Meitner et moi, que les résultats de ces recherches sur les rayons α pouvaient s'appliquer au rayonnement β. Quelques études supplémentaires sur les rayons β ne donnèrent pas de résultats concluants, mais l'année 1910 apporta un vrai progrès.
>
> L'atelier de menuiserie étant peu adapté au genre de travail que nous voulions mener, nous joignîmes nos forces à celles d'Otto von Baeyer, de l'Institut de Physique de l'Université. Nous revînmes sur les recherches de Rutherford sur la déviation des rayons alpha et construisîmes un appareillage semblable à celui qu'avait utilisé Rutherford[53].

Le premier article, qui, curieusement, ne porte pas la signature de Lise Meitner[54], montre sans ambiguïté deux raies très nettes, ce qui correspondrait donc à deux groupes d'électrons β de vitesses différentes. Il est bientôt suivi d'un nouvel article, signé cette fois par Otto von Baeyer, Otto Hahn et Lise Meitner[55]. Les résultats semblent confirmer l'hypothèse de l'homogénéité des vitesses, la présence de plusieurs raies montrant dans leur esprit qu'il devait y avoir plusieurs émetteurs.

Dans le « Rapport annuel sur la radioactivité »* que Soddy fait pour la *Chemical Society* en 1910, Soddy salue le résultat de Lise Meitner et Otto Hahn :

> Il faut mettre au premier plan des travaux sur les rayons β une avancée notable portant sur la théorie dont nous avons parlé précédemment, et selon laquelle une désintégration donnée produit uniquement un type de rayonnement β, homogène au regard de la vitesse d'expulsion initiale, et absorbée par la matière de façon exponentielle [...]. Les rayons β, issus d'un dépôt actif de thorium ont donné une photographie comportant une seule ligne étroite correspondant aux rayons β durs du thorium-D, et une autre correspondant aux rayons β mous† du thorium-A [...][56]

En 1910, après dix ans d'étude de la radioactivité β, la cause semble donc entendue : tout comme les particules α, les particules-β issues d'une source radioactive ont toutes la même vitesse, donc la même énergie, et cette vitesse est, de plus, caractéristique de la substance radioactive. Une légère ombre au tableau, cependant : des expériences d'absorption faites par William Wilson au laboratoire de Manchester, dirigé par Rutherford,

---

*Voir *supra* p. 182.

†Les rayonnements β ou γ « mous » ou « durs » sont une façon de désigner des rayonnements d'énergie plus petite ou plus grande.

contredisent les hypothèses de Lise Meitner et Otto Hahn[57]. Elles suscitent une petite controverse, mais ne sont pas considérées comme concluantes.

Le *Kaiser Wilhelm Institut*

C'est à cette époque, un peu avant 1910, que l'empereur Guillaume, *Kaiser Wilhelm*, fut convaincu qu'il fallait créer un ensemble d'institutions consacrées à la recherche scientifique fondamentale, en dehors de l'université, mais en collaboration étroite avec elle, et avec l'industrie. Il reconnaissait ainsi l'importance de la recherche scientifique pour la grandeur et l'influence de l'Allemagne. Ainsi fut créée la *Kaiser Wilhelm Gesellschaft*, qui devait comprendre des « Instituts » en physique, chimie, biologie, médecine, etc. Les revenus de la Société provenaient de l'État, mais aussi de l'industrie ou de mécènes. Le premier institut à voir le jour fut précisément le *Kaiser Wilhelm Institut für Chemie*, qui fut inauguré en grande pompe par l'empereur en personne le 23 octobre 1912. Le premier directeur, Ernest Beckmann, offrit à Otto Hahn la direction d'un petit laboratoire de radioactivité, où Lise Meitner obtint un poste de « physicien visiteur », c'est-à-dire l'autorisation de travailler sans être payée (une véritable faveur !). Jusque-là elle avait vécu, et vivait encore avec le modeste soutien financier que sa famille continuait à lui prodiguer (son père était mort en 1910). Ce n'est qu'en 1912 que Max Planck lui proposera un poste d'assistante, son premier poste rémunéré, à trente-quatre ans.

Des nuages s'amoncellent

Restaient cependant quelques problèmes que l'hypothèse de Otto Hahn et Lise Meitner ne permettait pas d'expliquer : selon eux, une substance radioactive devait avoir une seule sorte de radioactivité, α ou β, et n'émettre des particules que d'une seule énergie. Or dans les « spectres β » photographiés, *il y avait toujours plus de raies que prévu*. Au fur et à mesure que les expériences progressaient, le spectromètre primitif du début évoluait, s'améliorait, et on aurait dû, en toute logique, observer des raies de plus en plus fines. Or il n'en était rien. On voyait des raies diffuses, et surtout on en voyait beaucoup.

À Paris, Jean Danysz, un physicien d'origine polonaise, qui travaille au laboratoire de Marie Curie, observe également la déviation des électrons β, et trouve beaucoup plus de raies qu'Otto Hahn et Lise Meitner, avec un échantillon contenant du radium B et du radium D. Il a construit un spectromètre β plus précis que celui de Berlin, en faisant parcourir aux électrons un demi-cercle, ce qui rend plus sensibles de petites variations du rayon des cercles. Après deux communications à l'Académie des Sciences[60,61], il publie un article plus important dans *Le Radium*, qu'il conclut par ces lignes :

> D'un tube mince, rempli d'émanation de radium il s'échappe certainement plus de 23 faisceaux de rayons β. Si on leur ajoute les faisceaux supplémentaires observés par Hahn, Baeyer et Meitner (2 pour Ra au minimum d'activité ; 2 pour RaB et RaC, 2 pour RaD) le nombre des faisceaux de la

famille du radium est porté à 29 au moins.

Cette conclusion rend extrêmement peu probable l'hypothèse selon laquelle à chaque faisceau correspondrait un élément particulier[62].

En effet, si chaque raie devait correspondre à un élément et un seul, cela ferait vraiment beaucoup de nouveaux éléments ! Mais comment comprendre une telle avalanche de raies, donc de groupes d'électrons de vitesses différentes ?

Arrivé depuis 1907 à Manchester, Rutherford s'est jusque-là surtout préoccupé des particules α, dont il a réussi à élucider la nature. En 1912 il se penche sur le problème de la radioactivité β. Il a remarqué qu'un rayonnement γ accompagne souvent la radioactivité β. Il reprend à son compte l'essentiel des hypothèses de Hahn et Meitner, en suggérant que peut-être certains électrons β, en sortant de l'atome, perdent une partie de leur énergie par collision, donnant lieu à un rayonnement γ, ce qui expliquerait la multiplicité des raies[63,64].

Mais toutes ces idées vont être remises en cause par un jeune anglais, un étudiant de Rutherford en séjour à Berlin, un certain James Chadwick.

James Chadwick : un spectre continu !

Le 20 octobre 1891 naissait à Bollington, une petite ville industrielle d'Angleterre proche de Manchester, un garçon que son père John Joseph Chadwick, ouvrier dans une usine de textiles, et sa mère Anne Mary, domestique, prénommèrent James[65]. Malgré des conditions de vie difficiles, le jeune James se distingua bientôt dans ses études primaires, put entreprendre des études secondaires, puis universitaires grâce à des bourses, et aussi parce que l'accès à l'université s'était quelque peu démocratisé. Il entra à l'Université de Manchester en 1908, et commença immédiatement à faire des travaux de recherche.

Peut-être marqué par son origine modeste, le jeune Chadwick était un homme très réservé et timide. Quand il se présenta à l'Université, il fallait passer un examen oral. Il avait décidé de se présenter en mathématiques, mais se dirigea par erreur vers les examinateurs de physique, qui se trouvaient dans la même pièce. C'est en découvrant les questions posées qu'il s'aperçut de sa méprise, mais il n'osa pas en parler, fut admis, et devint le physicien que l'on va découvrir.

Il reçoit son diplôme de *Master of Science* en 1912. Grâce à la recommandation de Rutherford, qui avait décelé en lui un expérimentateur exceptionnel, il obtient en 1913 la prestigieuse bourse *1851 Exhibition Scholarship*, qui avait permis à Rutherford de venir en Angleterre en 1897. Cette bourse lui permet d'aller passer un an dans un laboratoire étranger, et il choisit le laboratoire de Hans Geiger, au *Physikalisch-Technische Reichanstalt*, à Charlottenburg, dans la banlieue de Berlin. On se souvient que Hans Geiger* avait réalisé avec Rutherford le premier « compteur » de particules en 1908, ainsi nommé parce qu'il permettait pour la première fois de

---
*Voir p. 83.

compter les particules une à une, opération qui paraissait irréalisable auparavant*. Geiger était resté jusqu'en 1912 à Manchester, et y avait fait les expériences cruciales qui ont amené Rutherford à proposer son modèle d'« atome à noyau ».

En 1912 Geiger prend la direction du laboratoire de radioactivité du *Physikalisch-Technische Reichanstalt*. Là, il cherche à améliorer son compteur, qui est constitué d'un tube métallique dont l'axe est occupé par un fil fin, porté à une tension positive. Les électrons produits par les collisions d'une particule avec le gaz se précipitent sur le fil, à une vitesse de plus en plus grande, au point de libérer eux-mêmes d'autres électrons par collision avec les atomes du gaz, et, par un effet « boule de neige », de provoquer une avalanche de milliers d'électrons qui tombent sur le fil, et qu'on peut déceler par un électromètre, car le courant produit, ainsi amplifié des milliers de fois, est alors mesurable. Le nouveau compteur de Geiger a un volume beaucoup plus petit, et le fil central est remplacé par une pointe très effilée : c'est le « compteur à pointe », dont nous reparlerons plus loin, et qui ne détecte plus les seules particules α, mais aussi les particules β, c'est-à-dire les électrons.† . Avec l'aide de Geiger, Chadwick entreprend de mesurer de nouveau le « spectre » des rayons β. Il utilise le même spectromètre que Hahn, Meitner et von Baeyer, mais au lieu de recueillir les traces des particules β sur une plaque photographique, il décide d'utiliser le compteur à pointe de Geiger. Dans le spectromètre de Hahn, les particules de différentes vitesses arrivent, après avoir décrit un demi-cercle, et se répartissent selon leur vitesse le long d'une plaque photographique (le rayon du cercle est proportionnel à la vitesse). Le noircissement de la plaque photographique produit par les particules permet alors de mesurer cette vitesse, particulièrement quand des groupes de particules de vitesse bien définie se concentrent dans certaines régions, formant des *raies*. En déplaçant un compteur Geiger dans le spectromètre, le long du plan où se situait la plaque photographique, Chadwick pourrait déterminer combien de particules arrivent ici ou là, donc *combien* de particules ont telle ou telle vitesse. En fait, pour des raisons pratiques, Chadwick décide de laisser fixe le compteur à pointe et de faire varier le champ magnétique de l'électro-aimant, ce qui revient au même.

Le résultat est très surprenant : il ne voit pas de « raies », de groupes d'électrons β de même vitesse ! Il observe au contraire un *spectre continu*, c'est-à-dire qu'*il trouve des électrons β de toutes les vitesses entre zéro et une vitesse maximum*. Tout au plus pour certaines vitesses (celles correspondant aux raies observées sur les plaques photographiques) y a-t-il un peu plus d'électrons que pour des vitesses voisines, mais leur nombre représente à peine quelques pour cent du total ! Dépité, il écrit le 14 janvier 1914 à Rutherford :

> Je n'ai pas fait grand progrès dans l'obtention de résultats probants. Nous voulions compter les particules β dans les différents spectres de raies du radium $B + C$ [...]. J'obtiens des photographies très rapidement et très facilement, mais avec le compteur je suis incapable de trouver même le

---

*Voir p. 83.
†Voir p. 33

fantôme d'une raie. Il y a probablement une erreur stupide quelque part[66].

Mais il n'y avait pas d'erreur stupide. Après s'être convaincu que son spectre continu était bien réel, il publie une communication à la société allemande de physique dans laquelle il présente le but de l'expérience :

> La présente étude avait pour but de déterminer quantitativement les intensités en comptant directement les rayons β des groupes, individuellement. [...] Le comptage individuel des particules β a été réalisé avec la méthode proposée par Geiger[67].

Pourquoi une telle différence entre les résultats utilisant une plaque photographique et ceux du compteur de Geiger ?

> À première vue ces résultats semblent contredire en partie les mesures photographiques. On peut cependant expliquer cette différence par le fait que la plaque photographique est extrêmement sensible à de faibles variations de l'intensité du rayonnement.

Le mot « quantitativement » employé par Chadwick est essentiel. La plaque photographique permettait de déceler des zones plus ou moins noires, mais pas de savoir *combien* de particules avaient frappé la plaque ici ou là. En fait la plaque photographique exagère le contraste : une petite zone où se concentrent un peu plus de particules apparaît nettement plus noire que la zone avoisinante, où le noircissement plus étalé produit un fond gris, semblable à un voile photographique. On peut même supposer que dans ce cas les physiciens ajustent, en toute bonne conscience, le développement chimique de la plaque afin d'augmenter le contraste, et de bien voir les raies, de préférence à ce qui apparaissait comme un voile photographique sans intérêt.

Un spectre continu, vraiment ?

Fallait-il donc admettre que les particules β émises lors de la désintégration du noyau de l'atome n'avaient pas de vitesse, donc d'énergie, bien définie, qu'elles pouvaient avoir n'importe quelle vitesse, avec simplement une limite maximum ?

Si tel était vraiment le cas, la situation se révélait très gênante : la conservation de l'énergie n'était pas satisfaite dans la radioactivité β, ni plus ni moins. Si l'on admettait que le noyau initial, avant de se désintégrer, était dans un état (quantique) bien défini, avec une énergie totale bien définie, et qu'il en était de même pour le noyau qui subsistait après la désintégration, alors l'énergie emportée par l'électron β devait, pour satisfaire à la loi de conservation de l'énergie, être exactement égale à la différence entre les énergies totales des deux noyaux en question. À la sortie du champ magnétique du spectromètre, les électrons auraient dû se concentrer en une région étroite, et non se répartir sur une large zone : *un spectre continu était impossible !* Et pourtant, il était là.

Lise Meitner ne pouvait croire à un spectre continu. Il devait y avoir une explication, pensait-elle, dans le cadre de « sa » théorie. Par exemple, les

« rayons β » observés pouvaient très bien avoir tous la même énergie au moment de leur émission par le noyau, mais ils en perdraient une partie en traversant le nuage d'électrons entourant l'atome, ce qu'on appelait joliment le « cortège électronique ».

À Berlin, la guerre

L'article de Chadwick fut soumis le 2 avril 1914. Le 28 juin, l'archiduc Franz Ferdinand, héritier de l'empire austro-hongrois, est assassiné par un terroriste serbe à Sarajevo. Entre le 28 juillet et le 4 août toutes les grandes puissances européennes entrent en guerre. Dans tous les pays, c'est la mobilisation, les physiciens partent pour le front. En Allemagne, la guerre commence dans une atmosphère presque joyeuse, chacun étant persuadé qu'elle sera courte, quelques mois au plus, et, bien sûr, victorieuse. À l'exception notable d'Einstein, la plupart des physiciens, comme la plupart des Allemands, approuvent la guerre, sûrs que l'Allemagne est dans son bon droit.

Otto Hahn part pour le front français fin septembre, puis sera affecté en janvier 1915 au laboratoire de Fritz Haber du *Kaiser Wilhelm Institut* qui travaille sur les gaz de combat. Lise Meitner reste quelque temps à Berlin, assurant son service d'assistante de Planck à l'Université, tout en donnant parallèlement des cours de rayons X aux médecins militaires. Puis elle se porte volontaire comme radiologue dans l'armée autrichienne, où elle reste de mi-1915 à l'automne 1917, voyageant entre les hôpitaux et le front, tout comme le faisait Marie Curie en France.

En 1917 Lise Meitner se voit confier la mise sur pied du département de radioactivité au *Kaiser Wilhelm Institut* de physique.

Chadwick, quant à lui, se trouve pris au piège en Allemagne par le déclenchement de la guerre. En réponse à une mesure semblable prise en Angleterre, il est interné dans un camp près de Berlin, à Ruhleben. Là il va vivre pendant la durée de la guerre dans des conditions matérielles difficiles. Il réussit malgré tout à donner de ses nouvelles et, avec l'agrément de la direction du camp, à construire un petit laboratoire de fortune, aidé par des physiciens allemands qu'il connaissait bien, comme Nernst ou Geiger. Dans le camp se trouve un jeune officier anglais de 19 ans, Charles Ellis, qui a été surpris par la guerre alors qu'il était en vacances. Ellis l'aide à monter l'appareillage expérimental assez rudimentaire ; il y fait preuve d'une grande habileté et se passionne bientôt pour la physique.

La guerre n'est finalement ni courte, ni gaie, ni victorieuse. Quand elle se termine par l'armistice de novembre 1918, l'Allemagne est exsangue, et les conditions extrêmement dures du traité de paix signé en 1919 à Versailles vont ruiner un peu plus encore la jeune République de Weimar, née des cendres de l'Empire allemand.

Lise Meitner reprend l'étude de la radioactivité β

Ce n'est qu'en 1922 que Lise Meitner est prête à reprendre l'étude de la radioactivité β. Le physicien français d'origine polonaise Jean Kasimierz Danysz, l'un des acteurs en ce domaine avant la guerre, a été tué sur le front en 1914, à trente ans. Chadwick est revenu en Angleterre, mais cesse de travailler sur la radioactivité β. Par contre, Charles Ellis a pris goût, auprès de lui, à la physique, et il s'y consacre désormais, abandonnant la carrière militaire. Il va être, nous le verrons bientôt, un des héros du feuilleton à rebondissements de la radioactivité β.

La recherche de la simplicité est sans doute l'attitude première du physicien en territoire inconnu, pour essayer de comprendre, c'est-à-dire de mettre de l'ordre dans le chaos. Lise Meitner adhère complètement à cette idée. Mais la simplicité peut aussi se transformer en piège, comme l'a noté Abraham Pais[68]. Sans remettre en cause les expériences de Chadwick, Lise Meitner est sceptique quant à l'interprétation. Contrairement à Chadwick, elle pense que le spectre continu est un phénomène *secondaire* : lors de leur émission par le noyau, les électrons β auraient une vitesse bien définie, mais celle-ci serait réduite par des collisions des électrons avec le noyau ou les électrons du « cortège », qui constituent, avec le noyau, l'atome. Comment envisager en effet que des électrons de n'importe quelle énergie puissent être émis lors d'une transformation radioactive ? Et ce d'autant plus que depuis 1913 la théorie des quanta appliquée par Bohr à l'atome remporte des succès impressionnants. Cette théorie, pense Lise Meitner, doit s'appliquer également au noyau, et donc les électrons β, qui emportent cette énergie libérée par la radioactivité, ne peuvent avoir que certaines énergies bien déterminées, et non pas un continuum de valeurs quelconques.

Elle reprend donc les mesures avec le spectromètre magnétique, en tenant compte des améliorations apportées par Jean Danysz. Comme Rutherford quelques années auparavant, elle découvre que les électrons détectés comme « spectres β » sont en bonne partie des électrons arrachés à l'atome (et non au noyau) par les rayons γ, puisqu'elle observe des raies dont les différences d'énergie correspondent justement aux différences d'énergie des orbites des électrons autour du noyau. Les « rayons γ » sont en effet un rayonnement électromagnétique, des quanta de lumière, selon Einstein, émis par le noyau lorsqu'il évacue l'énergie interne superflue en passant d'un état à un autre (les « rayons γ » sont de même nature, mais avec une plus grande énergie, que les « rayons X », et que la lumière visible). Lise Meitner entre alors dans une controverse scientifique avec Charles Ellis, qui travaille maintenant au *Cavendish*, sous l'autorité de Rutherford. À chacun son tempérament : Ellis s'appuie sans état d'âme sur les données, les siennes et celles de ses collègues du *Cavendish*, tandis que Lise Meitner est toujours guidée par une idée théorique, qui peut l'amener à suspecter, voire écarter des données parce qu'elles sont incompréhensibles, comme l'est précisément le spectre continu des rayons β. Elle affirme :

> En tout cas, je pense que les expériences de Chadwick ne permettent pas de conclure à l'existence d'un spectre beta primaire continu[69].

Mais c'est une position de plus en plus difficile à défendre.

L'année 1923 était celle de la découverte de l'effet Compton, que nous avons décrit précédemment*. Le physicien américain Arthur Compton avait observé que les rayon X diffusés par des électrons changeaient de fréquence, donc perdaient de l'énergie, tout comme des particules qui, au cours d'un choc avec un électron, lui auraient cédé une partie de leur énergie.

Lise Meitner est enchantée : elle pense tenir la clef du mystère du spectre continu. Il s'agirait des électrons du « cortège » de l'atome qui, frappés par un rayon γ issu du noyau, seraient déviés à des angles variés, acquérant ainsi des vitesses diverses, d'où le spectre continu[70]. Dans un deuxième article paru en 1924, elle écrit :

> [L'effet Compton] se manifeste de façon évidente, comme je l'ai montré par ailleurs, dans le spectre β continu des substances radioactives[71].

L'EXPÉRIENCE DÉCISIVE DE CHARLES ELLIS

Ellis décide alors de prendre le taureau par les cornes. Quelle expérience directe pourrait permettre de mettre fin à la controverse ? Il imagine une expérience très différente de celles qui ont été menées jusque-là. S'il arrête tous les rayonnements, aussi bien primaires que secondaires, dans une enceinte, celle-ci va s'échauffer : l'élévation de température doit correspondre à l'énergie *totale* libérée lors de la désintégration radioactive, c'est-à-dire à l'*énergie primaire* mise en jeu lors du phénomène de désintégration β. Si une partie de l'énergie primaire a été transférée à d'autres particules, celles-ci participeront à l'échauffement, et cette énergie sera détectée. Si Lise Meitner a raison, l'électron de désintégration β a une seule énergie, et en perd une partie dans des collisions diverses, contre d'autres électrons par exemple, mais cette énergie n'est pas perdue, elle est simplement transférée. L'énergie recueillie doit donc correspondre à l'énergie initiale, qui est la plus grande énergie observée dans le spectre continu. Dans le cas contraire, si les électrons primaires ont toutes sortes d'énergies, entre zéro et l'énergie la plus haute observée, l'énergie recueillie correspondra à la moyenne de toutes ces énergies, une valeur située en gros à mi-chemin entre zéro et la valeur maximum.

Avec un autre physicien du *Cavendish*, William Wooster, Ellis entreprend en 1925 de monter une expérience très délicate de *calorimétrie*, qui consiste à mesurer l'élévation de température d'une enceinte dans laquelle il a déposé une source de radium E†. L'intérêt du radium E est que le spectre β n'a pas de raies. C'est un spectre continu qu'on pourrait appeler « pur », qui s'étend de l'énergie nulle à une énergie de 1 MeV$^\diamond$, avec une moyenne de 0,39 MeV. Ou bien le résultat est de 1 MeV, et Lise Meitner a raison, le spectre continu

---

*Voir p. 141.

†C'est-à-dire de l'isotope 210 du bismuth,^{210}Bi, qui se désintègre par émission β, se transformant ainsi en polonium (isotope 210), qui à son tour se désintègre par émission α pour donner du plomb (isotope 206, stable).

est un phénomène secondaire, ou bien le résultat est proche de 0,39 MeV, et le spectre primaire est vraiment continu. L'expérience est extrêmement difficile, car l'élévation de température est de l'ordre de 1/1000 de degré, et il faut la mesurer avec une précision qui permette de trancher entre les deux hypothèses théoriques envisagées. On comprend qu'il leur faille deux ans pour annoncer enfin le résultat : 0,34 MeV, avec une incertitude de 10% au maximum. La cause était entendue :

> Nous pouvons généraliser de façon sûre ce résultat à tous les corps émetteurs β ; il apparaît que la longue controverse sur l'origine du spectre continu des rayons β est réglée[72].

Ce résultat fut un choc pour Lise Meitner, qui entreprit immédiatement de répéter l'expérience, pour confirmer deux ans plus tard le résultat d'Ellis[73]. Belle joueuse, elle écrit à Ellis en juillet 1929 :

> Nous avons vérifié complètement vos résultats. Il ne semble y avoir absolument aucun doute : vous aviez tout à fait raison de supposer que les rayonnements β primaires sont inhomogènes. Mais je ne comprends pas du tout ce résultat[74].

Une controverse de 15 ans est terminée, mais c'est un résultat incompréhensible !

Scandale : l'énergie ne serait pas conservée !

Niels Bohr, quant à lui, se prend à douter que la fameuse loi de conservation de l'énergie soit valable pour chaque événement microscopique : une collision entre deux particules, une désintégration d'un noyau radioactif. Après tout, c'est ce que semblent dire les spectres β continus. Pour chaque événement atomique, l'énergie ne serait pas conservée, l'énergie des électrons β serait comprise entre zéro et un maximum, correspondant à la valeur qu'on devrait observer si l'énergie était conservée. À vrai dire, cette idée avait déjà été envisagée par des physiciens aussi éminents que Nernst et Einstein, mais ces derniers l'avaient rejetée.

Avec deux jeunes collaborateurs, Hendrik Kramers et John Slater, un Hollandais et un Américain venus se perfectionner en physique moderne à Copenhague, Bohr publie un article[75] dans lequel il lance les prémisses d'une théorie du rayonnement dans laquelle l'énergie ne serait conservée que statistiquement, en moyenne, et non pas dans chaque collision. Dans la théorie les équations de Maxwell étaient intégralement maintenues. L'idée fut reçue de façon diverse par les physiciens. Einstein et Pauli y étaient tout à fait opposés, tandis que Sommerfeld ou Schrödinger y étaient plutôt favorables. Comme le remarque Abraham Pais[76], le fait que les deux physiciens les plus célèbres du monde, Bohr et Einstein, fussent en désaccord complet mettait tous les autres dans l'embarras ! La réponse allait venir, comme il se doit, de l'expérience.

Geiger et Bothe : une expérience de « coïncidences »

Lors de la découverte de l'effet Compton, il semblait bien que l'énergie était conservée lors de la collision, mais à vrai dire l'expérience de Compton ne pouvait le certifier. Compton détectait seulement le rayon X après la collision avec un électron, et ce rayon X avait bien l'énergie calculée comme si le photon X était une particule, avec son énergie et son impulsion. Mais il ne détectait pas l'électron. On ne pouvait donc savoir si celui-ci avait récupéré *toute l'énergie* perdue par le photon, ou seulement une partie variable. C'est maintenant que nous allons retrouver Hans Geiger et un nouveau venu, Walther Bothe.

Hans Geiger dirige depuis 1912 le laboratoire de radioactivité du *Physikalisch-Technische Reichanstalt*, à Berlin-Charlottenburg. Ce nouveau laboratoire doit répondre à de nombreux besoins de certification et de mesure de sources, en particulier pour la médecine. Geiger y rencontre un physicien de dix ans son cadet, Walther Bothe.

Walther Bothe était né le 8 janvier 1891 à Oranienburg, un faubourg de Berlin. Il avait fait ses études de physique à l'Université de Berlin, où il avait suivi les cours de Max Planck, et soutenu sa thèse de doctorat juste avant le début de la guerre. Il était alors entré au *Reichanstalt* pour travailler sous la direction de Geiger.

Lorsque la guerre survient, Bothe est mobilisé et part pour le front russe où il est fait prisonnier. Il passe alors son temps à étudier les mathématiques, la langue russe, et... il épouse une Russe, Barbara Below. Le couple rentre en Allemagne en 1920, et Bothe reprend sa collaboration avec Geiger. Alors qu'il avait commencé sa carrière comme théoricien, c'est comme expérimentateur qu'il va bientôt se faire connaître.

Bothe était un homme pas toujours commode dans les relations qu'il avait avec ses collègues, mais sa puissance de travail et son intégrité scientifique en avaient fait un physicien respecté. Il aimait recevoir ses amis, et savait se montrer, comme sa femme, très amical et chaleureux. Excellent pianiste, il avait une prédilection pour Bach et Beethoven[77].

Geiger et Bothe entreprennent une expérience pour tenter de répondre à la question simple : l'énergie est-elle conservée dans l'effet Compton ? Pour être sûrs que le photon a bien perdu de l'énergie par collision avec un électron, ils décident de détecter *simultanément* le photon X et l'électron.

Entre temps Geiger avait développé le « compteur à pointe », dont nous avons déjà parlé, et que nous décrirons plus en détail au chapitre 6. Le compteur à pointe détectait les électrons, donc aussi les rayons X, puisque ceux-ci peuvent libérer des électrons en traversant le gaz du compteur.

L'idée est d'utiliser deux compteurs à pointe *en coïncidence*. Un seul d'entre eux est illuminé par les rayons X. De temps en temps a lieu dans ce compteur un événement Compton, une collision entre un électron et un photon X. Après la collision, l'électron a acquis une certaine vitesse, il peut dont créer des ions à son tour, et ainsi il est détecté dans le premier compteur. Quant au photon, il a changé de fréquence et de direction, et s'échappe du premier compteur. S'il a la bonne direction, il pénètre dans le second compteur, où il est détecté (pas à tout coup cependant, il faut pour cela qu'il entre en collision avec un électron). Les impulsions des deux électromètres de chacun des compteurs sont enregistrées simultanément sur du papier photographique. Bothe et Geiger parviennent ainsi à montrer qu'il y a bien, à un millième de seconde près, coïncidence entre un photon et un électron, et qu'on peut donc raisonnablement penser qu'il s'agit de l'électron et du photon après leur « collision Compton »[78,79].

Or le résultat de cette expérience cruciale est clair : l'énergie est conservée lors de chaque collision, ce qui met en défaut la théorie de Bohr, Kramers et Slater. Cette expérience est par ailleurs une grande nouveauté : pour la première fois on a détecté simultanément, en coïncidence, comme on dit maintenant, deux particules émises simultanément. Nous y reviendrons.

L'idée de Wolfgang Pauli

Comment résoudre cette énigme du spectre continu, qui paraissait violer le principe de conservation de l'énergie dans la radioactivité β ? Les idées les plus étranges circulèrent quelque temps.

Les lois de l'électrodynamique, et avec elles celles de la Relativité, n'étaient peut-être plus valables aux très courtes distances, de l'ordre des dimensions du noyau. Après tout on avait l'expérience de la mécanique quantique, qui s'était imposée aux distances de l'ordre de la taille de l'atome. Pourquoi pas une nouvelle révolution à des dimensions dix mille ou cent mille fois plus petites ?

C'est dans ces conditions que se réunirent à Tübingen, les 6 et 7 décembre 1930, des physiciens spécialistes de radioactivité, dont Lise Meitner et Hans Geiger. Pauli, retenu à Zürich, leur fit parvenir le texte suivant, sous forme de « lettre ouverte » :

> Chers Radioactifs, Mesdames, Messieurs,
>
> Comme vous l'expliquera plus en détail le porteur de ces lignes, auxquelles je vous prie de daigner porter attention, j'en suis venu, devant le problème [...] du spectre β continu, à envisager une solution désespérée pour sauver la loi de la statistique ainsi que la conservation de l'énergie. À savoir, la possibilité qu'il existe dans le noyau des particules neutres électriquement, que j'appellerai neutrons, qui auraient un spin 1/2 et obéiraient au principe d'exclusion, et qui différeraient des quanta de lumière car ils ne se déplaceraient pas à la vitesse de la lumière. La masse des neutrons devrait être du même ordre de grandeur que la masse de l'électron et en tout cas pas plus grande que 0,01 fois la masse du proton. — On pourrait alors comprendre le spectre β continu en supposant que lors de la désintégration β un neutron est émis en même temps que l'électron, de telle façon que la somme des énergies de l'électron et du neutron soit constante [...]

Pauli poursuit en demandant aux expérimentateurs comment un tel « neutron » pourrait être détecté. Il prévoit que cela serait difficile, car il pourrait être beaucoup plus pénétrant qu'un rayon γ. Il a conscience que son idée est très hasardeuse :

> J'admets que ma solution peut apparaître de prime abord peu vraisemblable, car on aurait vu des neutrons depuis longtemps s'ils existent. Mais

> la victoire sourit aux audacieux, et, s'agissant du spectre β continu, la gravité de la situation est mise en lumière par mon honoré prédécesseur, M. Debye, qui m'a dit récemment à Bruxelles : « Oh, mieux vaut ne pas y penser du tout, comme aux nouveaux impôts ». Excellente raison de discuter sérieusement des moyens d'y échapper. — Donc, chers Radioactifs, examinez et jugez. —
>
> Malheureusement je ne peux pas me rendre personnellement à Tübingen car un bal, qui doit avoir lieu à Zürich dans la nuit du 6 au 7 décembre, rend ma présence ici indispensable.
>
> Je vous salue bien bas, vous-mêmes ainsi que M. Back,
> Votre très humble serviteur[80]

Personne jusque-là n'avait osé proposer l'idée d'une nouvelle particule « élémentaire » sans l'avoir observée. Pauli était prêt à renoncer à une description du monde bâtie sur deux particules, le proton et l'électron, un idéal d'unité et de simplicité. Pour lancer son hypothèse, lui-même utilise d'ailleurs le moyen détourné d'une lettre ouverte aux physiciens expérimentateurs plutôt qu'un article scientifique, qu'il n'a pas osé publier. Lors d'un séminaire tenu à Zurich à l'époque où il envoya cette lettre, Pauli aurait déclaré à ce propos :

> Aujourd'hui j'ai fait ce qu'un théoricien ne devrait jamais faire de sa vie. J'ai en effet tenté d'expliquer quelque chose qu'on ne peut pas comprendre par quelque chose qu'on ne peut pas observer[81].

Mais la situation vraiment grave de la physique, comme dit Pauli, poussait chaque physicien à des actes de désespoir, comme Bohr, prêt à abandonner la conservation de l'énergie, ou lui-même, prêt à envisager l'existence d'une nouvelle particule. Il n'y avait guère d'autre possibilité : ou bien l'énergie disponible était « perdue » en partie, ou bien elle était emportée par une particule. Mais cette nouvelle particule, que Pauli appelle le « neutron », n'a pas grand-chose à voir avec le neutron que Rutherford imaginait en 1920, qui serait une particule ayant en gros la même masse que le proton, et dont nous reparlerons au chapitre suivant. La particule qu'imagine Pauli est bien étrange : neutre, très légère (sinon on aurait remarqué une perte de masse dans les désintégrations β), très pénétrante (sinon on l'aurait déjà détectée), autant dire indécelable. Une particule invisible en somme, qui ne se manifeste que par le fait qu'elle emporte une partie variable de l'énergie disponible lors d'une désintégration β, si bien que l'énergie de l'électron est très variable, entre zéro (toute l'énergie est emportée par la nouvelle particule), et un maximum (toute l'énergie est emportée par l'électron). Une particule *ad hoc*, un *deus ex machina* ! Le physicien italien Enrico Fermi l'appellera, on le verra plus tard, le *neutrino*, le petit neutron. Le nom lui est resté.

Mais alors pourquoi toutes ces raies ?
La clé du mystère

Si le spectre des électrons β était continu, d'où venaient donc les raies observées par tout le monde, si nettes et si précises ?

Lise Meitner, ainsi que beaucoup d'autres physiciens, avait pendant longtemps été persuadée que le spectre primaire était constitué de raies, que les électrons au moment de leur émission avaient une énergie bien définie (ou peut-être un petit nombre d'énergies), et que le spectre continu ne pouvait être qu'une dégradation du spectre primaire. C'était en fait tout le contraire ! Le spectre continu était bien le vrai spectre des électrons primaires, dont les énergies se répartissaient de façon continue entre zéro et une énergie maximum, alors que les raies observées, qui correspondaient à des électrons d'énergies bien définies, *correspondaient à un phénomène secondaire.*

C'est encore Charles Ellis qui propose en 1921 une interprétation des raies observées. S'appuyant sur une expérience de Rutherford datant de 1914[83], il avance l'explication suivante :

> On peut interpréter simplement ce fait si l'on suppose que l'énergie de l'électron émis est égale à une énergie caractéristique du rayon γ moins l'énergie nécessaire pour extraire l'électron de l'atome. Les différences entre les énergies des électrons éjectés de l'or et du plomb s'expliquent alors par la différence entre les énergies nécessaires pour extraire les électrons de leurs atomes respectifs[84].

Les électrons primaires de la radioactivité β ont toutes les énergies possibles entre zéro et un maximum. Lorsque le noyau qui subsiste après l'émission de l'électron β se trouve dans son état fondamental, on observe un spectre continu sans raies. Si par contre le noyau se trouve dans un état « excité », il se « désexcite », et rejoint l'état fondamental en émettant ce surplus d'énergie sous la forme d'un rayonnement γ. L'explication d'Ellis est que l'un de ces quanta de lumière, qu'on appelle aujourd'hui *photons* γ, peut entrer en collision avec un des électrons de l'atome, et lui communiquer toute son énergie, l'électron étant projeté hors de l'atome avec une énergie précise : l'énergie du γ moins l'énergie nécessaire pour extraire l'électron de l'atome. C'est un effet photoélectrique interne à l'atome. Cette explication prévaut ajourd'hui, à une différence près : on ne considère plus que le phénomène comprend deux étapes successives, mais que c'est un processus global, où un électron emporte l'énergie qu'aurait eue le photon γ. Ce phénomène, appelé *conversion interne*, est utilisé pour mesurer l'énergie des γ.

On comprend donc qu'il ait fallu tant de temps pour débrouiller cette affaire si compliquée. Jusqu'en 1914, l'explication d'Ellis n'aurait pas été possible, car les connaissances sur le rayonnement γ étaient trop limitées. Il est intéressant de constater que dans cet exemple une physicienne aussi accomplie que Lise Meitner se soit trompée pendant si longtemps. Cela ne diminue pas notre admiration pour elle : nous savons qu'elle s'est trompée parce que nous connaissons la fin de l'histoire, mais les idées qu'elle défendait étaient rationnelles, et même les plus plausibles compte tenu des connaissances de l'époque. Nous avons rencontré un exemple analogue avec la différence d'opinion sur l'origine de la radioactivité entre Pierre Curie et Ernest Rutherford.

CHAPITRE 4

Premières réactions nucléaires

Où l'on revient sur les années de guerre, côté anglais et français cette fois. Où l'on assiste à la mise en veilleuse des recherches en physique. Où l'on voit, à la fin de la guerre, l'infatigable Rutherford provoquer, sur le modèle d'une réaction chimique, une réaction nucléaire, puis quelques autres.

Q UAND LA GUERRE ÉCLATE en 1914, les laboratoires qui se consacrent à l'étude de la radioactivité sont en plein travail. Le laboratoire de Manchester est devenu, grâce à Rutherford, l'un des premiers du monde. Le modèle d'atome de Rutherford est en train de s'imposer grâce à Bohr. À Paris, Marie Curie a enfin obtenu la création d'un vrai laboratoire, dont la construction est décidée en 1909 par l'Université de Paris et l'Institut Pasteur, à frais partagés. Les travaux commencent en 1911, à l'angle de la rue d'Ulm et de la rue Pierre Curie[*], et le laboratoire est prêt en 1914, à la veille du déclenchement de la guerre. Il comprend un laboratoire de physique et de chimie, dirigé par Marie Curie, et un laboratoire de physiologie, le pavillon Pasteur, dirigé par un médecin, Claudius Regaud, pionnier de la radiothérapie des tumeurs cancéreuses.

La plupart de ces travaux sont interrompus par la guerre. James Chadwick, qui travaille auprès de Hans Geiger, est interné près de Berlin[†]. Moseley est mobilisé dans la marine anglaise, et, comme nous l'avons signalé, il est tué aux Dardanelles. Francis Aston, assistant de J. J. Thomson au *Cavendish*, part travailler dans un laboratoire industriel aéronautique. En juillet 1915 la Grande Bretagne crée l'*Admiralty Board of Invention*

---

[*]Devenue rue Pierre et Marie Curie en 1967.
[†]Voir p. 207.

and Research (Bureau des Inventions et Recherches de la Marine), et invite Rutherford à participer à ses activités. La Marine cherche en effet de toute urgence un moyen de détecter les sous-marins, car le nombre de bateaux coulés par des sous-marins allemands est énorme, de l'ordre de un par jour. L'un des naufrages resté dans les mémoires est celui du *Lusitania*, paquebot britannique torpillé le 7 mai 1915, à son retour des États-Unis, et qui coule au large de l'Irlande avec 1198 personnes à bord, dont 124 Américains (ce qui joua un rôle dans l'entrée en guerre des États-Unis). Rutherford travaille avec son énergie habituelle sur la détection sous-marine par ultra-sons. Pendant l'été 1917, il accompagne une mission française aux États-Unis, qui viennent d'entrer en guerre. Tout comme Rutherford, Paul Langevin travaille sur la détection des sous-marins, et déposera quelques brevets capitaux sur le système de détection par ultra-sons SONAR. Toujours en France, Jean Perrin va travailler sur un système de localisation sonore des pièces d'artillerie allemandes. Jean Danysz est tué en 1914. Quant à Marie Curie, elle remet à plus tard l'ouverture de son Institut du Radium, dont elle met les locaux à la disposition du service de santé des armées, et se lance à corps perdu, avec sa fougue et son obstination bien connues, dans l'aventure des voitures radiologiques, ces voitures équipées d'un appareil à rayons X autonome, ce qui permettait de radiographier les blessés au plus près du front, et ce, malgré la mauvaise volonté sinon l'hostilité du service de santé des armées. Ces voitures seront une cinquantaine à la fin de la guerre. Marie Curie va être secondée dans cette action par sa fille aînée Irène, âgée de dix-sept ans au début de la guerre.

La première réaction nucléaire

À partir de 1917, Rutherford abandonne progressivement les recherches à but militaire, et revient à ses recherches personnelles, dans son laboratoire quasiment désert. Seul, il reprend les expériences abandonnées par Marsden en 1915.

On commence à cette époque à penser que des transmutations ont lieu dans les étoiles, et Rutherford voudrait tenter d'en provoquer au laboratoire. Au départ, les difficultés semblent immenses. En août 1915, Rutherford écrit dans la revue de vulgarisation *Popular Science Monthly* :

> Ce sera une tâche sans aucun doute très difficile de provoquer la transmutation de la matière dans les conditions terrestres ordinaires [...] Il est possible que le noyau d'un atome subisse une altération lors d'une collision directe avec des électrons très rapides, ou bien avec des atomes d'hélium tels que ceux qui sont éjectés par la matière radioactive [...] dans des conditions favorables, ces particules peuvent provoquer une brisure du noyau ou bien se combiner à lui[85].

Rutherford pense avoir une chance de réussir en envoyant des particules α d'une source radioactive bombarder des atomes de différentes substances. Il faudrait alors pouvoir observer des noyaux du gaz projetés en avant par le choc d'une particule α, ou un débris quelconque d'un noyau, désintégré après avoir subi un tel choc.

C'est Ernest Marsden qui avait commencé une série d'expériences sur le passage des particules α à travers l'hydrogène[86,87]. Pour cela, il avait placé une source radioactive dans une enceinte de forme parallélépipédique ($18 \times 6 \times 2$ cm) dans laquelle il pouvait introduire un gaz et faire varier sa pression à volonté. L'une des extrémités était percée d'un petit orifice (10×2 mm) fermé par une feuille de métal très mince, de façon à laisser passer les particules α. À 1 ou 2 mm de cet orifice, à l'extérieur de l'enceinte, une feuille de sulfure de zinc qui a la propriété de s'illuminer d'un bref éclair lorsqu'elle est frappée par une particule. Cet écran scintillant était observé au moyen d'un microscope de faible grossissement*. Avec une faible pression d'hydrogène, il observait les nombreuses scintillations brillantes provoquées par les particules α issues de la source. Puis, lorsqu'il augmentait progressivement la pression de l'hydrogène, les particules α étaient d'abord ralenties, puis complètement arrêtées avant d'atteindre l'écran. Marsden continuait cependant à observer quelques scintillations plus faibles, selon toute vraisemblance des noyaux d'atomes d'hydrogène projetés en avant par le choc des particules α. Les noyaux des atomes d'hydrogène, qu'on appelait les *rayons H*, sont en effet moins fortement freinés par le gaz, et peuvent donc parcourir une distance plus grande (leur *parcours*) avant de s'arrêter.

Mais en 1915 Marsden avait quitté l'Angleterre pour devenir professeur de Physique à *Victoria College*, à Wellington, en Nouvelle Zélande. Il y était mobilisé, et allait revenir en Europe sous l'uniforme. En 1917, Rutherford reprend donc les expériences de Marsden. Il travaille avec la seule aide de son technicien de laboratoire William Kay, tout à la fois mécanicien, photographe, électricien, préparateur d'expériences pour les cours, un homme très apprécié[88]. Les expériences sur l'hydrogène confirment les premiers résultats de Marsden. Des noyaux d'hydrogène sont projetés, principalement dans la direction des particules α, mais leur répartition angulaire est différente de la prédiction d'un calcul de Charles Darwin[89]. Ce dernier avait fait une hypothèse simplificatrice dans son calcul : particules α et noyaux d'hydrogène étaient ponctuels. Pour Rutherford cela signifie donc que lorsque la particule α s'approche du noyau de l'atome d'hydrogène plus près qu'une certaine distance, l'interaction entre les deux n'est plus l'interaction électrique habituelle. Cette distance d'approche à partir de laquelle se manifestent des anomalies, on peut la considérer, au moins grossièrement, comme le rayon du noyau. Rutherford étudie ensuite le cas de l'oxygène et de l'azote, c'est-à-dire l'air. Il s'agit de gaz, comme l'hydrogène, et il utilise le même dispositif expérimental.

Sur l'oxygène, ou le carbone, rien de particulier. À faible pression, il observe les scintillations des particules α, et au-delà d'une certaine pression, il n'observe plus rien : les particules α sont arrêtées dans le gaz et ne parviennent pas jusqu'à l'écran scintillant. Mais lorsqu'il remplace l'oxygène ou le gaz carbonique par de l'air, Rutherford a une surprise : il observe des scintillations, semblables à celles produites par les noyaux d'hydrogène. Et ces scintillations persistent, et même leur nombre augmente lorsque la pres-

---

*Sur la méthode des scintillations, voir p. 86.

sion du gaz augmente, ce qui indique qu'elles ne sont pas provoquées par des particules α. Ce phénomène ne peut être dû à l'oxygène, puisque rien de tel n'est observé avec du gaz carbonique, dont chaque molécule CO_2 est formée d'un atome de carbone et de deux atomes d'oxygène. C'est donc l'azote qui en est responsable. Rutherford publiera en 1919 une suite de quatre articles sur ces expériences[90]. Dans le dernier d'entre eux, intitulé modestement « Un effet anormal sur l'azote », Rutherford examine soigneusement, avant de les écarter, les autres hypothèses possibles qui pourraient expliquer son résultat « anormal ». Il cherche à s'assurer que les scintillations qu'il observe sont bien dues à des noyaux d'hydrogène. D'abord leur parcours dans l'air est du même ordre que celui qu'il avait mesuré dans le cas de l'hydrogène. Il tente une déviation par un champ magnétique, ce qui lui donne une indication grossière, mais qui va dans le bon sens. Finalement il conclut :

> Au vu des résultats obtenus jusqu'ici, il est difficile d'éviter de conclure que les particules de long parcours provenant de collisions des particules α avec l'azote ne sont pas des atomes d'azote mais probablement des atomes d'hydrogène, ou des atomes de masse 2. Si c'est effectivement le cas, nous devons conclure que l'atome d'azote s'est désintégré sous l'action des forces intenses développées dans une collision directe avec une particule α rapide, et que l'atome d'hydrogène libéré était une partie constituante de l'atome d'azote[...]
>
> Les résultats dans leur ensemble suggèrent que si l'on disposait de particules α — ou de projectiles similaires — d'énergie plus élevée encore, nous pourrions espérer briser la structure nucléaire de nombreux éléments légers.

Rutherford vient de provoquer et d'observer la première *réaction nucléaire*. Lors du choc d'une particule α, c'est-à-dire un noyau d'hélium (de masse 4 et de charge 2)* avec un noyau d'azote (masse 14, charge 7) un atome d'hydrogène (masse 1, charge 1) a été expulsé. Rutherford a provoqué une *transmutation artificielle*, la première de l'histoire. Cela dit, on ne sait pas encore bien laquelle. La particule α a pu continuer son chemin après la collision, laissant derrière elle un noyau qui devrait être un noyau de carbone, puisque l'azote a perdu une charge emportée par le noyau d'hydrogène, et que les noyaux de charge 6 sont des carbones. Mais la particule α a pu s'agglomérer à l'azote, et une fois le noyau d'hydrogène parti, il resterait un noyau de charge 8 (=7+2-1), un oxygène. Pour l'instant Rutherford ne se livre pas à de telles spéculations.

Sir Ernest Rutherford, *Cavendish Professor of Physics*

Le 2 avril 1919, Rutherford est élu *Cavendish Professor of Physics*, à l'Université de Cambridge. C'était le couronnement de sa carrière. Il faudrait d'ailleurs l'appeler « Sir Ernest », car il a été anobli en 1914. Le 2 juin il prend solennellement congé de ses collègues et va bientôt s'installer au *Cavendish*. Il succède à Joseph John Thomson, alors âgé de 63 ans, et qui

---

*Voir p. 86.

a démissionné du poste en raison de sa récente nomination comme *Master of Trinity College*.

Dès son arrivée, Rutherford réorganise le département de physique, demande des moyens supplémentaires dans un mémorandum important, et se remet au travail expérimental. Il a apporté quelques appareils de Manchester, mais il a surtout réussi à garder auprès de lui un assistant plus que précieux, en la personne de James Chadwick, pour qui il a obtenu un poste de *Wollaston Student* (oui, étudiant, car Chadwick n'a pas encore soutenu sa thèse).

Nouvelles réactions nucléaires

Avec Chadwick, Rutherford reprend ses travaux, pour tenter de produire d'autres désintégrations d'éléments, comme il les appelle. Ils améliorent le dispositif et ils étendent la gamme d'éléments bombardés par des particules α. Dès février 1921, ils envoient un court article à *Nature*, dans lequel ils annoncent avoir provoqué de nouvelles transmutations :

> Les données que nous avons obtenues montrent de façon concluante que les particules de grand parcours sont libérées par le bore, le fluor, le sodium, l'aluminium et le phosphore en plus de l'azote[91].

Un deuxième article plus détaillé[92] est envoyé à *Philosophical Magazine* à l'automne 1921. Les particules produites dans la collision sont observées après avoir traversé une feuille d'aluminium qui aurait arrêté les particules α ou les noyaux plus lourds. Il est donc très probable que ce sont bien des *rayons H*, autrement dit des protons. Ces protons on une vitesse plus grande que ceux qui pourraient provenir de collision frontale d'une particule α et d'un noyau d'hydrogène résiduel (car il peut toujours rester un peu de vapeur d'eau, donc de noyaux d'hydrogène). Rutherford et Chadwick observent que les noyaux des atomes de bore, azote, fluor, sodium, aluminium et phosphore peuvent être désintégrés par la collision d'une particule α. Par contre ils n'observent rien sur le carbone, l'oxygène ni le soufre.

Sur l'aluminium, ils font une constatation : les protons qui sont libérés lors de la collision entre les particules α et l'aluminium partent dans tous les sens, aussi bien, par exemple, dans la direction des particules α qu'en direction opposée. Il ne semble pas y avoir de lien entre la direction de la particule α responsable de la collision et celle du proton libéré.

Pour être vraiment sûrs qu'il s'agit de protons, Rutherford et Chadwick entreprennent de leur imposer une déviation magnétique (Rutherford l'avait fait, mais assez grossièrement, dans son premier travail sur l'azote), et dans leur article, publié en 1922, ils concluent avec une grande prudence :

> Ces expériences montrent donc que les particules issues de l'aluminium sont porteuses d'une charge positive et sont déviées par un champ magnétique comme des noyaux d'hydrogène [...] S'il y a très peu de raison de douter que ces particules soient des noyaux d'hydrogène, il est cependant très difficile de démontrer cela de façon indiscutable [...]. D'un autre côté, si nous supposons, comme cela semble probable *a priori*, que les particules expulsées sont des noyaux d'atomes, on peut montrer avec quelque

confiance que seule une particule de masse 1 et de charge 1 est en accord avec les résultats[93].

Rutherford et Chadwick n'ont pas la preuve absolue qu'il s'agit bien de noyaux d'hydrogène (c'est la particule de masse 1 et de charge 1), mais ils en sont intimement persuadés. Ils sont emportés dans un jeu subtil, où le vraisemblable doit en quelque sorte faire office de vrai, en tout cas d'hypothèse de travail, de façon à avancer. Le tout est d'en être conscient, mais aussi de vérifier que tous les détails du tableau qu'on est en train de peindre sont cohérents entre eux et en accord avec les données expérimentales.

Dans un troisième article important paru en 1924, Rutherford et Chadwick examinent les autres éléments[94]. Le dispositif expérimental est toujours le même, à une différence près. Tenant pour acquis que les particules qu'ils pensent être des noyaux d'hydrogène se répartissent dans toutes les directions de manière à peu près égale, ils décident de les détecter à angle droit par rapport à la direction des particules α de la source radioactive, ce qui élimine un grand nombre de particules indésirables, et augmente la sensibilité du dispositif. Ils détectent ainsi des transmutations qu'ils n'avaient pas observées auparavant dans le néon, le magnésium, le silicium, le soufre, le chlore, l'argon et le potassium. Aucun effet sur les éléments plus lourds : calcium, nickel, cuivre, zinc, sélénium, krypton, molybdène, palladium, argent, étain, xénon, or, uranium.

Quelles sont les raisons pour lesquelles les particules α ne parviennent pas à provoquer la désintégration de noyaux plus lourds que l'aluminium ou le phosphore ? Rutherford et Chadwick pensent que l'énergie des particules est insuffisante. Lorsque la charge électrique positive du noyau dépasse 13 ou 14, la particule α est repoussée trop fortement, et ne peut s'approcher suffisamment près du noyau. C'est l'explication qui prévaut aujourd'hui.

Une polémique entre Vienne et Cambridge

Au cours de l'été 1923 commencèrent à paraître des publications provenant de l'*Institut für Radiumforschung* de Vienne, dirigé par Stefan Meyer, un vieil ami de Rutherford, son cadet d'un an. Or les résultats de Vienne contredisaient ceux que Rutherford et Chadwick avaient obtenus au *Cavendish*. Ces publications étaient signées par deux jeunes physiciens, Hans Pettersson, un Suédois, et Gerhard Kirsch, qui prétendaient avoir observé la désintégration du silicium par bombardement de particules α, que n'avait pas observée Rutherford, et ils s'apprêtaient dans la foulée à tenter de faire de même avec d'autres éléments. Les Viennois employaient la méthode de détection que Rutherford lui-même employait depuis près de quize ans, le comptage visuel, au microscope, des minuscules éclairs provoqués dans un écran de sulfure de zinc par le passage d'une particule[*]. Une polémique naquit bientôt, car d'autres résultats de plus en plus surprenants pour les physiciens de Cambridge venaient de Vienne[95]. L'attitude quelque peu agressive et arrogante des jeunes Viennois ne faisait rien pour simplifier les choses.

---

[*]Voir p. 86.

Rutherford et Chadwick reprirent des expériences sur plusieurs éléments, avec leur nouvelle méthode de détection à 90°, ce qui leur permettait d'observer des *rayons H* de vitesse assez faible (ils parcouraient environ 7 cm dans l'air avant de s'arrêter, ce qu'on mesurait facilement en éloignant progressivement l'écran de sulfure de zinc permettant de les détecter)[96]. Mais ces résultats étaient une fois de plus contredits par les Viennois, qui observaient des effets sur un grand nombre de noyaux sur lesquels aucun effet n'avait été vu au *Cavendish* (en particulier des éléments assez lourds comme le titane, le vanadium, le chrome, le fer, le cuivre, le sélénium, le brome, le zirconium, etc.). Jusque-là Rutherford et Chadwick avaient poliment mentionné les résultats de Pettersson et Kirsch sans les mettre directement en doute. Dans une nouvelle publication, ils sont plus directs :

> Kirsch et Pettersson ont étudié la désintégration d'un certain nombre d'éléments légers par notre méthode précédente, en prenant des précautions spéciales pour éviter une contamination par l'hydrogène à la fois dans la source et dans les substances soumises au bombardement. Ils ont trouvé que le béryllium, le magnésium et le silicium donnent de grands effets, trois ou quatre fois plus grands que ceux de l'aluminium, tandis que le soufre et le chlore donnaient peu ou pas d'effet. Les particules provenant du béryllium avaient un parcours de 18 cm environ, et celles provenant du magnésium environ 12 cm.
>
> Ces résultats ne sont pas compatibles avec les nôtres. L'explication la plus probable, eu égard au nombre de particules et à leur parcours, est que les particules qu'ils ont observées étaient des particules α de long parcours émises par la source[94].

La controverse s'enfla, chacun campant sur ses positions, et devenant plus explicite, écrivant de plus en plus ouvertement que l'autre s'était trompé. Mais Rutherford et Stefan Meyer continuaient à correspondre courtoisement. Pour tenter de résoudre le conflit, Meyer invita Rutherford à visiter son Institut, à quoi Rutherford répondit en proposant que ce soit son assistant Chadwick qui aille à Vienne[97]. Chadwick fit le voyage en décembre 1927. Dès son arrivée, l'ambiance est très amicale avec Meyer mais assez tendue avec Pettersson. Il s'aperçoit vite que les méthodes de mesures des deux laboratoires sont différentes, et a du mal à obtenir de Petterson un protocole expérimental qui le satisfasse. Le lundi 12 décembre il écrit à Rutherford :

> [...] pas un seul des hommes ne fait de comptage. Le comptage est fait entièrement par 3 jeunes femmes. Pettersson dit que les hommes s'ennuient beaucoup trop à faire ce travail de routine, et ne voient plus rien au bout d'un certain temps, tandis que les femmes peuvent travailler sans limite[98].

Et ce jour-là, Pettersson est absent une bonne partie de la journée, car il reçoit des membres de sa famille venus de Suède. Chadwick peut ainsi procéder à l'expérience qui va donner la clé du mystère. Il poursuit sa lettre :

> Aujourd'hui je me suis donc arrangé pour que les filles comptent et que ce soit moi qui détermine l'ordre des comptages. Je n'ai rien changé à l'appareillage, mais je leur ait fait monter et descendre les gammes comme

un chat sur un piano, mais pas plus que je ne l'aurais fait dans nos propres expériences si j'avais suspecté une erreur systématique. Le résultat est qu'il n'y avait pas de trace de particules H [provenant du carbone][...] Les résultats ne prouvent pas qu'il n'y a rien sur le carbone, mais je pense qu'ils permettent de douter qu'il y ait grand-chose.

La raison des désaccords était toute simple : les jeunes femmes qui comptaient *savaient* ce que leurs patrons espéraient qu'elles allaient voir, donc elles le voyaient ! Cela sans doute sans tricherie, d'une façon inconsciente, tout à fait innocemment même. La seule chose qu'avait faite Chadwick était de brouiller les cartes, de faire en sorte qu'elles ne sachent pas à l'avance le résultat attendu. Mais il fallait la prudence et l'impitoyable rigueur expérimentale de Chadwick pour respecter ce protocole, protocole qu'il s'imposait d'ailleurs à lui-même en cas de doute.

Chadwick tira la leçon de cette aventure désagréable : le comptage visuel des scintillations était trop peu sûr, il dépendait de trop de facteurs humains difficilement maîtrisables. Cet épisode sonnait la fin de la technique des scintillations, peu à peu remplacée par des compteurs électriques dérivés du premier compteur Geiger, que nous évoquerons plus loin.

Comment se passent ces transmutations ?

Comment décrire le déroulement d'une réaction nucléaire, d'une transmutation ? Dès le début, Rutherford s'est posé la question. Prenons la toute première, que nous pourrions écrire, à la manière d'une réaction chimique :

$$\alpha + N \to rayon H + ?$$

Une particule α rencontre un noyau d'azote (N) et produit un proton (p) et... on ne sait rien de plus. On a bien détecté un *rayon H*, c'est-à-dire un proton, mais qu'est devenu le noyau d'azote ? A-t-il explosé ? La particule α s'est-elle agglomérée au noyau d'azote, laissant ensuite échapper un proton, et terminant sa vie comme un noyau d'oxygène (car il aurait bien 8 charges, les 7 de l'azote initiales, plus les deux de l'hélium, moins celle emportée par le noyau d'hydrogène) ? Ou quoi d'autre ? Dans l'article que nous venons de citer, Rutherford et Chadwick posent le problème :

> Le sort de la particule α est un sujet sur lequel nous n'avons pas d'information. Il est peu vraisemblable que le champ de forces reste central aux très courtes distances. Il est possible que la particule α reste attachée d'une façon ou d'une autre au noyau résiduel. Elle ne peut certainement pas être réémise avec une énergie conséquente, car dans ce cas nous pourrions l'observer.

Un an plus tard, dans le numéro du 4 avril 1925 de *Nature*[99], Rutherford rappelle que Jean Perrin avait évoqué cette possibilité lors de la réunion du Conseil Solvay de 1921, à propos des réactions sur l'aluminium :

> Les expériences mêmes de M. Rutherford semblent prouver qu'il faut renoncer à cette idée d'un simple choc. Le projectile α, en raison de sa grande

vitesse, et malgré une très forte répulsion électrique, peut arriver, très ralenti, au voisinage immédiat du noyau. À ce moment, une « transmutation » se produit, consistant probablement en un réarrangement intranucléaire, avec capture possible du noyau α incident (car nous ne savons pas ce qu'il devient), émission du noyau d'hydrogène formant le rayon H observé, et peut-être encore avec d'autres projections moins importantes. Il n'y a aucune raison, dans cette façon de voir, pour que le projectile H émis « se souvienne » de la direction du choc initial ni pour que son énergie [...] soit inférieure à celle du projectile incident[101].

Jean Perrin avait, dans une de ces intuitions fulgurantes dont il avait le secret, jeté les idées à la base d'une description théorique de la *réaction nucléaire* observée par Rutherford. L'idée est que *la réaction nucléaire se passe en deux étapes*. Première étape : la particule α arrive à grande vitesse, mais la répulsion électrique la ralentit progressivement, et elle arrive tout près du noyau d'aluminium avec une vitesse sans doute très faible. Elle se fond alors dans le noyau, qui l'avale en quelque sorte. Deuxième étape : après quelques soubresauts de cette marmite de sorcière, un *rayon H* est expulsé. Mais étant donné l'agitation probable de ce noyau composé de l'aluminium initial et de l'hélium (la particule α), on peut penser que la direction dans laquelle le *rayon H* va partir n'a plus rien à voir avec la direction d'où est venue la particule α. Le fait que l'on observe des *rayons H* dans toutes les directions est donc normal dans cette description, ce modèle de la réaction nucléaire. C'est même, sinon une preuve, du moins une présomption que les choses se passent effectivement ainsi.

Cette hypothèse sera bientôt confirmée par une expérience utilisant une technique toute différente, celle de la chambre à brouillard de Charles Wilson, que nous décrirons plus loin*.

---

*Voir p. 241.

CHAPITRE 5

Le noyau en 1920 selon Rutherford

Où l'on tente de faire le point en 1920, en se laissant guider par Rutherford. Où la découverte des nombreux isotopes de la plupart des éléments favorise un consensus général : les noyaux sont composés de protons, noyaux d'atomes d'hydrogène, et d'électrons. Où Rutherford entrevoit l'existence d'une particule neutre, qui aurait une masse semblable à celle du proton, et qu'il appelle « neutron ».

EN 1920 RUTHERFORD FUT DE NOUVEAU INVITÉ à prononcer la *conférence Baker* devant la *Royal Society*. Il choisit de faire le point sur « La constitution nucléaire de l'atome »[102]. Moins d'un an plus tard, Rutherford présentait un rapport sur « La structure de l'atome » au troisième Conseil Solvay, qui devait se tenir à Bruxelles du 1er au 6 avril 1921. Le sujet retenu fut « Atomes et électrons », et les comptes rendus[103] furent publiés en 1923. Parmi les physiciens présents, on peut noter Charles Barkla, William Lawrence Bragg, Marcel Brillouin, Maurice de Broglie, Marie Curie, Paul Ehrenfest, Wander de Haas, Heike Kamerlingh-Onnes, Martin Knudsen, Paul Langevin, Joseph Larmor, Robert Millikan, Jean Perrin, Owen Richardson, Manne Siegbahn, Pierre Weiss et Pieter Zeeman.

Aucun Allemand, aucun Autrichien parmi les invités. Quatre ans de guerre ont laissé des rancunes tenaces parmi les savants du camp des vainqueurs qui décidèrent d'isoler les savants allemands, les privant de communications avec le monde. On fonda même un *International Research Council*(Conseil international de la Recherche) destiné en principe à développer les échanges scientifiques, mais uniquement entre « alliés ». Ce boycott dura plusieurs années, et disparut progressivement, après les accords de Locarno en 1925. Langevin brisera cependant le blocus en invitant officiellement Einstein à Paris en 1922, une visite hautement symbolique et qui fut un véritable succès. Lui-même se rendit à Berlin en 1923[104]. Mais en 1921, moins de trois ans après la fin de la Grande Guerre, les physiciens allemands étaient encore exclus des réunions internationales.

Le rapport de Rutherford au Conseil Solvay et sa conférence *Baker* ont bien entendu de grandes parentés. Rutherford y expose l'état des connaissances sur la structure du noyau de l'atome. Il rappelle les expériences de Geiger et Marsden qui l'ont amené à proposer l'idée d'un « atome à noyau », un atome constitué par un noyau très petit, de charge électrique positive, entouré d'électrons. Il pouvait ainsi interpréter le surprenant phénomène du « rebond » en arrière des particules α venant frapper les atomes d'une feuille mince. Ce noyau était, selon les termes mêmes de Rutherford, « incroyablement petit », puisque son rayon devait être inférieur à 3×10^{-12} cm, trois centièmes de milliardième de millimètre, trois dix-millièmes de la taille de l'atome.

Il rappelle que la charge du noyau a été déterminée par les expériences de Moseley, et que pour chaque élément elle coïncide, vrai miracle de simplicité, avec son numéro d'ordre dans la classification de Mendeleev.

Rutherford aborde alors le cœur du sujet, la structure du noyau de l'atome.

Dimensions du noyau

De ses expériences de collisions entre des particules α et des noyaux d'hydrogène, d'oxygène, de carbone et d'azote, Rutherford tire une estimation de la taille des noyaux. En effet, il utilise un calcul simple selon lequel tous ces noyaux sont ponctuels, ce qui lui permet de calculer exactement la trajectoire de la particule α. Pour une déviation d'un angle donné, il connaît ainsi la distance minimum entre le noyau et la particule α. Or il observe que les résultats de ce calcul sont mis en défaut par l'expérience lorsqu'un proton et une particule α s'approchent à moins de 3×10^{-13} cm l'un de l'autre. Il se passe donc quelque chose à cette distance, les deux noyaux commencent probablement à s'interpénétrer : c'est une indication, certes encore vague, de la dimension des noyaux en cause. Plus généralement il conclut pour les noyaux légers :

> Les diamètres des noyaux légers à l'exception de l'hydrogène sont probablement de l'ordre de 5×10^{-13} cm.

Dans son rapport Solvay, Rutherford avance une autre idée pour estimer la taille des noyaux lourds radioactifs. Il prend comme hypothèse que, lors de la radioactivité α de l'uranium, la particule α quitte le noyau pratiquement sans vitesse. Jusque-là, elle était retenue par des forces internes très intenses, qui cessent d'agir, comme un ressort qui se brise soudain. La particule α, porteuse de deux charges positives, est alors soumise de plein fouet à la répulsion exercée par la charge électrique positive du noyau ; elle gagne progressivement de la vitesse, une vitesse qu'on mesure dans le laboratoire lorsque la particule α est très éloignée du noyau qui l'a expulsée. La répulsion initiale est d'autant plus forte que la particule α est proche du noyau au moment de son départ, ce qui lui communiquera une vitesse finale d'autant plus grande, de la même manière qu'un ressort projette un objet d'autant plus vite qu'il a été plus comprimé. Rutherford montre que la distance initiale entre le noyau et la particule α, considérés comme ponctuels, est au moins 7×10^{-12} cm, un peu moins que le millième de la dimension de l'atome, chiffre plus de dix fois supérieur à la taille du noyau d'hydrogène précédemment cité. Dans une note de bas de page ajoutée après coup, Rutherford apporte une correction : les forces près du noyau pourraient être différentes, dit-il, si bien que la taille du noyau pourrait être $1,5 \times 10^{-12}$ cm.

On le voit, la connaissance du noyau était embryonnaire en 1921. Ses dimensions mêmes étaient très incertaines. Une seule chose semblait sûre : le noyau était très petit, au moins mille fois, ou dix mille fois plus petit que l'atome sur lequel il régnait.

La constitution du noyau et des isotopes

Abordant ce sujet Rutherford donne son avis, partagé par un grand nombre de physiciens :

> Si l'on considère la façon dont les éléments peuvent être constitués, il est naturel de supposer que les constituants ultimes en sont des noyaux d'hydrogène et des électrons. Dans cette manière de voir, le noyau d'hélium est composé de quatre noyaux d'hydrogène et de deux électrons négatifs, avec au total une charge de deux.

Cela semble acquis. Le noyau d'hélium, *alias* la particule α, a une masse à peu près quadruple de celle de l'hydrogène, et porte deux charges positives. On admet donc qu'il est composé de quatre noyaux d'hydrogène et deux électrons, chargés négativement, afin que la charge totale soit 2 unités. Il discute ensuite du problème de la masse de l'hydrogène, et de la règle des nombres entiers, et il fait ce qu'il fait rarement, il spécule.

Rutherford visionnaire : le neutron

Rutherford a toujours été un homme pragmatique, un expérimentateur qui ne croit que les données bien établies. Aussi est-il intéressant de noter un des rares cas où, dans une occasion aussi prestigieuse qu'une conférence *Baker,* il donne libre cours à une spéculation audacieuse :

> Si notre hypothèse est correcte, il paraît vraisemblable qu'un électron peut être également lié à un seul noyau H [...] [Cela] implique l'idée de l'existence possible d'un atome de masse 1 dont le noyau aurait une charge zéro. Une telle structure atomique ne paraît en aucune façon impossible [...]
>
> Un tel atome aurait des propriétés très originales. Son champ externe serait pratiquement nul, excepté très près du noyau, et en conséquence il pourrait se déplacer librement dans la matière. Sa présence pourrait être difficile à détecter par spectroscopie, et il pourrait être impossible de le maintenir dans une enceinte scellée. Par ailleurs, il pourrait pénétrer dans la structure des atomes, soit en s'unissant au noyau, soit en se désintégrant

sous l'effet du champ intense du noyau, libérant alors probablement un
atome H chargé, ou un électron, ou les deux à la fois.

Voilà une description concrète d'un objet étrange et hautement spéculatif. Un atome neutre, comme tous les atomes, mais sans électrons périphériques, car son unique électron serait emprisonné à l'intérieur du noyau. Rutherford a même imaginé une façon possible de vérifier son existence :

> Si l'existence de tels atomes est possible, on doit s'attendre à ce qu'ils soient produits, mais probablement en très faibles quantités, dans les décharges électriques dans l'hydrogène, où les électrons et les noyaux H sont tous les deux présents en grand nombre. L'auteur a l'intention de faire des expériences pour vérifier s'il y a une quelconque indication de la production de tels atomes dans ces conditions.

Dans son rapport au Conseil Solvay d'avril 1921, Rutherford donne un nom à cet objet, le *neutron*, et justifie son existence par un argument supplémentaire :

> L'idée m'est venue que l'hydrogène des nébuleuses provient de particules qu'on pourrait appeler des « neutrons » et qui seraient formées d'un noyau positif avec un électron à toute petite distance. Ces neutrons exerceraient peu d'action en entrant dans la matière. Ils serviraient d'intermédiaires dans l'assemblage du noyau des éléments à poids atomique élevé. Il est difficile de comprendre autrement comment des unités de charge positive pourraient pénétrer dans le noyau, malgré les forces de répulsion, sans être animées de vitesses énormes.

Une des raisons qui incitèrent Rutherford à supposer l'existence d'une particule neutre, le « neutron », est en effet la formation des éléments, la *nucléosynthèse*, comme nous disons aujourd'hui. Dans sa conférence *Baker* il avait également mentionné cet argument :

> L'existence de tels atomes est presque nécessaire pour expliquer la formation des noyaux des éléments lourds ; car sauf à supposer la production de particules chargées de très grandes vitesses, il est difficile d'imaginer comment des particules chargées positivement peuvent atteindre le noyau d'un élément lourd, en dépit de son champ répulsif intense.

Immédiatement après sa conférence *Baker* Rutherford lance un jeune physicien du Cavendish, J. L. Glasson, dans la chasse au neutron, mais celle-ci sera infructueuse. Glasson publiera un an plus tard un article décrivant ses vaines tentatives[105].

Chadwick à la recherche de nouvelles forces

Après son retour de captivité[*], Chadwick se remet au travail. Il est encore un étudiant, n'ayant pas soutenu sa thèse. Rutherford obtient pour lui une bourse *Wollaston* qui va lui permettre de travailler près de lui, au *Cavendish*. Chadwick ne poursuit pas les études de radioactivité β qu'il avait

---

[*]Voir p. 204.

pourtant commencées de façon fracassante en Allemagne, en montrant que le spectre β était continu. Il entame une série d'expériences pour déterminer la charge électrique du noyau, afin de confirmer, par des données tout à fait indépendantes, les résultats de Moseley. Chadwick mesure la diffusion de particules α sur différents noyaux, à des angles bien précis[106] et détermine ainsi les charges des noyaux de platine, d'argent et de cuivre qu'il trouve égales à 77,4 ; 46,3 ; 29,3, avec une marge d'erreur de 1% à 1,5%. Les valeurs des numéros atomiques étant respectivement 78, 47 et 29, il pouvait conclure :

> Il y a peu de doute que la charge du noyau augmente réellement d'une unité quand on passe d'un élément au suivant, et que sa valeur soit donnée par le numéro atomique.

Chadwick entreprend des expériences dans la foulée des travaux de Rutherford sur les transmutations provoquées. Dans sa thèse *The Atomic Nucleus and the Law of Force*, soutenue le 21 juillet 1921 (il a trente ans), il étudie comment les particules α sont déviées par l'hydrogène et il montre que la loi habituelle de répulsion électrique ne s'applique pas aux courtes distances. Il a fait une partie de ces expériences en collaboration avec Étienne Bieler, un jeune physicien venu de l'Université McGill, avec la recommandation du vieil ami de Rutherford, Arthur Eve (encore un séjour financé par une bourse *1851 Exhibition Scholarship*). Dans la dernière partie de leur article[107], ils concluent :

> En ce qui concerne la structure de la particule α, il apparaît immédiatement qu'aucun système de quatre noyaux H et deux électrons liés par une force en inverse carré ne pourrait produire un champ de force aussi intense dans une région de cette étendue. Nous sommes amenés à conclure soit que la particule α n'est pas constituée de quatre noyaux H et de deux électrons, soit que la loi de force n'est pas en inverse carré dans le voisinage immédiat d'une charge électrique. Il est plus simple de choisir la seconde hypothèse, étant donné que d'autres considérations, aussi bien expérimentales que théoriques, vont dans cette direction. La présente expérience ne semble pas permettre d'élucider la nature de la loi de variation des forces près d'une charge électrique, mais elle montre simplement que ces forces sont d'une très grande intensité.

Ainsi dès 1921 Chadwick pense que, la simple interaction électromagnétique n'est pas suffisante pour maintenir ensemble les constituants du noyau, aux très courtes distances qui les séparent. Il confiera plus tard[108] :

> Quelqu'idée que l'on eût sur la structure du noyau, il fallait bien que les particules fussent tenues ensemble d'une façon ou d'une autre. Si bien que, en plus de la force répulsive entre les particules chargées positivement, il devait y avoir une force attractive quelque part. J'ai ainsi retourné dans ma tête différentes formes de la force avec une attraction variant comme l'inverse de la puissance quatre de la distance.

En effet, comment imaginer la structure interne du noyau, de même que les forces, sans doute énormes, qui maintiennent ensemble ses différents constituants ? Quelle peut bien être la nature de ces forces ? Étienne Bieler étendra ce type de mesure à l'aluminium et au magnésium, qu'il bombarde de particules α, dont il mesure la déviation[109]. Là encore, il observe que lorsque leur trajectoire passe plus près du noyau qu'une certaine distance les particules α subissent des forces autres que les forces connues de répulsion électrique. Moyennant quelques hypothèses sur cette force mystérieuse, Bieler calcule une quantité qu'il considère comme une mesure grossière du rayon du noyau d'aluminium, qu'il trouve égal à $3,44 \times 10^{-13}$ cm.

Ce phénomène fut désigné comme la « diffusion anomale » des particules α sur les noyaux légers.

CHAPITRE 6

L'essor des moyens expérimentaux

Où la méthode de détection visuelle des particules est abandonnée au profit de méthodes « électriques ». Où l'on assiste à la seconde naissance du « compteur Geiger », qui devient « Geiger-Müller ». Où un jeune physicien écossais perdu dans les nuages découvre le moyen de voir la trace laissée par les particules en déplacement rapide. Où la percée technique et commerciale de la T. S. F. fait émerger de nouveaux instruments. Où les physiciens entreprennent de mesurer des phénomènes en « coïncidence ».

L ENTEMENT MAIS SÛREMENT les laboratoires de physique changent d'aspect entre 1910 et 1930, années au cours desquelles émergent les premières descriptions du noyau de l'atome. Les appareils de mesure se perfectionnent lentement, ou parfois de façon spectaculaire, fournissant au physicien des armes de plus en plus affinées, des « microscopes » de plus en plus puissants pour observer ces objets minuscules. Dans ce chapitre, le lecteur est invité à visiter plusieurs laboratoires, et pourra assister à la naissance de quelques-uns de ces nouveaux appareils, à la base des prodigieux progrès des années trente, tels le compteur Geiger-Müller, l'amplification électronique des signaux électriques, les mesures en coïncidence et enfin un appareil extraordinaire, la chambre à brouillard de Wilson, qui permet de voir à l'œil nu la trace laissée par le passage d'une particule, son sillage, à la manière des avions à réaction dans le ciel. Leur influence sur le progrès de la connaissance du noyau sera capitale.

Fin de la méthode des scintillations

Comme directeur du laboratoire de Manchester, Ernest Rutherford avait tiré un profit extraordinaire de la méthode dite « des scintillations », qui permettait de détecter visuellement l'impact d'une particule α sur un écran de sulfure de zinc à travers un microscope. C'est cette méthode que Geiger et Marsden utilisèrent pour les expériences de déviation des particules α, expériences qui menèrent Rutherford à la découverte du noyau de l'atome. C'est également par cette méthode que Rutherford observa pour la première fois une réaction nucléaire en 1919[*]. Cette méthode permit encore la découverte de plusieurs réactions nucléaires semblables à celle de l'azote, comme nous l'avons signalé précédemment.

Mais cette méthode ne devait pas survivre longtemps à la controverse qui avait fait rage entre le *Cavendish* et l'Institut de Vienne pendant plusieurs années. Certes la dispute s'était terminée à l'avantage du *Cavendish*, mais son existence même prouvait à quel point les données issues de la méthode des scintillations pouvaient être fragiles. Tant qu'il ne s'agissait que de compter des particules α, qui produisaient un éclair assez intense, et qui étaient seules à produire de tels éclairs, la méthode était excellente. Mais dès lors qu'on voulait détecter des protons, qui laissaient une trace plus faible, elle dépendait trop du jugement de l'observateur, et pourquoi pas, de son humeur, ou du désir de faire plaisir à son patron, comme dans le cas des jeunes femmes de Vienne. Quant à distinguer à l'œil entre la trace intense d'un α et celle plus ténue d'un proton, cela tenait presque de l'art divinatoire.

Assez rapidement cette méthode fut donc abandonnée, au profit de méthodes électriques, plus objectives et plus puissantes.

Le compteur à pointe

C'est en 1908 que Rutherford et Geiger[†] avaient mis au point un détecteur à gaz permettant de compter les particules α une à une. Cet instrument ne pouvait compter les particules que très lentement, car chaque détection provoquait une grande perturbation électrique, qui ne disparaissait qu'après plusieurs secondes, si bien qu'on était limité à des comptages de particules n'excédant pas une dizaine de déclenchements par minute.

L'avalanche électrique[‡] provoquée dans le compteur par le passage d'une particule était détectée par un électromètre à quadrants, que Rutherford et Geiger remplacèrent en 1912 par par un électromètre à fil, d'inertie beaucoup plus faible, réagissant de ce fait plus vite, ce qui permettait un taux de comptage de 1 000 particules par minute[110]. De plus ils remplacèrent le fil central du compteur lui-même par une petite sphère constituant l'anode, au centre d'une sphère constituant la cathode. L'avantage de cet arrangement était que les particules α parcouraient toutes à peu près la même distance dans le gaz, produisant ainsi des impulsions semblables. Autre innovation :

---
[*]Voir p. 216.
[†]Voir p. 83.
[‡]Voir p. 85.

le déplacement du fil de l'électromètre était enregistré sur un film photographique qui défilait régulièrement. Les autres caractéristiques étaient assez semblables à celles du compteur de 1908.

Après son retour en Allemagne en 1912 Geiger construit un nouveau compteur. Il consiste en un tube de métal court (environ 4 cm de long, et 2 cm de diamètre), il n'y a plus de fil central, remplacé par une fine pointe, dont l'extrémité est à 0,8 mm environ du disque qui ferme le tube. Un trou circulaire de 2 mm de diamètre environ, percé dans ce disque, laisse entrer les particules (qui doivent cependant traverser une mince feuille de mica). C'est le *compteur à pointe*[111–113], qui connaîtra plusieurs variantes. Sa caractéristique principale tient au champ électrique intense qui règne près de la pointe, et provoque une décharge pour toutes les particules qui traversent un petit volume, de l'ordre de quelques millimètres cubes, ayant la forme d'un cône dont le sommet est la pointe et la base l'ouverture circulaire dans la paroi qui lui fait face. C'était un appareil délicat, et même capricieux. Selon Geiger :

> La valeur d'un [tel] appareil dépend essentiellement de la qualité de la pointe [...]
> On ne peut pas donner de règle pour préparer une bonne pointe[113].

C'est dire que la fabrication d'une bonne pointe relève du tour de main, du savoir-faire, bref de l'art. Ce compteur est tellement sensible qu'il se déclenche lors du passage de n'importe quelle particule chargée, α ou β. Et puisqu'il peut détecter les β, il permet du coup de détecter le passage d'un rayon γ, pourvu que celui-ci soit entré en collision avec un électron et lui ait communiqué une certaine vitesse : c'est l'électron qui est détecté, bien entendu.

Normalement le compteur à pointe fonctionnait par tout ou rien : une particule qui le traverse arrache quelques électrons aux atomes du gaz, qui se multiplient et forment une avalanche électrique, qu'on détecte à l'électromètre. Le nombre d'électrons produit ne dépend pas du nombre d'électrons produits initialement dans le gaz par le passage de la particule, donc le compteur à pointe ne dit rien ni sur la nature de la particule qui l'a déclenché, ni à plus forte raison sur son énergie. Geiger montra cependant que si la pointe n'est pas trop fine, (0,08 mm à 2 mm de diamètre), et si l'on ajuste bien la tension électrique, le signal électrique est proportionnel au nombre d'électrons créés initialement, donc à l'énergie qu'a perdue la particule en traversant le compteur. Cela permettrait par exemple de distinguer les particules α des électrons, c'est ce qu'on appelle un compteur « proportionnel »[114]. Mais répétons-le, ce compteur était particulièrement délicat, et difficile utiliser.

Le compteur Geiger-Müller

En 1925, Hans Geiger est nommé professeur à Kiel. C'est là qu'il va développer, avec l'un de ses étudiants, Walter Müller, un homme inventif et très versé dans les nouvelles techniques, un nouveau compteur. Il reprend le vieux compteur de 1908, pour lui apporter quelques modifications qui peuvent paraître mineures, mais vont tout changer. Il réussit à augmenter la tension aux abords du fil (qui est plus fin) grâce à une préparation spéciale :

> Un fil fin est tendu selon l'axe d'un tube de métal ; le fil est recouvert d'une fine couche peu conductrice, d'épaisseur uniforme. En raison de l'effet d'isolation de cette couche, on peut élever le potentiel entre le fil et le tube au-dessus du potentiel de claquage. Si quelque part à l'intérieur du tube un petit nombre d'ions sont créés, la multiplication par collision produit une quantité d'électricité considérable qui s'écoule vers le fil. Avec un fil nu une telle impulsion électrique déclencherait une décharge permanente ; avec le fil préparé une charge est créée pendant un court instant sur la surface de la couche, qui interrompt le champ électrique et coupe le courant[115].

L'avantage est aussi que la valeur précise du potentiel n'est pas critique (elle est généralement de l'ordre de 1 200 à 1 300 volts), si bien que le compteur Geiger-Müller est beaucoup plus stable que l'ancien compteur Rutherford-Geiger ou que le compteur à pointe. Autre changement : dans l'ancien compteur, le nombre d'électrons qui arrivaient sur le fil central et qui étaient donc détectés était *grosso modo* proportionnel au nombre d'électrons créés par le passage de la particule, donc à l'énergie qu'elle y avait perdue ; dans le compteur Geiger-Müller au contraire, il n'y a aucun lien entre le nombre d'électrons créés par le passage de la particule et le nombre d'électrons qui arrivent sur le fil. Le compteur Geiger-Müller ressemble sous cet aspect au compteur à pointe : un *simple compteur*, fonctionnant par tout ou rien. Il est très sensible (il peut détecter tout rayonnement), très stable, et facile d'emploi, si bien qu'il va s'imposer de façon définitive, comme le compteur universel, utilisé encore aujourd'hui pour détecter toute présence de rayonnement.

Une digression : naissance et développement de la T. S. F.

Abandonnons provisoirement les compteurs pour revenir au tout début du siècle, et même quelques années auparavant, afin d'assister aux premiers balbutiements, puis au développement rapide de la télégraphie sans fil, la fameuse T. S. F., qu'on n'appelait pas encore la *radio*[116].

En 1885 Heinrich Hertz avait mis en évidence l'existence des ondes électromagnétiques prévues théoriquement par Maxwell. De nombreux physiciens, et aussi des ingénieurs, ou des autodidactes comme Marconi, fascinés par cette possibilité de provoquer des décharges, des éclairs à distance, se lancèrent dans des expériences nombreuses et variées. C'est l'époque des expériences d'Oliver Lodge en Angleterre ou d'Édouard Branly en France. Il semble que ce soit Aleksandr Popov, professeur de physique à l'École des officiers torpilleurs de la Marine russe à Kronstadt, qui eut le premier l'idée d'utiliser les ondes électromagnétiques pour *transmettre des informations*, en utilisant l'alphabet créé en 1838 par le peintre et inventeur américain Samuel Morse pour le télégraphe électrique à fil. En 1896 le jeune Guglielmo Marconi réalise une transmission de signaux Morse sur une distance de 2 400 m. Il part alors pour l'Angleterre, où il dépose le premier brevet concernant la télégraphie sans fil. Marconi réalise la première transmission à travers la Manche en 1899, puis entre l'Europe et l'Amérique en 1901. Le développement de la T. S. F. est alors très rapide, en Europe et aux États-Unis, sous l'impulsion des industriels du télégraphe, et des armées, particulièrement les Marines des différents pays, qui voyaient là un moyen inespéré de communiquer avec les bateaux en mer.

Le 16 novembre 1904 l'électricien anglais John Fleming, qui travaille pour la compagnie Marconi, dépose un brevet pour une lampe particulière, qu'il appelle « valve », et qui permet le passage du courant électrique dans un sens seulement. La valve est un petit tube à rayons cathodiques : une ampoule dans laquelle on a fait le vide, à l'intérieur de laquelle une cathode chauffée émet des électrons qui peuvent établir un courant vers l'anode. Ce courant ne peut évidemment passer que dans un sens. C'est un bon détecteur d'ondes hertziennes, qui lui permet de traduire les signaux morse par la déviation d'un galvanomètre, plutôt que par la seule écoute au casque téléphonique.

En 1907 c'est un Américain, Lee de Forest, qui dépose le premier brevet de *la lampe à trois électrodes*, qu'il appelle « Audion ». Il a eu l'idée de connecter l'antenne de réception à un filament en zigzag, qu'il interpose entre la cathode et l'anode, et qui a la forme d'une plaque. Dans certaines conditions, à vrai dire très instables pour cette première lampe, cela permet d'amplifier le signal de l'antenne, de façon beaucoup plus efficace que ne pouvait le faire la valve de Fleming. Après d'innombrables perfectionnements, cette lampe *triode* deviendra la base du développement prodigieux de ce qu'on appellera la *radio*, puis *l'électronique*. Cette lampe est une ampoule de verre sous vide (de Forest croyait au début qu'il fallait un peu d'air, d'où ses déboires, la lampe étant très instable) dans laquelle on dispose d'une cathode chauffée qui émet des électrons, d'une anode, plaque métallique portée à un potentiel positif, qui attire les électrons de la cathode, ce qui permet le passage du courant électrique, mais uniquement dans un sens. Entre la cathode et l'anode, une grille, destinée à recevoir le signal à amplifier. Selon la valeur du potentiel auquel est portée la grille, les électrons issus de la cathode passeront en grand nombre, ou seront bloqués. Un signal quelconque envoyé sur la grille peut alors permettre le passage des électrons, et du courant sera détecté sur la plaque, qu'on pourra rendre plus ou moins intense suivant le potentiel auquel on aura porté la grille. Nous avons là le principe de l'amplification électronique.

La lampe Audion, autrement dit la triode, allait permettre à Lee de Forest de réaliser la transmission sans fil de la voix de la cantatrice Géraldine Farrar en 1907, puis d'une représentation d'opéra. En 1910 ce sont trois Autrichiens, von Lieben, Riesz et Strauß, qui déposent un brevet pour un *relais* téléphonique, en fait un amplificateur utilisant une triode amplificatrice, permettant de transmettre à grande distance des communications téléphoniques. On passait, presque sans transition, de la *télégraphie* sans fil à la *téléphonie* sans fil. Lorsque la guerre éclate en 1914, le colonel Gustave Ferrié lance en France la fabrication en grande série (plusieurs millions) d'une triode dite « TM », pour « télégraphie militaire ».

La première radiodiffusion d'une émission destinée à des auditeurs inconnus fut réalisée par un Français, Raymond Braillard, et un Belge, Robert Goldschmitt, qui diffusèrent pendant quelque temps, toutes les semaines, un concert. Mais la première véritable émission radiophonique fut réalisée par la station KDKA le 2 novembre 1920, à l'occasion de l'élection présidentielle américaine. En 1921 les premières stations de radio diffusant un programme quotidien virent le jour aux États-Unis, puis dans le monde. En France la première émission quotidienne commença le 24 décembre 1921.

Cette expansion des émissions radiophoniques allait de pair avec une production de plus en plus importante de postes récepteurs commerciaux, et aussi avec un immense engouement d'amateurs passionnés de radio, qui construisaient leurs propres récepteurs et amplificateurs. Il suffit de voir la diversité des publications qui virent le jour à cette époque, à l'intention d'un public amateur. La technique radiophonique, l'électronique, comme on ne l'appelait pas encore, était pour beaucoup l'invention la plus merveilleuse au monde.

Curieusement, cette capacité d'amplifier des signaux très faibles resta pendant longtemps à l'écart de l'instrumentation des physiciens. Il fallut attendre le milieu des années vingt pour que cela change.

La chambre à ionisation à amplification électronique

La chambre à ionisation fut utilisée dès le début des travaux sur la radioactivité, par Marie Curie et par Rutherford. Celle dont Marie Curie s'était servie en 1898 consistait en un ensemble de deux plateaux horizontaux reliés aux bornes d'une pile. On déposait le produit radioactif sur le plateau du bas, les particules chargées qui s'en échappaient ionisaient l'air entre les plateaux, ce qui provoquait le passage d'un courant électrique, à vrai dire très faible (autour de 10^{-11} ampère, un cent-millième de microampère). Le courant électrique était alors mesuré par un électromètre.

Le courant produit par une seule particule était cependant beaucoup trop faible pour être détecté par un électromètre, ce qui conduisit Rutherford à l'idée, proposée à Geiger, de l'amplification du signal par la multiplication des électrons. Le compteur de Rutherford et Geiger n'était cependant qu'un *compteur*, permettant uniquement de détecter le passage d'une particule, sans donner d'autre information sur sa nature ni son énergie.

En 1924 le physicien suisse Heinrich Greinacher[118] a l'idée d'envoyer le signal issu d'un compteur à pointe sur la grille d'une lampe triode, afin d'amplifier le signal et d'actionner ainsi un téléphone qui produit un « toc » pour chaque particule détectée. Il peut également envoyer le signal amplifié à un électromètre sensible afin de faire un enregistrement photographique. Enfin il remarque que les signaux produits par le passage d'une particule α sont plus forts que ceux produits par un électron (particule β). Faut-il abandonner le compteur à pointe pour revenir à la chambre d'ionisation ? Certes le signal électrique produit par le passage d'une particule, sans l'amplification due à l'avalanche, est beaucoup plus faible (environ mille fois plus faible) mais c'est par ailleurs un avantage, car on élimine ainsi la plus grand partie des déclenchements spontanés, dus le plus souvent à des parasites, fréquents avec un détecteur à pointe, en raison de sa très grande sensibilité. S'il parvient à amplifier suffisamment le signal de la chambre d'ionisation pour qu'il soit détectable, Greinacher pense que le comptage des particules sera plus sûr, car on aura moins de parasites comptés pour des particules[119]. Mais pour renoncer à l'amplification de l'avalanche il faut la remplacer par une amplification du même ordre. L'amplification par une simple lampe triode ne suffisant plus, Greinacher monte un amplificateur à trois étages successifs, ce qui lui permet d'actionner soit un haut-parleur, soit un électromètre, et ce, *pour le passage d'une seule particule α*. Dans l'introduction de son article, il pose le problème ainsi :

> Or, si élégantes que soient ces méthodes de comptage [...], leur fiabilité quantitative soulève toujours des doutes. [...] Ce sont les [décharges fortuites] [...] qui rendent parfois difficile l'interprétation des comptages. En raison de la grande importance de ces méthodes, leurs fondements ont fait l'objet de nombreux travaux. Il s'agit ici particulièrement de savoir si et dans quelles circonstances chaque particule provoque une décharge, et dans quelle mesure des décharges peuvent également se produire sans rayonnement.
>
> Il est clair qu'une méthode qui éviterait ces questions serait en principe préférable. Je me suis donc proposé d'éviter l'utilisation d'une décharge auto-entretenue pour amplifier le signal, et de concevoir une méthode qui soit exempte de signaux fortuits douteux.

En 1927 Greinacher remplace l'électromètre par un oscillographe[120], appareil devenu très répandu en radio, et qui permet de visualiser sur un écran cathodique des variations rapides de courant électrique. Il s'affranchit ainsi de l'inertie même faible du fil de l'électromètre, qui ne permettait pas d'observer des courants trop faibles ou variant trop rapidement. Comme dans un poste de télévision, l'image d'un oscillographe est dessinée par un faisceau d'électrons dévié par le courant électrique à mesurer. Son inertie est incomparablement plus faible. Greinacher peut ainsi photographier les impulsions produites par des particules α et des protons, et faire une première évaluation quantitative de leur pouvoir ionisant : pour la première fois on peut mesurer directement la quantité de charge électrique créée par le passage d'une particule. *Or cette charge est proportionnelle à l'énergie de la particule.* C'est évidemment un progrès considérable. Greinacher continue cependant à actionner un haut-parleur à chaque détection de particule, mais il note que l'amplification est telle qu'on peut entendre les déclenchements, même lorsque le haut-parleur est débranché.

Au début des années trente, les amplificateurs à lampes sont très utilisés, il y en a un dans chaque poste de radio du commerce. Du coup la « méthode d'amplification purement électronique » de Greinacher se répand en Europe, à Vienne[121], au *Cavendish*, sous la houlette de Rutherford[122], et à Paris dans le laboratoire de Maurice de Broglie, grâce à un jeune physicien de trente ans, Louis Leprince-Ringuet[123,124]. L'électronique vient de faire son entrée dans l'instrumentation des physiciens, celle particulièrement des physiciens nucléaires. Elle en sera bientôt la reine.

Le développement des mesures « en coïncidence »

Nous avons vu plus haut comment Bothe et Geiger ont réussi à détecter simultanément un électron et un photon dans deux compteurs à pointe*. La méthode employée consistait à observer les enregistrements simultanés de deux électromètres, et elle leur avait permis de garantir la simultanéité des détections à un millième de seconde près. Après le départ de Geiger de Berlin, Bothe continua à travailler sur les coïncidences, en particulier pour détecter des rayons cosmiques[125].

Faire plusieurs actions simultanément, ou au moins coordonnées de façon précise dans le temps, est un vieux problème. Lorsqu'il tentait de voir, puis de photographier les traces laissées par les rayons X dans sa chambre à brouillard, Charles Wilson avait besoin de déclencher à la fois la détente de la chambre, le tube à rayons X, et l'éclairement, un éclair fourni par la décharge d'une bouteille de Leyde dans un tube à vapeur de mercure (un *flash électronique* en quelque sorte). Il réalisa cette simultanéité par la chute d'une bille de métal qui provoquait en une succession rapide l'expansion de la chambre, la décharge X et la fermeture du contact de la bouteille de Leyde, provoquant l'éclair[126]. Nous allons revenir sur cet appareil.

Des méthodes manuelles furent également employées ; par exemple dans la méthode des scintillations observées visuellement au microscope, deux observateurs regardent simultanément à travers deux microscopes, et actionnent à la main un interrupteur lorsqu'ils voient un éclair. Dans ce cas la simultanéité ne peut être garantie à mieux que $1/10$ de seconde près environ.

L'arrivée des techniques de la radio, et particulièrement des lampes d'amplification, allait faire évoluer la situation. En 1929 Bothe imagine une lampe spéciale qui permet de détecter le déclenchement simultané de deux compteurs à pointe. Un compteur qui détecte une particule produit un bref courant électrique, que Bothe envoie sur une grille d'une *lampe spéciale munie de deux grilles successives*, l'autre grille recevant le signal provenant d'un autre compteur. Bothe règle alors son appareil de façon que la lampe à deux grilles ne se déclenche que lorsqu'elle reçoit *en même temps* un signal sur chacune de ses deux grilles. Il obtient ainsi un signal électrique qu'il peut enregistrer, visualiser, écouter grâce à un haut-parleur[127]. L'article est envoyé en novembre à *Zeitschrift für Physik* et paraît au début de 1930.

À la lecture de cet article, un physicien italien de l'institut de physique d'Arcetri, près de Florence, eut une idée de génie. Bruno Rossi était né en 1905, d'un père électricien, et il faisait ses études universitaires, qui devaient le mener à soutenir sa thèse en 1927. En envoyant simultanément les signaux de deux compteurs Geiger-Müller sur les *grilles* de deux lampes triodes, il a le moyen de détecter *automatiquement* la présence de deux signaux simultanés. Rappelons qu'une lampe triode (qu'on appelait également *valve*) est constituée d'une cathode (chauffée, pour libérer des électrons), souvent reliée à la terre, d'une grille, et d'une anode formée par une plaque, portée à un potentiel positif. Si la grille est portée à un potentiel négatif, elle repousse les électrons de la cathode, aucun électron ne parvient à l'anode, et

---

*Voir p. 211.

le courant ne passe pas. Si le potentiel de la grille est positif, les électrons sont au contraire attirés, ils traversent la grille par ses trous, et parviennent à l'anode, si bien que le courant peut passer. Entre les deux situations, de petites variations du potentiel de la grille se traduisent par de grandes variations du courant de la plaque, d'où la capacité de cette lampe à amplifier un courant électrique, un signal. Rossi pense utiliser la lampe triode comme *un interrupteur automatique* : lorsque la grille est portée à un potentiel positif, le courant passe, l'interrupteur est fermé ; lorsqu'on envoie un signal négatif sur la grille, le courant ne passe plus, l'interrupteur est ouvert.

Rossi envoie les signaux venant des compteurs (signaux négatifs, puisque ce sont des électrons), sur les grilles de deux lampes triodes, et *il relie les deux « plaques »* (c'est l'appellation conventionnelle des anodes) des deux triodes. Il porte les grilles à un potentiel positif continu, le courant passe ; lorsqu'un signal vient d'un compteur, la lampe se comporte comme un interrupteur ouvert et ne laisse plus passer le courant, qui, cependant, passe toujours par l'autre lampe. Si maintenant les deux lampes reçoivent simultanément un signal, aucun courant ne passe plus. On détecte alors une « coïncidence ». Ce circuit de coïncidence de Rossi allait rapidement faire le tour du monde[128].

La méthode initiale de Bothe est en principe équivalente, mais elle est moins simple d'utilisation, parce qu'elle nécessite une lampe moins courante, et surtout *ne permet pas la généralisation à plus de deux compteurs*, ce qui est très simple à réaliser avec le circuit de Rossi. Walther Bothe avait néanmoins précédé Rossi, et c'est lui qui recevra le prix Nobel en 1954 pour « la méthode des coïncidences et les découvertes qu'elle a permis de faire ».

Dans sa conférence Nobel (qu'il ne put prononcer en raison de sa maladie) Bothe évoque le souvenir de son ami Geiger, et des premières mesures en coïncidences qu'ils avaient faites ensemble, pour en venir à son circuit électronique :

> J'ai utilisé dès 1929 une valve à grille multiple pour les coïncidences. Rossi fut le premier à décrire un autre système fonctionnant avec des valves en parallèle ; il a l'avantage de pouvoir être facilement étendu à plus de deux événements, et c'est donc lui qui est utilisé généralement aujourd'hui.

Et il conclut par ces mots :

> On trouvera de nombreuses applications de la méthode des coïncidences dans le domaine de la physique nucléaire, et on peut dire sans exagération que cette méthode est l'un des outils essentiels du physicien nucléaire moderne.

Walther Bothe mourra trois ans plus tard, en 1957.

La suite du développement de l'instrumentation donnera mille fois raison à Bothe. La méthode des coïncidences est devenue la méthode de base de la physique nucléaire. En effet, les physiciens recherchent de plus en plus des événements rares parmi de très nombreux phénomènes bien connus. C'est aujourd'hui la recherche de l'aiguille dans la botte de foin, une aiguille de plus en plus fine dans une botte de plus en plus grande. La méthode des coïncidences permet alors de faire au moins un premier tri, sans quoi il serait impossible de repérer les événements recherchés.

La mesure de l'énergie du rayonnement γ

Le rayonnement γ est un rayonnement électromagnétique, tout comme la lumière. *C'est de la lumière*, comme les rayons X, simplement avec une longueur d'onde beaucoup plus courte, si bien qu'un *quantum de lumière* γ possède une énergie beaucoup plus grande qu'un quantum de lumière visible. Comment mesurer cette longueur d'onde ?

Mesures d'absorption

Charles Barkla avait réussi à établir des propriétés essentielles des rayons X en mesurant simplement leur absorption plus ou moins grande lors de la traversée d'une épaisseur donnée de matière*. Il put ainsi établir une échelle grossière, certes, mais efficace : plus un rayon γ était pénétrant, plus grande était sans doute son énergie.

Diffraction sur des cristaux

Ce fut ensuite William Lawrence Bragg qui, après Max von Laue[†], mit au point une méthode de mesure précise de la longueur d'onde des X par réflexion sur un cristal : à certains angles on observe une réflexion plus forte de la lumière sur le cristal, parce que les photons se réfléchissant sur les différents atomes arrivent « en phase ». Cette méthode très efficace pour les rayons X pouvait-elle être étendue aux rayons γ, de longueur d'onde beaucoup plus petite ? En principe oui, mais les angles étaient alors vraiment très petits, souvent inférieurs à 1°, et leur mesure précise en devenait problématique. De plus les plaques photographiques étaient beaucoup moins sensibles aux γ qu'aux X : là où une exposition de 10 minutes suffit pour des X, il faut 24 heures pour des γ. Le premier à tenter malgré tout l'aventure fut, une fois encore, Rutherford, en collaboration avec Edward Neville da Costa Andrade, un physicien anglais de 27 ans qui avait soutenu sa thèse en 1911 à Heidelberg, en Allemagne. Ils commencent tout d'abord par la mesure de γ « mous » du radium B^{129}, c'est-à-dire de γ d'énergie pas trop grande (semblable à celle des X) puis étendent leurs mesures à des γ de plus grande énergie[130]. Les angles sous lesquels ils doivent alors observer pour déterminer la longueur d'onde passent de quelque 10° à moins de 1° pour les γ de plus grande énergie, encore ne s'agit-il que d'énergies de l'ordre de 180 000 électronsvolts (0,18 MeV). Pour gagner du temps ils font lentement varier l'angle de réflexion, en faisant tourner le cristal, de façon à balayer toute une plage d'énergies possibles. Cette méthode, dite « du cristal tournant », avait été utilisée pour la première fois par Maurice de Broglie[131] pour mesurer les longueurs d'onde de rayons X. Elle fut perfectionnée par

---

*Voir p. 75.
[†]Voir p. 94.

deux de ses élèves, Jean Thibaud[132] et Marcel Frilley[133]. Ce dernier parvint à mesurer des énergies de rayonnement γ de 770 000 électronsvolts, ce qui nécessita une réflexion vraiment rasante, puisque l'angle n'était dans ce cas que de 10 secondes d'arc !

L'effet photoélectrique

Une autre méthode existait, qui s'appuyait sur l'effet photoélectrique. Lorsqu'un photon γ tombe sur un métal, et qu'il entre en collision avec un électron, il peut soit être dévié (avec changement de longueur d'onde, donc d'énergie), c'est l'effet Compton, soit communiquer *toute son énergie* à l'électron qui est expulsé du métal, avec cette énergie, diminuée d'une quantité fixe pour chaque métal et qui représente l'énergie nécessaire pour en extraire l'électron. C'est l'effet photoélectrique, connu depuis le XIXe siècle, et dont Einstein avait donné l'explication en 1905*. Il suffit alors de mesurer l'énergie de l'électron pour connaître celle du γ. Mais cette méthode était d'un emploi malcommode pour mesurer des énergies de rayons γ émis par des sources radioactives : effet faible, demandant de longues expositions photographiques, souvent un fond important, des raies pas très fines.

Les électrons de conversion

Il était bien plus commode d'utiliser lorsque c'était possible le phénomène de *conversion interne*, qui est une sorte d'effet photoélectrique interne à l'atome : au lieu d'émettre un photon γ, le noyau communique cette énergie à un électron de l'atome, expulsé avec une énergie égale à celle qu'aurait eue le photon diminuée de sa propre énergie de liaison. C'est donc cette méthode qui était utilisée d'habitude par les physiciens étudiant la radioactivité. Mais pour l'étude des γ émis lors de réactions nucléaires artificielles, cette méthode n'était pas d'une très grande utilité en général. D'autres méthodes allaient devoir être inventées.

Un détecteur à nul autre pareil : la chambre à brouillard de C. T. R. Wilson

Charles Thomas Rees Wilson et les nuages

En septembre 1894, un jeune étudiant en vacances fait l'ascension du point culminant de l'Écosse, le mont Ben Navis, 1 343 m. Il est émerveillé par les effets lumineux produits par le soleil couchant sur les nuages, gloires et couronnes irisées. En physicien, il s'interroge sur la formation des nuages, et cherche à reproduire ces effets au laboratoire.

Charles Thomson Rees Wilson était né le 14 février 1869 à Glencorse, près d'Edimbourg, dans une famille de fermiers. Mais son père mourut alors qu'il n'avait que quatre ans, et sa mère décida de partir pour Manchester. Il y commence ses études universitaires dans le but de devenir médecin, puis

---

*Voir p. 109.

il est admis à Cambridge, et décide de faire plutôt de la physique. En 1892 il entre au *Cavendish,* pour travailler sous la direction de J. J. Thomson, alors en pleine période productrice dans le domaine des rayons cathodiques.

Pour comprendre la formation des nuages, Wilson se met à étudier la façon dont la vapeur d'eau se condense en ces minuscules gouttelettes qui constituent le brouillard et les nuages. Il connaît les lois de la condensation de la vapeur d'eau présente dans l'air : si la pression (ou la température) diminue brusquement, une partie de l'eau présente dans l'air se condense sous forme de vapeur ; mais cette condensation ne peut se réaliser que s'il existe des germes, qu'on appelle des *noyaux de condensation,* par exemple de fines poussières présentes dans l'air, ce qu'avait découvert en 1888 un physicien écossais, John Aitken[134]. C'est un phénomène très semblable que connaissent les amateurs de champagne. Tant qu'il est dans sa bouteille, le champagne n'a pas de bulles, mais dès que la bouteille est ouverte, la pression baisse brusquement et elles apparaissent. Pas n'importe où cependant : dans la flûte, les bulles proviennent d'un ou de plusieurs points de la paroi. Il s'agit de petites aspérités, d'irrégularités du verre qui servent de noyau pour la formation des bulles (certains poussent le raffinement jusqu'à limer très légèrement le fond de la flûte pour que les bulles proviennent toutes exactement de ce point).

Wilson construit un dispositif qui lui permet de modifier brusquement le volume, donc la pression du gaz (vapeur d'eau + air). Effectivement, les premières « expansions », comme il les appelle, montrent une condensation autour de « noyaux d'Aitken » constitués par de fines poussières. Wilson laisse cette eau se condenser, tomber au fond du récipient, entraînant avec elle les poussières qui lui ont servi de noyaux de condensation, et répète le processus plusieurs fois, pour être sûr d'avoir bien nettoyé le volume de toute poussière. Il observe alors que, selon ses prévisions, aucun brouillard ne se forme. Mais lorsqu'il provoque une augmentation de volume, une expansion, de plus de 25%, le brouillard apparaît, alors qu'il pensait avoir nettoyé son récipient de tous ses noyaux de condensation ! C'est comme s'il subsistait un certain nombre de noyaux qu'il ne peut entraîner par condensation. Et s'il augmente le volume de plus de 38%, ce n'est plus du brouillard qui se forme, mais de la pluie, un peu comme si toute molécule jouait le rôle de noyau de condensation[135].

Ce qui intrigue Wilson, c'est qu'il n'arrive pas à se débarrasser de ces noyaux de condensation. Des noyaux de condensation semblent être *produits* en permanence. Comment ?

Or au début de 1896 la nouvelle de la découverte des rayons X avait déferlé sur les laboratoires, et J. J. Thomson s'était mis à en étudier activement les propriétés, tout particulièrement celle de favoriser le passage de l'électricité à travers les gaz. Pour lui, les rayons X devaient *ioniser* le gaz, arrachant des électrons à certains atomes, et ces électrons devenus libres se déplaçaient sous l'influence du champ électrique. Wilson expose sa chambre aux rayons X, faisant naître un brouillard très dense :

> Au lieu d'une condensation disparaissant en une ou deux secondes, il se produisit un brouillard durant plus d'une minute.

Poursuivant ses expériences, Wilson compare l'action des rayons X, de la lumière ultra-violette, des rayons « uraniques » dans sa chambre. Ces différents rayonnements produisent donc des noyaux de condensation, et Wilson prouve que ces noyaux de condensation sont des particules chargées d'électricité :

> Lorsque l'air exposé aux rayons X se trouve entre deux plaques parallèles entre lesquelles on maintient une différence de potentiel suffisante, les brouillards obtenus lors de l'expansion sont beaucoup moins denses, et si les rayons X sont arrêtés avant l'expansion on s'aperçoit que tous les noyaux ont été supprimés, alors que sans aucun champ électrique on obtient un brouillard même si l'expansion n'est faite que quelques secondes après la coupure des rayons X. Ce comportement prouve que les noyaux sont des particules chargées ou des « ions »[136].

Wilson observe que les rayonnements qu'on appelait encore *uraniques* en 1898 ont le même effet que les rayons X, et note en passant, dans une courte phrase entre parenthèses :

> les expériences d'expansion fournissent probablement une des méthodes les plus sensibles de détection de ces rayonnements[135].

Un détecteur hors du commun

Pendant quelques années, Wilson s'intéresse surtout à la météorologie et c'est seulement en 1910 qu'il se pose la question d'utiliser sa chambre pour voir et photographier des trajets de particules. La première tentative est faite en 1911, avec une chambre encore sommaire, sur laquelle il envoie des rayons X, puis des particules α et β issues d'une source radioactive :

> je fus ravi de voir la chambre à brouillard remplie de petits nuages prenant la forme de rubans et de filaments : c'était les traces des électrons éjectés par les rayons. On plaça à l'intérieur de la chambre à brouillard la langue de métal d'un spinthariscope, avec une trace de radium, et l'on put voir pour la première fois le spectacle magnifique des nuages condensés le long des traces des particules α, ainsi que le long filament des particules β [...][137]

Rapidement, il fait construire une version améliorée de sa chambre. Les premiers résultats impressionnent Rutherford, lui faisant dire que c'est « la plus belle expérience du siècle ». Wilson obtient maintenant l'expansion en ouvrant rapidement la communication entre la chambre et un réservoir dans lequel on a fait le vide. Il faut répéter l'opération plusieurs fois pour nettoyer la chambre de toute poussière, et éliminer par un champ électrique approprié les ions produits en permanence[126,138].

Cet appareil extraordinaire montre directement les trajectoires des particules, soit à l'œil nu, soit sur des photographies, par des traînées de condensation, un peu comme on voit les avions à réaction laisser dans le ciel une trace blanche qui matérialise leur trajet. Ce qui est merveilleux, presque invraisemblable, c'est de voir *une particule* (plus précisément le sillage qu'elle laisse derrière elle). Malgré son caractère spectaculaire, la chambre à brouillard de Wilson ne sera pas beaucoup utilisée avant les années vingt. Ce sera sa capacité à détecter (et montrer) *toutes les particules chargées issues d'une collision* qui fera sa gloire.

L'effet Compton vu dans la chambre à brouillard

Bothe et Geiger avaient montré que dans l'effet Compton, qui met en jeu la collision d'un photon X et d'un électron, le photon et l'électron partent dans des directions différentes, avec des énergies qu'on peut facilement calculer une fois connu l'angle suivant lequel est dévié le photon X. Pour vérifier ce calcul, et pour montrer que l'énergie était bien conservée dans chaque collision, Bothe et Geiger avaient monté une expérience dans laquelle le photon et l'électron étaient détectés simultanément, une expérience *en coïncidence*. La chambre de Wilson permettait en principe de faire la même chose, car on pouvait voir les chemins à la fois de l'électron, mais aussi du photon, grâce aux traces laissées par les électrons qu'il rencontrait (s'il en rencontrait, ce qui n'arrive pas à tout coup). C'est à cette tâche que s'attelèrent Arthur Compton et Alfred Simon. L'expérience était difficile, les événements détectés rares. Le résultat fut sans ambiguïté[139] : l'énergie et l'impulsion étaient effectivement conservées dans chaque collision.

Voir une réaction nucléaire

C'est à un problème semblable que s'attaqua un jeune physicien du *Cavendish*. Patrick Blackett était né le 18 novembre 1897, et avait commencé une carrière d'officier de Marine. Il avait participé pendant la Grande Guerre à la bataille des Îles Malouines (Falkland pour les Anglais) et à celle du Jutland. La guerre terminée, il démissionna avec le grade de lieutenant, entama des études de physique sous la direction de Rutherford à Cambridge et commença à faire de la recherche en 1921, à l'époque où Rutherford et Chadwick étaient en pleine étude des réactions nucléaires par la méthode des scintillations.

Blackett entreprit d'observer une telle réaction dans une chambre à brouillard de Wilson. S'il était possible d'observer *toutes* les particules mises en jeu dans une réaction de transmutation, on pourrait en savoir plus sur ce qui se passe, et particulièrement sur le sort de la particule α, comme disait Rutherford. Mais outre les difficultés habituelles de réglage de la chambre, le problème principal était la rareté de tels événements. N'oublions pas l'extrême petitesse des noyaux des atomes. Lorsque l'on envoie des particules α dans un gaz, la probabilité pour qu'elles rencontrent un noyau est extrêmement faible. Blackett prit environ 23 000 photographies de la chambre de Wilson[140]. Chaque photo contenant environ 18 traces, cela faisait plus de 400 000 traces au total. La plupart de ces traces étaient celles de particules α. Et dans cette forêt, on pouvait voir de temps en temps une particule α subissant une déviation brusque, mais sans que la longueur totale de son parcours ne soit modifiée. Il s'agit dans ce cas de collisions dites « élastiques », de simples rebonds sans transfert d'énergie. Et d'ailleurs on peut voir, partant du coude fait par la trajectoire de la particule α lors du choc qui la dévie, une trace courte laissée par le recul du noyau qui a subi le choc.

Enfin, au milieu de toutes ces traces, Blackett en découvrit huit qu'il pouvait attribuer à des événement de transmutation. Ces figures ressemblaient aux figures formées par les chocs élastiques des particules α contre des noyaux d'azote, à la différence près que la trace qui partait du point de la collision était plus longue et beaucoup plus fine que celle d'une particule α. *C'était bien celle d'un proton*[*]. Pas d'autre trace partant du point de collision :

> L'étude des photographies conduit à conclure qu'une particule α qui éjecte un proton d'un noyau d'azote se lie à ce noyau. [...]
>
> Sur la nature du noyau résultant de cette intégration on peut dire peu de choses en l'absence d'autres données. Il a toutefois une masse 17, et [...] un numéro atomique 8. Ce doit donc être un isotope de l'oxygène.

La chose nouvelle et intéressante est donc là : il semblait bien que la particule α avait été absorbée par le noyau d'azote, dans ce qui apparaît comme une fusion, de la même façon que l'on voit deux gouttelettes d'eau se réunir pour former une seule goutte dès qu'elles sont au contact l'une de l'autre. Le proton parti, il devait donc rester un noyau d'oxygène. À moins que ce noyau composé de l'azote et de la particule α, après avoir expulsé un proton, ne se brise encore. Mais alors, dit Blackett, on devrait voir des traces, ce qui n'est pas le cas. Cela confirme les vues de Rutherford, et l'intuition de Jean Perrin, comme nous l'avons noté plus haut[†]. C'est bien l'amorce d'une théorie des réactions nucléaires.

---

[*] Les protons provoquent moins d'ionisation que les particules α, car ils ont une charge électrique deux fois plus faible, et en conséquence sont moins ralentis, ce qui leur donne un parcours plus long dans la matière.

[†] Voir p. 222.

CHAPITRE 7

Le noyau de l'atome en 1930

L E 25 FÉVRIER 1927 RUTHERFORD était invité à donner une conférence sur « les noyaux atomiques et leurs transformations » devant la *Physical Society*[141]. Il note ce qui paraît, encore une fois, une évidence :

> Puisque des noyaux d'hélium (particules α) aussi bien que des électrons sont expulsés du noyau avec violence, on peut en déduire sans risque que le noyau de ces noyaux lourds doit contenir des électrons et des noyaux d'hélium, et que ceux-ci font partie de leur structure, à moins de supposer que le noyau d'hélium se forme d'une certaine façon, à partir de constituants plus simples, au moment de son expulsion du noyau.

Mais il va plus loin, et dessine les contours d'un véritable modèle du noyau :

> Alors qu'il est impossible que des particules chargées comme le proton ou la particule α restent en équilibre en étant soumises à la force de répulsion coulombienne, le cas est tout à fait différent pour des particules neutres électriquement. [...] Nous arrivons donc à une conception générale de la structure nucléaire dans laquelle le noyau central chargé est entouré par un certain nombre de particules neutres. Dans une conférence devant l'Institut Franklin en 1924 j'ai avancé la suggestion que le noyau central était un arrangement ordonné de particules α et d'électrons dans une formation semi-cristalline, et j'ai montré que certains arrangements simples étaient en bon accord avec la charge et la masse de quelques atomes.

Rutherford va élaborer son modèle dans les mois qui suivent et il le présente en détail dans un article qu'il envoie à *Philosophical Magazine* le 10 août 1927[142]. Au début de l'article, Rutherford rappelle la situation :

> Les forces électriques exercées par le noyau sur un corps chargé positivement sont répulsives, et les données expérimentales sur la diffusion de particules α par l'aluminium et le magnésium montrent que les forces attractives qui entrent en jeu à cause de la distorsion ou de la polarisation

de la structure nucléaire par la particule α ne deviennent importantes qu'à des distances de 1×10^{-12} cm environ.

En fait, le modèle de noyau imaginé par Rutherford est un atome en miniature, aux dimensions du noyau, un atome où les électrons sont remplacés par des particules α qui gravitent autour d'un « centre », le *noyau du noyau*, en quelque sorte :

> Selon la façon de voir proposée dans cet article, la structure du noyau d'un atome lourd comprend certaines régions bien définies. Au centre se trouve le noyau central chargé, de très faibles dimensions, entouré à quelque distance par un certain nombre de satellites neutres sur des orbites quantiques déterminées par le champ électrique du noyau central. J'ai suggéré il y a quelques années que le noyau central était un arrangement très ordonné, semi-cristallin, de noyaux d'hélium et d'électrons. Quelle que soit la façon de voir cela, il est pratiquement certain que le noyau central d'un élément lourd est une structure très compacte, occupant un volume dont le rayon n'excède pas 1×10^{-12} cm. La région autour du noyau central s'étendant jusqu'à $r = 1.5 \times 10^{-12}$ cm environ est probablement occupée par des électrons et peut-être aussi des particules chargées de faible masse, qui sont maintenues en équilibre par les forces attractives provenant de la distorsion ou de la polarisation du noyau central.

Rutherford ne précise pas la nature de ces « satellites neutres », peut-être des particules α contenant deux électrons. Et quant aux forces de cohésion, ces forces attractives si intenses qu'elles prennent le pas sur la répulsion coulombienne, Rutherford les voit comme une *distorsion des forces électromagnétiques* aux très courtes distances envisagées.

Rutherford tente d'expliquer les désintégrations radioactives dans le cadre de son modèle. Il rappelle une observation troublante faite en 1911 à Manchester par Hans Geiger en collaboration avec un étudiant, John Mitchell Nuttall[143]. Ils avaient mesuré la période radioactive d'une vingtaine d'éléments, ainsi que les *parcours*$^\diamond$ dans l'air des particules α correspondantes, dont ils pouvaient déduire la vitesse initiale. Ils avaient alors observé une relation surprenante entre la *période radioactive* et le *parcours* des particules émises : plus la période radioactive était courte, plus le parcours était long*! Toutes les tentatives pour trouver une explication à ce phénomène avaient échoué, et le nouveau modèle de Rutherford était lui aussi inopérant. Rutherford notait même :

> Le fait que l'énergie de la particule [α] émise soit due en partie au champ répulsif qu'elle traverse en s'éloignant permet de douter que la relation empirique de Geiger ait une signification fondamentale précise.

On n'est jamais trop prudent, cela vaut même pour Rutherford. Il faudra tout juste un an pour trouver une « signification fondamentale précise » à la relation dite de « Geiger-Nuttall », comme nous le verrons bientôt.

Cette tentative de Rutherford est empreinte de sa façon de voir la physique, qui lui a permis des succès retentissants, mais qui atteint mainte-

---

*Il existe une relation approximativement linéaire entre le logarithme du parcours et celui de la période radioactive.

Le noyau en 1930

nant ses limites. Dans son article, il parle d'orbites quantiques, de nombres quantiques pour caractériser ces orbites, mais son image « quantique » du noyau est très semblable à celle de l'atome de Bohr en 1913 : une description classique, avec simplement quelques règles quantiques. Les années qui vont suivre verront un éclosion impressionnante de découvertes faites par une nouvelle génération de physiciens. La description physique de la structure interne du noyau de l'atome va bientôt en être bouleversée.

DES CERTITUDES, ET UN CASSE-TÊTE

Une évidence...

En 1930, la question de la composition du noyau de l'atome paraît donc réglée. Répétons les arguments qui ont pour les physiciens de l'époque le poids de la preuve :

- La masse des noyaux est toujours très proche d'un multiple entier de celle du proton, avec un « défaut de masse » interprété de façon satisfaisante par l'énergie de liaison, *donc les noyaux sont constitués de protons*, en nombre égal à la valeur de leur masse
- Mais alors la charge électrique du noyau est trop grande, deux fois trop grande dans le cas des noyaux légers (de masse inférieure à 40)
- Or justement *le noyau doit contenir des électrons, de charge négative, puisque les noyaux radioactifs en expulsent*. Le nombre de ces électrons « nucléaires » est donc égal à la différence entre le nombre des protons et la charge électrique connue du noyau. La charge excédentaire est ainsi neutralisée et le noyau a tout à la fois la bonne masse et la bonne charge. La masse de l'électron étant très faible en comparaison de celle du proton (1/1850), l'introduction de ces électrons ne change guère la valeur de la masse.

Un raisonnement sans faille. Vraiment ?

Lecteur, tu sais peut-être que les noyaux contiennent des protons, des neutrons, et aucun électron : pourquoi les physiciens n'envisageaient-ils pas en 1930 l'existence de neutrons dans le noyau ? Pour répondre à cette question il faut se reporter à l'état des connaissances en 1930 : le neutron imaginé par Rutherford dès 1920 n'avait pas été observé, malgré de nombreuses tentatives, il restait donc une simple spéculation. Et de toute façon Rutherford supposait qu'il était composé d'un proton et d'un électron, ce qui revenait au même : le noyau comprenait des protons et des électrons. Pour les physiciens de cette époque, c'était l'hypothèse la plus plausible.

... et une énigme : le noyau d'azote 14

Un fait, qui peut apparaître de loin comme un détail, tracassait cependant les physiciens : le noyau d'azote 14 était-il un *boson* ou un *fermion* ? Pour comprendre l'enjeu de cette question, il faut revenir brièvement à cette caractéristique fondamentale des particules microscopiques, l'indiscernabilité.

Bose et Einstein, puis Fermi et Dirac avaient montré que les particules telles que protons, électrons ou photons appartenaient à l'une des deux familles, les *bosons* ou les *fermions**. Deux électrons en interaction, dans un atome ou une molécule par exemple, ne peuvent avoir tous leurs nombres quantiques égaux : ce sont des fermions. Il s'agit en fait d'une autre formulation du principe d'exclusion de Pauli[†]. Les photons au contraire peuvent se trouver en nombre quelconque dans le même état quantique : ce sont des bosons.

Mais *quid* des particules composites, comme les particules α, ou plus généralement les noyaux des atomes ? La question se pose lorsque l'on traite les noyaux comme des blocs, sans s'occuper de leur structure interne : c'est le cas des noyaux d'hydrogène, les protons, dans la molécule d'hydrogène, ou aussi des noyaux d'azote dans la molécule d'azote[‡]. Une règle plausible avait été plus ou moins adoptée, puis fut démontrée par Ehrenfest et Robert Oppenheimer[144] : lorsque le nombre total des protons et des électrons est *pair,* le noyau se comporte comme un *boson,* et s'il est *impair,* comme un *fermion.*

Dans ces conditions, le noyau d'azote 14, qui contenait, selon l'opinion commune, 14 protons et 7 électrons, *devait être un fermion.* Or les mesures montraient justement le contraire !

Franco Rasetti, l'ami de Fermi[§], avait en effet observé la rotation de la molécule d'azote, composée de deux noyaux d'azote 14 liés entre eux par leurs 14 électrons, et qui ressemble donc à une sorte d'haltère pouvant tourner sur lui-même, et aussi vibrer (car le lien entre les noyaux d'azote est élastique : la distance entre les noyaux oscille autour d'une valeur moyenne). Ces rotations et vibrations sont quantifiées, et ce qu'on observe, c'est justement les différents états de rotation (rotation plus ou moins rapide), ou plus précisément les photons émis lorsque la molécule change d'état. Rasetti avait mesuré le spectre de rotation des molécules d'azote et d'hydrogène[145] lors d'un séjour au *California Institute of Technology,* à Pasadena, auprès de Robert Millikan. Deux jeunes physiciens allemands de Göttingen, Walter Heitler et Gerhard Herzberg, furent très surpris par ces résultats, *qui signifiaient que le noyau d'azote 14 se comporterait comme un boson* dans la molécule d'azote. Dans un article daté du 28 juillet 1929, ils écrivent :

> Cet état des choses est extraordinairement surprenant. Le noyau d'azote contient en effet au total 14 protons et 7 électrons [...]. Mais la mécanique quantique implique que les systèmes qui sont constitués d'un nombre [impair] de protons et d'électrons suivent la statistique de [Fermi], puisque les protons et électrons suivent eux-mêmes la statistique de Fermi. Si les observations de Rasetti sont exactes, *cette règle perd donc toute valeur dans le noyau*[146].

---

*Voir p. 164.
[†]Voir p. 142.
[‡]Notons que l'application de cette loi n'a d'incidence pratique que lorsque les noyaux interagissent quelque peu ; dans le cas contraire on obtient le même résultat, qu'on l'applique ou pas. Heureusement d'ailleurs, sinon il faudrait l'appliquer à tous les électrons de l'univers !
[§]Voir p. 160.

De retour à Rome, Rasetti reprend ses mesures, et confirme, cette fois sans l'ombre d'un doute : l'azote 14 obéit à la statistique de Bose-Einstein et non pas à celle de Fermi-Dirac[147] ! Et il a bien un spin 1, comme l'ont mesuré deux physiciens hollandais quelque temps auparavant[148], ce qui pose un problème épineux[149] : comment obtenir un nombre entier d'unités de spin en additionnant ou en soustrayant un nombre *impair* de fois 1/2 ?

Faut-il envisager une solution radicale ?

En avril 1930 le physicien russe Jakov Dorfman suggère une autre possibilité :

> Les électrons n'existent point dans les noyaux des atomes [D. Ivanenko et V. Ambarzumjan] ont développé une théorie de cette nature, se basant sur les dernières idées de Dirac[150].

Cette proposition est radicale. Elle fait référence à un travail de deux autres Russes, Viktor Ambarzumjan et Dmitrij Ivanenko[151], qui cherchent à construire une théorie de la radioactivité β dans laquelle *les électrons n'existeraient pas dans le noyau*. On considérait jusqu'alors que, puisque les électrons sont expulsés du noyau lors de la radioactivité β, ils devaient se trouver dans le noyau précédemment. Mais, font remarquer Ambarzumjan et Ivanenko, les photons γ ne préexistent pas dans le noyau, *ils sont créés au moment de l'émission de rayonnement* :

> L'émission des rayons β par les noyaux radioactifs possède une certaine analogie avec l'émission des quanta de lumière par les atomes. Les données récentes [...] semblent soutenir l'idée, exprimée il y a quelques mois par Heitler et Herzberg, que les électrons perdent leur individualité dans le noyau. [...] Ces considérations nous ont amenés à essayer de construire une théorie des rayons β analogue à la théorie des quanta de lumière, proposée par Dirac.

Pour les deux physiciens russes l'expulsion d'électrons du noyau lors de la radioactivité β n'est donc pas un argument inattaquable prouvant qu'il existe des électrons dans le noyau : tout comme les quanta de lumière, *les électrons pourraient être créés au moment de l'expulsion*. Ils ne mèneront pas cette idée à son terme, mais elle est intéressante. Une graine lancée au vent...

Au début de 1932 : toujours l'énigme

Dans la discussion qui eut lieu le 28 avril 1932 à la *Royal Society* de Londres, sous la présidence de Rutherford[152], Ralph Fowler passe en revue la situation expérimentale et conclut :

> Nous obtenons [...] de cette façon la détermination la plus claire du type de statistique auquel satisfont les noyaux, en particulier N_{14} obéit à la statistique d'Einstein-Bose, ce qui nous conduit forcément [...] à cette conclusion profondément dérangeante que les électrons dans le noyau ne contribuent ni au spin ni au type de statistique.

Cinquième partie

1930-1940 :
un développement fulgurant

> Kennst du den Berg und seinen Wolkensteg?
> Das Maultier sucht im Nebel seinen Weg,
> In Höhlen wohnt der Drachen alte Brut
> Es stürzt der Fels und über ihn die Flut.
>
> Goethe, *Mignon*
>
> Connais-tu la montagne et la voie dans les nuées ?
> Le mulet dans la brume y cherche son chemin,
> L'engeance des dragons demeure dans ses antres.
> Le roc va s'effondrant et les eaux le recouvrent.
>
> *Traduction de Bernard Gicquel*

CHAPITRE 1

Le noyau, nouvelle frontière

Où la physique du noyau de l'atome devient la première préoccupation des physiciens. Où, grâce à la mécanique quantique, un Russe et deux Américains parviennent à expliquer une énigme de la radioactivité α, la vielle loi de Geiger et Nuttall. Où un Français découvre que toutes les particules α émises par un corps radioactif n'ont pas exactement la même vitesse.

LA MÉCANIQUE QUANTIQUE DANS LE NOYAU

LE 2 AOÛT 1928 la grande revue allemande *Zeitschrift für Physik* reçoit un article d'un physicien russe, George Gamow, qui travaille au laboratoire de physique théorique de Göttingen, chez Max Born. Gamow propose d'interpréter la fameuse relation de Geiger-Nuttall à la lumière de la mécanique quantique[1]. Nous avons déjà évoqué ce phénomène étonnant, découvert en 1911 par Hans Geiger et John Mitchell Nuttall, qui avaient observé une relation restée inexpliquée entre la vitesse des particules α émises par les substances radioactives et leur période de désintégration : cette vitesse est d'autant plus élevée que la substance se désintègre plus rapidement*. Coïncidence : le 22 septembre paraît dans *Nature* un article que deux physiciens américains du *Palmer Physical Laboratory* à Princeton, Ronald Gurney et Edward Condon, avaient envoyé le 30 juillet[2]. Indépendamment de Gamow, ils ont fait pratiquement le même calcul que lui.

George Gamow

George Gamow est un jeune physicien russe, encore étudiant. Né en 1904 à Odessa, il a fait ses études supérieures à l'Université de Leningrad,

---

*Voir p. 248.

et a obtenu une bourse lui permettant de passer un an à Göttingen, en 1927-28, dans le fameux laboratoire de Max Born, où était née la mécanique quantique. C'est au mois d'août qu'il publie le calcul de la désintégration α. Il voyagera beaucoup par la suite : Copenhague (1928-29), Cambridge (au *Cavendish*) (1929-30), de nouveau Copenhague (1930-31), Leningrad (1931-33), Paris (Institut du Radium, 1933-34). Invité aux États-Unis en 1934, il y restera définitivement, devenant Professeur à l'Université *George Washington* de 1934 à 1956, puis à l'Université du Colorado de 1956 à 1968. Il deviendra citoyen des États-Unis en 1940 et y mourra en 1975.

Personnage haut en couleurs, Gamow était un géant d'un mètre quatre-vingt-dix, qui pesait cent kilos ; il parlait six langues, avec un fort accent, aimait rire et faire des farces. Il écrivit plusieurs livres de vulgarisation qui eurent un grand succès (dont la série des *Mr. Tomkins*, et *Trente années qui ébranlèrent la physique, histoire de la mécanique quantique* *).

Gamow commence par évoquer le problème général de la cohérence du noyau :

> On a assez souvent émis l'opinion que les forces attractives non coulombiennes jouent un rôle très important à l'intérieur du noyau de l'atome. Sur la nature de ces forces nous pouvons faire de nombreuses hypothèses [...]
>
> En tout cas ces forces diminuent très rapidement lorsqu'on s'éloigne du noyau, et c'est seulement à de très courtes distances du noyau qu'elles supplantent les forces coulombiennes.

Il faut bien tenir ensemble les particules qui composent le noyau. Cette idée est présente chez tous les physiciens de cette époque.

Et, comme le soulignait Gamow, il était évident que ces forces se manifestaient seulement à très courte distance, au contact pourrait-on dire, si ce mot avait un sens pour des particules comme les protons.

À l'inverse de la radioactivité α, imaginons une particule α qui s'approche d'un noyau. Quelle force subit-elle ? À distance, uniquement la répulsion électrique, dite *coulombienne* ; cette répulsion augmente lorsque la particule s'approche, comme une balle de golf qui devrait monter une petite colline de pente de plus en plus raide pour atteindre le trou. Dès qu'elle atteint une distance fatidique, de l'ordre des dimensions du noyau, la particule α est happée par l'attraction des autres particules du noyau, comme la balle de golf qui, ayant atteint le bord du trou, tombe au fond. La particule α, comme toute particule chargée, « voit » donc le noyau comme un puits entouré d'une colline de *potentiel*, qui fait office de margelle abrupte à l'intérieur, mais en pente qui s'adoucit lorsqu'on s'en éloigne. On parle d'un *puits de potentiel*° et d'une *barrière coulombienne* qui entoure le puits. Une fois au fond du puits, il faudra lui fournir de l'énergie pour qu'elle monte jusqu'au sommet de la barrière, avant de dévaler la pente de l'autre côté.

Comment se passe la *sortie* d'une particule α lors de la radioactivité ? Classiquement, il faut fournir à la particule assez d'énergie pour qu'elle s'élève jusqu'au bord de la margelle du puits, au sommet de la colline. Même

---

*Voir p. 173.

si le trou n'est pas très profond, et qu'elle soit, disons à mi-hauteur de la barrière, elle ne peut s'échapper, selon les lois de la mécanique classique, sauf si cette barrière est un peu perméable, percée de quelque tunnel. Or *la mécanique quantique permet justement la traversée d'une barrière*. Dans les régions de l'espace où la présence de la particule est classiquement interdite (à l'intérieur de la barrière), la fonction d'onde de la particule ne s'éteint pas brutalement, mais plus ou moins vite selon la hauteur de la barrière. Si celle-ci n'est pas trop épaisse, il reste quelque chose de la fonction d'onde à l'extérieur, donc une probabilité sans doute très faible mais non nulle que la particule se trouve à un moment donné à l'extérieur, et donc puisse s'échapper. La barrière est ainsi semi-perméable, phénomène purement quantique appelé... *effet tunnel*. Cette probabilité peut effectivement être très faible : un noyau d'uranium a une chance sur deux de s'être désintégré par période de 4,5 milliards d'années ! Un gramme d'uranium contient $2,5 \times 10^{21}$ noyaux d'uranium, il s'en désintègre environ 10 000 par seconde, une proportion infime, mais mesurable.

Gurney et Condon ne disent pas autre chose dans leur article de *Nature* :

> En mécanique classique, l'orbite d'une particule en mouvement est confinée aux régions de l'espace où son énergie potentielle est inférieure à son énergie totale. Si un ballon se déplace dans une vallée d'énergie potentielle, et n'a pas assez d'énergie pour passer par-dessus la montagne d'un côté de la vallée, il restera indéfiniment dans la vallée, à moins d'acquérir de quelque façon l'énergie qui lui manque. Mais il n'en est pas ainsi en mécanique quantique. Il aura toujours une probabilité faible mais non nulle de s'échapper en s'infiltrant à travers la montagne.

On peut ajouter que si le ballon peut traverser la montagne, il acquerra en dévalant de l'autre côté une vitesse d'autant plus grande que son point de départ sera plus haut au-dessus de la vallée.

Cette façon de décrire l'émission d'une particule α permet d'expliquer qualitativement la loi de Geiger-Nuttall, ce que font Gurney et Condon. Si la particule α, lorsqu'elle s'échappe du noyau, est tout près du bord de la margelle, ou du sommet de la barrière, elle part de plus haut, et acquiert donc une énergie plus grande en dévalant la pente. Et comme elle est près du sommet, l'épaisseur à traverser est moindre, ce qui lui donne une meilleure probabilité de sortir : la période radioactive sera plus courte. C'est précisément ce que disait la relation de Geiger-Nuttall. Gurney et Condon font ce raisonnement qualitatif, tandis que Gamow va un peu plus loin, et calcule la relation entre la vitesse de la particule α et la période radioactive du noyau émetteur. On découvre ainsi une raison physique du phénomène de Geiger-Nuttall selon lequel les périodes radioactives courtes correspondent aux grandes énergies des particules α.

Gurney et Condon terminent leur article de *Nature* par une remarque amusante, peut-être une petite pique destinée à Rutherford :

> On a beaucoup écrit sur la violence avec laquelle la particule α est expulsée du noyau. Mais dans le processus que nous décrivons ci-dessus, on pourrait plutôt dire que la particule α se faufile de l'autre côté de la montagne presque sans se faire remarquer.

En d'autres termes, ce n'est pas la violence de l'explosion nucléaire qui propulse la particule α à des vitesses tellement impressionnantes, c'est le fait qu'il existe une probabilité, infime mais pas nulle, que la particule se trouve à un moment donné hors du champ d'action de l'attraction des autres particules du noyau, mais si près cependant qu'elle subit une répulsion électrique énorme, qui la repousse loin du noyau qu'elle vient de quitter par un tour de magie quantique.

Salomon Rosenblum et la structure fine de la radioactivité α

Depuis les travaux mémorables de William Henry Bragg au début du siècle[*] il était universellement admis que les particules α issues des substances radioactives avaient toutes une vitesse bien déterminée, considérée comme une véritable caractéristique, une signature du corps émetteur.

Mais en 1929 cette belle certitude est remise en cause par une note aux *Comptes Rendus de l'Académie des Sciences*, signée par un jeune physicien de l'Institut du Radium, le laboratoire de Marie Curie[3].

Salomon Rosenblum était né le 14 juin 1896 à Ciechanoviec, près de Minsk (aujourd'hui capitale de la Biélorussie), dans une famille aisée[4]. Ses études secondaires en Allemagne sont interrompues par la guerre, et il doit se réfugier au Danemark. Il étudie la philosophie à l'Université de Copenhague, puis l'hébreu, l'araméen et l'arabe à l'Université de Lund. Un jour, alors qu'il préparait une thèse sur les langues orientales anciennes comparées, il rencontre dans un café un assistant de Niels Bohr, qui lui parle des premiers succès de la théorie des quanta, et lui explique comment Niels Bohr avait brillamment interprété le spectre de l'hydrogène. Rosenblum, sans hésiter, abandonne sa thèse pour se consacrer à la physique. Il travaille à Copenhague, puis à Berlin, et enfin à Paris, où Marie Curie le fait entrer à l'Institut du Radium, sur la recommandation de Niels Bohr. Nous sommes en 1923. Il soutient sa thèse le 3 juillet 1928 sur le passage des particules α à travers la matière. Puis il revient sur un problème qui l'avait intrigué quelques années auparavant, alors qu'il observait les spectres magnétiques de « rayons α » (c'est-à-dire des particules α) du thorium C'[†] : en faisant une déviation magnétique des particules α issues du ThC', il avait remarqué que la raie était un peu large, comme s'il y avait deux raies proches, comme si *les particules α n'avaient pas toutes exactement la même vitesse*. Mais le petit électro-aimant dont il disposait à l'Institut du Radium ne lui permettait pas d'aller plus loin.

Or un grand électro-aimant venait d'être construit et installé à Bellevue, dans les locaux de l'Office des Inventions, créé à la suite de la guerre. C'est Aimé Cotton, un spécialiste d'aimantation et d'optique, qui avait proposé cette construction dès 1912, mais en raison de la guerre l'électro-aimant ne

---

[*]Voir p. 80.

[†]Le thorium C'est l'un des corps formés dans la désintégration radioactive du thorium, un des maillons de cette chaîne de désintégrations dont l'aboutissement est un isotope du plomb. C'est l'isotope 212 du polonium que nous notons aujourd'hui ^{212}Po.

fut mis en service qu'en 1928[5,6]. Cet appareil était le premier de cette importance construit en France, et l'un des premiers dans le monde. Il était imposant, pesait plus de cent tonnes, et pouvait produire des champs très élevés, un précurseur des futurs grands équipements lourds : accélérateurs, spectromètre, etc. Rosenblum l'utilisa comme un spectromètre de précision pour mesurer la vitesse des particules α, comme Lise Meitner et Jean Danysz l'avaient fait pour les électrons de la radioactivité β. Au lieu que les particules soient déviées de quelques dizaines de degrés, il leur fait subir une déviation de 180°, un demi-cercle, avec en plus une focalisation, c'est-à-dire que des particules arrivant dans l'*entrefer* de l'aimant (région entre les pôles où règne le champ magnétique) avec des directions légèrement différentes les unes des autres se retrouvent au même point, après leur trajet d'un demi-cercle, sur une plaque photographique, à condition d'avoir la même vitesse. Rosenblum constate que ce que tout le monde avait pris pour une raie unique, correspondant à des particules α de vitesse unique, est en fait un ensemble de quatre raies, qui correspondent à des particules α de quatre vitesses légèrement différentes :

> Dans la région du spectre qui correspond aux rayons α du thorium C, nous avons observé, non pas une seule, mais quatre raies, dont deux intenses et très voisines, et deux autres très faibles et plus écartées.

Rosenblum a découvert ce qu'il appelle la *structure fine des rayons* α. Les expériences suivantes montreront que le phénomène est très général[7].

Qu'est-ce à dire ? Au temps où Bragg faisait ses expériences*, on n'imaginait pas encore l'existence d'un noyau dans l'atome. Lorsqu'apparut le noyau, et bientôt la théorie des quanta, l'idée admise à la suite de Niels Bohr fut que, tout comme les atomes, les noyaux ne pouvaient exister que dans certains « états » quantiques bien déterminés et, implicitement, peu nombreux. Pour prendre le cas le plus simple, celui de l'atome d'hydrogène, on se représentait l'électron circulant sur l'une des quelques orbites possibles, à plus ou moins grande distance du noyau. Si l'électron se trouvait sur une orbite éloignée du noyau, l'atome se trouvait dans un « état excité », et il « tombait », il se « désexcitait » en sautant de son orbite vers une orbite plus basse, perdant de l'énergie par émission d'un *quantum de lumière*, un *photon*. C'est un processus de *refroidissement*, processus par lequel un corps chaud se refroidit spontanément, en rayonnant de la lumière visible s'il est assez chaud, sinon des rayons infrarouges. Lorsque l'électron est sur l'orbite la plus basse, il ne peut plus rien rayonner, l'atome est dit dans son *état fondamental*. C'est l'équivalent du zéro absolu (-273,15°C) pour reprendre l'analogie du corps qui se refroidit.

En ce qui concerne le noyau lui-même, on ne connaissait en 1928 pratiquement rien de sa structure interne, mais on supposait, sans en être d'ailleurs bien sûr, que la mécanique quantique était applicable en principe au noyau, et que ce dernier devait pouvoir exister dans un certain nombre de configurations, qu'on appelle des états, le plus bas, qui correspond à la configuration la plus solidement liée, correspondant à l'état dit « fondamental ».

---

*Voir p. 80.

L'observation que les particules α émises par les noyaux radioactifs avaient tous une vitesse bien définie pour chaque élément pouvait avoir une explication simple : comme l'énergie totale avant la désintégration devait être la même que l'énergie totale après elle, si les noyaux étaient dans leur état « fondamental », alors une seule énergie était possible pour la particule α.

La découverte de Rosenblum remettait tout cela en question. Chaque noyau devait pouvoir exister dans plusieurs états, et la particule α s'échappant du noyau radioactif initial pouvait laisser le noyau *résiduel* dans plusieurs états possibles, mais avec des vitesses, des énergies, différentes. Commentaire de Rutherford[8] :

> Cette nouvelle méthode d'attaque du problème de l'homogénéité des rayons α présente un grand intérêt et une grande importance. Elle promet de nous fournir des données de grande valeur sur cette question.

Rutherford se met d'ailleurs immédiatement à l'étude de cette structure fine avec les moyens expérimentaux dont il dispose, à savoir la chambre d'ionisation avec amplification électronique, qui vient d'être mise au point dans son laboratoire*. Cette chambre d'ionisation permet de mesurer l'énergie, donc la vitesse des particules α de façon plus précise que les mesures de parcours dans l'air utilisées jusque-là. Plusieurs articles[9-12] du *Cavendish* portent sur l'énergie des particules α du *radium C*, du *thorium C*, de l'*actinium C* : les spectres sont effectivement plus complexes que ce qu'on avait imaginé avant les expériences de Rosenblum. De plus, Rutherford, peut-être piqué au vif d'avoir ainsi été devancé, met en chantier un spectromètre magnétique, qui donne ses premiers résultats en 1932, confirmant ceux de Rosenblum[13].

La structure fine des spectres α fournit également une explication à l'énigme de la grande énergie des rayons γ : il s'agissait probablement d'un événement qui suivait de près l'émission de la particule α, lorsque le noyau était dans un état différent de l'état fondamental ; il se « refroidissait » alors en émettant un photon γ. Cette idée, lancée par Gamow[14], fut reprise et confirmée par Rutherford et Ellis[15].

Avec la structure fine des spectres α, Rosenblum apporte à l'Institut du Radium la première découverte importante depuis sa création. C'est l'amorce d'une renaissance de la physique française, bien pâle il est vrai depuis la disparition de Pierre Curie quelque vingt ans auparavant. La physique théorique était restée très peu active en France, malgré un Louis de Broglie, qui n'apportera plus de contribution notable à la mécanique quantique, après sa thèse fracassante de 1923, un Léon Brillouin, ou un Alexandre Proca.

1931 : PREMIER CONGRÈS INTERNATIONAL DE PHYSIQUE NUCLÉAIRE

Du 11 au 18 octobre 1931 se tint à Rome le premier congrès prévu par les statuts de la « Fondazione Alessandro Volta », créée, sous l'égide de

---
*Voir p. 236.

l'Académie Royale d'Italie, grâce à un don de la société italienne Edison. Le président honoraire du congrès était Guglielmo Marconi, le président effectif le sénateur Orso Corbino, et le secrétaire général Enrico Fermi. Consacré à *la physique nucléaire*, ce fut le premier congrès international qui se soit tenu uniquement sur ce thème. Les comptes rendus furent rapidement publiés, sous la direction de Fermi, par l'Académie Royale d'Italie[16].

On trouve parmi les participants les grands noms de la mécanique quantique, de la radioactivité et de la physique nucléaire naissante : Francis Aston, Patrick Blackett, Walther Bothe, Niels Bohr, Léon Brillouin, Marie Curie, Arthur Compton, Charles Ellis, Paul Ehrenfest, Ralph Fowler, Hans Geiger, Samuel Goudsmit, Werner Heisenberg, Ettore Majorana, Lise Meitner, Robert Millikan, Wolfgang Pauli, Jean Perrin, Enrico Persico, Franco Rasetti. Les conférences avaient lieu le matin, laissant le reste de la journée aux discussions entre physiciens. Les exposés faisaient le point des questions brûlantes du jour, mais certains faisaient état de résultats nouveaux. Nous en mentionnerons trois, annonciateurs de découvertes maintenant imminentes, ceux de Goudsmit, Bothe et Gamow.

Goudsmit et le moment magnétique des noyaux

L'exposé de Samuel Goudsmit porta sur la structure dite « hyperfine » des atomes, ce qui concernait directement la connaissance d'une grandeur importante du noyau de l'atome : son *moment magnétique*[17]. En raison des progrès de la spectroscopie, on savait depuis une bonne dizaine d'années que les raies optiques de certains éléments assez lourds étaient multiples, et que cela n'entrait dans aucun schéma connu. C'est Pauli qui proposa en 1924 une idée simple et belle[18] : si le noyau de l'atome possède un moment magnétique, il se comporte comme un aimant, et on observe un phénomène semblable à l'effet Zeeman, un effet Zeeman interne à l'atome*. De la mesure de la séparation des raies on peut alors déduire la valeur de ce moment magnétique. Mais si cela donnait de bons résultats dans certains cas, on trouvait des résultats bizarres, sinon incompréhensibles dans d'autres. Par exemple, le noyau de l'isotope 6 du lithium contenait, pensait-on, six protons et trois électrons internes, si bien que son moment angulaire intrinsèque, son *spin*, ne pouvait être que $\frac{1}{2}$, ou peut-être $\frac{3}{2}$ (l'unité étant $h/2\pi$), en tout cas pas zéro : on ne peut jamais obtenir zéro en additionnant ou en soustrayant neuf fois la valeur $\frac{1}{2}$. Or son moment magnétique était nul ! D'autres exemples étaient troublants. Comment expliquer ces incohérences ? Goudsmit conclut :

> En dépit des incertitudes de certains résultats expérimentaux, il apparaît que les désaccords [...] entre théorie et expérience sont bien établis et réels. Ils sont très probablement dus à notre insuffisante connaissance de la structure du noyau.
>
> Je suis convaincu que la mécanique applicable au noyau doit différer

---

*L'effet Zeeman se manifeste par la démultiplication des raies optiques lorsque l'atome émetteur de cette lumière est placé dans un champ magnétique externe. La raison est que le champ magnétique modifie le mouvement des électrons de l'atome. Voir p. 127.

considérablement de la mécanique quantique utilisée actuellement pour l'atome, de la même façon que cette dernière diffère de la mécanique classique [...]. La mécanique classique a partiellement réussi à expliquer les propriétés de l'atome ; de la même façon il est maintenant possible de décrire certaines propriétés du noyau en utilisant le langage de la mécanique de l'atome, mais on ne devrait pas être surpris de rencontrer de grandes difficultés.

On mesure l'embarras des physiciens, prêts à renoncer à la mécanique quantique, que Goudsmit appelle justement la mécanique de l'atome, car elle avait été conçue quelques années auparavant, pour comprendre l'atome ! Goudsmit était prêt à envisager une nouvelle mécanique pour le noyau, tellement plus petit que l'atome.

Walther Bothe : le mystère du rayonnement pénétrant

L'exposé de Walther Bothe fait le point sur les résultats expérimentaux obtenus par des collisions entre des noyaux et des particules α issues de sources radioactives[19]. Il termine son exposé par la description d'expériences menées avec son assistant Herbert Becker il y a déjà un an et qui semblent très difficiles à interpréter[20, 21]. Ils ont soumis plusieurs substances à un bombardement de particules α issues d'une source intense de polonium, et recherché la production de rayons γ. L'expérience est difficile : le compteur à pointe qu'ils utilisent ne détecte pas tous les γ, mais seulement ceux qui sont entrés en collision avec un électron (car le compteur ne détecte en fait que les particules chargées). De plus le polonium lui-même émet des rayons γ qui brouillent la mesure. Enfin, la source intense de polonium provoque des rayonnements parasites qu'il faut arrêter par une épaisseur importante de plomb, un *blindage*. Bothe et Becker observent pourtant un rayonnement très étrange dans le cas où le béryllium est soumis au bombardement intensif de particules α. Ce rayonnement n'est pas constitué de particules chargées électriquement, il est *neutre,* donc il est logique de penser qu'il est constitué de rayons γ, mais lorsqu'ils cherchent à mesurer son atténuation à la traversée de la matière, ils constatent que ce rayonnement traverse facilement de très grandes quantités de matière : une épaisseur de fer de 7 cm en laisse passer 61%, alors que cette même épaisseur de fer laisse passer 5% du rayonnement γ du radium !

Les expériences de Bothe et Becker portaient en germe l'une des plus grandes découvertes du siècle.

Georges Gamow : le noyau comme une goutte liquide

George Gamow, alors âgé de vingt-sept ans et professeur à l'Université de Leningrad, commence son exposé par un point de vue général sur la structure du noyau de l'atome :

> Pour comprendre comment une configuration de particules chargées positivement peut exister de façon stable, nous devons supposer qu'une certaine force attractive entre en jeu uniquement à des distances très courtes et

> l'emporte à ces distances sur la force de répulsion électrostatique : nous avons des données expérimentales qui révèlent la présence de telles forces attractives [...]
>
> Si l'on considère une telle collection de particules, qui ont toutes des masses du même ordre de grandeur, et qui s'attirent entre elles avec des forces décroissant très rapidement avec la distance, nous avons un problème très différent de celui de la structure atomique, où nous avons un corps central avec une masse prédominante. Le comportement d'un tel agrégat doit plutôt ressembler à celui d'une goutte de liquide, où aucune force n'agit sur une particule à l'intérieur de la goutte, mais où des forces très grandes entrent en jeu lorsque la particule approche la surface de la goutte (tension de surface).

Gamow lance pour la première fois l'idée qu'on peut se représenter le noyau comme une goutte liquide. Ce *modèle de la goutte liquide* va devenir, est encore, une des bases de notre compréhension du noyau.

Pour en arriver là, Gamow constate tout d'abord l'existence probable, et même nécessaire, de forces d'attraction entre les constituants du noyau, qu'il s'agisse de protons ou de particules α (il ne tranche pas), puisque ces particules sont toutes chargées positivement et qu'elles se repoussent donc entre elles, par la force électrique dite *coulombienne*. Cette force attractive doit même être beaucoup plus intense que la répulsion électrique lorsque les particules sont très proches les unes des autres, si l'on veut comprendre l'énorme énergie de liaison des noyaux, cette énergie qu'il faut fournir pour précisément vaincre les forces de cohésion maintenant ensemble les constituants. Mais elle doit tout à la fois s'évanouir lorsque les particules s'éloignent les unes des autres un tant soit peu, dès qu'elles ne sont plus quasiment « en contact » les unes avec les autres, à des distances en tout cas où la force de répulsion coulombienne est encore très grande. Et ce n'est pas tout : elle doit aussi empêcher les particules de s'interpénétrer. Cela ressemble en effet à l'interaction entre les molécules d'un liquide qui glissent les unes sur les autres sans s'interpénétrer : une force, dite « de van der Waals », tient les molécules à une distance assez bien déterminée les unes des autres.

Comme dans une goutte liquide, on devrait observer des effets de « tension de surface » dans les noyaux. Au milieu d'un liquide en effet, une molécule subit l'attraction des molécules voisines tout autour d'elle, ces tiraillements en tous sens s'annulent, et on peut dire qu'en moyenne aucune force n'agit sur elle. Mais à la surface du liquide, c'est différent : chaque molécule subit l'attraction de ses voisines côté liquide, mais évidemment pas depuis l'extérieur, et cela crée une force qui l'attire vers l'intérieur, qui tend donc à comprimer le liquide, comme s'il était enveloppé par la peau élastique d'une baudruche. C'est le phénomène qui fait que les gouttes d'eau en apesanteur sont sphériques, tout comme les bulles de savon : la surface tend à être la plus petite possible pour le volume disponible, comme la peau d'un ballon de baudruche. Par analogie, Gamow suggère donc que l'*énergie potentielle* d'une particule à l'intérieur du noyau doit être à peu près constante dans tout le volume disponible : puisqu'aucune force ne s'exerce, la particule peut se déplacer sans dépenser d'énergie. Dès que la particule sera sur la surface, il faudra par contre dépenser une énergie considérable pour l'extraire du noyau, ce qui conduit à représenter symboliquement le noyau comme un *puits de potentiel*$^\diamond$: au fond (plat) du puits les particules se déplacent librement, mais près de la limite, la paroi grimpe très vite, et plus le puits est profond, plus il faudra fournir de l'énergie pour en extraire une particule.

On mesure combien l'image du noyau dessinée ici est différente de celle de Rutherford. Le noyau vu par Gamow ne ressemble plus du tout à un atome en plus petit.

Découverte d'un isotope exceptionnel : le deuton

En 1931 le physicien américain Raymond Birge avait constaté que les mesures chimiques de la masse de l'atome d'hydrogène donnaient un résultat un peu plus grand que la méthode physique d'Aston*. Or les mesures chimiques portent sur le mélange naturel de tous les isotopes d'un élément donné. Birge en conclut qu'il devait exister un isotope lourd de l'hydrogène, de masse 2, en proportion très faible : environ un isotope lourd pour 4 500 isotopes légers[23].

Le 5 décembre 1931, Harold Urey, Ferdinand Brickwedde et George Murphy, physiciens américains de l'Université Columbia, à New York, et du *National Bureau of Standards* à Washington, annoncent la découverte de cet isotope rare de l'hydrogène dans une lettre à l'éditeur de *Physical Review*[24], complétée un mois plus tard par un article détaillé[25]. Pour parvenir à leurs fins, Urey et ses collaborateurs ne pouvaient pas recourir simplement, comme Aston, à des mesures au spectromètre de masse, car la quantité d'isotope de masse 2 était vraiment trop faible, surtout en comparaison des molécules d'hydrogène ionisées†, de masse 2 elles aussi, beaucoup plus abondantes. C'est donc vers une tout autre méthode qu'ils avaient dû se tourner. Ils avaient tiré parti du fait que la masse de l'isotope 2 vaut le double de la masse de l'isotope ordinaire. Une telle différence influait sur la température de liquéfaction : elle est un peu plus basse pour l'hydrogène lourd. Ils avaient donc liquéfié de l'hydrogène, et fait une distillation fractionnée ; l'hydrogène naturel s'évaporant en premier, le liquide était de plus en plus concentré en hydrogène lourd‡. Ils avaient ensuite examiné les spectres de rayons X de cet échantillon, et découvert des raies faibles mais indiscutables à côté des raies connues de l'hydrogène. Là encore, la masse très différente produit un petit décalage des raies. Ils observent une concentration de l'ordre de 1/4000, conforme à l'estimation de Birge.

Cet article paraissait dans la livraison de *Physical Review* du 1er avril 1932. Le 27 février était paru un article de Chadwick qui allait bouleverser la

---

*Rappelons que les mesures chimiques permettent de mesurer les masses des atomes de façon relative : comme il faut 8 g d'oxygène et 1 g d'hydrogène pour former 9 g d'eau, et qu'on sait que chaque molécule d'eau contient un atome d'oxygène pour deux d'hydrogène, on en déduit que l'atome d'oxygène est 16 fois plus lourd que celui d'hydrogène. De proche en proche on peut déterminer ainsi les masses relatives de tous les éléments.

†Molécule composée de deux noyaux d'hydrogène ordinaire de masse 1, liés par un seul électron, après arrachage d'un électron d'une molécule d'hydrogène ordinaire.

‡Comme lorsqu'on distille du vin pour en faire de l'alcool : c'est l'alcool, plus volatil que l'eau, qui s'évapore d'abord.

physique nucléaire : il annonçait la découverte du neutron, qui fera l'objet du chapitre suivant. Pour l'instant le noyau de cet isotope lourd de l'hydrogène est supposé constitué de deux protons et d'un électron interne.

Bataille pour un nom

Le nom attribué à cet isotope de l'hydrogène déclencha une sorte de bataille rangée des deux côtés de l'Atlantique, comme le conte Roger Stuewer[26]. Le nom de *deuton* fut d'abord proposé par des physiciens de Berkeley, au grand dam des découvreurs qu'étaient Urey, Brickwedde et Murphy, qui estimaient avoir la priorité pour donner un nom. Rutherford quant à lui n'aimait pas *deuton*, qu'il trouvait trop proche de la prononciation de *neutron*, et proposa *diplon* (du grec *diplôn*, double). D'autres noms, comme *dygen, deutum, diplogen* circulèrent pendant quelque temps, avec des partisans et des détracteurs passionnés. Ce fut en 1934 que la question fut réglée : on appela (en anglais) *deuteron* (du grec *deuteros*, second) l'isotope 2 du noyau d'hydrogène, et *deuterium* l'atome formé par un *deuteron* et un électron. En France, après quelques hésitations entre *deutéron* et *deuton*, l'usage a imposé *deuton* pour le noyau et *deutérium* pour l'atome.

Le spin du deuton

Deux ans plus tard George Murphy et Helen Johnston parvenaient à mesurer le spin du deuton, en étudiant les spectres optiques de la molécule formée par deux hydrogènes lourds, c'est-à-dire dont les noyaux étaient non pas de simples protons mais des deutons[27]. C'est cette méthode qu'avait utilisée Rasetti pour montrer que le noyau d'azote 14 avait un spin 1, ce qui causait tant d'émoi chez les physiciens. Le deuton était dans le même cas, et même un cas plus exemplaire encore : s'il était vraiment composé de deux protons et d'un électron, toutes trois particules de spin $\frac{1}{2}$, comment le total (en additionnant ou en soustrayant de toutes les façons possibles) pouvait-il être égal à 1 ? Le voile va bientôt se lever.

CHAPITRE 2

La découverte du neutron

Où la chasse au neutron de Rutherford est infructueuse. Où Frédéric et Irène Joliot-Curie observent un propriété étonnante du rayonnement pénétrant de Bothe et Becker. Où Chadwick triomphe enfin : c'est le neutron ! Où l'on s'interroge : le neutron est-il composé d'un proton et d'un électron ?

R̲UTHERFORD aimait la compagnie, il aimait parler avec ses collaborateurs, leur proposer ses idées, et discuter des problèmes qu'il se posait. Dans les années vingt, au *Cavendish*, un de ses interlocuteurs préférés était James Chadwick, qui confiera en 1969 quelques souvenirs de cette époque à Charles Weiner :

> Avant les expériences, avant que nous commencions nos observations dans ces expériences, nous devions nous habituer à l'obscurité, pour que nos yeux y soient accoutumés. Nous avions dans la pièce une grande boîte dans laquelle nous trouvions refuge pendant que Crowe, l'assistant et technicien personnel de Rutherford, préparait l'appareillage. Il s'agissait pour lui d'apporter la source radioactive qui se trouvait en bas dans la pièce du radium, de la mettre dans la chambre d'observation, de faire le vide, ou de la remplir de quelque gaz, de mettre en place les diverses sources et de faire les montages sur lesquels nous nous étions mis d'accord. Et nous étions assis dans cette pièce sombre, cette boîte sombre, pendant peut-être une demi-heure, et naturellement nous parlions [...] Ce sont ces conversations qui finirent par me convaincre que le neutron devait exister[28].

Le « neutron » imaginé par Rutherford était bien une des préoccupations de son laboratoire, depuis qu'il en avait lancé l'idée dans sa fameuse conférence *Baker* *. En septembre 1924, alors qu'il est en vacances en Écosse, Chadwick écrit à Rutherford[29], en visite au Canada. Il lui rapporte quelques résultats récents, parle de la controverse qui bat son plein entre le *Cavendish* et l'*Institut für Radiumforschung* de Vienne, et il ajoute :

> Je pense que nous allons devoir faire une vraie recherche du neutron. Je crois avoir une idée qui pourrait bien marcher mais il faut que je consulte Aston d'abord.

Quelle était cette idée ? Nous ne le savons pas, mais le fait qu'il veuille consulter Aston montre qu'il devait sans doute s'inquiéter des valeurs des masses de noyaux légers. L'a-t-il fait ? Nous n'en savons pas plus, mais nous savons par contre que les mesures d'Aston n'étaient pas assez précises à cette époque pour être utilisables.

En 1925 Chadwick, l'homme si réservé, distant parce que timide, rencontre une jeune femme vive et assurée, Aileen Stewart-Brown, qui appartient à une famille très aisée. Ils tombent amoureux, et se marient en août 1925. Grâce à Aileen, il va peu à peu gagner l'assurance qui lui avait manqué jusque-là.

Frédéric et Irène Joliot-Curie

C'est à ce point de l'histoire qu'apparaissent deux nouveaux venus dans le concert des spécialistes de physique nucléaire.

Frédéric Joliot était né le 19 mars 1900, dans une famille aisée[30-32]. Ancien communard, son père Henri avait combattu sur la colline de Chaillot, puis, lors de l'écrasement de la Commune de Paris, avait réussi à fuir en Belgique, d'où il était revenu en 1878. Il avait alors épousé Émilie Roederer, une jeune fille dont la famille avait préféré quitter l'Alsace plutôt que de devenir allemande. Frédéric eut une enfance sans histoire, des résultats scolaires honorables, et même excellents dans les exercices physiques, particulièrement au football[33].

En juillet 1918, Joliot échoue au concours d'entrée à l'École de Physique et Chimie ; il réussit en 1919, mais pour des raisons de maladie, n'y entre qu'en 1920. Là il suit les cours de Paul Langevin, grand physicien, grand pédagogue, dont les cours ont fasciné tous ceux qui ont eu la chance de les suivre. Joliot s'affirme bientôt comme le meilleur de sa promotion. Il se passionne pour la physique, montrant une habileté expérimentale exceptionnelle.

À la sortie de l'école, peu avant la fin de son service militaire, il fait part à Paul Langevin de son désir de se consacrer à la recherche. Paul Langevin le recommande sans hésiter à Marie Curie, qui le reçoit un jour de 1925 :

> Je la vois ici, à son bureau, petite, les cheveux gris, les yeux très vifs. J'étais assis devant elle, en costume d'officier [...] et j'étais très intimidé. Elle m'écouta, et me demanda brusquement : « Pouvez-vous commencer demain ? »

---

*Voir p. 227.

Il me restait trois semaines de service à accomplir. Elle décida : « J'écrirai à votre colonel. » Le lendemain, je devenais son préparateur particulier[34].

Un rêve se réalise pour Joliot, lui qui avait, adolescent, épinglé dans sa chambre la photo de Pierre et Marie Curie, savants mythiques ! Mais il lui faut recommencer à passer des examens, pour obtenir d'abord la deuxième partie du baccalauréat*, et ensuite la licence ès sciences nécessaire pour soutenir une thèse de doctorat. Pendant ce temps il se lance avec fougue dans le travail de laboratoire. C'est un homme toujours plein d'entrain, débordant d'énergie et d'imagination, ayant le don du contact humain, élégant, ne comptant pas les succès féminins. Mais Frédéric ne connaît rien à la radioactivité. Pour assurer sa formation, Marie Curie le confie à une chercheuse déjà confirmée, sa fille Irène.

Irène Curie[35] était née le 12 septembre 1897. Dès l'enfance elle fut une fille peu commune, que Marie Curie appelait sa « sauvageonne ». Son grand-père, le Dr Eugène Curie, s'occupa d'elle pendant que Pierre et Marie, en pleine période productive, travaillaient au laboratoire. Elle commence sa scolarité primaire dans un collège privé, puis, après la mort de Pierre Curie, le 19 avril 1906, Jean Perrin, Édouard Chavannes, Émile Borel, Paul Langevin et Marie Curie décident de donner à leurs jeunes enfants une éducation conforme à ce que Pierre Curie aurait souhaité : les dix enfants iront suivre un cours de chimie au laboratoire de Jean Perrin, ils apprendront la physique avec Marie Curie, les langues étrangères avec Édouard Chavannes (professeur au Collège de France), les mathématiques avec Paul Langevin, la littérature et l'histoire avec Henriette Perrin, les sciences naturelles avec Henri Mouton[36]. Cette éducation non conventionnelle va durer deux ans et demi, et sera interrompue en raison du temps perdu à emmener les enfants d'un endroit à l'autre. Pendant la guerre Irène assiste tout d'abord sa mère dans le service radiologique ambulant des armées, puis agit de façon autonome, devenant successivement radiologue et professeur, chargée de former les radiologues.

Rentrée à Paris (elle a passé ses examens de licence pendant la guerre), Irène est décorée de la médaille militaire. Elle entame un travail de thèse à l'Institut du Radium, construit avant la guerre mais qui ne commence à fonctionner que la paix revenue. D'allure toujours calme et réservée, accordant peu d'attention à ses toilettes, Irène parlait peu, mais de façon très directe, si bien qu'on la disait cassante et hautaine, en quelque sorte l'opposé de Frédéric Joliot. Apparence quelque peu trompeuse, cependant : elle aimait danser, flirter à l'occasion, et c'était une sportive accomplie.

Quand Frédéric Joliot arrive à l'Institut du Radium, Irène s'apprête à soutenir sa thèse sur les rayons α du polonium[37]. Ce sera chose faite en mars 1925. Frédéric décèle sous l'aspect assez distant d'Irène une grande sensibilité et une nature ardente. Ils tombent amoureux l'un de l'autre et se

---

*Il était possible de présenter le concours d'entrée à l'École de Physique et Chimie avec seulement la première partie du baccalauréat, ce que Joliot avait fait. Jusque dans les années cinquante le baccalauréat comportait deux parties, qu'on présentait à la fin de la classe de première et de la classe de terminale.

marient le 9 octobre 1926. Frédéric obtient sa licence en 1927, et soutient en 1930 une thèse sur « L'étude électrochimique des radioéléments »[38].

Dès 1928 ils ont entamé une collaboration qui va être particulièrement fructueuse. Leur première publication commune est une note aux *Comptes Rendus de l'Académie des Sciences* « Sur le nombre d'ions produits par les rayons α du RaC' dans l'air »[39]. En 1929, ils entreprennent ensemble l'étude du « rayonnement absorbable qui accompagne le rayonnement α du polonium », pour montrer... qu'il n'existe pas[40,41]. L'article suivant concerne la fabrication d'une source intense de polonium[42].

Frédéric Joliot et Irène Curie disposaient donc de techniques de fabrication de sources de polonium intenses, fruit de la grande tradition de l'Institut du Radium. Quand ils lisent l'article de Bothe et Becker sur le rayonnement pénétrant produit lors du bombardement du béryllium par les particules α d'une source de polonium, ils ont un avantage sur l'équipe allemande : ils disposent d'une source dix fois plus intense. Ils en reprennent l'étude, avec un dispositif un peu différent : au lieu de compteurs à pointe, ils utilisent une chambre d'ionisation, dont le courant est détecté par un électromètre Hoffmann très sensible, mais pas au point de détecter le passage d'une seule particule. L'amplification électronique n'avait pas encore sa place à l'Institut du Radium.

Le 28 décembre 1931, Frédéric et Irène présentent chacun un article à l'Académie des Sciences[44]. Ils ont mesuré la pénétration de ce qu'ils pensent, à la suite de Bothe, être des rayons γ. L'article d'Irène concerne le béryllium (qu'on appelait alors *glucinium* en France) et le lithium. Elle trouve que le rayonnement issu du béryllium est en effet très pénétrant :

> En dehors de l'absorption du rayonnement γ du polonium dont l'effet est négligeable au delà de 15^{mm} de plomb, on ne constate aucun effet de filtration ; le rayonnement semble homogène ; il est absorbé de moitié dans $4^{cm},7$ de plomb *[...][43]

Elle évalue grossièrement l'énergie de ces rayons à 15 ou 20 millions d'électronsvolts, ce qui est très élevé. L'article de Frédéric concerne le travail sur le bore. La mesure du coefficient d'absorption correspondrait à une énergie de l'ordre de 11 MeV. Selon l'explication de Bothe, un noyau de bore, ou son résidu, serait produit dans un état excité, et reviendrait au fondamental par émission γ. Si le noyau est régi par la mécanique quantique, il ne peut se refroidir qu'en émettant des photons d'énergie bien déterminée, passant ainsi d'un état à un autre. Des photons de 11 MeV, cela paraît tout de même énorme. Joliot suggère donc que la particule α soit absorbée par le bore, et que le noyau ainsi formé se désexcite en émettant un photon γ.

Une projection de protons

Le plus important reste à venir. La note présentée conjointement à l'Académie des Sciences le 18 janvier 1932 contient une observation étonnante, et qui va s'avérer capitale :

---

*Nous respectons l'écriture originale ($4^{cm},7$). Nous écririons aujourd'hui : 4,7 cm.

> Les rayons pénètrent dans la chambre à travers une feuille d'aluminium. Nous avons constaté que le courant d'ionisation produit par ces rayons filtrés par $1^{cm},5$ de plomb reste sensiblement le même quand on place contre l'entrée de la chambre des écrans minces de substances très diverses (C, Al, Cu, Ag, Pb). Au contraire, le courant augmente notablement quand on interpose des écrans de substances contenant de l'hydrogène comme la paraffine, l'eau, la cellophane. L'effet le plus intense a été observé avec la paraffine ; le courant varie presque du simple au double dans ce cas [...]
>
> Ce rayonnement supplémentaire ayant été observé seulement avec des écrans constitués par des substances hydrogénées, nous avons supposé qu'il s'agissait de rayons H[45].

Ce rayonnement pénétrant, qu'ils pensent toujours être des rayons γ, des photons, projette donc des particules, détectées par la chambre à ionisation. Quelles particules ? Ils ne prouvent pas que ce sont des protons (qu'ils continuent à appeler « rayons H »), mais éliminent d'autres possibilités : ce ne sont pas des rayonnements électromagnétiques, des photons (car l'argent les absorbe moins que l'aluminium), ni des électrons, car un champ magnétique ne les supprime pas*. Comment interpréter la projection de protons par ce qu'ils pensent être des rayons γ ?

> Si l'on suppose que les photons peuvent communiquer aux protons une partie de leur énergie par un processus analogue à l'émission des électrons projetés par effet Compton, on trouve que les énergies des rayons du Be et du B seraient respectivement de l'ordre de 50.10^6 et 35.10^6 eV.

Les valeurs de l'énergie de ces rayons γ supposés sont beaucoup trop grandes : 35 à 50 millions d'électronvolts ! Quelque chose ne va pas. Irène et Frédéric continuent à travailler d'arrache-pied et font une nouvelle expérience, cette fois-ci en utilisant une chambre à brouillard de Wilson que Frédéric avait construite, un de ses instruments préférés. Les résultats sont présentés à la session de l'Académie des Sciences du 22 février 1932. Irène et Frédéric observent effectivement des trajectoires de protons, mais aussi, ce qui est nouveau, des projections de noyaux d'hélium, ce qui les incite à conclure :

> L'ensemble de ces expériences montre que le phénomène de projection des noyaux d'atomes par les rayons γ de grande énergie est probablement un phénomène très général[46].

Ce rayonnement mystérieux est donc capable de mettre en mouvement des particules aussi lourdes que des noyaux d'hélium, quatre fois plus lourd que l'hydrogène !

Le neutron dévoilé

Quand Chadwick lit l'article des Joliot-Curie du 18 janvier, il sursaute :

---

*Un champ magnétique ne supprime pas vraiment les électrons, mais leur imprime une trajectoire circulaire de rayon très petit, en raison de leur légèreté. Contraints à tourner en rond, pratiquement sur place, ils restent donc près de leur lieu d'émission et ne sont pas détectés dans les détecteurs placés plus loin.

> Je lus un matin la communication des Joliot-Curie dans les *Comptes Rendus*. Ils y décrivaient une propriété encore plus surprenante du rayonnement du béryllium, une propriété vraiment étonnante. À peine quelques minutes plus tard, Feather arriva dans mon bureau pour me parler de cet article. Il était aussi surpris que moi. Un peu plus tard ce matin-là j'en parlai à Rutherford. Selon une coutume établie de longue date je lui rendais visite chaque jour vers 11 heures pour lui donner les dernières nouvelles intéressantes et discuter du travail en cours dans le laboratoire. Quand je lui fit part de l'observation des Joliot-Curie et de leur interprétation, je le vis de plus en plus stupéfait ; et finalement il explosa : « Je n'y crois pas ! ». Ce genre de remarque ne lui ressemblait pas du tout, et dans ma longue collaboration avec lui je ne me souviens d'aucune situation semblable. Je mentionne cela pour insister sur l'effet électrisant de l'article des Joliot-Curie. Naturellement, Rutherford pensait qu'il fallait accorder crédit aux observations ; l'interprétation était une tout autre affaire[47].

Pour Chadwick, ce fameux rayonnement pénétrant ne peut être que le « neutron » imaginé par Rutherford, et qu'il cherche en vain depuis plus de dix ans[48]. Comme il l'imaginait composé d'un proton et d'un électron intimement liés, il avait supposé qu'il possédait un certain pouvoir ionisant, c'est-à-dire qu'il était capable d'arracher quelques électrons à des atomes, permettant sa détection par un compteur Geiger. Malheureusement ses tentatives avaient échoué. Mais il n'avait pas pensé que l'hypothétique neutron pourrait projeter des noyaux d'hydrogène, des protons, leur communiquer une certaine vitesse et permettre leur détection. Il se met au travail avec ardeur. Il veut maintenant prouver, autant que faire se peut, que ce rayonnement soi-disant γ est en réalité constitué par des neutrons. Il dispose, lui, d'une chambre à ionisation munie d'un amplificateur électronique, qui permet de détecter le passage d'une seule particule, et, en plus, d'avoir une idée de son énergie. Reprenant les expériences des Joliot-Curie, il travaille jour et nuit (plus particulièrement la nuit d'ailleurs, en raison de l'extrême sensibilité de son amplificateur au moindre bruit ambiant) et le 17 février il envoie une lettre intitulée « Existence possible d'un neutron » à *Nature*. Il y décrit les résultats obtenus, qui confirment et étendent les expériences des Joliot-Curie :

> Ces expériences ont montré que la radiation éjecte des particules à partir de l'hydrogène, de l'hélium, du lithium, du béryllium, du carbone, de l'air et de l'argon. Pour ce qui est du parcours et du pouvoir ionisant, les particules éjectées dans l'hydrogène se comportent comme des protons ayant une vitesse d'environ $3,2 \times 10^9$ cm par seconde. Les particules venant des autres éléments ont un grand pouvoir ionisant, et il apparaît que dans chaque cas ce sont des atomes de recul des différents éléments[49].

Chadwick confirme donc les résultats des Joliot-Curie. En traversant l'hydrogène, le rayonnement mystérieux projette des protons. Ce qu'il appelle « noyaux de recul » sont les autres noyaux projetés par le rayonnement. Pour Chadwick il est difficile, et même impossible, de comprendre ces résultats si le fameux rayonnement est constitué de rayons γ, car pour expliquer la vitesse des protons projetés, il faut admettre, comme l'avait fait Joliot, que l'énergie de ces rayons γ est de l'ordre de 50 MeV, ce qui est énorme.

Mais même en admettant une telle valeur, elle ne permet pas de rendre compte simultanément de la vitesse des azotes projetés (dans la traversée de l'air par le rayonnement inconnu), car leur parcours observé est de 3 mm alors que le calcul dans cette hypothèse ne donne que 1,3 mm. Chadwick en arrive alors à sa conclusion, qu'il a dû savourer :

> Mais les difficultés disparaissent si l'on suppose que les radiations sont constituées de particules de masse 1 et de charge 0, c'est-à-dire de neutrons.

Chadwick continue son argumentation, montrant que tout concorde avec le scénario qu'il imagine être le suivant : lorsque la particule α (de masse 4 et de charge 2) entre en collision avec le noyau de béryllium (de masse 9, et de charge 4), elle serait absorbée par celui-ci, formant ainsi un noyau de carbone (de masse 13 et de charge 6), puis un neutron (de masse 1 et de charge 0) serait éjecté. Il calcule par exemple la vitesse des protons projetés en avant par le choc d'un neutron, et trouve environ 3×10^9 cm/s, soit 3 milliards de centimètres, ou 30 000 km par seconde, ce qui est effectivement proche de la valeur mesurée. On comprend ainsi pourquoi les protons projetés dans la direction des particules α ont une vitesse plus grande que ceux projetés vers l'arrière. Conclusion de Chadwick, toute en nuance :

> On peut s'attendre à ce que de nombreux effets produits par un neutron lors de la traversée de la matière soient très semblables à ceux d'un quantum de radiation de grande énergie, si bien qu'il n'est pas facile de trancher entre les deux hypothèses. Jusqu'à présent, tous les arguments expérimentaux sont en faveur du neutron, tandis que l'on ne peut soutenir l'hypothèse du quantum qu'en abandonnant dans une certaine mesure la conservation de l'énergie et de l'impulsion.

Chadwick manie l'*understatement*, mais pour lui c'est une quasi-certitude, comme le montre la lettre qu'il envoie à Bohr le 24 février :

> Cher Bohr,
>
> Je vous envoie ci-joint copie d'une lettre que j'ai écrite à « Nature » et qui doit paraître cette semaine ou la semaine prochaine. J'ai pensé que vous aimeriez en prendre connaissance avant sa parution.
>
> Je suggère que les particules α éjectent du béryllium (et aussi du bore), des particules qui n'ont pas de charge, et qui ont probablement une masse proche de celle du proton. Comme vous pourrez le voir, j'avance cela de façon assez prudente, mais je pense que les faits témoignent fortement en ce sens. Quel que soit le rayonnement du béryllium, il a des propriétés remarquables. J'ai fait de nombreuses expériences que je ne mentionne pas dans la lettre à « Nature » : elles peuvent toutes être facilement interprétées en supposant que les particules sont des neutrons[50].

La question de la masse du neutron

Quelques mois plus tard, le 10 mai, Chadwick envoyait à la *Royal Society* un article de 17 pages dans lequel il reprenait pour l'essentiel ce qu'il avait écrit dans sa lettre à *Nature*, mais de façon beaucoup plus circonstanciée[51].

Il y ajoutait un résultat nouveau et très important : une première estimation de la masse du neutron. Pour cela il partait de la réaction de production du neutron à partir du bore, et il écrivait ainsi la réaction nucléaire qui donnait naissance au neutron, à l'image des réactions chimiques :

$$B^{11} + He^4 \rightarrow N^{14} + n^1$$

Le bore, c'était connu, était un mélange de deux isotopes, de masses 10 (environ 20% des noyaux) et 11 (environ 80%). Pourquoi Chadwick décide-t-il que c'est l'isotope 11 qui est responsable de la production du neutron ? Parce qu'on a observé que l'isotope 10 émettait des protons, et donc pas de neutrons, pense-t-il.

D'après les masses connues du bore, de l'hélium, de l'azote, il pouvait calculer la masse du neutron, en tenant compte des énergies des particules α et du neutron, qu'il connaissait approximativement. Il y avait donc égalité entre deux bilans : la masse totale avant la collision, à laquelle il faut ajouter, selon la relativité d'Einstein, l'énergie cinétique de la particule α , soit :

Masse du bore + masse de la particule α + énergie cinétique de la particule α

Cela donne :

11,00825 + 4,00106 + 0,00565

(pour additionner des masses et des énergies, les masses sont multipliées, c'est sous-entendu, par le carré de la vitesse de la lumière, suivant la formule d'Einstein $E = mc^2$).

Après la collision, la comptabilité des masses est la suivante :

Masse de l'azote + énergie cinétique de l'azote + masse du neutron + énergie cinétique du neutron.

Soit :

14,0042 + 0,00061 + (masse du neutron) +0,0035

Pour obtenir un bilan équilibré, cette comptabilité impliquait pour le neutron une masse de 1,0067 unités* et en tout cas comprise entre 1,005 et 1,008. *La masse du neutron était donc inférieure à la somme des masses d'un proton et d'un électron*, ce qui était compatible avec l'idée que le neutron était formé par la combinaison d'un proton et d'un électron. Le « défaut de masse », différence entre la masse du neutron et celle de ses constituants, était alors l'énergie nécessaire pour les séparer, l'énergie de liaison. Le neutron apparaissait bien comme l'union intime d'un proton et d'un électron :

> Nous trouvons donc que la masse du neutron est 1,0067. [...] En tenant compte des erreurs dans les mesures de masse il apparaît que la masse du neutron ne peut être inférieure à 1,003 et qu'elle est située probablement entre 1,005 et 1,008.
>
> Une telle valeur de la masse du neutron n'est pas surprenante si le neutron est formé d'un proton et d'un électron. Elle constitue même un argument de poids en faveur de cette façon de voir. Puisque la somme des masses du proton et de l'électron est de 1,0078, l'énergie de liaison, ou

---

*Soit 1,0067 seizième de la masse de l'oxygène, prise égale exactement à 16 par convention.

défaut de masse, est environ 1 à 2 millions d'électron-volts. Ceci est une valeur très raisonnable.

Mais en juillet 1933, Irène et Frédéric Joliot-Curie font une communication à l'Académie des Sciences qui contredit le résultat de Chadwick[52]. Ils donnent, eux aussi, un argument de poids : si l'on admet la masse du neutron obtenue par Chadwick, alors l'isotope 9 du béryllium, dont la masse a été déterminée en février 1933 par Kenneth Bainbridge aux États-Unis[53], ne devrait pas exister ! On peut en effet considérer ce noyau comme l'assemblage de deux particules α et d'un neutron, or la masse du béryllium-9 est *supérieure* à la somme de celles de ces trois particules, donc elles pourraient se séparer sans qu'on leur fournisse d'énergie, mieux, cette séparation produirait de l'énergie. Aucun noyau ne peut exister dans ces conditions !

Irène et Frédéric ont une autre solution à proposer. Chadwick avait supposé que le neutron était produit par une collision entre la particule α (masse 4) et un noyau de bore de masse 11. Les Joliot-Curie suggèrent que l'émission des neutrons est due à l'isotope 10, et non à l'isotope 11. Selon eux, un noyau de bore 10 pourrait se désintégrer, lors d'une collision avec une particule α, *tantôt en émettant un proton, et tantôt en émettant un neutron*. Si tel est le cas, on peut calculer directement la différence de masse entre le proton et le neutron, sans avoir besoin de connaître la masse des noyaux (source d'imprécision), mais en connaissant simplement les énergies des particules émises. *On trouve alors la masse du neutron égale à 1,011 : le neutron aurait une masse plus grande que le proton*, contrairement au résultat de Chadwick. La masse du béryllium 9 est alors inférieure à celle de deux noyaux d'hélium et d'un neutron, ce qui permet à ce noyau d'exister, d'avoir une énergie de liaison. Les Joliot-Curie suggèrent que c'est peut-être le proton qui est constitué d'un neutron et d'un électron positif :

> En définitive nous pensons qu'il faut considérer le proton comme constitué d'un neutron et d'un électron positif ; l'énergie de liaison est de l'ordre de 5×10^6 eV et la stabilité est par conséquent très grande.

En 1934 les Joliot-Curie confirmeront leur résultat dans un article à *Nature*, en anglais, ce qui montre bien l'importance qu'ils y attachent[54]. Ils ont observé des réactions semblables avec deux autres noyaux : l'aluminium et le magnésium. Ils disposent donc de trois séries de mesures indépendantes, qui donnent respectivement, pour la masse du neutron : 1,0098 ; 1,0092 ; 1,0089. Toutes ces masses, très proches les unes des autres, sont supérieures à celle du proton (1,0078).

Quelques mois plus tard, Chadwick revient à la charge, avec une nouvelle mesure de la masse du neutron, tout à fait indépendante des autres[55,56], faite sur la suggestion de son étudiant Maurice Goldhaber, juif autrichien né en 1911 et réfugié en Grande Bretagne. Chadwick et Goldhaber ont provoqué la dissociation du deuton, composé d'un proton et d'un neutron, en le soumettant au bombardement de rayons γ issus d'une source radioactive de Thorium C"*. Lors de la dissociation du deuton, le proton et le neutron

---

*Le Thorium C" est l'isotope 208 du thallium, noté aujourd'hui ^{208}Th.

partent en direction opposée avec des vitesses quasiment égales. Ils mesurent approximativement l'énergie du proton, et connaissant celle du rayon γ, ils en déduisent la masse du neutron, qu'ils trouvent égale à 1,0080, avec une incertitude éveluée à 0,0005 en plus ou en moins. Cette expérience très précise réalisée en 1934 constitue la thèse de Goldhaber et établit que *le neutron est plus lourd que le proton,* confirmant définitivement les résultats de Frédéric et Irène Joliot-Curie.

De nombreuses mesures suivront, affinant sans cesse la connaissance de la masse des noyaux, du proton et du neutron, mais un résultat ne changera plus : la masse du neutron est supérieure à celle du proton*. Conclusion inéluctable : *le neutron n'est pas composé d'un proton et d'un électron.* Doit-on le considérer comme une *particule élémentaire nouvelle ?* En 1932, la question est en suspens.

---

*La valeur admise actuellement est 1,008710 avec l'unité de l'époque, 1/16 de la masse de l'oxygène.

CHAPITRE 3

La théorie du noyau après la découverte du neutron

Où l'on voit s'évanouir les électrons qu'on croyait jusque-là contenus dans le noyau, désormais composé de protons et de neutrons. Où Heisenberg présente la première théorie des forces qui lient protons et neutrons, les forces nucléaires. Où l'on découvre les talents d'un Sicilien de génie, Ettore Majorana. Où l'on commence à se demander comment protons et neutrons sont organisés dans le noyau.

Dès la découverte du neutron, l'imagination des physiciens de par le monde se donna libre cours. Le 18 avril 1932, Francis Perrin, le fils de Jean, fait une communication à la séance hebdomadaire de l'Académie des Sciences. Né en 1901, Francis était un ami d'enfance d'Irène Curie, dont il avait partagé l'éducation non conventionnelle*. Agrégé à 22 ans, il avait soutenu, sur le conseil du mathématicien Émile Borel, ami de ses parents, une thèse de mathématiques en 1928 et une thèse de physique théorique en 1929. Il envisage que les noyaux sont constitués de particules α, de protons et de neutrons. Il considère toujours que les neutrons sont constitués par un proton et un électron, et les particules α par quatre protons et deux électrons[57].

Trois jours plus tard, le 21 avril, un physicien de l'Institut Physico-technique de Leningrad, Dmitrij Ivanenko, envoie à la revue *Nature* une lettre qui paraît le 28 mai, dans laquelle il écrit :

L'explication qu'a donnée le Dr. Chadwick du mystérieux rayonnement du

---
*Voir p. 269.

> béryllium est très séduisante pour les physiciens théoriciens. Ne serait-il pas possible d'admettre que les neutrons jouent également un rôle important dans la structure des noyaux, les électrons nucléaires étant tous enfermés dans des particules α ou des neutrons ? [...]
>
> La question la plus intéressante est de savoir dans quelle mesure on peut considérer les neutrons comme des particules élémentaires (à la manière des protons ou des électrons). Il est facile de calculer le nombre de particules α, de protons et de neutrons pour un noyau donné, et de se faire ainsi une idée sur le spin du noyau (en supposant que les neutrons ont un spin $\frac{1}{2}$)[58].

On le voit, Ivanenko est tout prêt à renoncer aux électrons nucléaires, donc à l'idée que le neutron est composé d'un proton et d'un électron. À l'appui de cette idée, il évoque le caractère étrange de ces électrons nucléaires qui perdent, en entrant dans le noyau, toutes leurs propriétés, contrairement aux protons par exemple. Et il propose l'idée que les neutrons pourraient être des particules aussi « élémentaires » que les protons ou les électrons.

Werner Heisenberg

Début juin 1932 Werner Heisenberg envoie le premier d'une série de trois articles sur la constitution des noyaux des atomes à la revue *Zeitschrift für Physik*[59]. Il reprend l'idée d'Ivanenko (les noyaux sont composés de protons et de neutrons), la développe et examine les conséquences de cette hypothèse sur les masses des noyaux, leur énergie de liaison, la stabilité du noyau de l'hélium, l'instabilité conduisant à la radioactivité. C'est le coup d'envoi de la nouvelle physique nucléaire, le commencement d'une véritable théorie du noyau de l'atome. Pour lui, le problème se pose de la façon suivante :

> Les expériences de Curie et Joliot et leur interprétation par Chadwick ont mis en évidence le rôle important joué par un nouveau constituant fondamental du noyau, le neutron. Ce résultat suggère l'hypothèse que les noyaux des atomes sont constitués de protons et de neutrons sans le concours d'électrons. Si cette hypothèse est correcte, cela signifie une simplification extraordinaire de la théorie du noyau. Les difficultés fondamentales de la théorie rencontrées dans la radioactivité β et dans la statistique des noyaux d'azote se réduisent en effet à la question : de quelle façon un neutron peut-il se désintégrer en un proton et un électron, et quelle statistique suit-il, si la structure intrinsèque des noyaux peut être décrite selon les lois de la mécanique quantique, par l'interaction entre les protons et les neutrons ?

Le proton et le neutron ont des masses voisines de l'unité. L'oxygène par exemple, qui a une masse 16, et dont le noyau a une charge électrique 8, serait alors composé de 8 protons et 8 neutrons*. Le noyau de l'isotope 58 du fer contiendrait alors 26 protons, car il a une charge 26, et 32 neutrons, pour que le total des protons et des neutrons donne bien 58.

Le problème de l'azote était du coup résolu : son noyau, dans la nouvelle conception, comprend simplement 7 protons et 7 neutrons, donc son spin

---

*Rappelons que les masses chimiques étaient connues de façon relative. On prenait comme référence la masse de l'oxygène égale à 16 unités, les autres masses pouvaient alors s'en déduire.

est un nombre entier, et non pas demi-entier, et il contient un nombre pair de fermions (protons et neutrons) et doit obéir à la « statistique de Bose-Einstein »*.

L'interaction d'« échange » de Heisenberg

Heisenberg aborde alors la question de fond : quelle est la force qui lie ensemble protons et neutrons dans le noyau ? Et d'abord sur quels faits expérimentaux pouvait-il s'appuyer en ce début d'année 1932 pour imaginer une telle force ?

Premier ensemble de données : les énergies de liaison, soigneusement mesurées depuis une dizaine d'années par Aston et quelques autres. La tendance observée était que l'énergie de liaison d'un proton ou d'un neutron, c'est-à-dire l'énergie nécessaire pour l'extraire du noyau, variait peu d'un noyau à l'autre, avec quelques exceptions intéressantes : le deuton (noyau de l'hydrogène lourd, constitué d'un proton et d'un neutron) a une énergie de liaison plus faible que la moyenne, alors que la particule α (noyau d'hélium, deux protons et deux neutrons) possède une énergie de liaison beaucoup plus forte que la moyenne.

Deuxième ensemble de données : la taille des noyaux, qu'on connaissait à vrai dire assez mal. On disposait de l'estimation d'Étienne Bieler† pour l'aluminium, tirée de ses mesures de « diffusion anomale » de particules α, et des estimations que Gamow avait faites sur les rayons des noyaux radioactifs lourds, autour de 7×10^{-13} cm, sept millième de milliardième de millimètre, pour les émanations de l'actinium, du thorium et du radium. Le calcul de Gamow s'appuyait sur sa théorie quantique de la radioactivité α, qui lui avait permis de comprendre le lien entre l'énergie des particules et la période radioactive du noyau, et qui, de surcroît, donnait une estimation du rayon du noyau radioactif[60].

Le *volume* des noyaux semblait être en gros proportionnel au nombre de particules (protons et neutrons), un argument en faveur de l'idée de la *goutte liquide* avancée par Gamow : protons et neutrons se tenaient serrés dans le noyau, à des distances assez fixes les uns des autres, sans s'interpénétrer, maintenus ensemble par une interaction de contact. L'interaction entre les constituants du noyau ne devait donc agir qu'à très courte distance, et empêcher les particules de s'interpénétrer, de façon que chacune ne puisse interagir qu'avec ses plus proches voisines, conduisant ainsi à cette constance de l'énergie de liaison, phénomène appelé la propriété de « saturation ».

Heisenberg imagine une force d'interaction radicalement nouvelle, en s'inspirant de la façon dont deux noyaux d'hydrogène sont liés par deux électrons pour former la molécule d'hydrogène, ou plus précisément la façon dont un seul électron lie deux noyaux d'hydrogène dans l'ion H_2^+, molécule d'hydrogène qui a perdu un électron.

Le calcul de cette force d'interaction avait été fait quelques années auparavant, selon les règles de la mécanique quantique alors toute récente, par

---

*Voir p. 164.
†Voir p. 229.

Walter Heitler et Fritz London, deux jeunes collaborateurs de Max Born à Heidelberg[61]. Ils avaient montré que cette attraction provient d'un phénomène étrange, propre à la mécanique quantique, et dont le ressort profond est l'existence du spin de l'électron, et une loi intangible, le principe d'exclusion de Pauli, deux propriétés qui n'ont aucun équivalent en mécanique classique[‡], ce qui se traduit par l'apparition d'une véritable interaction, dite d'*échange*, car le principe d'exclusion impose que la fonction d'onde du système ne soit pas modifiée, ou plutôt qu'elle change seulement de signe lors de la permutation de deux électrons, puisque ceux-ci sont indiscernables. C'était le début d'une véritable théorie de la liaison entre deux atomes formant un composé chimique, une théorie quantique de la liaison chimique. Invité en mars 1933 à faire une série de conférences sur le sujet à Paris, à l'Institut Henri Poincaré, Heitler avait commencé son exposé en posant le problème de façon générale :

> Ce problème était insoluble en physique classique, pour deux raisons. D'abord, on ne pouvait pas trouver de *forces* capables d'engendrer l'attraction de *deux atomes* neutres, tels que deux atomes d'hydrogène par exemple. Nous ne connaissons en physique classique que les forces de gravitation et les forces électriques et magnétiques. Les premières, ainsi que les forces magnétiques, sont beaucoup trop petites pour expliquer les attractions que nous révèle la chimie[62].

Heitler rappelait que les forces électriques peuvent éventuellement induire une certaine attraction, mais qu'elle est beaucoup trop faible. Il montrait ensuite comment la présence du spin des électrons, et la règle contraignante du principe d'exclusion de Pauli entraînaient un phénomène particulier, propre à la mécanique quantique : selon la disposition des spins, selon qu'ils pointent dans la même direction ou dans des directions opposées, deux électrons peuvent induire une attraction ou au contraire une répulsion entre les deux protons. Cela provient du fait que deux protons ou deux électrons sont des particules indiscernables, interchangeables, raison pour laquelle on appelle cette interaction « interaction d'échange », qui se manifeste dans les équations par un terme mathématique qui en donne la grandeur, une « intégrale d'échange » qu'on appelait $J(r)$.

Heisenberg ne veut pas prendre l'analogie avec les ions H_2^+ trop à la lettre, puisqu'il envisage un noyau uniquement composé de protons et de neutrons, sans le concours d'électrons, mais il imagine qu'il existe *une énergie de liaison d'échange* entre un proton et un neutron où le rôle dévolu à l'électron serait tenu par la charge, qui oscillerait entre les deux particules qui échangeraient leurs rôles, tantôt neutron-proton et tantôt proton-neutron :

> On peut encore ici voir intuitivement cet échange de position à travers l'image d'un électron sans spin et obéissant à la statistique de Bose. Il est cependant bien préférable de considérer cette intégrale de permutation $J(r)$ comme une propriété fondamentale de la paire neutron-proton, sans vouloir la réduire au mouvement d'un électron.

[‡]Voir p. 142.

Heisenberg introduit donc dans le noyau une interaction nouvelle, dont il ne connaît pratiquement rien, sauf qu'il postule qu'il s'agit de cette interaction dite d'« échange ». Il restreint cette interaction aux paires proton-neutron. Il suppose que les paires de protons n'ont pas d'autre interaction que la répulsion électrique. Quant aux paires neutron-neutron, il suppose une petite interaction attractive.

Cette interaction d'échange possède une vertu très intéressante : par nature, elle ne s'exerce qu'à très courte distance.

Heisenberg montre ensuite que cette force permet d'expliquer dans ses grandes lignes la stabilité des différents noyaux. Les noyaux légers contiennent des protons et neutrons en nombre pratiquement égal (jusqu'au calcium 40, 20 protons et 20 neutrons). Puis le nombre de neutrons excède de plus en plus celui des protons, jusqu'au plomb (dont l'isotope 208, stable, contient 82 protons et 126 neutrons). Pour Heisenberg, l'énergie de liaison est d'autant plus grande qu'il y a dans un noyau de paires neutron-proton, tout au moins si l'on peut considérer la répulsion électrique mutuelle des protons comme faible, c'est-à-dire pour les noyaux légers. Lorsque le nombre des protons continue à augmenter, cette répulsion tend à disloquer le noyau, et réussit à le faire pour les noyaux plus lourds que l'uranium. Entre le calcium et le plomb, les neutrons, grâce à leur attraction mutuelle (que Heisenberg suppose faible) permettent aux noyaux d'être stables.

Le neutron, particule « élémentaire » : un argument de plus

À la fin du mois de juin 1932 Heisenberg envoie le second article[63] dans lequel il poursuit la discussion de la stabilité des noyaux, et où il revient sur le statut du neutron : doit-on, oui ou non, le considérer comme une particule élémentaire, au même titre que le proton ou l'électron, ou peut-on le considérer comme une combinaison d'un proton et d'un électron ? Heisenberg montre que la dernière hypothèse conduit à d'inévitables contradictions avec la mécanique quantique, qui prévoit une énergie de liaison *cent fois plus petite* que la valeur mesurée par Chadwick. Il faudrait alors considérer que la mécanique quantique ne s'applique pas au neutron !

Neutrons et protons se repoussent-ils à très courte distance ?

Le troisième article, reçu par la revue le 22 décembre 1932, paraît le 16 février 1933[64]. Heisenberg essaie de trouver les équations qui gouvernent le mouvement des protons et des neutrons dans le noyau. Mais le résultat de son calcul n'est pas satisfaisant, car avec l'interaction d'échange qu'il avait choisie, l'énergie de liaison d'un proton ou d'un neutron augmente rapidement avec la masse du noyau, alors que, rappelons-le, les résultats expérimentaux d'Aston montraient qu'elle était au contraire à peu près constante. Il constate également que toute force d'attraction conduit au même résultat. Pour retrouver quelque chose qui ressemble à la goutte liquide de Gamow, il décide empiriquement que les particules ne peuvent s'approcher à une distance plus petite qu'une certaine distance minimale, et pour cela il est amené à conclure que les particules, afin de ne pas s'interpénétrer, doivent subir une très forte répulsion au-dessous de cette distance critique.

La description du noyau donnée par Heisenberg dans ces trois articles montre ses hésitations, ses allers et retours, en particulier sur le statut du neutron. Il postule cette étrange force *d'échange* sans véritable justification, bref cela peut donner l'impression d'une certaine confusion. Gardons cependant à l'esprit que Heisenberg avance à tâtons dans un monde inconnu, armé principalement de son intuition et de son flair. Ces idées encore incertaines deviendront, nous le verrons par la suite, les bases de la compréhension du noyau.

Ettore Majorana

À ce point de l'histoire intervient un acteur atypique, un jeune physicien italien membre de l'équipe de Fermi à Rome, Ettore Majorana.

Né le 5 août 1906 à Catane, en Sicile, Ettore Majorana avait un père ingénieur et un oncle professeur de physique à l'université de Bologne[65]. Il commence des études d'ingénieur au *Bienno di Studi di Ingegneria* de l'Université de Rome, où il rencontre Emilio Segrè, qui suit les mêmes études que lui, mais qui a décidé de faire de la physique fondamentale après avoir rencontré Franco Rasetti et Enrico Fermi. Segrè convainc Majorana d'aller voir Fermi. Edoardo Amaldi se souvient de cette rencontre :

> Il arriva à l'Institut de la *via Panisperna* et Segrè le conduisit au bureau de Fermi, où Rasetti était également présent.
>
> C'était la première fois que je le voyais. De loin il avait un air svelte, avec une allure timide, presque hésitante. De près, on remarquait ses cheveux très noirs, sa peau sombre, ses joues légèrement creusées et des yeux extrêmement vifs et étincelants. Il ressemblait à un Sarrazin.
>
> Fermi travaillait sur le modèle statistique [de l'atome] connu plus tard comme le modèle de Thomas-Fermi.

Le modèle de Thomas-Fermi est une façon approchée particulièrement efficace de traiter le problème d'un atome possédant plus d'un électron, c'est-à-dire de tous les atomes à l'exception de l'hydrogène. Le problème est impossible à résoudre exactement, car il faut en principe tenir compte de l'interaction répulsive de tous les électrons deux à deux, en plus de l'interaction dominante, attractive, du noyau sur les électrons. Fermi avait imaginé une méthode pour résoudre le problème pour un électron externe en tenant compte en moyenne des autres électrons, qui créent ainsi une force répulsive, diminuant d'autant l'attraction du noyau. Fermi, toujours à la recherche de méthodes simples et pratiques, avait montré que ce potentiel, appelé aujourd'hui potentiel universel de Fermi, pouvait être calculé une fois pour toutes. Le résultat de ce calcul se trouvait dans le tiré-à-part[66] qu'il montra à Majorana. Le physicien anglais Llewellyn Thomas avait fait simultanément un calcul très semblable[67], si bien qu'on nomme aujourd'hui cette méthode le modèle de Thomas-Fermi.

Amaldi poursuit son récit :

Majorana écouta avec intérêt et, après quelques demandes d'explications, partit sans rien indiquer de ses pensées ou intentions. Le lendemain, vers la fin de la matinée, il revint au bureau de Fermi et lui demanda sans plus de cérémonie de lui montrer la table qu'il avait vue quelques instants la veille. Tenant cette table à la main, il tira de sa poche un morceau de papier sur lequel il avait calculé une table semblable chez lui dans les dernières vingt-quatre heures, en transformant, selon les souvenirs de Segrè, l'équation différentielle non linéaire du second ordre de Thomas-Fermi en une équation de Ricatti, qu'il avait intégrée numériquement. Il compara les deux tables et, ayant constaté qu'elles étaient en accord entre elles, il déclara que la table de Fermi était correcte. Il sortit alors du bureau et quitta l'Institut. Quelques jours plus tard il décida de faire de la physique et commença à fréquenter régulièrement l'Institut[65].

Il se révèle rapidement comme un physicien et un mathématicien exceptionnels, même comparé à Fermi. Homme timide, avec des difficultés de relations, il se fit néanmoins des amis à l'Institut, tels Edoardo Amaldi, Giovanni Gentile ou Emilio Segrè. C'était un critique acéré, en premier lieu de ses propres travaux, mais d'une grande gentillesse et très généreux envers ses amis. Fin juin 1932 parut la publication d'Irène et Frédéric Joliot-Curie montrant que le rayonnement très pénétrant découvert par Bothe[*] pouvait projeter des protons à grande vitesse. Après l'avoir lue, Majorana déclara :

Ils n'ont rien compris. Il s'agit probablement de protons projetés par une particule neutre lourde.

Bientôt l'article de Chadwick annonçait effectivement l'existence du neutron[†], puis l'article d'Ivanenko[‡] proposait l'idée que les noyaux seraient composés de protons et de neutrons, sans électrons, et que le neutron était peut-être une particule élémentaire.

À Pâques, Majorana a développé une théorie du noyau, supposant que l'interaction entre protons et neutrons est une *force d'échange*, comme celle que va bientôt proposer Heisenberg. Fermi le presse de publier, mais Majorana refuse, estimant son travail trop incomplet. Il refuse même que Fermi le mentionne dans sa conférence du 7 juillet au congrès de Paris sur « l'état actuel de la physique du noyau atomique »[68]. Fermi le persuade cependant d'aller travailler quelque temps en Allemagne : Majorana part en janvier 1933 d'abord pour Leipzig où se trouve Heisenberg, puis à Copenhague. Lorsqu'il arrive à Leipzig, Heisenberg vient d'envoyer à la revue *Zeitschrift für Physik* le troisième des articles mentionnés ci-dessus.

Majorana n'est pas satisfait par l'interaction entre protons et neutrons de Heisenberg, particulièrement par le fait que pour obtenir un résultat correct, celui-ci a dû donner à cette interaction une forme qu'il juge compliquée. Il publie alors un article dans *Zeitschrift für Physik*, dans lequel il donne sa version de l'interaction entre protons et neutrons.

Il rappelle tout d'abord que Heisenberg a pris comme point de départ une analogie entre l'interaction d'un neutron et d'un proton et l'interaction d'un

---

[*]Voir p. 270.
[†]voir p. 271.
[‡]voir p. 277.

atome d'hydrogène et d'un ion H^+, c'est-à-dire un proton, ce qui implique plus ou moins, même si Heisenberg s'en défend, de considérer le neutron comme composé d'un proton et d'un électron. Majorana ajoute :

> Si nous supposons [...] que les noyaux sont constitués de protons et de neutrons, nous devons formuler la loi d'interaction la plus simple qui conduise, dans le cas où la répulsion électrostatique est négligeable, à une densité constante de la matière nucléaire. Il s'agit, au fond, de trois lois d'interaction : une entre les protons, une entre protons et neutrons et une entre les neutrons. Nous supposerons que seules des forces de Coulomb agissent entre les protons ; [...] Nous supposerons qu'il n'y a pas d'interaction sensible entre neutrons, car il n'y a pas de preuve du contraire. Reste à trouver une interaction adéquate entre protons et neutrons[69].

Majorana revient à la goutte liquide. On pourrait imaginer une interaction semblable à celle des molécules dans un liquide : une attraction entre molécules à « grande » distance, une répulsion à très courte distance, afin d'empêcher les molécules de s'interpénétrer. Cela ne lui convient pas :

> Mais une telle solution serait peu satisfaisante esthétiquement, puisqu'elle mettrait en jeu non seulement des forces attractives d'origine inconnue mais aussi, à courte distance, des forces répulsives énormes, correspondant à un potentiel de plusieurs millions de volts. Nous allons donc tenter de trouver une autre solution, qui introduise le moins possible d'éléments arbitraires. Le problème essentiel est le suivant : comment obtenir une densité indépendante de la masse sans empêcher le libre mouvement des particules par une impénétrabilité artificielle ?

Tout comme Heisenberg, Majorana suppose donc qu'il n'y a pas d'interaction entre neutrons et uniquement la répulsion électrique, dite de Coulomb, entre protons. Reste l'interaction entre protons et neutrons : il s'écarte de Heisenberg par souci *esthétique*, autant que rationnel : il ne veut pas introduire trop d'hypothèses arbitraires, et cherche *la solution la plus simple*. Comme la plupart des physiciens de son époque, il pense que les lois de la nature doivent être simples.

Et là encore comme Heisenberg, Majorana choisit une interaction « d'échange », qui se manifeste par une attraction entre un proton et un neutron dont les *positions* sont interchangeables, mais pas les spins. Il s'éloigne donc de l'image du neutron composé d'un proton et d'un électron, électron qui oscillerait entre les deux neutrons. Comme les spins des particules ne changent pas dans cette permutation virtuelle entre les positions des deux particules, il décide qu'elle sera attractive dans le cas où le spin total des deux particules serait un nombre pair d'unités de moment angulaire élémentaire (0, 2, ...), et répulsive dans le cas contraire. Un proton et un neutron dont les spins sont de sens opposés (qui « tourneraient » en sens contraire, si on imagine le proton comme une toupie, mais une toupie quantique, dans laquelle rien ne tourne...) s'attirent, et se repoussent dans le cas contraire. Cela lui permet d'expliquer pourquoi la particule α est si fortement liée (elle a un spin 0, pair, car les deux spins ont des sens opposés), alors que le deuton (un proton et un neutron) l'est très faiblement, car il a un spin 1 (spins du proton et du neutron dans le même sens, qui s'ajoutent), impair.

On appelle depuis cette époque cette interaction *la force d'échange de Majorana*.

Majorana rentra en Italie à l'automne 1933. En 1937 il obtint le poste de professeur de physique théorique à Naples, où il mena, comme à Rome, une vie de reclus. Le 23 mars 1938, il prit le bateau pour Palerme, où il passa deux jours, reprenant le bateau le 25 pour Naples, mais à l'arrivée il avait disparu. Personne ne devait plus jamais le revoir. Il avait posté une lettre à son ami Antonio Carelli, dans laquelle il disait avoir l'intention de mettre fin à ses jours. Malgré des enquêtes approfondies, on ne trouva jamais trace de Majorana, son corps même ne fut pas retrouvé. Il n'avait pas 32 ans.

EUGENE P. WIGNER

Ici entre en scène le premier Hongrois de notre histoire, qui ne sera pas le dernier. Jenö Pal Wigner était né le 17 novembre 1902 à Pest, la partie orientale de Budapest, dans une famille aisée de Juifs non religieux, convertie par la suite au protestantisme luthérien[70]. Après des études d'ingénieur chimiste, il obtient son doctorat à la *Technische Hochschule* de l'Université de Berlin, sous la direction d'un autre Hongrois d'origine, Michael Polanyi. À vingt-deux ans, il retourne travailler dans la tannerie familiale, mais reçoit bientôt une offre d'un cristallographe du *Kaiser Wilhelm Institut*, qu'il accepte rapidement. Ce sera le début d'une carrière de physicien, dont il rêvait depuis toujours. Dès le début, il doit se pencher sur la *théorie des groupes*, une branche des mathématiques fondée par Évariste Galois en 1832 et développée notamment par le mathématicien allemand Ferdinand Georg Frobenius et le mathématicien norvégien Marius Sophus Lie. Wigner est frappé par les travaux de Heisenberg, qui avait résolu brillamment le problème du spectre de l'atome d'hélium[71], en tenant compte du principe de Pauli. Wigner réussit à traiter le cas de trois électrons[72], mais le calcul devient inextricable pour un nombre d'électrons plus grand. Sur une suggestion de son ami le mathématicien János von Neumann, il applique la théorie des groupes au problème d'un atome ayant un nombre quelconque d'électrons, puis à celui des vibrations des molécules, et à celles des cristaux[72-74]. Grâce à lui la théorie des groupes va devenir un des outils majeurs de la physique quantique.

En 1930 Wigner reçoit une offre très alléchante de l'Université de Princeton, aux États-Unis, qu'il accepte, et le voilà installé à Princeton où il retrouve son ami von Neumann, qui a anglicisé son prénom en *John*. Lui-même se fera désormais appeler Eugene Paul Wigner. En 1932, à la suite de la découverte du neutron et des articles fondateurs de Heisenberg, Wigner s'intéresse au problème des forces entre protons et neutrons, et va produire quelques travaux fondamentaux.

Tout d'abord il s'intéresse à l'énergie de liaison du deuton et du noyau d'hélium, considéré désormais comme l'assemblage de deux protons et de deux neutrons. Il essaie de résoudre un paradoxe : l'énergie de liaison du deuton est beaucoup plus faible que celle du noyau d'hélium, 17 fois plus grande selon les données disponibles à l'époque*. Pour résoudre le problème, Wigner essaie d'abord de comprendre la structure du deuton, composé d'un proton et d'un neutron. Il postule un potentiel, c'est-à-dire une loi d'attraction qui dépend de la distance entre les deux particules, et qui s'évanouit très rapidement lorsque la distance augmente. Il ajuste les caractéristiques de ce potentiel, c'est-à-dire sa profondeur (intensité de la force) et sa portée, de façon à obtenir la bonne valeur de l'énergie de liaison du deuton. Et il s'aperçoit que l'énergie de liaison du noyau d'hélium peut être beaucoup plus grande si la portée de la force est très faible. C'est un résultat important, mais c'est Majorana qui donnera bientôt une explication très satisfaisante du problème. Wigner envoie son article[76] en décembre 1932, sans connaître, et pour cause, le troisième article de Heisenberg[64] envoyé à peu près en même temps, et qui parut le 16 février 1933.

Dans le cas du deuton, Wigner obtient un résultat surprenant, un pur effet quantique sans équivalent classique : *le proton et le neutron évoluent la plupart du temps à des distances l'un de l'autre plus grandes que la portée de la force nucléaire* qui les tient pourtant ensemble. Cela est la conséquence de la faible énergie de liaison : plus elle est faible, plus les fonctions d'onde du proton et du neutron s'étendent, autrement dit la probabilité de trouver le proton et le neutron loin l'un de l'autre est relativement grande. Situation purement quantique, qui montre bien que les notions de position et d'orbite précises sont intenables, car le deuton n'explose pas, ce qu'il ferait à coup sûr classiquement si les deux constituants se trouvaient, ne serait-ce qu'un infime instant, hors de portée de la force qui les tient ensemble.

Wigner se tourne ensuite vers un problème relié de façon évidente à la structure du deuton : la collision entre un proton et un neutron[77] : si le calcul qu'il a fait précédemment de la structure du deuton est correct, la même loi de force nucléaire entre proton et neutron devrait permettre de calculer la *diffusion élastique* de l'un sur l'autre lors d'une collision, c'est-à-dire la répartition des angles dont ils sont déviés lors d'une collision élastique. Cette répartition avait été étudiée par Irène et Frédéric Joliot-Curie[78] qui l'avaient trouvée uniforme, aucune direction n'étant privilégiée. Wigner en fait le calcul et constate un effet intéressant : les résultats sont insensibles à la forme précise du potentiel, donc de la loi de force, pourvu que sa profondeur et sa portée soient correctes, et encore peut-on faire varier l'une pourvu qu'on ajuste l'autre en conséquence, une profondeur plus grande (donc une attraction plus forte) étant compensée par une portée plus courte.

Les protons et neutrons sont-ils disposés en couches dans le noyau, comme les électrons dans l'atome ?

Avant la découverte du neutron : William Harkins

Depuis 1915, un physicien américain s'était penché sur la liste, en constante augmentation, des noyaux connus[79,80]. Il se manifestait de nouveau dans une publication d'octobre 1931, dans laquelle il résumait ses observa-

---

*Les données actuelles donnent un rapport de « seulement » 12,6.

tions[81]. Pour découvrir une logique dans l'agencement des constituants du noyau (qu'on considère en 1931 être des protons et des électrons) Harkins s'inspire de la méthode de Mendeleev : il observe le nombre de charges des noyaux par ordre croissant de masse, en tire ce qu'il appelle un peu emphatiquement des *lois*, en tout cas il constate des régularités. Il y voit la marque d'un « système périodique des noyaux atomiques », mais ne peut aller plus loin avec de simples constatations sur le nombre et la parité des constituants.

James Bartlett

Le 3 juillet 1932, le physicien américain James Bartlett évoquait explicitement la possibilité d'une structure en couches dans une lettre à l'éditeur de *Physical Review*[82] :

> On se demande depuis quelque temps si l'on peut considérer que le noyau atomique est constitué de couches de protons, exactement de la même manière que la structure externe [de l'atome] est constituée par des couches d'électrons.

Et il allait de l'avant, suggérant que les protons, auxquels il ajoute un peu plus loin les neutrons, étaient organisés en couches successives, tout comme les électrons autour du noyau. Chaque couche serait caractérisée par un nombre quantique « azimutal » l, c'est-à-dire un moment angulaire. Les couches de moment angulaire 0, 1, 2, etc. pourraient contenir 2, 6, 10 protons et autant de neutrons. Il continuait ses spéculations dans une nouvelle lettre datée du 30 août[83], dans laquelle il se livrait à un jeu de domino pour construire les noyaux successifs, ajoutant protons, neutrons, et même quelques électrons pour tenter de comprendre par exemple pourquoi certains noyaux ont plus d'isotopes que d'autres. Mais ces considérations ne dépassèrent pas le stade du comptage possible des protons et neutrons.

Walter Elsasser et Kurt Guggenheimer

Un an plus tard, en octobre 1933, paraît dans le *Journal de physique* un article signé par un physicien allemand réfugié à Paris, Walter Elsasser[84]. Né en 1904 à Mannheim dans une famille juive, Elsasser a travaillé à Munich, à Göttingen avec James Franck et avec Ehrenfest à Leyde. Comme beaucoup de physiciens juifs, il quitte l'Allemagne en 1933, passe par la Suisse où Pauli lui apprend que Frédéric Joliot cherche un théoricien. Il part pour Paris, et obtient, à l'automne 1934, un poste au tout nouveau Centre de Recherches, l'ancêtre du C. N. R. S. Il finira par émigrer aux États-Unis en partie pour éviter, en devenant français, de faire un service militaire de deux ans. Il changera alors de discipline, et deviendra un spécialiste renommé du magnétisme terrestre. Dans son article de 1933, il se pose la question de la composition du noyau. Contient-il, outre protons et neutrons, des particules α ? Certes la particule α est particulièrement solide, avec une grande énergie de liaison, mais Elsasser remarque que l'énergie de liaison d'un neutron n'est pas très différente dans la particule α, ou noyau d'hélium, de ce qu'elle est dans d'autres noyaux (il ne faut pas fournir une énergie plus grande pour en extraire un neutron). Il conclut :

> Évidemment dans un tel cas il ne semble pas qu'on puisse considérer, avec une approximation raisonnable, le noyau comme un système composé de particules α et de quelques neutrons libres [...]
>
> Nous traiterons donc tous les neutrons et de même tous les protons comme équivalents entre eux, en n'admettant aucun autre groupement des particules que celui qui résulte de l'application du principe de Pauli.

Comment imaginer la structure du noyau ?

> Représentons-nous un noyau quelconque et ajoutons une nouvelle particule, soit un proton, soit un neutron, pour obtenir un système nucléaire plus complexe. Dans le champ produit par le noyau primaire la nouvelle particule se mouvra dans une certaine orbite, caractérisée par quatre nombres quantiques.

Elsasser introduit un concept nouveau : il sait bien qu'il n'y a pas dans le noyau de centre fédérateur, rôle que joue le noyau dans l'atome, car dans le noyau toutes les particules présentes, protons et neutrons, jouent des rôles équivalents. Mais, dit-il, il existe *en moyenne* une force exercée sur une particule par toutes les autres, un *champ de force moyen*. Si celui-ci, comme on peut le supposer, est le même dans toutes les directions à l'intérieur du noyau, alors on peut considérer que chaque particule du noyau, proton ou neutron, possède des nombres quantiques ; Elsasser dit même que *chaque particule, neutron ou proton, se déplace sur une orbite*. Les particules doivent alors s'organiser *en couches successives*, qu'il appelle des *enveloppes*.

L'article d'Elsasser a pour titre : « Le principe de Pauli dans les noyaux ». Pour Elsasser en effet (comme pour Bartlett), c'est le principe de Pauli (dans un noyau il ne peut pas y avoir deux particules ayant les quatre nombres quantiques identiques) qui est responsable de l'existence de couches dans le noyau, comme dans l'atome, car chaque couche ne peut recevoir qu'un nombre donné de particules. Dans l'atome le nombre quantique « principal » correspond à la taille de l'orbite classique, tandis que le nombre quantique « azimutal », fixe le *moment angulaire*$^\diamond$, dont l'équivalent classique est la forme plus ou moins allongée de l'orbite. Dans le noyau, on travaille par analogie, mais sans faire appel à des orbites explicites. Pour Elsasser donc, le principe de Pauli doit être le principe organisateur des particules dans le noyau.

En 1933 un physico-chimiste allemand de Berlin, Kurt Guggenheimer, lui aussi fuyant l'Allemagne nazie, avait trouvé un refuge temporaire au Collège de France, dans le laboratoire de Paul Langevin. Guggenheimer connaissait particulièrement bien la structure des molécules, et la façon dont les différents atomes qui les composent étaient liés ensemble. Il rencontre Elsasser, et tous deux se posent la question du jour : comment les protons et neutrons tiennent-ils ensemble, et quelle est l'organisation de toutes ces particules dans le noyau ? Ils envisagent de travailler en collaboration, mais ne parviennent pas à se mettre d'accord, et publieront séparément leurs travaux[86].

Dans son premier article, daté du 9 mai 1934, Guggenheimer examine la suite des noyaux stables et fait quelques remarques simples[87]. Pour les noyaux les plus légers, l'augmentation du nombre des protons et des neutrons se fait de façon parallèle : on passe d'un noyau au suivant en ajoutant un par un, protons et neutrons jusqu'au néon, puis deux par deux. Mais on savait bien que le nombre de neutrons, égal au départ à celui des protons, augmente plus vite lorsque la masse augmente, si bien que l'isotope le plus abondant du plomb est constitué de 82 protons et 126 neutrons. Or, remarque Guggenheimer, *cette augmentation plus rapide des neutrons se fait de façon discontinue*. Les protons et neutrons sont en nombre égal jusqu'à 20 protons et 20 neutrons, c'est-à-dire à l'isotope 40 du calcium, et là un changement survient, car le calcium possède des isotopes allant de 40 à 48, c'est-à-dire que 20 protons peuvent lier jusqu'à 28 neutrons. Discontinuité semblable pour les noyaux ayant 50 neutrons : des noyaux stables peuvent être formés avec un nombre de protons très variable, allant de 36 (le krypton) à 42 (le molybdène). Même phénomène encore pour 82 neutrons, nombre qui s'accommode d'un nombre de protons allant de 54 (le xénon, isotope 136) à 62 (le samarium, isotope 144).

Guggenheimer interprète ces ruptures dans la courbe irrégulière d'augmentation du nombre des protons et neutrons comme le signe d'une discontinuité dans l'énergie de liaison, rupture qui serait semblable à celle des énergies de liaison des électrons dans l'atome : lorsqu'une couche d'électrons d'un atome est « complète », c'est-à-dire qu'elle ne peut plus contenir d'électrons supplémentaires, en vertu du principe de Pauli, l'électron suivant est donc sur une couche plus éloignée, moins liée au noyau :

> Les discontinuités des énergies de liaison mettent généralement en évidence des effets de quanta. En particulier, l'allure des courbes suggère l'idée que les grands sauts des énergies de liaison correspondent à l'achèvement d'une couche close et à la naissance d'une nouvelle enveloppe.

Guggenheimer constate ainsi des discontinuités pour :
- 20, 36, 54, 84 protons
- 50, 82 neutrons.

Dans un article daté du 9 juillet, Guggenheimer tente de définir une « affinité » du neutron pour le noyau, sur la base du nombre d'isotopes et de l'abondance des différents isotopes. Certains éléments, comme le calcium ou l'étain, possèdent en effet de nombreux isotopes : 20 protons (le calcium) ou 50 protons (l'étain) peuvent former des noyaux stables avec un nombre de neutrons variant dans des proportions particulièrement grandes : de 20 à 28 pour le calcium, de 62 à 74 pour l'étain. Mais ces considérations ne le mènent guère plus loin. Il fait par contre une remarque intéressante, car elle va à contre-courant de l'opinion admise jusque-là, à la suite de Heisenberg :

> Au-dessus de $(P, N)=(7,7)$, on ne connaît aucun atome stable possédant à la fois des nombres de protons et de neutrons impairs. Il en résulte qu'une liaison individuelle entre deux particules de nature différente proton et neutron est généralement pour le moins beaucoup plus faible qu'entre deux

particules identiques[88].

En effet, Heisenberg postulait des forces entre protons et neutrons beaucoup plus grandes qu'entre particules identiques parce que le nombre des neutrons et des protons était égal pour les noyaux les plus légers, et comparable pour les plus lourds. Mais alors pourquoi y a-t-il si peu de noyaux ayant un nombre impair à la fois de protons et de neutrons ? pourquoi les noyaux à nombre pair de protons et/ou neutrons sont-ils si nombreux ? Il faudrait croire qu'une force pousse à s'accoupler les protons entre eux, de même que les neutrons entre eux...

Guggenheimer quitta Paris pour l'Écosse où il avait obtenu un poste à l'université de Glasgow.

Dans un nouvel article sur le sujet, Elsasser tente un calcul théorique des différentes « enveloppes » ou « couches »[89]. Il décrit le noyau comme un potentiel « trou », de forme sphérique. L'image qu'on peut en donner à deux dimensions est celle d'un trou cylindrique dans une surface plane représentant l'énergie zéro, un *puits de potentiel*◇ analogue à celui qu'avait imaginé Gamow pour décrire le lien entre une particule α et un noyau dans la radioactivité α*. L'intérêt de représenter l'action de toutes les autres particules, protons et neutrons, de cette façon est qu'elle permet de résoudre l'équation de Schrödinger, et donc de calculer la « fonction d'onde » qui décrit le mouvement de la particule dans le noyau. Elsasser peut ainsi calculer le nombre de particules qui ont le nombre quantique principal égal à 1, 2, 3, etc. À chacun de ces nombres quantiques correspond une couche, une « enveloppe », comme dit Elsasser. Il obtient des couches complètes pour des nombres de particules (protons ou neutrons) de 2, 8, 18, 32, 50, 60, 82. Rappelons que Guggenheimer avait suggéré des nombres de 20, 36, 54 protons et 50, 82 neutrons. Difficile de conclure, bien que les nombres 2, 8, 50, 82 apparaissent dans les deux approches.

Heisenberg et la méthode de Hartree

Un an plus tard Heisenberg publie un article dans lequel il tente de calculer les masses, donc les énergies de liaisons des noyaux légers[90]. Ce sera d'ailleurs son dernier article sur la structure nucléaire. Il considère encore que la force d'interaction entre neutrons et protons est semblable à celle de Wigner et tente d'appliquer une méthode qui avait très bien réussi dans le cas de l'atome, la méthode de Hartree.

Douglas Hartree était un physicien britannique, né à Cambridge en 1897, et qui était en 1928 assistant au *Christs College*, après avoir soutenu sa thèse en 1926. Il avait proposé pour le calcul de la structure des atomes à plusieurs électrons (c'est-à-dire tous sauf l'hydrogène) une méthode qui devait avoir un grand succès. Le problème qui se pose en effet est que chaque électron subit non seulement l'attraction du noyau, mais également la répulsion de tous les autres électrons, ce qui rend le problème très compliqué, et même insoluble de façon exacte. L'idée de Hartree est de commencer par calculer

---

*Voir p. 256.

la fonction d'onde de tous les électrons en ignorant leur répulsion mutuelle, et de traiter cette dernière comme une petite perturbation. Connaissant alors en première approximation la répartition de tous les électrons, il pouvait calculer la force subie par chacun, tenant compte cette fois, de façon approximative, de la répulsion moyenne des autres électrons. Cela conduisait à un champ de force un peu différent du simple champ produit par le noyau. Il recommençait alors son calcul avec ce champ, recalculait la répartition des électrons, ce qui lui donnait un nouveau champ de force plus proche, il l'espérait, de la vérité. Et il recommençait encore, autant de fois que nécessaire pour que le calcul redonne bien le champ de départ. De cette façon il assurait au moins une cohérence interne à son calcul. C'est ce qu'on a appelé en bon franglais la méthode du *champ self-consistant*[91]. Nommé professeur de mathématiques appliquées à Manchester en 1929, il fait une visite pendant l'été 1933 au *Massachusetts Institute of Technology* (MIT), à Boston, et utilise, pour faire ses calculs[93], un calculateur analogique mécanique conçu par Vannevar Bush[92], un physicien et ingénieur, professeur au MIT, qui jouera un très grand rôle pendant la seconde guerre mondiale pour organiser l'effort de guerre des États-Unis, particulièrement tous les développements technologiques. De retour à Manchester, Hartree construira lui aussi un calculateur analogique mécanique. Hartree fut après la guerre un des pionniers du calcul électronique numérique.

Heisenberg applique donc cette méthode aux protons et neutrons dans le noyau, en supposant toujours, comme il l'avait fait dès le début, que l'interaction, la force nucléaire entre deux protons ou deux neutrons était beaucoup plus forte qu'entre deux protons ou deux neutrons. Il choisit une force du type de Majorana et applique de façon approximative (car les calculs numériques doivent se faire à la main) la méthode de Hartree. Il conclut qu'on peut expliquer les anomalies des énergies de liaison, c'est-à-dire les fermetures de couches, de cette façon, mais que la méthode perd toute validité pour les noyaux lourds. En effet, dit Heisenberg, chaque proton ne subit l'attraction que de deux neutrons voisins, en raison de la courte portée de la force, situation très différente de celle de l'atome.

Wigner et Feenberg, la méthode de Hartree-Fock

De son côté Wigner fait un calcul avec un jeune théoricien américain appelé à jouer un rôle important[94]. Eugène Feenberg[95] était né en 1906 à Ford Smith, dans l'Arkansas, de parents juifs polonais qui avaient émigré aux États-Unis en 1883. Brillant lycéen, il poursuit ses études à Harvard à l'époque de la grande dépression, gagnant sa vie grâce à un emploi à mi-temps. En 1931 il obtient une bourse pour se former en Europe, et il voyage, travaillant successivement avec Sommerfeld, Pauli, Fermi et Heisenberg. À l'arrivée de Hitler au pouvoir il retourne à Harvard et soutient sa thèse. Il s'intéresse à cette époque à l'interaction entre les neutrons et protons. Il collabore ensuite avec Gregory Breit en 1936, et rencontre Wigner en 1937. C'était un homme d'une grande intégrité, modeste et dévoué à ses étudiants.

Le travail de Wigner et Feenberg porte sur les noyaux légers, dont les masses sont comprises entre celle de l'hélium (2 protons et 2 neutrons) et celle de l'oxygène (8 protons et 8 neutrons). En effet, si protons et neutrons sont arrangés en couches comme les électrons dans l'atome, il peut y avoir 2 protons et deux neutrons dans l'orbite la plus basse, et jusqu'à 6 de chaque dans l'orbite suivante, désignée par la lettre p dans le jargon des spectroscopistes. Ils utilisent la méthode de Hartree, comme Heisenberg : chaque particule est supposée se mouvoir sur une « orbite », dans un potentiel, c'est-à-dire un champ de forces, avec des nombres quantiques bien définis, *indépendamment des autres*, ce qui est une approximation qui semble assez grossière de prime abord. Wigner et Feenberg utilisent l'amélioration de cette méthode due au physicien russe Vladimir Fock[96], qui permet de respecter le principe de Pauli, ce qui n'était fait qu'approximativement dans la méthode originale de Hartree. Sur cet ensemble de fonctions d'onde supposées indépendantes on fait agir un opérateur mathématique qui assure qu'il n'y a qu'un proton et qu'un neutron par ensemble de nombres quantiques (cette opération s'appelle l'*antisymétrisation*), et que le principe de Pauli est bien respecté. Cette méthode, appelée *Hartree-Fock*, est devenue extrêmement célèbre. Elle est aujourd'hui à la base des calculs les plus précis de la structure nucléaire.

Wigner et Feenberg supposent maintenant, contrairement à Heisenberg, *l'indépendance de charge de la force nucléaire*, c'est-à-dire que les forces entre deux protons ou entre deux neutrons sont les mêmes qu'entre un proton et un neutron. Pratiquement, protons et neutrons sont alors deux particules qui ne se différencient que par la charge électrique du proton et subissent donc les mêmes forces, avec pour les protons la répulsion électrique dite coulombienne, faible en comparaison de la force principale, nucléaire. Le résultat de leur calcul est encourageant : les valeurs calculées de l'énergie de liaison de ces noyaux sont assez proches des valeurs mesurées expérimentalement.

Il y a mieux : Wigner et Feenberg trouvent des raisons supplémentaires en faveur de l'indépendance de charge. Ils considèrent par exemple deux noyaux de même masse dans ceux qu'ils étudient, comme le bore 11 (5 protons et 6 neutrons) et le carbone 11 (6 protons et 5 neutrons) : si l'interaction *nucléaire* est vraiment la même entre tous les couples de particules, protons ou neutrons, la seule différence entre leurs énergies de liaison doit provenir du fait que 6 protons (cas du carbone) se repoussent un peu plus entre eux que 5 protons (cas du bore), si bien que le bore 11 doit être un peu plus léger (plus lié) que le carbone 11. Leur calcul donne une différence de 4,06 millions d'électronvolts (MeV) à comparer à la valeur mesurée de 4,90 MeV, un résultat tout à fait encourageant pour un calcul qui n'était qu'approximatif.

Friedrich Hund

Indépendamment de Wigner et Feenberg, et pratiquement en même temps qu'eux, Friedrich Hund avait publié un article fondé sur les mêmes hypothèses et arrivant à des conclusions semblables, particulièrement sur les comparaisons entre états de noyaux de même masse[97]. Hund cherche une forme simple à calculer pour les énergies de liaison des différents noyaux, sans l'appliquer à un noyau en particulier.

Le modèle des couches, une idée d'avenir ?

On le voit, l'idée que dans le noyau protons et neutrons sont structurés « en couches » successives, d'une façon analogue aux électrons de l'atome, semble prometteuse, au moins pour les noyaux les plus légers, et ce en dépit des différences considérables entre l'atome, où les électrons sont liés au noyau par une force électrique bien connue, et le noyau où il n'existe pas de centre fédérateur, et où les constituants sont liés entre eux par une force très différente et mal connue. Cependant cette description devient de plus en plus problématique pour des noyaux de plus en plus lourds, dès la masse 40 (calcium). Comme nous allons le voir bientôt, elle sera bientôt combattue, et de façon vigoureuse, par un assaillant de poids, Niels Bohr lui-même.

CHAPITRE 4

Une nouvelle particule : le positon

Où l'étude des rayons venus du cosmos révèle l'existence d'un électron positif, confirmation éclatante d'une prévision de Dirac : l'anti-électron. Où l'on se rend compte que cette particule, le positon, est en fait très courante.

LES RAYONS COSMIQUES

Nous avons mentionné à quelques reprises les « rayons cosmiques » sans dire précisément de quoi il s'agissait. Il est temps de combler cette lacune, car leur étude a permis de découvrir plusieurs nouvelles particules.

En 1897 Charles Wilson*, travaillant sur la condensation de la vapeur d'eau dans l'air, remarque que, malgré ses efforts pour nettoyer de toute poussière l'air d'une enceinte fermée, il semble se créer en permanence des noyaux de condensation, et il évalue leur nombre à moins de 100 par centimètre cube. Wilson observe ensuite que l'action des rayons X produit de nombreux noyaux de condensation[98]. En 1900 Hans Geitel observe qu'un électroscope chargé se décharge lentement dans une enceinte fermée remplie d'air : l'air est donc légèrement conducteur, il doit contenir des porteurs de charge, ions et/ou électrons[99]. Charles Coulomb avait déjà observé ce phénomène à la fin du XVIIIe siècle : une sphère chargée d'électricité, pendue à un fil de soie perd peu à peu sa charge[102]. De son côté Wilson observe que la perte d'électricité est la même que l'appareil soit dans le laboratoire (près de substances radioactives) ou à la campagne, à la lumière ou à l'obscurité, et que la tension électrique soit 120 ou 210 volts. Il détermine ainsi qu'il se forme environ 20 ions par seconde dans un centimètre cube d'air qu'il a débarassé de toute poussière[100]. Il tente ensuite de vérifier expérimentalement l'hypothèse selon laquelle

---

*Voir p. 241.

la production continue d'ions dans l'air sans poussière pourrait être due à des sources situées hors de l'atmosphère, peut-être des rayonnements semblables aux rayons de Röntgen ou aux rayons cathodiques, mais d'un pouvoir pénétrant considérablement plus grand[101].

Wilson confirme qu'il se forme en permanence environ 19 ions par seconde dans 1 cm^3 d'air, résultat qui est sensiblement le même dans différents lieux, en particulier dans un souterrain : il en conclut que ce n'est pas un rayonnement extérieur à la terre qui est à l'origine de ce phénomène, mais qu'il s'agit probablement d'une propriété de l'air lui-même.

Enfin Rutherford confirme ces résultats en 1902. Il trouve qu'il se forme une quinzaine d'ions par seconde dans 1 cm^3 d'air, chiffre comparable, un peu inférieur à celui de Wilson[103].

Quelle était l'origine de cette ionisation ? De nombreuses mesures montrèrent que toute la terre est légèrement radioactive*. Il était donc difficile de savoir si l'ionisation observée provenait ou non de la faible radioactivité de la terre et de l'atmosphère. Un pas décisif fut franchi en 1911 par le physicien autrichien Viktor Hess, qui put faire, grâce à l'aide de l'Aéroclub d'Autriche, deux ascensions en ballon à une altitude de 1 000 m. Au cours de ces voyages, il mesura le nombre d'ions produits « spontanément » par seconde dans 1 cm^3 d'air. Or il n'observa aucune décroissance lorsque l'altitude augmentait[104]. Un an plus tard, il fit sept nouvelles ascensions, jusqu'à une altitude de 5 350 m. Et il observa cette fois un phénomène capital : entre 4 000 m et 5 000 m, le rayonnement double presque d'intensité[105]. Le physicien allemand Werner Kolhörster monta ensuite en ballon jusqu'à 6 200 m en 1913 et 9 300 m en 1914, et observa que le nombre d'ions triplait presque entre ces deux altitudes[106,107]. Ce rayonnement ne provenait probablement pas de substances présentes sur terre ni dans l'atmosphère.

Une caractéristique de ce rayonnement avait frappé les physiciens : sa permanence en tous lieux sur terre, en mer, et même dans des tunnels, ce qui prouvait, s'il venait du cosmos, qu'il était extraordinairement pénétrant, beaucoup plus pénétrant que les rayonnements connus. On le désigna dès lors comme le « rayonnement très pénétrant » (*durchdringenden Strahlung*), ou le « rayonnement d'altitude » (*Höhenstrahlung*) jusqu'à ce que Robert Millikan, le physicien américain célèbre pour avoir mesuré la charge de l'électron, lui donne en 1926 le nom de « rayons cosmiques »[108].

Tout comme pour la « radiation pénétrante » découverte par Bothe et Becker, et qui se révéla être le neutron, on pensa d'abord que les rayons cosmiques étaient des rayons γ. Mais en 1929 Walther Bothe et Werner Kolhörster montrèrent[109] qu'il s'agissait de particules « matérielles » et non de rayons γ. Dès lors de nombreux physiciens se mirent à étudier les rayons cosmiques.

---

*Car la terre contient un peu d'uranium, donc de radium, et donc de radon, résidu de la désintégration du radium. Comme le radon est un gaz, il s'échappe continuellement de la terre. Il y en a plus dans les régions granitiques, dont le sol est plus riche en uranium. La période radioactive du radon est de 3,8 jours.

Blackett et Occhialini

Deux physiciens du *Cavendish*, Patrick Blackett et Giuseppe Occhialini vont faire faire à l'étude des rayons cosmiques un pas de géant[112,113]. Blackett avait été le premier à observer une réaction nucléaire dans une chambre à brouillard de Wilson*, puis il avait passé l'année académique 1924-25 à Göttingen, dans le laboratoire de James Franck. En 1931 il accueillait à Cambridge un jeune physicien italien venu se perfectionner au *Cavendish*, grâce à une bourse italienne. Giuseppe Occhialini était né le 5 septembre 1907 à Fossombrone, dans les Marches. Artiste (il voulait être peintre) et sportif (il était spéléologue), il se dirigea vers la physique, et se lia d'amitié avec Bruno Rossi, qui avait commencé à étudier lui aussi les rayons cosmiques. Lorsqu'il arrive à Cambridge en 1931, il n'ignore rien du tout nouveau circuit de coïncidences de Rossi[†].

Jusque-là on étudiait les rayons cosmiques en observant les traces laissées par les particules dans une chambre à brouillard de Wilson. On déclenchait à intervalles réguliers l'expansion de la chambre et l'appareil photographique, et lorsqu'on avait de la chance une particule était passée à ce moment-là. Toutes les photographies ne révélaient pas de traces, seulement une sur 10 ou 100, selon la taille et la disposition de la chambre. Blackett et Occhialini ont alors une idée : puisqu'il est possible de détecter *en coïncidence* le déclenchement de deux compteurs Geiger grâce au circuit de Rossi, ils entreprennent de *déclencher la chambre lorsqu'une particule la traverse*. Pour cela ils disposent verticalement leur chambre à brouillard, qui est une sorte de boîte de camembert de 3 cm d'épaisseur et de 13 cm de diamètre. Au-dessus et au-dessous de la chambre, deux compteurs Geiger-Müller sont mis en coïncidence : ils donnent un signal électrique lorsqu'une particule les traverse en même temps (en fait, à des instants très proches) : une particule rapide (les rayons cosmiques ont pratiquement la vitesse de la lumière) les a traversés tous les deux, *elle a donc traversé la chambre*. Ce signal leur sert à déclencher la chambre et l'appareil photographique. D'un strict point de vue chronologique, la particule a dû traverser le premier compteur, puis la chambre, puis le second, tout cela en un temps extrêmement bref, de l'ordre de quelques milliardièmes de seconde, donc en pratique simultanément. Ils déclenchent donc la chambre *après* le passage de la particule, mais les ions créés par ce passage, qui vont produire les fines gouttelettes lors de l'expansion, mettent un temps de plusieurs dixièmes de seconde pour disparaître, temps largement suffisant pour les photographier.

Cette technique permet à Blackett et Occhialini de détecter des passages de particules dans 80% des photographies, ce qui améliore le rendement de façon considérable. Ils peuvent ainsi confirmer de façon éclatante l'observation faite quelques années auparavant par un physicien russe de Leningrad, Dmitrij Skobelzyn.

Skobelzyn travaillait sur la radioactivité β, en utilisant les clichés des trajectoires pris dans une chambre à brouillard de Wilson[114]. Or certains des clichés pris montraient des traces semblables à des traces d'électrons mais

---

*Voir p. 244.
†Voir p. 238.

de très grande énergie, beaucoup trop grande pour être celle des particules β de désintégration. Deux ans plus tard, après avoir pris plus de 600 clichés, Skobelzyn confirme l'existence de particules semblables à des électrons de très haute énergie : ces particules laissent dans la chambre de Wilson des traces de leurs trajectoires pratiquement rectilignes, très peu déviées par un champ magnétique de 1 500 gauss, ce qui indique une vitesse très grande, pratiquement égale à celle de la lumière, et donc une très grande énergie (il cite le chiffre de 15 millions d'électronvolts comme une limite inférieure) :

> Les 613 clichés de la chambre à brouillard obtenus à présent confirment le caractère régulier du phénomène, et montrent en toute clarté l'existence dans l'atmosphère d'un « ultra-rayonnement β ». Étant donné que ce rayonnement ne peut être attribué à des sources locales, il ne reste dès lors d'autre possibilité que de relier cet effet observé à l'effet connu comme « rayonnement très pénétrant », ou « rayonnement d'altitude »[115].

Skobelzyn a ainsi observé pour la première fois une *particule* dans le rayonnement cosmique, un électron (ordinaire, négatif). Mais il fait une observation supplémentaire :

> Une trace de ce genre, de rayonnement γ non dévié, apparaît environ dans un cliché sur 20. Il y a cependant dans quelques clichés deux ou même trois trajectoires de ce type présentes simultanément. Sur les 27 clichés montrant des « ultra-rayonnements β », on observe dans trois cas des trajectoires doubles et dans un cas un groupe de trois trajectoires. Les directions des trajectoires d'un tel groupe font entre elles des angles assez petits. [...] On peut calculer la probabilité de l'apparition simultanée de traces indépendantes. Cette probabilité est extraordinairement faible, et même évanescente. Il est hors de doute que les différentes composantes de tels groupes proviennent d'une source commune, ce qu'a confirmé l'observation stéréoscopique de ces clichés.

Ce que Skobelzyn observe, c'est donc que ces traces apparaissent en groupes, nettement plus souvent que si c'était par de simples coïncidences fortuites. Néanmoins c'est un phénomène difficile à observer, lorsque la chambre à brouillard de Wilson est déclenchée au hasard.

Blackett et Occhialini déclenchent quant à eux la chambre uniquement lors du passage d'une particule, et ils observent rapidement plusieurs cas de ces groupes de traces (souvent plus d'une dizaine de traces)[112]. Ils dénommèrent *showers* (douches) ces groupes, appelés en français, plus poétiquement, des *gerbes cosmiques*. La légende veut[116] que lorsque Occhialini vit la première gerbe sur le cliché qu'il venait de développer, il courut chez Rutherford pour le lui montrer, et que dans son enthousiasme il embrassa la domestique venue lui ouvrir la porte.

La chambre à brouillard déclenchée par la coïncidence de compteurs Geiger-Müller devait servir à Blackett pour découvrir en 1945 une nouvelle particule. Tous ces travaux lui vaudront le prix Nobel en 1948 pour « le développement de la méthode de la chambre à brouillard de Wilson, et les découvertes que cette méthode lui a permis de faire dans le domaine de la physique nucléaire et des rayons cosmiques ».

Carl Anderson découvre l'électron positif

L'étude des rayons cosmiques va permettre à un jeune physicien américain, Carl Anderson, de faire une découverte d'importance. Né à New York en 1905, il a fait ses études au *California Institute of Technology*, connu sous son abréviation *Caltech*, et a soutenu sa thèse de doctorat en 1930. En collaboration avec Millikan, il construit au *Caltech* une chambre de Wilson* verticale, permettant de photographier les traces des rayons cosmiques. Cette chambre est placée dans l'entrefer d'un aimant assez puissant pour courber les trajectoires des particules. La trajectoire d'une particule dans un champ magnétique est en effet un cercle dont le rayon donne la vitesse de la particule, pourvu que l'on connaisse sa masse. Or le 2 août 1932 il observe, parmi toutes les trajectoires d'électrons matérialisées dans la chambre de Wilson par le chapelet de gouttelettes d'eau de condensation, une trajectoire différente des autres : au lieu de tourner à droite, elle tourne à gauche. Cela pouvait avoir une cause banale : il pouvait s'agir d'un électron voyageant en sens inverse, puisque l'instrument utilisé ne permettait pas de savoir dans quel sens était parcourue la trajectoire. Mais Anderson avait placé au milieu de la chambre une plaque de plomb permettant de ralentir sensiblement les électrons. Sur la photographie on voit nettement la particule rapide qui arrive sur la plaque (trajectoire peu courbée) et la particule nettement plus lente (trajectoire nettement plus courbée) qui en émerge. Impossible de se tromper sur le sens selon lequel la trajectoire est parcourue, car on ne voit pas que le plomb puisse *accélérer* la particule. Il ne peut donc s'agir que d'une particule *chargée positivement*, voyageant comme les autres particules du rayonnement cosmique de haut en bas. Or on ne connaissait qu'une particule chargée positivement, le proton, mais ce ne pouvait pas être un proton, qui serait beaucoup plus ralenti que cela. En fait la particule se comporte, à part la charge, comme un électron : *il s'agit bien d'une nouvelle particule*, qu'Anderson appelle l'*électron positif*.

Anderson contrôle ensuite son expérience en faisant examiner le cliché par d'autres physiciens, et en prenant d'autres clichés. Sur 1 300 clichés pris, il trouve 15 traces d'électrons positifs. L'existence de cette nouvelle particule lui paraissant suffisamment confirmée, il envoie un court article à la revue *Science*[110] dès le 1er septembre, puis en février 1933 un article plus important à *Physical Review*[111], avec la fameuse photographie du 2 août 1932, devenue l'une des plus célèbres de la physique. D'un coup d'œil, elle révèle de façon indiscutable la présence de cet électron positif, que nous appelons aujourd'hui *positon*[†].

---

*Voir page 241.

[†] Après quelques hésitations entre *positron* et *positon*, opposé à *négaton* pour l'électron ordinaire, négatif. Le r de *positron* vient du mot *électron*, mariage étymologique entre la carpe et le lapin, car il n'y a aucun r dans *positif*. En anglais on utilise cependant le terme *positron*.

L'ÉLECTRON POSITIF D'ANDERSON ET CELUI DE DIRAC

Anderson était à cent lieues de penser que Paul Dirac, le fameux théoricien anglais créateur de la mécanique quantique relativiste, avait prévu l'existence, justement, d'un électron positif !

La prédiction de Dirac découlait d'une particularité de sa fameuse équation de l'électron, à la fois quantique et relativiste*. Cette équation admet des solutions « normales », pour lesquelles l'énergie de l'électron est positive, et qui décrit très bien le mouvement d'un électron, et même son spin. Mais à côté de ces solutions normales, l'équation de Dirac a aussi des solutions pour lesquelles l'énergie de l'électron est négative, ce que Dirac considérait comme un défaut dans son premier article.

Rappelons que pour la mécanique non relativiste, la seule énergie considérée est l'énergie *cinétique*, liée à la vitesse de la particule : on l'obtient en multipliant la masse par la vitesse au carré, et en prenant la moitié du résultat obtenu, ce qu'on résume dans la formule mathématique $\frac{1}{2}mv^2$. On ne peut imaginer d'énergie cinétique négative, puisque la masse est évidemment positive, de même que le carré de la vitesse. Mais dans la théorie de la relativité, donc l'équation de Dirac, l'énergie considérée est l'énergie totale, comprenant l'énergie cinétique et la masse, équivalente à une énergie suivant la formule d'Einstein $E = mc^2$, si bien qu'une particule sans vitesse a tout de même une énergie totale, celle qui correspond à sa masse. Une solution d'énergie négative signifie donc que sont négatives à la fois l'énergie cinétique et l'énergie de masse.

Dirac se posa bientôt la question : ces solutions d'énergie négative ont-elles une signification ? Dans un article envoyé à la *Royal Society* le 6 décembre 1929, il propose une ébauche d'interprétation[117]. Il explique tout d'abord qu'*un électron ayant une énergie négative se comporterait dans un champ électromagnétique externe comme une particule ayant une charge positive*. Mais comment imaginer un électron d'énergie cinétique négative sans qu'il saute indéfiniment vers des énergies encore plus négatives ? Dirac a une idée vraiment extraordinaire, digne de la science fiction la plus débridée : supposons, dit-il, *que tous les états d'énergie négative soient occupés*, aucun électron ne peut plus sauter vers ces états, en vertu du principe de Pauli, qui interdit qu'un état soit occupé par plus d'un électron. Ces électrons seraient inobservables. On peut les considérer comme des particules *virtuelles*, et les particules de notre univers ne seraient que des irrégularités dans cette monstrueuse uniformité :

> nous pourrions espérer observer uniquement les petits écarts provoqués par des états d'énergie négative inoccupés.

Imaginons alors que quelques-unes parmi ces états ne soient pas occupés : on aurait des lacunes, des « trous » dans l'alignement infini des états occupés. Soumise à un champ électrique, une particule se déplacerait pour combler le trou, laissant un trou derrière elle : le « trou » semblerait se déplacer en sens contraire, comme s'il s'agissait d'une vraie particule, mais

---

*Voir p. 163.

de charge opposée, donc positive. Or on connaissait une particule de cette sorte : le noyau d'hydrogène, le proton. Conclusion de Dirac :

> Ces trous seront des objets d'énergie positive et seront donc à cet égard semblables à des particules ordinaires. De plus, le mouvement de l'un de ces trous dans un champ électromagnétique extérieur sera le même que celui d'un électron d'énergie négative qui le comblerait : ce serait semblable à une particule de charge $+e$. Nous sommes donc conduits à supposer que *les trous dans la distribution des électrons d'énergie négative sont des protons*.

Dans un nouvel article qu'il fait paraître dans la revue *Nature* en octobre 1930, Dirac développe cette idée. Dans l'introduction, il commence par des considérations générales[118] :

> La matière est faite d'atomes, chaque atome étant constitué par un certain nombre d'électrons se déplaçant autour d'un noyau central. Il est probable que les noyaux ne sont pas des particules simples, mais sont eux-mêmes faits d'électrons et de noyaux d'hydrogène, des protons comme on les appelle, liés très fortement les uns aux autres. Il y aurait ainsi seulement deux sortes de particules simples pour construire la matière, les électrons, chacun portant une charge $-e$, et les protons, chacun portant une charge $+e$.

Après avoir mentionné le problème du noyau d'azote*, il entre dans des considérations philosophiques :

> Le rêve des philosophes a toujours été de pouvoir construire toute la matière à partir d'une sorte de particule, si bien qu'il n'est finalement pas satisfaisant d'en avoir deux dans la théorie, l'électron et le proton. Il y a cependant des raisons de croire que l'électron et le proton ne sont pas réellement indépendants, mais qu'ils sont simplement deux manifestations d'une seule sorte de particule élémentaire.

Et après avoir montré que, dans la « mer » infinie de ces électrons virtuels d'énergie négative, un trou, une lacune, se comportait comme une particule ayant une charge électrique positive et *une énergie positive*, il pouvait en conclure :

> il est raisonnable d'affirmer que *le trou est un proton*.

Mais cette théorie présente de sérieuses difficultés. Tout d'abord, si le proton et l'électron étaient vraiment des sortes de particules miroir, pourquoi leurs masses seraient-elles si différentes, dans un rapport de presque 1 850 ? Plus grave encore : rien ne semblait empêcher un électron de « sauter » dans un trou, en le comblant, et en libérant de l'énergie sous forme de rayonnement : un électron et un proton auraient disparu, leur masse s'étant transformée en énergie, ils se seraient annihilés. Mais rien de tel n'avait jamais été observé. Dirac évoque la solution proposée par un jeune physicien américain dont nous aurons à reparler, Robert Oppenheimer. Né en 1904 à New York dans une famille aisée, Oppenheimer avait fait ses études à Harvard, puis en Europe à Göttingen. Il s'était ainsi perfectionné auprès

---
*Voir p. 249.

de Heisenberg, de Rutherford et de Dirac[119]. Depuis 1929 il était professeur à l'Université de Californie à Berkeley et au *California Institute of Technology*. La solution d'Oppenheimer[120] présente aux yeux de Dirac le défaut de renoncer à ce qu'il appelle « la théorie unitaire des électrons et des protons », mais elle résout les problèmes. Elle consiste à déconnecter complètement les protons des électrons. Chacun aurait sa « mer » d'états d'énergie négative qui seraient *tous occupés*. Pas d'annihilation réciproque, aucune raison d'avoir des masses semblables.

Un an et demi plus tard Dirac se rallie à la solution d'Oppenheimer, et va plus loin : il pense que ces trous dans l'infini des états d'énergie négative doivent exister, mais qu'il ne s'agirait pas de protons[121] :

> Il apparaît donc que nous devons abandonner l'identification des trous avec des protons et en trouver une autre interprétation [...] Un trou, s'il en existe, serait une nouvelle sorte de particule, inconnue de la physique expérimentale, ayant la même masse que l'électron et une charge opposée. Nous pourrions le nommer un anti-électron [...]
>
> Dans cette façon de voir, les protons sont complètement déconnectés des électrons. On peut supposer qu'ils ont leurs propres états d'énergie négative, tous occupés, un trou inoccupé apparaissant comme un antiproton.

Ainsi Dirac vient de prédire tout à la fois l'existence de deux particules : un anti-électron et un anti-proton. L'article paraît dans la livraison des *Proceedings of the Royal Society* du 1er septembre 1931. Lors du *Conseil Solvay* de 1933, Dirac reformulera sa théorie en identifiant son anti-électron à l'électron positif découvert par Anderson[122] :

> Admettons que dans l'univers tel que nous le connaissons, les états d'énergie négative soient presque tous occupés par des électrons, et que la distribution ainsi obtenue ne soit pas accessible à notre observation à cause de son uniformité dans toute l'étendue de l'espace. Dans ces conditions, tout état d'énergie négative non occupé représentant une rupture dans cette uniformité, doit se révéler à l'observation comme une sorte de lacune. Il est possible d'admettre que ces lacunes constituent les positrons*.

Or on peut appliquer à cette lacune, à cette absence d'électron dans un des états d'énergie négative, les équations de l'électromagnétisme, et cette lacune se comporte en tout point comme une particule qui a toutes les propriétés d'un électron, sauf qu'il a une charge positive :

> Ainsi la lacune prend exactement l'aspect d'une particule ordinaire électrisée positivement et son identification avec le positron se présente comme tout à fait plausible.
>
> Un électron ordinaire d'énergie positive ne peut pas sauter dans l'un des états occupés d'énergie négative, en raison du principe de Pauli ; il peut, au contraire, sauter dans une lacune pour la combler. Ainsi un électron et un positron peuvent se détruire réciproquement. Leur énergie doit se retrouver sous forme de photons.

---

*Nous respectons le texte original en français. L'usage du mot *positon* n'était pas encore bien affirmé.

Nous avons ici un exemple représentatif de l'évolution graduelle de la physique quantique. Dirac tente de comprendre, d'interpréter une équation mathématique, et il trouve cette idée extraordinaire de l'ensemble infini des états dont l'énergie est négative, et qui seraient tous occupés par des électrons. Ces électrons ne peuvent interagir avec quoi que ce soit, en raison du principe de Pauli, donc nous ne pouvons en aucune façon les détecter. Si l'on imagine par contre que l'un d'entre eux « saute » sur un état dont l'énergie est positive (il faut pour cela lui fournir l'énergie suffisante, au minimum celle correspondant à sa masse, et en fait au moins deux fois sa masse, car il a une masse négative), il laisse une lacune, un trou. Dirac applique son équation et il découvre que ce trou se comporte comme un électron positif, comme le positon découvert par Anderson. De plus, si un électron d'énergie positive, un électron « normal », saute dans ce trou, on assiste à la disparition simultanée du trou, donc du positon, et de l'électron, qui devient indétectable. En sautant dans le trou, l'électron a rayonné de l'énergie, qu'on retrouve sous la forme de photons γ. C'est le processus connu sous le nom d'*annihilation*. Les équations permettent donc de décrire nombre de phénomènes effectivement observés, mais pour pouvoir les décrire dans la langue ordinaire, on est de plus en plus amené à employer des images étranges et tout à fait hors de notre expérience commune. Le formalisme mathématique devient un acteur inéluctable de la physique, qui s'éloigne chaque fois un peu plus de la réalité physique que nous construisons à partir de nos perceptions sensorielles.

Irène et Frédéric Joliot-Curie

Frédéric et Irène Joliot-Curie avaient fait les expériences cruciales qui menèrent Chadwick à montrer que le fameux rayonnement pénétrant émis par le béryllium bombardé par les particules α d'une source était constitué de neutrons. Ils n'avaient pas interprété leurs expériences de cette façon, mais continuèrent à travailler avec ardeur sur les neutrons. Étudiant la projection de noyaux légers par les neutrons dans la chambre à brouillard de Wilson, ils remarquent de nombreuses traces d'électrons, reconnaissables à la courbure de leur trajectoire dans un champ magnétique*. Cela prouve que, outre les neutrons, des rayons γ doivent être émis. Et ce faisant ils notent, dès le 11 avril 1932 :

> Plusieurs trajectoires ayant le même aspect que les trajectoires électroniques présentent une courbure en sens inverse des autres : ce sont très probablement des électrons émis en sens inverse du faisceau incident et leur énergie est parfois très élevée[123].

Après l'annonce de la découverte de Carl Anderson, et sa confirmation par Blackett et Occhialini, Irène et Frédéric Joliot-Curie examinent leurs anciens clichés. Il paraît maintenant probable qu'il s'agit plutôt de positons, émis lors de la traversée de la chambre par le rayonnement pénétrant issu du

---

*Les protons, 1 850 fois plus lourds que les électrons, ont, pour une même vitesse, une trajectoire 1 850 fois moins courbée.

bombardement du béryllium par les particules α, ce que confirment bientôt des expériences de Chadwick, Blackett et Occhialini[124] au *Cavendish* et de Lise Meitner à Berlin[125].

Le couple Joliot-Curie reprend alors ses expériences et montre que ce ne sont pas les neutrons mais les rayons γ qui produisent les positons[126,127]. Le même phénomène a été observé presque en même temps par Lise Meitner et Kurt Philipp à Berlin[128], ainsi que par Carl Anderson. Les Joliot-Curie proposent le scénario suivant :

> On peut se représenter le phénomène de la façon suivante : un photon γ de grande énergie rencontrant un noyau lourd se transformerait en deux électrons de signe contraire.

Puis ils vont un peu plus loin. Outre ce mode de production, qu'ils proposent d'appeler « matérialisation », ils montrent que les positons peuvent aussi être produits directement lors d'une collision entre une particule α et un noyau d'aluminium ou de béryllium[130], et qu'il s'en produit même plus que d'électrons normaux, négatifs. Il ne s'agit donc pas de la création de paires électrons-positons, mais bien d'une émission de positons liée à la collision entre la particule α et le noyau, ce qui laisse entrevoir une solution à l'émission d'un neutron :

> On sait que l'aluminium [...] [émet] sous l'action des rayons α des protons de transmutation. *Parfois la transmutation s'effectuerait avec émission d'un neutron et d'un électron positif au lieu d'un proton.*

Ils proposent d'appeler ces électrons positifs « électrons de transmutation ».

Cette interprétation, si elle est confirmée, leur offre une nouvelle façon d'évaluer la masse du neutron, beaucoup plus précise que celle qu'avait employée Chadwick, confirmant que le neutron, contrairement au résultat initial de Chadwick, a une masse *supérieure* à celle du proton*.

---

*Voir p. 273.

CHAPITRE 5

Naissance des accélérateurs de particules

Où l'on assiste à la naissance et à la croissance rapide d'un nouveau type d'instrument, différent des autres à bien des égards, et qui va transformer la physique nucléaire : l'accélérateur de particules.

Jusqu'en 1932, toutes les découvertes concernant le noyau de l'atome avaient utilisé des particules α issues de sources radioactives. La raison en était simple : pour provoquer une réaction nucléaire, les particules doivent s'approcher suffisamment du noyau malgré la répulsion électrique des forces coulombiennes, elles doivent donc posséder une grande énergie. Les neutrons échappent certes à cette répulsion, mais les sources de neutrons disponibles, en général une source radioactive α et du béryllium, n'en fournissent que de faibles quantités. L'énergie des particules α émises par les sources radioactives est grande, autour de 8 millions d'électronvolts, ce qui correspond à une vitesse de l'ordre de 7% de la vitesse de la lumière. Aucun moyen connu ne permettait de produire autrement des particules d'une vitesse comparable, ni *a fortiori* supérieure.

Or l'énergie mise en jeu dans le noyau se compte en millions d'électronvolts, en abrégé MeV : l'énergie de liaison d'un proton par exemple est de l'ordre de 8 MeV, c'est donc l'énergie minimum qu'il faut lui fournir pour l'expulser du noyau. Les physiciens avaient donc besoin d'appareils fournissant des protons, particules α ou neutrons de plusieurs MeV, voire quelques dizaines de MeV. Dans le fameux article qui décrivait la première réaction nucléaire, Rutherford concluait par ces mots :

> Dans l'ensemble les résultats suggèrent que, si des particules α ou des projectiles similaires d'énergie encore plus élevée étaient disponibles pour

les expériences, nous pourrions espérer briser la structure des noyaux de nombreux atomes légers[131].

Quelque huit ans plus tard, le même Rutherford, alors président de la *Royal Society*, déclare, dans le discours annuel de la Société, le 30 novembre 1927 :

> Il serait d'un grand intérêt scientifique de pouvoir disposer pour des expériences de laboratoire d'une source d'électrons et d'atomes de matière en général, dont l'énergie individuelle serait plus grande que celle des particules α. Cela ouvrirait un champ d'investigation extraordinairement intéressant, qui ne manquerait pas de nous donner des informations de grande valeur, non seulement sur la constitution et la stabilité des noyaux atomiques, mais aussi dans bien d'autres domaines[132].

Comment faire ? On savait produire des particules chargées comme des protons ou des noyaux d'hélium, et d'ailleurs de nombreux autres noyaux, grâce aux travaux d'Aston qui avait dû apprendre à le faire pour mesurer leur masse dans son spectromètre de masse*. Pour leur communiquer une certaine vitesse, il suffisait en principe de porter la source produisant les particules chargées à une tension suffisante. Mais pour rivaliser avec les sources radioactives, il fallait des millions de volts, ce qui n'avait jamais été réalisé.

À force d'imagination et de ténacité, des physiciens parviendront à relever ce défi et à construire ces appareils très particuliers, inconnus jusqu'en 1932, dont la fonction est de communiquer une grande énergie à des particules comme des protons, des deutons ou des particules α : les *accélérateurs de particules*. Ce chapitre est consacré à la naissance de ce nouveau type d'instrument, qui deviendra capital pour le développement de la physique nucléaire, surtout après la seconde guerre mondiale.

L'ACCÉLÉRATION DIRECTE,
UNE COURSE AUX HAUTES TENSIONS

L'approche la plus directe du problème était de produire des tensions de plusieurs centaines de milliers, sinon de millions de volts. Mais en admettant qu'on trouve le moyen de produire de telles tensions, on se heurtait alors à une difficulté nouvelle : un appareil porté à une tension très élevée a tendance à se décharger spontanément en produisant des étincelles dont la longueur et le pouvoir destructeur augmentent vite avec la tension. L'exemple le plus connu est la décharge des nuages d'orage par la foudre. Une tension supérieure à un million de volts semblait inaccessible à la fin des années vingt, et encore bien inférieure à celle des sources radioactives. On n'était pas assuré que des particules portées à cette énergie pussent remplacer avantageusement les sources radioactives pour provoquer la désintégration des noyaux.

---

*Voir p. 184.

La foudre, le générateur à impulsion

Trois jeunes physiciens de Berlin, Arno Brasch, Fritz Lange et Kurt Urban, eurent l'idée d'utiliser la foudre comme source de très hautes tensions. Pendant l'été 1927 ils entreprirent une expérience dans les Alpes suisses, tout près de Lugano, au *monte Generoso* (1704 m), d'où partait un long câble plongeant dans la vallée[134]. Malheureusement Kurt Urban fut foudroyé pendant l'été 1928 en travaillant sur l'expérience, qui fut arrêtée. Brasch et Lange se tournèrent alors vers des méthodes de laboratoire, pour fabriquer en quelque sorte une foudre artificielle, moins dangereuse. Or un ingénieur allemand travaillant pour la grande firme Siemens, Erwin Marx, avait inventé en 1924 un procédé permettant d'obtenir des décharges à très haute tension[133], et utilisé par l'industrie électrique pour tester les isolants. Le principe consistait à charger des condensateurs en parallèle, et à les décharger en série. On pouvait atteindre ainsi une tension de l'ordre de trois millions de volts (Brasch et Lange avaient observé des décharges de 16 millions de volts avec la foudre naturelle). Lors de la décharge des condensateurs, on obtenait une impulsion plus ou moins longue, et on recommençait. Brasch et Lange, tentèrent d'utiliser un tel « générateur de Marx », appelé également « générateur à impulsion » (*Stoßspannungsgenerator* en allemand, *surge generator* en anglais)[134]. Mais l'extrême brièveté de la décharge en faisait un instrument inadéquat pour accélérer des particules comme des protons par exemple, dont on avait besoin pour des expériences de physique nucléaire. L'idée fut abandonnée.

La bobine de Tesla

Un physicien américain, Merle Tuve, tenta d'exploiter une autre idée, celle du transformateur. C'était un petit-fils d'immigrants norvégiens, né en 1901. Après des études à l'université du Minnesota, il avait soutenu sa thèse en 1926 à l'Université Johns Hopkins, à Baltimore, et avait obtenu un poste à la *Carnegie Institution*, à Washington, au département de magnétisme terrestre, dirigé par un physicien qu'il avait bien connu au Minnesota, Gregory Breit. C'est là, en collaboration avec Gregory Breit, qu'il tente de réaliser des hautes tensions avec un lointain descendant de l'antique *bobine de Rühmkorf* : un enroulement primaire de quelques spires, par lequel passe le courant de la brusque décharge d'un condensateur, et qui provoque de ce fait un courant de haute tension dans un circuit secondaire constitué par un fil isolé, enroulé autour d'un tube de verre d'une dizaine de centimètres de diamètre et d'un mètre de long. Le circuit secondaire se termine par deux sphères de 25 cm environ de diamètre. Le tout est immergé dans un bain d'huile, meilleur isolant que l'air.

Tuve parvint bien à créer des tensions de l'ordre de 1,2 million de volts, mais l'appareil se révélait très difficile à stabiliser, la tension maximale n'était appliquée que pendant une fraction infime du temps, un cent-millième environ, et surtout elle était alternative. Il réussit à accélérer des électrons avec cet appareil, mais non pas des ions, même le plus léger des ions, l'ion hydrogène, autrement dit le proton. Le système fut abandonné, supplanté par d'autres procédés plus simples et plus efficaces. Ses efforts lui permirent néanmoins de maîtriser une technique essentielle pour construire un accélérateur à haute tension, celle de la fabrication d'un tube dit « accélérateur », le tube par lequel devaient passer les particules à accélérer.

John Cockcroft et Ernest Walton : la première réaction nucléaire provoquée avec un accélérateur

Au *Cavendish* on s'était évidemment intéressé au problème. Pour obtenir des tensions élevées, un jeune physicien, John Cockcroft, songea pour sa part à utiliser un *multiplicateur de tension*, inspiré d'un circuit inventé en 1919 par un ingénieur allemand, Moritz Schenkel[135] et repris indépendamment en 1921 par le physicien suisse Heinrich Greinacher[136]. Grâce à un jeu de condensateurs et de valves*, ce circuit tirait parti des deux alternances du courant alternatif pour charger un condensateur au double de la tension alternative maximum. Avec une tension *alternative* modeste, Cockcroft espérait obtenir, par un montage en cascade, des *tensions continues* élevées.

John Cockcroft était né le 27 mai 1897 à Todmorden, en Angleterre, dans une famille d'industriels du coton. Il entra à l'université de Manchester où il étudia les mathématiques en 1914-15, mais ses études furent interrompues par la guerre qu'il fit comme artilleur. Il reprit ensuite des études d'ingénieur électricien, et travailla deux ans dans une entreprise industrielle, la *Metropolitan Vickers Electrical Company*, ce qui n'est pas indifférent pour la suite. Après quoi il décide de retourner à l'université, réussit le fameux concours anglais de mathématiques dit *mathematical Tripos* en 1924, et entre alors au *Cavendish*, dirigé par Rutherford, où il travaille tout d'abord sur la production de champs magnétiques très intenses à très basse température. C'est en 1928 qu'il commence à s'intéresser à la production de tensions élevées, en collaboration avec un jeune Irlandais arrivé au laboratoire, Ernest Walton. Né le 6 octobre 1903 à Dungarvan, une petite ville du sud de l'Irlande, Walton avait fait ses études universitaires à l'université de Belfast, où il avait obtenu son diplôme de *Master of Science* en 1927. Il continua ses études au *Cavendish* grâce à une bourse de recherche de la commission royale de l'exposition de 1851, celle qui avait permis à Rutherford de venir en Angleterre.

L'entreprise de Cockcroft et Walton semblait toutefois incertaine : pour obtenir des particules dont l'énergie puisse rivaliser avec celle des particules α, il aurait fallu produire des tensions de plusieurs millions de volts !

Or en 1928 George Gamow visite le *Cavendish*, et présente son travail sur la radioactivité α, qu'il explique par un phénomène purement quantique : la traversée de la « barrière de potentiel »†. Cockcroft discute avec lui et lui demande si le chemin inverse ne serait pas possible, à savoir que, par un phénomène quantique analogue, des protons qui n'auraient pas l'énergie nécessaire pour s'approcher assez près du noyau pourraient s'infiltrer à travers

---

*Les *valves* sont des tubes électroniques, des *lampes*, qui laissent passer le courant dans un seul sens. Elles sont remplacées aujourd'hui par des *diodes* au silicium.

†Voir p. 255.

la barrière et pénétrer dans le noyau. D'une manière plus précise, quelle probabilité un proton, de 300 000 électronvolts par exemple, a-t-il de pénétrer un noyau, alors qu'il lui faudrait, selon la mécanique classique, un million d'électronvolts ? Gamow fait le calcul pour les noyaux légers et trouve que sur mille protons entrant en collision, quelques-uns pourraient traverser la barrière par *effet tunnel*. Ce serait donc jouable, à condition de bombarder un tel noyau avec un flot suffisamment intense de protons. Comme souvent quand on se trouve à la frontière de la recherche, il faut savoir prendre des risques. Cockcroft envoie un *memorandum* à Rutherford pour le convaincre d'entreprendre la construction d'un générateur de tension de 300 000 volts. Rutherford accepte et Cockcroft se met au travail avec l'aide de Walton.

Au cours de l'été 1930, après avoir surmonté mille difficultés, ils ont enfin un générateur de 300 000 volts en état de marche[137], et entament immédiatement des expériences en bombardant du lithium par des protons de 280 keV (280 000 électronvolts). Ils pensent trouver le signe d'une désintégration en observant des rayons γ, mais c'est l'échec : aucun rayon γ. Ils en concluent que l'énergie des protons n'est pas suffisante et décident de l'élever.

L'ensemble du laboratoire déménage alors dans un espace plus grand. Ils parviennent, à la fin de 1931, à obtenir une tension de 800 000 volts, et reprennent leurs expériences. Échaudés par leur échec précédent, ils décident de détecter cette fois-ci des particules α, de la façon la plus simple, éprouvée de longue date par Rutherford, l'observation au microscope des scintillations provoquées par le passage des particules α à travers un écran de sulfure de zinc. Cette fois c'est le succès, qu'ils font connaître par une lettre à *Nature* datée du 16 avril :

> En appliquant un potentiel accélérateur de l'ordre de 125 kilovolts*, de brillantes scintillations furent observées immédiatement en grand nombre, ce nombre augmentant rapidement avec le potentiel, jusqu'aux potentiels les plus élevés, soit 400 kilovolts. Plusieurs centaines de scintillations par minute furent alors observées, avec un courant de protons de quelques microampères [...]
>
> La brillance des scintillations et la densité des traces observées dans la chambre d'expansion suggèrent que les particules sont des particules α normales. Si ce point de vue s'avère correct, il ne paraît pas invraisemblable que l'isotope du lithium de masse 7 capture de temps en temps un proton et que le noyau résultant, de masse 8, se brise en deux particules α, chacune de masse quatre[138].

L'estimation de Gamow n'était donc pas mauvaise du tout, puisqu'il avait prévu qu'on pourrait observer quelques réactions nucléaires vers 300 kilovolts†, et que Cockcroft et Walton ont observé les signaux entre 125 et 400 kilovolts, sans même avoir besoin des 800 kilovolts que leur machine permettait d'atteindre en principe. On remarquera en passant l'art de l'*understatement* : « il ne paraît pas invraisemblable », signifie évidemment : « nous considérons comme très probable ».

---

*C'est-à-dire 125 000 volts, un kilovolt, kV en abrégé, valant 1 000 volts.
†C'est-à-dire 300 000 volts.

C'était une découverte d'importance, que Cockcroft et Walton entreprennent de vérifier soigneusement, par plusieurs expériences complémentaires. Ils ont déjà observé les particules dans une chambre à brouillard de Wilson : leurs traces ressemblent à celles des particules α. Ils vont plus loin, en tentant de voir si *deux* particules α apparaissent bien en même temps. Pour ce faire, ils disposent de part et d'autre de la mince feuille de lithium deux écrans de sulfure de zinc, chaque écran étant visé par un microscope ; deux physiciens, chacun l'œil à un microscope, marquent, en appuyant sur un bouton, l'instant où ils voient une scintillation, témoin du passage d'une particule α . Or la plupart du temps ils observent au même moment une particules α chacun. C'est une première confirmation : il semble que le lithium a absorbé le proton, puis s'est désintégré en deux particules α. Enfin ils refont la mesure dans une chambre d'ionisation avec amplification électronique, et confirment qu'il s'agit bien de particules α. L'article[139] qu'ils publient alors fera date : *Cockcroft et Walton ont observé la première réaction nucléaire provoquée par des particules accélérées artificiellement.*

Robert van de Graaff

Quelque temps auparavant, c'est aux États-Unis que Robert van de Graaff avait proposé une autre façon d'obtenir une haute tension, vraiment continue cette fois-ci. Après ses études d'ingénieur à l'Université d'Alabama, van de Graaff était parti pour l'Europe. En 1924-25, il prend goût à la physique nucléaire en suivant à la Sorbonne les cours de Marie Curie. Il séjourne ensuite à Oxford, où il se rend compte de l'importance des expériences de Rutherford et de l'intérêt qu'il y aurait à produire des particules de grande énergie. De retour aux États-Unis en 1929, il entre au *Palmer Physics Laboratory*, à l'Université de Princeton, et c'est là qu'il construit, dès l'automne 1929, le premier prototype de son accélérateur électrostatique, qui atteint une tension de 80 000 volts. Il s'efforce ensuite d'améliorer son appareil, dont il fait une démonstration en 1931, lors du dîner inaugural de l'*American Institute of Physics*. Il est capable à ce moment de produire une tension d'un million de volts[140].

L'idée de base de van de Graaff est très simple dans son principe. Elle s'inspire des antiques « machines électriques » de Ramsden, Holtz, Carré ou Wimshurst, qui avaient été à la base d'une autre idée : Richard Vollrath, un physicien de Los Angeles, proposait de charger un corps métallique en soufflant sur lui de l'air chargé de petites particules de silice[141]. Van de Graaff utilise une courroie isolante qui s'électrise par influence en passant devant un conducteur porté à une tension peu élevée. Cette courroie est tendue entre deux poulies, l'une étant *à l'intérieur d'une sphère conductrice creuse, isolée*. Là des pointes transfèrent les charges sur la sphère. En transportant ainsi les charges sur un support isolant, on crée un courant électrique « inverse » : les charges, par exemple positives, vont *à contre-sens* et chargent progressivement la borne positive (la sphère conductrice), dont la tension par rapport à la terre augmente régulièrement. Naturellement on ne peut pas augmenter indéfiniment la tension de la sphère, qui a tendance à se décharger spontanément en ionisant l'air environnant, produisant des étincelles qui peuvent être dévastatrices. C'est pourquoi la tension est volontairement limitée par des pointes qui déchargent partiellement la sphère lorsque la tension dépasse un certain seuil.

Van de Graaff part alors pour le *Massachusetts Institute of Technology*, le MIT, où le nouveau directeur, Karl Compton (frère d'Arthur Compton, découvreur de l'*effet Compton*) lui propose un poste de chercheur. C'est là qu'il entreprend, en collaboration avec Compton et Lester Van Atta, la construction d'une machine imposante pour l'époque, dans un hangar d'avions, à Round Hill, près de South Darmouth (Massachusetts)[142]. Deux tours faites d'un matériau isolant sont montées sur des chariots pouvant se déplacer sur rail et supportent des sphères d'aluminium de 4,60 mètres de diamètre. Le tout a plus de 13 mètres de hauteur. Les deux tours abritent les courroies qui transportent les charges vers les sphères, l'une étant chargée positivement et l'autre négativement. Entre les deux sphères, un tube horizontal est destiné au passage des particules qui prennent de la vitesse en passant d'une sphère à l'autre.

Malheureusement l'installation du tube entre les deux sphères se heurta à de très grandes difficultés ; de plus, l'atmosphère humide du lieu, face à l'océan, n'était vraiment pas favorable à la réalisation de hautes tensions, si bien que l'appareil ne put jamais servir d'accélérateur. Dans un article de 1936, il est décrit avec de nombreux détails sur la façon d'obtenir des hautes tensions, sans qu'il soit question de particules accélérées[143]. Il fut transféré au MIT en 1937, installé dans un lieu plus adéquat, avec de substantielles modifications. Les deux sphères furent accolées l'une à l'autre, l'une utilisée pour recueillir la charge transportée par la courroie, l'autre abritant la source d'ions et l'extrémité du tube accélérateur. Elle fonctionna à partir de 1940, fournissant des particules de 2,75 millions d'électronvolts (MeV)[144].

Entre temps, le groupe de Merle Tuve avait abandonné la bobine de Tesla et, avec l'aide de van de Graaff, avait entrepris de construire un accélérateur électrostatique : le tout premier comporte une sphère d'un mètre de diamètre, montée sur un trépied isolant, et un tube accélérateur vertical[145]. Dès 1933 les premières expériences de physique nucléaire pouvaient commencer[146] avec des protons de 600 000 volts. Un deuxième modèle plus puissant[147] lui succède au printemps 1934 : la sphère a maintenant 2 mètres de diamètre, et la tension monte à 1,3 million de volts.

C'est ainsi que van de Graaff, qui fut le premier à obtenir une tension d'un million de volts, fut devancé par Cockcroft et Walton, mais aussi par l'équipe de Merle Tuve. Constructeur d'accélérateurs plus que physicien nucléaire, van de Graaff a eu le tort de voir trop grand trop vite.

Accélérer en plusieurs fois

Gustaf Ising

Devant la grande difficulté à produire des tensions de centaines de milliers de volts, une autre idée s'était fait jour, lancée pour la première fois en 1924 par un physicien suédois de la *Tekniske Högskola* de Stokholm, Gustav

Ising[148]. Le principe était de communiquer l'énergie désirée à des particules non pas en une seule fois, mais par de nombreuses accélérations plus modestes. L'idée d'Ising était de faire circuler les particules à l'intérieur de tubes conducteurs, et de leur donner une pichenette lorsque les particules franchissaient l'espace libre entre deux tubes successifs. Lorsque la particule voyage dans un tube conducteur, elle est protégée de tout champ électromagnétique, et on s'arrange pour qu'un champ accélérateur vienne lui donner une petite accélération au passage entre deux tubes. Ising ne propose qu'un principe, il ne le met pas en application.

Rolf Wideröe

La première application en fut tentée en 1928 par Rolf Wideröe, un étudiant norvégien. Né le 7 novembre 1902 à Oslo, Wideröe[149] était parti faire ses études supérieures en Allemagne, à l'Université Technique de Karlsruhe. Il entame ensuite un travail de thèse à Aix-la-Chapelle, en tentant de construire un accélérateur qu'il appelle *transformateur de rayonnement*, et qui est devenu depuis le *bétatron*, accélérateur d'électrons surtout utilisé aujourd'hui en radiothérapie. Le principe de base imaginé par Wideröe peut être comparé à celui d'un transformateur de tension dans lequel l'enroulement secondaire est remplacé par un tube de verre de forme torique dans lequel des électrons tournent en rond dans le champ magnétique et sont accélérés lorsque celui-ci varie. À peu près au même moment, la même idée était tentée au *Cavendish* par Ernest Walton, sur une suggestion de Rutherford, sans succès[150]. Wideröe ne parvient pas non plus à le faire fonctionner, car il ne dispose pas de l'oscillateur de haute fréquence nécessaire, et il reprend alors l'idée d'Ising. Pour cela il utilise un champ électromagnétique *alternatif* de haute fréquence, dont la période correspond au temps que met la particule à parcourir un tube. La particule retrouve donc un champ accélérateur à chaque passage entre deux tubes. Comme la particule va de plus en plus vite, cela suppose que les tubes successifs soient de plus en plus longs. Wideröe construit ainsi un appareil comprenant une source d'ions classique, semblable à celle qu'utilisait Aston pour ses mesures de masse. Dans son expérience, Wideröe utilise des ions de potassium et de sodium, plus lourds, donc plus lents, à énergie équivalente, que des protons ou des particules α, qu'il fait circuler dans trois tubes. Entre le premier et le deuxième tube, les ions reçoivent une accélération de 25 000 V, puis encore 25 000 V entre le deuxième et le troisième tube. *Il a ainsi produit des ions de 50 000 électronvolts avec une tension alternative de 25 000 volts.* Il publie sa thèse[151] en 1928. Le prototype qu'a réalisé Wideröe est l'ancêtre de la famille des accélérateurs que nous appelons aujourd'hui *linéaires*.

Une idée d'Ernest O. Lawrence

Sur la lointaine côte ouest des États-Unis, un jeune physicien dynamique et ambitieux de l'université de Berkeley va tenter de développer l'appareil de Wideröe, et d'en faire un véritable accélérateur utilisable pour des expériences de physique. Ernest Orlando Lawrence était né le 8 août 1901 à Canton, dans le Dakota du Sud. Ses parents, tous deux enseignants, étaient fils et fille d'immigrants norvégiens*. Ernest Lawrence fait ses études à Canton, puis dans les universités du Dakota du Sud, de Chicago et de Yale où il obtient son doctorat en 1925. Ses travaux sur les potentiels d'ionisation l'ont fait remarquer, et en 1927 on le considère comme l'un des plus brillants expérimentateurs de sa génération, au point que les universités de Yale et de Berkeley se le disputent, lui offrant toutes deux un poste d'*Associate Professor*, sans passer par l'étape habituelle d'*instructor*. En 1928, Lawrence choisit Berkeley qui lui offre en plus un bon budget de recherche et une charge d'enseignement allégée. Lawrence est un homme grand, sportif (il pratique le tennis), dynamique, débordant d'énergie.

Un jour, alors qu'il feuillette la revue *Archiv für Elektrotechnik* dans la bibliothèque du laboratoire, Lawrence tombe sur la thèse de Wideröe. Bien qu'il ne sache pas l'allemand, Lawrence parvient à saisir l'essentiel en lisant les formules et les schémas. Dans sa thèse, Wideröe décrivait aussi sa première tentative infructueuse pour faire fonctionner un « transformateur de rayonnement », avec des orbites d'électrons circulaires, dans le champ magnétique d'un aimant. C'est à ce moment que Lawrence a une idée : pourquoi ne pas réutiliser le même espace d'accélération entre deux tubes en faisant décrire aux particules un cercle qui les ferait traverser à chaque tour le même espace, où elles recevraient une petite accélération, comme entre les tubes successifs de Wideröe ? Il faut pour cela plonger l'ensemble du dispositif dans un champ magnétique puissant. Wideröe insistait cependant sur la difficulté, et même l'impossibilité d'obtenir des orbites stables, ce qui l'avait conduit à abandonner le projet. Mais faute de comprendre l'allemand, Lawrence ne lit pas ces réserves. De toute façon la chose n'est pas évidente, car en admettant que les particules reviennent subir une nouvelle accélération après avoir parcouru une trajectoire circulaire dans le champ magnétique de l'aimant, comment faire pour que la particule rencontre un champ électrique accélérateur ? Imaginons une particule qui tourne dans le champ magnétique d'un aimant, dont les deux pôles circulaires se font face. La particule se trouve dans une enceinte, qui ressemble à une boîte de camembert, dans laquelle on a fait le vide, pour éviter le freinage et les déviations dues aux collisions avec les molécules d'air. Sans accélération, la particule décrit un cercle. Imaginons maintenant qu'on dispose à l'intérieur deux électrodes ayant *grosso modo* la forme de deux demi-boîtes de camembert, séparées par un espace et isolées électriquement l'une de l'autre. Pour l'instant les particules peuvent toujours circuler à l'intérieur. Branchons maintenant les boîtes à une source de tension électrique alternative. Lorsque la particule passe d'une demi-boîte à l'autre, elle subit une petite accélération, pourvu que le champ électrique soit dans le bon sens au moment où elle passe. Elle décrit un demi-cercle et repasse alors dans la première demi-boîte. Entre les deux boîtes elle rencontre de nouveau un

---

*La Scandinavie a joué un rôle particulier dans la naissance des premiers accélérateurs : Wideröe était norvégien, Tuve et Lawrence avaient des parents ou grands-parents norvégiens, et Ising était suédois.

champ électrique, qui change de sens périodiquement au gré de la fréquence de la tension alternative. Si cette fréquence est telle que le champ a justement changé de sens pendant que la particule parcourait son demi-cercle, elle reçoit une nouvelle accélération. Lawrence se rend compte par un calcul simple d'un fait capital : *le temps mis par une particule pour parcourir un demi-cercle ne dépend pas de sa vitesse*, car l'accroissement du rayon du cercle, donc de la distance parcourue, compense exactement l'augmentation de vitesse. Si l'on parvient à régler la fréquence de la tension alternative de façon que le champ change de sens pendant que la particule parcourt un demi-cercle, elle rencontrera automatiquement un champ accélérateur après chaque demi-cercle parcouru. À chaque tour les demi-cercles ont des rayons un peu plus grands, qui reflètent fidèlement l'augmentation de vitesse, si bien que la particule parcourt une trajectoire en spirale et gagne de l'énergie, de façon cumulative, à chaque tour. Elle finit par se perdre dans la paroi de la boîte.

Les boîtes de camembert n'étant pas des objets communs aux États-Unis, les électrodes en question furent appelées « D », car leur forme rappelle la lettre « D » (on écrit souvent *dee* en anglais). Quant à l'accélérateur, les physiciens l'appelaient le *whirling device,* qu'on pourrait traduire par « appareil à tourbillon ». Quelques années plus tard, dans un article de 1935, Lawrence, qui continue à le désigner comme « l'appareil du type développé par Lawrence et Livingston », ou bien « l'appareil de Sloan et Lawrence », ajoute une note de bas de page :

> Étant donné que nous aurons souvent l'occasion de faire référence à cet appareil, nous pensons qu'il devrait avoir un nom. Nous suggérons « accélérateur à résonance magnétique ». Les deux premiers termes donnent le principe de fonctionnement, tandis que le dernier le distingue de l'appareil de Sloan et Lawrence [...], qu'on peut appeler « accélérateur à résonance linéaire ». Le mot « cyclotron », dont l'étymologie est évidente*, s'est répandu dans l'argot du laboratoire pour l'appareil magnétique[152].

Mais c'est bien le mot « cyclotron » qui a été adopté rapidement dans le monde entier.

Revenons en 1930. L'idée est intéressante, encore doit-elle être mise en pratique. Lawrence propose à Niels Edlefsen, un étudiant qui vient de soutenir sa thèse et qui doit quitter Berkeley fin juin, de tenter de faire fonctionner un appareil de ce type. Edlefsen monte une chambre à vide en verre qu'il place dans l'entrefer d'un aimant de laboratoire dont les pôles circulaires ont un diamètre de 10 cm, mais ses résultats ne sont pas probants. Lawrence les trouve néanmoins assez encourageants pour être présentés devant l'Académie Nationale des Sciences[153] lors d'une réunion tenue à Berkeley le 19 septembre 1930.

---

*Plutôt que d'étymologie, on pourrait parler de mot-valise, construit sur *cyclic* et *electron*.

David Sloan : un accélérateur linéaire pour ions lourds

Lawrence n'oublie cependant pas l'accélérateur linéaire de Wideröe, et confie à un autre étudiant, David Sloan, la tâche de faire fonctionner un appareil de ce type. C'est chose faite en 1931 : un accélérateur constitué de 30 tubes successifs communique une énergie de 1,26 million d'électronvolts à des ions de mercure, avec une tension alternative de seulement 42 000 volts[154]. L'ensemble de l'accélérateur a une longueur de 1,14 m. Cette technique était cependant difficilement applicable à l'accélération de protons ou de particules α, beaucoup plus rapides que les ions de mercure (pour une même énergie communiquée), ce qui aurait conduit à une longueur totale de l'ordre de 16 m, considérée comme prohibitive à ce moment.

Sloan va continuer à améliorer son accélérateur, qui lui permet d'atteindre fin 1932 une énergie de 2,85 MeV : en collaboration avec un autre jeune physicien, Wesley Coates, il a ajouté 6 tubes, réduit leur diamètre, augmenté la fréquence. L'appareil mesure alors 185 cm. Mais ces énergies correspondent à des vitesses beaucoup trop faibles pour songer à bombarder des noyaux et provoquer des réactions nucléaires[155, 156].

Stanley Livingston : le cyclotron

Un troisième étudiant de Lawrence à la recherche d'un sujet pour son travail de thèse, Stanley Livingston, va hériter du projet de faire fonctionner le cyclotron. Il reprend le montage d'Edlefsen, l'améliore, et parvient à le faire fonctionner : il a disposé un détecteur des protons sur le plus grand diamètre possible (10 cm), et il observe, le 2 janvier 1931, une nette augmentation des particules détectées lorsque le champ magnétique est précisément celui qui correspond à la fréquence de la tension alternative, c'est-à-dire un champ magnétique tel que les protons fassent un demi-cercle pendant le temps nécessaire au champ électrique de la tension alternative pour changer de sens. On appelle aujourd'hui ce phénomène la *résonance cyclotron*. Livingston soutient sa thèse[157] le 14 avril 1931. Il a obtenu des protons de 80 000 électronvolts, tandis qu'il ne disposait que d'une tension alternative de 1 800 volts ; les protons ont subi plus de 80 accélérations successives. Ces résultats sont annoncés dans une courte publication* envoyée le 20 juillet à *Physical Review*, dans laquelle ils insistent sur la supériorité de ce type d'accélérateur :

> Ces expériences montrent à l'évidence qu'on peut, en utilisant les moyens ordinaires du laboratoire, produire des faisceaux de protons ayant des énergies assez grandes pour faire des études nucléaires, et ce avec des intensité de loin supérieures aux intensités des faisceaux de particules α issues de sources radioactives[158].

---

*Une *lettre à l'éditeur*, signée E. Lawrence et S. Livingston. Les communications urgentes, pourvu qu'elles fussent courtes, pouvaient être ainsi envoyées à la revue, et paraissaient plus vite, avec un délai d'un mois environ, au lieu des six mois souvent nécessaires pour un article complet. En France les *Comptes Rendus de l'Académie des Sciences* permettaient une publication rapide, de même que *Nature* en Angleterre, et *Physikalische Zeitschrift* ou *Naturwissenschaften* en Allemagne.

Et ils annoncent :

> La conséquence la plus intéressante de ces expériences est peut-être qu'il apparaît maintenant que la production de protons de 10 000 000 électronvolts peut être aisément réalisée si l'on dispose d'un aimant assez grand et d'un oscillateur de haute fréquence. On ne saurait surestimer l'importance de la production de protons ayant de telles vitesses ; nous espérons pouvoir disposer de l'équipement nécessaire pour cette réalisation.

Ils mentionnent l'oscillateur de haute fréquence, car c'est effectivement un des nœuds du problème, l'une des difficultés majeures de l'entreprise, puisqu'il doit travailler dans la gamme de la dizaine de mégahertz (dix millions d'oscillations, de changement de sens du courant, par seconde), à la limite des possibilités de l'époque. L'énergie finale des particules est directement liée au nombre de tours de la trajectoire en spirale qu'elles décrivent en accélérant. Or cette spirale doit être entièrement située dans l'entrefer de l'aimant. Lawrence obtient des fonds pour construire un cyclotron plus grand, avec un aimant dont les pôles ont un diamètre de 25 cm, tâche à laquelle s'attelle Livingston dès l'été 1931. Le nouveau cyclotron entre en fonction au printemps 1932 : il fournit des protons dont l'énergie est de 1,2 millions d'électronvolts (1,2 MeV). *C'est à ce moment le seul appareil au monde à pouvoir faire cela.* C'est le premier cyclotron qui puisse être utilisé pour des expériences de physique. Cette réalisation fait l'objet, cette fois, d'un article détaillé, véritable classique, qui marque la naissance de la grande famille des cyclotrons[159].

En mai 1932 une nouvelle fait sensation : Cockcroft et Walton viennent d'observer la première réaction nucléaire, provoquée par des protons accélérés. À Berkeley, Lawrence avait bien un cyclotron en état de marche, capable d'accélérer des protons à 1,2 million d'électronvolts, une énergie nettement supérieure à celle de l'appareil de Cockcroft, mais il était surtout obnubilé par la construction de cyclotrons de plus en plus puissants, et avait quelque peu négligé les expériences de physique : par exemple il manquait de détecteurs appropriés. L'équipe de Berkeley se mit rapidement au travail et observa à son tour la désintégration du lithium par des protons[160]. De nombreuses autres réactions devaient être observées par la suite[152,161,164].

Vrai capitaine d'industrie, doué pour les relations publiques, précurseur des directeurs des grands laboratoires de l'après-guerre, Lawrence voit toujours plus grand. Et il a le don de convaincre les bailleurs de fonds, ce qui n'est pas très simple dans cette période de crise économique, aux États Unis tout particulièrement. Car maintenant qu'il sait construire un cyclotron, il peut augmenter l'énergie des particules, la limite semblant être le diamètre des pièces polaires de l'aimant. En effet, plus la vitesse des particules est grande, et plus grand est le rayon du cercle qu'elles parcourent dans l'entrefer de l'aimant. On peut certes réduire le diamètre de ce cercle en augmentant l'intensité du champ magnétique, mais cela n'allait pas de soi, car il aurait fallu faire passer dans les bobines des courants électriques beaucoup plus intenses, avec tous les problèmes d'échauffement qui en découlent. De plus un champ magnétique plus fort implique, pour une trajectoire de même diamètre, des particules plus rapides, ce qui nécessite un oscillateur de plus haute fréquence, autre difficulté technique majeure. La seule voie ouverte est donc celle du gigantisme de l'aimant, dont le champ reste limité à 1,5 Tesla environ. Alors que le cyclotron de 25 cm ne fonctionne pas encore, Lawrence entreprend la construction d'un cyclotron dont les pièces polaires ont un diamètre de 68 cm : ce sera le « $27\frac{1}{2}$ inches », capable d'accélérer des protons jusqu'à 3 MeV, des deutons jusqu'à 5 MeV. L'électro-aimant, énorme pour l'époque, provient d'un don de la *Federal Telegraph Company*. Le nouvel accélérateur fonctionne dès l'été 1932. Il est décrit en détail dans un article reçu le 12 mars 1934 par *Physical Review*[165] :

> Nous avons construit un modèle plus grand, qui s'est montré capable d'accélérer des ions d'hydrogène* à des [énergies] allant jusqu'à cinq millions [d'électronvolts]. Il a été utilisé presque sans interruption au cours des derniers six mois dans certaines investigations préliminaires de phénomènes nucléaires jusqu'à trois millions [d'électronvolts].

Lawrence et son équipe ont ciselé le champ magnétique en ajoutant des cales minces aux pôles de l'électro-aimant, qu'ils appellent des *shims*, terme de mécanicien désignant une petite épaisseur de fer. Ajoutée entre les pôles de l'aimant, cette cale diminue la distance entre eux. Lorsque la hauteur de *l'entrefer*, c'est-à-dire la distance entre pôles Nord et Sud de l'aimant, diminue, l'intensité du champ magnétique augmente en proportion, ce qui permet de faire localement des corrections fines. Ils appelèrent cette technique *shimming*, qu'on pourrait traduire par *calage*, mais c'est le terme anglais qui s'est imposé.

Dans son article, Lawrence annonce la construction d'un accélérateur encore plus grand :

> Pour aller vers des énergies plus élevées il semble souhaitable de construire un appareil plus grand dans lequel on utiliserait tout le diamètre disponible des pièces polaires, soit 45 pouces. Un tel appareil, dont nous commençons actuellement la construction, devrait produire des [...] deutons ayant des énergies d'environ dix millions de volts ou plus[†].

Cette construction tarde cependant à voir le jour. Jusqu'en 1936, l'équipe de Berkeley s'attache à améliorer le fonctionnement de l'accélérateur existant, le « $27\frac{1}{2}$ inch ». Dans l'article que Lawrence publie en 1936 avec un nouveau venu, Donald Coocksey[166], il décrit ces améliorations, qui ne sont pas que de détail. Amélioration majeure : l'« extraction » du faisceau. Jusque-là les particules accélérées dans le cyclotron restaient enfermées dans la chambre en forme de boîte de camembert, et finissaient par disparaître en frappant les parois de la chambre. Pour les expériences de physique, il fallait disposer à l'intérieur les produits à exposer au bombardement des particules rapides. La nouvelle étape franchie en 1936 est de permettre à ces particules ayant atteint la vitesse maximale de sortir de la chambre à

---

*C'est à dire des protons, qu'on appelait également *rayons H*.

[†]Nous ne nous sommes pas autorisé à modifier le texte de Lawrence qui parle de millions de volts au lieu d'*électronvolts*. C'est une licence que s'accordent souvent les physiciens ! (voir le mot dans le glossaire).

vide, et d'aller bombarder des substances disposées à une certaine distance, tout ce trajet pouvant se faire dans l'air, ou dans un tube dans lequel on a fait le vide. Nombre d'autres améliorations en font un nouvel appareil vraiment plus performant.

Mais le projet de grand cyclotron n'est pas abandonné pour autant. Simplement il sera encore plus grand. En 1939 c'est un cyclotron de 152 cm de diamètre, le « 60-inch », qui entre en fonction à Berkeley[167], permettant d'obtenir des énergies de 10 MeV pour les protons et 40 MeV pour les particules α. Signe des temps, l'équipe s'est étoffée : l'article comporte huit signatures.

Le cyclotron a un succès foudroyant dans le monde entier. En 1937 le jeune physicien français Maurice Nahmias, envoyé à Berkeley par Frédéric Joliot pour apprendre à construire et faire fonctionner un cyclotron, écrit :

> Il y a déjà une dizaine de cyclotrons en service aux États-Unis. Une quarantaine d'autres sont en construction un peu partout[168].

La course aux hautes énergies est bel et bien lancée, avec, ce qui va de pair, la course au gigantisme[169].

On est loin des « moyens ordinaires du laboratoire », selon l'expression de Lawrence dans sa première publication[158], à peine sept ou huit ans auparavant. En moins de dix ans, une évolution majeure s'est imposée : jusque-là, un laboratoire disposait d'un panoplie d'instruments permettant toutes sortes d'expériences : sources radioactives, détecteurs Geiger-Müller, chambre d'ionisation amplifiée, électromètres. Le laboratoire de Lawrence est au contraire centré autour d'un instrument, l'accélérateur, appareil énorme, nécessitant pour le faire fonctionner une équipe technique importante et un budget d'une autre ampleur.

Chapitre 6

L'indépendance de charge de la force nucléaire

Où l'on voit comment les accélérateurs permettent d'obtenir un résultat capital : la force nucléaire entre deux protons ou deux neutrons est identique à la force entre proton et neutron. La force nucléaire est indépendante de la charge.

DANS SON ARTICLE ORIGINAL sur la structure des noyaux Heisenberg avait supposé* qu'il existait une force d'attraction entre un proton et un neutron, mais non pas entre deux neutrons ni entre deux protons, exception faite pour ces derniers de la répulsion coulombienne. L'argument avancé par Heisenberg était qu'une interaction de ce type tendrait à former des noyaux avec des nombres égaux, ou à peu près, de neutrons et de protons.

En 1935, deux physiciens américains, Eugene Feenberg et Julian Knipp, étudient les énergies de liaison[◊] du deutérium, isotope 2 de l'hydrogène (un proton et un neutron), du tritium, isotope 3 de l'hydrogène (un proton et deux neutrons) et du noyau d'hélium (deux protons et deux neutrons). Ils calculent la fonction d'onde de ces noyaux en supposant que *la force d'interaction entre protons et neutrons est identique à la force entre deux protons ou deux neutrons*[170]. Or leurs résultats concordent avec ceux qu'avait obtenus Wigner[†]. La force entre neutrons et protons serait-elle semblable à la force entre neutrons ou entre protons ?

L'événement décisif pour trancher cette question fut une série d'expériences sur la diffusion de protons sur des protons, dans laquelle fut mesurée la façon dont les protons étaient déviés à différents angles après être entrés en collision. Pour cela il fallait disposer de protons d'une énergie suffisante,

---
*Voir plus haut p. 279.
†Voir p. 285.

ce qui n'a été possible qu'avec l'avènement des premiers accélérateurs. L'idée est très simple : si les protons n'exercent les uns sur les autres qu'une force de répulsion électrique, cela doit se traduire par une diffusion *coulombienne*, que l'on peut calculer exactement.

Au département du Magnétisme terrestre du laboratoire *Carnegie* à Washington William Wells tente une mesure en photographiant dans une chambre à brouillard de Wilson les trajectoires de protons projetés par des particules α et entrant alors en collision avec d'autres protons[171], mais les protons projetés ont des vitesses très différentes les unes des autres et les photographies de collisions sont rares, si bien qu'il ne peut conclure. Un physicien de Berkeley utilise des protons accélérés dans un petit cyclotron, mais ses données sont trop parcellaires et lui non plus ne peut conclure[172]. Dans le laboratoire *Carnegie*, à Washington, des travaux importants avaient été entrepris pour tenter de développer un accélérateur utilisant *la bobine de Tesla**. Les protagonistes principaux de cette aventure étaient Merle Tuve, Norman Heydenburg, Lawrence Hafstad et Gregory Breit. Après avoir constaté l'échec de ces tentatives, ils avaient réussi à monter et faire fonctionner un accélérateur électrostatique sur le modèle de celui de van de Graaff. C'est ainsi que paraissent deux articles dans la livraison du 1er novembre 1936 de *Physical Review*, l'un expérimental, signé par Tuve, Heydenburg et Hafstad[173], et l'autre théorique, signé par Gregory Breit, Edward Condon et R. D. Present[174]. Merle Tuve et ses collaborateurs ont utilisé plusieurs milliers de protons accélérés à des énergies bien précises, les ont envoyés dans une enceinte contenant de l'hydrogène, et ont mesuré la proportion relative des protons déviés aux différents angles, en détectant les protons ainsi déviés par une chambre à ionisation dont le signal était amplifié électroniquement.

Ces données furent analysées théoriquement par Breit, Condon et Present, qui comparèrent l'interaction entre deux protons à l'interaction entre un neutron et un proton. Cette dernière avait été déterminée par Fermi et Amaldi lorsqu'ils avaient mesuré le libre parcours moyen des neutrons dans la paraffine, c'est-à-dire la distance moyenne parcourue entre deux chocs, soit contre des noyaux de carbone, soit, plus souvent, contre des noyaux d'hydrogène, c'est-à-dire des protons[175].

La conclusion de Breit, Condon et Present est capitale : *l'interaction entre deux protons ou entre deux neutrons est la même que l'interaction entre un neutron et un proton*. Entre deux protons la répulsion électrique, dite coulombienne, se superpose à la force nucléaire, et agit indépendamment d'elle : beaucoup plus faible que la force nucléaire à courte distance, elle subsiste à des distances plus grandes, lorsque la force nucléaire n'agit plus. Ce phénomène, qu'on appelle *l'indépendance de charge*, est une caractéristique fondamentale de la force nucléaire telle qu'on la connaît aujourd'hui.

C'est le premier résultat majeur qui n'aurait pas pu être obtenu sans disposer d'un accélérateur.

---

*Voir p. 307.

CHAPITRE 7

La découverte de la radioactivité artificielle

Où Frédéric et Irène Joliot-Curie fabriquent au laboratoire le premier radioélément artificiel, *en bombardant de l'aluminium avec des particules* α *. Où l'on voit qu'il existe des centaines de radioéléments, isotopes radioactifs d'éléments connus.*

LE SEPTIÈME CONSEIL DE PHYSIQUE SOLVAY[176] se tint à Bruxelles du 22 au 29 octobre 1933. Hendrik Anton Lorentz, l'homme universellement respecté, le sage de la physique, en avait été le président depuis 1911, mais il était mort le 4 février 1928. Le nouveau président désigné fut Paul Langevin.

Né en 1872 dans une famille modeste[177], Paul Langevin fut un élève brillant, qui entra premier à l'École Municipale de Physique et de Chimie Industrielle, où enseignait Pierre Curie*. Il réussit ensuite le concours d'entrée à l'École Normale Supérieure, où il fait la connaissance de Jean Perrin, passe l'agrégation en 1897, puis il obtient une bourse de la ville de Paris qui lui permet de passer un an au *Cavendish*, le laboratoire du célèbre J. J. Thomson. Il y rencontre Rutherford, son aîné d'un an, Townsend, Charles Wilson. Revenu à Paris, docteur ès Sciences Physiques en 1902, il commence une brillante carrière, travaillant sur l'ionisation des gaz et sur le magnétisme. Élu professeur au Collège de France en 1910, il s'attache, pendant la guerre de 1914-18, à la détection des sous-marins, et invente la méthode du sonar.

Après la guerre, Langevin s'engage de plus en plus dans une activité militante pour la paix et contre la montée du fascisme. Le 30 octobre 1940, au début de l'occupation de Paris, il est arrêté et emprisonné, démis de son

---

*Voir p. 24.

poste au Collège de France, puis mis en résidence à Troyes. Grâce à l'aide de la Résistance, dont Frédéric Joliot est devenu l'un des dirigeants, Langevin s'échappe et gagne la Suisse en 1943. Il mourra peu après la fin de la guerre, le 19 décembre 1946.

Le Conseil discuta du sujet brûlant de l'heure : *Structure et propriétés des noyaux atomiques*. Depuis le congrès de Rome en 1931, la découverte du neutron avait bouleversé l'idée qu'on se faisait du noyau : on pensait que le noyau était constitué de protons et de neutrons, sans électrons, et les premières théories de la structure nucléaire étaient apparues, avec les travaux de Heisenberg, Majorana, Wigner*. Le nombre des invités au *Conseil* avait quelque peu augmenté, et on voyait apparaître, aux côtés de Niels Bohr ou de Marie Curie, la génération montante : Enrico Fermi, Irène et Frédéric Joliot-Curie, Paul Dirac, Charles Ellis, George Gamow, Wolfgang Pauli, Francis Perrin, Salomon Rosenblum, Werner Heisenberg, Erwin Schrödinger, Ernest Lawrence, John Cockcroft.

Parmi les six rapports qui faisaient le point des connaissances et des recherches en cours, celui de Frédéric et Irène Joliot-Curie[178] provoqua un certain scepticisme, particulièrement lorsqu'ils présentèrent leur interprétation des résultats obtenus en bombardant de l'aluminium par des particules α. Dans ce dernier cas, ils avaient observé un rayonnement pénétrant neutre qui était constitué, pensaient-ils, par des neutrons.

Mais pour admettre l'émission de neutrons, il fallait affronter une difficulté de taille. On savait depuis longtemps que lorsque l'aluminium était soumis au bombardement de particules α on observait des protons. L'interprétation admise était que le noyau d'aluminium absorbait la particule α, et qu'après l'émission d'un proton il restait un noyau de silicium, qui devait être l'isotope 30, car il fallait bien respecter le nombre total de protons et neutrons (13 et 14 pour l'aluminium, 2 et 2 pour la particule α, 14 et 16 pour l'isotope 30 du silicium). Cet isotope du silicium était connu, tout allait bien. Mais il en allait autrement si c'était un neutron qui était émis : on aurait formé alors l'isotope 30 du *phosphore*. Or cet isotope n'avait jamais été observé, *il n'existait pas dans la nature !* La question était embarrassante, et pouvait jeter un doute sur la réalité de l'émission des neutrons.

Une nouvelle observation leur fournit une interprétation qu'ils proposèrent au *Conseil*. Après la découverte du positon par Carl Anderson, les Joliot-Curie s'étaient rendu compte que plusieurs traces observées sur les photos faites à la chambre de Wilson étaient dues à des positons. Et ils observent que des positons sont émis lorsqu'on bombarde de l'aluminium avec des particules α. Ils avancent alors une hypothèse qui pourrait résoudre le problème de l'émission du neutron :

> On sait que l'aluminium ou l'isotope 10 du bore émettent sous l'action des rayons α des protons de transmutation. *Parfois la transmutation s'effectuerait avec émission d'un neutron et d'un électron positif au lieu d'un proton.* Ces deux processus qui conduisent à un même noyau transformé, sont peu différents du point de vue des énergies mises en jeu. Il y aurait lieu d'admettre l'hypothèse suivant laquelle un proton serait constitué par

---

*Voir p. 277.

La radioactivité artificielle

un neutron et un électron positif[179].

L'idée est donc que le neutron et le positon seraient émis en même temps, l'ensemble (neutron + positon) ayant une charge positive et une masse semblable à celle du proton. On aurait en somme l'émission d'un proton séparé en deux constituants.

Lise Meitner intervient alors pour confirmer la production de positons, tout en ajoutant[180] :

> Il est intéressant de faire une comparaison entre le nombre des électrons positifs émis et le nombre de rayons H* de recul produits en même temps par des neutrons. La comparaison des résultats pour l'aluminium et le fluor prouve que pour [l'aluminium], bien que le nombre des électrons positifs soit plus de quatre fois plus grand que pour [le fluor], on n'a pu déceler *aucun* neutron. Cela n'est pas favorable à l'idée que, dans ce cas, l'émission du neutron ait lieu en même temps que celle de l'électron positif.

Cette intervention accentue l'incrédulité générale. La belle hypothèse des Joliot-Curie est mise à mal. Si aucun neutron n'est émis, comme l'affirme Lise Meitner, tout est à revoir.

Rentrée à Berlin, Lise Meitner se rend compte que ses données ne lui permettent pas d'être aussi affirmative, et elle envoie en décembre une note qui sera ajoutée au compte rendu :

> *Remarque ajoutée après les séances.* — Un examen attentif de nos épreuves obtenues avec Al et Fe m'a fait me demander si notre statistique n'est pas trop restreinte pour permettre de tirer les conclusions précédentes. C'est pourquoi j'ai fait avec une source de polonium plus intense une série plus étendue d'épreuves sur Al et Fe et j'ai établi que sur 230 épreuves avec Al il y avait 11 rayons H de recul, avec F, 4 sur 200. Mon objection contre la manière de voir de M. et Mme Joliot, que les électrons positifs sortent du noyau d'aluminium, tombe donc.

Mais cette note passa inaperçue.

Les Joliot-Curie après le Conseil Solvay

Irène et Frédéric Joliot-Curie sont revenus du *Conseil Solvay* assez ébranlés, comme ils l'écrivent dans un article de 1951 :

> Finalement la grande majorité des physiciens présents ne crurent pas à l'exactitude de nos expériences. Après la séance, nous étions assez désolés, mais, à ce moment, le professeur Niels Bohr nous prit à part, ma femme et moi, pour nous dire qu'il trouvait nos résultats très importants. Pauli, un peu après, nous apporta le même encouragement[181].

De retour à Paris, ils se remettent au travail. Comment vérifier que les émissions d'un neutron et d'un positon sont simultanées ? L'observation en coïncidence des deux particules étant hors de portée avec les techniques de

---

*On appelait encore « rayons H » les atomes d'hydrogène ionisé, autrement dit le noyau de l'hydrogène, le proton.

l'époque, même en utilisant le circuit de Bruno Rossi, ils imaginent un autre biais pour attaquer le problème. La réaction ne se produit que si les particules α ont une énergie suffisante, supérieure à une certaine énergie-seuil. Ils décident donc de mesurer ce seuil, cette vitesse minimum des particules α, dans le cas des positons aussi bien que des neutrons. Si le seuil est identique, cela montrera au moins l'existence d'un lien entre les deux phénomènes.

En décembre 1933 ils reprennent la mesure du seuil pour les neutrons. La source est placée dans une enceinte remplie de gaz dont on peut faire varier la pression à volonté, avec, à l'autre extrémité de l'enceinte, une feuille d'aluminium. Si l'on fait le vide dans l'enceinte, les particules α frappent l'aluminium avec leur pleine énergie, mais si l'on introduit du gaz carbonique dont on augmente progressivement la pression, la traversée du gaz ralentit les particules, qui ont donc une vitesse moindre au moment de l'impact. Lorsqu'on atteint une certaine pression, la réaction s'arrête : les particules sont un peu trop lentes. Les neutrons sont détectés par leur capacité à projeter des noyaux d'hydrogène, des protons. Ces protons projetés par les neutrons sont détectés à leur tour dans une chambre à ionisation à amplification électronique, qui fait maintenant partie de l'équipement disponible à l'Institut du Radium.

« Un nouveau type de radioactivité »

Dès le début de l'année 1934, les Joliot-Curie entreprennent de mesurer le seuil d'émission des positons. L'après-midi du 11 janvier, Joliot est de service, dans son laboratoire de l'Institut du Radium[182]. Il commence par une énergie faible des particules α, puis baisse progressivement la pression de façon à augmenter la vitesse des particules. À un moment, le détecteur Geiger-Müller qui doit détecter les positons se met à crépiter : la vitesse des particules α vient de dépasser le seuil à partir duquel la réaction peut se produire. Pour bien préciser ce seuil, il augmente à nouveau la pression du gaz, ralentissant ainsi les particules α au-dessous du seuil de déclenchement de la réaction, mais à sa grande surprise, *le compteur continue à crépiter* ! Joliot s'aperçoit immédiatement qu'il y a là un phénomène nouveau et recommence une expérience plus simple : il colle la source contre une feuille d'aluminium, puis la sépare ; la feuille continue bien à émettre des positons pendant quelque temps, à un rythme qui décroît lentement. Le rapprochement avec la radioactivité bien connue des éléments lourds était évident : le bombardement de l'aluminium par les particules α produit un corps radioactif de courte durée.

Il fallait s'assurer, évidemment, que tout cela n'était pas dû à un fonctionnement fantaisiste du compteur Geiger-Müller. C'est un jeune physicien allemand séjournant à l'Institut, Wolfgang Gentner, qui l'a construit. Joliot ne peut rester au laboratoire pour faire ces vérifications car il est invité à dîner avec Irène. Il demande à Gentner de recommencer l'expérience et de vérifier que le compteur est bien en état de marche. En arrivant le lendemain au laboratoire, Joliot trouve un mot de Gentner : le compteur fonctionne parfaitement. Ils sont conscients d'avoir fait une découverte considérable.

Nous sommes vendredi 12 janvier. Travaillant presque nuit et jour, Frédéric et Irène recommencent l'expérience sur l'aluminium et plusieurs autres éléments, provoquant une radioactivité sur le bore et le magnésium. Par contre aucun effet n'est observé sur la plupart des éléments essayés, qui vont de l'hydrogène à l'argent. Le lundi 15 janvier, ils présentent une note à l'Académie des Sciences[183] :

> Nous avons découvert le phénomène suivant : *L'émission des électrons positifs par certains éléments légers irradiés par les rayons α du polonium subsiste pendant des temps plus ou moins longs, pouvant atteindre plus d'une demi-heure dans le cas du bore, après l'enlèvement de la source de rayons α.*

À vrai dire ils viennent de découvrir deux phénomènes nouveaux :
– une radioactivité provoquée artificiellement, qu'on appellera bientôt *la radioactivité artificielle* ;
– la radioactivité par émission d'électrons positifs, ou positons, qu'on appellera *la radioactivité β^+*, pendant de la radioactivité bien connue par émission d'électrons habituels, négatifs, qu'on appellera *la radioactivité β^-*.

Ils précisent les périodes radioactives : 3 minutes 15 secondes dans le cas de l'aluminium, 14 minutes pour le bore et 2 minutes 30 secondes pour l'aluminium.

L'interprétation présentée semble aller de soi :

> Nous pensons que le processus d'émission serait le suivant pour l'aluminium :
> $$^{27}_{13}\text{Al} + ^{4}_{2}\text{He} = ^{30}_{15}\text{P} + ^{1}_{0}\text{n}$$
> L'isotope $^{30}_{15}\text{P}$ du phosphore serait radioactif avec une période de $3^{\text{m}} 15^{\text{sec}}$ et émettrait des électrons positifs selon la réaction
> $$^{30}_{15}\text{P} = ^{30}_{14}\text{Si} + \epsilon^+$$

La façon de noter les noyaux, qui est toujours en vigueur, est la suivante : le nombre en haut à gauche du symbole atomique est le nombre total des protons et neutrons, dit *nombre de masse*, le nombre en bas à gauche est le nombre de protons du noyau : l'aluminium-27 (13 protons et 14 neutrons) s'écrit $^{27}_{13}\text{Al}$, l'hélium-4 (2 protons et 2 neutrons) $^{4}_{2}\text{He}$, le phosphore-30 (15 protons et 15 neutrons) $^{30}_{15}\text{P}$, et le neutron (0 proton et 1 neutron, évidemment) $^{1}_{0}\text{n}$.

Conclusion de l'article :

> Il a été possible pour la première fois de créer à l'aide d'une cause extérieure la radioactivité de certains noyaux atomiques pouvant subsister un temps mesurable en l'absence de cause excitatrice.
>
> Des radioactivités durables, analogues à celles que nous avons observées, peuvent sans doute exister dans le cas de bombardement par d'autres particules. Un même atome radioactif pourrait sans doute être créé par plusieurs réactions nucléaires.

L'intuition initiale des Joliot-Curie était en fait très proche de la vérité. Lorsque la particule α entre en collision avec le noyau d'aluminium un neutron est libéré, et il reste un noyau de phosphore. *Mais ce n'est pas un atome de phosphore quelconque*, il comprend 15 neutrons, *ce n'est pas un noyau connu*, les mesures d'Aston attribuant un seul isotope, l'isotope 31, au phosphore. Et jusque-là tout le monde avait considéré implicitement que les réactions nucléaires ne pouvaient conduire qu'à des noyaux existant dans la nature, d'où l'embarras, l'incrédulité, le scepticisme devant les résultats des Joliot-Curie. Ici c'est l'isotope 30 qui est produit. *Il n'y en a pas dans la nature parce que ceux qui ont pu être produits ont disparu depuis longtemps*, sa période radioactive étant de 3 minutes 15 secondes : il en reste la moitié après une période, quelque trois millionièmes après une heure, et *rien, vraiment rien* après un jour. Ce phosphore 30 se désintègre en émettant un positon, processus dans lequel un proton s'est transformé en neutron, si bien que le noyau de phosphore 30 (15 protons et 15 neutrons) est devenu un noyau de silicium 30 (14 protons et 16 neutrons).

L'émission du positon et du neutron n'est donc pas vraiment simultanée, comme ils l'avaient tout d'abord pensé, et exposé au *Conseil Solvay*, mais les deux émissions sont, c'est clair, étroitement liées. Ni les Joliot-Curie, ni personne d'autre, n'a prévu que l'émission de l'électron positif serait retardée, parce qu'il se formait un noyau radioactif qui n'existait pas dans la nature. Mais c'est bien leur intuition initiale, à laquelle, on l'avait vu à Bruxelles, personne ne croyait, qui a conduit les Joliot-Curie à la découverte.

La preuve chimique

L'effet observé est spectaculaire, l'interprétation convaincante. Les Joliot-Curie veulent cependant aller plus loin, et avoir une preuve directe que la réaction s'est passée comme ils le pensent. Pour cela il faudrait montrer que le corps radioactif formé, qui se signale par son émission d'électrons positifs, est bien un isotope du phosphore, que *chimiquement* c'est effectivement du phosphore. Dans le cas des réactions nucléaires déjà observées, on ne peut s'assurer de la nature chimique des substances formées, car les quantités de produit sont toujours infimes. Mais lorsqu'un corps radioactif est produit, la chimie nucléaire inventée par Marie Curie quelque 36 ans auparavant peut être utilisée. Ils dissolvent dans de l'acide chlorhydrique la feuille d'aluminium après l'avoir irradiée par la source de polonium, et dissolvent dans le même bain du phosphore ordinaire, après quoi ils provoquent, par un réactif chimique approprié, la séparation du phosphore sous la forme d'un précipité insoluble. Or ce précipité est radioactif, alors que le bain d'acide ne l'est plus. La substance radioactive réagit donc comme du phosphore, auquel elle est intimement mélangée : ce ne peut être que du phosphore. Il fallait faire très vite, cette radioactivité décroissant de moitié en 3 minutes 15 secondes, et de 89% en dix minutes ! Les résultats sont présentés lors de la séance hebdomadaire de l'Académie des Sciences, le 29 janvier :

> En définitive, ces expériences montrent que les réactions nucléaires que nous avons envisagées sont très probablement exactes. Les résultats obtenus constituent la première preuve chimique des transmutations et de la capture des particules α par les noyaux transformés [...] Ce sont mainte-

nant des raisons d'ordre physique et chimique qui montrent que les noyaux $^{13}_{7}N, ^{30}_{15}P$ et probablement $^{27}_{14}Si$ doivent être radioactifs avec émission d'électrons positifs. Nous proposons d'appeler ces nouveaux éléments *radioazote, radiophosphore et radiosilicium*[184].

Pour montrer l'intérêt qu'ils attachent à cette découverte, les Joliot-Curie envoient immédiatement un article à la revue *Nature* qui contient l'essentiel des deux communications. L'article paraît le 10 février et conclut par ces remarques :

> Ces expériences donnent la première preuve chimique de la transmutation artificielle, ainsi que la preuve de la capture de la particule α dans ces réactions [...]
> On peut envisager que ces éléments ou des éléments semblables soient formés dans des réactions nucléaires différentes, utilisant le bombardement par des particules différentes : protons, deutons, neutrons[185].

Un article plus détaillé paraîtra deux mois plus tard dans le *Journal de Physique et le Radium*[186].

COMME UNE TRAÎNÉE DE POUDRE

Les réactions furent immédiates dans le monde de la physique. À Berkeley, Lawrence arrive en courant dans son laboratoire : il a en main le compte rendu de l'Académie des Sciences qu'il vient de recevoir, dans lequel les Joliot-Curie écrivent qu'il est sans doute possible de créer d'autres radioéléments en bombardant des corps avec des deutons. Lawrence a le sentiment que les Joliot-Curie ont écrit cela *en pensant à lui*, car lui seul dispose d'un faisceau de deutons. Moins d'une heure plus tard il observe à son tour une radioactivité artificielle, produite par le bombardement de carbone par des deutons ; l'article est envoyé à *Physical Review* dès le 27 février[164], tandis que le même jour trois physiciens du *California Institute of Technology* envoient un article à la revue *Science*[162]. Ils ont également bombardé du carbone avec des deutons de 0,9 MeV fournis par un petit accélérateur électrostatique* construit par eux-mêmes au laboratoire afin de fournir une source de neutrons intense[163], et ils ont observé la radioactivité de l'azote 13. En fait les physiciens de Berkeley en avaient produit sans s'en apercevoir, chaque fois que le faisceau de protons ou de deutons frappait une paroi ou un outil métallique. Mais pour éviter d'enregistrer ce qu'ils avaient pris pour des déclenchements intempestifs dûs à des parasites, à du « bruit », ils arrêtaient systématiquement les compteurs chaque fois que le faisceau s'arrêtait. Ils n'avaient donc rien observé.

Les Joliot-Curie reçoivent des lettres du monde entier (de la physique, s'entend) : de Pauli, qui pense que les spectres β^+ doivent être continus, tout comme les spectres β connus, c'est-à-dire β^- ; de Rasetti, qui veut tenter de reproduire ces expériences à Rome ; mais le premier à leur écrire, et le plus chaleureux, est Rutherford :

---

*Voir p. 308.

Cavendish Laboratory
Cambridge
Le 29 janvier 1934
Mes chers collègues,

J'ai été enchanté de voir le compte rendu de vos expériences dans lesquelles un corps radioactif est produit par exposition aux rayons α. Un beau travail, dont je vous félicite tous les deux, et qui, j'en suis sûr, se révélera par la suite d'une grande importance.

Personnellement je porte un grand intérêt à vos résultats car j'ai longtemps pensé qu'un tel effet devrait être observé si les conditions adéquates étaient réalisées ; j'ai tenté dans le passé un certain nombre d'expériences utilisant un électroscope sensible pour détecter de tels effets, mais sans succès. Nous avons essayé l'an dernier l'effet des protons sur des éléments lourds, mais avec des résultats négatifs.

Avec mes meilleurs vœux à tous les deux pour de nouveaux succès dans vos recherches.

Sincèrement votre
Rutherford

[Post-scriptum manuscrit] Nous allons tenter de voir si des effets semblables apparaissent lors d'un bombardement par des protons ou des deutons[187].

Le piquant de l'affaire, c'est qu'il était très facile de produire des radioéléments artificiels dès lors qu'on disposait de sources radioactives assez intenses. Irène et Frédéric Joliot-Curie ont découvert le phénomène parce qu'ils poursuivaient une idée précise : ils cherchaient à montrer que les émissions de positons et de neutrons étaient simultanées lorsque l'aluminium était bombardé par des particules α. Comme Becquerel trente-huit ans auparavant, ils ont découvert un phénomène inattendu, ce qui est le cas de toute découverte, en suivant une démarche expérimentale très précise. Leur découverte devenait alors presque inéluctable. En tout cas elle ne devait rien au hasard.

L'importance de la découverte

On a peine à imaginer aujourd'hui l'impact de cette découverte dans le monde de la physique. Pour tous les physiciens, ce fut une révélation. Tout le monde pensait alors qu'on ne pouvait produire par des réactions nucléaires que des noyaux existant dans la nature, et, implicitement, que la radioactivité n'était possible que pour les noyaux lourds. Par exemple l'assemblage de 15 protons et de 16 neutrons pouvait former un noyau de phosphore, mais 15 protons et 15 neutrons ne pouvaient pas, même pendant un temps plus ou moins bref, former l'isotope 30 du phosphore, qui n'avait pas été observé dans la nature et donc ne pouvait pas exister du tout. Il n'y avait pas de raison très forte à cela, simplement une sorte de barrière mentale implicite. On avait une sorte de jeu de Scrabble, dans lesquels seuls certains mots, par consensus général non dit, étaient permis. La découverte des Joliot-Curie montrait que parmi tous ceux qui n'existaient pas dans la nature, un certain nombre de noyaux d'atomes, isotopes de noyaux stables, pouvaient exister pendant un temps plus ou moins long, avant de disparaître par radioactivité. Rutherford avait bien imaginé qu'un tel phénomène était possible, mais sans parvenir à le démontrer expérimentalement, comme il l'avoue dans sa lettre, avec la franchise et l'humilité des grands.

En tout cas dans le monde entier les physiciens commencèrent bientôt à fabriquer des noyaux radioactifs[188–190]. À la conférence internationale de physique tenue à Londres, Irène et Frédéric Joliot-Curie sont invités à faire une conférence. Après avoir passé en revue les réactions nucléaires connues, ils décrivent leurs expériences. Dans la conclusion, ils résument l'état du problème et ils envisagent des applications possibles, particulièrement en biologie et en médecine :

> Ces radioéléments peuvent trouver des applications pratiques en médecine ou dans d'autres domaines. Introduites dans le corps vivant, ces substances peuvent se comporter de façon très différente des radio-éléments ordinaires en raison de leurs propriétés chimiques différentes et parce que leur désintégration ne laisse aucun résidu radioactif [...]
>
> Finalement, nous devons nous attendre à un développement considérable de l'utilisation de ces noyaux radioactifs comme indicateurs dans l'étude du comportement de leurs isotopes non actifs dans certaines réactions chimiques ou dans les phénomènes biologiques[191].

DE NOUVELLES PERSPECTIVES POUR LES INDICATEURS RADIOACTIFS

La dernière remarque des Joliot-Curie citée ci-dessus concerne l'utilisation des nouveaux isotopes radioactifs comme *indicateurs*, selon une méthode connue depuis plus de vingt ans pour les isotopes radioactifs naturels*. Elle avait été imaginée en 1913 par un physicien hongrois, Georg von Hevesy, né le 1er août 1885 (un mois avant Niels Bohr) à Budapest. Après des études universitaires à Budapest, puis à Berlin, il avait obtenu son doctorat à Fribourg en Brisgau en 1908, avait travaillé en Suisse comme assistant, était enfin parti deux ans travailler à Manchester auprès de Rutherford. Là il tentait en vain de séparer le plomb de ce qu'on appelait le radium D, un des produits de la désintégration du radium, et il dut se rendre à l'évidence : il n'y a pas de différence *chimique* entre eux. Comme nous l'avons conté précédemment†, Frederick Soddy, considérant ce cas et d'autres, avait avancé l'idée que tous les atomes d'un même élément n'avaient pas nécessairement la même masse, et il avait nommé « isotopes » toutes ces substances chimiquement identiques mais avec des masses différentes‡. Il était impossible de séparer le RaD du plomb parce que *c'était du plomb*.

Après son séjour à Manchester, Hevesy se rend à l'Institut du Radium de Vienne, où il rencontre Friedrich Paneth, de deux ans son cadet, qui avait lui

---

*On appelle aujourd'hui cette méthode, d'utilisation universelle en chimie et en biologie, la méthode des « traceurs » ou des « molécules marquées ».

†Voir p. 181.

‡Le « radium D », on le saura un peu plus tard, est l'isotope 210 du plomb, que nous notons aujourd'hui $^{210}_{82}$Pb.

aussi tenté en vain de séparer le plomb du radium D. Après avoir montré que c'est vraiment impossible et que, une fois mélangés, deux composés de plomb et de radium D gardent la même proportion relative à travers toutes les réactions chimiques[192], Hevesy et Paneth montrent comment on peut utiliser ce phénomène pour mesurer la teneur d'une solution en sels de plomb :

> Si on mélange une quantité déterminée de Ra D avec une quantité déterminée de solution de sels de plomb, alors, une fois que le mélange parfait des deux substances s'est opéré, le rapport des concentrations est le même, si petite que soit la quantité de plomb que l'on prélève dans la solution. Étant donné qu'en raison de sa radioactivité on peut doser le Ra D en quantité incomparablement plus faible que le plomb, il peut servir pour doser qualitativement et quantitativement le plomb ajouté ; le Ra D devient un « indicateur » du plomb[193].

Hevesy est ensuite nommé professeur à Budapest. Après la guerre, il part pour Copenhague, où il découvre l'élément de numéro atomique 72, encore inconnu[195], et qui est baptisé *Hafnium*, en l'honneur de Copenhague (du nom latin de Copenhague, *hafnia*). S'intéressant alors à la botanique, il a l'idée de suivre la progression du plomb dans une plante en *marquant* le plomb : il mélange au plomb, dans l'eau d'arrosage, une quantité infime mais bien connue de radium D, et il peut observer, grâce à la radioactivité de ce dernier, la progression du plomb dans l'organisme vivant[196]. Il applique ensuite cette méthode avec un isotope radioactif du bismuth pour suivre à la trace le devenir du bismuth une fois ingéré par un rat de laboratoire[197].

Jusque-là cette méthode était limitée aux isotopes radioactifs naturels, donc aux éléments lourds, comme le plomb ou le bismuth. La radioactivité artificielle laisse désormais entrevoir la possibilité de fabriquer des isotopes radioactifs, des *indicateurs* de tous les éléments peut-être.

En marge de la découverte, la mort de Marie Curie

Au moment de la découverte de la radioactivité artificielle, Marie Curie dirigeait encore, à soixante-six ans, l'Institut du Radium. Grande fut sa joie devant une découverte de cette importance faite dans le laboratoire qu'elle avait créé au prix de tant d'efforts. Frédéric Joliot racontera plus tard :

> Marie Curie a été le témoin de nos recherches et je n'oublierai jamais l'expression de joie intense qui s'est emparée d'elle lorsque Irène et moi lui avons montré dans un petit tube de verre le premier radio-élément artificiel. Je la vois encore prenant entre ses doigts, déjà brûlés par le radium, ce petit tube de radio-élément, d'activité encore bien faible. Pour vérifier ce que nous lui annoncions, elle l'approcha d'un compteur Geiger-Müller et elle put entendre les nombreux tops du numérateur de rayons. Ce fut sans doute la dernière grande satisfaction de sa vie. Quelques mois plus tard, Marie Curie décédait d'une leucémie[30].

Marie Curie devait mourir le 4 juillet 1934, au sanatorium de Sancellemoz, dans les montagnes savoyardes, où on l'avait transportée. Avec elle disparaissait une figure mythique de la science, une femme qui avait imposé son autorité scientifique au monde entier.

Les prix Nobel 1935 : Chadwick et les Joliot-Curie

En 1935, le prix Nobel de physique fut attribué à James Chadwick « pour la découverte du neutron » et celui de chimie à Frédéric Joliot et Irène Joliot-Curie « pour la synthèse de nouveaux éléments radioactifs ». Après la découverte du neutron, certains avaient suggéré de partager le prix Nobel entre Chadwick et les Joliot-Curie. Il n'est pas exclu que l'académie des sciences de Suède ait saisi l'occasion d'une grande découverte faite par les Joliot-Curie pour récompenser Chadwick en même temps.

Lors de la cérémonie officielle, le 12 décembre 1935, Chadwick brossa un rapide historique du neutron, et il montra l'importance qu'il avait prise dans la théorie du noyau. Frédéric et Irène Joliot-Curie firent un discours chacun (alors qu'en 1903 Pierre Curie, qui partageait le prix avec Marie Curie, avait été le seul à s'exprimer). Histoire de brouiller les pistes, Irène, la plus chimiste des deux, parla des aspects physiques de leur découverte, alors que Frédéric s'attacha aux aspects chimiques. Dans sa conclusion, il spécula sur l'avenir :

> Si, tournés vers le passé, nous jetons un regard sur les progrès accomplis par la science à une allure toujours croissante, nous sommes en droit de penser que les chercheurs construisant ou brisant les éléments à volonté sauront réaliser des transmutations à caractère explosif, véritables réactions chimiques à chaînes.
>
> Si de telles transmutations arrivent à se propager dans la matière, on peut concevoir l'énorme libération d'énergie utilisable qui aura lieu[198].

En France, les journaux s'emparèrent de l'événement : la fille de Marie Curie, la femme aux deux Prix Nobel, obtenait à son tour le Prix Nobel ! De plus, la radioactivité artificielle permet à de nombreux journaux d'annoncer que les Joliot-Curie vont être capables de produire « du radium artificiel », chose extraordinaire, car le radium était utilisé dans le traitement du cancer, mais il était rare et cher. Pouvoir disposer à volonté de sources intenses et bon marché permettait de rêver à la fin des cancers...

Chapitre 8

L'École de Rome

Où nous retrouvons Enrico Fermi devenu professeur à l'université de Rome. Où il rassemble autour de lui une équipe jeune et enthousiaste, une des plus brillantes d'Europe, une équipe qui découvre les étranges propriétés des neutrons lents. Où est posée pour la première fois la question des éléments transuraniens.

Nous avions laissé Fermi à Florence, alors qu'il découvrait ce qu'on nomme depuis *la statistique de Fermi-Dirac* : deux particules que nous appelons maintenant les *fermions* ne peuvent, lorsqu'elles sont en interaction, par exemple dans un atome ou dans un métal, avoir tous leurs nombres quantiques identiques*. Peu de temps après, le sénateur Corbino réussissait à obtenir la création à Rome d'une chaire de physique théorique, la première du genre en Italie. En novembre 1926, le concours est remporté haut la main par Fermi, qui se retrouve ainsi professeur à vingt-six ans. Il quitte ses fonctions à Florence, remplacé par son vieil ami Enrico Persico, et commence son travail à l'Institut de physique, situé dans de vieux bâtiments, au 89 de la *via Panisperna*. Dans son introduction biographique aux *Œuvres scientifiques* de Fermi, Emilio Segrè décrit cet institut :

> Le vieux bâtiment de physique de la *via Panisperna* avait été construit autour de 1880, mais il convenait encore parfaitement au travail scientifique à cette époque, et se comparait favorablement à d'autres laboratoires européens. L'équipement était correct et comprenait surtout des instruments de spectroscopie optique, ainsi que d'autres appareils nécessaires. Il y avait un atelier assez ancien, maigrement équipé en machines ; la bibliothèque par contre était excellente. L'Institut, entouré d'un petit parc, était situé

---
*Voir p. 159.

> sur une colline, près du centre de Rome : c'était beau tout en étant très commode. Les jardins, avec leurs palmiers et leurs fourrés de bambous, et le silence qui y régnait, sauf au crépuscule lorsque les nombreux moineaux occupaient les arbres, tout cela faisait de ce lieu un centre paisible et agréable, fait pour l'étude[199].

Une des premières préoccupations de Fermi est de faire venir Franco Rasetti de Florence, en obtenant pour lui un poste d'assistant de Corbino, ce qui permet de commencer immédiatement un travail expérimental. Toujours grâce à l'appui de Corbino, il recrute ensuite Emilio Segrè, Edoardo Amaldi, Ettore Majorana. Conscient qu'il leur faut apprendre les techniques expérimentales modernes, il les envoie dans différents laboratoires étrangers. Rasetti passe l'année 1928-29 à Pasadena, auprès de Millikan, et y fait sa fameuse expérience sur le spin du noyau de l'azote *. Il passe ensuite l'année 1931-32 à Berlin, dans le laboratoire d'Otto Hahn et Lise Meitner, où il apprend les techniques de la radioactivité et se familiarise avec la fabrication des compteurs Geiger-Müller et des chambres à brouillard de Wilson. Segrè part travailler à Amsterdam auprès de Pieter Zeeman, puis à Hambourg auprès d'Otto Stern, et Amaldi part pour Leipzig auprès de Peter Debye.

À la fin des années vingt la mécanique quantique, arrivée à maturité, permet de comprendre la structure de l'atome, au moins dans ses principes. L'activité de l'institut de la *via Panisperna* est surtout orientée vers la spectroscopie optique, c'est-à-dire précisément la structure de l'atome. Mais Fermi pense que le nouveau domaine à défricher et à conquérir est la structure du noyau de l'atome, la *physique nucléaire*, et il pose la question à ses collaborateurs : faut-il réorienter les recherches vers la radioactivité et la physique nucléaire ? Après des débats assez vifs, la décision est prise en 1929. Fermi est l'un des artisans du congrès de physique nucléaire de Rome en 1931, qui permet à la jeune équipe de se familiariser avec les problèmes les plus actuels[†].

La théorie de la radioactivité β

Nous avons dit combien cette histoire d'électrons β émis sans énergie bien définie pouvait constituer un casse-tête pour les physiciens du monde entier[‡]. Pauli avait bien sorti de son chapeau cette particule hypothétique extrêmement légère dont le rôle était d'emporter l'énergie manquante sans toutefois se faire détecter en aucune façon, et qu'il appelait le « neutron ». Fermi en avait discuté avec lui en 1931, au congrès de Rome[§]. C'est là, au cours de conversations informelles, que Fermi proposa le nom de *neutrino* pour le distinguer de la particule imaginée par Rutherford, le neutron, en italien *neutrone*[200]. La présence de ce *neutrino* aux côtés des électrons, émis en même temps, permettait de sauver la conservation de l'énergie, si l'on admettait que le *neutrino* emportait justement l'énergie qui était perdue,

---
*Voir p. 249.
[†]Voir p. 260.
[‡]Voir p. 205 à 213.
[§]Voir p. 260.

L'école de Rome 335

apparemment de façon aléatoire, par l'électron. Ce n'était pas seulement une hypothèse audacieuse, sinon hasardeuse, c'était une hypothèse *ad hoc*, qui n'expliquait que le phénomène pour lequel elle avait été faite.

À son retour du conseil Solvay de 1933, Fermi se met au travail, et parvient à formuler une vraie théorie de la radioactivité β, très différente de tout ce que l'on avait imaginé jusque-là. Il en parle à quelques amis de son équipe pendant des vacances de Noël 1933 dans les Alpes, et envoie un article à la revue *Nature*. L'article est refusé parce qu'il s'agissait « de spéculations trop éloignées de la réalité ».[201] Traduit en allemand, l'article est alors envoyé à *Zeitschrift für Physik*[202]. Aujourd'hui encore, cet article, devenu un classique, contient l'essentiel des bases de la théorie de la radioactivité β.

Après être revenu sur les difficultés de la radioactivité β, Fermi pose les bases de la nouvelle théorie :

> Il apparaît donc tout à fait approprié de supposer, avec Heisenberg, que les noyaux sont composés uniquement de particules lourdes — protons et neutrons. Pour comprendre malgré tout la possibilité de l'émission β, nous allons tenter de construire une théorie de l'émission de particules légères par le noyau en procédant par analogie avec la théorie de l'émission de quanta de lumière par un atome excité selon le processus habituel du rayonnement. Dans la théorie du rayonnement le nombre total des quanta de lumière n'est pas constant : les quanta de lumière apparaissent lorsqu'ils sont émis par un atome, et disparaissent lorsqu'ils sont absorbés. Par analogie, nous prendrons comme bases de la théorie de la radioactivité β les hypothèses suivantes :
>
> a) Le nombre total des électrons aussi bien que des neutrinos n'est pas nécessairement constant. Les électrons (ou les neutrinos) peuvent apparaître ou disparaître.
>
> [...]

L'idée que les électrons pussent ne pas exister dans le noyau avant la désintégration mais être créés juste à ce moment avait déjà été avancée, comme nous l'avons signalé, par des physiciens russes, Victor Ambarzumjan et Dmitrij Ivanenko*, mais sans qu'une théorie véritable en ait été faite.

Pour sa part, Fermi construit une théorie formelle dans laquelle il décrit le processus comme la transformation d'un neutron en proton, accompagnée par la *création* d'un électron et d'un neutrino. Il s'inspire du processus de l'émission de lumière par un atome, ou par un corps porté à haute température, qui dépend d'une constante universelle, *la charge électrique élémentaire e*. Par analogie Fermi introduit une constante universelle, qu'il appelle g, et qui gouverne l'émission simultanée d'un électron et d'un neutrino. Cela signifie que, selon la valeur de cette constante, la désintégration sera plus ou moins probable, ce qui se traduira par des périodes radioactives plus courtes ou plus longues. Fermi montre que certaines désintégrations sont en première approximation impossibles, ce qui veut dire en pratique qu'elles sont peut-être cent fois moins probables. En général, le noyau qui reste après une désintégration radioactive peut se trouver dans plusieurs configurations possibles, plusieurs *états quantiques*. On dit qu'il y a plusieurs *transitions*

---
*Voir p. 251.

possibles entre l'état de départ et l'un des états d'arrivée. Fermi classe les transitions en deux groupes : les *transitions permises*, et les *transitions interdites*. Il montre alors qu'il existe dans les deux cas une relation simple entre *l'énergie maximum des électrons* et la *période*, ce qu'il vérifie immédiatement sur les exemples connus. La nouvelle théorie permet de calculer la *forme des spectres* β, c'est-à-dire la proportion relative d'électrons de telle ou telle énergie, jusqu'à l'énergie maximum permise, et d'établir un lien entre deux données expérimentales indépendantes : cette énergie maximum et la période radioactive. Or quelques mois auparavant le physicien canadien B. W. Sargent avait observé la forme de ces spectres, et constaté empiriquement que les périodes radioactives étaient d'autant plus grandes que l'énergie maximum des électrons était petite[203]. Fermi donne une base théorique à cette relation.

Quelle est donc la signification de cette constante g ? Elle est l'analogue de la charge électrique pour les particules chargées, qui commande la grandeur des interactions électromagnétiques (émission de rayonnement, interaction entre particules chargées, magnétisme). Cette nouvelle constante est *la charge de cette nouvelle interaction*. Fermi évalue sa valeur numérique*. C'est une valeur très petite, beaucoup plus petite que la constante de l'interaction électrique. L'interaction entre les particules porteuses d'une telle charge n'a rien à voir avec les autres interactions connues jusque-là : gravitation, interaction électromagnétique, forces nucléaires. Tout en étant beaucoup plus faible que l'interaction électromagnétique, cette interaction est beaucoup plus forte que la gravitation. Le neutrino est porteur de cette *charge faible*, mais n'a pas d'autre interaction possible : au regard des autres interactions, c'est une particule « neutre », un véritable fantôme qui peut les traverser sans qu'aucune collision ne soit possible. Un neutrino peut ainsi traverser la terre entière sans interagir, tellement est faible la probabilité d'une collision avec un proton ou un neutron.

La théorie de Fermi fut saluée comme une avancée considérable. Elle offrait en effet un cadre permettant de comprendre *quantitativement* les phénomènes de radioactivité β : non seulement la forme des spectres était expliquée, mais Fermi, qui avait le goût des méthodes simples et efficaces, reliait de façon directe l'énergie maximum du spectre à la période radioactive. Le neutrino, considéré jusque-là comme une hypothèse commode mais hasardeuse, prenait de la consistance. Il ne devait pourtant être détecté qu'en 1956 aux États-Unis par Frederick Reines et Clyde Cowan[204,205].

La théorie de la radioactivité β subira des évolutions, mais le fondement est toujours celui que lui a donné Fermi, qui ne publiera toutefois plus rien sur le sujet. Il faut dire qu'il va bientôt être très occupé par une autre découverte.

---

*Fermi trouve $4 \cdot 10^{-50} cm^3 \cdot erg$.

L'école de Rome

LA PHYSIQUE DES NEUTRONS À ROME

Des radioéléments par dizaines

Dès que la découverte de la radioactivité artificielle fut connue à Rome, Fermi comprit qu'il y avait là un sujet plein de promesses, et qu'il avait bien fait d'inciter son équipe à se lancer dans le domaine tout nouveau de la physique nucléaire. Fermi n'avait pas, comme les Joliot-Curie, de source de particules α très intense, mais ceux-ci avaient noté dans leur publication de *Nature* du 10 février qu'on pourrait sans doute produire des radioéléments par bombardement avec des protons, deutons ou neutrons. Aux yeux de Fermi, les neutrons ont un gros avantage : dépourvus de charge électrique, ils ne subissent pas de répulsion de la part des noyaux, et peuvent donc s'en approcher assez près pour que les forces nucléaires entrent en jeu et puissent les agglutiner au noyau, provoquant toutes sortes de réarrangements, de *réactions nucléaires*. De nouveau isotopes sont formés, et certains, instables, se désintégreront par radioactivité β.

Coïncidence heureuse : un professeur du *Laboratorio delle Sanità Pubblica*, situé dans le même bâtiment que l'institut de physique, Giulio Trabacchi, possédait plus d'un gramme de radium, et l'appareillage nécessaire pour extraire l'émanation du radium, c'est-à-dire l'isotope 222 du radon. Le radon 222 se désintègre en émettant des particules α, avec une période de 3,8 jours. Il suffit de remplir de ce gaz une ampoule de verre dans laquelle se trouve du béryllium pulvérisé : le bombardement des noyaux de béryllium par les particules α produit des neutrons.

Avec les moyens du bord, Fermi fabrique un compteur Geiger-Müller* en utilisant un simple tube de médicaments métallique comme tube extérieur, et commence immédiatement les mesures. Il décide d'exposer au bombardement des neutrons tous les éléments sur lesquels il peut mettre la main, par ordre de masse : hydrogène, lithium, béryllium, bore, carbone, azote, oxygène, sans succès. Mais le 25 mars il bombarde le fluor, et le crépitement tant attendu est au rendez-vous ! Il envoie le même jour un article à la revue italienne *La Ricerca Scientifica*[206], et propose une interprétation de ses résultats par la réaction nucléaire :

$$F^{19} + n^1 \to N^{16} + He^4$$

Un noyau de fluor, de masse 19 (9 protons et 10 neutrons), absorbe le neutron, puis le noyau ainsi formé se désintègre immédiatement en un noyau d'hélium et un noyau d'azote 16 (l'isotope ordinaire de l'azote a une masse de 14), qui est instable et se désintègre en émettant un électron β négatif. Dans ce processus un neutron de l'azote 16 s'est transformé en proton, si bien qu'il reste le noyau d'oxygène 16.

Dans un deuxième article Fermi fait état de la création de 13 nouveaux isotopes radioactifs, qu'il a obtenus en bombardant le fer, le silicium, le phosphore, le chlore, le vanadium, l'aluminium, le cuivre, l'arsenic, l'argent, le tellure, l'iode, le chrome et le baryum[207]. Tous ces résultats sont repris dans un court article expédié le 10 avril à *Nature*[208], et dont il envoie un tiré-à-part à Rutherford. Celui-ci est prompt à réagir :

---

*Voir p. 233.

Cher Fermi,

Je dois vous remercier d'avoir eu la bonté de m'envoyer un compte rendu des récentes expériences dans lesquelles vous avez provoqué une radioactivité temporaire en utilisant des neutrons. Vos résultats présentent un grand intérêt : je ne doute pas que nous pourrons dans le futur obtenir plus d'informations sur le mécanisme de telles transformations. Il n'est pas du tout évident que le processus soit dans tous les cas aussi simple que dans le cas des observations des Joliot.

Je vous félicite de vous être échappé de la sphère de la physique théorique ! Vous semblez avoir choisi la bonne voie pour commencer. Cela vous intéressera peut-être de savoir que le professeur Dirac est également en train de faire quelques expériences. Cela semble de bon augure pour le futur de la physique théorique !

Félicitations et meilleurs vœux !
Sincèrement vôtre
Rutherford[213]

Afin de poursuivre ses expériences, et d'identifier avec plus de certitude les éléments radioactifs produits, Fermi avait besoin de faire, comme les Joliot-Curie, une analyse chimique. Or un jeune chimiste du *Laboratorio delle Sanità Pubblica*, Oscar D'Agostino, bénéficiait d'une bourse et travaillait à ce moment à l'Institut du Radium, auprès de Marie Curie, afin d'apprendre les techniques de la chimie nucléaire. Lorsqu'il revient en Italie pour les vacances de Pâques, il se fait immédiatement embaucher par Fermi. En fait il ne retournera pas à Paris. Toute l'équipe se met alors au travail avec un sentiment d'urgence : ils veulent être les premiers à découvrir tout ce qui peut l'être dans ce domaine. Les publications se succèdent à un rythme rapide jusqu'à l'été[209-212].

Pendant l'été 1934, Fermi fait une tournée de conférences en Argentine et au Brésil. Il y reçoit un accueil tout à la fois royal et chaleureux, et parle devant des salles combles, bien qu'il s'exprime en italien. Et tandis qu'il voyage en Amérique, Segrè et Amaldi partent pour quelque temps au *Cavendish*, où ils discutent en détail de leurs expériences avec Rutherford à qui ils soumettent un projet d'article pour la *Royal Society*, que Rutherford présente immédiatement[220]. Fermi et ses collaborateurs y font une description générale de leurs expériences, qu'ils reprennent en détail, en remarquant que tous les radioéléments produits se désintègrent par radioactivité β^-, la radioactivité habituelle, connue depuis le début du siècle, qui consiste en une émission d'électrons ordinaires, de charge négative. La raison en est que les radioéléments sont produits en ajoutant un neutron au noyau de l'atome, si bien que le noyau produit a un peu trop de neutrons. Il est donc normal qu'il se désintègre par la transformation d'un neutron en proton, avec émission d'un électron (et d'un *neutrino*, cette particule furtive qui accompagne, selon Pauli et maintenant Fermi, toute radioactivité β). Ils dressent un tableau impressionnant des résultats obtenus : plus de quarante radioéléments, dont les périodes de désintégration vont de moins d'une minute à deux jours !

De retour d'Amérique du Sud, Fermi fait un crochet par Londres, où se tient une grande conférence internationale de physique, pour y présenter les

L'école de Rome 339

tout derniers résultats de l'équipe[221].

Des transuraniens ?

Le cas de l'uranium, mentionné dans les derniers travaux, est particulier. En le bombardant, Fermi et ses amis détectent tout d'abord un corps radioactif dont la période est d'environ une heure et demie, mais qu'ils ne parviennent pas à identifier. Une analyse chimique poussée leur permet d'exclure certaines possibilités, sans plus. Quelle peut donc être la nature de cette substance ? Une idée commence à germer : l'uranium, dont l'isotope le plus abondant a une masse de 238 (92 protons et 146 neutrons) absorberait le neutron, formant l'isotope 239, dont un neutron se transformerait en proton par radioactivité β, ce qui formerait un élément encore inconnu : l'élément 93, un élément plus lourd que l'uranium, un *transuranien*. Avec beaucoup de précautions cette possibilité est avancée dans une lettre envoyée le 6 juin à la *La Ricerca Scientifica*[214], suivie d'une autre lettre pour *Nature*[215], elle aussi très prudente : l'équipe de Rome a détecté la présence de plusieurs radioéléments ayant des périodes entre 10 secondes et 2 jours, qu'elle a cherché à identifier sans succès. L'analyse chimique exclut maintenant un certain nombre d'éléments proches de l'uranium : uranium, protactinium, thorium, actinium, radium, bismuth, plomb. L'article se garde de conclure.

Deux jours auparavant, le 4 juin, lors de la réunion traditionnelle de l'*Accademia dei Lincei* qui clôt l'année universitaire italienne, le professeur Corbino fait une conférence intitulée « Résultats et perspectives en physique moderne », où il met en valeur les résultats de son Institut :

> Le cas de l'uranium, de numéro atomique 92, est particulièrement intéressant. Il semble que, après avoir absorbé le neutron, il se transforme rapidement par émission d'un électron dans l'élément situé une place au-dessus dans le système périodique, à savoir un nouvel élément de numéro atomique 93 [...]
>
> Il est clair que de nouveaux tests sont nécessaires ; nombre d'entre eux ont été réalisés, avec dans tous les cas un résultat positif. Ces expériences sont cependant très délicates, ce qui justifie pleinement la prudente réserve de Fermi, et la continuation des expériences avant l'annonce de la découverte. Dans la mesure où mon opinion est de quelque valeur, et j'ai suivi ces travaux quotidiennement, je crois que la production de ce nouvel élément est certaine[216].

Ce discours fit l'effet d'une bombe, au grand dam de Fermi[217], qui avait avancé très prudemment l'existence possible d'un élément transuranien, et qui n'affirmait jamais rien sans en être absolument certain. La presse italienne s'en empara, un journal allant même jusqu'à prétendre que Fermi avait offert à la reine un flacon contenant ce fameux élément 93. Puis ce fut le *New York Times* qui titra sur deux colonnes : « Un Italien produit l'élément 93 par bombardement de l'uranium ». Fermi en perdit même le sommeil, et décida d'aller voir Corbino pour tenter d'arranger les choses. Ils publièrent un communiqué selon lequel les paroles du sénateur Corbino avaient été mal interprétées.

L'expérience elle-même n'était pas en cause, cependant. Elle devait être bientôt confirmée par Lise Meitner et Otto Hahn[218]. Mais s'agissait-il de noyaux plus lourds que l'uranium ?

Les neutrons « lents »

En cet été 1934, un étudiant de l'université de Rome, Bruno Pontecorvo, obtient son doctorat, puis demande à travailler au laboratoire de Fermi. Franco Rasetti a bien connu sa famille à Pise, alors que Bruno n'était qu'un jeune enfant. Il a du mal à le reconnaître dans cet homme dont Laura Fermi écrit :

> Bruno était d'une beauté peu commune. Ce sont peut-être ses proportions qui le rendaient si séduisant. Personne n'aurait souhaité élargir sa poitrine ou ses épaules ni allonger ses bras ou ses jambes[219].

Bruno Pontecorvo se montre brillant et il rejoint l'équipe de Fermi pendant l'été. Edoardo Amaldi et lui se voient confier la tâche de préciser la radioactivité produite dans différents éléments de manière plus quantitative. Dans l'article paru dans les *Proceedings of the Royal Society*, elle était simplement classée en trois catégories : faible, moyenne ou forte.

Ils font un montage simple : un cylindre creux du corps à étudier, dans lequel on place la source de neutrons (il s'agit de l'ampoule de verre remplie d'émanation du radium et de béryllium en poudre). Le tout est placé dans une boîte de plomb. Après un temps d'irradiation, on remplace la source de neutrons par un compteur Geiger-Müller qui détecte la radioactivité artificiellement créée par les neutrons dans le cylindre. Or un jour d'octobre, alors qu'ils étudient l'argent, Pontecorvo remarque des anomalies : la radioactivité produite n'est pas reproductible, elle semble dépendre de l'emplacement du cylindre dans la boîte de plomb. Puis ils se rendent compte que cette activité dépend de l'environnement : elle est plus forte lorsque l'appareillage est posé sur une table de bois plutôt que sur une table de marbre ! Au début cela suscite l'incrédulité et même quelques sarcasmes dans le laboratoire. Ils finissent par en parler à Fermi, et décident de placer entre la source de neutrons et l'argent du plomb, pour voir quelle action il peut avoir. Nous sommes dans la matinée du 20 octobre. Fermi propose alors d'essayer plutôt la paraffine. À la grande surprise de toute l'équipe, l'activité est alors *cent fois plus forte !*

Peu avant 13 heures, chacun rentre déjeuner chez lui. Et lorsque tout le monde se retrouve au laboratoire, vers 15 heures comme d'habitude, Fermi a trouvé une explication : lorsqu'un neutron traverse un matériau lourd comme le plomb, il rencontre de temps en temps un noyau d'atome de plomb ; en général il rebondit élastiquement sur lui ; comme le noyau de plomb est 208 fois plus lourd que le neutron, l'énergie que le neutron lui communique est très faible, si bien que le neutron perd peu d'énergie. Si par contre le neutron traverse un matériau comme le bois, ou mieux, la paraffine, qui contient de nombreux noyaux d'hydrogène, des protons, qui ont la même masse que les neutrons, la situation est très différente : en rebondissant sur les protons, le neutron leur communique une fraction beaucoup plus importante de son énergie, ce qui lui fait perdre rapidement son énergie, jusqu'au point où cette énergie est si faible qu'elle n'est pas très différente de l'énergie d'agitation naturelle des protons, due à la température du matériau. L'explication de Fermi est que *les neutrons « lents » doivent avoir une probabilité beaucoup plus grande de s'agglutiner aux noyaux divers que les neutrons rapides.*

C'est une découverte importante, qui contredit toutes les idées qu'on se faisait jusqu'alors sur la façon dont un neutron interagissait avec un noyau atomique. Lorsqu'il s'approchait suffisamment d'un noyau, un neutron subissait, pensait-on, une attraction globale correspondant à l'ensemble des protons contenus dans le noyau, ce qui pouvait provoquer son absorption ou bien sa déviation. Selon la physique classique le noyau présenterait de loin l'apparence d'un disque : si la trajectoire du neutron l'amenait à frapper ce disque, il y avait interaction. Cette surface apparente porte en anglais le nom de *cross section* (section droite) et en français celui de *section efficace*. De fait, ce mot est employé de façon très générale, qui ne correspond pas aux dimensions réelles du noyau, mais plutôt à une limite : les neutrons qui le traverse sont absorbés, les autres non, comme si les noyaux apparaissaient plus gros lorsque la probabilité d'absorber les neutrons est plus grande. La mécanique quantique prédit que cette *section efficace* varie avec l'énergie, ou la vitesse, du neutron. Mais les résultats expérimentaux montraient une augmentation beaucoup plus grande et plus brutale de la probabilité pour un neutron d'être absorbé, comme si cette surface apparente, cette section efficace était cent fois plus grande que les dimensions du noyau. Incompréhensible !

Deux jours plus tard, Fermi envoie une lettre à *La Ricerca Scientifica* dans laquelle il propose son explication :

> Une explication possible de ces faits semble être la suivante : à cause de nombreux chocs contre des noyaux d'hydrogène, les neutrons perdent rapidement leur énergie[222].

Deux semaines plus tard, le 7 novembre, une nouvelle lettre envoyée à la *La Ricerca Scientifica*[223] donne quelques précisions supplémentaires. Après avoir décrit une nouvelle expérience montrant que si les neutrons traversent de l'eau avant d'aller bombarder diverses substances, ils induisent beaucoup plus de radioactivité. Fermi suggère :

> Le fait que les neutrons lents soient si efficaces pour activer ces substances incite à penser qu'ils doivent également être très fortement absorbés.

Avançant à pas comptés, Fermi suggère maintenant que la probabilité d'être absorbés et la probabilité d'induire de la radioactivité sont liées. Enfin un article complet est écrit en février 1935 pour les *Proceedings of the Royal Society*[224]. Les bases de la physique des neutrons lents y sont posées, bien que celle-ci soit encore balbutiante. Fermi montre que la raison pour laquelle les neutrons lents produisent si facilement des radioéléments est bien qu'ils sont très fortement absorbés. Les *sections efficaces*◊ (ou les probabilités) d'absorption ont été mesurées pour beaucoup d'éléments, et pour certains, comme le bore, l'yttrium ou surtout le cadmium, elles sont énormes. Fermi donne une explication théorique à l'augmentation de cette absorption par un effet quantique, qu'il calcule en supposant que pour le neutron le noyau est une zone de l'espace très attractive, mais limitée aux dimensions du noyau. Il se passe que, lorsque la vitesse d'un neutron devient très petite, sa *longueur d'onde de Broglie* devient de plus en plus grande, sa localisation de moins en moins précise, un peu comme s'il grossissait, si bien qu'il a de plus en plus de chances d'« accrocher » un noyau au passage. Une autre façon de comprendre ce phénomène est de dire que la probabilité d'être absorbé est d'autant plus grande que le neutron passe plus de temps dans l'espace du noyau, donc que sa vitesse est plus faible. Tout cela est vrai, certainement, mais l'effet observé est encore beaucoup plus grand, et un autre problème embarrassant subsiste : le neutron devrait avoir également une probabilité plus grande de rebondir élastiquement, comme s'il avait heurté une balle élastique, mais ce n'est pas le cas ! Il faudra attendre deux ans une explication cohérente. Patience !

L'article se termine par le tableau des mesures faites par l'équipe de Rome : *tous les éléments* ont été systématiquement soumis au bombardement des neutrons lents (c'est-à-dire des neutrons ayant traversé une substance hydrogénée, de la paraffine en général) ; une quarantaine de radioéléments ont été détectés, même s'ils ne sont pas tous identifiés avec certitude.

Une nouvelle branche de la physique nucléaire

La physique des neutrons lents va devenir en quelques années une branche à part entière de la physique nucléaire. De nombreux physiciens de par le monde vont s'y consacrer[225, 226], les spécialistes incontestés étant maintenant Enrico Fermi et son équipe, particulièrement Rasetti, Segrè et Amaldi. À l'Institut du Radium, Frédéric Joliot et Irène Curie font également plusieurs expériences de production de radioéléments par bombardement de neutrons[227]. Grâce aux neutrons, on peut fabriquer des radioéléments en nombre considérable, chaque élément de la création ou presque ayant, non pas comme on le croyait avant la découverte de la radioactivité artificielle, seulement quelques isotopes stables, mais également un nombre beaucoup plus grand d'isotopes radioactifs. C'est donc vers la fabrication de radioéléments que beaucoup d'expériences sont dirigées. Les biologistes ou les chimistes utilisant des *indicateurs radioactifs** voient s'ouvrir devant eux d'innombrables possibilités.

Les phénomènes spectaculaires de l'absorption des neutrons par certains noyaux constituaient un véritable défi pour les physiciens. En trouvant une réponse à cette énigme, on pourrait sans doute enrichir la connaissance encore assez maigre de la structure interne du noyau.

Enfin, un sous-produit pratique de cette physique était la possibilité de détecter un flux de neutrons lents grâce à un simple morceau de rhodium, par exemple : lorsqu'il absorbe un neutron, le noyau de rhodium, qui ne possède qu'un isotope, le 103, devient l'isotope 104, qui se désintègre en palladium 104 avec une période de 42 secondes. On peut ainsi mesurer un flux de

---

*Voir p. 329.

neutrons en disposant une feuille de rhodium dans ce flux pendant quelques minutes, puis en mesurant la radioactivité produite. En une vingtaine de minutes, la radioactivité a disparu et la feuille de rhodium est réutilisable pour une nouvelle mesure.

Les résonances

Les physiciens des neutrons lents ne sont pas encore au bout de leurs surprises. Plusieurs équipes de par le monde entreprennent de mesurer l'absorption et aussi la diffusion élastique (simple rebondissement) des neutrons dans différents matériaux, avec des résultats très divers. Dans plusieurs cas la simple loi de Fermi selon laquelle l'absorption des neutrons est en raison inverse de la vitesse ne semble pas s'appliquer[228, 229]. Plus bizarre, les mesures d'absorption donnent des résultats différents suivant qu'on utilise comme détecteur une feuille de l'élément qu'on mesure ou d'un autre élément[225, 230]. Les physiciens utilisaient en effet de petites feuilles de matériaux comme le rhodium, comme nous l'avons mentionné ci-dessus. Or l'absorption des neutrons par un corps semblait être plus grande si ce même corps était utilisé pour mesurer le flux de neutrons !

À l'automne 1935, Fermi et Amaldi se retrouvent seuls à Rome. Rasetti, très hostile au régime fasciste de Mussolini, est parti aux États-Unis au moins pour un an, Pontecorvo rejoint les Joliot-Curie à Paris, grâce à une bourse du ministère de l'Éducation Nationale. D'Agostino a obtenu un poste à l'*Istituto di Chimica del Consiglio Nazionale delle Ricerche*. Quant à Segrè, après trois mois passés aux États-Unis, il a été nommé professeur à Palerme. Fermi et Amaldi s'attaquent au problème des incohérences dans l'absorption des neutrons.

Début novembre, après avoir examiné de façon détaillée l'absorption de onze éléments différents, dans toutes les combinaisons possibles avec sept détecteurs, ils confirment que l'absorption des neutrons ne suit pas la simple loi énoncée par Fermi[233]. Plusieurs articles se succèdent à un rythme soutenu[234-238]. Entre temps d'autres publications ont paru, venant de différents laboratoires. À Oxford, Leo Szilard a observé, tout à fait indépendamment, que les neutrons qui traversent une feuille de cadmium épaisse de 1,6 mm ne sont pas, ou sont à peine absorbés par une seconde feuille de cadmium, alors qu'ils sont fortement absorbés par de l'indium. On dirait que la première feuille a absorbé pratiquement tous les neutrons absorbables par le cadmium, et reste transparente pour les autres. Pour Szilard une explication paraît évidente : le cadmium n'absorberait que les neutrons dont la vitesse serait comprise dans des limites très étroites, et laisserait passer les autres[232]. Pendant leur séjour à l'université *Columbia*, Rasetti et Segrè ont, en collaboration avec trois physiciens américains, George Pegram, John Dunning et George Fink, mesuré directement comment varie l'absorption lorsque varie la vitesse des neutrons*. La loi semble s'appliquer à l'argent,

---

*La méthode employée consistait à fixer l'échantillon sur un disque tournant à grande vitesse, et à le bombarder par les neutrons de façon tangentielle. La vitesse *relative* d'approche du neutron et du noyau peut ainsi varier dans certaines limites.

mais pas au cadmium[239].

Amaldi et Fermi reprennent l'ensemble de leurs résultats et de leurs conclusions sur le sujet dans un article général envoyé le 29 mai 1936 à *La Ricerca scientifica*[240]. Le point de départ, contenu dans leur deuxième publication[234], qui date du 14 décembre 1935, est une nomenclature qui peut paraître toute simple : ils constatent que les neutrons lents émis par leur source se divisent en plusieurs groupes, les neutrons de chaque groupe étant absorbés de façon très sélective par un certain corps. Ces groupes sont désignés par des lettres : C pour les neutrons absorbés par le cadmium, A pour le groupe absorbé par l'argent, D pour le groupe absorbé par le rhodium.

L'idée qui vient à l'esprit est naturellement que ces différents groupes correspondent à des neutrons de vitesses, donc d'énergies, différentes. Mais il n'existe pas à l'époque de méthode pour mesurer directement l'énergie de ces neutrons. Pas à pas ils vont pourtant réussir à montrer que le groupe C correspond à des neutrons *thermiques*, dont la vitesse correspond à l'agitation des molécules à la température ambiante*. Ils montrent ensuite que les autres groupes ont des énergies plus élevées, et parviennent à établir l'échelle de ces énergies, et même la *largeur* de chaque groupe, c'est-à-dire la bande étroite d'énergie dans laquelle les neutrons doivent se situer pour être absorbés. Pendant l'été Fermi est invité à l'université *Columbia*, ainsi qu'Amaldi. Celui-ci traduit en anglais pour *Physical Review* leur article[241], qui devient rapidement un classique.

En quelques mois, on venait d'assister à un bouleversement de plus dans ce qu'on croyait savoir de l'interaction des neutrons avec les noyaux. Cette interaction aurait lieu par un véritable phénomène de *résonance* : le noyau bombardé par le neutron ne peut l'absorber avec une grande probabilité que si le neutron a une énergie correspondant à un état bien déterminé du nouveau noyau ainsi constitué, cet état pouvant avoir une énergie très précise. En conséquence la probabilité pour qu'un neutron soit absorbé par un noyau varie *très rapidement* lorsque sa vitesse change. C'est à l'opposé de ce qu'on croyait quelques mois auparavant, et l'annonce de grands changements dans la théorie, comme nous le verrons bientôt.

Le prix Nobel pour Fermi et la disparition de l'équipe de Rome

En 1938 Fermi obtient le prix Nobel de Physique « pour ses démonstrations de l'existence de nouveaux éléments radioactifs produits par irradiation de neutrons, et pour sa découverte concomitante de réactions nucléaires induites par des neutrons lents ». Il avait été prévenu discrètement quelque temps avant l'annonce officielle par Niels Bohr. Comme sa femme Laura

---

*Les neutrons thermiques ont des vitesses variées s'échelonnant pour la plupart d'entre eux de 1 000 à 4 000 mètres par seconde, la moyenne se situant autour de 2 200 mètres par seconde à la température de 20°C. À titre de comparaison les neutrons issus des sources radioactives ont des énergies de l'ordre du million d'électronvolts, ce qui correspond à des vitesses de 14 000 km/s, environ mille fois plus élevées.

était juive, il décida de s'expatrier. Il partit pour Stockholm avec sa famille, emportant seulement des valises, comme pour un voyage de quelques jours. Après la remise du prix Nobel, il gagna directement New York où l'attendait un poste de professeur à l'université *Columbia*. L'Italie venait de perdre l'un des plus grands physiciens du siècle. À la même époque Emilio Segrè, qui est juif, est exclu de l'université de Palerme, et il part pour Berkeley où l'attend un poste d'assistant et où il obtiendra le prix Nobel de physique en 1959. En quelques années la brillante équipe de Rome s'est littéralement évaporée.

CHAPITRE 9

Le grand exode des savants juifs sous le nazisme

À LA FIN de la première guerre mondiale l'Allemagne est exsangue. La toute jeune république de Weimar a des débuts difficiles, et doit faire face tout à la fois à des violences révolutionnaires communistes et au jeune parti nazi. Elle eut cependant un répit, avec la prospérité et le calme social des années 1924-1929. Les années vingt sont celles d'un éclat particulier de la vie intellectuelle et artistique (philosophie, littérature, cinéma, musique). Mais la crise de 1929, avec une effrayante montée du chômage, aidée par l'aveuglement d'une classe dirigeante arrogante, amène Hitler au pouvoir en janvier 1933. Dès lors c'est la marche vers la guerre, et l'élimination systématique des Juifs d'Allemagne.

L'expulsion des Juifs et autres « non-aryens » de l'Université et de la Recherche se fit en plusieurs étapes[242] : d'abord les universitaires de rang subalterne, puis les professeurs, les chercheurs enfin. Environ 1 500 scientifiques quittèrent ainsi l'Allemagne, pour l'essentiel en 1933. Le cas du vieux Fritz Haber est édifiant : considéré comme un héros dans son pays et comme un criminel de guerre par les alliés pour son rôle dans la mise au point des gaz de combat pendant la guerre de 1914-18, il démissionne en 1933, part pour l'Angleterre et meurt un an après.

Les effets de ces départs furent dévastateurs, et se feront sentir après la guerre. Parmi les scientifiques qui ont quitté l'Allemagne ou les pays voisins, nous nous contenterons de citer les physiciens rencontrés dans ce livre, dans l'ordre de leur date de naissance :

– Lise Meitner (1878-1968), issue d'une famille juive autrichienne. Elle travaille à Berlin depuis 1907 avec Otto Hahn et reste en Allemagne jusqu'en 1938, protégée par son passeport autrichien. Mais lors de l'*Anschluss* elle doit fuir précipitamment, passe clandestinement la frontière hollandaise, et trouve refuge en Suède ;

– James Franck (1882-1964, prix Nobel de physique en 1925), juif alle-

mand, démissionne avec éclat de son poste de professeur à Göttingen et émigre aux États-Unis ;
- Max Born (1882-1970, prix Nobel de physique en 1954), juif allemand, l'un des pères de la mécanique quantique, émigre en Angleterre ;
- Viktor Hess (1883-1964, prix Nobel de physique en 1936), Autrichien dont la femme est juive, est renvoyé de l'université après l'*Anschluss*. Il émigre alors aux États-Unis ;
- Otto Stern (1888-1969, prix Nobel de physique en 1943), juif allemand, auteur de la fameuse expérience de Stern et Gerlach, émigre aux États-Unis en 1933 ;
- Marietta Blau (1894-1970), juive autrichienne, émigre en 1938, d'abord en Suède, puis au Mexique, enfin aux États-Unis ;
- Leo Szilard (1898-1964), juif hongrois, soutient sa thèse à Berlin en 1922, et fuit l'Allemagne en 1933 ; il émigre en Angleterre puis aux États-Unis, où il jouera un rôle important dans le projet Manhattan ;
- Lothar Nordheim (1899-1985), juif allemand, émigre en 1933 en France puis aux États-Unis ;
- Fritz London (1900-1954), juif allemand, fuit l'Allemagne en 1933 ; il émigre en France, puis en Angleterre et finalement aux États-Unis ;
- Eugene Wigner (1902-1995, prix Nobel de physique en 1963), juif hongrois, reste définitivement aux États-Unis après 1933 ;
- John von Neumann (1903-1957), mathématicien hongrois, juif d'origine, émigre aux États-Unis en 1930 et y reste définitivement après 1933 ;
- Walter Heitler (1904-1981), juif allemand, émigre en 1933 en Angleterre puis en Irlande ;
- Gerhard Herzberg (1904-1999, prix Nobel de chimie 1991), dont la femme était juive, émigra au Canada en 1935.
- Walter Elsasser (1904-1991), juif allemand, émigre à Paris en 1933, puis aux États-Unis ;
- Kurt Guggenheimer, juif allemand, émigre à Paris en 1933, puis en Écosse ;
- George Placzek (1905-1955), juif tchèque, émigre au Danemark en 1932 ; il sera ensuite professeur à l'université de Jérusalem, à Karcov (URSS), puis émigrera aux États-Unis ;
- Félix Bloch, (1905-1983, prix Nobel de Physique 1952), l'un des inventeurs de la Résonance Magnétique Nucléaire (NMR), juif d'origine suisse, part de Leipzig en 1933 pour Stanford aux États-Unis ;
- Robert Otto Frisch (1905-1979), juif autrichien, neveu de Lise Meitner, émigre en Angleterre, participe au projet Manhattan ;
- Hans Bethe (1906-2005, prix Nobel de physique en 1937), juif allemand, renvoyé de l'université de Tübingen, émigre en Angleterre, puis aux États-Unis où il participe au projet Manhattan ;
- Rudolf Peierls (1907-1995), juif allemand, élève de Heisenberg, émigre en Angleterre et participe au projet Manhattan ;

- Edward Teller (1908-2003), juif hongrois, quitte l'Allemagne en 1933 pour les États-Unis, où il participe au projet Manhattan ;
- Victor Weisskopf (1908–2002), juif autrichien, quitte l'Autriche en 1937 et émigre aux États-Unis, où il participe au projet Manhattan ;
- Arno Brasch (1909?–1963), juif allemand, émigre aux États-Unis en 1934.

Il faut y ajouter les Italiens, qui quittèrent leur pays après l'instauration de lois anti-juives en 1938 :

- Enrico Fermi (1901-1954, prix Nobel de physique en 1938), quitte l'Italie parce que sa femme est juive ; il sera un des principaux responsables du projet Manhattan ;
- Emilio Segrè (1905-1989, prix Nobel de physique 1959), juif italien, émigre en 1938 aux États-Unis ;
- Bruno Pontecorvo (1913-1993), juif italien, émigre à Paris en 1936, puis en Grande Bretagne en 1940 et part pour l'URSS en 1950.

Enfin des scientifiques non juifs ont volontairement quitté l'Allemagne ou les pays sous son influence. Parmi eux nous avons rencontré :

- Erwin Schrödinger (1887-1961, prix Nobel de Physique en 1933), Autrichien, professeur à Berlin, décide de quitter l'Allemagne, quoique non juif, en 1933, et part pour l'Angleterre. De retour en Autriche en 1936, il en repart après l'*Anschluss* et gagne Dublin. Il retournera en Autriche en 1955 ;
- Franco Rasetti (1901-2001), quitte l'Italie et gagne les États-Unis puis le Canada ; il refusera de travailler sur la bombe atomique, ce que Fermi lui avait proposé.
- Fritz Lange (1899-1987) ; communiste allemand, émigre en URSS en 1934 ; il y travaillera sur un procédé de séparation de l'uranium 235 en vue de la fabrication de la bombe atomique ; il retournera en Allemagne de l'Est (RDA) en 1959.

CHAPITRE 10

Foisonnement théorique : Yukawa, Breit et Wigner, Bohr

Où l'on voit une nouvelle génération de physiciens japonais arriver à maturité. Où l'un d'entre eux, Hideki Yukawa, propose une forme révolutionnaire de la force nucléaire, prédisant l'existence d'une nouvelle particule. Où la description des réactions nucléaires se précise, grâce à Gregory Breit et Eugene Wigner, ainsi qu'à Niels Bohr, qui adopte désormais une description du noyau comme goutte liquide.

Depuis les premières tentatives pour modéliser l'atome, nous avons rencontré des travaux de physiciens japonais : Hantaro Nagaoka avait publié son modèle saturnien de l'atome en 1904[*] et avait continué à se faire connaître par des travaux de spectroscopie, en particulier sur l'effet Zeeman ; Takeo Hori, un spectroscopiste lui aussi, venu se perfectionner à Copenhague en 1926-27[†] ; en collaboration avec Oskar Klein, Yoshio Nishina a fait en 1928 la théorie de l'effet photoélectrique, c'est-à-dire de la collision entre un photon et un électron, donnant une formule devenue célèbre qui permet de calculer le nombre relatif de photons déviés à tel ou tel angle[243]. Ces physiciens étaient tous venus se former en Europe, particulièrement en Allemagne. Après leur retour au Japon ils avaient commencé à initier à la physique « moderne », c'est-à-dire à la mécanique quantique, une nouvelle génération de physiciens.

---

[*]Voir p. 73.
[†]Voir p. 165.

Hideki Yukawa

L'un d'eux allait bientôt devenir célèbre. Né à Tokyo le 23 janvier 1907, Hideki Yukawa[244] s'était montré brillant étudiant de physique à l'Université de Kyoto, où son père Takuji Ogawa enseignait la géographie. En 1932 les événements se précipitent pour le jeune Hideki : il se marie (et prend le nom de sa femme Sumi Yukawa, coutume répandue au Japon) puis obtient son premier poste de maître assistant à l'Université de Kyoto. C'est à ce moment que la physique nucléaire reçoit une brusque accélération avec la découverte du neutron, et la théorie des forces entre protons et neutrons de Heisenberg. Le 17 novembre 1934, Yukawa prononce une conférence « sur l'interaction des particules élémentaires » à l'occasion de la réunion mensuelle de la Société Japonaise de physique mathématique. Il présente une nouvelle théorie des forces qui s'exercent entre deux particules telles qu'un proton et un neutron, et prédit l'existence d'une particule nouvelle dont il évalue la masse à environ 200 fois celle de l'électron. Ces travaux seront publiés en 1935 dans les *Comptes rendus de la Société de Physique Mathématique du Japon*[245]. Une théorie promise à un destin exceptionnel.

La théorie de Yukawa

Dans son autobiographie écrite vingt ans plus tard[244], Yukawa explique comment a pris naissance l'idée de cette théorie. Il cherchait à prendre exemple sur l'interaction électromagnétique où le champ électromagnétique est véhiculé par des photons échangés entre les particules en interaction. Était-il possible que des électrons jouent ce rôle de « messager de l'interaction » entre un proton et un neutron ? Peut-être, à ceci près que les électrons émis par le neutron se transformant en proton n'avaient pas d'énergie précise, ce qui avait conduit Pauli à l'hypothèse du neutrino, particule très légère, neutre, interagissant peu avec la matière, et qui emporterait néanmoins une partie de l'énergie. L'idée du neutrino ne fut cependant pas admise facilement, ni par Bohr ni par Heisenberg, tout au moins jusqu'à la théorie de la radioactivité β de Fermi* en 1934. Yukawa se prit alors à penser que le proton et le neutron pourraient peut-être échanger *une paire de particules*, mais les physiciens russes Igor Tamm et Dmitrij Ivanenko montrèrent bientôt que cela conduisait à une interaction beaucoup trop faible[246]. Dans son autobiographie Yukawa raconte la suite des événements :

> Ce résultat négatif me donna du courage et dessilla mes yeux. Voici quel fut mon raisonnement. Je ne dois pas chercher la particule associée au champ de force nucléaire parmi les particules connues (y compris le nouveau neutrino). Si je centre mon étude sur les caractéristiques du champ de force nucléaire, les caractéristiques de la particule que je cherche deviendront alors évidentes.
>
> J'étais incapable d'avoir des idées créatives pendant la journée, perdant le fil de ma pensée dans les diverses équations inscrites sur des morceaux de papier. En revanche, la nuit, lorsque j'étais couché, des idées intéressantes semblaient se développer, libérées de l'entrave des rangées d'équations [...]

---

*Voir p. 334.

Le point essentiel me vint une nuit d'octobre. La force nucléaire agit à des distances extrêmement petites, de l'ordre de 10^{-14} cm. Tout cela, je le savais déjà. La nouvelle intuition qui me vint, c'est que je compris que cette distance et la masse de la nouvelle particule que je cherchais sont en raison inverse l'une de l'autre. Pourquoi n'avais-je pas remarqué cela auparavant ? Le lendemain matin, je m'attaquai au problème de la masse de la nouvelle particule, et je découvris qu'elle était environ deux cents fois celle de l'électron. Il fallait aussi qu'elle eût une charge, positive ou négative, de valeur absolue égale à celle de l'électron. Une telle particule n'avait évidemment pas été découverte. Aussi me dis-je : « Pourquoi pas ? »[247]

En somme l'image de Yukawa est assez proche de la première idée de Heisenberg, dans laquelle un électron est échangé entre un proton et un neutron : un proton émet un électron immédiatement absorbé par le neutron ; dans cette opération le proton est devenu neutron et inversement. C'est cette oscillation qui constituait la force « d'échange » de Heisenberg, sans qu'il y vît plus qu'une image commode.

La nouveauté introduite par Yukawa consistait à remplacer l'électron par un nouveau quantum chargé (pour pouvoir, tout comme l'électron de Heisenberg, transporter la charge entre neutron et proton). Mais grande nouveauté : *Yukawa donnait une masse à ce nouveau quantum.*

Pourquoi une masse ? *Parce que la force qu'il véhicule a une portée courte, qu'elle s'évanouit très vite au-delà d'une certaine distance.* Comme le montra un peu plus tard le physicien italien Gian Carlo Wick, ce lien entre portée de la force et masse du quantum est le résultat du principe d'incertitude de Heisenberg[248]. Imaginons en effet un proton et un neutron qui interagissent. Le proton émet des quanta qui véhiculent le champ, quanta bientôt absorbés par le neutron. Nous avons donc à certains moments un proton et un neutron, et à d'autres moments deux neutrons et un quantum qui voyage entre les deux. Jusqu'ici cela ressemble à s'y méprendre aux *quanta de lumière* chers à Einstein, aux photons. Mais si le quantum de Yukawa possède une masse, elle s'ajoute à l'énergie totale du système : pendant le court laps de temps que dure le voyage du quantum entre le proton et le neutron, l'énergie n'est pas conservée. Or justement le principe de Heisenberg dit que la valeur de l'énergie observée pendant un temps court est nécessairement imprécise, et que ce flou ΔE sur la valeur de l'énergie est d'autant plus grand que le temps du voyage Δt est plus petit :

$$\Delta E \approx \frac{\hbar}{\Delta t}$$

Le temps mis par le quantum pour franchir la distance correspondant à la portée de la force est au minimum celui que mettrait la lumière. Si la masse de la particule est de l'ordre de grandeur de ce flou ΔE dû à l'inégalité de Heisenberg, la conservation de l'énergie n'est pas violée. On peut dire qu'*il est possible de violer le principe de conservation de l'énergie à condition de le faire pendant un temps suffisamment court*, d'autant plus court que la violation est plus importante. C'est ainsi qu'une interaction ne peut être véhiculée que par une particule dont la masse est d'autant plus grande que la portée de la force est plus petite. Un quantum de 200 MeV correspond ainsi à une portée d'environ un femtomètre (10^{-15} m), un quantum de 1000 MeV correspondrait à une portée de 0,2 femtomètre, et ainsi de suite. Le photon, quantum de lumière, qui véhicule la force électromagnétique, a une masse nulle, en conséquence la portée de la force est « infinie », c'est-à-dire qu'en pratique elle fait sentir sa présence à des distances beaucoup plus grandes que la force nucléaire.

Dans son article Yukawa propose une nouvelle équation pour décrire le champ de force nucléaire, sur le modèle du champ électromagnétique, avec une modification qui tient compte de cette portée courte. Dans la conclusion de son article il résume l'apport principal de son travail, dans lequel il appelle « quantum hypothétique » la nouvelle particule qu'il a imaginée :

> On décrit l'interaction des particules élémentaires en considérant un quantum hypothétique possédant une charge élémentaire et la masse adéquate, et qui obéit à la statistique de Bose. Un tel quantum devrait avoir une interaction beaucoup plus grande avec les particules lourdes qu'avec les particules légères de façon à rendre compte de la grande interaction entre les protons et les neutrons aussi bien que de la faible probabilité de la désintégration β.

Est-il possible d'observer ce « quantum hypothétique » ?

Comment vérifier l'existence de ce quantum massif, de cette particule, comme Yukawa ne le nomme pas encore en 1935 ? On pouvait imaginer qu'il était produit dans des collisions entre des noyaux et des particules accélérées dans des accélérateurs, mais il aurait fallu pour cela disposer d'une énergie suffisante, supérieure (en fait bien supérieure) à celle qui correspond à la masse supposée de la particule, soit autour de 100 MeV, beaucoup plus que ce que pouvaient fournir les accélérateurs de l'époque. Yukawa suggère une autre possibilité :

> Le quantum massif pourrait également être impliqué dans les gerbes produites par les rayons cosmiques.

Il n'était pas facile d'accepter une nouvelle particule, après le neutron, puis le positon, sans parler de ce qu'on appelait encore « l'hypothétique neutrino », mais tout changerait évidemment si on pouvait l'observer.

Justement Carl Anderson et Seth Neddermeyer venaient d'annoncer que certaines traces de particules cosmiques dans leur chambre de Wilson ne ressemblaient ni à des électrons, car elles étaient beaucoup plus pénétrantes, ni à des protons, car elles n'étaient pas assez ionisantes[249]. Cela était confirmé par deux physiciens de Harvard, J. Curry Street et Edward C. Stevenson[250]. Une particule de masse intermédiaire entre le proton et l'électron semblait bien exister. S'agirait-il de la particule de Yukawa ?

Les forces fondamentales de la nature

La théorie de Yukawa était l'ébauche de ce qui est devenu la théorie moderne de l'interaction entre protons et neutrons, et que nous nommons *l'interaction forte*, justement parce qu'elle est beaucoup plus forte que toutes les autres forces de la nature.

Jusqu'en 1934, on ne connaissait que deux forces dans la nature : la gravitation, attraction qui s'exerce entre deux objets ayant une masse, et l'interaction électromagnétique, qui s'exerce entre des objets ou des particules possédant une charge électrique. L'interaction électromagnétique ne concerne donc pas les particules neutres électriquement comme le neutron, ou le neutrino. Fermi, dans sa théorie de la radioactivité β y avait ajouté une force supplémentaire, s'exerçant entre des particules possédant une certaine « charge » d'un autre type, que nous appelons aujourd'hui *faible*. Les particules possédant une charge faible, et elles seulement, peuvent interagir selon cette force. Les neutrinos *n'interagissent qu'à travers l'interaction faible*, et en raison de la faiblesse de cette force, la matière est pour eux pratiquement transparente. Yukawa ajoutait à cette liste une interaction nucléaire beaucoup plus forte que l'interaction électromagnétique, à travers une « charge forte », à l'image de la charge faible de Fermi. Les particules douées de *charge forte*, protons et neutrons, sont seules sensibles à cette force nucléaire, mais ni les électrons, ni les neutrinos ne le sont.

Le nom de la bête

Comment nommer ce que Yukawa appelait « le quantum massif » ? Toutes sortes de suggestions fleurirent : dynatron, pénétron, barytron, électron lourd, yukon... Étant donné que cette particule devait avoir une masse intermédiaire entre le proton et l'électron, Carl Anderson et Seth Neddermeyer[251] écartent ces noms et proposent *mésotron*, pour *particule intermédiaire*, à partir de la racine grecque *mesos*, qui correspond au latin *medius*, et qui signifie *au milieu, intermédiaire*. Le suffixe *tron* était pris sur le modèle de *électron, neutron*. Mais le physicien indien Homi Jehaugir Bhabba remarqua que le groupe *tr* de *neutron* et *électron* appartiennent plutôt à la racine *neutr-* et *electr-*, et il proposa de l'appeler *meson*[252] (*méson* en français). Les deux noms furent utilisés quelque temps, mais c'est ce dernier qui a finalement prévalu.

Premières théories des réactions nucléaires

Comme nous l'avons vu, Fermi et ses collaborateurs de Rome avaient découvert que les neutrons lents pouvaient être absorbés par certains noyaux avec une probabilité, une *section efficace** très grande, très supérieure en tout cas à ce qu'on pouvait prévoir en supposant que le neutron ne faisait que subir l'attraction moyenne des protons et neutrons du noyau.

Comment expliquer que les neutrons soient particulièrement absorbés dans certains cas ? L'idée naturelle était qu'il s'agissait de *résonances*, c'est-à-dire que pour certaines énergie précises, le neutron pouvait être capturé sur une orbite quantique, le reste du noyau restant passif, un peu comme la capture des électrons par les atomes, beaucoup plus probable à certaines énergies précises. Plusieurs physiciens avaient publié des travaux en ce sens[253].

Cependant ces théories avaient toutes un défaut majeur : une grande absorption des neutrons était inévitablement accompagnée par une grande *diffusion élastique*, simple rebondissement du neutron sur le noyau, comme une balle parfaitement élastique. Or ce n'était pas le cas.

En 1936, coup sur coup, deux articles allaient changer le cours des choses.

Breit et Wigner

La livraison du 1er avril 1936 de *Physical Review* contient un article reçu le 15 février, signé par Gregory Breit[*], qui travaille maintenant à l'université de Princeton, et par le physicien hongrois, Eugene Paul Wigner, qui s'est déjà fait connaître dans le monde de la physique nucléaire[†] et se trouve également à Princeton. Jusque-là on tentait d'expliquer les très fortes probabilités de capture de neutrons « thermiques »[‡], en supposant que le neutron était capturé par le champ de force moyen du noyau, son potentiel, et qu'il se trouvait ainsi prisonnier un certain temps, comme un satellite sur une orbite, pour prendre une image classique, puis s'échappait comme il était arrivé (c'est alors ce qu'on nomme diffusion élastique), ou bien restait dans le noyau en « sautant » vers des états plus bas, émettant alors un photon γ[253, 254]. Mais ces théories prédisaient que lorsque la probabilité d'absorption était grande *la diffusion élastique devait être grande elle aussi*, contrairement aux observations expérimentales.

L'idée proposée par Breit et Wigner est que le neutron est bien capturé par le noyau, formant un état quantique bien déterminé, mais qu'il ne s'agit pas d'un système avec un noyau d'un côté et le neutron de l'autre ; *le noyau plus le neutron se fondent dans un nouveau système*, un nouveau noyau comportant un neutron de plus que le noyau initial. Le nouveau noyau qui est formé dans cet « état stationnaire » va perdre son énergie superflue soit en émettant un rayonnement γ, ce qui lui fait garder sa nouvelle identité, soit en expulsant le neutron, mais cette éventualité n'est qu'une possibilité parmi beaucoup d'autres, elle peut fort bien être toute petite :

> On supposera qu'il existe des niveaux d'énergie quasi-stationnaires (virtuels) du système noyau + neutron, qui se trouvent dans la région des énergies thermiques ou quelque peu au-dessus. On supposera que le neutron incident passe de son état incident à un niveau quasi-stationnaire. Le système excité formé par le noyau et le neutron sautera alors vers un niveau plus bas en émettant un rayonnement γ ou peut-être quelquefois d'une autre façon[255].

Le fait que ce niveau d'énergie n'ait pas une valeur très précise, mais une certaine « largeur », un certain flou, tient justement au fait qu'il est éphémère, et se « désexcite » en sautant vers des états plus bas, tout en émettant un rayonnement γ qui évacue l'excès d'énergie, ou bien en expulsant le neutron. C'est une fois de plus l'inégalité de Heisenberg qui régit cela : plus longue est la durée de vie τ, plus faible est le flou dans la valeur

---

[*]Voir p. 307.
[†]Voir p. 285.
[‡]Voir p. 344.

de l'énergie, la largeur de l'état qu'on désigne habituellement par Γ, puisque celle-ci est de l'ordre de $\hbar$ (la constante de Planck h divisée par 2π) divisé par la vie moyenne :

$$\Gamma \approx \frac{\hbar}{\tau}$$

La *résonance*$^\diamond$ a lieu lorsque l'énergie du neutron incident est proche de l'énergie correspondant à un état du système noyau + neutron. Breit et Wigner établissent la formule mathématique qui donne la section efficace, c'est-à-dire la probabilité du phénomène selon l'énergie du neutron. Il n'est pas un physicien pour qui les noms de « Breit et Wigner » ne soient associés à cette formule devenue célèbre*.

Niels Bohr et la théorie des réactions nucléaires

Reçu par *Physical Review* le 15 février, l'article de Breit et Wigner paraissait le 1er avril 1936. Publié dans *Nature* exactement la veille, le 29 février, un article de Niels Bohr proposait une théorie générale des réactions de capture des neutrons, qu'il avait développée le 27 janvier devant l'Académie Royale du Danemark.

Dans l'introduction, Bohr expose les données du problème :

> Parmi les propriétés des noyaux atomiques qu'ont révélées les recherches fondamentales de Lord Rutherford et ses continuateurs sur les transmutations nucléaires artificielles, le plus frappant est la tendance extraordinaire de tels noyaux à réagir les uns avec les autres dès qu'un contact direct est établi entre eux [...] Dans les collisions des particules chargées avec les noyaux, le contact est souvent empêché ou rendu moins probable par la répulsion électrique mutuelle, si bien que ce sont peut-être les collisions de neutrons qui montrent le plus clairement les caractéristiques principales des réactions nucléaires[256].

Bohr analyse ensuite le phénomène des résonances qui sont très *étroites*, c'est-à-dire que la réaction se produit lorsque la vitesse du neutron est comprise entre des limites étroites ; cela indique, dit-il, que le système composé du noyau initial et du neutron reste « longtemps » dans cet état, c'est-à-dire un temps beaucoup plus long que le simple temps de passage du neutron, cela encore une fois comme conséquence des inégalités de Heisenberg : plus un système vit longtemps, mieux son énergie est définie dans des limites étroites. Bohr en arrive alors à son idée :

> Le phénomène de la capture des neutrons nous force donc à supposer que le premier résultat d'une collision d'un neutron de grande vitesse et d'un noyau lourd sera tout d'abord la formation d'un système composé d'une

---

*Pour les curieux, la formule est la suivante : $\sigma = \frac{\Lambda^2}{\pi} S \frac{\Gamma_s \Gamma}{(\nu-\nu_0)^2+\Gamma^2}$. Ici σ est la section efficace, proportionnelle à la probabilité du processus, Λ et S sont des constantes, ν est l'énergie du neutron, ν_0 l'énergie à laquelle la résonance a lieu, Γ est la largeur de la résonance, c'est-à-dire la largeur de la fenêtre en énergie à l'intérieur de laquelle la réaction a lieu avec une grande probabilité, et Γ_s est proportionnel à la probabilité pour que, une fois le neutron capturé, l'état se désintègre de telle ou telle manière.

remarquable stabilité. Que ce système intermédiaire se brise plus tard en éjectant une particule matérielle, ou en émettant un rayonnement le conduisant à un état final stable doit en fait être considéré comme des processus en compétition séparés qui ne sont pas reliés aux premiers instants de la collision.

Voilà lancée l'idée qui va dominer, qui domine encore la physique des réactions nucléaires, en tout cas pour les énergies considérées ici. Une réaction nucléaire se passe, selon Bohr, en deux étapes bien distinctes. Lorsque le neutron* arrive au contact du noyau, il est comme avalé par lui. Le nouveau noyau ainsi formé (un isotope du noyau initial, puisqu'il a un neutron de plus et le même nombre de protons) se trouve dans un état excité, qui dure « longtemps », c'est-à-dire peut-être 10^{-15} seconde, un temps certes court pour nous, mais mille ou dix mille fois le temps qu'un neutron thermique met à traverser le noyau.

Dans son article Bohr a ajouté une remarque sur la structure des noyaux :

> Il est clair que les modèles nucléaires traités jusqu'ici en détail ne permettent pas de rendre compte des propriétés des noyaux pour lesquels, comme nous l'avons vu, les échanges d'énergie entre les particules nucléaires individuelles jouent un rôle décisif. Dans ces modèles on suppose en effet, pour des raisons de simplicité, que le mouvement de chaque particule peut être traité, en première approximation, comme s'il avait lieu dans un champ de forces conservatif, et qu'il puisse par conséquent être caractérisé par des nombres quantiques, d'une manière semblable au mouvement des électrons dans un atome ordinaire. L'atome et le noyau sont pour nous deux cas extrêmes de problème mécanique à plusieurs corps, où une méthode d'approximation [...] si efficace dans le premier cas, perd toute validité dans le second [...]

Bohr dénie donc toute validité aux idées utilisées jusque-là pour tenter de modéliser la structure des noyaux. Ces modèles supposaient, comme il le dit, que chaque particule se mouvait dans le champ d'attraction créé par les autres particules, et qu'on pouvait en première approximation oublier les autres particules et les remplacer par un champ de force†. On traitait ainsi, tout au moins en première approximation, le mouvement d'une seule particule dans un champ de force, ce qu'on appelle un problème « à un corps ». La rotation d'une planète autour du soleil par exemple se réduit en première approximation à un problème à un corps, car les mouvements respectifs des deux corps en présence sont tout à fait symétriques, et peuvent être traités mathématiquement comme celui d'une seule planète autour d'un centre attractif virtuel situé quelque part entre la terre et le soleil, au centre de gravité de l'ensemble (donc en fait à l'intérieur du soleil). Mais on sait depuis les travaux d'Henri Poincaré, au début du siècle, que dès l'apparition d'un troisième corps tout se complique, et qu'il n'y a plus de solution vraiment stable. Nous appelons aujourd'hui « chaotique » un tel système, dont le devenir ne peut être prédit à long terme. Dans le cas du système

---

*Mais Bohr suggère qu'il en va de même pour d'autres particules comme les particules α, dès lors qu'elle arrivent au contact du noyau.

†Bohr dit « conservatif », ce qui signifie simplement que l'énergie est conservée.

solaire, le soleil est tellement plus massif que les planètes que l'on peut, en
première approximation, traiter le cas d'une planète en ignorant les autres.
On fait ensuite une faible correction pour tenir compte des autres planètes,
qui en fait perturbent très peu le mouvement tel qu'il a été calculé en les
ignorant. L'atome est dans une situation un peu semblable, avec un noyau
central massif contenant toute la charge positive. Mais, dit Bohr, il n'en est
pas de même pour le noyau *où toutes les particules sont de même masse
et interagissent de façon semblable* : il n'existe dans le noyau aucun centre
privilégié. Circonstance aggravante : les protons et les neutrons sont très
proches les uns des autres dans le noyau, si bien que, selon Bohr, on imagine mal qu'une particule décrive une « orbite » sans entrer immédiatement
en collision avec d'autres particules. L'image du noyau selon Bohr est bien
celle d'une goutte d'eau.

La structure du noyau selon Bohr en 1937

Un an après son fameux article de *Nature**, Bohr revient à la charge,
dans un article détaillé paru dans la publication de la Société royale des
sciences du Danemark, qu'il écrit en collaboration avec un jeune et brillant
physicien danois, Fritz Kalckar, qui malheureusement mourra peu après
d'une hémorragie cérébrale, à vingt-huit ans. L'article émet l'idée fondamentale du noyau composé :

> l'extrême facilité des échanges d'énergie entre les particules serrées de façon très dense dans les noyaux atomiques joue un rôle décisif pour déterminer les différentes transmutations provoquées par l'impact de particules matérielles. En fait, on ne peut plus conserver l'hypothèse à la base du traitement habituel de telles collisions, essentiellement celle d'un transfert direct de l'énergie de la particule incidente à quelque autre particule dans le noyau original, ce qui conduit à son expulsion[257].

Il présente de nouveau son idée fondamentale :

> Nous devons admettre tout au contraire que toute transmutation nucléaire implique une étape intermédiaire dans laquelle l'énergie est stockée temporairement dans des mouvements [...] de toutes les particules du système composé du noyau initial et de la particule incidente. Compte tenu des grandes forces qui entrent en jeu entre deux particules matérielles aux courtes distances en question, [...] sa désintégration éventuelle — qu'elle consiste en l'expulsion d'une particule « élémentaire » comme un proton ou un neutron, ou une particule « complexe » comme un deuton ou une particule α — doit être considérée comme un événement séparé, indépendant de la première étape du processus.

Selon Bohr, toute réaction nucléaire est donc un processus en deux
étapes. Première étape : la particule qui entre en collision avec le noyau
pénètre dans celui-ci, forme avec lui un système temporaire, un *noyau composé* dont l'existence est « longue ». Entendons-nous sur ce mot : cela se
passe évidemment pendant des temps extrêmement courts, mais à l'échelle

---

*Voir p. 357.

du noyau, où les distances sont extraordinairement courtes et les vitesses très grandes, ce temps, pour court qu'il soit, est des milliers de fois plus long que le temps que mettrait la particule incidente à traverser le noyau. On conçoit dans ces conditions que la désintégration du système composé, lorsqu'elle intervient, soit un phénomène complètement séparé, qui a perdu la « mémoire » de la première étape.

Un peu plus loin, Bohr et Kalckar abordent le problème du spin du noyau, de son moment angulaire intrinsèque :

> En particulier toute tentative pour rendre compte des valeurs du spin en attribuant des moments orbitaux aux particules individuelles paraît être injustifiée. Nous devons supposer en fait que tout moment angulaire est réparti entre toutes les particules qui constituent le noyau d'une façon qui ressemble à la rotation d'un corps solide.

On peut comparer l'idée que Bohr se fait du noyau à une piste d'autos tamponneuses : il refuse d'imaginer que le spin de l'ensemble, c'est-à-dire la rotation, puisse être la somme des rotations de chaque auto, qui évoluerait seule, bien sagement en rond, ignorant les autres. Le mouvement de chaque auto est très chaotique au contraire. Le spin du noyau doit résulter d'un mouvement d'ensemble des particules, comme si, pour reprendre notre exemple, la piste elle-même se mettait à tourner lentement sur elle-même, entraînant dans cette rotation l'ensemble des autos.

Une fois de plus, Bohr ferme la porte à toute idée de « modèle des couches » analogue à celui qui lui a permis d'expliquer l'organisation des électrons dans l'atome. Il est vrai que le noyau se présente de façon très différente de l'atome. Mais *quid* des tentatives, en particulier de Wigner et Feenberg[*], de représenter le noyau de cette façon, tentatives qui avaient tout de même remporté quelques succès pour les noyaux légers ? Et *quid* des régularités qu'avaient notées Guggenheimer et Elsasser[†] ? Illusions ? En tout cas la théorie de Bohr frappa les physiciens par son côté intuitif et pour ainsi dire évident, dès qu'elle fut formulée. Les arguments paraissaient inattaquables. Elle emporta tout de suite l'adhésion, et, par contrecoup, découragea les tentatives pour décrire le mouvement des protons et neutrons dans le noyau selon un modèle proche de celui de l'atome, avec des orbitales aux nombres quantiques bien définis. Comme l'écrira plus tard Eugene Feenberg[258] :

> Dans le domaine des réactions nucléaires l'énorme succès du formalisme des résonances et de l'idée d'un noyau composé eut une conséquence malheureuse : le climat intellectuel se fit moins favorable aux travaux sur le modèle en couches.

L'organisation dans le noyau du mouvement des protons et neutrons en « couches » successives, paraissait donc bien compromis.

---

[*]Voir p. 291.
[†]Voir p. 287.

CHAPITRE 11

Mort d'un géant : Ernest Rutherford

À L'AUTOMNE 1937 Rutherford venait de fêter son soixante-sixième anniversaire. Au faîte de sa carrière et de sa célébrité, il était toujours directement impliqué dans la recherche. Depuis 1933 il présidait la *Society for the Protection of Science and Learning*, qui aidait les réfugiés, juifs pour la plupart, qui avaient dû fuir l'Allemagne nazie ou les autres pays d'Europe centrale. À l'un de ces exilés, il écrit, le 7 octobre :

> Je viens tout juste de rentrer de bonnes vacances à la campagne, et je pars pour l'Inde fin novembre afin de présider une conférence conjointe de l'Association Britannique et du Congrès Indien des Sciences à Calcutta. Je ne suis jamais allé en Inde, et je suis content d'avoir l'occasion de voir quelque chose de ce pays[259].

Il avait décidé de prendre sa retraite à soixante-dix ans, en 1941. Plusieurs des physiciens qu'il avait formés au *Cavendish* étaient partis : Chadwick à Liverpool, Blackett à Birkbech College, Ellis au King's college de Londres, Oliphant à Birmingham. Cela montrait évidemment la qualité des physiciens formés sous sa houlette au *Cavendish*, mais le laboratoire s'en trouvait dépeuplé. De plus, Rutherford avait fait engager de grands travaux de rénovation et commencé la construction d'un cyclotron. Il aurait aimé partir en laissant les choses en ordre, et aussi trouver un successeur[260].

Le jeudi 14 octobre, il ne se sent pas bien. On diagnostique un hernie étranglée, qui est opérée le vendredi soir. Mais quatre jours plus tard, le mardi 19 octobre, il meurt de septicémie[261].

Nature publia dans sa livraison du 30 octobre les hommages de plusieurs physiciens, comme Arthur Eve, James Chadwick, Niels Bohr, ou Frederick Soddy[262]. Chadwick terminait par ces mots :

> Même le lecteur occasionnel des articles de Rutherford ne peut manquer d'être profondément impressionné par la force de ses expériences. L'une après l'autre, chaque expérience est conçue de façon si directe, elle est si

propre et si convaincante qu'on en est presque intimidé, et elles sont tellement nombreuses qu'on admire qu'un homme ait pu en faire tant. Il avait, naturellement, une énergie volcanique, un enthousiasme intense — sa caractéristique la plus évidente — et une immense capacité de travail. Un homme « adroit » peut, avec ces qualités, réaliser des travaux notables, mais il ne serait pas un Rutherford. Rutherford n'était pas adroit — seulement grand. Il avait une clairvoyance étonnante des processus physiques, et il pouvait illuminer un sujet entier par quelques remarques.

Chadwick évoque ensuite le plaisir et l'émerveillement qu'il a eus en travaillant avec Rutherford. Pour lui, Rutherford a été le plus grand physiciens expérimentateur depuis Faraday. Puis il évoque l'homme qu'avait été Rutherford :

Je ne peux pas terminer cet hommage à Rutherford sans évoquer ses qualités personnelles. Il connaissait sa valeur mais il resta, au milieu de nombreux honneurs, foncièrement modeste. Il n'aimait ni la solennité ni la prétention, et lui-même ne se prévalait ni de sa réputation ni de sa position. Il traitait ses étudiants, même les plus jeunes, comme des frères de travail dans le même domaine — et savait si nécessaire leur parler comme un père. Ces vertus, sa nature grande et généreuse, et son solide bon sens le faisaient aimer de tous ses étudiants. Dans le monde entier ceux qui travaillaient sur la radioactivité, la physique nucléaire ou sur des sujets proches considéraient Rutherford comme la grande autorité et lui vouaient une grande admiration ; mais nous, ses étudiants, avions en plus pour lui une profonde affection. Le monde pleure la mort d'un grand savant, mais nous avons perdu notre ami, notre professeur et notre guide[263].

Citons enfin Enrico Fermi, qui écrit dans *Nature* :

En considérant la plupart de ses expériences nous sommes impressionnés par le fait qu'elles sont conçues de façon tellement simple qu'un profane peut les comprendre et les apprécier : elles ne demandent pas de mécanique compliquée, ni même souvent d'habileté expérimentale exceptionnelle. Mais on peut dire sans exagérer que de telles expériences simples, comme la découverte du noyau positif au milieu de son nuage d'électrons, ou la façon de provoquer des désintégrations artificielles par bombardement de particules α, constituent des jalons essentiels de notre connaissance de la Nature[264].

Rutherford fut enterré solennellement le 25 octobre 1937 à l'abbaye de Westminster, près des tombes de Newton et de Kelvin.

Chapitre 12

Hans Bethe fait le point en 1936-1937

Où l'on fait le point en 1936, guidé cette fois par un jeune physicien talentueux réfugié aux États-Unis, Hans Bethe. Où l'on peut voir l'impressionnante quantité de données expérimentales accumulées en quelques années. Où l'on constate que la théorie progresse à pas de géant.

Seulement quatre ans après la découverte du neutron, l'idée que les physiciens se faisaient du noyau s'était considérablement transformée, tout à la fois parce que les mesures expérimentales s'étaient multipliées, et parce que la théorie avait progressé rapidement. En avril 1936, puis avril et juillet 1937, trois articles paraissent dans *Reviews of Modern Physics*, une revue trimestrielle créée en 1929 et consacrée à des articles de mise au point sur des sujets de ce qu'on appelait alors la *physique moderne*. Ces articles sont signés par le jeune Hans Bethe, réfugié depuis peu aux États-Unis. Le premier article, écrit en collaboration avec le physicien américain Robert Bacher[265], est consacré à la structure des noyaux ; il passe en revue les résultats expérimentaux et fait la synthèse des théories du moment. Le deuxième[266] est consacré à la description théorique des réactions nucléaires qui se produisent lors des collisions entre protons, neutrons ou particules α avec les noyaux. Quant au troisième, il est écrit en collaboration avec Stanley Livingston[267], et passe en revue les résultats expérimentaux concernant les réactions nucléaires. Ces articles seront des classiques, pendant au moins vingt ans. Il ne s'agit pas seulement de revue, de compilation de résultats, mais d'une synthèse dans laquelle Bethe a souvent mis son grain de sel, sans d'ailleurs le mentionner explicitement. Il est temps de présenter ce physicien appelé à devenir une figure marquante de la physique nucléaire du XXe siècle.

Hans Albrecht Bethe

Hans Albrecht Bethe est né le 2 juillet 1906 à Strasbourg, qui faisait alors partie de l'Allemagne. Son père était protestant et sa mère juive convertie au protestantisme, mais la religion tenait peu de place dans la vie familiale[268]. Hans fit ses études à Francfort et à Munich, où il soutint sa thèse en juillet 1928, sous la direction d'Arnold Sommerfeld, qui le considérait comme son meilleur étudiant après Heisenberg et Pauli. Il se rendit ensuite à Francfort, à Stuttgart, à Munich, où il devint *Privatdozent* en mai 1930, puis à Cambridge, où il rencontra Patrick Blackett, et à Rome en 1931 et 1932, où il travailla avec Enrico Fermi, ce qui le marquera profondément. Nommé assistant à l'Université de Tübingen en 1932, il en fut chassé comme juif lors de l'arrivée de Hitler au pouvoir. Il émigra alors en Angleterre, où il obtint des postes temporaires à Bristol et Manchester, et se vit offrir en 1934 un poste d'*assistant professor* à l'Université de Cornell, près de New York. Il accepta, fut nommé professeur en 1937, et devint citoyen des États-Unis en 1941. Il créa à Cornell une prestigieuse école de physique théorique, d'où sont issus de nombreux physiciens de premier plan comme Emil Konopinski, Richard Feynman, Freeman Dyson, Richard Dalitz, Geoffrey Goldstone, David Thouless, John Negele.

Dès l'époque de Munich, auprès de Sommerfeld, Bethe avait une maîtrise incomparable de l'ensemble de la physique, avec une très grande capacité de calcul et une prodigieuse mémoire. Au fil du temps il a montré son intégrité en toutes circonstances, ainsi que son courage, au moment où il a fallu défendre Oppenheimer pris dans la tourmente du MacCarthysme.

Hans Bethe obtint le prix Nobel de physique en 1967 pour ses travaux sur les réactions nucléaires, et particulièrement ses découvertes sur la production d'énergie dans les étoiles.

Sans étudier en détail les articles de 1936–1937, nous en présentons rapidement quelques points importants.

La structure des noyaux

Le premier article, le plus célèbre, concerne la structure des noyaux. Les progrès, tant théoriques qu'expérimentaux, faits en quelques années sont impressionnants.

Taille des noyaux

Citons Bethe :

> *Les rayons des noyaux* vont de 2 ou 3×10^{-13} cm à environ 9×10^{-13} cm pour le noyau d'uranium. Il semble que le volume d'un noyau est approximativement proportionnel à son nombre de masse, si bien que le volume par particule élémentaire est à peu près le même dans tous les noyaux.

Le nombre de masse mentionné par Bethe est le nombre total de protons et neutrons dans le noyau. Puisque le volume total est proportionnel à ce nombre, cela signifie que chaque proton et chaque neutron occupe en gros le même volume dans tous les noyaux, ce qui est bien en accord avec la

Le point en 1936–1937

vision du noyau comme une goutte liquide dont les « molécules » seraient les protons et neutrons.

Les valeurs des rayons des noyaux sont tirés de l'estimation de Gamow à partir de l'énergie des particules α des noyaux radioactifs lourds*, et des mesures de diffusion de particules α sur des noyaux légers faites par Étienne Bieler[†] et d'autres, et dont le physicien anglais Ernest Pollard fit une synthèse[269] en 1935. Les rayons donnés par Bethe sont plus petits que ceux de Rutherford en 1920[‡]. Ils ne bougeront plus guère.

Il paraît bien établi en 1936 que les noyaux sont des gouttes de matière dont la densité est à peu près constante à l'intérieur, la même pour tous les noyaux, sauf les plus légers. L'idée du noyau comme goutte liquide, qui avait été lancée par Gamow[§], prend donc de plus en plus de poids, d'autant plus qu'elle est défendue par un autre avocat, et non des moindres, Niels Bohr. Nous en reparlerons.

Masse et énergie de liaison : la formule de Weizsäcker

Bethe souligne l'intérêt de la connaissance précise de la masse des noyaux, qui est une mesure directe de leur énergie de liaison, donc de leur stabilité, autrement dit de leur solidité. Rappelons que le noyau est plus léger que l'ensemble des protons et neutrons qu'il contient, la masse manquante étant cette énergie qu'il faut fournir pour le disloquer entièrement : c'est l'énergie de liaison. Au cours de cette période la mesure de plus en plus précise des masses des noyaux est reprise par une nouvelle génération, Josef Mattauch, à l'université de Vienne, puis à Berlin, au *Keiser Wilhelm Institut für Chemie*, Alfred O. Nier, à l'université du Minnesota, ainsi que Kenneth Bainbridge, un jeune physicien américain qui avait construit son premier spectrographe en 1929 à Princeton, puis d'autres de plus en plus perfectionnés à Harvard. Ils deviendront après la seconde guerre mondiale des autorités dans ce domaine.

Bethe insiste sur le fait que pour extraire un proton ou un neutron d'un noyau, l'énergie à fournir varie peu de noyau à noyau, sauf pour les noyaux les plus légers. Si chaque neutron ou chaque proton subissait l'attraction de *tous les autres*, cette énergie devrait augmenter, car il faudrait briser de plus en plus de liens. Ce phénomène, dit de *saturation*, est une propriété capitale des forces nucléaires.

Enfin Bethe mentionne la formule semi-empirique de Carl Friedrich von Weizsäcker, une formule qui permet de calculer les masses de tous les noyaux, et qui donne en moyenne de bons résultats. C'est en 1935 que Weizsäcker avait publié cette formule qui devait connaître rapidement une gloire universelle[270], sous la forme que lui donna Bethe. Cette formule consiste à calculer la masse comme la somme des masses des protons et neutrons contenus dans le noyau, en y apportant quelques correctifs, un peu à la façon du calcul de

---

*Voir p. 279.
[†]Voir p. 229.
[‡]Voir p. 226.
[§]Voir p. 262.

l'impôt sur le revenu :

- on soustrait une quantité proportionnelle au nombre de constituants, première approximation de l'énergie de liaison, que l'on savait à peu près proportionnelle au nombre de protons et neutrons ;
- on ajoute une quantité qui tend à favoriser les noyaux à nombre égal de protons et neutrons, en pénalisant les noyaux d'autant plus que la différence entre protons et neutrons est plus grande ;
- on ajoute une quantité proportionnelle à la surface du noyau, ce qui a pour effet de diminuer d'autant l'énergie de liaison, cela pour tenir compte du fait que les protons ou neutrons à la surface ne subissent l'attraction que de leurs voisins à la surface et à l'intérieur du noyau, mais pas de l'extérieur, et pour cause. Ils sont donc un peu moins liés que s'ils étaient à l'intérieur. C'est le phénomène de *tension de surface* des liquides ;
- on ajoute enfin une quantité qui diminue l'énergie de liaison des noyaux lorsque la charge augmente, car elle produit une répulsion mutuelle des protons entre eux.

Les trois premiers termes correctifs ci-dessus sont pondérés par trois paramètres que l'on ajuste empiriquement de façon à obtenir des masses proches des valeurs mesurées. Le quatrième terme peut être calculé directement. Ces paramètres ont le défaut d'être empiriques, et non pas le résultat d'un calcul à partir de données physiques fondamentales, mais avec trois paramètres seulement, la formule de Weizsäcker donne des résultats remarquables. C'est une réussite indéniable, un élément de plus en faveur de la description du noyau comme goutte liquide.

Forces nucléaires

L'article de Bethe et Bacher a été écrit avant que ne soit connue la théorie révolutionnaire de Yukawa*. Bethe donne les principales caractéristiques de la force nucléaire, à savoir la courte portée et la saturation. Les forces « d'échange » de Heisenberg et de Majorana remplissent ces deux critères. Il cite aussi les travaux de Wigner, qui utilise une force tout à fait ordinaire, mais ayant une courte portée. Malheureusement cette force ne remplit pas le critère de saturation, ce qui est contraire aux observations expérimentales.

Structure du noyau

Bethe, qui connaît bien les arguments de Bohr, présente tout de même les efforts des tenants du modèle des couches, en soulignant que ce modèle manque de justification théorique, mais qu'on ne sait pas quoi faire d'autre ! De plus il existe des faits expérimentaux troublants qu'ont mis en avant Elsasser et Guggenheimer. Bethe écrit :

> Cette hypothèse ne peut certainement pas prétendre à mieux qu'un succès mitigé dans le calcul des énergies de liaison nucléaires. C'est cependant sur

---

*Voir p. 352.

cette base que l'on peut prédire certaines périodicités dans la structure nucléaire pour lesquelles on dispose d'arguments expérimentaux importants.

Les moments angulaires ou spins des noyaux

Cette « quantité de rotation » interne, résultant des mouvements de rotation des différents constituants des noyaux, est-elle due principalement à quelques protons ou neutrons, ou, comme le pense Bohr, à un mouvement de rotation d'ensemble, à la manière d'un corps solide? En tout cas, elle existe, et des mesures assez nombreuses avaient été faites en 1936, utilisant pour la plupart les perturbations du mouvement des électrons de l'atome lorsque son noyau possède un moment angulaire propre permanent. Bethe et Bacher présentent une liste des spins d'une quarantaine de noyaux.

Les moments magnétiques des noyaux

Bethe note qu'on connaît les moments magnétiques de nombreux noyaux, grâce à la remarque de Pauli qui avait montré que si le noyau se comportait comme un petit aimant, cela devait quelque peu perturber les raies observées lors des transitions des électrons d'un état à un autre[*]. La mesure de l'écartement plus ou moins grand des raies de cette « structure hyperfine » permettait de déterminer le moment magnétique du noyau, la « force » de cet aimant minuscule. Et les données étaient nombreuses, une trentaine de moments magnétiques mesurés en 1936.

Certains noyaux sont-ils déformés? les « moments quadrupolaires »

Le *moment quadrupolaire* est une quantité qui mesure globalement l'écart entre la répartition de la charge électrique dans le noyau et ce qu'elle serait si la charge était répartie de façon uniforme dans un noyau parfaitement sphérique. Un noyau sphérique a donc un *moment quadrupolaire* nul, tandis qu'un noyau ellipsoïdal, ayant la forme d'un ballon de rugby, a un moment quadrupolaire d'autant plus grand que le noyau est plus allongé. Si le noyau était aplati au contraire (comme une citrouille, ou la terre), le moment quadrupolaire serait négatif, sa grandeur donnant le degré d'aplatissement[†].

Cette quantité renseigne donc sur la *forme* du noyau, mais il s'agit seulement d'une quantité moyenne, qui ne précise pas cette forme : elle dit seulement si le noyau est sphérique ou non, et de combien il s'écarte de la sphéricité. Or deux physiciens allemands, Hermann Schüler et Theodor Schmidt, avaient déterminé les moments magnétiques des noyaux de deux isotopes de l'europium, l'isotope 151 et l'isotope 153, par la mesure de la structure hyperfine de leurs spectres, c'est-à-dire des infimes modifications des spectres optiques provoquées par l'influence du moment magnétique du noyau[‡]. Et

---

[*]Voir p. 261.

[†]Pour les curieux, la formule exacte, pour un ellipsoïde d'axes a et b : $Q = \frac{Ze}{10}(a^2 - b^2)$. Ici Z est le nombre de charges, donc de protons, et e la charge élémentaire, celle d'un proton.

[‡]Voir p. 261.

ils avaient observé des irrégularités dans les spectres qui ne pouvaient pas être expliquées, sauf à supposer que les noyaux avaient un *moment quadrupolaire* non nul, qu'ils n'étaient pas sphériques[271]. Ils suggéraient qu'il pouvait en être de même pour d'autres noyaux présentant le même genre d'anomalie dans leurs spectres hyperfins: l'isotope 115 du lutécium, l'isotope 115 de l'indium, les isotopes 121 et 123 de l'antimoine, l'isotope 101 du mercure. Il pourrait ainsi exister de nombreux noyaux non sphériques. Nous y reviendrons.

Les réactions nucléaires

Les deux articles suivants concernent ce que Bethe appelle « la dynamique nucléaire », c'est-à-dire les événements engendrés par la collision de protons, deutons, neutrons, particules α avec les noyaux. La théorie est détaillée dans le deuxième article. Elle est fondée essentiellement sur la théorie du noyau composé, et sa voisine, la théorie des résonances, introduite par Breit et Wigner peu de temps auparavant*. En collaboration avec un physicien juif tchèque, lui aussi fugitif, George Placzek, Bethe a d'ailleurs publié peu de temps auparavant un article[272] dans lequel la théorie de Breit et Wigner est généralisée au cas où la particule qui pénètre dans le noyau n'est pas capturée dans un état donné du système composé mais peut l'être dans plusieurs. Né en 1905 à Brno, en Tchécoslovaquie, George Placzek a été un personnage important de la physique des années trente et quarante. Il fait ses études à Prague et à Vienne, où il soutient sa thèse en 1928. Puis il voyage beaucoup: Utrecht (1928-1931), Leipzig en (1931), Rome (1931-1932), Copenhague (1932-1933), Jérusalem (1933-1934), Kharkov (1935-1936), Paris (1938), New York à partir de 1939. Polyglotte, très cultivé, c'était, selon Edoardo Amaldi, un véritable européen[273]. Esprit très vif, prompt à percevoir toutes les facettes d'un problème, et aussi les failles, c'était un critique acéré et généreux, un collègue aux conseils irremplaçables. Sa famille fut anéantie par les nazis pendant la guerre. Il mourut en 1955 au cours d'un voyage en Italie.

---

*Voir p. 356.

CHAPITRE 13

La fission de l'uranium

Où l'on voit les noyaux « transuraniens » croître et se multiplier à Berlin. Où Paris fait entendre des notes discordantes. Où les chimistes berlinois observent l'invraisemblable. Où la clé de l'énigme vient des neiges suédoises, par la grâce de deux réfugiés autrichiens. Où la fission enflamme les esprits, et permet d'envisager une réaction en chaîne productrice d'énergie. Où l'ombre d'une arme terrifiante commence à envahir le monde.

L'ÉQUIPE ITALIENNE rassemblée autour d'Enrico Fermi avait brillamment inauguré un nouveau domaine de la physique nucléaire en utilisant les neutrons pour bombarder toute une série d'éléments, produisant des dizaines de nouveaux isotopes radioactifs[*]. Parmi eux se trouvaient les mystérieux noyaux radioactifs produits par le bombardement de l'uranium, dont il n'avait pas été possible d'identifier la nature chimique. Que s'était-il donc produit ?

UNE DÉCOUVERTE *MOLLE*: LES « TRANSURANIENS »

Dans les autres cas, la radioactivité induite par le bombardement des neutrons avait pu être attribuée à un élément proche du noyau initial. L'explication semblait aller de soi : le noyau initial absorbait le neutron, mais le nouveau noyau ainsi formé n'était pas stable, et se désintégrait en émettant un électron β, transformant ainsi l'un de ses neutrons en proton. Le noyau résiduel comportait donc un proton de plus que le noyau de

---

[*]Voir p. 339.

départ, c'était un isotope de l'élément suivant du tableau de Mendeleev. D'ordinaire instable lui aussi, ce noyau se désintégrait en émettant lui aussi un rayonnement β. Encore fallait-il l'identifier, ce qu'on faisait par des méthodes chimiques associées à la mesure de la radioactivité, autrement dit par radiochimie.

La radiochimie avait été inventée par Pierre et Marie Curie*, et perfectionnée grâce au travail de nombreux radiochimistes, comme Soddy et Otto Hahn. Le principe de la méthode utilisée dans les années trente consistait à dissoudre le produit radioactif inconnu, généralement dans une solution acide, et à *ajouter* à cette solution un élément connu appelé *entraîneur*. On pratiquait alors différentes réactions chimiques sur le mélange obtenu, et on regardait si le radioélément inconnu se comportait ou non comme l'*entraîneur*, s'il était *entraîné* avec lui dans les réactions chimiques. Si tel était le cas, les propriétés chimiques de la substance inconnue et de l'entraîneur étaient semblables, et ils appartenaient à la même famille chimique (la même colonne du tableau de Mendeleev) ; si ces propriétés chimiques étaient vraiment identiques, il s'agissait alors du même élément, la substance inconnue étant alors un isotope radioactif de l'entraîneur.

Mais dans le cas de l'uranium, personne n'avait pu identifier l'élément émetteur de l'électron β. Fermi et son équipe avaient exclu qu'il s'agît d'uranium, ou de la plupart des noyaux plus légers, situés entre l'uranium et le plomb : protactinium, thorium, actinium, radium, bismuth. Un élément encore plus léger? L'idée paraissait peu probable. Le noyau de plomb possédait 10 protons et 20 neutrons de moins que l'uranium. Comment un neutron, de très faible énergie de surcroît, pourrait-il arracher un aussi grand nombre de protons et de neutrons au noyau d'uranium?

Une idée semblait s'imposer naturellement : on avait fabriqué un élément inconnu, *un élément de numéro atomique supérieur à celui de l'uranium (92)*, qui était l'élément de numéro atomique le plus élevé connu. Ce pourrait être l'élément 93, obtenu après l'émission d'un électron β par l'isotope 239 de l'uranium, formé par l'absorption du neutron par l'uranium 238. Mais alors comment le confirmer?

La première étape était de vérifier qu'il n'y avait aucune erreur expérimentale, car un article d'Aristid von Grosse suggérait qu'il s'agissait en fait de protactinium[274]. Or Lise Meitner et Otto Hahn connaissaient bien les propriétés chimiques du protactinium pour l'avoir découvert[275] en 1917. De plus, Hahn avait eu une controverse déplaisante avec Grosse, un de ses anciens étudiants, précisément sur la paternité de la découverte du protactinium. De son côté Lise Meitner s'était intéressée dès le début à la radioactivité artificielle découverte par Irène Curie et Frédéric Joliot, confirmant leurs résultats dans une expérience menée avec une chambre à brouillard de Wilson[276]. Et elle suivait de près le développement des expériences de Fermi avec son équipe de Rome. Les premiers résultats venus de Rome l'impressionnèrent :

> Je trouvai ces expériences si passionnantes que, dès leur apparition dans *Nuovo Cimento* et dans *Nature*, je persuadai Otto Hahn de reprendre

---
*Voir p. 25.

notre collaboration directe, interrompue depuis plusieurs années, pour nous consacrer à ces problèmes.

C'est ainsi qu'en 1934 nous recommencions, après plus de douze ans, à travailler ensemble[277].

Les voilà bombardant de l'uranium avec des neutrons, et tentant d'identifier les substances radioactives, à vrai dire assez nombreuses, qui étaient produites. L'aventure d'une nouvelle collaboration recommençait, dans une ambiance que Lise Meitner a décrite en 1954 :

> Il régnait dans ce groupe de travail un bon esprit et une ambiance joyeuse, reflets de la personnalité de Hahn. Cela se révélait très favorable au travail, mais se manifestait mieux encore au moment des fêtes de Noël ou des anniversaires, au cours de randonnées en été ou en de semblables occasions. Dans une de ces fêtes, nos deux départements furent décrits, en vers, comme "le poulailler", et chacun en prenait pour son grade, mais avec gentillesse, selon la devise :
> « Nous ne voulons qu'être plaisants,
> « Sans jamais blesser personne
> « Ni manquer aux devoirs.
> « Que le tact impose à tous.
> « Un bon mot n'est pas méchant. »[278]

Bien vite Lise Meitner et Otto Hahn font justice de la suggestion de Grosse :

> On voit ainsi par la voie directe que ces deux substances ne sont pas des isotopes de l'élément 91, comme A. v. Grosse l'a affirmé[218].

Avec leur autorité mondialement reconnue d'experts en radiochimie, ils étendent les mesures de Fermi et excluent d'autres éléments : francium, radon, astate*, bismuth, plomb et mercure. Pour Otto Hahn et Lise Meitner, il ne reste alors qu'une possibilité, qu'ils énoncent avec précaution, comme l'avait fait Fermi :

> Mais il est facile de voir pour un chimiste que les réactions que nous avons décrites excluent non seulement les éléments 90, 91 et 92, mais bien tous les éléments jusqu'au mercure (excepté peut-être l'ekaiode), si bien qu'il apparaît donc très vraisemblabe que les éléments de périodes 13 et 90 minutes sont au-delà de 92 [...] Jusqu'ici les recherches semblent montrer que le corps de période 13 minutes pourrait être l'élément 93 et celui de 90

---

*Que Hahn et Meitner appellent *eka-iode*, car c'était un trou dans le tableau périodique, correspondant à un élément halogène, de propriétés chimiques proches de l'iode, et qui ne sera observé qu'en 1940. Le préfixe *Eka* désigne en sanscrit le chiffre 1, et avait été employé pour la première fois par Mendeleev en 1872 lorsqu'il prédit l'existence d'éléments non connus à l'époque, pour lesquels il avait laissé des cases vides dans le tableau périodique. Il avait donné des noms provisoires : Eka-aluminium, Eka-bore et Eka-silicium. Ces éléments ont été découverts plus tard : le gallium en 1875, le scandium en 1879 et le germanium en 1886. En appelant *eka-aluminium* l'élément dont il prédisait l'existence, Mendeleev voulait ainsi souligner qu'il manquait un élément aux propriétés chimiques semblables à celles de l'aluminium, et qui devait trouver sa place dans la même colonne de son tableau.

minutes l'élément 94, étant donné que les deux corps ne sont pas isotopes l'un de l'autre[218].

Ainsi ces fameuses substances, qu'on ne connaissait que par une radioactivité dont la période était de 13 minutes pour l'un et de 90 minutes pour l'autre seraient des *transuraniens* ? Sur leurs propriétés chimiques, on n'avait que des informations négatives : il ne s'agissait pas d'éléments proches de l'uranium, le plus lourd des éléments connus à cette époque. De là à dire qu'il s'agissait de l'hypothétique élément 93 il y avait tout de même un pas que refusait de franchir la chimiste allemande Ida Noddack, connue pour avoir découvert l'élément 75, le rhénium :

> Cette argumentation n'est pas probante. De fait, Fermi a comparé son nouvel émetteur β non seulement au voisin immédiat de l'uranium, le protactinium, mais à plusieurs autres éléments, allant jusqu'au plomb. Cela montre qu'il tenait pour possible une série de désintégrations (avec émission d'électrons, de protons et de noyaux d'hélium) conduisant finalement au radioélément de période 13 minutes. — Mais dans ce cas on ne comprend pas pourquoi, entre l'uranium (92) et le plomb (82), il n'a pas pris en considération l'élément polonium (82) et pourquoi il s'est arrêté au plomb [...] Fermi aurait donc dû comparer son nouveau radioélément à tous les éléments connus[279].

Comparer à tous les éléments connus ! Ida Noddack demandait beaucoup, car il paraissait invraisemblable à la plupart des physiciens qu'on pût produire, en lançant un simple neutron sur l'uranium, des noyaux *beaucoup plus légers*. Déjà le mercure (numéro atomique 80) paraissait bien éloigné. Pourtant Ida Noddack, consciente de l'objection, y répondait par avance dans le même article :

> On peut tout aussi bien supposer que, lors de ces désintégrations nucléaires nouvelles provoquées par les neutrons, des « réactions nucléaires » aient lieu, qui seraient tout à fait différentes de celles qu'on a observées jusqu'à présent avec des électrons, protons ou noyaux d'hélium. [...] Il serait concevable que ces noyaux se brisent en plusieurs gros morceaux qui seraient certes des isotopes d'éléments connus, sans être voisins de l'élément irradié.

Évidemment cela était une possibilité logique, mais qui semblait tellement peu plausible ! Ces nouvelles réactions nucléaires apparaissaient comme une spéculation sans fondement expérimental. Ida Noddack elle-même ne tenta aucune expérience dans ce domaine. On n'y pensa plus.

Des « transuraniens » à la pelle

Dès lors Lise Meitner et Otto Hahn se piquent au jeu et entreprennent d'étudier plus avant ces nouveaux radioéléments, dont la nature de transuraniens n'est cependant pas prouvée, mais semble plausible. Deux mois plus tard ils annoncent que la fameuse substance de période 90 minutes est probablement un mélange de deux substances différentes, l'une de période de l'ordre de 50 à 70 minutes, l'autre de période beaucoup plus longue,

*Rayonnement β produit par
l'irradiation de l'uranium*

Substance	Période radioactive
$^{235}_{90}$Th	4 min.
$^{235}_{91}$Pa	très courte?
$^{235}_{92}$U	24 ± 2 min.
$^{237}_{92}$U	40 sec.
$^{239}_{92}$U	10 sec.
$^{237}_{93}$EkaRe	16 ± 1 min.
$^{239}_{93}$EkaRe	2,2 min.
$^{237}_{94}$EkaOs?	12 heures
$^{239}_{94}$EkaRe	59 min.
$^{239}_{95}$EkaIr	3 jours

TAB. 13.1 – *Liste des radioactivités publiées par Otto Hahn et Lise Meitner en 1936. Les cinq premières lignes correspondent à des noyaux connus, uranium (symbole U), thorium (Th), praséodyme (Pa). Hahn et Meitner pensent reconnaître parmi eux trois isotopes différents de l'uranium (le nombre en haut à gauche du symbole U indique le nombre total de protons et neutrons, donc varie selon les isotopes, alors que le nombre du bas est le nombre de protons, caractéristique de l'élément uranium). Quant aux cinq lignes du bas, ce sont, pensent-ils, les éléments 93, 94 et 95, des « transuraniens », analogues chimiques du rhénium, de l'osmium et de l'iridium, qu'ils appellent pour cette raison EkaRe, EkaOs et EkaIr.*

quelques jours[280]. Après cinq mois de travail ils publient un nouvel article qui précise les propriétés chimiques des différentes substances radioactives observées : le corps de période 13 minutes a des propriétés semblables au rhénium (élément 75) et pourrait être le premier transuranien, l'élément 93, qu'ils appellent *eka-rhénium* ; le corps de période 90 minutes serait un seul élément, finalement, de propriétés chimiques semblables à l'osmium, il pourrait s'agir de l'élément 94, qu'ils appellent *eka-osmium*[281]. Il faut attendre mars 1936 pour qu'ils publient un nouvel article[282], dans lequel ils donnent un tableau des différentes radioactivités observées, reproduites dans le tableau 13.1.

Pour débrouiller ce qui apparaît de plus en plus comme un dédale inextricable, ils s'adjoignent une troisième personne, le jeune chimiste Fritz Strassmann. Né en 1902, Strassmann avait obtenu le titre d'ingénieur-docteur à Hanovre en 1929, après quoi il avait rejoint le *Kaiser Wilhelm Institut für Chemie*, espérant qu'un séjour auprès de Otto Hahn l'aiderait à trouver un emploi dans l'industrie. Il aima tellement le travail dans ce laboratoire qu'il y resta jusqu'en 1933, bien que sans ressources depuis 1932. Mais en 1933, pour être recruté dans l'industrie il aurait fallu qu'il adhère au parti nazi, ce qu'il refusa de faire, se fermant ainsi les portes de l'université*. À la demande de Lise Meitner, Otto Hahn put lui offrir un maigre financement (50 marks par mois !). En 1936 Fritz Strassmann était déjà un radiochimiste très expérimenté.

Un an plus tard, en mai 1937, ils publient dans *Zeitschrift für Physik* un article de 22 pages dans lequel ils présentent ce qu'ils pensent être trois *séries radioactives* prenant naissance lors du bombardement de l'uranium par les neutrons[283].

Une chose pouvait paraître surprenante dans cette façon d'organiser les différentes radioactivités observées : on a là trois familles radioactives qui ont le même point de départ : le noyau formé lorsque l'uranium (qu'on suppose être l'isotope 238, de loin le plus abondant) absorbe un neutron, à savoir l'isosope 239. Mais pourquoi, après un point de départ commun, cette séparation en trois familles ? Otto Hahn et Lise Meitner pensent avoir affaire à un phénomène qu'ils avaient découvert quelques années auparavant : l'isomérie. Dans la suite des produits de la décroissance radioactive de l'uranium, il avaient en effet observé que l'étape « protactinium », et pour être précis l'isotope 234, existait sous deux formes, avec des périodes radioactives différentes, mais correspondant exactement au même noyau. Il s'agissait de deux configurations des protons et neutrons assez différentes pour survivre assez longtemps sans que l'une se transforme en l'autre. Une explication du phénomène appelé *isomérie* avait été donnée en 1936 par Carl Friedrich von Weizsäcker sur la base de la mécanique quantique[285]. Hahn et Lise Meitner imaginaient que lorsque l'uranium 238 avait absorbé un neutron, il devenait de l'uranium 239, et que celui-ci pourrait se trouver dans trois états isomères différents, se désintégrant différemment, en donnant ainsi naissance à trois familles radioactives. De plus, ils supposaient que chaque *isomère* donnait naissance à une *famille d'isomères*, chaque famille restant indépendante de sa voisine.

Dernière bizarrerie : aucun de ces noyaux, supposés plus lourds que l'uranium, ne semblait se désintégrer en émettant une particule α. Or on sait que c'est un mode de désintégration très fréquent dans la radioactivité naturelle des noyaux de masse semblable comme l'uranium ou le thorium. Une tentative pour détecter des particules α de désintégration eut lieu à Berlin, mais sans succès[286].

À L'INSTITUT DU RADIUM

L'autre haut lieu de la radiochimie était l'Institut du Radium, héritier de la grande tradition de Marie Curie. À la mort de celle-ci, en 1934, la direction de l'Institut échut à André Debierne, vieux collaborateur de Pierre et Marie Curie, mais les chercheurs les plus en vue, ceux qui donnaient l'impulsion scientifique au laboratoire, étaient Frédéric Joliot et Irène Curie. Bertrand Goldschmidt, jeune chimiste issu de l'École de Physique et Chimie, était

---

*En pleine guerre, en 1943, sa femme et lui sauvèrent de la mort une jeune femme juive, également chimiste, en la cachant chez eux, malgré les énormes risques que cela comportait.

entré à l'Institut du Radium comme préparateur de Marie Curie en 1933, à tout juste vingt et un ans, et y resta pour préparer une thèse sous la direction de Debierne. Dans un livre datant de 1987, il décrit la vie du laboratoire à cette époque :

> La vie du laboratoire [était] dominée par les Joliot, Fred et Irène, comme nous les appelions familièrement. Ils inspiraient et souvent dirigeaient la plupart des recherches en cours. La célébrité de l'Institut du Radium attirait des jeunes chercheurs du monde entier, particulièrement d'Europe centrale. Parmi les plus brillants étaient arrivés en fin 1935, Bruno Pontecorvo, un Italien de mon âge plein de charme et tout de suite très populaire, et Hans von Halban, de quelques années plus vieux, un Autrichien ambitieux et sûr de lui.
>
> On comptait une quinzaine de nationalités différentes parmi cette quarantaine de chercheurs. Un nombre exceptionnel de jeunes femmes s'y trouvaient, attirées par le prestige de Mme Curie, symbole du succès de la lutte pour l'émancipation de la femme[287].

Irène Curie travaille à cette époque sur les nouveaux radioéléments produits par bombardement de neutrons, immense terrain à défricher. Elle constitue tout d'abord une équipe avec deux jeunes physiciens, Hans von Halban et Peter Preiswerk. Né le 7 juillet 1908 à Leipzig, Hans von Halban[288] était le fils d'un physico-chimiste autrichien qui s'était établi à Francfort, puis à Zurich, où le jeune Hans soutint sa thèse de doctorat en 1935. Il décide alors de se consacrer à la physique nucléaire et choisit l'Institut du Radium, tout auréolé de la découverte récente de la radioactivité artificielle. Les premiers travaux concernent le thorium : Irène Curie, Halban et Preiswerk observent deux radioéléments inconnus, qu'ils cherchent à interpréter selon les lignes de Otto Hahn et Lise Meitner[289] : le neutron est absorbé par le noyau de thorium, ce qui donne un isotope du thorium, celui-ci se désintégrant soit en émettant une particule α soit un rayonnement β. Dans ce dernier cas, il s'agirait donc d'un élément plus lourd que le thorium, d'un élément portant le numéro 91, le protactinium.

Puis Halban et Preiswerk se tournent vers la physique des neutrons lents à la suite des travaux de Fermi. Ils étudient particulièrement le ralentissement des neutrons dans les substances contenant des protons (l'hydrogène), leur diffraction et l'absorption des neutrons de certaines énergies bien précises[290].

Irène Curie s'attaque alors au sujet brûlant : les substances radioactives produites en bombardant l'uranium par des neutrons. Son nouveau collaborateur est un chimiste yougoslave de vingt-sept ans, Pavle Savić (dont on francisait le nom en Paul Savitch). Hahn et Lise Meitner avaient tenté d'apporter un peu d'ordre dans le fouillis des différentes radioactivités produites, mais Irène découvre une situation encore bien embrouillée. Ce sont des expériences difficiles, car il faut détecter les rayonnements β des substances nées du bombardement des neutrons, en les distinguant de celles que l'uranium et ses dérivés produisent eux-mêmes constamment et qui sont des milliers de fois plus intenses. Un corps particulièrement gênant est l'*uranium X**. Pour

---
*C'est-à-dire l'isotope 234 du thorium, $^{234}_{90}\text{Th}$.

faire ses expériences, Hahn éliminait les substances indésirables en purifiant chimiquement l'uranium, juste avant de faire l'expérience, car la radioactivité de l'uranium les reconstitue constamment. Irène Curie décide, quant à elle, d'interposer un écran entre le compteur Geiger et l'échantillon d'uranium qu'elle vient de soumettre au bombardement neutronique. Cet écran est une feuille de cuivre suffisamment épaisse (environ un demi-millimètre) pour arrêter la plus grande partie des électrons β émis naturellement par l'uranium, mais qui laisse passer les électrons plus rapides. Irène Curie et Pavle Savić découvrent alors des rayonnements β correspondant à des radioactivités que n'avaient pas signalées Hahn et Lise Meitner. Une substance attire particulièrement leur attention : elle a une période radioactive de 3 heures et demie, et elle est assez abondante pour être facilement détectable. Dans l'article envoyé fin juillet au *Journal de Physique et Le Radium*, Irène note :

> Le corps $R_{3,5h}$ n'a pas été observé par Hahn, Meitner et Strassmann, ni par nous-mêmes avant l'emploi des écrans [...] Cependant il ne s'agit pas d'un mode de transformation rare[291].

Quelle peut bien être la nature de cette substance nouvelle ? Et d'abord quelles sont ses propriétés chimiques ? Avec l'assistance de Pavle Savić, Irène Curie tente de préciser le comportement de cette substance qu'elle appelle $R_{3,5h}$, faute de mieux, car elle ne connaît avec certitude que sa période radioactive de 3 heures et demie. Ils pensent tout d'abord qu'il s'agit de thorium :

> De nombreuses expériences ont montré que le $R_{3,5h}$ se sépare de l'urane et des éléments transuraniens, et accompagne l'uranium X [...]
>
> Il n'est pas douteux cependant que le corps $R_{3,5h}$ est un isotope du thorium, probablement formé par capture d'un neutron et expulsion d'une particule α[292].

Otto Hahn et Lise Meitner lisent l'article avec surprise et incrédulité. Par acquit de conscience, ils reprennent quelques expériences de vérification : ce ne peut pas être du thorium. Ils pensent en fait qu'Irène Curie et Savitch se sont trompés, et que ce qu'ils ont pris pour un corps de période radioactive de 3 heures et demie n'est qu'un mélange de deux corps radioactifs connus, l'un de période 2 heures, l'autre de période plus longue. C'est ce qu'ils expliquent dans une lettre à Irène Curie :

> Berlin-Dahlem, le 20.1.1938
> Chère Madame Curie,
> Le motif de notre lettre d'aujourd'hui est le travail que vous avez publié avec P. Savitch sur les produits de la transmutation artificielle de l'uranium, dans lesquels vous mentionnez un isotope du thorium, ce qui a suscité de notre part un intérêt particulier. Étant donné que nous croyons avoir des preuves très convaincantes que ces corps n'existent pas, nous aimerions vous faire part de quelques-uns de nos arguments. Nous croyons en effet qu'un échange de lettres peut être plus fructueux sur ces questions qu'une discussion dans des revues[293].

Et ils lui proposent de se rétracter :

> Nous aimerions connaître votre opinion sur les arguments développés ci-dessus. Si vous vous rangiez à notre avis, le plus simple serait que vous publiiez une note dans votre revue. Dans ce cas nous ne publierions rien sur le sujet.
> Avec nos meilleures salutations, ainsi qu'à M. Joliot,
> Vos
> Lise Meitner Otto Hahn

La lettre est courtoise, mais pas vraiment chaleureuse ; ses auteurs sont sûrs de leur fait, et ne laissent aucune place au doute. Irène reprend l'expérience avec Pavle Savić, et elle s'aperçoit que Hahn et Lise Meitner ont raison sur le premier point : le $R_{3,5h}$ n'est pas du thorium. Mais ce qu'ils observent est encore plus déroutant : par ses propriétés chimiques, ce corps mystérieux ressemble à une terre rare, ce qui lui donne encore moins de place dans l'édifice des transuraniens de Hahn et Lise Meitner. D'après le sacro-saint tableau de Mendeleev, tel qu'on le concevait à l'époque, un corps produit par absorption d'un neutron et émission β *ne pouvait pas se trouver dans la colonne des terres rares* dont l'actinium, élément 89, est l'homologue lourd. On classait dans les colonnes suivantes, par ordre de numéro atomique croissant, le thorium, le praséodyme et l'uranium. L'élément 93 devait alors être classé une colonne plus à droite, puisqu'il possédait quatre charges de plus que l'actinium. Ce devrait être un homologue du rhénium. Mais les faits chimiques sont têtus. Nouvelle note aux *Comptes rendus* :

> Il a donc des propriétés semblables à celles des terres rares [...]
> D'après ses propriétés chimiques il semble que ce corps ne puisse être qu'un isotope de l'actinium, ou un nouveau corps transuranien possédant des propriétés chimiques très différentes des homologues supérieurs du rhénium et du platine. Du point de vue physique les deux hypothèses se heurtent à des difficultés considérables. Il est nécessaire de posséder quelques données expérimentales supplémentaires sur ce radioélément pour pouvoir préciser le mode de transmutation qui lui donne naissance[294].

Nous sommes le 21 mars 1938. Deux mois plus tard, Irène Curie et Savić envoient encore une note :

> Nous avons voulu savoir s'il s'agit ou non d'un isotope de l'actinium [...]
> $R_{3,5h}$ se sépare nettement de [l'actinium] [...]
> Il semble donc que ce corps ne puisse être qu'un élément transuranien possédant des propriétés très différentes de celles des autres éléments transuraniuens connus, hypothèse qui soulève des difficultés d'interprétation[295].

Voilà le dilemme : ce corps doit bien être un « transuranien », mais ses propriétés chimiques ne lui donnent aucune place dans les familles déjà nombreuses échafaudées par Hahn et Lise Meitner. Tel qu'il est posé, le problème n'a pas de solution.

De leur côté, Otto Hahn et Lise Meitner ne peuvent croire qu'ils aient pu laisser échapper un corps comme ce $R_{3,5h}$, qui n'a aucune place dans l'édifice des transuraniens tel qu'ils l'ont bâti. Existe-t-il vraiment ? Ils pensent

55 Cs césium	56 Ba baryum	57 La lanthane	72 Hf hafnium	73 Ta tantale	74 W tungstène	75 Re rhénium	76 Os osmium	77 Ir iridium	78 Pt platine	79 Au or	80 Hg mercure
87 ?	88 Ra radium	89 Ac actinium	90 Th thorium	91 Pa praséodyme	92 U uranium	93 Eka-Re Eka-rhénium	94 Eka-Os Eka-osmium	95 Eka-Ir Eka-Platine	96 Eka-Pt	(97) ?	(98) ?

TAB. 13.2 – *Le début des deux dernières lignes du tableau de Mendeleev tel qu'on le concevait en 1938 (le tableau sous sa forme moderne figure à la fin de ce livre). La troisième colonne montre le lanthane et tous les lanthanides, qui ont pour homologue l'actinium. Pour les éléments plus lourds on admettait que le thorium (élément 90) était l'homologue de l'hafnium (élément 72), le praséodyme celui du tantale, l'uranium celui du tungstène, etc. Dans cette optique les transuraniens devaient être les homologues du rhénium, de l'osmium, de l'iridium, etc., d'où les noms EkaOs, EkaRe, EkaIr. Mais la transmutation de l'uranium en radium par bombardement d'un neutron paraissait très difficile à imaginer, car il fallait lui faire perdre quatre charges : il aurait fallu pour cela émettre deux particules α.*

qu'Irène Curie et Pavle Savić ont dû se tromper. Mais ils ne sont pas seulement sceptiques, ils sont furieux, car cette polémique mettant en cause leurs travaux arrive au plus mauvais moment, alors que la violence nazie se déchaîne en Allemagne, et qu'ils comptent sur leur renommée internationale pour les protéger, dans une certaine mesure. D'origine juive, Lise Meitner est particulièrement exposée, mais jusque-là elle a voulu à tout prix rester à l'Institut où se trouvent ses amis, où elle peut mener ses recherches, où sont ses raisons de vivre.

Lise Meitner fuit l'Allemagne nazie

Le 12 mars 1938, Hitler envahit l'Autriche, où il fut reçu triomphalement, et il décréta l'*Anschluß*, l'annexion de l'Autriche par l'Allemagne. Dès lors Lise Meitner n'était plus protégée par son passeport étranger, elle encourait le risque d'être expulsée de l'Institut, et encore n'imaginait-elle pas l'effrayante menace qui pesait sur les Juifs. Le piège se refermait brutalement : sans passeport, elle ne pouvait même plus quitter l'Allemagne. Aucun des efforts faits en sa faveur par les autorités du *Kaiser Wilhelm Institut* ne permit de lever cette interdiction. Les physiciens à l'étranger se mirent alors en quête d'une solution, qui fut finalement trouvée en Suède, où Manne Siegbahn accepta de lui offrir un poste à l'Institut Nobel. L'un des plus actifs fut le chimiste hollandais Dirk Coster qui remua ciel et terre pour l'accueillir à Groningen. C'est lui qui finalement fit le voyage de Berlin, officiellement invité à donner une conférence. Il repartit avec elle, et réussit à passer sans encombre la frontière avec elle, le 13 juillet 1938. Il l'emmena à Groningen, lui fournit quelque argent, fruit d'une collecte parmi les physiciens, et lui permit de gagner la Suède, qui accepta finalement de la laisser entrer sans passeport ni visa. Comme viatique, Otto Hahn lui avait donné une bague qui avait appartenu à sa mère.

Lise Meitner avait sauvé sa liberté et sans doute sa vie, mais trente ans de travail au *Kaiser Wilhelm Institut* se terminaient de façon abrupte. Vivant en Suède dans un certain isolement scientifique, avec peu de moyens, elle eut du mal à poursuivre des travaux scientifiques. Une correspondance régulière entre elle et Hahn lui permit néanmoins de participer d'une certaine façon à la vie du laboratoire de Berlin. Grâce à ces lettres nous pourrons suivre presque pas à pas les travaux de Hahn dans cette période cruciale.

Otto Hahn et Fritz Strassmann
se remettent au travail

Au printemps 1938 Frédéric Joliot et Otto Hahn se rencontrent personnellement pour la première fois à l'occasion du Xe Congrès International de Chimie, qui se tenait du 15 au 21 mai à Rome. Ils sympathisent très vite, et discutent des derniers résultats d'Irène. Hahn lui explique qu'elle s'est certainement trompée, et qu'il est prêt à en apporter la preuve expérimentale[296]. Mais Irène persiste et signe même un article plus détaillé sur le sujet dans le *Journal de Physique et Le Radium*[297]. Lorsqu'il lit l'article d'Irène,

Otto Hahn se sent contraint de reprendre les expériences. Il dit à qui veut l'entendre qu'Irène a tout mélangé et qu'il doit maintenant tout reprendre pour remettre les choses en place[298].

Le dernier article signé Hahn, Meitner et Strassmann est envoyé juste avant le départ précipité de Lise Meitner. Il ne cite pas du tout les travaux d'Irène Curie et fait état d'une nouvelle substance radioactive produite encore une fois en bombardant l'uranium avec des neutrons[299]. Ses auteurs n'ont pas réussi à attribuer à cette substance une place dans le schéma de désintégration des « transuraniens » ; ils pensent qu'il s'agit vraisemblablement d'un corps aux propriétés chimiques proches de l'iridium, un *eka-iridium*.

Puis Hahn reprend avec Strassman seul les travaux afin d'éclaircir ce problème, et début novembre tous deux envoient un article à *Naturwissenschaften*. Ils réfutent les arguments d'Irène Curie et Savić, et poursuivent :

> À l'occasion de nouvelles recherches sur les propriétés chimiques des transuraniens nous avons donc cherché à mettre en évidence le corps de 3,5 heures de Curie et Savitch. Nous avons également réussi à obtenir la substance en question par les méthodes de séparation et de mesure indiquées […]
>
> Quant au corps de 3,5 heures de Curie et Savitch, nous pensons que c'est un mélange de corps que nous avons isolés et identifiés chimiquement[300].

L'article paraît le 18 novembre. La réfutation des résultats d'Irène Curie et Savić est dans la ligne de leur lettre du 20 janvier. Le $R_{3,5h}$ d'Irène Curie serait un mélange, dont le composant principal serait un isotope du radium, qui est proche chimiquement du baryum et du lanthane. Mais pour produire du radium à partir de l'uranium, il faut que celui-ci perde 4 charges électriques, donc émette *deux particules* α, comme cela se passe d'ailleurs dans la radioactivité naturelle. Or cette idée soulève des problèmes difficiles, car l'extraction de *deux* particules α doit consumer de l'énergie, et on ne voit pas très bien d'où proviendrait cette énergie, puisque le neutron n'en apporte pour ainsi dire pas. Pis encore : comme nous l'avons signalé, un étudiant de Lise Meitner, Gottfried von Droste, avait déjà tenté de détecter des particules α émises lors du bombardement de l'uranium par les neutrons, mais en vain[286]. Hahn discute de ses résultats avec plusieurs physiciens, qui sont tous du même avis : ils ne voient pas comment un neutron de très faible énergie pourrait provoquer l'émission successive de deux particules α. Le 13 novembre, il a même pu en discuter avec Niels Bohr et Lise Meitner. Bohr l'a invité à venir à Copenhague, officiellement pour donner une conférence, et Lise Meitner, mise au courant, attend Hahn sur le quai de la gare. Ce fut une journée d'intenses discussions, jusqu'au départ de Hahn le lendemain. Par prudence, étant donné la situation politique en Allemagne, Hahn tut cette entrevue avec Lise Meitner[301]. En tout cas l'opinion de Bohr aussi bien que de Lise Meitner était la même : l'émission successive de deux particules α était très difficile à imaginer. Pour en avoir le cœur net, Hahn décide alors de reprendre les expériences avec Strassmann.

Des résultats de plus en plus déconcertants

Hahn et Strassmann identifient soigneusement, une fois de plus, les substances produites dans l'uranium par le bombardement des neutrons. Au début tout semble se dérouler comme la première fois : il existe bien une substance radioactive, créée par les neutrons, et qui, dans toutes les réactions chimiques auxquelles elle est soumise, réagit comme le baryum, qui est l'homologue chimique du radium. C'est probablement une variété de radium, pensent Hahn et Strassmann, avec cette difficulté que le radium possède quatre charges de moins que l'uranium, et que la transmutation de l'un dans l'autre ne va pas de soi. Souvenons-nous par ailleurs que Pierre et Marie Curie avaient découvert le radium en remarquant dans l'uranium naturel une substance radioactive qui avait des propriétés chimiques très proches du baryum. Séparer le baryum du radium n'est pas facile. Hahn utilise, comme Marie Curie quarante ans auparavant, la cristallisation fractionnée, mais à sa grande surprise, la séparation ne se fait pas ! Le « radium » se comporte *exactement* comme du baryum ! Le 19 décembre, Hahn écrit à Lise Meitner :

> Lundi soir, le 19, au laboratoire [...]
>
> Il se passe en effet quelque chose de tellement incroyable avec les « isotopes du radium » que nous ne le disons qu'à toi [...] On peut les séparer de *tous* les éléments sauf du baryum ; toutes les réactions donnent le même résultat [...]
>
> Nos isotopes du radium se comportent comme du [Baryum] [...]
>
> Peut-être peux-tu proposer quelque explication fantastique. Nous savons nous-mêmes que l'uranium ne peut vraiment pas donner du baryum en éclatant. Nous allons vérifier si les isotopes de l'actinium issus de la désintégration du radium se comportent non pas comme de l'actinium, mais comme du lanthane. Sujet très délicat ! Mais nous devons éclaircir tout cela [...]
>
> Réfléchis donc de ton côté, tu peux penser à une possibilité quelconque ; éventuellement quelque chose comme un isotope du baryum d'un poids atomique beaucoup plus élevé que 137 ? Si tu pouvais proposer quelque chose que tu pourrais publier, ce serait comme si on travaillait encore tous les trois ! Nous ne croyons être ni devenus fous, ni frappés d'une quelconque infection[302].

Hahn se retrouvait dans la situation d'Irène Curie, qui ne parvenait pas à séparer du lanthane la substance $R_{3,5h}$! D'ailleurs il pense à reprendre les expériences d'Irène Curie. Que pouvait-il bien se passer ? Comment un simple neutron, très lent de surcroît, pouvait-il produire du baryum ? Rappelons que l'isotope 238 de l'uranium (numéro atomique 92), de loin le plus abondant, comprend 92 protons et 146 neutrons alors que le baryum (numéro atomique 56) ne conprend que 56 protons et, pour se limiter aux isotopes existant dans la nature, entre 76 et 82 neutrons. Comment arracher d'un coup 36 protons et plus de 60 neutrons ?

C'est tellement incroyable que Hahn et Strassmann n'en parlent à personne, sauf à Lise Meitner. Peur de passer pour des fous, ou peur du ridicule, s'il y avait une source d'erreur non maîtrisée dans leurs expériences...

Finalement Hahn décide de publier ses résultats, dans un article déposé le 22 décembre à *Naturwissenschaften*. Le titre est relativement neutre : « Sur la mise en évidence et le comportement de métaux alcalino-terreux produits lors de l'irradiation de l'uranium par des neutrons »[303]. On commence par rappeler les résultats précédents, avec des changements mineurs. Les différentes radioactivités observées sont expliquées par la formation de quatre isotopes du radium, appelés Ra I, Ra II, Ra III et Ra IV provenant de la désintégration de l'uranium qui aurait absorbé un neutron, après les émissions successives de deux particules α. Puis, passés les deux tiers de l'article, une bifurcation inattendue :

> Il nous faut maintenant en venir à quelques recherches plus récentes, que nous ne publions qu'avec hésitation, en raison de leurs résultats étranges. Afin de déterminer de façon incontestable la nature chimique des membres de départ des séries radioactives que nous avons séparées avec du baryum, nous avons entrepris la cristallisation fractionnée et la précipitation fractionnée des sels de baryum actif selon la méthode bien connue pour concentrer (ou diluer) le radium dans les sels de baryum.

Et après avoir détaillé les procédés employés :

> Nous arrivons à la conclusion que nos isotopes du radium ont les propriétés du baryum ; en tant que chimistes nous devons vraiment dire des nouveaux corps qu'il ne s'agit pas de radium, mais de baryum car des éléments autres que le radium ou le baryum sont hors de question.

Ils donnent également les premiers résultats des expériences dans lesquelles ils ont repris celles d'Irène Curie et Pavle Savić :

> En accord avec Curie et Savitch sur leur corps de 3,5 heures, qui n'est toutefois pas pur, nous trouvons donc que le métal alcalino-terreux [...] n'est pas de l'actinium [...]
>
> En tant que chimistes nous devrions renommer le schéma proposé ci-dessus et mettre les symboles Ba, La, Ce à la place de Ra, Ac, Th. En tant que « chimistes nucléaires », proches d'une certaine manière de la physique, nous ne sommes pas encore prêts à franchir ce pas, contraire à toutes les expériences connues à ce jour en physique nucléaire. Il serait encore possible, malgré tout, qu'une série d'improbables coïncidences ait entaché d'erreur nos résultats*.

Hahn reçoit alors la réponse de Lise Meitner, une lettre datée du 21 décembre :

> Vos résultats sur le radium sont vraiment ahurissants. Une réaction qui se produit avec des neutrons lents et qui conduit, d'après vous, au baryum ! [...] Pour l'instant l'hypothèse d'un éclatement d'une telle ampleur me paraît très difficile à admettre, mais nous avons vécu tant de surprises en physique nucléaire que l'on ne peut pas dire d'emblée : c'est impossible. D'ailleurs les transuraniens plus lourds sont-ils écartés[304] ?

---

*Les symboles Ba, La, Ce sont respectivement ceux du baryum, du lanthane et du cérium, tandis que Ra, Ac, Th sont ceux du radium, de l'actinium et du thorium.

Ainsi cette idée folle ne paraît pas absurde à Lise Meitner, qui est sa référence en physique ! C'est un grand encouragement. Hahn téléphone à son ami Paul Rosbaud, responsable de la revue *Naturwissenschaften* pour ajouter un paragraphe qu'il n'avait sans doute pas osé écrire de prime abord :

> En ce qui concerne les « transuraniens », ces éléments sont certes apparentés chimiquement à leurs homologues plus légers, rhénium, osmium, iridium, platine, sans leur être identiques. Quant à savoir s'ils seraient identiques aux homologues encore plus légers, masurium, ruthénium, rhodium, palladium, cela n'a pas encore été vérifié. Naguère cela n'était même pas pensable. La somme des nombres de masse de Ba + Ma, soit par exemple 138 + 101, donne 239 !

L'idée n'est pas explicite, mais elle transparaît : si vraiment le fragment final est du baryum, alors pourquoi pas un autre fragment de masurium*, puisque l'addition de leurs masses donne bien la masse de l'uranium (en choisissant les isotopes adéquats) ? Se pourrait-il que l'uranium se coupe en deux morceaux de grande taille ? Hahn et Strassmann y pensent comme à une possibilité extrême, sans oser l'affirmer ouvertement.

Le mot de l'énigme

Noël arrive, et Lise Meitner est invitée à passer la semaine des fêtes à Kungälv, près de Göteborg, par son amie Eva von Bahr-Bergius, une physicienne suédoise qu'elle a connue à Berlin, et qui invite également Otto Robert Frisch, le neveu de Lise, réfugié provisoirement à Copenhague[308, 309]. Lorsque Frisch arrive dans la salle du petit déjeuner après sa première nuit d'hôtel, il trouve sa tante très préoccupée par une lettre qu'elle a reçue de Hahn, et qu'elle lui donne à lire†. Les résultats de Hahn sont tellement surprenants que Frisch commence par montrer quelque scepticisme : n'y aurait-il pas une erreur ? Lise Meitner balaye l'objection. Hahn est l'un des meilleurs chimistes nucléaires du monde, et s'il affirme qu'il ne peut séparer la substance en question du baryum, malgré toutes les tentatives, c'est que c'est du baryum !

Tout en continuant leur discussion, Lise Meitner et Otto Frisch partent faire une randonnée dans la neige. Un seul neutron ne pouvait pas couper le noyau en deux, lui arracher un très gros morceau, il n'avait pas, et de loin, assez d'énergie pour cela. À moins que...

---

*On appelait à l'époque *Masurium* l'élément 43, que deux jeunes chimistes allemands, Ida Tacke et Walter Noddack (qui devaient se marier en 1926) pensaient avoir identifié en 1925 dans du minerai de niobium, et qu'ils avaient proposé d'appeler *masurium*, pour honorer la Masurie, région où Walter Noddack est né[305, 306]. Mais leur identification a été mise en doute, car les expériences n'ont pas pu être refaites, et on sait depuis les expériences de Segrè et Perrier que l'élément 43, qu'ils ont produit en bombardant du molybdène avec des deutons, *n'a aucun isotope stable*[307]. L'isotope dont la période radioactive est la plus longue est le 95, avec 61 jours : il est donc exclu qu'on puisse le trouver dans la nature. En 1949 l'Union Internationale de Chimie Pure et Appliquée (IUPAC) a décidé de le nommer *technetium* pour rappeler qu'il s'agit d'un élément artificiel.

†Il s'agit de la lettre datée du 19 décembre que nous avons citée plus haut, p. 129.

> Graduellement une idée prit forme : il ne s'agissait pas d'un arrachage du noyau mais plutôt d'un processus qu'on pouvait expliquer par l'idée de Bohr selon laquelle le noyau est comme une goutte d'eau ; une telle goutte peut prendre une forme allongée et se diviser[308].

Comment est-ce possible ? Le noyau d'uranium est en fait un noyau fragile, car il est soumis à des forces contradictoires : les forces nucléaires entre neutrons et protons en maintiennent la cohésion, mais les forces de répulsion électriques entre protons tendent à le disloquer. Les premières l'emportent sur les secondes pour les noyaux plus légers, moins chargés, mais elles n'agissent qu'à très faible distance, « au contact », si l'on ose dire, entre ces constituants du noyau que sont les protons et les neutrons. Quand le noyau est plus gros, les forces de répulsion augmentent plus vite que les forces de cohésion. Chaque proton est retenu par ses voisins, mais repoussé par l'ensemble des autres protons. C'est la raison pour laquelle il n'existe pas de noyau stable plus lourd que le bismuth. Dans le cas de l'uranium, cet équilibre incertain serait rompu dès qu'un neutron viendrait s'agglutiner au noyau ! Frisch et Lise Meitner se représentent le noyau comme une goutte liquide qui s'allonge de plus en plus, jusqu'au point où se produit un étranglement qui conduit à la brisure en deux gouttes. Mais alors, dès que les deux fragments sont séparés, les forces nucléaires n'agissent plus, et la violente répulsion due aux forces électriques communique une très grande vitesse aux deux noyaux, plus de 13 000 km/s, correspondant à une énergie de 200 MeV, selon les calculs que Frisch et Lise Meitner font sur des bouts de papier, assis sur un tronc d'arbre, dans la forêt.

Encore faudrait-il s'assurer que la sacro-sainte conservation de l'énergie est respectée, c'est-à-dire que la masse du noyau d'uranium plus un neutron soit supérieure à la somme des masses des deux fragments, et que la différence corresponde justement à cette énergie de 200 MeV. Dans son livre de souvenirs publié en 1979, Frisch raconte la suite :

> Heureusement Lise Meitner se rappelait comment calculer les masses des noyaux à l'aide de la formule de masse, et elle calcula de cette façon que les deux noyaux issus de la division de l'uranium seraient plus légers que l'uranium d'un cinquième de la masse d'un proton. Or chaque fois que de la masse disparaît c'est de l'énergie qui est créée, d'après la formule d'Einstein $E = mc^2$, et un cinquième de la masse d'un proton était justement équivalent à 200 MeV. Voilà donc la source de cette énergie ; tout collait ![310]

Les vacances passées, Frisch rentre au Danemark, impatient à l'idée de discuter de ce problème avec Bohr, qui est sur le point de s'embarquer pour les États-Unis. Vive réaction de Bohr :

> À peine avais-je commencé à parler qu'il se frappa le front en s'exclamant : « Mais quels imbéciles nous avons été ! Mais c'est magnifique ! C'est exactement comme ça que cela doit être ! Avez-vous, Lise Meitner et vous, écrit un article sur le sujet ? » « Pas encore, répondis-je, mais nous allons le faire immédiatement » ; et Bohr me promit de ne pas en parler avant la publication de l'article[310].

Le 3 janvier, Frisch écrit à Lise Meitner[311]. Le 7 janvier, sur le quai de la gare, Frisch donne à Bohr une toute première version de l'article que Lise Meitner et lui comptent faire paraître dans *Nature*[312].

La nouvelle se répand aux États-Unis

Niels Bohr avait prévu de passer un semestre à l'*Institute for Advanced Study* de Princeton, aux États-Unis, où se trouvaient des physiciens comme Einstein, Wigner, le mathématicien von Neumann, ainsi qu'un jeune physicien américain qu'il connaissait bien, car il avait passé un an à Copenhague en 1934, John Wheeler. Bohr s'embarque pour les États-Unis en compagnie de Léon Rosenfeld, physicien belge de trente-quatre ans, professeur à l'Université de Liège, pour qui il avait obtenu une bourse, et avec qui il comptait travailler à Princeton. Il le connaissait depuis dix ans, avait déjà collaboré avec lui et le tenait en grande estime.

Le samedi 7 janvier, le *Drottningholm* appareillait de Gothenburg, pour une traversée de l'Atlantique de neuf jours. Pendant le voyage Bohr fait part à Rosenfeld de cette découverte extraordinaire, en oubliant de lui signaler la promesse faite à Frisch de tenir la nouvelle secrète tant que Lise Meitner et Frisch n'auraient pas fait paraître leur article[311]. À l'arrivée à New York Enrico Fermi, sa femme Laura et John Wheeler les attendent sur le quai. Bohr a prévu de rester quelques jours à New York alors que Rosenfeld part immédiatement pour Princeton avec Wheeler. Il lui parle de l'observation expérimentale de Hahn et Strassmann ainsi que de l'interprétation de Frisch et Lise Meitner. Cette nouvelle fait l'effet d'un coup de tonnerre aux États-Unis, au désespoir de Bohr qui n'a pas su tenir sa langue, comme il l'avait promis. Les physiciens américains se ruent dans les laboratoires pour tenter de confirmer les résultats de Hahn et Strassmann, tandis que Bohr attend avec une impatience grandissante la parution de l'article de Lise Meitner et Otto Robert Frisch.

Ce dernier ne semble pas très pressé. Il a envoyé son premier projet à sa tante et en a discuté avec George Placzek qui s'est montré très sceptique, selon son habitude. Il décide alors de monter une expérience de physique dans laquelle il envoie des neutrons bombarder de l'uranium et il détecte effectivement dans sa chambre à ionisation de grandes impulsions électriques qu'il interprète comme celles produites par des noyaux tels que le baryum. Finalement, après de longues conversations avec sa tante au téléphone, Frisch envoie le 16 février deux articles. Le premier est signé par Lise Meitner et lui-même, et paraît le 11 février[313]. Cherchant un mot pour caractériser le phénomène, Frisch avait demandé à un collègue biochimiste, William Arnold, comment on appelait le phénomène par lequel une cellule se divise en deux : la « fission », avait répondu Arnold. C'est donc par ce mot que Lise Meitner et Frisch désignent le phénomène de division de l'uranium. Il s'imposa immédiatement dans le monde entier. Dans le deuxième article, paru le 18 février, Frisch expose les résultats de son expérience, qui confirme le phénomène. Il a déposé une fine couche d'uranium dans une chambre à ionisation, et lorsqu'il en approche une source de neutrons, il détecte des impulsions électriques qui peuvent correspondre à des noyaux de terres rares d'une centaine de MeV, ce qu'il avait calculé approximativement[314].

La nouveauté du phénomène, et l'énormité de l'énergie libérée dans la fission d'*un seul atome* impressionna spécialistes et profanes. Le 28 janvier le *New York Times* titrait : « Une explosion atomique libère 200 000 000 volts ». La fission du noyau de l'atome entrait dans la vie de l'humanité.

Confirmations

Après l'obtention du prix Nobel, Frédéric Joliot et Irène Curie continuèrent à travailler à l'Institut du Radium, puis Frédéric fut nommé maître de conférences à la Sorbonne, et, le 10 janvier 1937, professeur au Collège de France, titulaire de la chaire de Chimie nucléaire, issue de l'ancienne chaire de chimie minérale. Il dirigeait désormais un laboratoire. Toutes les découvertes importantes de physique nucléaire avaient utilisé jusque-là des sources radioactives — et l'Institut du Radium possédait les sources les plus intenses, grâce à l'action de Marie Curie —, mais désormais Frédéric Joliot pense que les accélérateurs comme le cyclotron de Lawrence ou les accélérateurs électrostatiques vont devenir indispensables pour rester dans la course. D'ailleurs plusieurs sont en construction aux États-Unis et en Europe (à Copenhague, Liverpool, Leningrad). Il utilise son nouveau prestige pour obtenir le financement d'un accélérateur électrostatique à Ivry, puis d'un cyclotron au Collège de France, aidé par une circonstance favorable : l'arrivée au pouvoir du Front Populaire, qui crée pour la première fois un secrétariat d'État à la Recherche, confié à Irène Curie*. Au bout de quelques mois, elle cède sa place, comme convenu dès le départ, à Jean Perrin, qui se bat depuis tant d'années pour une véritable politique de la recherche scientifique en France, et qui va s'employer à la mettre en œuvre. La construction du cyclotron étant décidée, il envoie immédiatement un jeune physicien, Maurice Nahmias, à Berkeley, auprès de Lawrence, qui a toujours aidé très généreusement les constructeurs de cyclotrons de par le monde. Par ailleurs Joliot étoffe son équipe en faisant venir au laboratoire du Collège de France Hans von Halban, de retour de Copenhague, où il a travaillé sur la physique des neutrons avec Robert Otto Frisch, et qui vient d'obtenir un poste de chercheur au C.N.R.S. Halban demande sa naturalisation française, qui lui sera accordée en 1939. Joliot embauche également, comme secrétaire scientifique, un jeune Russe un peu atypique, Lew Kowarski, décrit ainsi par Bertrand Goldschmidt :

> C'était une espèce de grand bonhomme bourru qui répondait par un grognement à votre bonjour [...] Il était à la fois fin et lourd, doué d'une mémoire d'éléphant ; sa grande intelligence et sa finesse d'esprit dans un corps de géant allaient s'épanouir au fur et à mesure de sa réussite dans cette aventure nucléaire...[315]

---

*Première femme ayant rang de ministre en France, Irène Curie n'avait pas pour autant le droit de vote !

Né en 1907 à Saint-Petersbourg, Lew Kowarski était le fils naturel d'un négociant juif et d'une chanteuse d'opéra. À onze ans il avait fui la révolution russe avec son père. Avec des moyens matériels très réduits il avait étudié à Gand, puis à Lyon, où il avait obtenu en 1928 le diplôme d'ingénieur chimiste. Il avait alors préparé et soutenu une thèse de biochimie sous la direction de Jean Perrin, tout en gagnant sa vie grâce à un emploi à temps partiel d'ingénieur chimiste à la société *Le Tube Acier* et était entré à l'Institut du Radium, sans toutefois s'y distinguer particulièrement. Lorsqu'il prend le poste de secrétaire scientifique auprès de Joliot, c'est déjà, à 30 ans, un physicien confirmé.

Le 16 janvier 1939 Kowarski montre à Joliot l'article de Hahn et Strassmann, qui vient d'arriver au Collège de France. Joliot comprend immédiatement qu'il s'agit d'une grande découverte. Il travaille quelques jours dans son bureau, cherchant un moyen de confirmer le phénomène de fission par une expérience de physique, afin de compléter l'expérience purement chimique de Hahn et Strassmann. Il ignore que Frisch est sur le point d'envoyer un article à *Nature*, mais se doute que de nombreux physiciens de par le monde se sont mis au travail[316]. Le 26 janvier l'expérience est montée rapidement et elle donne tout de suite le résultat espéré. Elle est particulièrement simple et belle : Joliot utilise un petit tube de cuivre (20 mm de diamètre, 5 cm de long) peint extérieurement d'une couche mince d'oxyde d'urane. Ce tube est entouré par un cylindre de bakélite, dont la surface intérieure est à 3 mm de la surface du tube. Joliot introduit alors à l'intérieur du tube une source de neutrons, et après irradiation, il examine l'activité de la bakélite avec un compteur Geiger :

> On constate que la surface intérieure du cylindre de bakélite reçoit un mélange complexe d'atomes radioactifs dont l'évolution au cours du temps, suivie par la méthode du compteur, est analogue à celle des radioéléments artificiels formés dans l'urane[317].

Que s'est-il passé ? N'ayant aucune peine à traverser la paroi du tube de cuivre, les neutrons bombardent les noyaux d'uranium contenus dans la peinture à l'urane. Lorsqu'une fission se produit, les deux fragments partent à grande vitesse dans des directions opposées, ceux d'entre eux qui partent vers l'extérieur plus ou moins perpendiculairement à la surface traversent la couche d'urane, les 3 mm d'air, et s'arrêtent à la surface de la bakélite. Mesurant alors la radioactivité de la bakélite au compteur Geiger, Joliot retrouve les radioactivités qui avaient été attribuées à des « transuraniens ». Ceux-ci étaient une illusion, il s'agissait de fragments du noyau d'uranium.

Joliot entreprend de confirmer ces résultats d'une autre manière, en tentant d'observer dans sa chambre à brouillard de Wilson l'un des deux fragments projetés à grande vitesse lors de la fission. Il doit prendre de nombreuses photos, un millier, pour trouver la trace d'un fragment de fission dans un cliché. Il communique ce résultat le 27 février[318].

Pourquoi ni lui ni Irène n'ont-ils pensé à la fission pour interpréter les expériences d'Irène et de Savić ? La question a pourtant été débattue au Collège de France, comme le rapporte Bertrand Goldschmidt :

> À plusieurs reprises, les travaux d'Irène Joliot et de Savitch furent discutés lors de séminaires réunissant les chercheurs du laboratoire Curie et du Collège de France. J'y participai chaque fois et aucun de nous n'entrevit la solution révolutionnaire de l'énigme[319].

Effectivement, personne ne pensait à la fission. Ida Noddack avait pourtant mentionné la possibilité d'une brisure du noyau d'uranium en plusieurs gros fragments, mais c'était une spéculation théorique sans fondement expérimental. Il suffit de penser à la réaction de Bohr (« Quels imbéciles nous avons été ! ») pour comprendre que les physiciens étaient à cent lieues d'imaginer qu'un tel phénomène pût se produire. Irène Curie est passée tout près de la découverte : le $R_{3,5h}$, proche du lanthane, *était du lanthane!* Son état de pur chimiste fut, sans doute, un avantage pour Hahn : ayant déterminé chimiquement la présence de baryum, il a écrit et publié que les neutrons produisaient du baryum, quitte à ajouter qu'il le faisait « avec hésitation », car c'était « en contradiction avec toutes les expériences de physique nucléaire ».

D'autres confirmations allaient arriver rapidement. Lise Meitner avait suggéré dans l'article de *Nature* une expérience du même type que celle de Joliot, qu'elle réalisa avec Otto Frisch et qui fut publiée le 18 mars[320].

Un jeune doctorant du *Radiation Laboratory* de Berkeley, dirigé par Ernest Lawrence, Philip Abelson, passa lui aussi très près de la découverte. Disposant, grâce au cyclotron, d'une source de neutrons autrement plus intense que les sources utilisées jusque-là, il avait entrepris de caractériser les « transuraniens » en mesurant les énergies (longueur d'onde) des rayons X caractéristiques. On se souvient que Charles Barkla et Henry Moseley avaient montré que les rayons X émis par les atomes des différents éléments se répartissaient en deux familles, que Barkla avait appelées K et L, et que l'énergie des X de chaque famille augmentait très régulièrement lorsque le numéro atomique augmentait*, la raie L ayant dans chaque atome une énergie supérieure à la raie K. S'agissant de « transuraniens », éléments de numéro atomique supérieur à celui de l'uranium, Abelson s'attendait donc à trouver des rayons X d'énergie plus grande que ceux de l'uranium, *et il les trouva,* en prenant pour des raies K de l'élément transuranien 95 ce qui était la raie L de l'iode. Lorsque l'article de Hahn et Strassmann parut, il vérifia ses mesures, et s'aperçut de sa méprise. Le 3 février il envoyait une courte lettre à *Physical Review*, dans laquelle il concluait :

> Cela apparaît comme une preuve indépendante et sans ambiguïté de l'hypothèse de Hahn de la brisure du noyau d'uranium[321].

Enrico Fermi était depuis peu professeur à l'Université *Columbia* de New York lorsque la nouvelle de la découverte de la fission fut répandue par Niels Bohr. Avec l'aide d'un étudiant qui préparait sa thèse, Herbert Anderson, il entreprit immédiatement une expérience très proche de celle que Joliot était en train de faire, afin de prouver que l'uranium se brise en deux fragments. Une *lettre à l'éditeur* fut envoyée à *Physical Review* le 16 février[322].

---

*Voir p. 93 et p. 95.

À l'université de Chicago, Aristid von Grosse, Eugene Booth et John Dunning montrèrent quelques mois plus tard que le protactinium (élément 91) pouvait également subir la fission à la suite du bombardement de neutrons[323].

Le *Cavendish* ne pouvait pas être en reste : Egon Bretscher et Leslie Cook observaient également la fission, et publiaient leurs résultats[324] le 1er avril.

Le phénomène si particulier de la fission, auquel personne ne pensait quelques semaines auparavant, faisait désormais partie du paysage. Mieux, la fission passionnait les physiciens du monde entier. En janvier 1940 le physicien américain Louis Turner, de l'université de Princeton, fit un article de revue[325] qui ne comptait pas moins de 104 références à des travaux concernant la fission pour la seule année 1939 !

Niels Bohr : la théorie de la fission, l'uranium 235

Niels Bohr était venu aux États-Unis avec l'intention de travailler à Princeton, mais certainement pas sur la fission. C'est pourtant là qu'il va faire des travaux fondamentaux sur ce nouveau phénomène. Le 7 février il envoie à *Physical Review* une *lettre à l'éditeur*, dans laquelle il soulève un problème qui va revêtir une importance considérable[326]. Il y avait en effet un phénomène difficile à comprendre : ainsi que Lise Meitner, Hahn et Strassmann l'avaient montré en 1938, les neutrons de 25 eV environ (soit environ 70 km/s) étaient fortement absorbés par l'uranium, sans donner lieu à une augmentation de la fission, laquelle augmentait régulièrement lorsque les neutrons ralentissaient. La probabilité de produire une fission était maximum pour les neutrons les plus lents, les neutrons dits thermiques (0,025 eV, soit 2,2 km/s).

Or l'uranium naturel est un mélange de deux isotopes, dont on venait de déterminer les proportions relatives[327] : 99,3% pour l'isotope 238, et seulement 0,7% pour le 235. Bohr pense que c'est l'isotope 238, le plus abondant, qui est responsable de la résonance à 25 eV, mais qu'il ne fissionne pas, alors que l'isotope 235 fissionne sous l'action des neutrons thermiques. Bohr donne une explication simple et très plausible par un simple argument d'énergie de liaison du neutron*.

Bohr avait entrepris un travail plus complet sur la fission, en collaboration avec John Wheeler. Dans l'article de 25 pages[328] qu'ils envoient le 28 juin à *Physical Review*, Bohr et Wheeler décrivent ce phénomène en utilisant le modèle « de la goutte liquide », d'abord introduit par Gamow, on s'en souvient, puis repris à son compte par Niels Bohr. Dans ce modèle du

---

*Le « noyau composé » du noyau d'uranium 235 et du neutron est un noyau d'uranium 236, qui contient un nombre pair de protons, 92, et un nombre pair de neutrons, $236-92 = 144$, donc l'énergie de liaison du neutron y est plus grande — le neutron arrive au-dessus d'un trou plus profond —, et par suite l'énergie d'excitation de ce noyau composé — la hauteur au-dessus du fond du trou — est plus grande, les états sont plus nombreux, plus serrés, et le neutron qui arrive a toute chance de trouver un état « d'accueil » qui lui permette de former le noyau composé. C'est tout l'inverse pour l'isotope 238, qui donne lieu à un noyau composé d'uranium 239, et où le neutron qui arrive ne trouve pas, en général, d'état juste à la bonne énergie prêt à l'accueillir.

noyau, on considère que les forces de cohésion qui maintiennent ensemble le noyau, les forces nucléaires, sont semblables à celles qui maintiennent les molécules d'une goutte d'eau : elles n'agissent qu'au « contact ». Mais dans le noyau il y a quelque chose de plus : les protons sont tous chargés positivement, et donc se repoussent les uns les autres. Bohr et Wheeler étudient comment, dans les noyaux assez lourds, cet équilibre peut entraîner une déformation du noyau, et finalement sa rupture. Le grand succès de l'article de Bohr et Wheeler c'est que dans ce cadre somme toute très simplifié et pour l'essentiel « classique », ils sont capables d'expliquer la plus grande partie des observations expérimentales :

– la vitesse des deux fragments de fission ;
– comment la probabilité de fissionner varie avec l'énergie du neutron ;
– pourquoi il existe dans certains cas une énergie minimum pour que le neutron produise la fission, un seuil.

Depuis 1939 la description du phénomène de fission s'est améliorée, enrichie, précisée, mais la base de notre compréhension reste la description de Bohr et Wheeler.

La multiplication des neutrons

Plusieurs physiciens remarquèrent immédiatement que si l'uranium se scindait en deux noyaux beaucoup plus légers, le compte de neutrons n'y était pas. Les noyaux possèdent une proportion de neutrons par rapport aux protons de plus en plus grande à mesure que le numéro atomique de l'élément augmente. L'isotope 236 de l'uranium (celui qui fissionne, c'est le 235 qui a absorbé un neutron) contient 92 protons (c'est le numéro atomique de l'élément uranium), et 144 neutrons. Imaginons qu'il se scinde en un baryum (numéro atomique 56) et un krypton (numéro atomique 36, car il faut bien que la somme des numéros atomiques, donc de protons, soit de 92). L'isotope stable du krypton le plus riche en neutrons en possède 50, et l'isotope stable du baryum le plus riche en neutrons en possède 82. Cela fait au total $50 + 82 = 132$ neutrons. Il en manque donc 12 ! Naturellement ce ne sont pas en général des isotopes stables qui se forment, mais des isotopes radioactifs (c'est bien pour cela qu'on les a détectés et identifiés) possédant plus de neutrons (qui se transforment par radioactivité en protons, rétablissant la bonne proportion neutrons/protons), mais douze neutrons à répartir, c'est beaucoup. Quelques neutrons pourraient donc être perdus dans l'explosion que constitue la fission. C'est le sens de la remarque de Joliot dans sa communication du 30 janvier :

> Je suppose que le grand excès de neutrons des noyaux formés tend à devenir normal par radioactivités β successives pouvant donner des séries de filiations radioactives. Il se peut cependant qu'un petit nombre de neutrons s'évaporent en premier lieu[317].

Ces phrases sont rien moins qu'anodines, car si l'impact d'un seul neutron provoque la libération de plusieurs neutrons, *chaque neutron libéré pourrait provoquer une nouvelle fission,* libérant à son tour plusieurs neutrons qui provoqueraient de nouvelles fissions, etc. Cet effet « boule de neige » se produisant dans un temps extrêmement bref, c'est une énorme libération d'énergie qui pourrait alors se produire. La réaction en chaîne explosive dont Joliot avait parlé dans sa conférence Nobel* se réaliserait donc par la propagation de la fission dans une masse d'uranium.

Toutefois cela ne devait pas être aussi simple, sinon on produirait une explosion dès que l'uranium serait soumis au bombardement de neutrons, ce qui n'était pas le cas. C'est que le phénomène de la multiplication des neutrons est plus complexe qu'il n'en a l'air. Il faut tout d'abord que plus d'un neutron soit libéré lors de chaque fission d'un noyau, mais cela ne suffit pas, car tous ces neutrons ne produisent pas nécessairement la fission d'un nouveau noyau : par exemple certains d'entre eux peuvent sortir du matériau sans avoir interagi, d'autres peuvent être absorbés sans produire de fission. Il n'était pas du tout assuré que dans l'uranium naturel la réaction en chaîne fût possible.

Frédéric Joliot décide alors de tenter de mesurer le nombre de neutrons libérés dans une fission. Il propose à Hans von Halban, qui a acquis une certaine expérience dans la physique des neutrons, de collaborer avec lui. Halban suggère d'adjoindre à l'équipe Lew Kowarski, qu'il a précisément initié à ce domaine. Ils s'attellent au travail. L'équipe est formée d'individus de tempéraments très différents, qui vont bien se compléter, ce qui leur permettra d'avancer très vite. Un événement inattendu va cependant ralentir les publications.

Leo Szilard

Pendant que l'équipe de Joliot avançait ainsi à marche forcée, des expériences tout à fait similaires étaient réalisées aux États-Unis, en grande partie grâce à l'insistance d'un physicien peu commun, un Hongrois fraîchement arrivé, Leo Szilard.

Né en 1898 à Budapest dans une famille juive[329], Szilard entreprend des études d'ingénieur en Hongrie, puis à Berlin à partir de 1920. Mais la présence de von Laue, Planck, Schrödinger, Nernst, Haber, Franck et surtout d'Einstein l'attire irrésistiblement vers la physique fondamentale. Après avoir soutenu sa thèse en 1922, il continue à travailler au *Kaiser Wilhelm Institut* comme assistant de Max von Laue, puis comme *Privatdocent*. Il est alors spécialiste de physique théorique, mais cela ne l'empêche pas de toucher à de nombreux autres domaines. Il dépose, avec Einstein, plusieurs brevets sur une nouvelle pompe électromagnétique dont le principe ne sera utilisé que bien plus tard, dans les centrales nucléaires surgénératrices. C'est un homme passionné de recherche, mais qui s'intéresse aussi aux grands problèmes politiques. Il est peu sensible aux conventions hiérarchiques et déborde d'idées sur les sujets les plus variés.

Hitler arrive au pouvoir. Deux mois plus tard, le 30 mars 1933, Szilard quitte l'Allemagne avec ses quelques économies, passe en Autriche puis gagne l'Angleterre. Il a l'intention de changer de domaine et de faire de la

---

*Voir p. 79.

biologie, mais il rencontre un étudiant juif autrichien, Maurice Goldhaber, qui prépare sa thèse au *Cavendish* sous la direction de James Chadwick, et ses discussions avec lui le conduisent à s'intéresser à la physique nucléaire.

Szilard tente alors de produire des radioéléments à usage médical. Avec un jeune physicien de l'hôpital *Saint Bartholomew*, Thomas Chalmers, il produit des neutrons en bombardant du béryllium avec des rayons γ, comme nous l'avons signalé ci-dessus. Allant plus loin, il cherche un moyen de produire des neutrons avec un tube à rayons X, puisque les rayons γ ne sont rien d'autre que des rayons X de plus grande énergie. Pour cela il prend contact avec des anciens collègues de Berlin, Arno Brasch et Fritz Lange, qui ont développé les tubes à rayons X de grande énergie*, leur fait exposer du béryllium à des rayons X de 1,5 MeV ; un composé de brome est à son tour exposé au rayonnement issu du béryllium, puis le tout est envoyé immédiatement à Londres par avion. L'expérience eut un résultat négatif, nous en connaissons aujourd'hui la raison : il aurait fallu des rayons X d'au moins 1,66 MeV pour provoquer la réaction, mais elle montre l'inventivité et la clairvoyance de Szilard[330].

Lorsque paraît l'article de Hahn et Strassmann annonçant la découverte de la fission, Szilard est parmi les premiers à envisager la possibilité d'une réaction en chaîne. Et le premier à s'en inquiéter.

La réaction en chaîne est-elle possible ?

Dès 1903 l'énormité de l'énergie emmagasinée dans l'atome, et qui se libère lors des phénomènes radioactifs, avait conduit Rutherford et Soddy à l'idée que l'énergie du soleil pouvait bien être de la même origine que celle de la radioactivité†. En 1908 Soddy avait donné une série de conférences sur la radioactivité à l'Université de Glasgow. Il en fit un livre dont la troisième édition revue et augmentée constituait un véritable exposé de la radioactivité « à l'usage des profanes »[331]. Soddy y expliquait comment les phénomènes radioactifs libéraient, à un rythme immuable sur lequel l'homme ne savait pas agir, une partie de l'énergie emmagasinée dans l'atome. Lyrique, il prévoyait qu'un jour nous saurions utiliser ces gigantesques ressources :

> Si, tournés vers le passé, nous jetons un regard sur les merveilles accomplies déjà par la Science, et sur les progrès constants dus à la puissance et à la fécondité de la méthode scientifique, il ne saurait faire de doute qu'un jour viendra où nous parviendrons à disloquer et à construire les éléments, au laboratoire, comme, aujourd'hui, nous dissocions et nous reformons les composés. Les pulsations du monde puiseront alors leur force à une source nouvelle d'énergie, aussi incommensurablement éloignée de toutes celles que nous connaissons aujourd'hui, que ces dernières le sont des ressources naturelles de l'homme sauvage[332].

Tout comme Pierre Curie, Soddy pensait que la libre disposition de grandes quantités d'énergie serait utilisée pour le plus grand bien de l'humanité :

---
*Voir p. 55.
†Voir p. 48.

> Une race capable de transmuer la matière n'aurait, pour ainsi dire, nullement besoin de gagner son pain à la sueur de son front. Étant donné ce que nos ingénieurs exécutent avec leurs ressources relativement restreintes d'énergie, nous imaginons facilement que de tels hommes auraient pu rendre fertiles des continents désertiques, fondre les glaces des pôles et métamorphoser la terre entière en un souriant Éden. Peut-être auraient-ils pu aussi explorer le royaume de l'espace et émigrer vers des mondes plus favorisés[333].

Ce livre fit grande impression sur l'écrivain anglais Herbert George Wells, le fameux auteur de romans « d'anticipation » comme *La Machine à explorer le temps*, *L'Île du docteur Moreau*, *l'Homme invisible* ou *La Guerre des mondes*, publiés entre 1895 et 1898. Wells en tira la trame de son roman *The World Set Free*, écrit en 1913, publié au début de 1914, et dans lequel il imagine qu'un physicien trouve le moyen, en 1933, de libérer l'énergie atomique en « induisant à volonté de la radioactivité »[334]. La similitude avec la découverte de la radioactivité artificielle en 1934, pour être purement accidentelle, n'en est pas moins frappante. Wells raconte comment cette nouvelle source d'énergie, qu'il appelle « énergie atomique », provoque une révolution dans l'industrie, et dans le monde entier. Il décrit aussi comment les hommes fabriquent des « bombes atomiques » (le texte dit explicitement *atomic bombs*) ayant un pouvoir de destruction terrifiant (dont la description évoque la bombe d'Hiroshima), comment de telles bombes sont lancées sur Paris et sur Berlin lors d'une guerre qui éclaterait en 1956... Le reste du roman, qui n'a jamais été traduit en français, est le récit d'une utopie, d'un rêve, comme il l'appela lui-même : le pouvoir de destruction de l'arme « atomique » rend la guerre impossible, et conduit les dirigeants des différents pays à établir un gouvernement mondial, démocratique et pacifique. Un rêve, en effet.

Le jeune Lew Kowarski lut ce roman à dix ans[335], et en fut très impressionné. Leo Szilard le lut à trente-quatre ans, ce qui excita son imagination toujours débordante. Bien entendu il s'agissait d'un roman, la possibilité d'utiliser l'énergie contenue dans l'atome, plus précisément dans son noyau, ressortissait à la fiction. Le 11 septembre 1933 Rutherford prononça un discours devant la *British Association for the Advancement of Science*. Le résumé paru dans *Nature* se conclut par la remarque :

> Une mise en garde opportune fut faite à ceux qui cherchent des sources d'énergie dans les transmutations atomiques : de telles prévisions sont purement et simplement des balivernes[336].

Mais quelques mois plus tard, en janvier 1934, Frédéric et Irène Joliot-Curie découvrent la radioactivité artificielle : il devient possible de créer en laboratoire des noyaux radioactifs, en somme « d'induire de la radioactivité », comme l'avait imaginé Wells. Mais cela pourrait-il conduire à la libération d'énergie ? Nous avons vu que dans sa conférence Nobel, Frédéric Joliot avait explicitement évoqué la possibilité de réactions en chaîne explosives*, en la plaçant toutefois dans un avenir indéterminé.

---

*Voir p. 79.

Leo Szilard pense, quant à lui, à une possibilité concrète : et si certains noyaux peu stables pouvaient exploser en libérant un neutron dès qu'ils étaient frappés eux-mêmes par un neutron ? On aurait alors deux neutrons, puis quatre, puis huit, etc. Il a en tête le béryllium, qui pourrait se casser en un neutron et deux noyaux d'hélium, et l'indium. Le 17 mars 1934 il envoie à Hugo Hirst, patron d'une grande compagnie d'électricité anglaise, le livre de Wells, qu'il accompagne d'une lettre dans laquelle il écrit, dans une allusion transparente à Rutherford :

> Balivernes que tout cela, naturellement, mais j'ai quelque raison de penser qu'en ce qui concerne les applications industrielles des découvertes actuelles en physique les prévisions des écrivains pourraient se révéler plus justes que celles des savants. Les physiciens ont des arguments décisifs qui expliquent pourquoi nous ne pouvons pas actuellement créer de nouvelles sources d'énergie à but industriel ; je ne suis pas sûr qu'ils ne se trompent pas sur ce point[337].

Szilard parvient à faire l'expérience, avec dans les deux cas un résultat négatif. Mais cette idée de multiplication des neutrons va continuer à l'obséder. Depuis 1935 il avait un poste au laboratoire *Clarendon*, à Oxford. En 1938 il obtient de passer la moitié de son temps aux États-Unis, mais après les accords de Munich de septembre 1938 il décide d'y rester définitivement. En janvier 1939 il est à Princeton où il rend visite à son vieil ami Eugène Wigner, qui lui apprend la découverte de la fission par Hahn et Strassmann. Szilard pense alors immédiatement que quelques neutrons peuvent être émis au moment de la fission, et donc que la fission est peut-être un moyen de déclencher une réaction en chaîne. De retour à New York il convainc un physicien de *Columbia University*, Walter Zinn, de tenter une expérience pour voir si la fission produit des neutrons. Mais Szilard n'a de poste officiel dans aucun laboratoire. Il doit financer le coût de l'expérience sur ses propres deniers. Il loue à ses frais, pour les quelques jours nécessaires à l'expérience, un gramme de radium, grâce au prêt d'un ami, et fait venir d'Angleterre un bloc de béryllium qui, soumis aux rayons γ du radium, se brise en trois, deux noyaux d'hélium, autrement dit des particules α, et un neutron. Il fait alors avec Zinn une expérience semblable à celle que font indépendamment Halban, Joliot et Kowarski[*], sauf que les neutrons sont détectés par les protons projetés dans une chambre à ionisation :

> Dès que nous eûmes le radium et le béryllium cela prit tout juste un après-midi de voir les neutrons. Mr. Zinn et moi réalisâmes l'expérience.
>
> [Le 3 mars 1939] tout était prêt et tout ce que nous avions à faire était d'actionner un interrupteur, nous asseoir, et regarder un écran de télévision. Si des éclairs lumineux apparaissaient sur l'écran, cela signifierait que la libération à grande échelle des neutrons était toute proche. Nous actionnâmes l'interrupteur et nous vîmes les éclairs lumineux. Nous les regardâmes pendant un moment, puis nous éteignîmes les appareils et rentrâmes chez nous. Cette nuit-là il y avait très peu de doute dans mon esprit que le monde allait au-devant de gros ennuis[338].

---

[*]Voir p. 144.

La fission de l'uranium

Les « gros ennuis » de Szilard, c'est qu'un tel nombre peut rendre possible la réaction en chaîne explosive permettant la fabrication de bombes terrifiantes. Or le monde était sur le chemin de la guerre, et l'idée que Hitler pût entrer en possession d'une telle arme inquiétait beaucoup Szilard. Ne l'oublions pas, la science allemande était alors la meilleure du monde : si une telle arme était réalisable, l'Allemagne était sans doute bien placée pour être la première à la posséder.

Mortellement inquiet à cette idée, Szilard tenta de faire campagne auprès des physiciens des États-Unis, d'Angleterre, de France pour que les publications concernant la fission soient suspendues, de façon que les physiciens allemands ne soient pas tenus au courant des progrès éventuels. Malgré les réserves de Fermi, qui ne croyait pas à la réaction en chaîne, il parvint à convaincre les physiciens des quelques laboratoires qui travaillaient sur la fission aux États-Unis et en Angleterre. Il écrivit une lettre en ce sens à Joliot. La question était délicate pour l'équipe du collège de France, qui faisait la course en tête, et lorsque Joliot apprit qu'une agence américaine avait publié le 24 février un compte rendu des expériences françaises, il cabla à Szilard qu'il pensait désormais qu'il fallait publier. Il est clair que de toute façon une telle entreprise, reposant uniquement sur la bonne volonté de quelques physiciens, était vouée à l'échec. C'est en fait l'arrivée de la guerre qui mettra un coup d'arrêt aux publications.

Dernières publications avant le début de la guerre

Joliot ayant décidé de publier, les résultats obtenus par le groupe du Collège de France sont envoyés à *Nature*. Kowarski est même allé le 8 mars au Bourget pour poster la lettre afin de perdre le moins de temps possible. L'expérience est très simple dans son principe. On dispose d'une source de neutrons au milieu d'une solution de nitrate d'uranyle, sel bien connu de l'uranium. Les neutrons sont détectés en disposant à divers endroits du récipient des petites feuilles de dysprosium. Celui-ci devient radioactif après avoir absorbé un neutron, comme l'avait montré Fermi quelques années auparavant*. Après avoir arrêté l'irradiation, on mesure la radioactivité de l'échantillon de dysprosium, reflet direct du nombre de neutrons qui l'ont frappé. Cela permet de calculer le nombre de neutrons présents dans le volume du récipient à l'endroit où il avait été placé. Joliot, Halban et Kowarski comparent le résultat obtenu pour la solution de nitrate d'uranyle et pour une solution de nitrate d'ammonium qui ne contient pas d'uranium, et sert donc de témoin. Le résultat paraît sans ambiguïté : *il y a plus de neutrons détectés en présence d'uranium*. Mais l'expérience ne permet pas de dire *combien*. L'article conclut :

> L'intérêt du phénomène observé est évidemment que c'est une étape vers la production de chaînes de réactions exo-énergétiques. Mais pour établir une telle chaîne, il faut que plus d'un neutron soit produit pour chaque neutron absorbé. Cela semble être le cas [...][339]

---

*Voir p. 90.

L'équipe entreprend une autre expérience, suggérée par Kowarski. Puisque les neutrons produits lors de la fission sont, semble-t-il, plus rapides que ceux qui la provoquent, il suggère de disposer d'une source de neutrons lents, constituée par du radium dont les rayons γ produisent des neutrons lorsqu'ils bombardent le béryllium, comme l'ont montré quelque temps auparavant Leo Szilard et Thomas Chalmers[340], et de l'entourer d'uranium pour que les neutrons puissent provoquer la fission ; les neutrons rapides seront détectés en immergeant le tout dans du sulfure de carbone, qui sert de détecteur, car les neutrons produisent sur le soufre une réaction dans laquelle le neutron prend la place d'un proton, ce qui donne du phosphore 32, radioactif. C'est un détecteur sélectif, car la réaction ne peut avoir lieu si l'énergie des neutrons est inférieure à 2 MeV environ. Si du phosphore 32 radioactif était produit, cela ne pourrait donc pas provenir des neutrons de la source, mais des neutrons produits par fission. L'équipe est aidée pour cette expérience par un chimiste du laboratoire, Maurice Dodé, qui laisse les neutrons agir pendant une semaine, puis analyse la solution : il y trouve du phosphore 32 radioactif, donc *des neutrons d'énergie supérieure à environ 2 MeV sont produits,* et qui ne peuvent provenir que de la fission de l'uranium. Mais leur nombre n'est toujours pas déterminé, si bien qu'on ne peut conclure sur la possibilité d'une réaction en chaîne[341].

Szilard publie à peu près au même moment les résultats obtenus avec Zinn[342]. Ils estiment que deux neutrons environ sont libérés lors de la fission d'un atome d'uranium. Mais ce nombre est obtenu de façon assez grossière, ce qui ne permet pas non plus de conclure. De même sont publiés les résultats de Fermi mentionnés plus haut.

Entre temps Fermi s'y est mis à son tour. Après une première expérience non concluante[322], il monte une nouvelle expérience très semblable à celle de Halban, Joliot et Kowarski. Il dispose une source de neutrons au centre d'une cuve cylindrique remplie d'eau. À l'intérieur il place une feuille de rhodium qui devient radioactive sous l'influence des neutrons, ce qui lui permet, en la déplaçant, de mesurer le nombre de neutrons à différents endroits de la cuve, en présence et en l'absence d'uranium. Comme les Français, il observe une augmentation des neutrons de 6% quand l'uranium est présent dans la cuve, preuve que des neutrons sont bien produits, mais pas plus qu'eux il n'est en mesure d'en donner le nombre[343].

Fermi et Szilard entreprennent alors une mesure plus précise, en collaboration avec Herbert Anderson. Ils utilisent cette fois un bain de 540 litres de sulfate de manganèse. C'est le manganèse qui sera le détecteur de la présence de neutrons lents. Dans ce bain sont déposés 200 kg d'oxyde d'uranium, et au centre une source de neutrons lents : 2 g de radium et 250 g de béryllium. Le résultat est une augmentation de 10% du nombre de neutrons, ce qui prouve bien que des neutrons sont émis lors de la fission. Mais pour que les neutrons produits par la fission puissent provoquer de nouvelles fissions avec une bonne probabilité, il faudrait les ralentir, car l'expérience montre que seuls les neutrons « lents » provoquent la fission avec une grande probabilité. Pour cela on peut songer à leur faire traverser une substance hydrogénée, comme Fermi avait appris à le faire à Rome*. Toutefois les auteurs de l'expérience en doutent, car les noyaux d'hydrogène, les protons, peuvent capturer certains neutrons, pour former des deutons, et ces neutrons seraient perdus pour la réaction en chaîne[344].

Estimer le nombre de neutrons est difficile parce que l'augmentation observée est le résultat global de plusieurs effets qui agissent en sens contraire. Les neutrons émis lors d'une fission peuvent être capturés par l'hydrogène au cours de leur ralentissement, qui se fait précisément en rebondissant sur des noyaux d'hydrogène. Ils courent aussi le risque, lorsqu'ils atteignent, au cours de leur ralentissement, la vitesse critique de 70 km/s, d'être capturés par l'uranium 238, comme l'avaient montré en 1937 Lise Meitner, Hahn et Strassmann[283]. Cela diminue d'autant le nombre de ceux qui pourront être suffisamment ralentis pour provoquer des fissions avec une bonne probabilité (il faut pour cela qu'ils aient une vitesse de quelques kilomètres par seconde). Halban, Joliot et Kowarski tentent tout de même de calculer le nombre initial des neutrons produits dans chaque fission, en tenant compte de tous ces phénomènes, dont les différentes probabilités avaient été mesurées. Dans un article envoyé à *Nature* le 7 avril ils estiment ainsi qu'en moyenne 3,5 neutrons sont émis lors de la fission d'un noyau d'uranium 235. La marge d'erreur en plus ou en moins est de 0,7 neutrons[345].

Ce résultat eut un retentissement énorme : il signifiait que la réaction en chaîne entrait dans le domaine du possible. L'anticipation de H. G. Wells allait-elle se réaliser ?

Jusqu'à l'été 1939 paraissent encore quelques articles sur la possibilité d'une réaction en chaîne. Siegfried Flügge, théoricien du *Kaiser Wilhelm Institut für Chemie* de Berlin-Dahlem discute de l'utilisation pratique de la réaction en chaîne pour produire de l'énergie utilisable. Il conclut... qu'il ne peut pas conclure, faute de données suffisamment précises, mais que la chose apparaît au moins vraisemblable[346]. En août Szilard et Zinn envoient un article dans lequel ils tentent une autre méthode pour mesurer le nombre de neutrons émis lors de la fission. La valeur obtenue est plus faible que celle de l'équipe Joliot : 2,3 neutrons en moyenne[347]. Enfin Joliot, Halban et Kowarski, auxquels s'est joint Francis Perrin, font le point dans un article envoyé en septembre au *Journal de Physique et le Radium*. Ils montrent que dans une sphère d'oxyde d'uranium sous forme de poudre mélangée à de l'eau le nombre de neutrons détectés est plus du double du nombre produit par une source de neutrons placée au centre de la sphère, et ils en concluent qu'une réaction en chaîne se produit dans la sphère. Toutefois cette réaction en chaîne est *convergente*, c'est-à-dire qu'elle s'éteint progressivement d'elle-même : le nombre de neutrons produits n'est pas suffisant pour que la chaîne s'auto-entretienne, soit parce que ce nombre est trop faible, soit parce que trop de neutrons disparaissent par absorption sur l'hydrogène de l'eau ou en s'échappant de la sphère.

---

*Voir p. 88.

Francis Perrin et la masse critique

Dans les années trente le « thé Perrin » était une véritable institution. Chaque lundi après-midi, dans son laboratoire de Chimie Physique, à côté de l'Institut du Radium, Jean Perrin recevait. Camille Marbo, pseudonyme de Marguerite Appell, l'épouse d'Émile Borel, donne de ces rencontres une description vivante dans un livre de souvenirs publié en 1967 :

> Après le prix Nobel[*], dans les bâtiments neufs de la rue Pierre Curie, les thés du laboratoire Perrin devinrent une institution parisienne. Périodiquement des visiteurs extérieurs venaient se mélanger aux scientifiques de base. Nine Choucroun et Yvette Cauchois, « travailleuses » sous la direction du maître, offraient du thé, dans les éprouvettes évasées où les agitateurs de verre servaient de cuillers, à une compagnie très mélangée. Paul Valéry et André Maurois côtoyaient Niels Bohr, Paul Langevin ou Paul Painlevé. Einstein s'y montra parmi les femmes élégantes, les épouses d'universitaires et les étudiants en blouses blanches.
>
> Jean Perrin, pareil à une flamme, courait des uns aux autres, entre les tables de lave, les cuves, les gerbes de glaïeuls ou d'œillets.
>
> Parfois un thème scientifique formait le noyau de la réunion, souvent suivie d'un colloque[348].

Francis Perrin (le fils de Jean Perrin), qui travaillait à l'Institut Henri Poincaré tout proche, en était naturellement un habitué, ainsi que les physiciens de l'Institut du Radium, parmi lesquels Irène Curie, et ceux du Collège de France, dont Frédéric Joliot. Francis Perrin se tenait informé des travaux d'Irène Curie, puis, à partir de 1939, de ceux de Joliot sur la fission. Il fit alors un calcul particulièrement intéressant, mettant en avant un concept crucial pour la réaction en chaîne. Dans un bloc d'uranium tous les neutrons produits par des fissions de noyaux d'uranium ne produisent pas nécessairement d'autres fissions, car une partie d'entre eux est absorbée par d'autres noyaux, et une autre partie s'échappe hors du bloc d'uranium. On conçoit que moins de neutrons seront perdus si l'on augmente la taille du bloc d'uranium, tout en lui donnant une forme aussi ramassée que possible, c'est-à-dire sphérique. Quelle est la masse minimun d'un tel bloc d'uranium pour qu'une fission en son sein puisse engendrer une réaction en chaîne qui s'entretienne d'elle-même, car elle produirait de plus en plus de neutrons à chaque génération, donc de plus en plus d'énergie ? Avec les données à sa disposition, Francis Perrin trouve qu'il faut au moins 12 tonnes : c'est la première mention de ce qu'on appellera désormais la *masse critique*. Cette évaluation est cependant assez grossière, car elle s'appuie sur des données assez mal connues. De plus elle suppose une masse d'uranium naturel, bien que l'on sache, depuis l'article de Bohr en février 1939, que seul l'isotope 235 fissionne. L'idée d'une séparation des isotopes 235 et 238 n'effleure personne, tant elle paraît difficile, sinon impossible, au moins si l'on veut obtenir des quantités pondérables de l'isotope 235.

---

[*]Jean Perrin reçut le prix Nobel de physique en 1923.

Les brevets français

Entre le 30 avril et le 4 mai, Halban, Joliot, Kowarski et Francis Perrin déposent trois brevets au nom de la Caisse Nationale de la Recherche Scientifique[349], l'institution créée par Jean Perrin et qui deviendra bientôt le Centre National de la Recherche Scientifique, le CNRS. Le premier brevet porte sur *un dispositif de production d'énergie*, en clair ce que nous appelons aujourd'hui un *réacteur nucléaire* :

> On sait que l'absorption d'un neutron par un noyau d'uranium peut provoquer la rupture de ce dernier avec dégagement d'énergie et émission de nouveaux neutrons en nombre en moyenne supérieur à l'unité. Parmi les neutrons ainsi émis, un certain nombre peuvent à leur tour provoquer — sur des noyaux d'uranium — de nouvelles ruptures, et les ruptures de noyaux d'uranium pourront ainsi aller en croissant suivant une progression géométrique, avec dégagement de quantités extrêmement considérables d'énergie [...]
>
> Mais on se heurte immédiatement à une difficulté primordiale : ces chaînes pouvant se ramifier d'une manière illimitée, la réaction peut devenir explosive, ce qui restreindrait considérablement les possibilités d'utilisation de la masse d'uranium en question comme source maniable d'énergie industrielle.
>
> On a donc cherché à maîtriser le dégagement d'énergie en l'empêchant de devenir explosif.

Le problème ainsi posé, les auteurs décrivent les éléments de base de tout réacteur nucléaire actuel, qui nécessite un combustible, un ralentisseur de neutrons, qu'on appelle maintenant *modérateur,* et un corps qui puisse absorber les neutrons de façon à maîtriser ou arrêter la réaction. Comme ralentisseur il est suggéré d'utiliser des corps légers tels que l'hydrogène, le deutérium, le béryllium, le carbone ou l'oxygène. L'absorbant choisi est le cadmium.

Le second brevet porte sur un procédé de stabilisation différent, et qui n'a, de fait, jamais été utilisé.

Quant au troisième brevet, il concerne la mise au point d'une *charge explosive* :

> On a cherché, conformément à la présente invention, à rendre pratiquement utilisable cette réaction explosive, non seulement pour des travaux de mine et pour des travaux publics, mais encore pour la constitution d'engins de guerre, et d'une manière très générale dans tous les engins où une force explosive est nécessaire.

Suit la description d'un engin qui ressemble tout à fait à une « bombe atomique », à la différence près que le seul explosif envisagé est l'uranium naturel, avec lequel aucune réaction explosive n'est possible, ce que l'équipe de Joliot ne savait pas au moment de la rédaction. À la demande des auteurs, ce dernier brevet fut tenu secret.

Sixième partie

Les bouleversements de la guerre

> Si j'avais su que les Allemands ne réussiraient pas à fabriquer la bombe atomique, je me serais abstenu de faire quoi que ce soit.
>
> Albert Einstein, *in* Antonina Vallentin, *Le Drame d'Albert Einstein*

CHAPITRE 1

Une chronologie

Où deux réfugiés, un Allemand et un Autrichien, montrent aux Anglais l'extraordinaire pouvoir destructeur que pourrait avoir une bombe d'uranium 235 pur. Où les États-Unis, après un départ laborieux, mettent en œuvre des ressources immenses, financières et humaines, pour produire la bombe « atomique », à l'uranium ou au plutonium. Où Hiroshima et Nagasaki sont détruites par le feu nucléaire.

L'HISTOIRE DU PREMIER RÉACTEUR NUCLÉAIRE et de la bombe atomique pendant la guerre sort du cadre de cet ouvrage consacré au développement de la compréhension physique du noyau atomique. Mais ces événements ont tellement bouleversé le statut de la recherche, et particulièrement celui de la recherche nucléaire, même la plus fondamentale, qu'il est impossible de les passer sous silence. En voici une chronologie rapide, ainsi qu'une bibliographie succincte.

— **Avril 1939 : en Angleterre, le comité Tizard :** Sous l'impulsion de Sir Henry Tizard, recteur de l'*Imperial College* et président du comité de la défense aérienne, le gouvernement anglais s'est interrogé sur la possibilité d'une bombe à uranium[1,2]. Il consulte George Paget Thomson (le fils de J. J. Thomson), professeur au Collège Impérial, et W. Lawrence Bragg, qui avait succédé à Rutherford au *Cavendish*, tous deux prix Nobel de physique. Leur conclusion est plutôt négative, mais Tizard pense que l'enjeu est tel que le problème doit être étudié plus avant et confie à Thomson et Mark Oliphant, à Birmingham, le soin de faire quelques expériences avant de conclure.

- **24 août 1939 : le pacte germano-soviétique.**
- **3 septembre 1939 : la guerre :** Les troupes allemandes ayant envahi la Pologne, la France et la Grande Bretagne déclarent la guerre à l'Allemagne.
- **11 octobre 1939 : Roosevelt reçoit une lettre d'Einstein.** De tous les physiciens Leo Szilard est le plus inquiet à l'idée que Hitler puisse disposer d'une bombe atomique. Après avoir cherché sans succès à intéresser l'armée américaine, il convainc Einstein de signer une lettre adressée au président Franklin Roosevelt pour l'alerter. Datée du 2 août 1939, cette lettre devenue fameuse[3] est remise directement à Roosevelt le 11 octobre par son conseiller économique privé Alexander Sachs, avec qui Szilard a pu entrer en relation. Roosevelt met en place un comité de l'uranium (*Advisory Committee on Uranium*) dirigé par Lyman Briggs, directeur du *Bureau of Standards*, et qui comprend Szilard, Wigner, Sachs, Teller, Adamson, lieutenant-colonel de l'armée de terre, et Hoover, officier de marine. Malgré l'hostilité d'Adamson, un budget de $6 000 est alloué pour la poursuite des travaux sur la réaction en chaîne. Mais cette décision n'est pas suivie d'effet.
- **Février 1940 :** la mesure de la fission de l'uranium-235 pur est faite à *Columbia University* par Alfred Nier, Eugene Booth, John Dunning et Aristid von Grosse. La probabilité pour qu'un neutron entrant en collision avec un noyau d'uranium-235 produise la fission est effectivement très grande[4].
- **Février 1940 : le mémorandum Frisch-Peierls.** Mark Oliphant a accueilli, dans son laboratoire de Birmingham, deux physiciens juifs réfugiés, Otto Frisch et Rudolf Peierls. Le premier, autrichien, neveu de Lise Meitner, a trouvé avec elle l'explication des expériences de Hahn et Strassmann*. Le second, né en 1907, a commencé une brillante carrière de théoricien auprès de Sommerfeld à Munich, puis comme assistant de Pauli à Hambourg[5]. Mais alors que tous les physiciens anglais travaillent sur le RADAR, Frisch et Peierls en sont exclus comme ressortissants de pays ennemis, car le sujet est ultra-secret. Par contre ils sont tout à fait libres de travailler sur la fission. Peierls ayant déjà publié un article sur la masse critique nécessaire pour déclencher une réaction en chaîne[6], Frisch lui demande ce qui se passerait si l'on disposait d'uranium 235 pur. Ils se mettent au travail et en quelques semaines parviennent à un résultat extraordinaire : une masse d'uranium 235 de l'ordre du kilogramme pourrait constituer une bombe terrifiante, contre laquelle il n'y aurait aucune défense efficace[†]. Leurs conclusions, consignées dans un rapport connu sous le nom de *memorandum Frisch-Peierls*[7], sont remises à Oliphant qui communique le rapport au comité Tizard. Ils y donnent les grandes lignes de ce que sera la fabrication de la bombe atomique :

---

*Voir p. 131.

†Cette première estimation, qui s'appuyait sur des données incomplètes et en partie estimées, a été révisée à la hausse par la suite. C'est une dizaine de kilogrammes d'uranium 235 quasi-pur qui sont nécessaires pour fabriquer une bombe atomique.

> Une quantité limitée d'^{235}U constituerait effectivement un explosif extrêmement violent.
>
> [...] on peut penser qu'une quantité d'environ 1 kg aurait la taille adéquate pour une bombe.
>
> [...] la bombe ne pourrait probablement pas être utilisée sans tuer de nombreux civils, et cela rend sans doute son usage comme arme inapproprié pour ce pays.

Ils envisagent le cas où l'Allemagne parviendrait à fabriquer une telle bombe, et proposent une stratégie qu'on appellera plus tard la dissuasion :

> La riposte la plus efficace serait une menace de représailles avec une bombe similaire. Il nous semble donc très important de commencer la production [d'uranium 235] le plus tôt et le plus rapidement possible, même si l'on ne pense pas l'utiliser comme moyen d'attaque.

L'impression produite est telle qu'un comité spécialement consacré à ce problème voit le jour : c'est le « comité MAUD».

Cependant la séparation des isotopes 235 et 238 de l'uranium paraissait à l'époque très difficile, presque utopique, surtout s'il fallait produire des kilogrammes d'uranium 235 presque pur. Dans leur rapport, Frisch et Peierls insistent sur la nécessité d'étudier ce problème de toute urgence.

– **14 février 1940 : le rapport Joliot.** Dans un rapport de cinq pages, Joliot, Halban et Kowarski proposent deux voies possibles pour réaliser une réaction en chaîne productrice d'énergie[8] :

> (a) soit enrichir l'uranium naturel, pour que la proportion de l'isotope 235 soit de l'ordre de quelques pourcent. Dans ce cas on pourrait utiliser de l'eau ordinaire pour ralentir les neutrons ;
> (b) soit utiliser de l'eau lourde pour ralentir les neutrons.
> [...]
> La méthode (a) (enrichissement de l'uranium naturel en isotope rare) a déjà été envisagée par les savants américains, anglais et probablement allemands. Toutefois le changement de la composition isotopique naturelle d'un élément présente de très grandes difficultés ;
> [...] [cette méthode] exigerait une dépense d'installations, de personnel et surtout de temps qui nous paraît prohibitive.
> La méthode (b) (remplacement de l'hydrogène par le deutérium) nous paraît, au contraire, d'une application presque immédiate.
> [...]

Joliot trouve une oreille attentive chez Raoul Dautry, ministre de l'armement. Lors d'une opération rocambolesque des services secrets français, le jeune officier Jacques Allier parvient à obtenir le stock mondial d'eau lourde, 185 litres, qui se trouve en Norvège, où elle était produite par une usine hydroélectrique[9]. L'équipe Joliot se met immédiatement au travail. Dans la course à la production d'énergie elle est en tête. Mais Joliot ne croit plus à l'utilisation militaire de l'uranium, car la séparation de l'uranium 235 lui paraît hors de portée.

- **Mars 1940 :** Aux États-Unis, les $6 000 promis à Fermi et Szilard par le comité Briggs sont finalement débloqués, grâce aux efforts incessants de Leo Szilard. Ils vont permettre d'acheter de l'uranium et du graphite ultra-pur pour déterminer si oui ou non la réaction en chaîne est possible avec de l'uranium naturel.
- **9 avril 1940 :** les troupes allemandes envahissent le Danemark et la Norvège.
- **27 avril 1940 :** seconde réunion du comité Briggs, qui décide d'attendre les résultats des expériences en cours avant d'entreprendre une action.
- **Mai 1940 : le premier vrai transuranien.** Deux physiciens américains, Edwin McMillan et Philip Abelson, observent l'élément 93, le premier vrai transuranien (voir plus loin p. 440).
- **10 mai 1940 : la France envahie :** les troupes allemandes envahissent les Pays-Bas, la Belgique, puis la France.
- **18 juin 1940 : la France occupée.** Devant l'avancée des troupes allemandes en France, Joliot, Halban et Kowarski se replient à Clermont-Ferrand, puis Halban et Kowarski partent pour l'Angleterre avec mission de poursuivre les recherches entreprises sur la réaction en chaîne. Ils emportent le stock d'eau lourde français. Joliot reste en France et rejoint Paris. Il entre dans la Résistance dont il deviendra l'un des dirigeants, en tant que président du Front National de lutte pour la libération et l'indépendance de la France. Lui-même et Irène abandonnent toute recherche nucléaire pendant la guerre. De Londres, le général de Gaulle lance un appel à la résistance.
- **Juin 1940 : Roosevelt crée le NDRC.** Roosevelt crée un Comité sur la recherche de défense nationale (*National Defense Research Committee*) pour superviser l'effort scientifique et technologique militaire pendant la guerre, sous l'égide de l'Office de la recherche scientifique et du développement (*Office of Scientific Research and Development*, OSRD), dont le directeur est un ingénieur électricien et inventeur de talent, Vannevar Bush. Bush préside le nouveau comité, dont le comité de l'uranium devient un sous-comité.
- **Août 1940 : des Anglais aux États-Unis.** Une mission de physiciens britanniques visite le Canada et les État-Unis, à la recherche d'un site moins exposé que l'Angleterre aux bombardements de la *Luftwaffe*. Ils parlent du memorandum Frisch-Peierls à Enrico Fermi, très sceptique, comme presque tous les physiciens à ce moment, sur la possibilité de faire une bombe. Fermi leur fait part de certaines recherches sur l'« enrichissement » de l'uranium naturel afin d'augmenter sa teneur en isotope 235 de 0,7% à 3 ou 4%, cela non pas en vue de la fabrication d'une bombe, mais de faire un réacteur nucléaire qui puisse fonctionner avec de l'eau ordinaire comme modérateur, c'est-à-dire comme ralentisseur de neutrons.

  Pendant ce temps les physiciens anglais tentent de vérifier les hypothèses théoriques de Frisch et Peierls, tandis que Halban et Kowarski sont accueillis cordialement et peuvent poursuivre leurs expériences avec de l'uranium naturel et l'eau lourde qu'ils ont rapportée de France.

- **Janvier 1941 : l'élément 94, le *plutonium*.** À Berkeley, Glenn Seaborg, Edwin McMillan, Joseph Kennedy et Arthur Wahl découvrent l'élément 94, qu'ils proposent d'appeler *plutonium* (voir p. 441).
- **3 octobre 1941.** Les Anglais communiquent aux États-Unis une copie du rapport qui confirme la validité du schéma proposé dans le mémorandum Frisch-Peierls. L'impact en est très important : Vannevar Bush pense que le travail sur la bombe à uranium doit être poussé plus loin. Parallèlement, un rapport de l'Académie des sciences américaine, bien que plus prudent, va dans le même sens. Roosevelt est favorable à un échange de données entre la Grande Bretagne et les États-Unis, et même à un projet commun. Mais la Grande Bretagne, croyant à sa suprématie, traîne les pieds.
- **6 décembre 1941 :** Les États-Unis décident d'accélérer le programme de recherche en vue de la bombe. Vannevar Bush modifie l'organisation : le comité de l'uranium devient un comité autonome, toujours présidé par Briggs, mais dont la direction effective est confiée à James Conant. Il étudie la séparation de l'uranium-235 par diffusion gazeuse, magnétique, et par centrifugation.
- **7 décembre 1941 : Pearl Harbour.** La marine japonaise attaque Pearl Harbour sans déclaration de guerre.
- **11 décembre 1941 : les États-Unis en guerre.** l'Allemagne et l'Italie déclarent la guerre aux États-Unis.
- **18 décembre 1941 : l'effort américain.** Dans une réunion du nouveau comité, dit « section S1 » de l'OSRD, Conant présente la nouvelle politique du gouvernement américain, qui a décidé de mettre toutes ses forces dans la fabrication d'une bombe atomique.
- **Avril 1942 : le *Met. Lab.* à Chicago.** En janvier 1942, Compton, responsable scientifique du projet, décide de regrouper les recherches à Chicago. Pour ne pas attirer l'attention, le laboratoire prend le nom anodin de *Metallurgical laboratory*, ou *Met. Lab.* Fermi commence à déménager en mars, et entreprend la construction d'une « pile », comme il l'appelle. Il s'agit en effet d'un empilement de blocs de graphite ultra-pur et de blocs d'uranium*. Son installation se fait sur un court de squash situé sous les gradins du stade de football de l'Université de Chicago, *Stagg Field*.
- **17 septembre 1942 : nomination du général Groves.** Le secrétaire à la guerre, Henry Stimson, charge le général Leslie Groves de coordonner tout l'effort militaire en vue de la fabrication d'une bombe à uranium. Le projet prend le nom anodin de *Manhattan District*. Groves choisit Robert Oppenheimer, jeune et talentueux théoricien de Berkeley, comme directeur scientifique du projet.
- **Automne 1942 : Oak Ridge.** À l'automne 1942 le *Manhattan District* achète un terrain de 23 000 ha très peu peuplé dans la vallée du Tennessee, rivière qui traverse le sud de l'état du Tennessee puis le

---

*Il semble que Fermi n'ait pas pensé au mot « pile » par analogie avec la pile électrique. D'ailleurs l'objet que nous appelons aujourd'hui *pile* électrique n'a pas grand-chose à voir avec l'*empilement* initial de Volta, qui lui a pourtant donné son nom.

nord de l'Alabama avant d'aller se jeter dans l'Ohio. Dans ce terrain, en bordure du Clinch, affluent du Tennessee, il crée la ville d'Oak Ridge, et un ensemble industriel entièrement destiné à extraire l'uranium 235 de l'uranium naturel. Oak Ridge comptera jusqu'à 75 000 habitants à la fin de la guerre. L'ensemble des ateliers, nommés toujours de façon anodine *Clinton Engineering Works*, servait à l'enrichissement de l'uranium par le procédé de diffusion gazeuse, et par celui de séparation magnétique, en pratique par une combinaison des deux. Au printemps 1945, une soixantaine de kilogrammes d'uranium enrichi à 90% seront livrés par Oak Ridge.

– **Novembre 1942: Los Alamos.** Pour travailler sur la bombe, Groves et Oppenheimer décident qu'il faut créer un nouveau laboratoire dans un endroit isolé et relativement coupé du monde. Le choix se porte sur le plateau de Los Alamos, dans le Nouveau Mexique, à 2 000 m d'altitude, et à une cinquantaine de kilomètres au nord de Santa-Fé. Là va naître une ville qui abritera en 1945 jusqu'à 7 000 personnes, physiciens, techniciens et leurs familles, dans des conditions plutôt spartiates.

– **2 décembre 1942: la pile de Fermi** *diverge*. Construite sous la direction de Fermi, avec le concours de Leo Szilard, la première « pile » atomique *diverge* à l'université de Chicago. On dit en effet d'une réaction en chaîne qu'elle est *convergente* si elle s'éteint d'elle-même, et *divergente* si elle arrive au stade où elle est auto-entretenue, comme dans un réacteur nucléaire. Compton envoie à Conant le message suivant : *The italian navigator has just landed in the new world**.

– **28 décembre 1942:** Le président Franklin Roosevelt décide de lancer à grande échelle la séparation de l'uranium 235 et la fabrication du plutonium en vue de fabriquer une bombe.

– **Début 1943: Hanford.** En vue de la production à grande échelle de plutonium, le *Manhattan District* achète un terrain de 200 000 ha dans l'État de Washington, sur la rivière Columbia. Une population de quelque 500 habitants répartie dans les villages de Hanford et Richland atteindra environ 60 000 personnes en 1944. On y construit trois réacteurs destinés à produire le plutonium. Le premier entre en production en septembre 1944, le troisième à l'été 1945. Les usines d'extraction chimique du plutonium sont également construites à Hanford.

– **Novembre 1943: les Anglais à Los Alamos.** Arrivée des meilleurs experts envoyés par l'Angleterre à Los Alamos, sous la direction de Chadwick : Otto Frisch, Rudolf Peierls, George Placzek, Philip Moon, James Tuck, Egon Bretscher, Klaus Fuchs.

– **12 avril 1945: mort de Franklin Roosevelt,** 63 ans, président des États-Unis, des suites d'une hémorragie cérébrale. Le vice-président Harry Truman, 61 ans, lui succède.

– **8 mai 1945 : l'Allemagne capitule.**

– **16 juillet 1945: le *Trinity Test*.** Le 16 juillet 1945, première explo-

---

*Le navigateur italien vient d'accoster au nouveau monde.

sion d'une bombe atomique : c'est l'essai d'une bombe au plutonium à Alamogordo, dans le désert du Nouveau Mexique (la bombe à l'uranium ne fera l'objet d'aucun essai avant d'être lancée sur Hiroshima).

- **24 juillet 1945 : presque prêts.** Première livraison d'uranium à Los Alamos. La fabrication de la première bombe commence aussitôt.
- **6 août 1945, 9 heures 15 : Hiroshima.** Le bombardier *Enola Gay* largue la première bombe atomique à uranium, surnommée *Little Boy*, sur Hiroshima à 31 600 pieds (environ 9 600 m). Elle explose à une altitude de 1 850 pieds (560 m) et détruit la ville dans un rayon de près de 2 km autour du point d'impact, faisant 71 000 morts et 68 000 blessés.
- **9 août 1945 : Nagasaki.** L'explosion de la bombe au plutonium surnommée *Fat Man* a lieu à une altitude de 1 950 pieds (environ 600 m). 35 000 morts, 60 000 blessés.
- **14 août 1945 : le Japon capitule. Fin de la guerre.**

Une bibliographie succincte

H. D. Smyth, *Atomic energy for military purposes, the official report on the development of the atomic bomb under the auspices of the United States Government, 1940-1945*, (1948).

L. R. Groves, *Now It Can Be Told. The story of the Manhattan project* (1962).

M. Gowing, *Britain and atomic energy, 1939-1945* (1964).

S. Weart, *Scientists in power* ; traduction française *La grande aventure des atomistes français* (1980).

B. Goldschmidt, *Le complexe atomique* (1980).

——— *Pionniers de l'atome* (1987).

F. M. Szasz, *British Scientists and the Manhattan Project. The Los Alamos Years* (1992).

W. Lanouette, *Genius in the shadows, a biography of Leo Szilard, the man behind the bomb* (1992).

A. Brown, *The neutron and the bomb, a biography of James Chadwick* (1997).

G. Herken, *Brotherhood of the bomb* (2002).

CHAPITRE 2

Après la guerre, le nouveau visage de la physique

Où l'on voit la science américaine arriver au premier plan, grâce à de talentueux physiciens, à la puissance industrielle et financière des États-Unis, et aussi grâce à l'arrivée des réfugiés européens, et à l'état de délabrement d'une Europe ruinée par la guerre. Où l'on voit que la physique nucléaire ne peut désormais se développer que dans de grands laboratoires, avec des moyens importants, ce qui accentue encore la suprématie américaine.

LA GUERRE TERMINÉE, les physiciens nucléaires qui avaient travaillé à la fabrication de la bombe souhaitaient pour la plupart revenir à leurs recherches sur la physique fondamentale du noyau. Mais ce retour n'allait pas de soi, car l'armée américaine voulait conserver sous son autorité — et la chape du secret — toute recherche nucléaire. C'est ainsi que, sous l'impulsion du général Groves, le département de la guerre prépara une loi pour restructurer toute la recherche nucléaire américaine, projet repris par un sénateur démocrate, Edwin C. Johnson, et un représentant, démocrate lui aussi, Andrew Jackson May. Ce fut le fameux *May-Johnson bill* que ses auteurs tentèrent de faire voter rapidement, sans trop d'information ni de discussion, et selon lequel toute recherche nucléaire se ferait sous l'autorité du *War Department*, avec des sanctions très lourdes (allant jusqu'à la prison) pour les scientifiques qui violeraient l'obligation du secret.

Une fronde générale des scientifiques du projet Manhattan, sous l'impulsion, une fois de plus, de Leo Szilard, alerta le monde politique, les sénateurs et représentants, et eut finalement raison de ce projet, qui fut abandonné fin 1945[10–12]. C'est de cette époque que date la création de l'association des scientifiques de Chicago, *Atomic Scientists of Chicago*, et de la revue *Bulletin of the Atomic Scientists of Chicago,* fondée en 1945 et qui devint en 1946 *Bulletin of the Atomic Scientists*. Une loi finalement votée en 1946, le *McMahon bill*, mettait la recherche civile sous l'autorité d'une Commission à l'énergie atomique (*Atomic energy commission, A. E. C.*) dirigée par des responsables civils nommés par le président. Le premier président en fut un industriel, président de l'entreprise nationale d'exploitation de la vallée du Tennessee, le *Tennessee Valley Authority*, David Lilienthal, qui prit ses fonctions le 1er janvier 1947.

Au grand regret du général Groves, de nombreux physiciens quittèrent Los Alamos, qui survécut comme centre de recherches militaires. Les Anglais regagnèrent leur pays. Fermi devint professeur à l'Université de Chicago, Hans Bethe à l'Université Cornell, James Franck retourna à l'Université de Chicago où il était professeur depuis 1938, de même que Herbert Anderson. Edward Condon devint directeur du *National Bureau of Standards*, Eugene Wigner retourna à Princeton, où il enseigna la physique mathématique. Quant à Leo Szilard, il fut forcé d'abandonner la physique nucléaire après une enquête du *F.B.I.* suscitée par le général Groves qui lui gardera toute sa vie une rancune tenace[13], en bonne partie pour avoir fait échouer le *May-Johnson bill*. Szilard se tourna vers la biologie, un amour de jeunesse, domaine où il termina sa carrière. Robert Oppenheimer démissionna de son poste de directeur scientifique de Los Alamos, reprit quelque temps son enseignement de physique quantique à Berkeley, puis devint en 1947 directeur de l'*Institute for Advanced Study* de Princeton.

La physique à grande échelle, dite *big science*

La recherche ne devait pas simplement reprendre au point où elle avait été suspendue par la guerre. Les physiciens nucléaires qui avaient travaillé à Los Alamos avaient vécu une expérience unique, au milieu d'un groupe extrêmement brillant. Ils avaient pu disposer de moyens considérables, dans des laboratoires bien équipés et largement financés. Au sortir de la guerre, ils jouissaient d'un prestige immense. Tenus pour de véritables magiciens, ils semblaient capables de réaliser n'importe quoi pourvu qu'on leur en donnât les moyens. Ils eurent peu de mal à obtenir pour leurs recherches fondamentales de grands laboratoires dotés de tous les équipements nécessaires et de budgets adéquats.

Il faut dire que la physique expérimentale demandait désormais des moyens autrement plus importants que ceux utilisés avant 1940. Un bon laboratoire de physique des années trente comportait un appareillage général, une paillasse, un laboratoire de photographie, éventuellement une chambre de Wilson, des compteurs Geiger. C'est ainsi qu'ont été découverts le noyau, le neutron, la radioactivité artificielle, la physique des neutrons, la fission, pour ne citer que les plus grandes découvertes de la période 1932–1938. L'arrivée des premiers accélérateurs commençait cependant à changer le paysage, le cas de Berkeley étant exemplaire à cet égard. Alors que

Lawrence parlait en 1932 d'utiliser pour son premier cyclotron « les moyens ordinaires du laboratoire », les cyclotrons successifs qu'il construisit par la suite devinrent de plus en plus importants, nécessitant une équipe de construction, de réparation et de fonctionnement de plus en plus étoffée.

De grands accélérateurs furent construits après 1945 aux États-Unis, à Berkeley naturellement, mais aussi dans des universités telles que Rochester, Harvard, Columbia, Chicago, etc. Le financement fut assuré par l'Armée puis par l'*Atomic Energy Commission* (A.E.C.). La science à grande échelle, ou *big science*, comme l'a nommée Alvin Weinberg, un ancien du projet *Manhattan* à Los Alamos, devenu directeur du laboratoire d'Oak Ridge[14], était dès lors prépondérante. Par opposition à la *little science*, la science à petite échelle telle qu'elle était pratiquée jusqu'en 1940, la *big science* mettait en contact hommes politiques et directeurs de laboratoires, en permettant à ces derniers d'obtenir des budgets de plus en plus importants. Entre 1945 et 1971 le budget américain de la recherche a été multiplié par 20, ce qui correspond à une augmentation moyenne de plus de 12% par an[15]. Le nombre de physiciens augmentait lui aussi rapidement, les meilleurs étudiants étant naturellement attirés par le prestige de la physique nucléaire ainsi que par le grand renom de physiciens éminents désormais américains.

Un travail en équipe

Une autre transformation d'importance, d'ordre sociologique, celle-là : le travail de recherche se ferait désormais au sein d'équipes comptant des physiciens de plus en plus nombreux[16,17]. Jusqu'en 1940, la recherche était faite par des physiciens seuls ou par de toutes petites équipes, souvent deux personnes. L'équipe de Fermi à Rome dans les années trente est à cet égard une équipe importante, peut-être la plus importante de son temps : les articles sont signés par cinq ou six personnes. L'équipe Joliot-Halban-Kowarski des années 1939-1940 est aussi une innovation : trois hommes aux tempéraments et aux spécialités différents et complémentaires unissent leurs efforts dans un but unique. Comme dans le cas de l'équipe de Fermi, il y a un leader incontesté, mais chacun dans l'équipe joue son rôle, qui n'est pas, loin s'en faut, de simple exécution. On peut également citer en exemple l'équipe constituée par Lise Meitner, Otto Hahn et Fritz Strassmann, dont les travaux devaient aboutir à la découverte de la fission, malheureusement après le départ précipité de Lise Meitner en 1938.

Après la guerre, la recherche d'un physicien isolé n'est plus guère possible en physique nucléaire expérimentale. Les accélérateurs fonctionnent souvent 24 heures sur 24. De plus les équipements de détection sont de plus en plus complexes, ce qui nécessite des compétences rarement réunies dans une seule personne. On voit ainsi le nombre de signataires des articles augmenter régulièrement. En physique des particules élémentaires, fille de la physique nucléaire, qui recherche la nature profonde des particules et non plus la façon dont protons et neutrons s'assemblent pour former un noyau, de plus grandes énergies sont nécessaires, les expériences sont plus importantes, et le nombre de physiciens signataires d'une expérience de plus en plus grand : plusieurs centaines actuellement, probablement un millier avec le futur accélérateur, le *Large Hadron Collider* de Genève, dont la mise en service est prévue en 2007. Pour l'étude de la structure du noyau cependant, les énergies nécessaires ne sont pas si élevées, ce sont des énergies comparables à celles des protons ou des neutrons dans le noyau, de l'ordre de la dizaine de MeV. Disons que la plupart des accélérateurs utilisés en physique nucléaire, même aujourd'hui, ne dépassent pas quelques dizaines, voire quelques centaines de MeV. La taille des équipes reflète assez fidèlement ces énergies mises en jeu : elle est aujourd'hui assez souvent inférieure à vingt physiciens, atteignant parfois la cinquantaine pour certaines expériences utilisant de très grands équipements. Juste après la guerre, elle était déjà de trois à cinq physiciens.

LES ENJEUX POLITIQUES ET MILITAIRES, LA BOMBE H

Après la bombe atomique, la physique nucléaire était pour les gouvernements de tous les pays un enjeu stratégique, et elle bénéficiait à ce titre d'un traitement particulier : financements généreux, mais aussi contraintes. C'est ainsi que, pour garder le plus longtemps possible le monopole des armes nucléaires, les États-Unis imposèrent le secret sur un grand nombre de données nucléaires pouvant servir soit à construire un réacteur nucléaire, soit *a fortiori* à construire une bombe. La guerre froide avait commencé, en effet, dès la fin de la guerre, ou même un peu avant. Elle fut en quelque sorte officialisée par le fameux discours de Churchill de 1946, dans lequel il déclarait qu'un « rideau de fer » était tombé, de Stettin sur la Baltique à Trieste dans l'Adriatique. Désormais l'ennemi potentiel était l'URSS, et plus généralement le communisme.

Bien entendu, toutes les connaissances de physique nucléaire fondamentale nécessaires à la fabrication des bombes étaient acquises depuis des années, si bien que la recherche fondamentale, visant à mieux comprendre la structure du noyau de l'atome, ne pouvait plus guère avoir d'incidence sur l'arsenal nucléaire. En pratique les chercheurs en physique nucléaire fondamentale n'étaient pas soumis à des ordres venant d'une quelconque hiérarchie militaire, qui d'ailleurs aurait été bien en peine de leur indiquer les recherches les plus pertinentes à faire. Il n'empêche, l'une et l'autre semblaient liées, et la recherche fondamentale bénéficia quelque temps des largesses de la recherche militaire. Cet état de choses est particulièrement bien illustré par le *Radiation Laboratoty* de Berkeley, où Lawrence déploya toute son énergie en ce sens.

Ce lien entre recherche fondamentale, recherche appliquée à la fabrication de réacteurs producteurs d'énergie, et recherche militaire était d'autant plus étroit dans les années d'après-guerre que la guerre froide se durcissait, et que la tension internationale augmentait. Mais c'est aussi parce qu'on étudiait depuis des années une nouvelle arme, beaucoup plus puissante que la bombe d'Hiroshima, une bombe à fusion thermonucléaire, la bombe H.

Dès 1942 Edward Teller avait en effet proposé l'idée d'une bombe dont le principe ne serait pas la fission d'atomes d'uranium, mais la fusion d'atomes d'hydrogène ou plutôt de deutérium, ce qui pouvait en principe permettre de fabriquer des bombes de puissance quasi illimitée. Mais les difficultés pratiques de réalisation convainquirent Oppenheimer et le général Groves de donner la priorité à la bombe à fission, la *bombe atomique*. Teller ne s'avoua cependant pas vaincu. Né en 1908 à Budapest, Edward Teller[18] avait soutenu sa thèse à Leipzig en 1930. Il obtint ensuite un poste à Göttingen, d'où il partit en 1933, chassé par le régime nazi. Il gagna alors les États-Unis, dont il devint citoyen en 1941. Il continua, presque seul après 1942, des études en vue de la réalisation d'une bombe « H ».

Après la guerre, un vif débat opposa les tenants de la bombe H et ses opposants : parmi les premiers on comptait Teller, Lawrence et Lewis Strauss, un banquier, self-made man, nommé Commissaire à l'énergie atomique, et parmi les seconds beaucoup de physiciens, Oppenheimer tout d'abord, mais aussi Fermi, Szilard, Bethe, Franck, pour ne citer que les plus connus. Dans un premier temps les opposants semblèrent l'emporter. Avec la « simple » bombe atomique, dont ils pensaient avoir le monopole pour quelques années, les États-Unis pouvaient voir venir.

Mais la guerre froide devenait chaque jour plus inquiétante. Le communisme avançait sur tous les fronts : guerre civile en Grèce ; blocus de Berlin (mai 1947 à juin 1948), auquel les États-Unis répondirent par un « pont aérien » ; « coup de Prague », en février 1948 ; victoire de Mao Tsê Toung en Chine, mi-1949, et finalement invasion de la Corée du Sud en juin 1950, à laquelle les États-Unis répondirent rapidement mais qui se termina en juillet 1953 par un un retour à la situation d'avant 1950. Le 29 août 1949 l'Union Soviétique avait fait exploser sa première bombe atomique. La course aux armements permit aux tenants de la bombe H, Teller et Lawrence, d'obtenir gain de cause. En novembre 1952 la première bombe H explosait dans un îlot du Pacifique. Sa puissance équivalait à 700 bombes semblables à celle qui avait détruit Hiroshima. Monopole de courte durée : le 12 août 1953, l'Union Soviétique faisait, elle aussi, exploser sa première bombe H. Dans ce climat de tension croissante, le sénateur républicain Joseph McCarthy avait lancé dès 1950 un violent assaut contre les prétendues infiltrations de communistes dans l'administration américaine. Une victime célèbre de cette chasse aux sorcières fut Oppenheimer, interrogé pendant trois semaines, du 12 avril au 6 mai 1954, par le *Personel Security Board*, une commission de trois membres, qui décida qu'il constituait un « risque pour la sécurité ». Oppenheimer se vit retirer son habilitation au secret nucléaire et fut exclu du comité consultatif de l'*Atomic Energy Commission*. Il payait ses opinions de gauche et ses amitiés communistes de jeunesse, mais surtout l'opposition qu'il avait manifestée à la bombe à hydrogène[19].

SUPRÉMATIE AMÉRICAINE

La suprématie des États-Unis dans la recherche scientifique, et particulièrement nucléaire, est quasi totale après la guerre. De nombreux savants européens, et parmi les plus grands, y sont désormais fixés, et y trouvent les moyens de travailler dans les meilleures conditions possibles. Les étudiants affluent. On peut faire d'ailleurs une constatation simple en consultant la bibliographie de la physique nucléaire après la guerre : les articles sont désormais publiés pour la plupart dans la revue américaine *Physical Review*. Pour les expériences, les moyens se trouvent désormais, au moins pour une ou deux décennies, aux États-Unis, ce qui donne un avantage essentiel aux expérimentateurs de ce pays, mais c'est également un avantage pour les théoriciens qui peuvent avoir des contacts directs, personnels et rapides, avec leurs collègues qui font les expériences et qui obtiennent de nouveaux résultats.

Europe et Japon après la guerre

La Grande Bretagne

Alliée privilégiée des États-Unis, la Grande Bretagne est cependant très affaiblie à la fin de la guerre, qui a été ruineuse. Mais elle n'a pas été envahie, et le pays a continué à fonctionner. Membre à part (presque) entière du projet Manhattan, elle mesure l'importance stratégique de l'arme atomique et de l'énergie nucléaire, dont la maîtrise lui paraît indispensable. C'est ainsi qu'elle lance un programme nucléaire ambitieux, en créant en 1946 l'*Atomic Energy Research Establishment* (AERE) à Harwell, près d'Oxford, sur un terrain d'aviation utilisé pendant la guerre par la *Royal Air Force*. Le premier réacteur britannique y sera construit et entrera en fonctionnement en août 1947. Des accélérateurs sont également construits pour la recherche fondamentale. L'AERE sera incorporé en 1954 dans l'*United Kingdom Atomic Energy Authority* (UKAEA).

Les physiciens britanniques qui ont participé au projet Manhattan sont pour la plupart rentrés chez eux après la guerre, si bien que la Grande Bretagne a conservé l'essentiel de la qualité de sa recherche, sauf qu'elle ne peut disposer ni de la richesse des laboratoires ni de la puissance industrielle des États-Unis. Les contributions des théoriciens britanniques continueront cependant à être importantes. L'école de physique théorique de Birmingham devient, sous la houlette de Rudolf Peierls, l'une des plus brillantes. L'attrait des États-Unis sera grand cependant pour de nombreux physiciens, naturellemen parmi les meilleurs : Maurice Pryce, Jeffrey Goldstone par exemple.

La France

Après l'occupation, puis la guerre de reconquête, l'état de la France est pire qu'après la première guerre mondiale, malgré de moindres pertes en vies humaines, car l'infrastructure industrielle et les moyens de transport sont détruits ou obsolètes. Les tickets de rationnement créés en 1941 ont eu cours jusqu'en janvier 1949. À la fin de la guerre, l'approvisionnement des villes était rendu difficile principalement à cause des problèmes d'acheminement, en raison des destructions de voies de chemin de fer, de gares, etc.

Dans un tel contexte, la recherche scientifique française était à la peine, mais il faut bien dire que, même avant la guerre, elle ne faisait que sauver les apparences grâce à quelques personnalités comme Frédéric et Irène Joliot-

Curie, Paul Langevin, Alexandre Proca ou Léon Brillouin. Le C. N. R. S. créé par Jean Perrin en 1939 était une toute petite structure destinée à compenser l'impuissance de l'Université à se réformer et à créer de vrais laboratoires de recherche.

Resté à Paris pendant la guerre, Frédéric Joliot mena une double vie : important directeur de laboratoire, dirigeant d'un mouvement de résistants. Son laboratoire du Collège de France fut placé sous surveillance militaire allemande, mais heureusement l'officier allemand chargé du laboratoire jusqu'en 1943 n'était autre que Wolfgang Gentner, un ami de Joliot, et un antinazi. Joliot rejoignit dès 1941 le Front National de lutte pour la libération et l'indépendance de la France, mouvement lancé par le parti communiste avec l'ambition de fédérer toute la Résistance. Joliot en deviendra le président. Le Front National rejoindra le Conseil National de la Résistance. Celui-ci nomme Joliot directeur du CNRS, fonction qu'il occupe dès la libération de Paris en août 1944. Il entreprend dès lors une réforme importante de cet organisme, appelé à devenir le fer de lance de la recherche française. Le CNRS actuel en est l'héritier direct. Joliot obtient du gouvernement des moyens importants : entre septembre 1944 et juillet 1945 le CNRS passe de 600 à 970 chercheurs, de 450 à 570 techniciens, et son budget de 300 millions de francs pour l'exercice 1944-1945 passe à 632 millions en 1946[20].

Une fois le CNRS sur les rails, Joliot revient à l'énergie nucléaire. Il rencontre le général de Gaulle et le convainc de créer un organisme chargé spécialement de l'énergie nucléaire, pour que la France, qui a pris un grand retard sur les États-Unis, rattrape le temps perdu. C'est ainsi que le Commissariat à l'Énergie Atomique (CEA) voit le jour, par une ordonnance du 18 octobre 1945. Frédéric Joliot en est nommé Haut-Commissaire le 2 janvier 1946 et se lance désormais dans l'aventure avec une équipe réduite au départ, formée de physiciens et chimistes de la France libre ayant travaillé au Canada et en Grande Bretagne : Lew Kowarski, Pierre Auger, Bertrand Goldschmidt, Jules Guéron, Francis Perrin. Le défi est lancé : faire fonctionner avant la fin de l'année 1948 un réacteur nucléaire expérimental semblable à celui que Fermi avait réalisé en 1942. Pari hardi, vu l'état de délabrement de l'industrie française, mais pari réussi : le 15 décembre 1948 la pile ZOÉ « diverge », selon le jargon consacré, c'est-à-dire entre en fonctionnement autonome.

Joliot pensait que la recherche fondamentale et la recherche appliquée étaient étroitement liées, et qu'il ne fallait pas les séparer de façon abrupte. Lui-même avait eu au départ une formation d'ingénieur, puis avait pratiqué, avec le succès que l'on sait, la recherche fondamentale. Il était revenu à une recherche appliquée en 1939 en tentant de réaliser la réaction en chaîne. Joliot créa au sein du tout nouveau CEA des groupes qui avaient pour mission de préparer le futur réacteur expérimental ZOÉ (qui entrera en fonction en décembre 1948), mais aussi de poursuivre des recherches fondamentales. Par ailleurs physiciens et ingénieurs ayant le même statut au CEA, le passage d'une activité à l'autre en était facilité. C'est ainsi que se constitua, autour de Jacques Yvon au départ, un petit groupe de très brillants jeunes physiciens : Jules Horowitz, Claude Bloch, Michel Trocheris, Anatole

Abragam*. Sur proposition de Kowarski, ils furent systématiquement envoyés en séjour dans les meilleurs centres étrangers : *Cal Tech,* Copenhague, Oxford. Ces « quatre mousquetaires », auxquels viendra s'ajouter peu après Albert Messiah vont constituer le laboratoire de physique théorique du CEA, et rassembler autour d'eux les meilleurs jeunes étudiants de l'époque, constituant en quelques années un des meilleurs groupes de physique théorique du monde, consacrant une véritable *naissance* de la physique théorique française. À titre d'exemple, c'est Albert Messiah qui fit le premier cours de mécanique quantique en France, puis en tira un livre qui reste une référence mondiale. De cette école sont issus des physiciens tels que Claude Cohen-Tannoudji ou Gilles de Gennes...

Grâce à l'action de ces quelques pionniers, dans l'enthousiasme de la libération et de la reconstruction du pays, la physique théorique française est ainsi née. Il s'agit bien d'une naissance, plutôt que d'une renaissance, tellement elle était inexistante avant la guerre : « Nous n'avions pas d'aînés », nous a dit un jour Albert Messiah, « mais nous suivions avec passion le séminaire Proca », seul séminaire de physique théorique, qu'Alexandre Proca anima de 1946 à 1955, année de sa mort. Elle s'est également développée au CNRS et à l'université, à Paris, Marseille, Strasbourg. Là aussi, ce sont le plus souvent de jeunes physiciens partis quelque temps à l'étranger, tels Maurice Lévy, qui en ont constitué le noyau initial, une pratique qui n'avait pas cours avant la guerre.

La recherche expérimentale en physique nucléaire ne prendra vraiment son essor en France qu'à partir de 1950, avec notamment le centre d'études nucléaires de Saclay, où seront construits plusieurs accélérateurs. Viendra ensuite le centre universitaire d'Orsay, dont la construction fut entreprise par Irène Joliot-Curie en 1954 et qui fut inauguré par Frédéric Joliot-Curie en 1958, puis d'autres centres en France, à Strasbourg, Grenoble, Bordeaux, etc.

Si la France tient aujourd'hui une place honorable dans la Recherche internationale, elle le doit pour une bonne part au CNRS et au CEA, deux institutions, la première rénovée de fond en comble et la seconde créée dans l'enthousiasme de la libération, sous l'impulsion de Frédéric Joliot-Curie.

L'Allemagne

De tous les pays européens, c'est l'Allemagne qui était la plus atteinte : économie ruinée, laboratoires dévastés par les bombardements, ou occupés par les armées alliées, problèmes de la vie quotidienne où la simple survie devenait difficile. La science allemande sentait aussi les effets du vrai désastre, irrémédiable celui-là, de l'exode forcé de tant de savants juifs à partir de 1933.

Reconstruire une science allemande ? Clairvoyant, Churchill pensait que le traité de Versailles, en cherchant à humilier et à punir l'Allemagne,

---
*L'autobiographie scientifique d'Anatole Abragam *De la physique avant toute chose ?* est un témoignage particulièrement intéressant, particulièrement sur l'état de la physique théorique en France avant la dernière guerre.

avait préparé la prise du pouvoir par Hitler. Dès sa rencontre de 1941 avec Roosevelt (avant l'entrée en guerre des États-Unis) il défendit l'idée qu'il faudrait éviter de reproduire cette erreur après la victoire des alliés. Et c'est bien grâce à la Grande Bretagne que la science allemande parvint à renaître. Au premier rang des organismes de recherche, la *Kaiser Wilhelm Gesellschaft* put redémarrer en 1946, sous la présidence de Max Planck, en prenant le nom de *Max Planck Gesellschaft zur Förderung der Wissenschaften in der Britischen Zone*. Comme son nom l'indiquait, ses activités étaient limitées à la zone d'occupation britannique. Après la mort de Planck, le 4 octobre 1947, elle fut remplacée par la *Max Planck Gesellschaft*, créée le 26 février 1948, sous la présidence d'Otto Hahn. Sa compétence fut étendue à toute l'Allemagne de l'Ouest en 1949.

Sous l'impulsion de chercheurs qui avaient eu un comportement irréprochable pendant la guerre, les universités reprirent également leurs activités de recherche. Parmi les physiciens nucléaires que nous avons rencontrés, mentionnons Walther Bothe, Wolfgang Gentner, Max von Laue, Otto Hahn, Friedrich Hund, Siegfried Flügge, Fritz Strassmann, Walther Gerlach. Heisenberg occupa une place à part : il avait été directeur de l'*Uranverein*, le club de l'uranium, chargé des recherches nucléaires, qui a fait porter tous ses efforts sur la réalisation d'un réacteur nucléaire, sans toutefois y parvenir avant la fin de la guerre. En 1942, il avait fait à Albert Speer, *Reichsminister für Rüstung und Kriegsproduktion* (ministre de l'armement et de la production pour la guerre), un rapport sur la possibilité d'une arme nucléaire concluant à la très grande difficulté de l'opération dans un avenir prévisible. Du coup la bombe à uranium ne fut plus une priorité pour le régime et, contrairement aux craintes des Américains ou des Britanniques, aucune recherche militaire ne fut entreprise. A-t-il saboté délibérément tout projet nucléaire militaire, ou a-t-il donné simplement son avis sincère du moment ? Avait-il l'idée d'utiliser le plutonium produit dans un réacteur pour une utilisation militaire ultérieure ? Ce fut le sujet d'une polémique qui n'est pas éteinte, et dans laquelle nous n'entrerons pas. Il est vrai qu'il n'avait jamais appartenu au parti nazi, et avait, dans la mesure du possible, tenté de défendre des savants juifs, et personne n'a pu l'accuser d'antisémitisme. Sa haute stature scientifique lui permit de reprendre une carrière scientifique et d'entreprendre la reconstruction de la science allemande dévastée. Directeur du *Max Planck Institut für Physik* à Göttingen, il s'attacha à rompre l'isolement dont les physiciens allemands souffraient depuis la prise du pouvoir par le régime nazi, et à les faire accepter de nouveau dans la communauté internationale.

Pour les États-Unis la physique nucléaire était après la guerre un enjeu stratégique et militaire essentiel, et ils n'étaient pas prêts à autoriser l'Allemagne à reprendre des recherches, même fondamentales, dans ce domaine. Mais au moment de la guerre froide, les États-Unis changent d'ennemi. Lors des accords de Paris du 5 mai 1955 les alliés lèvent toute restriction sur la Recherche en Allemagne de l'Ouest, qui peut dès lors reprendre l'étude de la physique nucléaire et de l'énergie nucléaire. Tenté un peu plus tard par la mise à l'étude de l'arme nucléaire, le chancelier Adenauer rencontra une vive résistance de la part des scientifiques allemands, au premier rang desquels von Weizsäcker, Hahn et Heisenberg, qui rendirent publique une déclaration signée par dix-huit scientifiques le 12 avril 1957. Le projet fut abandonné.

Le Japon

Pendant la première moitié du siècle, le Japon s'était hissé au niveau des pays scientifiques de premier plan. Hantaro Nagaoka s'était fait connaître en 1903 par son modèle d'atome « saturnien », et a continué à publier régulièrement dans le *Philosophical Magazine* et dans *Nature*. La génération suivante comprenait des expérimentateurs de talent, tels Kenjiro Kimura, Shin-ichi Aoyama ou Takeo Hori, formés en Europe, particulièrement à Copenhague. Mais les plus connus étaient sans doute les théoriciens tels Yoshio Nishina, Hideki Yukawa, l'inventeur du méson, et Sin-itiro Tomonaga, prix Nobel de physique en 1965 pour ses travaux sur l'électrodynamique quantique.

Après la guerre le Japon était ruiné et affamé. L'armée d'occupation américaine détruisit et jeta dans le port de Tokyo cinq cyclotrons, au motif qu'ils servaient à la physique nucléaire, donc potentiellement à faire des armes. Mais là encore, les États-Unis changèrent vite d'ennemis, et le travail put reprendre lentement. Yukawa fut invité aux États-Unis dès 1948, et obtint le prix Nobel de physique en 1949 pour sa prédiction de l'existence du méson. En 1950 les physiciens japonais étaient réintégrés dans la communauté scientifique. Les moyens expérimentaux viendront plus lentement, au rythme de la croissance économique du Japon.

LA *BIG SCIENCE* EST-ELLE VRAIMENT L'ENFANT DE LA GUERRE ?

La guerre et la découverte par les gouvernements de l'importance de la recherche et du développement sont-elles seules responsables de l'essor de la *big science* ? Dans un livre paru en 1963, le physicien et historien des sciences américain Derek de Solla Price explique que la réponse ne va pas de soi[21]. Il montre de façon convaincante que la croissance de la recherche a été continue pendant une très longue période (il compte en siècles), qu'il s'agisse des financements, du nombre de revues, du nombre d'articles publiés, ou du nombre de chercheurs. Cette croissance a toujours été *exponentielle*, c'est-à-dire d'une proportion donnée chaque année, provoquant un phénomène d'accumulation semblable aux intérêts composés. Price estime ce taux de croissance annuel à 4,7% environ, ce qui conduit à un doublement en 15 ans. Lorsque la recherche concernait très peu d'hommes et peu de moyens cette croissance était quasiment imperceptible, mais lorsqu'elle a commencé à représenter une fraction non négligeable des ressources publiques, on a assisté à ce qui put apparaître comme une transition, ce qui s'est justement passé aux États-Unis pendant les années quarante. Mais comme nous l'avons noté, l'apparition des accélérateurs avait commencé avant la guerre et allait de toute façon transformer la façon de travailler des physiciens, au moins en physique nucléaire.

Autre exemple de *big science* sans aucun lien avec la guerre : la construction des grands télescopes, particulièrement aux États-Unis[22]. L'observatoire du Mont Wilson a été fondé au début du siècle sous l'impulsion de l'astronome américain George Hale, grâce à un financement privé de la *Carnegie Institution* de Washington, le télescope de 1,52 m date de 1908, celui de 2,5 m de 1917. La construction du télescope géant du Mont Palomar (5 m), dans le sud de la Californie, a été entreprise en 1928 grâce à un don de 6 millions de dollars de la fondation Rockefeller. Il est entré en service en 1948.

Septième partie

Le temps de la maturité

'It's a Snark!' was the sound that first came to their ears,
  And seemed almost too good to be true.
Then followed a torrent of laughter and cheers:
  Then the ominous words, 'It's a Boo –'

Lewis Carroll, *The Hunting of the Snark*

« C'est un Snark », voilà les premiers mots qu'ils entendirent,
  Presque trop beaux pour être vrais, à ce qu'il semble.
Puis un torrent de rires et de bravos :
  Enfin la révélation menaçante : « C'est un Boo – »

Traduction de Maurice Mourier

CHAPITRE 1

Les nouveaux moyens expérimentaux

Où l'on voit éclore une grande diversité d'appareils destinés à communiquer une énergie de plus en plus élevée aux particules : les accélérateurs. *Où les moyens de détecter et d'analyser en détail les particules se développent, en bonne partie grâce à des appareils électroniques de plus en plus nombreux, variés, souples, fruits d'une imagination sans limite.*

LE LABORATOIRE DE PHYSIQUE NUCLÉAIRE des années cinquante ressemble peu à celui des années trente. Dès la fin de la seconde guerre mondiale, le travail a repris vigoureusement, d'abord aux États-Unis, puis progressivement dans le reste du monde. Les accélérateurs de particules se sont développés et diversifiés, de même que les systèmes de détection de toutes sortes de particules. Désormais chaque laboratoire se doit de posséder un accélérateur, véritable projecteur permettant d'« éclairer » ces minuscules choses que sont les noyaux, avec des projectiles de longueur d'onde nettement plus petite qu'eux, donc d'énergie élevée. Toujours plus perfectionnés, les instruments de détection sont les véritables « yeux » des physiciens, permettant d'observer, tels de super-microscopes, d'infimes détails.

Répétons-le, les instruments nouveaux font parler la nature, ils sont la source des progrès théoriques futurs. À son tour une meilleure compréhension théorique permet d'imaginer des instruments inédits, dont un exemple éclatant est l'invention décrite plus loin du transistor. Pour avancer, la physique s'appuie ainsi tantôt sur les données nouvelles, pour susciter de nouvelles avancées théoriques, tantôt sur la théorie, pour suggérer de nouvelles mesures.

Dans ce chapitre on trouvera un rapide tour d'horizon des principaux développements de l'instrumentation nucléaire, tant en accélérateurs qu'en moyens de détection. Le lecteur pressé de connaître la suite de l'histoire peut s'épargner dans un premier temps la lecture de ce chapitre, quitte à y revenir plus tard pour y chercher un renseignement ou un éclaircissement.

Nouveaux accélérateurs, envolée des énergies

Dès avant le déclenchement de la guerre, les cyclotrons avaient commencé à se développer, d'abord aux États-Unis, puis en Europe et aussi au Japon, mais les recherches fondamentales stagnèrent pendant la période de la guerre.

Entre 1934 et 1939 onze cyclotrons furent construits aux États-Unis hors de Berkeley. Deux petits cyclotrons fonctionnaient à Tokyo et à Leningrad en 1937, puis c'était le tour de Cambridge et Copenhague en 1938, suivis par Liverpool, Osaka, Paris et Stokholm en 1939, par Heidelberg en 1943 et par un deuxième cyclotron, plus puissant, à Tokyo, après 1941. La plupart d'entre eux, en particulier ceux de Liverpool, Paris, Stokholm et Copenhague, avaient bénéficié, pendant la phase de construction et de mise au point, de la présence d'un physicien formé à Berkeley[1].

Sans nuire à la multiplication des cyclotrons « classiques », une nouvelle génération d'accélérateurs allait se développer rapidement après 1945.

Le synchro-cyclotron

Le plus gros des cyclotrons était le *60-inch* de Berkeley, 1,5 m de diamètre, qui pouvait accélérer des protons à 10 MeV, des deutons (isotope lourd de l'hydrogène, constitué d'un proton et un neutron, voir p. 12) à 21 MeV, des particules α (noyau d'hélium, deux protons et deux neutrons) à 42 MeV.

Dès 1939 Lawrence avait réussi à obtenir l'argent nécessaire pour mettre en chantier un énorme cyclotron de 4,67 mètres de diamètre, le fameux *184 inch*. Pendant la guerre le gigantesque électro-aimant destiné à cet usage fut utilisé pour la séparation magnétique de l'isotope 235 de l'uranium, mais la paix revenue on se rendit compte qu'il ne pouvait pas fonctionner comme un cyclotron ordinaire, en raison des effets relativistes, dont on avait pensé, sans doute un peu vite, qu'on pourrait s'accomoder : la masse des particules accélérées augmente avec leur vitesse*, si bien que leur vitesse augmente moins vite que s'il n'y avait pas d'effets relativistes. Rappelons que, dans un cyclotron, la trajectoire des protons est une spirale : à chaque tour, les particules gagnent en vitesse, et le rayon de leur orbite est plus grand ; aux faibles vitesses, on peut négliger les effets relativistes, l'augmentation du rayon compense alors exactement l'augmentation de vitesse, et les particules mettent toujours le même temps pour faire un tour. À partir d'une énergie

---

*L'énergie s'ajoute comme une masse à la masse au repos, en vertu de la formule d'Einstein $E = mc^2$. Des protons ayant une énergie de 10 MeV ont alors une masse qui a augmenté d'environ 1%.

d'une dizaine de millions d'électronvolts les protons ne gagnent pas assez de vitesse à chaque tour (alors qu'elles gagnent toujours autant d'énergie), le temps mis pour faire un tour augmente, ce qui rompt le fameux synchronisme entre le passage de la particule et le champ électrique oscillant qui n'a de *vertu accélérante* que si les particules sont *en phase* avec lui, si elles arrivent au moment où il les accélère et non pas lorsqu'il les ralentirait.

La solution trouvée fut de faire varier la fréquence de l'oscillation du champ électrique accélérateur au fur et à mesure de l'accélération, de façon que le champ électrique oscillant reste en phase avec les révolutions des particules, et continue à les accélérer à chaque tour. Ce n'était pas chose facile, le temps mis par une particule pour arriver à son énergie maximum est de l'ordre du millième de seconde, temps pendant lequel elle fait environ dix millions de tours.

Il y a un prix à payer : environ 1% des particules produites à faible énergie par la source de particules chargées, sont effectivement accélérées, le reste étant perdu : cela est dû au cycle d'augmentation puis de diminution de la fréquence, car l'accélération ne peut commencer que lorsque la fréquence est la plus haute, pour avoir la bonne synchronisation à basse vitesse. La diminution de la fréquence accompagne alors un paquet de particules, et pendant ce temps aucune particule ne peut entreprendre son accélération. On n'a plus un faisceau continu mais un faisceau dit « pulsé ». Edwin McMillan appela *synchro-cyclotron* ce nouveau type d'accélérateur, rendu possible par la découverte de la « stabilité de phase »[2] qu'il fit en 1945, en ignorant que le Russe Vladimir Veksler avait déjà découvert le même principe[3] en 1944. Cette stabilité de phase rend possible ce type d'accélérateur, car, grâce à elle, les particules d'un même paquet *restent groupées* au cours de l'accélération, alors qu'on aurait pu craindre que le paquet se disperse au fur et à mesure de son grand voyage en spirale : au contraire, les particules suivent docilement la variation de la fréquence, pourvu que le réglage soit adéquat. Ce principe fut testé sur le cyclotron de 37 pouces à Berkeley[4], et, dès 1946, le grand synchro-cyclotron de 184 pouces délivrait des deutons de 190 MeV et des particules α de 380 MeV[5]. D'autres synchro-cyclotrons devaient suivre rapidement : six ans plus tard on en comptait six aux États-Unis, un à Harwell en Angleterre, un à Amsterdam, un à Montréal (McGill) au Canada. Puis ce fut le tour d'Upsala, Liverpool, Dubna et du CERN à Genève[6]. Mais entre temps une nouvelle idée était apparue.

Le synchrotron à protons

En principe rien n'empêche de faire des synchro-cyclotrons pour accélérer des protons ou d'autres particules chargées à n'importe quelle énergie, si ce n'est des considérations pratiques et financières. Justement l'électro-aimant de 4,70 m était tellement énorme qu'il ne semblait pas possible de continuer dans cette voie pour augmenter encore l'énergie des particules.

Dès 1943 le physicien australien Mark Oliphant, professeur à Birmingham, avait imaginé un système différent : utiliser, au lieu d'un aimant unique, une succession d'électro-aimants beaucoup plus petits et disposés en anneau.

Le trajet des particules est fixe, et pour accompagner leur montée en énergie, donc en vitesse, le champ magnétique doit augmenter en même temps que la fréquence du champ électrique accélérateur. Le cycle d'accélération d'un paquet de particules prend quelques secondes, puis on recommence. Mais, guerre oblige, ces travaux furent gardés secrets et ne furent publiés que deux ans après la fin du conflit[7,8]. L'avantage de cet accélérateur en anneau — le synchrotron — est de diminuer considérablement la taille et le poids des électro-aimants qui guident les protons. C'est l'ancêtre des plus grands accélérateurs actuels. Le premier, appelé *synchrotron*, fut construit près de New York, à Brookhaven. Nommé *Cosmotron*, il démarra en 1952, et pouvait communiquer à des protons une énergie de 3 000 MeV, ou 3 GeV (pour *gigaélectronvolt*, un milliard d'électronvolts) suivi de peu par celui de Birmingham en 1953 (1 GeV). Puis ce fut *Bevatron* de Berkeley en 1954 (6,4 GeV), le *Synchro-phasotron* à Dubna (URSS) en 1957 (10 GeV), *Saturne* à Saclay, en France en 1958 (2,5 GeV)...[6]

L'accélération des électrons

Le bêtatron

Les premiers cyclotrons pouvaient accélérer des protons, des deutons ou des particules α. Rolf Wideröe avait commencé sa carrière d'inventeur d'accélérateurs en tentant d'accélérer des électrons*, mais ses essais s'étaient soldés par des échecs. L'idée de son *transformateur de rayonnement* fut reprise plus tard par Donald Kerst qui parvint à faire fonctionner *un accélérateur à induction magnétique* fournissant des électrons de 2,3 MeV, utilisés pour produire des rayons X par bombardement d'une plaque de tungstène[9,10]. Kerst réalisa ensuite en 1941, pour l'université de l'Illinois, un nouvel accélérateur de 20 MeV dans les laboratoires de recherche de la *General Electric Company*[11]. Dans ce même laboratoire un nouvel accélérateur de 100 MeV fut réalisé en 1945[12]. L'utilisation principale de ces accélérateurs était la production de rayons X d'énergie de plus en plus élevée, par bombardement d'un échantillon de tungstène par exemple (la nature précise du matériau n'est pas primordiale, il faut qu'il soit assez lourd et que son point de fusion soit assez élevé pour résister à l'échauffement). Les rayons X sont alors produits par le ralentissement brutal des électrons de haute énergie.

Pour une utilisation en physique il fallait des énergies beaucoup plus élevées, ce que Kerst réalisa quelque dix ans plus tard avec le *Betatron*, en français *bêtatron,* qui produit des électrons de 300 MeV[13]. L'intérêt du bêtatron est sa taille réduite (diamètre de 2,44 m), mais c'est aussi sa limitation, car les électrons, très légers, atteignent vite une vitesse proche de celle de la lumière, et si on les contraint à tourner sur une orbite aussi petite, ils rayonnent de l'énergie, comme une antenne, si bien que l'accélération devient de moins en moins efficace : une part croissante de l'énergie fournie d'un côté est perdue de l'autre en rayonnement. De tels accélérateurs sont limités à environ 1 000 MeV.

---

*Voir p. 60.

Le synchrotron à électrons

Le principe du synchro-cyclotron que nous avons décrit précédemment pour l'accélération des protons est aussi applicable aux électrons, et comme la taille de l'anneau est beaucoup plus grande que celle du bêtatron, il n'en a pas les limitations. Le premier synchrotron à électrons vit le jour à Berkeley, construit sous la direction d'Edwin McMillan en janvier 1949. Il pouvait fournir des électrons de 300 MeV. Ce type d'accélérateur se répandit en quelques années : cinq aux États-Unis, plus un à Glasgow étaient en opération en 1950. Une énergie proche de 1 000 MeV était atteinte moins de dix ans plus tard à *Cal Tech,* à l'université *Cornell,* à Stokholm, à Rome, ainsi qu'à Tokyo[14].

L'accélérateur linéaire à électrons

Rolf Wideröe, encore lui, avait construit le premier prototype d'un appareil qui portait des particules à une certaine énergie en les accélérant *en plusieurs fois**. Les particules se déplaçaient en ligne droite, c'était ce qu'on a appelé depuis un *accélérateur linéaire*, supplanté rapidement pour les protons et les particules plus lourdes (deutons, particules α) par l'invention du cyclotron dans lequel les particules ont une trajectoire en spirale. David Sloan avait bien construit un accélérateur linéaire de 1,14 m, mais il était limité aux particules assez lentes[†]. L'idée d'un accélérateur linéaire pour électrons était caressée dès les années trente, en particulier par le physicien américain William Hansen, de l'université de Stanford, mais il n'existait pas à l'époque de générateur de haute fréquence de puissance suffisante[15]. Le développement du *magnétron* (pour les besoins du RADAR) pendant la guerre, puis du *klystron* permirent la construction d'accélérateurs à électrons linéaires de plus en plus puissants : 6 MeV en 1947, 35 MeV en 1950, et surtout le fameux *Mark III* qui atteignit 700 MeV en 1954 et 1000 MeV en 1960[16]. Il est impressionnant : 90 m de longueur, en dix sections, le tout enterré pour protéger l'environnement des radiations. Des accélérateurs semblables seront construits à Orsay, au *Massachusetts Institute of Technology* (MIT) et à Saclay. Nous reviendrons plus loin sur leur importance pour la physique nucléaire.

Les accélérateurs électrostatiques

C'est en 1931 que Robert Van de Graaff construisit le premier accélérateur électrostatique à courroie[‡]. Les premiers accélérateurs de ce type fonctionnèrent dès 1933, en portant des protons à une énergie de 1 MeV environ. L'ennemie principale des accélérateurs de ce type est l'énorme étincelle, véritable coup de foudre, qui peut apparaître entre le « terminal » porté à plusieurs millions de volts et la carcasse reliée à la terre.

L'accélérateur construit au *Massachusetts Institute of Technology* en

---

*Voir p. 60.
[†]Voir p. 63.
[‡]Voir p. 58.

1950 put atteindre, grâce à de patients progrès techniques, 4 millions de volts[17]. Puis le MIT lança un projet avec l'ambition d'atteindre 12 millions de volts, mais celui-ci ne dépassa pas 9 millions de volts, tout comme le projet similaire à Los Alamos.

Des centaines d'accélateurs électrostatiques furent ainsi construits dans le monde. Les plus hautes tensions atteignaient environ 5 millions de volts en 1950 à Brookhaven, Los Angeles, Harwell en Angleterre, Saclay en France.

Dès 1947 Robert van de Graaff, son collègue John Trump et quelques autres fondèrent une entreprise, *High Voltage Engineering Company* (HVEC), afin de commercialiser des accélérateurs électrostatiques avec des performances en amélioration régulière, pour atteindre 12 millions de volts en 1965. En position de quasi-monopole, cette entreprise vend des dizaines d'accélérateurs « van de Graaff » de par le monde.

Le dernier progrès technique, et non des moindres, fut de doubler l'énergie fournie aux particules accélérées en gardant la même tension maximale. L'idée n'était pas nouvelle : elle avait été lancée en 1936 par deux physiciens américains, Willard Bennett et Paul Darby[18]. Dans un accélérateur électrostatique normal, les protons (par exemple) sont produits dans l'électrode portée à la haute tension, en ionisant de l'hydrogène, c'est-à-dire en arrachant aux protons les électrons qui lui sont normalement attachés. Repoussé par la haute tension (positive) le proton accélère jusqu'au potentiel de la terre. Si la tension est de 1 million de volts, il atteint une énergie de 1 million d'électronvolts, ou 1 MeV. Bennett et Darby observèrent que dans certains cas un électron pouvait s'attacher à un proton qui en possédait déjà un, ce qui en faisait un ion *négatif*, mais cet ion négatif est très fragile : à la moindre collision (avec les molécules de gaz par exemple), il perd son électron excédentaire, et même ses deux électrons si la collision est suffisamment violente. L'idée est alors de produire les ions négatifs non pas dans une électrode portée à haute tension, mais à la tension zéro : étant chargés négativement, ils sont attirés par l'électrode portée à la haute tension positive, et acquièrent ainsi l'énergie correspondant à cette tension, 1 MeV dans notre exemple. Mais s'ils traversent à ce moment-là un espace rempli de gaz, *ils perdent leurs deux électrons*, deviennent des ions positifs *et sont de nouveau accélérés,* gagnant encore 1 MeV : par ce tour de passe-passe on obtient ainsi des protons de 2 MeV avec une haute tension de 1 MeV ! Robert van de Graaff fit fonctionner les premiers accélérateurs de ce type, appelés *tandem,* au début des années 60, et en vendit dans le monde entier.

L'énergie communiquée aux particules est certes beaucoup moindre avec un accélérateur électrostatique qu'avec les accélérateurs du genre cyclotron, et *a fortiori* les synchrotrons ou synchro-cyclotrons. Pourtant ce sont les « van de Graaff » qui apportèrent sans doute la moisson de résultats la plus riche et la plus fructueuse pour la physique nucléaire. Ils ont en effet de grands avantages : la gamme d'énergie qu'ils peuvent fournir est bien adaptée à l'étude de la structure des noyaux ; leur énergie est variable, facilement et continûment ; l'énergie communiquée aux particules peut être très précise, avec une dispersion maximum de l'ordre de un pour mille. Enfin leur faisceau de particules est vraiment continu, ce qui est un atout important pour les mesures en coïncidences. Ils ont eu leur heure de gloire pendant la période

1950-1970.

Nouveaux détecteurs, nouveaux appareils de mesure

Le compteur à étincelles et à plaques parallèles

En 1934-35 Heinrich Greinacher, qui avait introduit l'amplification électronique des chambres à ionisation, proposa un nouveau compteur « hydraulique » de son invention : une fine pointe métallique est disposée tout près d'un jet d'eau, et on établit une tension de 2 000 volts entre eux. Lors du passage d'une particule près de la pointe, la perturbation électrique fait dévier le jet d'eau, ce qui permet la détection. Mais malgré plusieurs perfectionnements ce compteur instable et affecté d'une grande inertie ne fut pas adopté[19].

Un autre compteur, imaginé en 1944 par Salomon Rosenblum, alors réfugié à Princeton, et W. Chang[20], eut plus de succès sous le nom de *compteur à étincelles*. Un fil de platine très fin (0,2 mm de diamètre) est tendu parallèlement à une plaque de laiton polie, à 1,5 mm d'elle. On établit entre eux une tension de 3 000 volts, et au passage d'une particule près du fil on peut observer et même entendre une étincelle qui jaillit. Ce compteur est insensible aux électrons et aux rayons γ, et détecte bien les particules α. Comme la région sensible est très restreinte autour du fil, Rosenblum construisit un compteur de ce genre, mais comportant dix fils, distants les uns des autres de 5 mm, et il utilisa ce compteur multifils pour détecter le point d'arrivée des particules α après déviation dans un spectromètre magnétique. Nous avons là l'ancêtre des compteurs multifils qui se sont développés de façon prodigieuse, et qui ont valu le prix Nobel de physique à Georges Charpak en 1992.

Un héritier du compteur à étincelles est le compteur *à plaques parallèles* apparu en 1948 et conçu par deux physiciens américains, Leon Madansky et Robert Pidd, qui cherchaient un détecteur très rapide pour mesurer la durée de vie des *mésons*, particules dont nous reparlerons bientôt et dont la période est de 2,6 cent-millionièmes de seconde[21]. Comme dans le compteur à étincelles, et comme dans le compteur Geiger-Müller, il s'agit de provoquer une avalanche en communiquant suffisamment de vitesse aux électrons arrachés aux molécules de gaz lors du passage d'une particule. Mais ici plus de fil : deux plaques de cuivre circulaires de 5 cm de diamètre sont séparées par 1 mm, et on établit une tension de 900 à 3 000 volts entre elles. Étant donné la proximité des plaques, le champ électrique est suffisamment intense pour que les électrons produits par le passage d'une particule chargée soient accélérés au point d'arracher au gaz de nouveaux électrons, provoquant finalement l'avalanche, et un signal électrique rapide et important. L'ensemble est plongé dans un mélange d'argon et de butane à 2 atmosphères (le choix du gaz est important pour le bon fonctionnement du compteur). C'est l'ancêtre de tous les compteurs *à plaques parallèles* actuels, qui peuvent être beaucoup plus grands, et dont les plaques sont constituées de films organiques très minces, rendus conducteurs par une couche très mince d'aluminium.

Le retour des scintillations
par la grâce du photomultiplicateur

Après avoir joué un rôle crucial dans beaucoup de grandes découvertes de la physique nucléaire, à commencer par la découverte de l'existence d'un noyau, précisément, au cœur de l'atome[*], la méthode des scintillations avait été abandonnée, sans doute en partie à la suite de la controverse entre le *Cavendish* et l'*Institut für Radiumforschung* de Vienne[†]. Elle avait été supplantée par les nouveaux compteurs électriques de Geiger, jugés plus objectifs que l'œil humain.

Dans sa version originale, la méthode des scintillations consistait en effet à observer visuellement au microscope les faibles éclairs provoqués par le passage d'une particule α à travers une feuille mince de sulfure de zinc. Or en 1941 le physicien hongrois Zoltán Bay eut l'idée d'enregistrer les scintillations en utilisant une cellule photoélectrique, qui transforme l'énergie lumineuse en énergie communiquée à des électrons, elle-même couplée à un *multiplicateur d'électrons*[22]. L'utilisation d'une cellule photoélectrique seule aurait été impraticable, en raison de la faiblesse des éclairs lumineux. Le *multiplicateur d'électrons*, appareil breveté en 1923 aux États-Unis par un chercheur de *Westinghouse*, Joseph Slepian, et perfectionné par un chercheur de *Radio Corporation of America* (RCA), Vladimir Zworykin[23, 24], consistait en un tube de verre dans lequel on a fait le vide, et dont une extrémité est constituée d'une cathode portée à un potentiel négatif élevé. Les électrons émis par la cathode sont accélérés vers l'anode, à l'autre bout du tube, mais on s'arrange pour qu'ils frappent au passage des électrodes intermédiaires, les *dynodes*, produisant chaque fois l'émission de nouveaux électrons, si bien que par un prompt renfort le faible nombre d'électrons produits par la photocathode peut être *multiplié par un milliard*. Cette avalanche ressemble à celle du compteur Geiger, avec la différence qu'ici le nombre d'électrons recueillis à la fin reflète assez fidèlement le nombre d'électrons émis par la photocathode. On avait donc avec le montage de Bay le moyen de compter les particules d'une façon beaucoup plus objective que l'œil humain ; il était incomparablement plus rapide, et fournissait en plus un signal proportionnel à l'énergie de la particule, plus précisément l'énergie perdue par la particule dans la substance scintillante, énergie transformée en lumière.

L'association d'une photocathode et d'un tube multiplicateur d'électrons connut un grand développement pour répondre aux besoins de l'industrie radioélectrique sous le nom de *photomultiplicateur*, dont les catalogues commerciaux offraient des dizaines de modèles différents après la guerre.

En 1944 Marietta Blau, physicienne juive autrichienne réfugiée aux États-Unis, et qui avait dû fuir l'*Institut für Radiumforschung* de Vienne, proposait un tel montage[25] pour la détection des particules α. Au même moment, et indépendamment, deux physiciens américains de Berkeley faisaient la même proposition[26].

Il est devenu très courant de détecter des particules chargées, des neu-

---

[*]Voir ci-dessus p. 86, 89, 90, 216.
[†]Voir p. 220.

trons, ou des photons γ par un matériau scintillant accolé à un photomultiplicateur. Le schéma est le suivant : la particule traverse le scintillateur, arrachant des électrons, qui produisent de la lumière. Celle-ci produit à son tour des électrons dans la photocathode du photomultiplicateur, ces électrons sont multipliés et forment un signal qui, convenablement amplifié, reflète l'énergie que la particule a déposée dans le scintillateur. De nombreux matériaux scintillants ont été, et sont encore, employés, le choix se faisant en fonction de la détection recherchée. Par exemple on choisira un corps organique riche en hydrogène pour détecter les neutrons, qu'on ne détecte pas directement mais par la scintillation des protons projetés lors d'une collision avec un neutron. Pour les rayons γ, on utilise souvent des cristaux d'iodure de sodium « dopés » au thallium[27] (c'est-à-dire qui en contiennent une infime quantité, déterminée dans des limites très étroites). Le physicien puise selon ses besoins dans un arsenal vaste et très divers.

Les photomultiplicateurs ont eu une carrière impressionnante, qui n'est pas achevée : ce sont des instruments universellement employés aujourd'hui.

L'invention du transistor et de la jonction p-n

Enfantée par la nécessité de comprendre la façon dont les électrons étaient organisés autour du noyau pour former l'atome, la mécanique quantique avait ensuite étendu son règne à la physique nucléaire, mais également à la chimie, naturellement, et à la physique dite de l'*état solide*, et plus précisément des cristaux.

Dans les années trente elle avait permis de mieux comprendre les phénomènes de conduction électrique : pourquoi les métaux sont en général bons conducteurs de l'électricité, d'autres éléments plutôt isolants, d'autres encore intermédiaires, ni franchement isolants, ni franchement conducteurs, qu'on avait appelés *semi-conducteurs*. Dans les métaux certains électrons ne sont presque pas liés aux noyaux des atomes, et peuvent se déplacer quasi librement. Dans les isolants au contraire, chaque électron est lié à deux noyaux, et ne peut pas se déplacer. Dans les semi-conducteurs certains électrons sont relativement peu liés, et ils peuvent se déplacer, mais ils sont normalement en nombre faible[28].

Depuis le début du siècle on avait utilisé empiriquement un matériau semi-conducteur, le sulfure de plomb, communément appelé *galène*, pour les récepteurs radiophoniques. Il peut en effet jouer le rôle de *diode*, ne laissant passer le courant électrique que dans un sens, s'il est en contact avec une pointe métallique : la *résistance de contact* est beaucoup plus grande dans un sens que dans l'autre. Ce fait empirique n'eut aucune explication théorique satisfaisante jusqu'à l'avènement de la mécanique quantique, entre 1932 et 1939, grâce à Alan Wilson en Grande Bretagne[29], Walter Schottky en Allemagne[30] ou Nevill Mott, encore en Grande Bretagne[31].

Pendant la guerre, surtout pour les besoins du RADAR, on déploya de nombreux efforts en Angleterre aussi bien qu'aux États-Unis pour développer des *redresseurs à cristal*. Et dès 1946 la *Bell Telephone Company* lança un programme de recherche dans le but de mieux comprendre ces phénomènes afin de fabriquer un redresseur de courant à semi-conducteur, une *diode*, ainsi qu'un amplificateur à semi-conducteur, (équivalent à la lampe *triode*). C'est ainsi que le premier *transistor* vit le jour en 1948, entre les mains de Walter Brattain et John Bardeen[32]. C'était un transistor à pointe, extrêmement difficile à manipuler, dont le cristal semi-conducteur était du germanium. Le mot *transistor* a été forgé par un autre physicien du laboratoire *Bell*, John Pierce, en contractant *transfer across a resistor*[33]. Peu de temps après, dans le même laboratoire, William Shockley inventait le transistor à *jonction p-n*, une technique bien plus facilement utilisable pour un développement industriel[34], et qui remplace les fragiles pointes en tungstène ou en bronze au phosphore par une introduction contrôlée de certaines impuretés dans un cristal de silicium très pur. Le transistor allait vite se répandre, prenant progressivement la place des lampes dans les circuits électroniques. Il avait en effet beaucoup d'avantages : plus petit, beaucoup moins gourmand en énergie, beaucoup plus fiable, beaucoup moins fragile, beaucoup moins cher à fabriquer, une fois surmontées les premières difficultés...

« Chaque fois qu'un physicien nucléaire observe un nouvel effet provoqué par une particule atomique il tente d'en faire un compteur » écrit en 1953 le physicien canadien Kenneth McKay[35], du laboratoire de la *Bell*, dans un article de *Physics Today*. C'est exactement ce qui se passa pour les cristaux isolants tel le diamant. Dès 1913 Wilhelm Röntgen avait remarqué qu'un cristal soumis à un rayonnement devient légèrement conducteur[36]. Mais le courant créé par le passage d'une seule particule était beaucoup trop faible pour être détecté sans amplification. Après la seconde guerre mondiale, plusieurs physiciens réussirent à détecter des particules grâce à un cristal, le plus souvent de diamant, mais aussi de sulfure de cadmium ou de chlorure d'argent[37-41]. Le phénomène physique à la base d'un détecteur à cristal est semblable à celui d'une chambre à ionisation : la particule qui le traverse arrache aux atomes des électrons qui, attirés par un champ électrique, constituent un courant électrique transitoire. Mais dans un isolant les électrons ont tendance à s'accrocher à un autre atome privé d'un électron, c'est le phénomène de *recombinaison*, qui fausse la mesure de façon considérable : une quantité trop importante des électrons produits est perdue, si bien que le courant mesuré n'est pas un bon témoin de l'énergie de la particule. Les détecteurs à cristal ne dépassèrent guère le stade des essais.

Les cristaux semi-conducteurs apparaissaient par contre plus intéressants : les électrons y sont beaucoup plus mobiles, et ont moins de chances de se recombiner. Si on utilise un semi-conducteur, plus précisément une diode à jonction p-n, on peut établir une tension de quelques volts « inverse », c'est-à-dire dans le sens où le courant électrique ne peut pas passer. Lorsqu'une particule α ou un proton traverse le cristal, elle arrache des électrons qui peuvent se déplacer et créer un courant électrique éphémère, un *signal* du passage de la particule. L'amplitude de ce signal reflète bien le nombre d'électrons libérés, donc l'énergie que la particule a perdue en traversant le semi-conducteur. On a l'équivalent d'une chambre à ionisation solide, de petites dimensions, beaucoup plus dense qu'une chambre d'ionisation à gaz. Les premiers travaux sur le sujet furent publiés dès 1951 par McKay[42] puis en 1956 par James Mayer et Ben Gossick[43].

Peut-être échaudés par les déboires des compteurs à cristal isolant, les physiciens eurent pendant quelque temps une attitude prudente vis-à-vis des compteurs à cristal semi-conducteur. De plus la fabrication de jonctions p-n au silicium soulevait des problèmes techniques assez considérables. Il fallait tout d'abord apprendre à fabriquer des cristaux d'un seul tenant, des *monocristaux* assez grands et extrêmement purs. Les matériaux cristallisés, comme le sucre cristallisé, le sel de cuisine ou le quartz, sont constitués en général de petits cristaux qu'on repère par leurs faces bien planes et brillantes. Ici il s'agit d'avoir des cristaux dans lesquels les atomes soient alignés sur des distances de l'ordre du centimètre, sans rupture ni faille : des alignements réguliers de centaines de millions d'atomes ! Et les impuretés, les atomes autres que le silicium, doivent être en quantité très faible, inférieure à une impureté pour quelque dix milliards d'atomes. Il faut ensuite introduire des impuretés contrôlées afin de « doper » le monocristal, lui apportant soit un excès, soit un déficit d'électrons. La proportion d'impuretés contrôlées doit être de l'ordre d'une impureté pour cent millions d'atomes de silicium...

Cela explique qu'il ait fallu une décennie avant la publication des premiers articles décrivant des expériences de physique utilisant des détecteurs à semi-conducteurs[44]. Mais dès lors ils se développèrent très rapidement. En 1962 un article passant en revue l'utilisation de ces détecteurs ne comprenait pas moins de 231 références[45] ! Ce sont des détecteurs simples, fiables, de très bonne résolution (capacité à distinguer des particules d'énergies très proches, à peine séparées par quelques dizaines de milliers d'électronvolts). Comme tous les appareils désormais, ils nécessitent un appareillage électronique adéquat pour fonctionner, collecter le signal, l'amplifier, le trier, etc.

Présence grandissante de l'électronique

Jusqu'en 1939 l'électronique avait eu une place modeste dans l'arsenal expérimental du physicien. Elle avait fait une entrée remarquée avec la possibilité de détecter automatiquement le déclenchement « en coïncidence » de deux compteurs Geiger-Müller*. Elle avait permis également d'amplifier le faible signal électrique des chambres d'ionisation, et d'avoir ainsi une idée, même grossière, de l'énergie des particules détectées. Mais il s'agissait de bricolages de laboratoire, ou, comme pour la découverte de la radioactivité artificielle[†], d'amplificateurs prélevés sur des postes de *T. S. F.* du commerce.

Une étape importante fut franchie pendant et après la guerre : les laboratoires employèrent des équipes d'électroniciens pour développer les appareils spécifiques nécessaires à leurs expériences. Dans une salle d'expérience, la présence de l'électronique était chaque jour plus grande. Grâce à elle on pouvait utiliser des détecteurs plus sensibles, faire des mesures plus précises et aussi des mesures impensables sans elle, comme celle du temps qui s'écoule

---

*Voir p. 238.
†Voir p. 72.

entre le déclenchement de deux compteurs : c'est de cette façon qu'on mesure la vitesse des neutrons. Elle permet de sélectionner de façon très fine les événements intéressants, par exemple ceux pour lesquels l'énergie d'une certaine particule est comprise entre des limites définies, ce qu'on appela un *canal*. Rapidement furent développés des *sélecteurs multi-canaux*, capables de répartir les particules détectées selon leur énergie dans différents canaux, le numéro du canal permettant de connaître immédiatement l'énergie de la particule. On vit apparaître des sélecteurs à dix canaux, puis 100, puis 256, 1027, 4096 canaux...

Quid des ordinateurs ? Pour l'instant, bien que le premier ordinateur ait vu le jour en 1945, ils ne jouent aucun rôle en physique expérimentale, et cela durera jusqu'à la fin des années cinquante. Les calculs se font à la *règle à calcul* ou à la machine à calculer électromécanique. Ce n'est qu'au début des années soixante qu'ils prendront une part de plus en plus importante dans les calculs de physique, et plus tard dans l'instrumentation.

Un cas à part : les émulsions photographiques

Becquerel a découvert la radioactivité parce qu'elle impressionnait les plaques photographiques, mais l'utilisation des appareils électriques avait rapidement supplanté leur usage. En 1911 le chimiste allemand Max Reinganum observa au microscope les traces laissées dans une émulsion photographique par des particules α, et on se rendit compte qu'elles étaient constituées d'un certain nombre de grains, l'image latente étant constituée par l'ensemble des grains traversés par la particule, qui s'en trouvent activés, et qui apparaissent comme un grain noir lors du développement. En 1925 Marietta Blau parvint à observer les traces beaucoup plus faibles laissées par les protons. L'intérêt pour la physique restait toutefois assez mince[46].

Mais il est un domaine où les plaques photographiques retrouvèrent un rôle prépondérant : l'étude des rayons cosmiques. Ceux-ci avaient été découverts avec une chambre d'ionisation, et étudiés à la chambre de Wilson, qui avait montré des gerbes de particules vraisemblablement créées par des particules entrant en collision avec des noyaux d'oxygène ou d'azote de l'atmosphère. Étant donné que ce rayonnement venait du cosmos, les physiciens voulurent faire des expériences en haute altitude, au sommet de montagnes, ou dans des ballons pouvant aller beaucoup plus haut, comme l'avaient fait Victor Hess et Werner Kolhörster*. On avait ainsi l'espoir d'observer le rayonnement « primaire » tel qu'il nous parvenait de l'espace, et non pas seulement le rayonnement « secondaire » produit dans le bombardement de la haute atmosphère. Les plaques photographiques étaient alors le détecteur idéal : légères, faciles à manipuler, elles pouvaient enregistrer les particules qui les traversaient. Une fois développées, on pouvait les conserver en attendant de les observer pour chercher les traces de particules. La première expérience de ce type eut lieu aux États-Unis en 1935. Le ballon *Explorer II* fit une ascension jusqu'à plus de 22 000 m, restant plus de deux heures au-dessus de 21 000 m. L'une des plaques photographiques embar-

---

*Voir p. 44.

quées contenait les traces laissées par le rayonnement cosmique[47,48].

Avec l'aide de Victor Hess, Marietta Blau put faire exposer en 1937 des plaques pendant 5 mois au mont Hafelekar, en Autriche. Elle observa alors la première trace d'une réaction nucléaire provoquée par un rayon cosmique[49] : d'un point de la plaque on voit partir plusieurs traces, témoins de l'explosion d'un noyau sous l'impact du rayon cosmique vraisemblablement de très grande énergie, ce qu'elle appelle une *étoile*. D'autres observations suivirent.

L'un des obstacles majeurs au développement de l'utilisation des plaques photographiques était leur faible sensibilité. Plusieurs physiciens tentèrent de fabriquer des plaques plus sensibles, et en 1945 la société britannique Ilford commercialisa des émulsions de « qualité nucléaire » particulièrement bien adaptées. Dès lors les émulsions photographiques devinrent pour quelques années un outil majeur dans l'étude des rayons cosmiques. Elles permirent la découverte de plusieurs particules.

Chapitre 2

Les données s'accumulent

Où protons et neutrons, différents mais tellement ressemblants, sont finalement reconnus comme des variétés de la famille des nucléons. Où l'on assiste à la découverte des vrais transuraniens, au prix de la modification du tableau périodique de Mendeleev. Où l'on parvient à mesurer la période radioactive du neutron. Où la diffusion d'électrons de grande énergie permet d'observer la répartition de la charge électrique, donc des protons, à l'intérieur du noyau.

PROTONS ET NEUTRONS se ressemblent beaucoup, en dehors du fait que les premiers sont chargés électriquement, et les seconds neutres. Mais pour ce qui est des interactions nucléaires, il semble bien que leurs propriétés soient très semblables, sinon identiques : c'est ce qu'on a appelé *l'indépendance de charge* de la force nucléaire*. Ce côté interchangeable conduisit en 1941 le physicien danois Christian Møller à proposer le nom de *nucléon* pour désigner les protons et les neutrons[50] lorsqu'on ne veut pas les distinguer : *le noyau d'uranium 238 contient 238 nucléons*. Immédiatement adopté, il est aujourd'hui d'utilisation universelle.

Les articles de Bethe

Après la fin de la guerre, la connaissance fondamentale de la structure des noyaux n'était pas très différente de ce qu'elle était en 1939. Les trois articles de Bethe[†] de 1936-1937 étaient toujours considérés comme la bible des physiciens nucléaires, au point qu'ils furent réédités par *Reviews of Modern Physics*. Sauf pour les transuraniens, vigoureusement étudiés pour des raisons militaires, la situation n'avait guère évolué. Mais la formidable avancée

---

*Voir p. 67.
†Voir p. 111.

Les véritables transuraniens

On savait depuis les travaux de Lise Meitner, Hahn et Strassmann en 1937 que l'uranium pouvait absorber de façon résonante, c'est-à-dire particulièrement efficace, des neutrons de 25 keV, et que l'isotope 239 ainsi formé se désintégrait en émettant des électrons β avec une période radioactive de 23 minutes environ. L'émission d'un électron β, c'est la transformation d'un neutron en proton, et comme l'uranium contient 92 protons, *le corps résiduel devait être l'élément 93, un véritable transuranien.* Malheureusement toutes les tentatives pour l'identifier de façon plus précise, par exemple par ses propriétés chimiques, avaient échoué. Dans un article de juin 1939, Emilio Segrè estime que la question n'est pas réglée :

> Il semble que la conclusion qui s'impose est que l'uranium de période 23 minutes se désintègre en un élément 93 à période très longue et que *les éléments transuraniens n'ont pas encore été observés*[51].

Pourquoi était-il donc si difficile d'observer cet élément, dont l'existence était considérée comme probable ? Parce qu'on en produisait très peu, à cause de la faible intensité des sources de neutrons, et de surcroît parce que la période radioactive de ces éléments était longue (elle est de 2,35 jours), et que par suite le nombre de désintégrations par seconde était très faible.

Or le cyclotron de Berkeley pouvait être utilisé comme une source de neutrons très intense. Il suffisait pour cela d'accélérer des deutons, et de bombarder avec ce faisceau un élément quelconque. Un deuton est en effet constitué par un proton et un neutron liés, mais de façon assez lâche. Lors d'une collision violente avec un noyau, le lien entre le proton et le neutron peut se briser, si bien que tout se passe *grosso modo* comme si le proton avait entraîné le neutron dans sa course, lui communiquant la même vitesse que la sienne, puis l'avait lâché. On avait, avec un cyclotron, l'équivalent d'une source de neutrons *plusieurs millions de fois plus intense* que celles qu'utilisaient Otto Hahn ou Enrico Fermi, et qui consistaient en un mélange de produit radioactif comme le radium ou son émanation et du béryllium pulvérisé.

Le neptunium

C'est donc avec le cyclotron qu'Edwin McMillan et Philip Abelson reprennent l'expérience de bombardement de l'uranium. Ils produisent suffisamment de ce nouvel élément 93 pour étudier ses propriétés chimiques. À leur grande surprise, *elles ne ressemblaient pas à celles du rhénium*, dont tout le monde pensait que cet élément devait être l'homologue. Dans le sacro-saint tableau de Mendeleev le radium était dans la même colonne que le baryum, élément 56 (selon la terminologie de Mendeleev le radium était l'*eka-baryum*), puis on devait changer de colonne pour chaque nouvel élément, ce qui mettait l'élément 93 dans la même colonne que le rhénium, élément 75*. Mais il ne semble pas obéir à cette règle :

> Il est intéressant de noter que le nouvel élément ressemble très peu, si tant est qu'il lui ressemble, à son homologue le rhénium ; [...] Ce fait suggère l'existence possible d'un second groupe de « terres rares », un groupe d'eéléments semblables partant de l'uranium[52].

McMillan et Abelson suggèrent un rapprochement avec le cas des terres rares, ces éléments allant du lanthane (élément 57) au lutetium (élément 71) qui ont tous des propriétés chimiques très proches, et qui tiennent tous dans une seule case du tableau de Mendeleev, particularité expliquée par Bohr en 1921 par l'ordre de remplissage des couches électroniques[†]. Le même phénomène se produisait-il pour l'élément 93 ? Il était encore trop tôt pour le dire, mais il y avait anguille sous roche.

Premier élément au-delà de l'uranium, l'élément 93 était *le premier véritable transuranien*. McMillan et Abelson proposèrent le nom de *neptunium*, la planète Neptune étant la première planète au-delà d'Uranus, qui avait donné son nom à l'uranium.

Le plutonium

Le lundi 3 juin 1940 Glenn Seaborg, jeune chimiste de Berkeley, lit l'article de McMillan et Abelson, et écrit dans son journal :

> Le descendant $^{239}94$ a une période trop longue pour qu'on puisse l'observer. J'étais au courant de ce travail pendant son déroulement et j'ai hâte de travailler dans ce domaine excitant[53].

Ce que Seaborg appelle « le descendant », c'est ce qui reste du noyau de neptunium (élément 93) après sa désintégration β. Il a perdu un électron, porteur d'une charge négative, donc il a gagné une charge et devrait s'être transformé en élément 94. Encore faut-il en apporter la preuve.

Né en 1912 dans le Michigan, Glenn Seaborg avait vécu jusqu'à 10 ans dans la petite ville minière d'Ishpeming, où travaillaient ses parents émigrés de Suède. La famille s'installa ensuite en Californie, où Seaborg fit ses études et obtint son doctorat en 1937, devenant alors assistant du grand chimiste américain Gilbert Lewis, puis instructeur en 1939, professeur assistant en 1941 et professeur en 1945.

Avec un autre chimiste de Berkeley, Joseph Kennedy, Seaborg commence à travailler sur la radioactivité de l'élément 93, sujet qu'il propose à son étudiant Arthur Wahl en vue de sa thèse. Ils bombardent un échantillon d'uranium avec le faisceau de deutons du cyclotron de Berkeley, et tentent ensuite de déterminer par radiochimie la nature des substances produites. Ils observent rapidement une radioactivité α qui n'est pas due à l'uranium ni à l'élément 93. C'est donc probablement l'élément 94. Un article est envoyé

---

*Cette partie du tableau de Mendeleev, tel qu'on le concevait en 1938, est reproduite p. 126.
[†]Voir p. 133.

à *Physical Review* le 28 janvier, mais les États-Unis viennent d'entrer en guerre. Les auteurs demandent que l'on sursoie à la publication[54]. Enfin le 25 février ils obtiennent la preuve chimique[55] : ils ont bien découvert l'élément 94. Ils proposent le nom de *plutonium*, prenant ainsi le nom de la planète Pluton, seconde planète au-delà d'Uranus[56].

Comme ils s'en étaient doutés, le nouvel élément 94 a des propriétés chimiques proches de celles de l'uranium, et non pas de celles de l'osmium. L'idée qu'on avait affaire à une série d'éléments de propriétés chimiques très proches, analogues aux terres rares, se précisait.

La découverte de ce nouvel élément avait des implications militaires considérables. Sur la base de la théorie de Bohr, Fermi avait montré que cet élément pourrait probablement fissionner tout comme l'uranium 235. Si l'on parvenait à le produire en quantités assez grandes, ce serait peut-être plus facile de faire une bombe au plutonium que de séparer l'uranium 235 de l'uranium 238. C'est pourquoi, nous l'avons vu, cette découverte est restée secrète jusqu'en 1946.

Les actinides

L'idée qu'il pût exister une famille chimique d'éléments très proches les uns des autres, tout comme les terres rares, que nous appelons aujourd'hui *lanthanides*, n'était pas vraiment nouvelle. En 1921 Bohr avait expliqué la très grande similarité chimique entre les différents lanthanides par le fait que l'orbite électronique la plus externe, « à six quanta », celle qui était responsable pour l'essentiel des propriétés chimiques, contenait 2 électrons, alors que les orbites plus internes, à 4 ou 5 quanta, étaient incomplètes et se remplissaient progressivement entre le lanthane et le lutecium*. Dans le tableau des éléments qu'il donna au cours du fameux *festival Bohr* de Göttingen en 1922[†], Bohr avait indiqué par un cadre en pointillé l'existence possible d'une nouvelle famille de corps très proches les uns des autres, sans plus s'appesantir. Dans sa conférence Nobel le 11 décembre 1922, il revenait sur cette éventualité, mais considérait qu'on ne pouvait rien affirmer, étant donné que trop peu d'éléments de cette région étaient connus à cette époque. En 1935 Aristid von Grosse, chimiste allemand émigré aux États-Unis, évoquait explicitement cette possibilité[57]. Les résultats de McMillan, Abelson et Seaborg allaient bien en ce sens. Il fallait enfin ajouter au dossier le calcul théorique d'une physicienne allemande émigrée aux États-Unis, Maria Goeppert Mayer. Dans un article publié en 1941 elle montre en effet que l'existence d'une deuxième série de « terres rares », comme disaient McMillan et Abelson, est non seulement possible, mais très probable, selon la théorie. D'après ses calculs la nouvelle série pourrait commencer avant l'uranium, peut-être même dès le praséodyme (élément 91)[58].

Dans un rapport secret envoyé en 1942 au comité de l'uranium, et qui sera publié en 1948, Seaborg détaille les propriétés chimiques du neptunium

---

*Rappelons que le « nombre de quanta » ou nombre quantique principal n fixe la taille de l'orbite et son énergie. Voir p. 143 et, sur la théorie des lanthanides, p. 133.

[†]Voir p. 139.

Les données s'accumulent 443

et du plutonium, et il conclut, comme McMillan et Abelson, qu'il pourrait exister une nouvelle famille de « terres rares » dont le premier élément pourrait être l'uranium, le thorium ou même l'actinium[56]. En 1945 il est convaincu que cette série commence à l'actinium et il propose d'appeler ces éléments *actinides*, sur le modèle des *lanthanides*[59]. Quelques années plus tard, il reviendra plus en détail sur le nouveau tableau périodique dans lequel les *actinides* ont maintenant leur place[60].

La découverte des *actinides* change profondément le tableau de Mendeleev* pour les éléments lourds : *actinium, thorium, praséodyme, uranium, neptunium, plutonium, et tous les éléments non encore observés jusqu'à l'élément 103 se retrouvent dans la même case du tableau périodique*, exactement de la même façon que les éléments 57 à 71 sont tous dans la case du lanthane. Désormais les physiciens et chimistes pouvaient prévoir les propriétés chimiques des nouveaux éléments, ce qui constituait évidemment une aide considérable pour leur découverte. Ainsi allaient progressivement être observés : l'élément 95, appelé *américium* et le 96, appelé *curium* en 1949 ; l'élément 97, appelé *Berkelium* et l'élément 98, appelé *californium*, en 1950 ; les éléments 99 et 100, appelés *Einsteinium* et *Fermium* en 1955...

En 1955 le prix Nobel récompensa Edwin McMillan et Glenn Seaborg « pour leurs découvertes dans la chimie des éléments transuraniens ». La chasse aux transuraniens allait être encore longue : l'élément 101 était observé en 1955, l'élément 102 en 1958, l'élément 106 en 1974, tous à Berkeley. Entre temps d'autres laboratoires entraient dans la course : Dubna en Union Soviétique, Damstadt en Allemagne. Le dernier élément identifié est l'élément 116, découvert à Dubna en 2000.

L'ESPÉRANCE DE VIE DU NEUTRON

Le neutron est radioactif, on l'a su dès qu'il fut définitivement reconnu que sa masse était supérieure à celle d'un proton et d'un électron : il devait pouvoir se désintégrer en ces deux particules (plus un neutrino, dont la masse était très faible, peut-être nulle). Dans la livraison de *Physical Review* du 1er mai 1950, deux articles envoyés à une semaine d'intervalle confirment cette radioactivité, et donnent les premières estimations de sa période radioactive (temps nécessaire pour que la moitié des neutrons d'un échantillon se soient désintégrés). À Oak Ridge, dans le Tennessee, Arthur Snell, avec divers collaborateurs, confirme la désintégration en proton et électron, détectés *en coïncidence*, et donne une période radioactive comprise entre 10 et 30 minutes[61], tandis que dans le deuxième John Robson[62], au laboratoire canadien de Chalk River, donne une fourchette de 9 à 25 minutes, puis, un an plus tard, des résultats plus complets : la période radioactive du neutron est 12,8 minutes avec une erreur possible de 2,5 minutes en plus ou en moins. C'est compatible avec la valeur adoptée aujourd'hui : 624 secondes, soit 10 minutes et 14 secondes, avec une incertitude d'une seconde en plus ou en moins.

Notons cependant que cette radioactivité ne concerne que les neutrons

---

*Voir le tableau de Mendeleev, dans sa actuelle, à la fin de ce livre.

libres. Pour les neutrons qui font partie d'un noyau la comptabilité des énergies et des masses est plus compliquée : un neutron qui se désintègre, c'est le noyau qui se transforme par radioactivité β : le nouveau noyau a un neutron de moins et un proton de plus. Mais cela n'est possible que si ce changement ne nécessite pas un apport d'énergie de l'extérieur. Dans le cas contraire, le premier noyau ne peut se transformer, il est stable. C'est bien ce que l'on observe : les atomes qui nous entourent sont stables, alors que si les neutrons de tous les noyaux pouvaient se désintégrer, aucun noyau n'existerait plus depuis longtemps, ni aucun atome, par voie de conséquence...

La diffusion des électrons et la distribution de la charge dans le noyau

Dès 1934 le physicien anglais Nevill Mott avait calculé la diffusion élastique d'électrons par un noyau[63], en utilisant l'équation relativiste de Dirac*. Il reprenait ainsi de façon « moderne » le calcul que Rutherford avait fait en 1911†. Mott considérait le noyau comme une charge ponctuelle, ce qui était tout à fait justifié pour des électrons de faible énergie. Selon la mécanique quantique en effet, les électrons ont une longueur d'onde qui doit être comparable à la taille de l'obstacle qui les fait dévier pour que cette taille ait une influence quelque peu sensible sur cette déviation. Pour la même raison un microscope optique ne permet pas de voir des détails plus petits que le micron, car la longueur d'onde de la lumière visible est de cet ordre. L'apparition des accélérateurs d'électrons après la guerre offrit rapidement aux physiciens — dans un premier temps, aux physiciens de Stanford — des électrons d'énergie de plus en plus élevée‡, donc de longueur d'onde de plus en plus petite : 6 MeV en 1947, 35 MeV en 1950, 700 MeV en 1954, 1 000 MeV en 1960. Cela correspond à des longueurs d'onde de plus en plus petites, respectivement 190 fm §, 35 fm, 1,8 fm, 1,2 fm.

L'effet de la taille des noyaux sur la diffusion élastique d'électrons avait été étudiée dès 1934 par un physicien autrichien, Eugen Guth[64]. En 1947 un physicien américain du laboratoire d'Oak Ridge (qui dépendait encore du projet Manhattan), Morris Rose, reprit le problème et montra que la distribution de charge à l'intérieur du noyau pouvait se déduire de façon directe de la distribution des électrons déviés élastiquement[65]. Il s'agit en l'occurrence d'une opération mathématique bien connue des électriciens, la «Êtransformée de Fourier.» Cela n'était vrai qu'en première approximation (en utilisant l'approximation de Born), et la détermination précise demanderait une analyse des données plus poussée, mais l'essentiel du phénomène était là : la distribution angulaire des électrons déviés élastiquement par un noyau est pour ainsi dire une photographie de la répartition de la charge électrique à l'intérieur, qu'on appelle *la distribution de charge*. D'autres cal-

---

*Voir p. 163.
†Voir p. 90.
‡Voir p. 429.

§*fm* est l'abréviation de *femtomètre*, 10^{-15} m, unité naturelle pour les dimensions à l'échelle nucléaire : le rayon de l'oxygène est de 3 fm environ, celui du plomb de 6,5 fm environ.

culs furent faits un peu plus tard par le physicien britannique Lewis Elton[66], selon une méthode plus précise mais qui demandait des calculs beaucoup plus longs. C'est cette dernière méthode, dite des « déphasages », qui devra être employée pour déterminer la répartition de la charge, donc des protons, des noyaux. Les calculs seront bien entendu facilités, ou même simplement rendus possibles, par l'apparition et le développement des ordinateurs au début des années cinquante.

La distribution de la charge, c'est-à-dire en gros celle des protons, est en effet pour tout noyau un élément de connaissance fondamental : la densité devait, pensait-on, être plus ou moins constante à l'intérieur, et diminuer assez rapidement à la surface. On peut imaginer un avion entrant dans un nuage épais : il entre d'abord dans un brouillard de plus en plus dense à mesure qu'il avance, puis cette densité se stabilise, pour décroître à nouveau lorsqu'il sort du nuage. Questions : la charge est-elle bien répartie de façon uniforme à l'intérieur ? À la surface, quelle est la distance sur laquelle la densité passe de zéro à la densité intérieure ?

La première expérience à montrer une influence de la taille du noyau sur la diffusion d'électrons fut faite en 1951 à l'université de l'Illinois, sur des noyaux d'aluminium, cuivre, argent et or, avec des électrons de 15,7 MeV. Mais l'énergie était trop faible pour permettre une détermination de la taille de ces noyaux. Deux ans plus tard, le synchrotron à électrons de l'université du Michigan, à Ann Arbor, fournissait des électrons de 34 MeV, utilisés pour mesurer la distribution angulaire des électrons sur différents noyaux. L'analyse des résultats[67] révèle que les noyaux étudiés ont un rayon de 30% plus petit que le rayon déterminé par les méthodes employées jusque-là (diffusion de neutrons, radioactivité α pour les noyaux radioactifs).

À peu près au même moment une équipe de Stanford, sous l'impulsion de Robert Hofstadter, mesure la diffusion élastique d'électrons de 116 MeV sur le béryllium, le tantale, l'or et le plomb[68]. Les données ne permettent pas d'avoir une idée précise sur la façon dont la charge électrique est répartie dans le noyau, mais conduisent à penser que les limites du noyau ne sont pas abruptes, et que la densité de charge passe graduellement de la densité constante de l'intérieur à la densité nulle à l'extérieur du noyau.

À Stanford le faisceau d'électrons atteint 186 MeV en 1954, permettant à l'équipe de Hofstadter des mesures de plus en plus précises[69-71].

En 1956 Hofstadter fait le point dans un article important publié dans *Reviews of Modern Physics*[72]. La moisson de résultats est éloquente : on connaît maintenant de façon précise le rayon de nombreux noyaux, ainsi que ce que Hofstadter appelle l'« épaisseur de la surface nucléaire », qui est la distance sur laquelle la densité de charge passe de 10% à 90% de sa valeur au centre du noyau.

Vu par les électrons, le noyau est donc un objet dont les bords ne sont pas nets, mais un peu flous, ce flou s'étendant pour *tous les noyaux* sur environ 1 fm, ce qui représente environ le tiers du rayon de l'oxygène, et 15% de celui du plomb. D'autre part les mesures confirment bien que le volume du noyau est proportionnel au nombre de nucléons, mais avec un rayon plus petit que celui qui était estimé par d'autres moyens ; cela n'est guère étonnant, car les électrons « voient » la charge du noyau, tandis que les méthodes telles que la diffusion de particules α, de protons ou de neutrons, ou encore la radioactivité α disent *à partir de quelle séparation* l'interaction entre le noyau et ces particules se fait sentir.

Le prix Nobel de physique sera décerné à Robert Hofstadter en 1961 « pour son travail de pionnier dans la diffusion d'électrons et les découvertes faites de cette façon sur la structure des nucléons ».

CHAPITRE 3

La structure « en couches » du noyau

Où l'on voit triompher une idée paradoxale, longtemps combattue par le grand sage, Niels Bohr : oui, les protons et neutrons sont organisés en couches successives dans le noyau, comme les électrons dans l'atome. Où l'on voit la nature irréductiblement quantique du noyau, dans lequel protons et neutrons interagissent sous l'effet de forces immenses, et cependant se traversent sans même se « voir » dans le noyau !

COMMENT PROTONS ET NEUTRONS sont-ils organisés à l'intérieur du noyau ? Cette question était posée depuis la découverte du neutron en 1932. Dès 1933 les travaux de Walter Elsasser et Kurt Guggenheimer, deux physiciens allemands réfugiés à Paris, avaient suggéré que dans le noyau protons et neutrons pouvaient être organisés en « couches » successives (Elsasser employait le mot « enveloppes »), d'une façon assez similaire à ce qui se passe, à une autre échelle, dans l'atome*.

Guggenheimer s'appuyait sur l'observation attentive des énergies de liaison d'un proton ou d'un neutron dans les noyaux, c'est-à-dire de l'énergie nécessaire pour l'en extraire. En parcourant ainsi la table des éléments, il avait observé que cette énergie de liaison, qui varie lentement d'un noyau au suivant de la liste, présentait des discontinuités au passage de certains nombres de protons ou de neutrons, suggérant des « effets de quanta », tout comme dans l'atome lors du remplissage des couches successives d'électrons. Elsasser avait un point de départ plus théorique. Selon lui, le principe de Pauli devait s'appliquer aux protons et neutrons dans le noyau, et on de-

---

*Voir p. 35.

vait les traiter sur un pied d'égalité (sans particules α préformées dans le noyau par exemple). À l'intérieur du noyau chaque nucléon devait subir une force *moyenne* de la part de l'ensemble des autres nucléons. Comme dans une goutte d'eau, cette force moyenne devait peu varier à l'intérieur du noyau, puisque les autres nucléons tiraient dans toutes les directions ; elle devenait importante près de la surface où le nucléon est fortement retenu par les autres nucléons. Il avait alors appliqué cette idée au noyau en prenant un champ de force très simple, représenté par un *puits de potentiel*$^\diamond$, où le champ de force subi par chaque nucléon ressemble à celui que subit un balle de golf lorsqu'elle est au fond d'un trou à fond plat : elle peut se mouvoir librement à l'intérieur, mais pour l'en extraire, il faut lui fournir de l'énergie. Les calculs d'Elsasser prédisaient certains nombres de protons ou de neutrons correspondant à des couches fermées, mais ces nombres ne correspondaient pas tous à ceux de Guggenheimer.

Un modèle à particules quasi-indépendantes ?

Rappelons la remarque ravageuse de Bohr contre cette idée : les protons et neutrons sont très serrés dans le noyau, si bien qu'il n'est guère imaginable qu'un proton ou un neutron puisse se mouvoir sur une orbite bien définie (équivalent classique de « nombres quantiques bien définis ») : sa trajectoire à peine commencée, il va entrer en collision avec d'autres nucléons et changer constamment d'orbite (en langage quantique, on dirait plutôt changer d'état, avec un jeu de nombres quantiques différent).

Malgré tout l'idée que les protons et neutrons puissent remplir des couches successives, comme les électrons dans l'atome, avait encore des partisans résolus, au premier rang desquels Wigner et Feenberg, qui avaient fait des calculs très encourageants à ce propos pour les noyaux légers[*].

Wigner et Feenberg : symétries et supermultiplets

Pour les noyaux plus lourds que l'oxygène, le modèle « à particules indépendantes » — autrement dit le modèle des couches — ne donnait pas de bons résultats, et cela n'étonnait personne, surtout si l'on pensait aux arguments de Bohr. Tout en admettant que ce modèle n'était pas aussi bon pour le noyau que pour l'atome, Wigner avait tenté de comprendre les variations brusques de l'énergie de liaison des noyaux pour certains nombres de protons ou de neutrons par de simples arguments de symétrie[73].

L'idée de Wigner (et de Friedrich Hund, comme nous l'avons signalé précédemment[†]) était d'explorer toutes les conséquences de deux hypothèses fondamentales :

- la force nucléaire entre deux nucléons est la même, que ces deux nucléons soient deux neutrons, un proton et un neutron ou deux protons. Dans ce dernier cas il faut bien entendu ajouter la répulsion électrique

---

[*]Voir p. 39.
[†]Voir p. 40.

entre deux particules de même charge, mais on suppose que cela ne modifie pas l'interaction nucléaire. C'est l'hypothèse d'*indépendance de charge* de la force nucléaire ;
- la force entre deux nucléons est indépendante de l'orientation de leurs spins*.

Dès lors, si l'on connaît la fonction d'onde d'un noyau, elle doit être quasiment identique† aux fonctions d'onde des noyaux dans lesquels on a remplacé un proton par un neutron, ou celles dans lesquelles on a changé l'orientation des spins. Or qui connaît la fonction d'onde connaît la structure du noyau. Wigner a appelé « supermultiplets » l'ensemble de ces différentes combinaisons. Naturellement lorsqu'on remplace un proton par un neutron (ou l'inverse) on change la nature du noyau, et on n'est pas assuré que la structure représentée par la fonction d'onde est celle de l'état d'énergie le plus bas, l'état fondamental. Wigner a ainsi tenté de trouver dans des noyaux voisins des états qui devaient avoir une grande parenté, et il en a trouvé. En collaboration avec Eugene Feenberg, Wigner a développé plus avant ces idées dans un article important paru en 1941 dans la revue anglaise *Reports on Progress in Physics*[74].

Les arguments de Maria Goeppert Mayer

Nous avons mentionné plus haut les travaux de Maria Goeppert Mayer, jeune physicienne allemande émigrée aux États-Unis, sur l'existence probable d'une série d'éléments semblables aux terres rares et proches de l'uranium, série que nous appelons aujourd'hui les actinides‡.

Maria Goeppert était née en 1906 en Silésie (qui fait partie aujourd'hui de la Pologne) et avait vécu depuis l'âge de quatre ans à Göttingen. Elle y fit des études de mathématiques, puis se tourna vers la physique, et soutint sa thèse en 1930 sous la direction de Max Born. C'est à Göttingen qu'elle rencontre un jeune chimiste américain, Joseph Mayer. Ils se marient, et elle le suit aux États-Unis où il devient professeur à l'Université John Hopkins de Baltimore. Maria continue à travailler, sans recevoir de salaire, en collaborant avec son mari sur des problèmes de chimie théorique. Puis le couple déménage à New York où Joseph Mayer obtient un poste à l'Université Columbia, en 1939. Elle y travaille avec Harold Urey, le chimiste qui avait découvert le deutérium§, et reçoit aide et encouragement de Fermi. C'est à cette époque qu'elle publie ses travaux sur ce qu'on n'appelait pas encore les actinides. Pendant la guerre elle travaille avec Urey à la séparation de l'uranium 235 pour le projet Manhattan, et en 1946 elle obtient son premier poste de professeur à l'université de Chicago. Elle partira avec son mari pour la Californie, à La Jolla, en 1960. Elle mourra en 1972.

---

*Mais rappelons que même en l'absence de force qui dépende de l'orientation des spins, le principe de Pauli a pour effet de favoriser certaines orientations des spins (voir p. 27). La mécanique quantique est décidément bien surprenante.

†Pas tout à fait identique, car il reste l'interaction électrique, ou coulombienne, entre protons qui ne s'exerce pas entre neutrons.

‡Voir p. 442.

§Voir p. 12.

En 1948, Maria Goeppert Mayer réexamine les données, maintenant plus nombreuses et plus précises, sur les noyaux connus : masses, mais également *spins* et même moments magnétiques dans de nombreux cas. Cet ensemble de données constituait tout à la fois une contrainte plus forte que devraient désormais respecter les modèles théoriques prétendant décrire la structure du noyau, et une source d'inspiration.

Reprenant la méthode d'Elsasser, Maria Goeppert observe, elle aussi, des régularités troublantes. Les noyaux qui ont soit 20, 50 ou 82 protons, soit 20, 50, 82 ou 126 neutrons possèdent des propriétés vraiment remarquables[75] :

- les noyaux avec 20 et 50 protons (le calcium et l'étain) ont de très nombreux isotopes : cinq pour le calcium, ce qui n'est pas très grand, mais ils vont de 20 à 28 neutrons. L'étain (50 protons) est l'élément qui compte le plus grand nombre d'isotopes, 10. Ainsi 20 protons peuvent accommoder 20 ou 28 neutrons pour former un noyau stable, 50 protons peuvent accommoder de 62 à 74 neutrons et former également des noyaux stables ;
- le même phénomène se produit avec les éléments contenant 20, 50, 82 ou 126 neutrons ;
- la probabilité d'absorber un neutron par collision est plus faible que la moyenne pour les noyaux contenant 20, 50, 82 ou 126 neutrons ;
- un argument inédit : lorsque l'uranium 235 fissionne, les deux morceaux ne sont généralement pas de même taille. Maria Goeppert remarque que les morceaux les plus fréquents semblent être ceux qui contiennent justement 50 ou 82 neutrons ;
- comme l'avait fait Guggenheimer, Maria Goeppert remarque des discontinuités dans la lente montée de l'énergie de liaison au passage des noyaux contenant 82 neutrons.

Bohr pouvait penser que toute idée de couche était injustifiable. Pourtant les données rassemblées par Maria Goeppert Mayer semblaient constituer au moins une forte présomption du contraire : une fermeture de « couche », c'est-à-dire le remplissage complet d'une couche, soit par des protons, soit par des neutrons, soit les deux à la fois, les couches de protons et neutrons se remplissant indépendamment les unes des autres, et se fermant successivement pour 20, 50, 82 neutrons ou protons, et 126 neutrons (car il n'existe pas dans la nature de noyaux contenant 126 protons).

Maria Goeppert se garde bien de généraliser, mais elle souligne que les calculs de Wigner et Feenberg[76], qui dataient de 1937, prévoyaient une *couche complète* pour 20 protons ou neutrons. Il s'agissait de calculs dans lesquels chaque nucléon, neutron ou proton, était traité en première approximation comme une particule indépendante des autres, ou tout au moins qui ne subissait l'influence des autres nucléons présents dans le noyau que sous la forme d'un champ de force moyen. L'étude attentive des énergies de liaison faite en 1939 par Barkas[77] semblait confirmer ces calculs.

L'ennui, c'est que les calculs donnaient des résultats franchement mauvais pour les noyaux de masse supérieure à environ 40, c'est-à-dire au-delà du calcium. Où donc était la faille ?

L'INTERACTION SPIN-ORBITE

Les choses en étaient là, lorsqu'un jour, Maria Goeppert Mayer eut avec Fermi une discussion qu'elle évoquera plus tard :

> À cette époque Enrico Fermi s'intéressait aux nombres magiques* J'eus le grand privilège de travailler avec lui, pas seulement au début, mais aussi par la suite. Un jour, en sortant de mon bureau, Fermi me demanda : « Y a-t-il une quelconque indication d'un couplage spin-orbite ? » Seule un personne telle que moi, qui avait vécu si longtemps avec les données, pouvait répondre immédiatement : « Oui, naturellement, et cela va tout expliquer. » Fermi était sceptique, et il me laissa à ma numérologie. [...]
>
> En dix minutes les nombres magiques étaient expliqués, et une semaine plus tard, quand j'eus mis soigneusement par écrit les autres conséquences, Fermi n'étais plus sceptique. Il l'enseigna même dans son cours de physique nucléaire[78].

Qu'est-ce donc que ce *couplage spin-orbite* ? Sous ce terme technique se cache une réalité simple, mais très quantique. Prenons un proton qui navigue sur une orbite. Il possède par ailleurs un *spin* intrinsèque, qui en fait une sorte de toupie quantique. La question de Fermi consistait à demander si le noyau est plus stable lorsque le proton tourne sur son orbite dans le même sens que son spin ou dans le sens opposé. Le lecteur pourra être surpris par cette utilisation de l'image très classique des orbites, constamment utilisée par les physiciens nucléaires. Non que ceux-ci ignorent que cette image est fausse, mais c'est une façon de parler en termes classiques *du phénomène quantique correspondant*. D'ailleurs le langage purement quantique utilise le terme d'*orbitales* pour désigner les fonctions d'ondes de ces particules.

Maria Goeppert se mit au travail, et découvrit rapidement que l'introduction de ce *couplage spin-orbite* avait des effets proprement miraculeux : dans ce modèle les noyaux possédant 20, 50 ou 82 protons et/ou 20, 50, 82 ou 126 neutrons sont particulièrement liés, ils ont une structure plus solide que leurs voisins. Dans sa lettre à *Physical Review* elle appelle ces nombres particuliers *nombres magiques*.

Tout à fait indépendamment, un physicien allemand, son cadet d'un an, Hans Jensen, parvenait au même résultat.

JOHANNES HANS DANIEL JENSEN

Hans Jensen était né en 1907 à Hambourg où il fit ses études. En 1941 il était professeur de physique théorique à Hanovre, puis fut nommé en 1949 professeur à l'Université de Heidelberg. Deux de ses collègues, Otto Haxel, de Göttingen, et Hans Suess, un chimiste nucléaire de Hambourg, attirent son attention sur ces régularités troublantes, ces nombres de neutrons ou de protons pour lesquels les noyaux semblent particulièrement stables. Mais, pas plus que Maria Goeppert Mayer, il n'avait d'explication à offrir pour cette « numérologie ». Invité à Copenhague pour y faire une conférence,

---

*L'expression « nombre magique » est attribuée à Eugene Wigner[79]. Elle s'est immédiatement répandue dans le monde entier[80].

il découvre le premier article de Maria Goeppert Mayer, qui remarquait, comme lui, des anomalies pour certains nombres de protons ou de neutrons, mais sans en donner d'explication[75]. Cela lui donne le courage d'en parler lors d'une conférence à laquelle assiste Niels Bohr :

> Je n'oublierai jamais cet après-midi. Niels Bohr écouta très attentivement et posa des questions qui devinrent de plus en plus précises. À un moment il remarqua : « Mais cela n'est pas dans l'article de Mme Mayer ! » ; de toute évidence Bohr avait soigneusement lu son travail et y avait réfléchi. La conférence se transforma en une discussion longue et passionnée. Je fus très impressionné par l'intensité avec laquelle Niels Bohr acceptait, pesait et comparait ces faits empiriques, faits qui ne s'accordaient aucunement avec l'idée que lui-même se faisait de la structure nucléaire. À partir de ce moment je commençai à envisager sérieusement la possibilité de « démagifier » les « nombres magiques »[79].

« Démagifier » les «nombres magiques », leur ôter ce caractère incompréhensible en recherchant une explication physique, voilà dès lors le programme de Jensen. De retour à Heidelberg, il en discute avec Otto Haxel et Hans Suess, et l'idée leur vient d'essayer un couplage spin-orbite fort. Tout comme Maria Goeppert Mayer à Chicago, ils se rendent compte que cela permet d'expliquer les régularités observées empiriquement, les fameux « nombres magiques ». Un premier article est refusé par une revue, avec l'excellente raison qu'il « ne s'agissait pas réellement de physique, mais plutôt de jouer avec des nombres ». Jensen, Haxel et Suess envoient alors deux articles courts à *Naturwissenschaften*[81,82] et écrivent un article en anglais, qu'il font parvenir à Viktor Weisskopf, un physicien juif autrichien émigré aux États-Unis depuis 1937. Daté du 18 avril, l'article paraît[83] le 1er juin 1949 sous la forme d'une lettre à l'éditeur de *Physical Review*. Jensen, Haxel et Suess ne pouvaient connaître l'article de Maria Goeppert Mayer, daté du 4 février, mais qui ne devait paraître que le 15 juin. Ils publient un article plus détaillé dans *Zeitschrift für Physik* un an plus tard[84], et en 1952 un article qui passe en revue tous les résultats, impressionnants, du modèle des couches[85].

Un modèle paradoxal

Les publications de Maria Goeppert Mayer et de Haxel, Jensen et Suess firent l'effet d'une bombe. Personne jusque-là n'avait pensé que le *couplage spin-orbite* pût être aussi fort, peut-être parce que dans son fameux article de 1936, véritable bible des physiciens nucléaires, Bethe avait écrit que ce couplage était probablement très faible[86]. C'était un consensus à l'époque.

De nombreux physiciens étaient pourtant convaincus que le noyau avait une structure en couches, car les noyaux contenant 2, 8, 10, 20, 50 et 82 neutrons ou protons et 126 neutrons avaient vraiment des propriétés particulières, sans toutefois trouver d'explication de ces « nombres magiques », au-delà de 20. Il faut dire que la situation des nucléons dans le noyau est tout de même bien différente de celle des électrons dans l'atome. Dans ce dernier, les électrons s'organisent selon les différents nombres quantiques, dont le principal fixe la taille de l'orbite (pour prendre l'analogie classique), et par voie de conséquence détermine principalement l'ordre des couches. Dans l'atome, les couches correspondent, en langage classique, à des ensembles d'orbites proches. Mais le noyau est beaucoup plus petit, les nucléons sont plus serrés, si bien que les couches ne sont plus déterminées uniquement par ce nombre quantique principal si on ajoute un ingrédient aussi fort que le *couplage spin-orbite*. Les couches sont toujours des ensembles d'orbites, ou plutôt d'« orbitales », pour parler quantique. Ces fonctions d'onde, regroupées en couche, ne correspondent pas forcément à un nombre quantique principal unique, comme dans l'atome. C'est pourquoi il était si difficile de trouver la bonne succession des couches.

Cela dit, c'est tout de même une situation inconfortable, car les arguments de Bohr contre une telle description de la structure d'un noyau n'ont pas été réfutés, mais simplement mis de côté. Sans qu'on sache très bien pourquoi, l'expérience semble montrer que le noyau se comporte d'une façon semblable à celle de l'atome, malgré les énormes différences entre eux : en première approximation au moins, les protons et les neutrons se meuvent indépendamment les uns des autres, chacun d'entre eux n'interagissant avec les autres que par un champ de force moyen provoqué par tous les autres. Comment cela est-il possible ? Il faudrait que chaque proton et chaque neutron puisse parcourir une distance comparable aux dimensions du noyau avant d'entrer en collision avec un autre nucléon, mais justement l'argument de Bohr est que la distance moyenne entre deux chocs est beaucoup plus petite. Où est l'erreur ?

Dans le cours de physique nucléaire qu'Enrico Fermi donna à l'Université de Chicago entre janvier et juin 1949, et dont les notes de cours ont été publiées par trois étudiants de l'époque[87], Fermi avait cependant donné un argument intéressant pour justifier l'idée que les nucléons pussent se mouvoir dans le noyau presque librement. Imaginons un noyau dans son état d'énergie le plus bas, son état fondamental. Si chaque proton du noyau possède ses quatre nombres quantiques, différents de ceux des autres protons (et de même pour les neutrons) on est dans une situation où chaque « jeu » de quatre nombres quantiques est attribué à un nucléon. Entrer en collision, c'est, pour deux nucléons, dévier de leur trajectoire, c'est-à-dire, en langage quantique, *changer de nombres quantiques*. Mais *tous les jeux de nombres quantiques ont été attribués, donc la collision n'est pas possible*, les nucléons se traversent sans se voir ! Encore une fois c'est la puissance du principe de Pauli qui se manifeste, et le mystère de la mécanique quantique*. Cela pourrait expliquer pourquoi le libre parcours moyen d'un nucléon dans le noyau est beaucoup plus grand que ce que pensait Niels Bohr, mais c'est encore un argument très qualitatif. Précisons que le cours de Fermi, c'est évident à la lecture de sa rédaction, a été fait *avant* de connaître la découverte, par Maria Goeppert Mayer et Hans Jensen, de l'importance du *couplage spin-orbite*. Cet argument a été repris par la suite, en particulier par Weisskopf[88].

---

*Et, soit dit en passant, l'erreur que l'on peut faire en s'appuyant trop sur l'analogie classique, même quand on pense en maîtriser les limites. Nous avons ici l'exemple d'une différence radicale entre mécanique classique et mécanique quantique : le principe de Pauli n'a aucun équivalent, aucun analogue en mécanique classique.

C'est aujourd'hui la base de notre compréhension du noyau.

En attendant, et c'était de toute façon sa meilleure justification, ce simple modèle d'organisation du noyau, avec les protons et neutrons arrangés sagement en couches successives, permettait de comprendre un nombre considérable de données jusque-là sans explication satisfaisante. Exemples :

▷ *la question des isomères.* Nous avons déjà mentionné, dans un autre contexte*, l'existence de ces noyaux qui pouvaient rester des secondes ou des jours dans un état d'énergie supérieure à l'état fondamental, contrairement à la quasi-totalité des cas, où le noyau retrouve vite son état d'énergie le plus bas, en émettant un rayonnement, un photon γ. Carl Friedrich von Weizsäcker avait expliqué cette anomalie par une grande différence entre les spins (moments angulaires intrinsèques) de l'isomère et de l'état fondamental. Mais pourquoi certains états avaient-ils un si grand spin ? Ce moment angulaire intrinsèque, cette « quantité de rotation » globale ne pouvait venir que de la rotation des nucléons (à laquelle s'ajoute le spin intrinsèque des nucléons), ce qui était difficilement compréhensible si ceux-ci étaient animés de mouvements chaotiques. On avait d'ailleurs constaté que l'on rencontrait de tels isomères pour des noyaux dont le nombre de protons ou de neutrons était proche d'un « nombre magique ». Le modèle des couches permettait d'expliquer ce phénomène, ce qu'avait remarqué Eugène Feenberg[89] en 1948, avant la parution des articles de Maria Goeppert Mayer et Hans Jensen. Le nouveau modèle améliorait donc la situation ;

▷ *les moments magnétiques des noyaux.* Dès 1937, le physicien allemand Theodor Schmidt[90] avait remarqué un lien entre le moment magnétique des noyaux et leur moment angulaire intrinsèque, leur spin, qu'on pourrait appeler « quantité de rotation interne »[†] :

– Les noyaux ayant un *nombre impair de protons* et un nombre pair de neutrons ont un moment magnétique d'autant plus grand qu'ils ont un spin grand, avec cependant de fortes variations ; il semble naturel de penser par conséquent que le moment magnétique est dû à la rotation de protons, ce qui crée un courant électrique ;

– les noyaux ayant un nombre pair de protons et un *nombre impair de neutrons* ont des moments magnétiques qui ne semblent pas dépendre du spin du noyau.

Schmidt avait tenté d'expliquer ce phénomène par un modèle simple, qui donnait un bon résultat, au moins qualitatif : il supposait que le moment magnétique était dû au mouvement du dernier proton ou du dernier neutron, les autres formant un sous-noyau sans spin et sans moment magnétique. Cela impliquait que ce nucléon externe pût se mouvoir sur une orbite, de façon indépendante des autres, c'était le

---

*Voir p. 122.

[†]Les noyaux dont les nombres de protons et neutrons sont tous les deux pairs ont tous un spin nul et un moment magnétique nul.

modèle des couches avant la lettre. Là encore Feenberg était intervenu, dans un article paru dans la même livraison de *Physical Review* que l'article de Maria Goeppert Mayer. Il revenait sur le faisceau de faits en faveur d'un structure en couches, et reprenait les calculs de Schmidt de façon plus poussée[91]. Dans ce même numéro et sur le même sujet paraissait un article de Lothar Nordheim[92], un physicien juif allemand émigré aux États-Unis, après un passage en France en 1933.

Le modèle des couches connut un succès immédiat et fit l'objet de publications de plus en plus nombreuses. Hans Jensen fut invité aux États-Unis, il travailla avec Maria Goeppert Mayer, et ils écrivirent ensemble un livre qui allait devenir le livre de référence de tous les physiciens nucléaires pendant des décennies : *Théorie élémentaire de la structure nucléaire en couches*[93]. Le modèle des couches triomphait, mais c'était un modèle paradoxal, qui manquait de justification théorique vraiment solide. Situation qui n'était pas sans parenté avec celle de l'atome de Bohr en 1913 : les faits expérimentaux avaient parlé, mais ce qu'ils disaient laissait perplexes les physiciens. Comment cela était-il possible ?

CHAPITRE 4

La diffusion élastique et le « modèle optique »

Où le libre parcours moyen des nucléons dans le noyau semble décidément assez grand. Où les physiciens parviennent à expliquer les données de diffusion élastique par une image somme toute très simple, celle d'une onde lumineuse frappant une boule de cristal semi-opaque. Où, grâce à quelques améliorations et à l'arrivée des calculs sur ordinateur, le « modèle optique » va triompher.

LE PROBLÈME DU LIBRE PARCOURS MOYEN d'un nucléon, proton ou neutron, dans le noyau, c'est-à-dire de la distance moyenne entre deux chocs contre d'autres nucléons, était bien au cœur de la compréhension du noyau, et du paradoxe du modèle des couches : était-il nettement plus court que les dimensions du noyau, comme le pensait Bohr, ou assez grand pour justifier le modèle des couches de Maria Goeppert-Mayer et Hans Jensen?

La question avait été abordée sous un autre angle par une équipe de Berkeley, qui comprenait le physicien canadien Leslie Cook, l'américain Edwin McMillan, et deux étudiants, Jack Peterson et Duane Sewell. Ils avaient mesuré l'absorption des neutrons par une quinzaine de noyaux, allant de l'hydrogène à l'uranium[94]. Robert Serber, théoricien du laboratoire, avait montré qu'on pouvait interpréter ces résultats si l'on supposait que les noyaux étaient partiellement « transparents », avec un libre parcours moyen de l'ordre de grandeur du rayon des noyaux, 4 à 5 femtomètres*, c'est-à-dire que la moitié des neutrons (environ) traversaient sans encombre

---

*Un femtomètre (fm) vaut 10^{-15} m; il est 100 000 fois plus petit qu'un Ångström, ordre de grandeur de la taille des atomes, soit un 1/10 000 000 de millimètre. Les rayons

les noyaux. Cela allait à l'encontre des hypothèses à la base du modèle de Bohr du noyau composé, mais constituait un argument de poids en faveur du modèle des couches[95] de Maria Goeppert Mayer et Hans Jensen, qui supposaient que les nucléons évoluaient dans le noyau quasi-indépendamment les uns des autres. Un bémol, cependant : la mesure avait été faite pour des neutrons de grande énergie, 90 MeV, une énergie bien supérieure à celle des neutrons ou protons dans le noyau, soit une vingtaine de MeV, et il n'était pas évident que le libre parcours moyen des neutrons dans le noyau fût le même que celui de neutrons d'aussi grande énergie. Robert Serber, après avoir fait ses études dans le Wisconsin, avait été élève, puis ami de Robert Oppenheimer, qui lui avait confié des travaux importants dans le projet Manhattan pour la construction de la bombe atomique. Nommé professeur à Berkeley à la fin de la guerre, Serber était un théoricien respecté et réputé pour sa capacité à établir des liens avec les expérimentateurs dont il suivait de près les travaux.

Pour faire ses calculs d'absorption des neutrons et de diffusion élastique, Serber utilisait une idée que Bethe avait proposée en 1940 pour calculer précisément la probabilité pour un neutron d'être absorbé par un noyau[96]. Bethe introduisait un coefficient d'absorption, et il montrait que, de façon technique, ce coefficient apparaissait dans l'équation de Schrödinger comme un potentiel imaginaire. Il comparait alors cette situation avec l'absorption et la réfraction de la lumière lorsqu'elle pénètre dans un milieu réfringent, du verre par exemple (ou notre cornée). Les lentilles des lunettes de soleil correctrices sont un exemple de milieu réfringent et absorbant : la lumière y est déviée (pour la correction) et en même temps plus ou moins fortement absorbée (presque totalement dans les lunettes utilisées pour observer les éclipses de soleil). En optique on décrit la réfraction par un indice de réfraction et l'absorption par un *indice de réfraction imaginaire*. Bethe montrait même quelque chose d'inattendu a priori : la probabilité d'être absorbée est plus grande si ce coefficient d'absorption augmente *graduellement* lorsqu'on pénètre dans le milieu réfringent.

Le noyau comme boule de cristal semi-opaque

En collaboration avec deux étudiants de Berkeley, Sidney Fernbach et Theodore Taylor, Serber décrit deux ans plus tard plus en détail la collision entre un neutron et un noyau[97]. L'interaction du noyau et du neutron est décrite par un potentiel « trou », un puits de potentiel$^\diamond$, une sphère dans laquelle le potentiel est constant, mais, suivant le modèle de Bethe, où la particule qui le traverse peut être absorbée, c'est-à-dire qu'elle a une certaine probabilité de ne pas ressortir du noyau. Cela s'apparente à la traversée d'une sphère semi-transparente (ou semi-opaque, comme on voudra) par une onde lumineuse : lorsqu'elle pénètre, l'onde est *réfractée*, c'est-à-dire déviée, et elle l'est aussi lorsqu'elle ressort. Le calcul de Serber, Fernbach et Taylor explique globalement les données de diffusion et d'absorption de neutrons.

---

des noyaux vont de 1 fm pour le proton, noyau de l'atome d'hydrogène, à environ 7 fm pour le noyau de plomb.

Le modèle optique 459

La semi-transparence des noyaux aux neutrons paraît donc découler tout naturellement des données expérimentales. On a parlé pour ce modèle de « boule de cristal semi-opaque » (*cloudy crystal ball*) ou plus simplement de « modèle optique », en raison de l'analogie soulignée par Bethe.

Tentatives « optiques »

Jusque-là, et pendant quelque temps encore, on ne va mesurer que de la « diffusion élastique », terme bien approprié puisqu'on ne recherche que l'élargissement moyen d'un faisceau de particules à la traversée d'une feuille de matière, ce qui le rend plus *diffus*. Les particules sont soit absorbées, soit déviées, mais on n'est pas encore en mesure de dire, sauf de façon grossière, combien ont été déviées à tel ou tel angle[98]. On en avait tiré des renseignements intéressants, comme le fait que les noyaux étaient partiellement transparents aux neutrons, mais il était difficile d'aller plus loin sans mesures nouvelles.

Peu à peu les physiciens allaient affiner leurs méthodes expérimentales et mesurer de plus en plus précisément la répartition suivant les angles de déviation des protons ou neutrons diffusés élastiquement (c'est-à-dire sans échange d'énergie avec le noyau frappé), ce qu'on appelle des *distributions angulaires*. Notons les mesures de diffusion élastique de protons de 340 MeV faites à Berkeley[99], analysées à l'aide du modèle optique, mais sans véritable succès[100]. Puis vinrent des mesures faites à Princeton par Piet Gugelot avec des protons de 18 MeV[101], une véritable distribution angulaire, bien qu'elle ne fût mesurée que de 30 en 30 degrés. L'analyse par un théoricien de l'université de Californie à Los Angeles, David Saxon, et son étudiant Robert Le Levier, semble cette fois donner un résultat encourageant, même s'il n'est encore que qualitatif[102]. Le Levier et Saxon ont utilisé pour leurs calculs un modèle optique semblable à celui de Serber.

Des mesures beaucoup plus précises de la diffusion élastique de protons d'une vingtaine de MeV sont ensuite publiées coup sur coup par Bernard Cohen et Rodger Neidigh à Oak Ridge*, et Irving Dayton à Princeton[103,104]. Il était évident alors que les calculs de Le Levier et Saxon ne donnaient pas de résultats satisfaisants, pas plus que ceux de deux physiciens de Princeton, David Chase et Fritz Rohrlich, qui avaient tenu compte de la répulsion coulombienne subie par les protons[105].

Le potentiel « optique » de Woods et Saxon

Le 15 juillet 1954 paraît dans *Physical Review* une lettre à l'éditeur signée de deux physiciens de Los Angeles, Roger Woods (dont c'est le travail de thèse) et David Saxon, une lettre qui va tout changer[106]. L'idée est pourtant simple, et même pas très originale : Woods et Saxon représentent le champ de force subi par le proton par un puits de potentiel◊ *à bord diffus* : l'attraction subie par le proton ne se déclenche pas brutalement au-dessous

---

*Le laboratoire national d'Oak Ridge, dans le Tennessee, avait été créé pendant la guerre pour faire la séparation de l'uranium 235, nécessaire pour la bombe atomique.

d'une certaine distance entre le proton et le noyau, mais augmente progressivement sur une distance de l'ordre d'un femtomètre, une fraction du rayon du noyau, pour se stabiliser ensuite à l'intérieur du noyau. C'est un vrai potentiel « optique », obéissant aux prescriptions de Bethe[96], comprenant une absorption, elle aussi progressive, représentée par un terme imaginaire (au sens mathématique du mot). Pour modéliser cette progressivité, Woods et Saxon prennent une formule simple, la plus simple possible, que nous donnons ici, tant elle est devenue célèbre :

$$V(r) = \frac{V + iW}{1 + e^{\frac{r-r_0}{a}}}$$

V représente ici la profondeur du potentiel réel au centre du noyau, W la partie imaginaire, donc l'absorption, r est la distance entre le proton et le centre du noyau, r_0 le rayon du noyau et la quantité a caractérise la distance sur laquelle le potentiel acquiert progressivement sa valeur.

Pourquoi Woods et Saxon sont-ils les premiers à faire un tel calcul ? C'est parce qu'*ils sont les premiers à utiliser un ordinateur* pour ce genre de calcul, la programmation ayant été faite par Roger Woods. Jusque-là en effet, tous les calculs se faisaient à la main, avec l'aide éventuelle de la règle à calcul, de machines à additionner de bureau, de tables de logarithmes, et de tables de fonctions diverses. Il fallait donc pouvoir résoudre la fameuse équation de Schrödinger *de façon analytique*, c'est-à-dire avec des formules ne mettant en jeu que des fonctions existant dans des tables (sinus, cosinus, exponentielle, ainsi que des fonctions plus compliquées). Il existait alors sur le bureau de tout physicien un ou plusieurs épais volumes contenant des fonctions usuelles tabulées. Résoudre l'équation de Schrödinger avec une forme de potentiel aussi simple que celle de Woods et Saxon était quasiment inconcevable à la main. C'était d'autant moins concevable que le physicien cherche dans ce cas à analyser le rôle joué par les différents paramètres qu'il a introduits, quatre dans le cas présent. Lorsqu'on peut résoudre le problème de façon analytique, la solution apparaît sous la forme d'une formule mathématique dans laquelle on peut étudier le rôle des différents paramètres. Rien de tel dans le cas où on résout le problème de façon purement numérique, car on le fait alors pour un jeu de paramètres, et si l'on veut étudier le rôle de chaque paramètre, il faut recommencer le calcul en le faisant varier. Ce n'est donc pas un calcul qu'il faut faire, mais au bas mot des dizaines. Woods et Saxon précisent qu'il fallait entre 15 et 20 minutes à l'ordinateur qu'ils ont utilisé pour calculer une distribution angulaire, avec un jeu de paramètres. Cela peut paraître long, au regard de la fraction de seconde que prennent les ordinateurs actuels, mais c'était un progrès considérable en comparaison de calculs à la main.

Quant aux résultats, ils sont impressionnants : les calculs sont en très bon accord avec les données connues. Woods et Saxon montrent que l'ingrédient essentiel qui manquait jusque-là est bien le fait que le potentiel prend sa valeur progressivement, que sa surface est *diffuse* (ce que gouverne le paramètre a).

L'ORDINATEUR, INSTRUMENT DÉCISIF

L'ordinateur utilisé par Woods et Saxon portait le nom de SWAC, acronyme de *Standards West Automatic Computer*. C'était le premier ordinateur construit sur la côte ouest des États-Unis à l'*Institute for Numerical Analysis* de Los Angeles, un institut qui dépendait du *National Bureau of Standards**.

La conception du premier ordinateur est due au mathématicien John von Neumann et à deux physiciens américains, John Presper Eckert et John Mauchly, qui analysèrent en 1945 les limitations du premier *calculateur* électronique, l'ENIAC (*Automatic Numerator, Analyser and Computer*) dont la construction avait été lancée secrètement pendant la guerre à la *Moore School of Electrical Engineering*, de l'université de Pennsylvanie[107]. À la suite de discussions avec Eckert et Mauchly, von Neumann proposa dans un texte célèbre, *First Draft of a Report on the EDVAC*, qui date du 30 juin 1945, la construction du premier véritable *ordinateur*, l'*Electronic Discrete Variable Computer* (EDVAC). L'EDVAC entra en service en 1952, mais von Neumann avait quitté la *Moore School*, ainsi que Eckert et Mauchly qui avaient de leur côté fondé leur propre entreprise car ils croyaient à l'avenir commercial des ordinateurs. Après quelques vicissitudes, ils créèrent ainsi le premier ordinateur commercial, l'UNIVAC (*Universal Automatic Computer*), mis sur le marché en 1951. De son côté von Neumann poursuivait son idée à l'*Institute for Advanced Study* de Princeton. Notons enfin que des travaux importants eurent lieu parallèlement en Grande-Bretagne, sous l'impulsion d'Alan Turing, le mathématicien qui avait réussi à déchiffrer pendant la guerre les messages allemands codés avec la fameuse machine *Enigma*.

Le SWAC appartient donc à la première génération de véritables ordinateurs, et sa mise en service le 17 août 1950 en fait l'un des tout premiers. Un mot sur ce que nous appelons « véritable ordinateur » : dans un *calculateur*, fût-il aussi puissant que l'ENIAC, on entre les données à analyser, puis les instructions sur les opérations à faire. Pour recommencer avec d'autres données, il faut entrer les nouvelles données puis les instructions. Même si le calcul est beaucoup plus rapide que sur une machine à additionner mécanique de bureau, on voit que la limitation est l'intervention humaine nécessaire à chaque étape. L'idée de von Neumann est d'enregistrer la suite des opérations dans la mémoire de l'ordinateur, et de le doter d'un système de commande interne qui provoque l'exécution des opérations, du *programme*, en recommençant un nombre de fois quelconque avec de nouvelles données. Le mot français *ordinateur* est ici particulièrement heureux : il s'agit bien d'ordonner la suite des opérations.

---

*Le *National Bureau of Standards* est une agence gouvernementale qui dépend du Département du Commerce, et qui est chargée, depuis sa fondation en 1901, de « travailler avec l'industrie afin de développer et d'appliquer la technologie, les mesures et les standards » dans l'intérêt national. Depuis 1988 il est devenu le *National Institute of Standards and Technology* (NIST).

CHAPITRE 5

Les réactions nucléaires *directes*

Où les physiciens découvrent que les réactions nucléaires, les transmutations, comme on ne les appelle plus guère, ne comportent pas toujours l'étape de la formation d'un noyau composé intermédiaire, comme le prévoit la théorie de Niels Bohr. Où l'on voit ces réactions fournir aux physiciens des informations précieuses sur la structure des états du noyau. Où l'ordinateur s'impose définitivement comme l'outil indispensable du physicien.

Depuis l'observation de la première réaction nucléaire, provoquée par Rutherford en 1919, les physiciens ont tenté d'apprendre quelque chose sur le noyau en le bombardant avec tous les projectiles disponibles et en observant les réactions nucléaires ainsi provoquées. C'est de cette façon que Rutherford a démontré l'existence d'un noyau au centre de l'atome, que Frédéric et Irène Joliot-Curie ont découvert la radioactivité artificielle, que Fermi a découvert l'action des neutrons lents et que Hahn et Strassmann ont découvert la fission. Encore fallait-il comprendre le processus même de la réaction nucléaire. La description de ces réactions proposée par Bohr en 1936* a tout de suite été adoptée, et pendant quelque dix ans on a cru pouvoir décrire de cette façon toutes les réactions nucléaires, appelées un temps « réactions de transmutation », car elles impliquent une transformation du noyau, une transmutation. Dans ce modèle, la particule incidente est absorbée, elle s'amalgame au noyau, formant avec lui un noyau composé qui se désintègre par la suite, après un temps certes infime à notre échelle, mais beaucoup plus long que le temps moyen de réarrangement des

---

*Voir p. 105.

nucléons dans le noyau, un temps qui correspond à des centaines ou même des milliers de révolutions dans le noyau, et qui de plus est aléatoire, gouverné par une simple probabilité. On conçoit que les particules émises lors de cette désintégration (le plus souvent neutrons ou protons) partent dans des directions sans rapport avec la direction de la particule qui a provoqué la réaction. Si je lance une pierre à l'aide d'une fronde, je dois, pour atteindre une cible, lâcher la fronde à un moment bien précis. Si ce moment est aléatoire, la pierre partira n'importe où.

Dès 1939 Niels Bohr, dans un article écrit en collaboration avec Hans Bethe et George Placzek[108], avait toutefois évoqué une autre possibilité, dans le cas de particules de grande vitesse entrant en collision avec un noyau : l'énergie échangée pourrait être localisée dans le voisinage du point d'impact, et une particule rapide pourrait être émise sans qu'il se forme de noyau composé. De nouvelles mesures expérimentales allaient bientôt donner corps à cette intuition. Elles allaient confirmer l'existence, dans certains cas, de réactions nucléaires dans lesquelles le noyau est peu perturbé, et où on peut déposer à sa surface un proton ou un neutron supplémentaire (par exemple), formant ainsi un noyau voisin.

L'intérêt capital de telles réactions, dites *directes*, est de permettre d'apprendre quelque chose sur la façon dont ce nucléon supplémentaire s'accroche au noyau, dans quelle couche il trouve sa place, etc. Ce sera la source d'une grande quantité de données expérimentales, où la théorie viendra puiser son inspiration et sa justification.

Le « stripping » du deuton

À Berkeley : comment « déshabiller » le deuton

Une équipe du laboratoire de Berkeley mesure en 1947 les neutrons émis lorsqu'elle bombarde huit éléments, allant du béryllium à l'uranium, avec des deutons de 190 MeV[109]. Rappelons qu'un deuton est constitué par un proton et un neutron liés assez lâchement l'un à l'autre. Résultat inattendu : les neutrons sont détectés principalement dans la direction des deutons incidents ou à des angles assez faibles. Pour les auteurs ce résultat suggère que la réaction ne peut être décrite par la théorie du noyau composé de Bohr, selon laquelle les neutrons auraient dû au contraire partir dans toutes les directions. Il semble bien, au contraire, que lors du passage près du noyau, le deuton se brise : le proton serait capturé, tandis que le neutron poursuivrait sa trajectoire en étant peu affecté par l'arrachage du proton auquel il n'est lié que par 2 MeV environ. Dans la même livraison de *Physical Review* Robert Serber interprète théoriquement ces résultats et appelle *stripping* ce type de réaction nucléaire dans laquelle une particule (ici un proton) est subtilisée à la particule incidente (le deuton dans notre cas)[110]. Le verbe anglais *to strip* signifie *enlever, arracher* ou encore *déshabiller, effeuiller*. L'image est celle du deuton se retrouvant soudain tout nu, privé brutalement de sa robe de proton, devenu en fait un simple neutron. Le calcul de Serber permet de comprendre à la fois la valeur de la section efficace, c'est-à-dire de la probabilité pour que cette réaction se produise, et aussi le fait que les neutrons soient émis préférentiellement dans la direction des deutons incidents. On peut résumer l'idée de Serber comme suit : la vitesse du deuton est beaucoup plus grande que celles du proton et du neutron à l'intérieur du deuton (140 000 km/s comparé à peut-être 30 000 km/s), si bien que lorsque celui-ci passe près d'un noyau, le proton peut être capturé sans que le neutron ait le temps de réagir. Le neutron continue donc sa course et *dans ce cas il n'y a pas de formation de noyau composé*, le transfert du proton se faisant *directement*. Le deuton a tout de même subi une petite déviation dans la phase d'approche, ce qui se répercutera sur la trajectoire du neutron après la réaction.

Le calcul de Serber n'était justifié que pour des deutons de grande vitesse, mais il allait être adapté avec succès à des énergies plus faibles par un doctorant de Weisskopf au MIT, David Peaslee[111]. Cependant tous ces calculs et toutes ces expériences ne concernaient que les nombres de neutrons globaux, émis à tous les angles, et possédant toutes sortes d'énergies.

Birmingham : les distributions angulaires, Stuart Butler

À Liverpool, le cyclotron construit par James Chadwick fournit des deutons de 8 MeV que trois physiciens (dont une physicienne), Hannah Burrows, William Gibson et Josef Rotblat, utilisent pour faire des mesures plus précises en bombardant de l'oxygène et en détectant des protons[112]. C'est ici un neutron qui a été capturé par le noyau d'oxygène 16, qui devient ainsi de l'oxygène 17. Or celui-ci peut être formé dans différentes configurations d'énergies de liaison différentes, un état fondamental et des états dits « excités ». Ces énergies correspondent à des énergies différentes des protons détectés, car l'énergie empruntée (arrachée, pour rester dans l'image du *stripping*) au deuton est différente. Pour mesurer les directions dans lesquelles partent les protons aussi bien que leurs énergies, c'est la technique de l'émulsion photographique qui est utilisée*: la trace laissée par la particule dans l'émulsion permet tout à la fois de confirmer qu'il s'agit d'un proton (par son épaisseur), de déterminer son énergie (par sa longueur) et enfin de déterminer la direction dans laquelle il est parti (par son emplacement sur la plaque). Les résultats sont surprenants : la répartition des directions prises par les protons, qu'on désigne par le nom de *distribution angulaire*, n'est pas la même suivant qu'il s'agit des protons correspondant à l'état fondamental de l'oxygène 17 ou d'un état excité. Par ailleurs ces distributions angulaires ont un aspect oscillant : dans le cas de l'état fondamental, on trouve un maximum de protons déviés vers 34°, puis un minimum vers 85°, puis un nouveau maximum, moins élevé, vers 120°, etc. Si l'on avait disposé une grande plaque photographique face au faisceau, les protons auraient dessiné des anneaux successifs plus sombres et plus clairs correspondant aux angles ci-dessus.

C'est un jeune physicien australien qui va faire la théorie du *stripping* du deuton par arrachage d'un neutron, et surtout le premier calcul de cette fameuse distribution angulaire des protons, de leur répartition suivant les

---

*Voir p. 436.

différentes directions[113]. Né en 1926, brillant étudiant, Stuart Butler a obtenu une bourse pour faire une thèse de physique théorique à Birmingham sous la direction de Rudolf Peierls. Butler découvre une chose importante : la forme de la distribution angulaire, les angles auxquels sont préférentiellement émis les protons *caractérisent le moment angulaire du noyau d'oxygène 17 formé*. Il faut rappeler en effet que le noyau de départ, l'oxygène 16, possède, dans son état fondamental, un moment angulaire intrinsèque nul, comme tout noyau ayant un nombre pair de protons et un nombre pair de neutrons, appelé *noyau pair-pair*. Dans l'idée du modèle des couches le plus simple, le deuton qui arrive frôle le noyau, et le neutron qui s'en détache se met à tourner dans le champ de force du noyau, désormais prisonnier de son nouveau noyau, l'oxygène 17. Cette quantité de rotation, ce moment angulaire, est nécessairement emprunté au mouvement du deuton, donc en partie au proton qui va continuer sa route, ce qui modifie nécessairement sa trajectoire ultérieure. Butler applique immédiatement cette théorie aux résultats expérimentaux de Hannah Burrows, Gibson et Rotblat que nous venons de mentionner, ainsi qu'à ceux de deux autres physiciens britanniques, J. R. Holt et C. T. Young, qui avaient mesuré peu de temps auparavant la distribution angulaire des protons libérés dans le bombardement de l'aluminium par des deutons[114].

Ce phénomène a une portée considérable : en bombardant un noyau *pair-pair*, on peut déterminer les nombres quantiques qui caractérisent son voisin, l'isotope possédant un neutron de plus. Butler précisera peu après son calcul dans un article plus détaillé[115]. Comme presque toujours en physique, son calcul comporte des approximations qui le rendent possible : Butler a négligé l'interaction coulombienne entre le deuton (puis le proton) et le noyau, qui se repoussent en raison de leurs charges électriques. Dans le modèle de Butler, les deutons ainsi que les protons voyagent en ligne droite (en langage quantique, ce sont des ondes planes, comme des vagues bien rectilignes à la surface de la mer, qui se propagent dans une direction précise, « en ligne droite », peut-on dire). Il suppose de plus qu'on passe sans aucune étape, de façon soudaine, du système (deuton + noyau) au système (proton + noyau ayant capturé un neutron). Enfin, l'intérieur du noyau est pour ainsi dire neutralisé : les deutons et protons ne peuvent y pénétrer.

Succès et développement de la théorie de Butler

Déterminer de façon assez simple et rapide les propriétés des états formés lors d'une réaction nucléaire de *stripping*, en premier lieu le spin, ou moment angulaire intrinsèque, voilà ce que promettait la théorie de Butler. Elle connut un succès immédiat. Joseph Rotblat par exemple l'utilise pour déterminer les caractéristiques de deux états du carbone 13 (c'est-à-dire un noyau carbone 12 plus un neutron)[116]. Ce sont les premiers pas d'une *spectroscopie nucléaire*.

Parallèlement plusieurs travaux théoriques sont consacrés aux approximations faites par Butler, avec l'espoir d'améliorer les résultats. Ce sont tout d'abord deux physiciens américains, Paul Daitch et Bruce French qui montrent que l'approximation faite par Butler est en fait équivalente à l'approximation de Max Born dans son fameux article sur la collision d'un électron et d'un noyau*: il considérait des trajectoires rectilignes pour la particule entrante, traitant l'interaction avec le noyau comme une petite perturbation. C'est ce qu'on appelle depuis *l'approximation de Born.*

Deux jeunes physiciens français, Jules Horowitz et Albert Messiah, s'attaquent alors au problème et montrent qu'on améliore les choses en prenant non pas des trajectoires rectilignes mais en tenant compte de la courbure des trajectoires dues à l'action du noyau. En langage quantique (car leur calcul est quantique, cela va sans dire), on dit que la fonction d'onde des deutons et protons avant et après collision n'est pas une onde plane, mais une onde quelque peu déformée par le champ de force du noyau. Ils considèrent que l'intérieur du noyau est inaccessible au deuton. Pour des raisons de commodité, Horowitz et Messiah négligent eux aussi l'interaction coulombienne due à la répulsion électrique[117]. L'intérêt de leur approche est d'être un calcul plus rigoureux, où les approximations sont bien identifiées, si bien que les améliorations apparaissent d'elles-mêmes, si l'on peut dire. Nous verrons bientôt comment elles seront exploitées.

Deux physiciens américains, Norman Francis et Kenneth Watson sont arrivés de leur côté à un résultat assez proche : on peut généraliser l'approximation de Born en ne prenant plus de trajectoires rectilignes, des ondes planes en langage quantique, mais les ondes telles qu'on peut les calculer avec un *modèle optique*, l'intérieur du noyau étant dans ce cas rendu complètement absorbant. D'ailleurs Francis et Watson proposent d'appeler leur théorie « le modèle optique des réactions de *stripping* »[118]. Mais pas plus que Horowitz et Messiah ils ne font de calcul numérique, impossible sans ordinateur.

L'idée d'Horowitz et Messiah est reprise ensuite par un physicien américain, William Tobocman, qui propose de modifier l'approximation de Born, en tenant compte de l'interaction coulombienne aussi bien que nucléaire avec le noyau, et en éliminant l'intérieur du noyau grâce à un traitement mathématique un peu différent[119]. Tobocman précise que le calcul demandera l'usage d'un ordinateur. C'est ce qu'il entreprend immédiatement en collaboration avec Malvin Kalos[120]. C'est le premier calcul complet d'une réaction de *stripping* utilisant l'approximation de Born modifiée. Les particules incidentes et émergentes sont représentées non par des ondes planes, mais par des ondes que l'interaction entre le deuton ou le proton avec le noyau ont déformées, ce qui équivaudrait classiquement à remplacer des trajectoires rectilignes par des trajectoires déviées par l'influence du noyau. La réussite de la méthode est éclatante pour le calcul des distributions angulaires de *stripping*, dont les résultats sont très proches des valeurs expérimentales, et non plus seulement qualitativement comme dans la première théorie de Butler. Tobocman et Kalos utilisent le tout premier calculateur construit par IBM pour le centre de calcul de l'université de Cornell. C'est le *card-programmed calculator*, ou CPC, un appareil où les données et instructions de calcul sont perforées dans des cartes de bristol.

---

*Voir p. 156.

Sous le nom de *distorted-wave Born approximation*, ou approximation de Born avec des ondes déformées, en abrégé DWBA, employé pour la première fois par R. G. Thomas[121], cette méthode va se répandre rapidement, pour devenir la référence.

La DWBA et l'ordinateur, une union indissoluble

Pourquoi a-t-il fallu attendre 1954 pour faire un tel calcul ? L'idée à la base de cette méthode datait en fait des années trente, pour décrire la collision entre un électron et un atome, son ionisation par exemple (arrachage d'un de ses électrons). Dans ce cas, l'approximation de Born originale, avec des trajectoires rectilignes (des ondes planes, en langage quantique) donnait de moins bons résultats que la méthode « des fonctions d'onde déformées », qui tenait compte de la déviation des électrons par l'action de l'atome[122].

Il est vrai que Bethe avait écrit, dans le deuxième des fameux articles de 1936-1937 :

> Dans le cas des atomes, cette méthode est bien meilleure que l'approximation de Born, qui néglige l'interaction entre l'atome et l'électron incident.
>
> Par contre, la méthode des fonctions d'onde déformées n'est pas du tout applicable à la physique nucléaire[123].

Bethe avançait deux arguments contre cette méthode :
- l'argument de Bohr contre l'idée d'un champ de force moyen : une particule entrant dans le noyau subit de très nombreuses collisions, sa trajectoire est chaotique ;
- la faible énergie des particules, ce qui interdisait de considérer l'interaction entre le noyau et la particule comme une petite perturbation de sa trajectoire.

Le premier argument avait beaucoup perdu de sa force avec le surprenant succès du modèle des couches, qui décrivait le noyau par une organisation des nucléons en couches successives, chacun ayant un mouvement à l'intérieur du noyau quasi-indépendant des autres. Quant au second, il était beaucoup moins pertinent en 1950 qu'en 1937, car les nouveaux accélérateurs fournissaient désormais des particules, des deutons par exemple, d'énergie beaucoup plus grande.

Mais le fait qui semble vraiment décisif dans l'emploi et le succès de la DWBA est sans doute *la possibilité de faire le calcul*, grâce aux premiers ordinateurs. Le but de la théorie en physique est de proposer, pour décrire les phénomènes, des équations permettant de calculer telle ou telle grandeur, comme la position d'une planète à un instant déterminé. La théorie comprend donc à la fois les grands principes et les moyens de calculs adéquats : une équation tout à fait insoluble n'est pas d'un grand secours. Devant une équation difficile ou impossible à résoudre exactement, l'art du physicien consiste à trouver la bonne approximation. Jusqu'au début des années cinquante, on recherchait des méthodes permettant de faire les calculs à la main, avec comme seuls outils du papier, un crayon et des tables de fonctions mathématiques courantes (logarithmes, sinus, cosinus, exponentielle, etc.). L'avènement de l'ordinateur a permis soudain de faire des calculs beaucoup plus longs en un temps raisonnable. La DWBA est, avec le modèle optique dont elle est sœur, le premier exemple d'une théorie qui ne pouvait pas exister sans lui.

Dans un essai paru en 1956, l'écrivain et biologiste Jean Rostand écrivait, à propos des ordinateurs qu'il appelait des « cerveaux artificiels » :

> L'un d'entre eux — la fameuse E. N. I. A. C. [...] — naquit en Amérique vers 1946. Construite en deux ans, avec la collaboration de deux cents chercheurs, elle coûta environ 750 000 dollars ; elle pèse 30 tonnes, se compose de 500 000 éléments, dont 18 000 tubes électroniques.
>
> Cette inerte et fulgurante penseuse peut résoudre en une fraction de seconde une équation à cent inconnues. Elle peut expédier, en quelques minutes, un travail mathématico-logique qui eût demandé dix ans d'effort à un calculateur expert, à raison de huit heures par jour. En une petite heure, elle vient à bout d'un travail qui occuperait toute une vie humaine. Et ces prouesses, ces performances, sont obtenues sans la moindre fatigue ou usure, avec une infime dépense d'énergie[124].

On peut imaginer l'émerveillement des physiciens devant ce nouvel outil, et pourtant ce n'était encore qu'un balbutiement. Les ordinateurs allaient rapidement gagner en puissance. À titre d'exemple, un ordinateur domestique actuel est au moins un million de fois plus rapide (en nombre d'opérations par seconde), possède une « mémoire » au moins un million de fois plus étendue que le SWAC qui était pourtant bien supérieur à l'ENIAC ! Ainsi est née une nouvelle façon de faire les calculs théoriques. Par exemple, dans une théorie comme le modèle optique où l'interaction entre le noyau et la particule (proton, neutron, particule α, bientôt des noyaux d'atomes plus lourds) est modélisée par un potentiel (générateur d'un champ de force) aux frontières diffuses, on introduit quatre grandeurs, quatre paramètres dont vont dépendre les résultats : la profondeur du potentiel, le rayon de la sphère dans laquelle il s'exerce, l'intensité de l'absorption à l'intérieur, une épaisseur caractérisant cette zone de flou où le potentiel passe graduellement d'une valeur nulle à sa valeur à l'intérieur de la sphère. Pour déterminer les valeurs des différents paramètres, on peut, si l'on dispose d'un ordinateur, exécuter plusieurs calculs avec différents jeux de paramètres et choisir la meilleure combinaison. Mais rien que pour un problème aussi simple, les variations combinées de quatre paramètres donnent d'innombrables possibilités. Le physicien qui dispose d'un ordinateur lui donnant le résultat d'un calcul en une fraction de seconde seconde peut rapidement essayer de nombreuses combinaisons, il peut même aujourd'hui utiliser des programmes d'optimisation qui recherchent la « meilleure » combinaison, celle qui donne un résultat s'approchant le plus des données expérimentales.

L'ordinateur est désormais un outil aussi indispensable au physicien que l'eau ou l'électricité : il y fait ses calculs, analyse ses données expérimentales, correspond avec le monde entier, écrit ses textes...

Réactions directes, réactions par formation de noyau composé

Le *stripping* du deuton est le premier exemple de ce qu'on a appelé une réaction *directe*, par opposition aux réactions qui se passent en deux étapes : formation d'un noyau composé dans un premier temps, puis désintégration de ce noyau composé dans un deuxième temps. La différence est très grande : dans le *stripping* du deuton, celui-ci perd son neutron (ou proton) en frôlant le noyau, ce qui ne prend que le temps de traverser une distance comparable à la taille du noyau, tandis que la formation et la désintégration du noyau composé prennent un temps qui peut paraître infime (on l'a mesuré à quelque 10^{-18} seconde) mais qui est au moins mille fois supérieur au temps d'une réaction directe.

Dans une rencontre entre une particule (proton, neutron, deuton, α, etc.) et un noyau, une *collision,* pour employer le terme consacré, qui englobe aussi bien les chocs frontaux que les simples effleurements, chaque processus peut avoir lieu avec une certaine probabilité : réaction directe pour les collisions où la particule effleure le noyau, noyau composé dans les collisions plus frontales. Ayant des temps caractéristiques différents, chaque processus se passe, et peut se calculer, indépendamment de l'autre : souvent le premier domine si l'on observe dans une direction proche de la particule incidente, et le second domine lorsqu'on observe dans des directions éloignées.

De nombreuses autres réactions directes seront progressivement observées :

- des réactions de *diffusion inélastique* dans lesquelles la particule qui entre en collision avec le noyau n'est pas modifiée, mais où elle induit une modification de la configuration interne du noyau, qui se retrouve dans un état « excité ». Un *état excité* d'un noyau est une configuration, un arrangement interne des protons et neutrons un peu moins optimisé que l'état fondamental, et qui se transforme à plus ou moins brève échéance en faisant une *transition* vers l'état fondamental, avec émission par un photon de l'énergie superflue, comme un échafaudage instable qui finit par s'effondrer jusqu'au point où « rien ne peut tomber plus bas ». Lorsque l'état fondamental est atteint le noyau est dans son état stable, car aucune autre configuration, aucun autre *état* n'a moins d'énergie.

- d'autres types de réactions de *stripping* : par exemple une particule α (noyau de l'hélium 4, deux protons et deux neutrons) peut perdre une partie de ses constituants dans la collision ;

- des réactions où c'est l'inverse qui se produit : un proton passant tout près d'un noyau capture un neutron par exemple, et c'est désormais un deuton qui poursuit sa route : elles portent en anglais le nom de *pick-up*, qu'on pourrait traduire par « ramassage »*. Il y a naturellement beaucoup d'autres combinaisons : un deuton par exemple peut

---

*Pour rester dans l'univers de l'effeuillage, signalons qu'en argot américain *to pick up a girl* peut se traduire par « lever une fille ». Personne n'a cependant proposé de traduire *pick-up* par « racolage »...

« ramasser » un proton au passage près d'un noyau et se transformer en noyau d'hélium 3, isotope de l'hélium 4.

Dans les années qui vont suivre, l'étude des réactions nucléaires deviendra un sujet important, car de la qualité des théories dépendra étroitement la justesse et aussi la fiabilité des renseignements qu'elles permettent d'obtenir sur la structure même des noyaux.

Chapitre 6

Un comportement collectif

Où l'on voit que les nucléons peuvent coopérer dans des mouvements d'ensemble, cohérents, collectifs : vibration des protons « contre » les neutrons, ou bien mouvements de tous les nucléons pour déformer le noyau et vibrer ou tourner à l'unisson.

ALORS QUE TRIOMPHAIT LE MODÈLE DES COUCHES du noyau, modèle surprenant et pour beaucoup paradoxal, dans lequel les nucléons se mouvaient quasi-librement, chacun indépendamment des autres, dans un champ de forces créé par l'ensemble des nucléons, un ensemble croissant de données expérimentales ne semblait pouvoir s'expliquer que par un comportement d'ensemble du noyau : comme une goutte liquide, il pourrait montrer des phénomènes de vibration, se déformer en s'allongeant ou en s'aplatissant, tourner sur lui-même. Situation semblable à celle de la description des réactions nucléaires : on se trouvait en présence de deux descriptions apparemment contradictoires, chacune avec des justifications expérimentales solides. Nouveau paradoxe.

Réactions photonucléaires

Envoyer des rayons γ sur les noyaux pour les « exciter », leur fournir une énergie interne, diminuant d'autant leur énergie de liaison, leur permettre ainsi de se réorganiser suivant d'autres configurations que l'état fondamental, et observer la façon dont les noyaux évacuaient ensuite cette énergie superflue, c'est ce qu'avaient tenté depuis longtemps de nombreux physiciens. L'un des premiers à le faire systématiquement avait été Walther Bothe, connu pour avoir inventé la méthode des coïncidences* et pour des expériences qui devaient conduire à la découverte du neutron[†]. Dès 1934 il avait étudié, en collaboration avec des étudiants de son laboratoire de Heidelberg, W. Horn et Wolfgang Gentner, la façon dont les rayonnements γ d'assez grande énergie étaient déviés lorsqu'ils frappaient des noyaux d'atomes comme l'aluminium ou le plomb[125,126], une expérience semblable à celle de Compton[‡] et celle qu'il avait réalisée avec Hans Geiger[§], mais avec des photons de plus grande énergie. C'est également par une expérience de ce type que James Chadwick avait, en bombardant du deutérium, observé la désintégration du deuton en un proton et un neutron à la suite de la collision avec un photon γ, ce qui lui avait permis de faire une mesure précise de la masse du neutron[¶].

Pour faire ces expériences on utilisait des sources radioactives qui émettaient des rayons γ. Cela constituait un handicap car le nombre de γ envoyés par seconde sur l'échantillon à étudier n'était pas très élevé, l'énergie des rayons γ était limitée et le nombre de réactions sur des noyaux faible. L'avènement des accélérateurs d'électrons allait faire évoluer la situation, car ces accélérateurs, particulièrement les *bêtatrons*, étaient justement construits pour fournir des rayons X par bombardement d'un échantillon de matériau lourd (tungstène par exemple, car il a une température de fusion élevée, et les échantillons chauffent). Lorsque l'énergie des électrons croît, l'énergie maximum des rayons X croît, et atteint les valeurs où on les nomme plutôt *rayons γ*[‖].

En 1945, l'université de l'Illinois, aux États-Unis, disposait d'un accélérateur d'électrons du type *bêtatron***. Cet accélérateur pouvait produire des photons allant jusqu'à une énergie de 20 MeV. L'énergie de ces photons est répartie sur tout un spectre, avec un maximum autour de 100 MeV. Deux physiciens de cette université, George Baldwin et William Koch utilisent ces photons pour produire de la radioactivité artificielle en soumettant plusieurs échantillons, allant du carbone à l'argent, à l'action de ces photons, et, en augmentant progressivement leur énergie, déterminer l'énergie-seuil à partir de laquelle une radioactivité artificielle est induite. Ils tentent également une mesure de la photofission de l'uranium, c'est-à-dire de la fission produite non par la collision d'un neutron, mais par celle d'un photon[127].

---

*Voir p. 211 et p. 238.
[†]Voir p. 10.
[‡]Voir p. 141.
[§]Voir p. 211.
[¶]Voir p. 23.
[‖]On a coutume d'appeler *rayons X* les photons, particules de lumière, dont l'énergie va de la dizaine à quelques centaines de milliers d'électronvolts (eV), et rayons γ, ou photons γ, ceux dont l'énergie est supérieure à une dizaine de milliers d'électronsvolts. La frontière est floue: on appelle tantôt *X mous* tantôt γ *durs* les photons de cent mille électronvolts. Voir le glossaire au mot *photon* pour un tableau des différentes appellations des rayonnements selon leur longueur d'onde.
**Voir p. 428.

Les résonances géantes

Quand le bêtatron de 100 MeV commence à fonctionner, Baldwin reprend ses expériences, en collaboration cette fois avec Stanley Klaiber[128]. Ils observent que ce sont les photons γ dont l'énergie est de l'ordre de 18 MeV qui sont les plus efficaces pour provoquer la fission, et qu'il semble y avoir un effet de « résonance » : les photons de 10 MeV ou de 22 MeV ont une efficacité (une *section efficace*) environ 5 fois moins grande. Mais c'est une mesure difficile et leur conclusion reste tout de même assez qualitative.

Une autre équipe du même laboratoire reprend alors les expériences de Baldwin et Koch, en utilisant le bêtatron de 22 MeV, et les étend à vingt-trois éléments, allant du deutérium au bismuth[129]. Parmi ces éléments, le tantale manifeste un phénomène résonant semblable à celui qui avait été observé par Baldwin et Klaiber.

L'interprétation de ce phénomène est bientôt faite par Maurice Goldhaber, l'un des artisans de la mesure de photodésintégration du deuton*, émigré aux États-Unis en 1938, et par Edward Teller, le talentueux physicien juif hongrois, père de la bombe H†. L'idée de Goldhaber et Teller est qu'il s'agit là d'un mode particulier d'oscillation du noyau :

> Nous proposons d'interpréter ces fréquences comme des résonances quelque peu différentes de celles qui sont dues à des niveaux nucléaires définis [...]. Nous supposons que les rayons γ excitent dans le noyau un mouvement dans lequel les protons se meuvent dans une direction tandis que les neutrons se meuvent dans la direction opposée. Nous appellerons ce mouvement « vibration dipolaire »[130].

L'idée à la base de cette interprétation est que les photons γ, porteurs de l'interaction électromagnétique, interagissent surtout avec les protons, qui sont chargés électriquement, et sans doute moins avec les neutrons, d'où la possibilité que l'impact du photon γ « pousse » les protons, laissant les neutrons sur place ; mais neutrons et protons s'attirent très fortement : tel un ressort puissant qu'on a étiré, une vibration « neutrons contre protons » se met alors en branle.

L'étude de la « résonance géante » devint rapidement un sujet très important, et l'interprétation de Goldhaber et Teller indiscutable. C'est un mode de vibration de tous les noyaux, et son énergie varie lentement d'un noyau à l'autre, devenant moindre au fur et à mesure que la masse du noyau augmente. En tout cas voilà un exemple indiscutable d'un comportement *collectif*, tout à fait opposé en apparence au « chacun pour soi » du modèle des couches, ou modèle à particules indépendantes. En vérité, il y avait un autre exemple célèbre de comportement collectif, c'était celui de la fission, dont la description était elle aussi collective. Situation paradoxale, car dans leurs domaines respectifs, chacune de ces description du noyau remportait de grands succès ! À quoi ressemblait donc le noyau, ce sphinx à tête de Janus ?

---

*Voir p. 23.
†Voir p. 415.

Les noyaux sont-ils tous sphériques ?

Les *atomes* sont considérés comme sphériques. Que signifie ce terme géométrique pour un objet tel que l'atome ? Simplement que quel que soit l'angle sous lequel on regarde un atome, on « voit » la même chose. La rotation d'un atome autour d'un axe n'a aucun sens, puisqu'il ne change pas. La raison en est que la force d'attraction qu'exerce le noyau de l'atome sur les électrons est exactement la même dans toutes les directions, si bien que les fonctions d'onde des électrons ne doivent pas être modifiées si on « tourne » l'atome, ou plutôt le système de référence, dans une direction quelconque. On appelle cette propriété la *symétrie sphérique*.

À l'intérieur du noyau, la situation est très différente, car il n'y a pas de centre fédérateur, de noyau du noyau, comme l'avait imaginé Rutherford : même dans l'image du modèle des couches, où les nucléons se meuvent quasi-indépendamment les uns des autres, le champ de force est créé par les nucléons eux-mêmes. Ce qui impose la forme sphérique à une goutte d'eau en apesanteur, c'est la *tension de surface* : les molécules à la surface de la goutte ne sont pas attirées par d'autres molécules en tous sens, comme à l'intérieur, mais seulement vers l'intérieur et aussi par leurs voisines à la surface, si bien que l'ensemble des molécules à la surface constituent une sorte de peau qui a tendance à se contracter, comme une baudruche tendue, et elle est contractée au maximum lorsqu'elle prend la forme sphérique, car c'est elle qui présente la surface la plus petite pour un volume donné. Mais dans le noyau il y a un ingrédient de plus : les protons se repoussent mutuellement à cause de leur charge électrique. Dans le cas des noyaux légers, l'influence de cette répulsion est faible, mais à mesure que la charge augmente, cet effet de répulsion augmente, *et il augmente plus vite que la tension de surface*, si bien que l'équilibre entre les deux n'est plus possible pour des noyaux trop lourds. C'est la raison pour laquelle il n'existe pas de noyau stable plus lourd que le bismuth (83 protons, donc 83 charges élémentaires). Le phénomène de la fission est une illustration de cette instabilité de forme qui conduit à la rupture du noyau, comme l'avaient montré Lise Meitner et Otto Frisch[*], et un peu plus tard, de façon plus détaillée, Niels Bohr et John Wheeler[†].

Un témoin de la déformation : le moment quadrupolaire

Le *moment quadrupolaire* de la charge d'un noyau est une quantité moyenne qui est nulle pour une charge répartie de façon sphérique, positive pour une charge ayant une forme allongée, et négative pour une charge qui aurait la forme d'un sphéroïde aplati[‡]. Sa connaissance permet donc de savoir si un noyau est sphérique ou non.

Dès 1935 les physiciens allemands Hermann Schüler et Theodor Schmidt avaient suggéré que la distribution des protons de certains noyaux pouvait

---

[*]Voir p. 131.
[†]Voir p. 137.
[‡]Voir p. 115.

ne pas être sphérique*. Leur méthode d'investigation était l'observation de la structure hyperfine des atomes, et des faibles perturbations introduites dans les spectres optiques par le moment magnétique du noyau.

En 1949 le physicien américain Walter Gordy, spécialiste de spectroscopie atomique, publiait un article dans lequel il considérait l'ensemble des moments quadrupolaires connus, et il soulignait un phénomène frappant[132] : le moment quadrupolaire était nul ou proche de zéro pour les noyaux ayant des nombres « magiques » de protons (2, 8, 20 50 et 82), et augmentait beaucoup entre deux nombres magiques. Pour Gordy, cela confirmait encore la structure en couches des noyaux, mais cela montrait en même temps que les noyaux qui n'avaient pas de « nombre magique » de protons n'avaient pas la forme sphérique. Et certains s'en éloignaient même beaucoup : en leur supposant une forme ellipsoïdale, comme un ballon de rugby, le grand axe serait 12% plus grand que son petit axe pour l'isotope 153 de l'europium, et même 24% pour l'isotope 175 du lutecium[†].

Le modèle des couches de Maria Goeppert Mayer et Hans Jensen, avec les nucléons se mouvant de façon quasi-indépendante, permettait-il d'expliquer les moments quadrupolaires observés ? Dans une certaine mesure, oui, mais dans une certaine mesure seulement, comme l'observèrent trois physiciens américains[133] fin 1949. Leur calcul donnait bien une valeur nulle pour les noyaux magiques, mais beaucoup trop faible pour les autres.

JAMES RAINWATER ET AAGE BOHR

Au début de l'année 1950, deux physiciens partagent un bureau à l'université Columbia, à New York. James Rainwater, 33 ans, a fait ses études universitaires au *California Institute of Technology*, puis a entrepris une thèse à l'université Columbia, mais lorsque la guerre survient, il participe activement au projet Manhattan, et n'obtiendra le titre de docteur en philosophie (*Ph. D.*) qu'en 1946, lorsque ses travaux seront déclassifiés. En 1950 il a un poste d'*instructor* (maître de conférences) et sera nommé professeur en 1952. C'est un expérimentateur, spécialiste de la physique des neutrons lents. Son voisin de bureau est Aage Bohr, 28 ans, le quatrième fils de Niels Bohr. Il a fait ses études à Copenhague et dans les années trente il a côtoyé, adolescent, les physiciens que recevait son père : Pauli, Klein, Nishina, Heisenberg, Kramers... En 1940, le début de ses études universitaires coïncide avec l'invasion du Danemark par les armées allemandes, et en 1943 la famille doit fuir, en raison de l'ascendance juive de Niels Bohr. Ils trouvent refuge en Suède, puis en Angleterre, et finalement Niels Bohr part pour Los Alamos et participe au projet Manhattan. Son fils Aage l'accompagne et lui sert de secrétaire. Aage Bohr soutient sa thèse après la guerre et part à Princeton, puis à Columbia, où il rencontre Rainwater.

Ils discutent naturellement beaucoup des problèmes du moment en physique nucléaire. Rainwater est très impressionné par une conférence que

---

*Voir p. 115.

[†] À titre de comparaison, le grand axe du ballon de rugby est plus grand que le petit axe de 50%.

prononce Townes sur les derniers résultats de mesures de moments quadrupolaires, et il envoie en avril un article à *Physical Review* dans lequel il montre que l'on pourrait expliquer ces moments quadrupolaires en supposant que les noyaux sont déformés, et surtout que cela est tout à fait compatible avec le modèle des couches[134]. Son idée est que chaque nucléon hors d'une couche complète déforme le champ de force créé par les autres nucléons occupant des couches complètes en exerçant une sorte de pression centrifuge sur les parois du noyau dans lequel il est enfermé. Rainwater lance une idée, comme il le dit lui-même, un simple schéma plutôt qu'une théorie. Il ne publiera plus rien sur le sujet.

Aage Bohr envoie de son côté, un mois après Rainwater, un article à la même revue :

> Le modèle des particules indépendantes, qui décrit un état stationnaire d'un noyau par le mouvement des nucléons individuels dans un champ moyen, a rendu compte avec succès d'un grand nombre de propriétés nucléaires. Dans la forme la plus simple de ce modèle on suppose que les nucléons se meuvent dans un champ de symétrie sphérique et que la quantification des moments angulaires est semblable à celle qui a lieu dans l'atome.
>
> Ce modèle extrême rencontre toutefois une difficulté : il se trouve que certains noyaux ont de grands moments quadrupolaires. [...]
>
> Il est possible d'expliquer l'existence de grands moments quadrupolaires, tout en retenant les caractéristiques essentielles du modèle à particules indépendantes, en supposant que le champ nucléaire moyen, dans lequel les nucléons se meuvent, s'écarte de la symétrie sphérique[135].

Bohr ne recherche pas l'origine de la déformation du champ moyen, mais montre que cette déformation permet non seulement d'expliquer les grands moments quadrupolaires mais aussi de mieux expliquer les moments magnétiques des noyaux. Il montre également que lorsqu'on observe le moment quadrupolaire d'un état quantique d'un noyau, ce que l'on mesure n'est pas directement le moment quadrupolaire intrinsèque, mais le produit de celui-ci par un certain facteur qui dépend du spin, du moment angulaire intrinsèque du noyau, et qui est petit pour les spins petits : 1/10 ou 1/5 par exemple pour un spin de $\frac{3}{2}\hbar$ suivant que le spin intrinsèque correspond à une rotation dans le même sens que la rotation du nucléon ou pas. Les moments quadrupolaires intrinsèques, donc les déformations des noyaux sont donc encore plus grands que ce qu'on croyait !

Aage Bohr, du paradoxe à l'unification

De retour à Copenhague, Aage Bohr réfléchit au problème de façon plus générale. Son père, Niels Bohr, qui avait été un défenseur du modèle de la goutte liquide, s'était opposé, au début, à une façon de voir le noyau dans laquelle le mouvement des nucléons était décrit comme celui de particules se mouvant indépendamment les unes des autres, un peu comme cela se passe pour les électrons de l'atome. Mais précisément le modèle des couches de Maria Goeppert Mayer et Hans Jensen était un modèle à particules indépendantes, et son succès indiscutable mettait les physiciens nucléaires dans une situation paradoxale, sinon schizophrénique, puisqu'il fallait accepter une chose et son contraire, le noyau comme goutte liquide et le noyau comme système de particules quasi-indépendantes (nous écrivons *quasi*-indépendantes car il était clair dès le début que c'était là une première approximation).

Le modèle de la goutte liquide est un modèle *collectif*, dans lequel les mouvements de cette goutte de matière nucléaire mettent en jeu un grand nombre de nucléons, par exemple dans une rotation d'ensemble du noyau ou dans une vibration de la surface sur laquelle pourraient se propager des sortes de vagues. D'ailleurs on expliquait bien le phénomène de la fission par une oscillation de la surface, une élongation devenue assez grande pour provoquer la rupture de la goutte de matière en deux gouttes.

À l'opposé le modèle des couches représente le noyau par le mouvement de nucléons quasi-indépendants se mouvant dans un champ de force créé par l'ensemble des autres nucléons. Mais précisément l'existence d'un champ de force moyen est une manifestation *collective* des autres nucléons.

Aage Bohr pense qu'il est nécessaire de construire une théorie qui englobe les deux aspects *à la fois*. Dans un article de quarante pages publié fin 1952 dans les *Communications* de la Société Royale des Sciences du Danemark, il commence par un exposé des motifs :

> Le modèle de la goutte liquide et le modèle des particules indépendantes sont deux façons d'approcher le problème de la structure nucléaire. Chacun d'eux fait référence à des aspects essentiels de la structure nucléaire, et on doit s'attendre à voir les propriétés des deux modèles prises en compte simultanément dans une description détaillée des propriétés nucléaires[137].

Pour faire sa démonstration, Bohr s'appuie sur les moments quadrupolaires dont la variation de noyau à noyau donne des arguments tout à la fois au modèle des couches et au modèle collectif :

- le moment quadrupolaire est nul pour les noyaux « magiques », ce qui avait été un argument de poids en faveur du modèle des couches ;
- mais pour les noyaux intermédiaires entre deux couches fermées, il est beaucoup trop grand pour pouvoir être expliqué par un modèle à particules indépendantes comme le modèle des couches, ce qui avait conduit Rainwater à proposer son idée de déformation de la surface, un phénomène mettant en jeu plusieurs nucléons.

L'objectif de Bohr, c'est la synthèse :

> Le comportement des moments quadrupolaires trouve une explication simple si l'on considère le mouvement des particules individuelles dans un noyau déformable. En raison de la pression centrifuge exercée par les particules sur la surface du noyau, le noyau peut être déformé de façon considérable[138].

Aage Bohr jette alors les bases d'un modèle à particules indépendantes, comme le modèle des couches, mais un modèle des couches avec un noyau déformé, *qui peut avoir un mouvement global de vibration et de rotation*.

On a donc à la fois la goutte liquide, déformable et qui peut vibrer et tourner, et le modèle des couches, car les nucléons se meuvent quasi-librement à l'intérieur de cette goutte liquide. Il s'agit naturellement d'une goutte bien particulière, une *goutte liquide quantique*, car c'est bien la mécanique quantique qui confère à cette goutte de matière nucléaire l'étrange propriété de laisser les nucléons en mouvement quasi-libre à l'intérieur, alors qu'ils sont aussi proches les uns des autres que des billes dans un sac de billes.

CHAPITRE 7

Aage Bohr et Ben Mottelson : un modèle unifié du noyau

Où l'on voit la théorie du noyau réconcilier modèle des couches et goutte liquide, mouvements indépendants des nucléons et mouvements collectifs d'ensemble, sous l'impulsion de deux physiciens de l'Institut de physique théorique de Copenhague, Aage Bohr et Ben Mottelson. Où l'on se résout à admettre que les forces nucléaires ont un cœur dur, une répulsion entre nucléons lorsqu'ils s'approchent les uns des autres en-deçà d'une certaine distance. Où l'on commence à traiter la matière nucléaire comme un vrai problème à N corps.

À LA FIN DE L'ÉTÉ 1950 Aage Bohr rentre à Copenhague. Il y rencontre un jeune Américain qui arrive pour un séjour post-doctoral d'un an, Ben Mottelson.

Ben Mottelson

Né en 1926, Mottelson a fait ses études supérieures à Harvard, et obtenu sa thèse en 1950 sous la direction de Julian Schwinger, grand physicien, lauréat du prix Nobel en 1965 pour ses travaux sur l'électrodynamique quantique (en compagnie du physicien japonais Sin-Itiro Tomonaga et du célèbre Richard Feynman). Attiré par le lieu mythique où la physique quantique s'était développée, par la présence de Niels Bohr, et par le côté très international du laboratoire, Mottelson choisit l'Institut de Physique Théorique de Copenhague, où Niels Bohr était encore très actif. Aage Bohr et Ben

Mottelson deviennent vite amis, et entreprennent une collaboration qui va durer toute leur vie, publiant ensemble leurs travaux les plus importants. Grâce à une nouvelle bourse américaine, Mottelson prolongera son séjour à Copenhague de deux ans, et s'y établira définitivement, obtenant la nationalité danoise en 1971. Leur association va devenir célèbre, et marquera de son empreinte la physique de la structure du noyau dans la période cruciale qui s'ouvre à cette époque.

La première publication commune de Aage Bohr et Ben Mottelson est une communication faite à la conférence internationale sur les réactions nucléaires qui se tint à Amsterdam du 1er au 6 septembre 1952. Leur propos est de montrer que le modèle des couches permet de bien comprendre les phénomènes complexes de la radioactivité β, en particulier la période radioactive des états qui se désintègrent de cette façon : pourquoi ces transitions entre l'état instable et un autre état sont-elles quelquefois très rapides, et d'autres fois nettement plus lentes. Ils remarquent cependant que certains phénomènes impliquent probablement de nombreux nucléons, et ne peuvent se comprendre dans le cadre strict du modèle des couches original :

> Pour donner une description d'ensemble des propriétés nucléaires on est donc amené à considérer un modèle qui reconnaisse le mouvement collectif aussi bien que le mouvement de particules individuelles comme les types de mouvement fondamentaux dans le noyau[139].

Nouvelles données, nouvelles confirmations

Jusque-là c'était presque exclusivement sur la valeur des moments quadrupolaires que reposait la théorie de la déformation des noyaux. De nouvelles pièces à conviction allaient rapidement être accumulées au cours des années 1951-1953. Deux séries de résultats principaux :

▷ *Les premiers états excités noyaux pairs-pairs,* c'est-à-dire des noyaux qui ont un nombre pair de protons et un nombre pair de neutrons. Dans un article sur la classification des isomères, Maurice Goldhaber et Andrew Sunyar constatent que le premier état excité d'un grand nombre de noyaux pairs-pairs (19 cas) a pour spin 2 *et qu'il se désintègre très vite vers l'état fondamental* en émettant un photon γ, beaucoup plus vite (jusqu'à 100 fois environ) que s'il s'agissait d'un nucléon ayant changé d'orbite comme dans le modèle des couches[140]. Rappelons que les *états excités* des noyaux sont des configurations, des arrangements internes des protons et neutrons moins optimisés que l'état fondamental, et qui se transforment à plus ou moins brève échéance en faisant une *transition* vers l'état fondamental, avec émission par un photon γ de l'énergie superflue. Ce qui est particulier ici c'est la rapidité de la transition pour rejoindre l'état fondamental, ce qui indique que la transformation est minime, que les deux configurations sont en fait très voisines ; par exemple, pensent Bohr et Mottelson, l'état excité peut être représenté par une rotation d'ensemble du noyau, ou une vibration.

Goldhaber et Sunyar suggèrent que cela est sans doute relié aux très grands moments quadrupolaires. À la conférence d'Amsterdam mentionnée plus haut Gertrude Scharff-Goldhaber* avait une liste de 54 cas semblables[141].

Autre constatation, faite par des physiciens de Berkeley, dans l'étude de la radioactivité α : les premiers états excités des noyaux lourds tels que les isotopes de l'uranium, du radium ou du thorium avaient des énergies très proches, et qui variaient lentement avec le nombre de neutrons[142]. Encore un phénomène qui pouvait s'expliquer simplement par la mise en rotation d'un noyau déformé, avec des déformations assez proches pour ces différents noyaux.

▷ *Les bandes de rotation.* Une molécule telle que l'azote ressemble à un minuscule haltère (car les deux noyaux qui la composent sont beaucoup plus lourds que les électrons et se tiennent à distance relativement fixe l'un de l'autre) qui peut tourner plus ou moins vite, mais seules certaines vitesses, régulièrement espacées, sont permises par la mécanique quantique. Dans le cas de l'azote, ou d'un noyau déformé pair-pair, les moments angulaires correspondant à ces rotations plus ou moins rapides peuvent prendre les valeurs 0, 2, 4, 6, etc. C'est l'ensemble de ces états, correspondant à la rotation plus ou moins rapide d'une molécule ou d'un noyau qui reste dans la même configuration interne, qu'on appelle une *bande de rotation*. Repérer une bande de rotation d'un noyau c'est avoir l'indication qu'il est déformé, et même l'indication de l'importance de cette déformation (par l'écart entre les états successifs).

Or une série de mesures sur les états excités de certains noyaux lourds semblait révéler de telles bandes de rotation dans le cas du radium 226, ou ionium[143,144], d'isotopes de l'hafnium[145] ou encore du samarium 150[146].

Bohr et Mottelson, ou la clé des spectres nucléaires

En novembre 1952, puis en mars 1953, Aage Bohr et Ben Mottelson envoient à *Physical Review* deux lettres à l'éditeur[147,148]. Dans la première ils montrent que les transitions très rapides du premier état excité vers l'état fondamental trouvent une explication naturelle si l'on considère les noyaux en question comme déformés. Ils calculent même dans ce cas les moments quadrupolaires auxquels il faudrait s'attendre, et qui sont bien du même ordre de grandeur que ceux mesurés indépendamment. Dans le deuxième ils insistent sur l'accumulation rapide de données expérimentales qui confirment leur interprétation. Ces deux publications ne sont qu'un hors d'œuvre : fin 1953 ils publient dans les *Communications mathématiques et*

---

*Gertrude Scharff, physicienne allemande née à Mannheim en 1911, soutint sa thèse de doctorat à Munich en 1935, puis dut fuir l'Allemagne nazie en 1935, parce que juive. Elle émigra en Angleterre, où elle rencontra Maurice Goldhaber, juif autrichien en exil. Ils se marièrent et partirent en 1939 pour les États-Unis où ils eurent tous deux des carrières exceptionnelles.

physiques de la Société Royale des Sciences du Danemark un article de 173 pages qui décrit de façon rigoureuse et détaillée un modèle unifié de la structure nucléaire[149]. Cet article, véritable traité, va devenir le livre de chevet des physiciens nucléaires du monde entier.

L'ambition de Bohr et Mottelson est en effet de créer un modèle capable de décrire les caractéristiques des noyaux, de tous les noyaux : à quelle énergie se trouvent les premiers états excités, quelle est la probabilité de les former ? Quel est leur spin ? Quel est le moment magnétique des noyaux ? Leur moment quadrupolaire ?

Le schéma proposé par Bohr et Mottelson reprend l'idée du modèle des couches de Maria Goeppert Mayer et Hans Jensen. Le noyau est un goutte de matière nucléaire composée de protons et neutrons, analogue à une goutte liquide, les protons et neutrons se tenant très près les uns des autres, tout juste à portée des forces nucléaires qui en constituent le ciment. Le caractère quantique de cette goutte permet aux nucléons de se mouvoir de façon quasi-libre à l'intérieur, et de se répartir en couches successives, comme les électrons dans l'atome. Un noyau dans son état fondamental peut être perturbé en gros de deux manières : soit un nucléon change d'orbite, soit c'est l'ensemble du noyau qui peut entrer en vibration, ou en rotation s'il est déformé. Comment les nucléons, eux-mêmes en rotation à l'intérieur du noyau, réagissent-ils à une rotation d'ensemble ? Comment leurs « orbites » sont-elles modifiées ? De la réponse à ces questions dépendra la possibilité de bâtir une véritable *spectroscopie nucléaire*, permettant de dire que tel ou tel noyau est ou non déformé, que tel ou tel de ses états excités correspond à une vibration, ou à une rotation d'ensemble, ou au contraire au mouvement d'un nucléon dans un champ de force déformé. L'ambition de Bohr et Mottelson est de proposer un modèle nucléaire qui réponde de façon cohérente à ces questions, au moins de façon approchée, en tout cas de façon utile :

> Dans cet article nous poursuivons le développement d'un tel modèle unifié, qui incorpore les aspects collectif et de particules indépendantes, et nous en examinons les conséquences, particulièrement pour les propriétés nucléaires ayant trait à l'état fondamental et aux états excités de faible énergie. L'ensemble des données disponibles est analysé dans le but de vérifier qu'une interprétation d'ensemble, reposant sur une telle description du noyau, est possible.

Les auteurs posent tout d'abord les bases théoriques du modèle, définissant ce qu'ils appellent *les variables collectives*, c'est-à-dire les paramètres d'ensemble qui caractérisent la déformation, la vibration d'ensemble du noyau. Ils examinent ensuite en détail la façon dont le mouvement des particules individuelles peut être modifié lorsque par exemple le noyau entre en rotation, comment les deux mouvements peuvent être *couplés*, être en interaction croisée, l'un réagissant sur l'autre, qui réagit en retour sur le premier. Le cas le plus simple est celui où le mouvement d'ensemble est beaucoup plus lent que le mouvement des nucléons : ils sont alors quasiment indépendants, le nucléon s'adaptant au fur et à mesure à son noyau tournant.

Puis Bohr et Mottelson examinent en détail, comme ils l'ont annoncé, les données disponibles sur les moments quadrupolaires, sur les moments magnétiques, sur les premiers états excités connus, et aussi sur les probabilités de transition, c'est-à-dire sur le temps plus ou moins long nécessaire à un état excité pour changer sa configuration et revenir à l'état fondamental, en passant éventuellement par un état moins excité.

La conclusion est remarquable : le modèle de Bohr et Mottelson est bien le cadre dans lequel les physiciens vont pouvoir dorénavant analyser leurs données, en fondant une véritable spectroscopie nucléaire.

Une spectroscopie nucléaire

Les quelques années qui suivirent l'article fondateur de Bohr et Mottelson furent celles de développements théoriques foisonnants, dont nous ne mentionnerons que deux exemples, les « orbites de Nilsson » et l'excitation coulombienne.

Les « orbites de Nilsson »

Sven Gösta Nilsson, jeune physicien suédois, publia en 1955 un calcul détaillé de la façon dont la déformation du noyau pouvait modifier les énergies de liaison des différentes « orbites » du modèle des couches. Nilsson introduisit une nomenclature permettant de repérer chaque orbite en présence de déformation. La chose est assez complexe, car une même orbite peut, selon les nombres quantiques qui la caractérisent dans un noyau sphérique, être soit plus liée, soit moins liée à mesure que la déformation augmente : le remplissage progressif des couches ne se fait donc pas dans l'ordre qu'on aurait attendu si les noyaux étaient tous sphériques.

L'article de Nilsson devint rapidement, lui aussi, l'outil de base indispensable de tout physicien nucléaire[150].

L'excitation coulombienne

Comment « exciter » le noyau de façon *collective*, c'est-à-dire comment lui fournir de l'énergie pour le faire passer de son état fondamental à un état de vibration ou de rotation ? Dès 1938, Victor Weisskopf avait proposé de bombarder les noyaux avec des particules d'énergie suffisamment faible pour que la répulsion électrique les tienne à une distance telle qu'elles ne puissent pas avoir d'interaction nucléaire avec le noyau. L'interaction coulombienne agissant à plus grande distance, pourrait ainsi agir globalement sur le noyau[151]. Mais il ne donnait qu'une formule globale. L'idée fut reprise et développée théoriquement par le physicien russe Karen Ter-Martirosjan[152] qui en fit la première véritable théorie, puis à Copenhague par le physicien danois Aage Winther et le physicien suisse Kurt Alder[153]. Parallèlement le physicien danois Torben Huus et le physicien yougoslave Črtomir Zupančič entreprenaient une série d'expériences qui leur permettaient de valider la méthode, de vérifier la théorie, et de mesurer, dans le cas du tungstène, la déformation obtenue[154]. D'autres expériences montrèrent rapidement tout ce que cette méthode avait de prometteur[155,156]. En 1956 paraissait un article monumental, véritable traité de l'excitation coulombienne, signé par Alder, Bohr, Huus, Mottelson et Winther[157].

Désormais l'excitation coulombienne était un moyen très sûr d'étudier les excitations collectives de noyaux, vibrations et rotations. Elle consistait à mesurer soigneusement la diffusion inélastique, c'est-à-dire avec transfert d'une certaine énergie au noyau, de particules diverses à des énergies assez faibles. On se rendit compte par la suite que la diffusion inélastique à plus haute énergie, donc avec interaction nucléaire, pouvait également provoquer des excitations collectives. L'excitation coulombienne avait cependant un avantage certain, lorsqu'elle était utilisable : le calcul théorique reposait sur des phénomènes bien connus (l'interaction électromagnétique) et les conclusions qu'on pouvait en tirer sur la structure des noyaux étaient particulièrement sûres.

La véritable naissance de la spectroscopie nucléaire

La physique de l'atome est née de l'impérieux besoin de comprendre les spectres, avec leurs belles raies aux couleurs de l'arc-en-ciel, espacées, pour chaque atome, de façon immuable mais longtemps incompréhensible. L'idée révolutionnaire lancée par Niels Bohr en 1913 était que *ces raies correspondaient à des transitions* entre deux états de l'atome, de la lumière émise lorsqu'un électron « saute » d'une orbite à une autre plus basse. Ce qu'on a appelé *spectroscopie* a consisté progressivement à déterminer ces états et leurs propriétés. Pour la mécanique quantique, créée pour comprendre ces spectres, chacun de ces états avec toutes ses propriétés était connu dès que sa *fonction d'onde* était déterminée.

La spectroscopie nucléaire, qui naquit vraiment au début des années cinquante, a le même but : tenter de déterminer pour un noyau donné les différents *états* dans lesquels il peut se trouver, et, pour chacun d'entre eux, ses caractéristiques, c'est-à-dire sa fonction d'onde, aussi complète que possible. L'entreprise est certes plus difficile que dans le cas de l'atome, car la force qui lie ensemble les nucléons est beaucoup moins bien connue, mais le modèle des couches généralisé de Bohr et Mottelson était désormais un guide théorique solide, un fil conducteur permettant de s'orienter dans la complexité du noyau. Pour mener à bien cette entreprise, le physicien dispose désormais d'outils qui vont se roder au fil du temps, et qu'on peut classer de façon très schématique en quelques familles :

- la diffusion inélastique de protons ou de particules α permet d'identifier les *excitations collectives* ;
- les réactions de *stripping* permettent, en « déposant » un neutron (ou un proton) sur un noyau sphérique ou déformé, d'identifier les états du noyau final dont la structure ressemble au mouvement d'une particule indépendante, et des influences croisées éventuelles entre ce mouvement et la déformation du noyau initial ;
- la détection des rayons γ émis lorsqu'un de ces états excités évacue tout ou partie de son énergie superflue en se transformant en un autre état, fondamental ou pas. Comme dans le cas de l'atome, cette énergie

est émise sous forme de lumière, de photons γ d'énergies bien déterminées, qui forment un véritable spectre de raies, sauf que les photons γ ont une énergie plusieurs millions de fois plus grande que les photons de lumière visible, et qu'ils ne sont pas détectables de la même manière. La plus ou moins grande intensité d'un tel rayonnement γ donne une indication précieuse sur la parenté entre les états de départ et d'arrivée : les fonctions d'onde de deux membres successifs d'une « bande de rotation » par exemple sont presque identiques, elles correspondent simplement à une rotation d'ensemble du noyau plus ou moins rapide. Naturellement la détection *en coïncidence* de deux photons permet de mieux déterminer les désintégrations successives en cascade, comme dans une bande de rotation, où un photon est émis successivement lorsque le noyau, parti d'une rotation élevée, ralentit, mais de façon quantifiée, en passant par des états de rotation de plus en plus lente ;

— encore et toujours, la radioactivité α et β, naturelle ou artificielle.

Des centaines de physiciens de par le monde s'attellent désormais à cette tâche.

Nous ne tenterons pas de citer en détail ces travaux très nombreux, dont chacun apporte une pierre à l'édifice général, et dont on peut trouver le résultat dans les tables de données nucléaires. Un seul chiffre donne une idée de l'accumulation rapide des données : Glenn Seaborg publia en 1944 dans *Reviews of Modern Physics*, un « tableau des isotopes », article de 32 pages dans lequel étaient répertoriés tous les renseignements disponibles sur les isotopes connus de tous les noyaux[158]. Ce tableau des isotopes fut réédité plusieurs fois, avec plusieurs collaborateurs, en 1948, 1953 et 1958. Le nombre de pages allait rapidement croissant : 83, 183 et 320 pages respectivement[159-161].

Couronnements

En 1963 le prix Nobel de physique fut partagé en trois :
- Eugene Wigner, « pour ses contributions à la théorie du noyau atomique et des particules élémentaires, particulièrement par la découverte et les applications des principes fondamentaux de symétrie » ;
- Maria Goeppert Mayer et Hans Jensen « pour leur découverte concernant la structure en couches ».

Douze ans plus tard, ce sont James Rainwater, Aage Bohr et Ben Mottelson qui étaient couronnés par le prix Nobel de physique 1975 « pour la découverte de la connexion entre le mouvement collectif et le mouvement de particules indépendantes dans les noyaux atomiques et pour la théorie de la structure nucléaire basée sur cette connexion. »

Étaient ainsi reconnus les développements majeurs de la théorie du noyau atomique réalisés dans la période 1948-1953.

CHAPITRE 8

La force nucléaire

Où les rayons venus du ciel permettent enfin de « voir » le quantum massif prévu par Yukawa, le méson π. Où l'accélérateur de Berkeley en produit à foison. Où l'on découvre que les pions vont par trois, un positif, un négatif et un neutre. Où l'on assiste à la multiplication des mésons.
Où l'intuition première de Heisenberg est confirmée : l'interaction entre nucléons est attractive à courte distance et répulsive à très courte distance.
Où le beau rêve de simplicité élégante n'est plus qu'un souvenir, devant la réalité complexe et laborieuse.

Lorsque Anderson et Neddermeyer découvrirent dans le rayonnement cosmique une particule de masse intermédiaire entre celle du proton et celle de l'électron, on pensa immédiatement que ce pouvait bien être le fameux *quantum massif* prévu par Yukawa, car sa masse semblait avoir le bon ordre de grandeur*. Mais au fur et à mesure que les données affluaient et qu'on connaissait mieux ce *méson*, il apparaissait de plus en plus différent de ce qu'on aurait pu attendre du *quantum massif* de Yukawa. Tout d'abord la masse paraissait environ deux fois trop faible pour permettre d'interpréter correctement les expériences de collisions de deux protons[162]. Plus ennuyeux, sa période radioactive était vraiment trop longue : une microseconde, alors que la théorie prévoyait jusqu'à 100 fois moins[163-165]. Le plus grave enfin était son absorption dans les noyaux, qui paraissait aberrante : théoriquement, les mésons chargés positivement, après leur ralentissement dans une émulsion photographique, devaient être repoussés par les noyaux,

---

*Voir p. 102.

et donc subir une désintégration radioactive spontanée, tandis que les mésons chargés négativement devaient au contraire être attirés par les noyaux et être fortement absorbés[166]. Or une expérience de trois physiciens italiens donnait des résultats tout différents[167]. L'analyse faite par Fermi, Teller et Weisskopf montra que les « mésons » cosmiques chargés négativement interagissaient avec les noyaux de façon minime, contrairement à ce qu'on attendait de la particule de Yukawa (10^{12}, soit mille milliards de fois moins).

La découverte du méson π

Naquit alors l'idée qu'*il pouvait exister deux sortes de mésons* : si le méson de Yukawa interagissait si fortement avec les noyaux, et s'il vivait si peu de temps, sans doute n'avait-il pas la possibilité d'arriver jusqu'à la surface de la terre, soit qu'il ait été absorbé par un noyau de l'atmosphère, soit qu'*il se soit désintégré en route en une autre sorte de méson*. C'est ce dernier méson, un *méson secondaire*, qui serait détecté dans les expériences de laboratoire. Cette idée avait été celle de physiciens japonais, Shoichi Sakata et Takesi Inoue[168], puis Yasutaka Tanikawa[169], bien avant les résultats italiens. Elle avait été discutée en septembre 1943 lors d'un symposium sur la théorie des mésons, mais, en raison de la guerre, les articles ne furent publiés qu'en 1946 et 1947 dans la toute nouvelle revue japonaise *Progress of Theoretical Physics*, peu lue aux États-Unis (bien que les articles fussent écrits en anglais). Lors d'une discussion à une conférence sur la mécanique quantique à Shelter Island, près de New York, entre le 4 et le 7 juin 1947, le physicien américain Robert Marshak proposa la même idée[170] : le quantum massif de Yukawa étant plus lourd que le méson d'Anderson, pourrait être tellement absorbé dans la haute atmosphère qu'il ne parviendrait pas au niveau du sol, mais se désintégrerait, produisant cette particule plus légère qu'on détecte au laboratoire.

Or dans la livraison du 24 mai 1947 de *Nature*, qui n'était pas encore arrivée aux États-Unis le 4 juin, trois physiciens de l'université de Bristol, Cecil Powell, Cesare Lattes et Giuseppe Occhialini, avaient publié un résultat important obtenu à haute altitude :

> les données expérimentales suggèrent qu'il existe deux types de mésons de masses différentes[171].

La même équipe confirme rapidement ces résultats, grâce à des plaques photographiques exposées en altitude, à 2 800 m au Pic du Midi en France et 5 500 m à Chacaltaya dans les Andes en Bolivie[172]. Il existe bien deux particules distinctes de masses intermédiaires entre celles du proton et de l'électron, et qu'on continue pour cette raison à appeler *mésons*. Mieux, Lattes, Occhialini et Powell observent que les mésons primaires, plus lourds, se désintègrent en mésons secondaires, et *ils proposent d'appeler mésons π les premiers et méson μ les seconds*. Ils sont très prudents sur l'estimation des masses qu'ils pensent être dans un rapport 1,5 à 2. On ne peut rêver de plus belle confirmation d'une part pour le méson de Yukawa et d'autre part pour l'idée de Tanikawa, Sakata et Inoue, ainsi que de Marshak.

La prochaine étape est bientôt franchie à Berkeley où, grâce au tout nouveau synchrocyclotron*, les physiciens ont à leur disposition des particules α de 380 MeV, ce qui leur permet de produire des mésons lourds, les mésons π de Powell, auxquels ils attribuent une masse de 300 fois la masse de l'électron[173]. Leur période radioactive est estimée à 8×10^{-9} seconde, ou 8 milliardièmes de seconde. Elle est tout à fait en accord, cette fois, avec les estimations théoriques[174].

LE MÉSON π^0 COMPLÈTE LE TRIO DES *PIONS*

La production des mésons π en laboratoire à Berkeley[173] allait permettre de préciser ses propriétés beaucoup mieux que les expériences utilisant les rayons cosmiques, car le nombre de mésons produits était cent millions de fois plus élevé.

Mais la première grande découverte faite à Berkeley fut celle du *méson neutre*, appelé π^0, qui complétait ainsi la famille des mésons π, désormais au nombre de trois : un positif, un négatif et un neutre[175]. Ce méson neutre avait été prévu dès 1938 par plusieurs physiciens pour expliquer l'interaction entre deux protons ou entre deux neutrons, car il n'était pas possible alors d'échanger un méson chargé[176-178]. Leurs propriétés furent rapidement déterminées : ce sont des particules de spin 0 et *de parité négative*[179]. La parité est un nombre quantique qui dépend d'une propriété de symétrie particulière : celle de la réflexion dans un miroir. Le monde vu à travers un miroir est presque identique à son modèle, à une différence près cependant : votre main droite est la main gauche de votre image, les tire-bouchon tournent à l'envers...

D'autres particules furent découvertes dans les années suivantes, des mésons de plus en plus lourds, ainsi que d'autres fermions. La théorie des forces nucléaires par échange de mésons va devenir de plus en plus complexe : on peut échanger non seulement un, mais deux, ou trois mésons, la force associée ayant une portée deux, trois fois plus courte. On peut aussi échanger des mésons plus lourds, responsables du comportement de la force à des distances de plus en plus courtes. Tous ces échanges se combinent, si bien que la force qui en résulte s'éloigne de plus en plus de l'idéal de simplicité des années trente.

On appelle désormais *pions* les mésons π.

LE CŒUR DUR

Pour expliquer la saturation des forces nucléaires, c'est-à-dire que, comme dans un liquide, les nucléons s'attirent grâce à la force nucléaire, tout en restant à une certaine distance les uns des autres, Heisenberg avait pensé en 1932 que la force nucléaire attractive pouvait devenir *répulsive* à très courte distance, et qu'en conséquence il devait exister une distance optimale entre nucléons conduisant à l'énergie de liaison maximale pour un noyau[†].

---

*Voir p. 426.
[†]Voir p. 29.

Mais Majorana avait trouvé cela peu convaincant, parce que *compliqué et peu esthétique*. Sa force d'échange avait les avantages de donner automatiquement la saturation, et d'être fondée seulement sur des hypothèses très générales. On la jugea beaucoup plus *simple et élégante,* et on oublia la répulsion à courte distance.

Dans un colloque qui s'est tenu en 1977 à Minneapolis, Rudolf Peierls évoque les raisons des physiciens de l'époque :

> Nous devions trouver une nouvelle loi de force. On pouvait raisonnablement espérer qu'elle serait aussi simple et aussi fondamentale que la loi de Coulomb [...] Nous cherchions donc quelque chose de simple.
>
> Voilà, je pense, le fond de l'attitude de la plupart des théoriciens, lorsqu'ils rejetèrent l'idée d'une force avec un cœur répulsif, qui ferait agir les forces nucléaires à la manière des forces interatomiques dans les molécules ou les atomes[180].

Dans son article-bible de 1936, Bethe rejetait en effet toute force comportant à la fois une attraction à « grande » distance et une répulsion à plus courte distance :

> Donc les forces répulsives qui empêchent l'interpénétration des atomes sont, dans ce cas, la cause principale du fait que l'énergie de liaison est proportionnelle au nombre d'atomes. Il serait toutefois très peu satisfaisant de transposer un tel mécanisme aux noyaux : il faudrait pour cela supposer l'existence d'une force entre particules *élémentaires*, c'est-à-dire protons et neutrons, qui serait attractive à grande distance et répulsive à courte distance, une hypothèse qu'on n'est prêt à faire qu'avec beaucoup de réticence[86].

Pour Bethe, il s'agit d'une question de principe :

> Pour les particules ayant une structure interne, comme les atomes ou les particules α, il n'y a pas d'objection à l'hypothèse d'une telle force, car c'est alors le résultat d'hypothèses *simples* sur les forces entre particules élémentaires.

La loi fondamentale entre particules élémentaires, particules *sans structure interne* devait être simple. Et les protons et neutrons étaient à l'époque considérés comme élémentaires.

Quinze ans plus tard, en 1951, cela était remis en cause par une série d'expériences faites à Berkeley. Owen Chamberlain et Clyde Wiegand mesurèrent la diffusion élastique de protons sur des protons à l'énergie maximum fournie par l'accélérateur, 340 MeV. Et à leur grande surprise ils constatèrent une différence nette entre la diffusion, donc l'interaction proton-proton et l'interaction proton-neutron[181]. Fallait-il renoncer à l'hypothèse de l'indépendance de charge, selon laquelle il existait *une seule interaction forte*, qu'elle agisse entre un proton et un neutron, entre deux protons ou entre deux neutrons ? Chamberlain et Wiegand penchaient pour cette solution, mais Robert Jastrow, théoricien de Princeton, proposa une autre idée[182] : on pouvait conserver l'indépendance de charge, mais *à condition de supposer que la force entre deux nucléons était répulsive à très courte distance,* comme l'avait supposé Heisenberg dix-neuf ans auparavant. Jastrow propose de jouer avec la seule différence qui existe entre un couple proton-neutron et un couple proton-proton (ou neutron-neutron) : le principe de Pauli, qui interdit certaines combinaisons d'orientation des spins de deux particules identiques. Pour ces combinaisons, Jastrow suppose un répulsion à très courte distance, et le tour est joué : les données sont alors compatibles avec l'indépendance de charge.

Une dernière remarque : les protons et neutrons ont été considérés comme élémentaires, c'est-à-dire sans structure interne, jusqu'à la fin des années soixante, et l'apparition du modèle des quarks. Donc la réticence de Bethe sur la répulsion à courte portée tombe, puisqu'elle ne valait que pour des particules élémentaires.

Il allait falloir vivre avec cette répulsion à très courte distance, ce qui compliquait beaucoup les calculs de physique nucléaire, déjà « impossibles » avec une force plus simple. Mais les physiciens sont optimistes par nature...

CHAPITRE 9

La matière nucléaire

Où quelques physiciens audacieux relèvent le défi du modèle des couches, et tentent de traiter le noyau comme un ensemble de N particules. Où on trouve enfin une justification théorique solide à ce modèle longtemps paradoxal.

EN QUELQUES ANNÉES, disons entre 1948 et 1953 pour compter large, l'image que les physiciens se faisaient du noyau avait été profondément renouvelée par le triomphe du modèle « des couches » de Maria Goeppert Mayer et Hans Jensen, puis de sa généralisation par Aage Bohr et Ben Mottelson : le noyau y était décrit comme un ensemble de particules se mouvant quasi-indépendamment les unes des autres dans un champ de force moyen créé par l'ensemble même de ces particules. Ce modèle était capable d'expliquer une masse de données considérable. Encore fallait-il comprendre comment cela était possible.

Le défi

Dire que cette façon de voir le noyau était une surprise pour de très nombreux physiciens est en deçà de la vérité, tant elle paraissait contredire tout ce que l'on croyait connaître des noyaux. Dans leur gros traité de physique nucléaire théorique paru en 1952, et qui a fait longtemps autorité, Victor Weisskopf et John Blatt écrivent :

> Le grand succès du modèle des couches est surprenant au plus haut point et n'est pas encore compris sur la base de nos connaissances actuelles des forces nucléaires et de la dynamique nucléaire[183].

Pour eux le paradoxe est, une fois de plus, le fait que chaque nucléon semble se mouvoir dans le noyau sans interagir avec ses voisins :

> La condition première pour la validité du modèle à particules indépendantes, et qui semble contredire le plus fortement nos idées sur le noyau est l'absence de toute interaction effective entre les nucléons. L'existence d'orbites dans le noyau, avec des nombres quantiques bien définis, n'est possible que si le nucléon peut accomplir plusieurs « révolutions » sur cette orbite avant d'être perturbé par ses voisins.

Ils reprennent cependant la remarque qu'avait faite Weisskopf en 1951[88] et que nous avons mentionnée plus haut : le principe de Pauli avait peut-être quelque chose à voir avec cela. Mais il ne s'agissait que d'un argument qualitatif.

Comment sortir de ce paradoxe ? Edward Teller et Montgomery Johnson[184] lancèrent l'idée suivante : il est peut-être impossible de décrire le noyau par l'interaction deux à deux des nucléons. On pourrait imaginer au contraire que les mésons, messagers de l'interaction entre les nucléons soient en quelque sorte être mis en commun, formant un nuage de mésons qui créerait le champ de force dans lequel évoluent les nucléons. Cela revient à dire que l'interaction entre deux nucléons dépend des autres nucléons. Malheureusement les données expérimentales contredisaient plutôt cette idée[185]. Le mouvement semi-libre des nucléons dans le noyau gardait son mystère.

Keith Brueckner, Jeffrey Goldstone, Hans Bethe
et quelques autres

En 1954 et 1955 apparurent une série d'articles d'un jeune physicien américain déjà connu pour ses travaux sur la théorie mésonique des interactions nucléaires, Keith Brueckner, écrivant seul ou avec divers collaborateurs[186–189]. Né en 1924, Bruecker avait soutenu sa thèse de doctorat à Berkeley en 1950, puis avait rejoint l'université d'Indiana à Bloomington.

Brueckner simplifie le problème en s'intéressant à ce qui se passe au centre d'un noyau lourd, loin de la surface, ignorant dans un premier temps l'effet de la surface du noyau, comme si cette matière nucléaire était infinie (en tout cas de dimensions nettement plus grandes que la portée des forces en présence). Il simplifie encore plus en considérant que cette « matière nucléaire » idéalisée contient autant de protons que de neutrons, et en négligeant au départ la répulsion coulombienne entre les couples de protons. Par contre il utilise une interaction entre nucléons semblable à celle qui commence à être connue, une interaction entre chaque couple de nucléons : fortement attractive à courte portée, mais avec un cœur dur répulsif empêchant les nucléons de s'interpénétrer. Mis à part les protons, cela pourrait ressembler à ce qui doit se passer à l'intérieur d'une étoile à neutrons.

Serait-il possible de retrouver dans un cas aussi schématique la bonne densité de la matière nucléaire, connue pour être environ 0,17 nucléon par femtomètre cube*, et la bonne énergie de liaison, environ 15 MeV par nucléon ? Ce modèle du noyau peut paraître très idéalisé, et éloigné de la réalité, il contient cependant l'ingrédient qui est la source principale du paradoxe : pourquoi, alors qu'ils interagissent entre eux par des forces très grandes et qu'ils sont très proches les uns des autres, les nucléons évoluent-ils de façon quasi-libre ? Au bout du compte, est-il possible de donner un fondement théorique solide au modèle des couches ?

Les méthodes habituelles des physiciens sont très souvent des méthodes de perturbation : on part d'un problème dont on connaît la solution, et qui est proche du problème réel, et on traite la différence comme une petite perturbation. C'est ainsi que l'on calcule les trajectoires des planètes du système solaire : dans une première étape on calcule le mouvement de chaque planète comme si elle était seule en présence du soleil, puis on calcule les perturbations provoquées par la présence des autres planètes. Encore faut-il trouver un problème qu'on sache résoudre, et qui soit proche de la réalité. Malheureusement, même dans le cas de la matière nucléaire idéale de Brueckner, cette méthode semblait inopérante, surtout à cause de la forme compliquée de l'interaction entre nucléons, en particulier du « cœur dur » répulsif à très courte distance : les termes correctifs successifs, au lieu d'être de plus en plus petits, sont de plus en plus grands, éloignant la possibilité d'une solution.

Là intervient l'apport décisif de Brueckner : il trouve un moyen de transformer mathématiquement le problème de façon à pouvoir le traiter par approximations successives, en montrant qu'on peut, de façon tout à fait rigoureuse au départ, remplacer le potentiel de l'interaction entre nucléons avec ses complications par un pseudo-potentiel, représenté mathématiquement par une matrice. Ce pseudo-potentiel a l'énorme avantage d'être calculable à partir de la force entre deux nucléons, et de permettre après coup le calcul du potentiel moyen. Il y a tout de même un prix à payer : les calculs sont complexes, moins transparents pour le profane, et le champ de force qu'on obtient à la fin est inhabituel : il est *non local*, ce qui signifie que la force subie par un nucléon ne dépend pas seulement de l'endroit où il se trouve, mais de l'ensemble de sa fonction d'onde qui s'étend dans l'espace.

Brueckner obtient tout de suite un succès appréciable[186] : partant de l'interaction nucléon-nucléon connue, il en déduit la densité de matière nucléaire à laquelle cela conduit, et trouve une densité de 0,16 nucléons par femtomètre cube et une énergie de liaison de 12 MeV, résultat très encourageant pour un calcul encore dans un état préliminaire. Il améliore progressivement sa théorie dans les années qui suivent, et collabore en particulier avec un physicien anglais séjournant à Bloomington, Richard Eden[190].

Richard Eden retourne ensuite en Angleterre, au *Clare College*, à Cambridge, et il y rencontre Hans Bethe, venu passer une année sabbatique au *Cavendish*. Notons en passant à quel point les contacts personnels entre physiciens sont importants pour la recherche, qui ne peut se contenter d'ar-

---

*Un noyau lourd tel que le plomb 208 contient 208 nucléons, et a un rayon d'environ 6,6 femtomètres, donc un volume de 1200 femtomètres cubes. La densité moyenne est donc $1200/208 = 0,17$ nucléons par femtomètre cube.

ticles savants publiés dans des revues, mais qui est constamment irriguée par le séjour de chercheurs venus d'autres laboratoires, d'autres pays.

Hans Bethe s'intéresse alors au travail de Brueckner, et entreprend de refonder toute la théorie sur des bases qui lui conviennent, c'est-à-dire plus solides. C'est ainsi qu'il envoie en mars 1956 un article de 38 pages à *Physical Review* dans lequel, tout en rendant hommage à Brueckner, il reconstruit une théorie complète. Il est intéressant de noter l'introduction :

> À peu près tout le monde en physique nucléaire a été émerveillé par le succès du modèle des couches [...]
>
> Alors que le modèle des couches a connu un succès indiscutable depuis des années, il manque toujours d'une base théorique. Il est en effet bien établi que les forces entre deux nucléons ont une courte portée, une grande intensité, possèdent un caractère de forces d'échange et ont probablement un cœur répulsif. Il était difficile de voir comment de telles forces pouvaient conduire à un potentiel global et par suite à des états bien définis des nucléons[191].

Pendant qu'il était à Cambridge, Bethe rencontre un étudiant, Jeffrey Goldstone (né en 1933), qu'il initie à la théorie de Brueckner. Goldstone va faire faire un progrès décisif à la théorie de Brueckner en la reformulant de façon tout à la fois plus simple et plus rigoureuse. Il introduit de plus une méthode graphique pour classer les très nombreux termes de ces calculs fort complexes[192]. C'est une adaptation des diagrammes introduits quelques années auparavant par Richard Feynman dans le domaine de l'électrodynamique quantique[193].

Des bases enfin solides

Avec la théorie de Brueckner-Bethe-Goldstone, la description du noyau repose désormais sur des bases solides. Et l'intuition de Fermi ou Weisskopf est confirmée, cette fois-ci de façon quantitative : c'est bien le principe d'exclusion de Pauli qui permet aux nucléons d'évoluer de façon presque indépendante des autres nucléons, sans trop interagir avec eux sauf par le champ de force moyen. Entrer en collision, pour deux nucléons, signifie changer de direction, d'état, d'orbite dans l'image classique, *or tous les états sont occupés par des nucléons*, donc il ne se passe rien, malgré les forces intenses, malgré les répulsions encore plus intenses à très courte distance !

La description du noyau par le modèle des couches généralisé (avec un noyau sphérique ou déformé) prévaudra désormais. Naturellement d'innombrables problèmes attendent leur solution, et demanderont ingéniosité, ténacité et imagination, car les calculs restent très complexes, et, malgré les progrès fulgurants des ordinateurs, toujours très difficiles.

L'objection de Niels Bohr est-elle oubliée ?

Nous avons vu que Niels Bohr a longtemps combattu l'idée de nucléons se mouvant de façon quasi-libre dans le noyau, car il pensait que le libre parcours moyen des nucléons était très petit. Il avait ainsi construit son modèle du noyau composé, fondé justement sur l'idée qu'un neutron pénétrant dans un noyau partage presque immédiatement son énergie avec les autres nucléons*. Devait-on remettre en cause ce modèle ? Difficile, car il rendait compte de beaucoup de données expérimentales, et devait donc refléter une certaine réalité. Contradiction ?

En fait le principe de Pauli, à l'origine de la relative grandeur du libre parcours moyen des nucléons, fait surtout sentir son influence lorsque le noyau est dans son état fondamental ou dans un état pas trop éloigné. Tous les nucléons sont alors dans leur état le plus bas, ces états sont donc tous occupés, d'où l'impossibilité des collisions entre deux nucléons, car ils ne peuvent changer d'état, tous les autres étant inaccessibles. Il en va différemment si le noyau se trouve dans une configuration moins optimisée que l'état fondamental, avec une *énergie d'excitation* qu'il évacuera en émettant selon le cas un photon, ou une particule, ou même en fissionnant. L'énergie d'excitation du noyau est répartie entre les nucléons qui peuvent occuper des états d'énergie plus élevée : certains états se trouvent alors vacants, si bien que certaines collisions deviennent possibles. Or le noyau composé du neutron et du noyau qui vient de l'absorber se trouve à environ 8 MeV au-dessus de son état fondamental, et à cette énergie de nombreuses configurations existent, à peu près à la même énergie, ce qui permet les collisions : le libre parcours moyen est nettement plus faible que dans l'état fondamental. Niels Bohr n'avait pas tort...

Trois conférences internationales

Entre 1956 et 1958 trois conférences internationales furent consacrées à la physique nucléaire : à Amsterdam[194], sur les réactions nucléaires, du 2 au 7 juillet 1956 ; à Rehovoth[195], en Israël, sur la structure nucléaire, du 8 au 14 septembre 1957 ; et à Paris[196], sur toute la physique nucléaire, du 7 au 12 juillet 1958. Aage Bohr, Ben Mottelson, Hans Jensen, Keith Brueckner, Victor Weisskopf figuraient parmi les orateurs les plus en vue, accompagnés par une génération montante venue de pays divers.

Fin d'une époque

Frédéric Joliot-Curie, président du comité d'organisation de la conférence de Paris, prononça l'allocution de bienvenue, le lundi 7 juillet à 9 heures 30. Ce fut sa dernière apparition dans une manifestation officielle. Parti en vacances à l'Arcouest, il subit une hémorragie interne dans la nuit du 29 au 30 juillet. Transporté à l'hôpital Saint-Antoine, il y décède le 14 août. Le général de Gaulle, revenu depuis peu au pouvoir, décide d'honorer sa mémoire par des obsèques nationales. Frédéric Joliot-Curie avait survécu deux ans à sa femme Irène, morte d'une leucémie foudroyante le 17 mars 1956.

Quatre mois après Joliot, Wolfgang Pauli mourait à Zurich, le 15 décembre 1958, d'un cancer du pancréas.

---

*Voir p. 105.

Joliot et Pauli avaient été précédés par Enrico Fermi, l'un des géants de la physique de tous les temps, mort le 29 novembre 1954 d'un cancer de l'estomac, et Einstein, mort quelques mois plus tard, le 18 avril 1955. Erwin Schrödinger devait mourir le 4 janvier 1961, Niels Bohr, le 18 novembre 1962. Otto Hahn disparut le 28 juillet suivi bientôt par Lise Meitner, le 27 octobre 1968. Max Born mourut le 5 juin 1970, James Chadwick le 24 juillet 1974, Werner Heisenberg le 1er février 1976... Les pionniers avaient déjà fait place à la nouvelle génération.

Suspension

> Jeg hørte ham mumle ind i Edderkoppens Spind. — „„Du flinke, lille Væver! Du lærer mig at holde ud! rives itu dit Spind, begynder Du frofra igjen og fuldender! atter itu — og ufortrøden tager Du igjen fat, forfra! — forfra! det er det man skal! og det lønnes.""
>
> H. C. Andersen, *Vinden fortæller om Valdemar Daae og hans Døttre**

À LA FIN DES ANNÉES CINQUANTE la physique nucléaire est en plein épanouissement. Une théorie générale, dont on commence à comprendre les fondements, est maintenant en place, tandis que des moyens expérimentaux de plus en plus puissants permettent d'explorer le noyau comme jamais auparavant. La prospérité économique (on est entré dans le cycle des « Trente Glorieuses ») aussi bien que les préoccupations stratégiques font de la physique nucléaire une discipline reine, bien dotée humainement et financièrement.

---

*Je l'ai entendu murmurer, penché sur la toile d'une araignée: — « Toi, l'adroite petite tisseuse, tu m'apprends à tenir bon! Si la toile est déchirée, tu recommences et tu l'achèves! Encore déchirée... tu recommences de plus belle!... de plus belle! Voilà ce que l'on doit faire! Et cela en vaut la peine. » (*Le vent raconte l'histoire de Valdemar Daae et de ses filles*)

C'est le début d'une période de travail intense, travail de consolidation et d'approfondissement, après des années foisonnantes. Les grands principes de l'organisation du noyau sont solidement en place, il faut maintenant les mettre en œuvre dans une théorie vraiment satisfaisante du noyau, une théorie qui ne pourra voir le jour qu'en prenant appui sur des observations expérimentales nouvelles.

Il reste encore beaucoup de chemin à faire. Dans les années trente on avait l'espoir de construire la théorie idéale : on partirait de l'interaction entre eux des constituants du noyau, qui se devait d'être simple, à l'image de la gravitation ou de l'interaction purement électrique entre les électrons et le noyau de l'atome ; on bâtirait alors, de façon logique et déductive, chaque noyau, avec l'ensemble de ses propriétés. Après tout, la compréhension que nous avons du mouvement des planètes du système solaire est le type même de cette théorie idéale, et c'est sur ce modèle qu'est construite la théorie de l'atome : l'interaction électrique entre électrons et noyau est bien connue, et en principe la mécanique quantique décrit de façon exacte l'atome, même si en pratique les calculs peuvent être très complexes.

Au fil du temps cet idéal réductionniste est cependant apparu comme une chimère. Tout d'abord l'espoir de découvrir une force simple entre les nucléons s'est envolé. La théorie mésonique de l'interaction nucléaire s'est progressivement compliquée, c'est aujourd'hui la *chromodynamique quantique*, qui tente de la fonder sur l'interaction entre les *quarks*, reconnus comme les constituants ultimes des nucléons et des mésons, mais ce programme n'est pas encore réalisé.

Il y a plus grave. Pour les besoins de la physique du noyau, la connaissance actuelle de l'interaction entre nucléons serait en fait suffisante, sous une forme que les physiciens appellent *phénoménologique*, c'est-à-dire une forme approchée, avec des paramètres ajustés de façon que les résultats des calculs soient en accord avec les résultats expérimentaux. *Le vrai nœud du problème est que le noyau est un système à N corps qu'on ne sait pas traiter, même en principe, de façon exacte.* Le rêve réductionniste qui consisterait à déduire les propriétés d'un ensemble de N constituants interagissant entre eux par une force connue n'a jamais été réalisé dans aucun domaine de la physique, ni de la chimie, pour ne pas parler de la biologie : on est loin de pouvoir prévoir les propriétés chimiques d'une substance malgré la connaissance très précise des interactions entre atomes et molécules qui la composent. Quand il s'agit de très grands nombres de constituants, comme les molécules d'un gaz, c'est la méthode statistique qui a obtenu les succès les plus éclatants : la théorie cinétique des gaz ne cherche pas à résoudre les milliards de milliards d'équations qui décriraient en détail le mouvement de chaque molécule du gaz, elle utilise des moyennes sur de grands nombres, le nombre de constituants jouant un rôle plus décisif que le détail de l'interaction entre les molécules. La physique du noyau est dans une situation intermédiaire, avec un nombre de constituants allant de 2 à presque 300, nombres dérisoires devant le nombre de molécules de la moindre goutte d'eau, mais suffisants pour rendre le problème insoluble dans sa plus grande généralité.

Cette situation de la physique nucléaire, intermédiaire entre la physique statistique, qui est celle des grands ensembles, et la physique « microscopique », en fait la difficulté, mais aussi l'intérêt et même le charme. Les méthodes de calculs approchées se sont considérablement affinées, grâce à l'imagination des physiciens et à l'utilisation d'ordinateurs de plus en plus puissants.

Des découvertes surprenantes ont bien montré à quel point la théorie, tout en décrivant de façon souvent très satisfaisante les faits expérimentaux, n'est pas toujours capable de les *prévoir* : par exemple on a découvert que certains noyaux pouvaient avoir des formes très allongées, avec des rapports entre grand axe et petit axe de trois à un. Aucune théorie ne l'avait prévu. Autre exemple : la découverte inattendue, dans les années soixante, de l'existence, dans le phénomène de fission, de certains états transitoires de déformation très grande, qui jouent le rôle de passage obligé vers la rupture du noyau en deux fragments. L'existence de ces quasi-états est due, comme on l'a démontré plus tard, à des « effets de couche » qui augmentent l'énergie de liaison de ces configurations. Par contre c'est bien une prévision théorique qui a permis de découvrir un ensemble de noyaux beaucoup plus lourds que l'uranium, et pourtant dotés d'une certaine stabilité, des noyaux dits *superlourds* : le plus lourd observé à ce jour comporte 116 protons et 175 neutrons ! La théorie avait prévu effectivement que dans ces parages un *effet de couche* pouvait donner une certaine stabilité à certains noyaux qui sans lui ne pourraient pas exister.

Pour avancer, les physiciens tentent aujourd'hui de pousser les noyaux dans leurs derniers retranchements : ils produisent par exemple des noyaux contenant un nombre de neutrons beaucoup plus élevé que celui des noyaux stables ; ou bien des noyaux possédant un moment angulaire très élevé (qui tournent sur eux-mêmes très rapidement). En mettant ainsi la théorie à l'épreuve de la réalité expérimentale dans des situations inédites, ils lui permettent, jour après jour, de s'affiner. Ce progrès continu prend alors un caractère peut-être moins révolutionnaire qu'on pourrait le rêver, et souvent plus technique que naguère, mais pas moins nécessaire pour cela. La recherche connaît ainsi, en alternance, moments de grandes découvertes et moments de travail patient et obstiné. Dans *Pierre Curie*, livre qu'elle a fait paraître en 1923, Marie Curie écrivait :

> Une grande découverte ne jaillit pas du cerveau du savant tout achevée, comme Minerve sortit tout équipée du cerveau de Jupiter ; elle est le fruit d'un labeur préliminaire accumulé. Entre les journées de production féconde viennent s'intercaler des journées d'incertitude où rien ne semble réussir, où la matière elle-même semble hostile, et c'est alors qu'il faut résister au découragement.

De son côté, Rutherford, dans une conférence qu'il prononça en 1936 à Cambridge devant un large public[*], évoquait l'évolution de la physique au cours des quarante années écoulées depuis la découverte de la radioactivité, et concluait ainsi :

> La science avance par étapes, chacun dépend du travail de ses prédéces-

---

[*]Voir p. 89.

seurs. Si vous entendez parler d'une découverte soudaine et inattendue — comme un coup de tonnerre dans un ciel bleu — vous pouvez toujours être sûrs qu'elle provient de l'influence d'un homme sur un autre : c'est cette influence mutuelle qui est à l'origine de l'énorme possibilité de l'avancée scientifique. Les scientifiques ne dépendent pas des idées d'un seul homme, mais de la sagesse combinée de milliers d'hommes, tous pensant au même problème, et chacun ajoutant sa petite pierre à la grande structure de la connaissance qui est progressivement érigée.

A MI LECTEUR, c'est ici que s'interrompt notre récit. La raison d'être de ce livre, c'est la curiosité : comment, partant du noircissement d'une plaque photographique, des hommes — et quelques femmes — ont-ils pu imaginer tout à la fois, l'un n'allant jamais sans l'autre, les appareils permettant de percer quelques-uns des secrets de la nature, et la théorie permettant de les expliquer ? Ai-je pu te faire partager l'émerveillement qui m'a saisi tant de fois en consultant tel article oublié sur un rayon de bibliothèque ? Ai-je pu te communiquer, surtout si tu n'es pas spécialiste, mon admiration devant l'imagination créatrice d'un Bohr ou d'un Rutherford, d'une Marie Curie ou d'une Lise Meitner, d'un Heisenberg ou d'un Aston, d'un Dirac ou d'un Curie, ou encore le travail souvent obscur mais combien nécessaire de tant de chercheurs ?

Notes

Première partie : la radioactivité, premières énigmes

1. L'histoire de cette découverte a été contée dans de nombreuses publications. Citons Jean Becquerel, « La découverte de la radioactivité », in *Conférences prononcées à l'occasion du 50ᵉ anniversaire de la Découverte de la Radioactivité*, Paris, Muséum National d'Histoire Naturelle et École Polytechnique, 1946 ; Albert Ranc, *Henri Becquerel et la découverte de la radioactivité*, Paris, Éditions de la Liberté, 1946. Voir également Michel Genet, *Radiochimica Acta* 70/71, 3, 1995 ; Lawrence Badash, « The discovery of Radioactivity », *Physics Today*, février 1996, 21–26 ; Pierre Radvanyi et Monique Bordry, « La découverte de la radioactivité », in *Noyaux atomiques et radioactivité*, Pour la Science, 1996.
2. L. Barbo, *Les Becquerel, une dynastie scientifique*, Paris, Belin, 2003.
3. W. C. Röntgen, « Über eine neue Art von Strahlen », *Sitzungsberichte der physicalisch-medicinischen Gesellschaft zu Würzburg* **137**, 132–141, décembre 1895.
4. J. Nicolle, *Röntgen et l'ère des rayons X*.
5. H. Poincaré, « Les rayons cathodiques et les rayons Röntgen », *Revue Générale des Sciences* **7**, 52–59, 30 janvier 1896.
6. A. H. Becquerel, « Sur les radiations émises par phosphorescence », *Comptes Rendus de l'Académie des Sciences* **122**, 420–21, séance du 24 février 1896.
7. *Annales du Bureau Central Météorologique de France*, Paris, E. Mascart, 1898 ; non, il ne faisait pas beau à Paris le 1ᵉʳ mars 1896, contrairement à ce qu'ont pu écrire Jean Becquerel et Albert Ranc. Ce fait a été signalé par L. Badash, Voir la note 1.
8. A. H. Becquerel, « Sur les radiations invisibles émises par les corps phosphorescents », *Comptes Rendus de l'Académie des Sciences* **122**, 501–503, séance du 2 mars 1896.
9. A. H. Becquerel, « Sur diverses propriétés des rayons uraniques », *Comptes Rendus de l'Académie des Sciences* **123**, 855–58, séance du 23 novembre 1896.
10. A. H. Becquerel, « Sur les radiations invisibles émises par les sels d'uranium », *Comptes Rendus de l'Académie des Sciences* **122**, 689–94, séance du 23 mars 1896.

11. A. H. Becquerel, « Émission de radiations nouvelles par l'uranium métallique », *Comptes Rendus de l'Académie des Sciences* **122**, 1086–88, séance du 18 mai 1896.
12. K. W. Röntgen, « Über eine neue Art von Strahlen », *op. cit.*, traduction de Jacques Nicolle, *Röntgen et l'ère des rayons X*.
13. W. C. Röntgen, « Über eine neue Art von Strahlen. 2. Mitteilung », *Sitzungsberichte der physicalisch-medicinischen Gesellschaft zu Würzburg* **II**, 17–19, mars 1896.
14. L. Benoit et D. Hurmuzescu, « Nouvelles propriétés des rayons X », *Comptes Rendus de l'Académie des Sciences* **122**, 235–236, séance du 3 février 1896.
15. J. J. Thomson, « Röntgen rays », *Electrician* **36**, 491, 1896.
16. A. Righi, « Sulla produzione di fenomeni elettrici par mezzo dei raggi di Röntgen », *Rendiconto delle Sessioni, Reale Academia delle Scienze, Bologna* p. 45, 14 février 1896; « Phénomènes électriques produits par les rayons de Röntgen », *Comptes Rendus de l'Académie des Sciences* **122**, 376–378, séance du 17 février 1896.
17. A. H. Becquerel, « Sur quelques propriétés nouvelles des radiations invisibles émises par divers corps phosphorescents », *Comptes Rendus de l'Académie des Sciences* **122**, 559–64, séance du 9 mars 1896.
18. L. Badash, « Radioactivity before the Curies », *American Journal of Physics* **33**, 128–35, 1965.
19. *Almanach Hachette*, Libraire Hachette, Paris, 1897, p. 356.
20. S. P. Thomson, « On Hyperphosphorescence », *Philosophical Magazine* **[5] 42**, 103–107, 1896.
21. L. Badash, « "Chance favors the prepared mind": Henri Becquerel and the discovery of radioactivity », *Archives internationales d'histoire des sciences* **18**, 55–66, janvier–juin 1965.
22. Niepce de Saint Victor, « Sur une nouvelle action de la lumière », *Comptes Rendus de l'Académie des Sciences* **65**, 505–507, séance du 16 septembre 1867.
23. Discours d'Edmond Perrier aux obsèques de Becquerel, *Comptes Rendus de l'Académie des Sciences* **147**, 59, séance du 31 août 1908.
24. E. Rutherford, *Radioactive transformations*.
25. R. Taton, *La Science contemporaine. 1. Le XIXe siècle*.
26. En fait ces raies avaient été observées en 1802 par William Hyde Wollaston (1766-1828), mais il leur accorda peu d'intérêt.
27. R. Locqueneux, « Préhistoire et histoire de la thermodynamique classique », *Cahiers d'Histoire et de Philosophie des Sciences* **45**, 1, 1996.
28. S. Carnot, *Réflexions sur la puissance motrice du feu*, dont le texte intégral figure dans J.-P. Maury, *Carnot et la machine à vapeur*.
29. E. Bauer, *L'électromagnétisme hier et aujourd'hui*.
30. A. Einstein et L. Infeld, *The Evolution of Physics*.
31. A. Pais, *Inward Bound*, p. 66–69.
32. J. Priestley, *Histoire de l'électricité*.
33. H. G. Hammon, « Michael Faraday and His Words Anode and Cathode », *American Journal of Physics* **42**, 419–20, 1974.
34. J. Plücker, « Über die Einwirkung des Magneten auf die elektrischen Entladung in verdünnten Gasen », *Annalen der Physik, Leipzig* **103**, 88–106 et 151–157, 1857; « Fortgesetzte Beobachtungen über die elektrische Entladung durch verdünnte Raüme », *Ibid.* **104**, 113–128, 1858; « Über einen neuen Gesichtpunkt, die Einwirkung des Magneten afu den elektrischen Strom getreffend », *Ibid.* **104**, 622–630, 1858. « Fortgesetzte Beobachtungen über die elektrische Entladung », *Ibid.* **105**, 67–84, 1858. « Fortgesetzte Beobachtungen über die elektrische Entladung in verdünnten Raümen », *Ibid.* **107**, 77–113, 1859. « Über die Constitution der elektrischen Spectra der verschiedenen Gase und Dämpfe », *Ibid.* **107**, 497–539, 1859; « Nachtrag zu der Abhandlungen über die Constitution der elektrischen Spectra der verschiedenen Gase und Dämpfe », *Ibid.* **107**, 638–643, 1859.

35. J. W. Hittorf, « Über die Elektricitätsleitung der Gase », *Annalen der Physik und Chemie, Leipzig* **136**, 1–31 et 197–234, 1869.
36. E. Goldstein, « Vorläufige Mittheilungen über elektrische Entladungen in verdünnten Gasen », *Monatsberichte der Königlich preussischen Akademie der Wissenschaften zu Berlin* **41**, 279–295, mai 1876.
37. J. J. Thomson, « The Kathode rays », *Nature* **55**, 453, 11 mars 1897 ; « Cathode rays », *Proceedings of the Royal Institution*, **15**, 419, 1897 ; « Cathode rays », *Philosophical Magazine* **44**, 293–316, octobre 1897.
38. J. J. Thomson, « On the charge of electricity carried by the ions produced by Röntgen rays », *Philosophical Magazine* **46**, 528–545, décembre 1898.
39. J. J. Thomson, « On the Masses of the Ions in Gases at Low Pressure », *Philosophical Magazine* **48**, 547–567, décembre 1899.
40. A. Pais, *Inward Bound*, p. 78.
41. E. Goldstein, « Über eine noch nicht untersuche Strahlungsform and der Kathode inducierte Entladungen », *Sitzungsberichte der kaiserlichen Akademie der Wissenschaften zu Berlin* **39**, 691, séance du 29 juillet 1886; *Annalen der Physik und Chemie, Leipzig* **64**, 38–48, 1898.
42. W. Wien, « Untersuchungen über die elektrische Entladung in verdünnten Gasen », *Annalen der Physik, Leipzig* **65**, 440–52, 1898; **8**, 244–66, 1902.
43. D. I. Mendeleev, (Sur la relation entre les propriétés des éléments et leurs poids atomiques), *Žurnal Russkago himičeskago obščestva (Revue de la Société Russe de Chimie)* **1**, 60–67, 1869 ; « Ueber die Beziehungen der Eigenschaften zu Atomgewichten der Elemente », *Zeitschrift für Chemie und Pharmacie* **12**, 405–406, 1869.
44. J. L. Meyer, « Die Natur der chemischen Elemente als Function ihrer Atomgewichte », *Annalen der Chemie und Pharmacie. Supplementband* **7**, 354–364, 1870.
45. Sir B. Pippard, « Physics in 1900 », in L. M. Brown, A. Pais et S. B. Pippard (dir.), *Twentieth Century Physics*, Bristol and Philadelphia, Institute of Physics Publishing, 1995.
46. H. Pellat, « Les laboratoires nationaux physico-techniques », *in Travaux du Congrès international de physique réuni à Paris en 1900*, C.-É. Guillaume et L. Poincaré (dir.), Paris, Gauthier-Villars, 1901, t. 4, p. 101–107.
47. Ève Curie, *Madame Curie*; Robert Reid, *Marie Curie*; Susan Quinn, *Marie Curie*.
48. Marie Curie, *Pierre Curie*; Anna Hurwic, *Pierre Curie*; Loïc Barbo, *Pierre Curie 1859-1906, le rêve scientifique*.
49. J. Curie et P. Curie, « Développement, par pression, de l'électricité polaire dans les cristaux hémièdres à faces inclinées », *Comptes Rendus de l'Académie des Sciences* **91**, 294–295, séance du 2 août 1880.
50. Pierre Curie, « Sur la symétrie dans les phénomènes physiques, symétrie d'un champ électrique et d'un champ magnétique », *Journal de Physique* **3**, 393–415, 1894.
51. P.-G. de Gennes, « Pierre Curie et le rôle de la symétrie dans les lois de la physique », *Symmetries and broken symmetries in condensed matter physics*, Actes du Colloque Pierre Curie, publiés sous la direction de N. Boccara, IDSET, Paris, 1981, p. 1; R. Thom, « Principe de Curie et prolongement analytique », *ibid.*, p. 73.
52. P. Curie, « Propriétés magnétiques des corps à différentes températures », *Annales de Chimie et de Physique, Paris* **5**, 289–405, 1895.
53. Marie Skłodowska-Curie, « Propriétés magnétiques des aciers trempés », *Bulletin de la Société d'Encouragement à l'Industrie Nationale* 1895.
54. M. Curie, « Rayons émis par les composés de l'uranium et du thorium », *Comptes Rendus de l'Académie des Sciences* **126**, 1101–1103, séance du 12 avril 1898.
55. G. C. Schmidt, « Über die von den Thorverbindungen und einigen anderen Substanzen ausgehende Strahlung », *Annalen der Physik, Leipzig* **65**, 141–151, 1898 ; « Sur les radiations émises par le thorium et ses composés », *Comptes Rendus de l'Académie des Sciences* **126**, 1264, séance du 2 mai 1898.

56. P. et M. Curie, « Sur une nouvelle substance radioactive contenue dans la pechblende », *Comptes Rendus de l'Académie des Sciences* **127**, 175–178, séance du 18 juillet 1898.
57. P. Curie, Mme P. Curie et G. Bémont, « Sur une nouvelle substance fortement radioactive contenue dans la pechblende », *Comptes Rendus de l'Académie des Sciences* **127**, 1215–17, séance du 26 décembre 1898.
58. E. Demarçay, « Sur le spectre d'une substance radioactive », *Comptes Rendus de l'Académie des Sciences* **127**, 1218, séance du 26 décembre 1898.
59. P. Curie et M. Curie, « Les nouvelles substances radioactives et les rayons qu'elles émettent », in *Travaux du Congrès international de physique réuni à Paris en 1900*, t. III, p. 79–114; *Œuvres de Pierre Curie*, p. 374–409.
60. M. Curie, « Sur le poids atomique du radium », *Comptes Rendus de l'Académie des Sciences* **135**, 161–163, séance du 21 juillet 1902.
61. M. Curie, « Sur le poids atomique du radium », *Comptes Rendus de l'Académie des Sciences* **145**, 422–425, séance du 19 août 1907.
62. M. Curie, « Les rayons de Becquerel et le polonium », *Revue Générale des Sciences* **10**, 41–50, séance du 30 janvier 1899.
63. M. Curie, « Les nouvelles substances radioactives », *Revue Scientifique* **[4] 14**, 65–71, séance du 21 juillet 1900.
64. A. S. Eve, *Rutherford*; N. Feather, *Lord Rutherford*; David Wilson, *Rutherford simple genius*.
65. E. Rutherford, « Magnetization of Iron by high frequency discharges », *Transactions of the New Zealand Institute*, **27**, 481–513, 1894; « Magnetic Viscosity », *Ibid.*, **28**, 182–204, 1895.
66. J. J. Thomson et E. Rutherford, « On the Passage of Electricity through gases exposed to Röntgen rays », *Philosophical Magazine* **42**, 392–407, novembre 1896.
67. E. Rutherford, « On the Electrification of Gases Exposed to Röntgen rays, and the Absorption of Röntgen Radiation by Gases and Vapours », *The Philosophical Magazine* [5], **43**, 241–255, avril 1897; « The Velocity and Rate of Recombination of the Ions of Gases Exposed to Röntgen Radiation », *ibid.*, **44**, 422–440, novembre 1897.
68. E. Rutherford, « Uranium Radiation and the Electrical Conduction Produced by It », *Philosophical Magazine* **47**, 109–163, janvier 1899.
69. F. Giesel, « Über die Ablenkbarkeit der Becquerelstrahlen im magnetischen Felde », *Annalen der Physik und Chemie, Leipzig* **69**, 834–836, 1899.
70. S. Meyer et E. R. von Schweidler, « Über das Verhalten von Radium und Polonium in magnetischen Felde », *Physikalische Zeitschrift* **1**, p. 90–91, 25 novembre 1899 et p. 113–114, 2 décembre 1899.
71. H. Becquerel, « Influence d'un champ magnétique sur le rayonnement des corps radioactifs », *Comptes Rendus de l'Académie des Sciences* **129**, 996–1001, séance du 11 décembre 1899.
72. P. Curie, « Action du champ magnétique sur les rayons de Becquerel. Rayons déviés et non déviés. », *Comptes Rendus de l'Académie des Sciences* **130**, 73–76, séance du 8 janvier 1900.
73. P. Curie et M. Curie, « Sur la charge électrique des rayons déviables du radium », *Comptes Rendus de l'Académie des Sciences* **130**, 647–650, séance du 5 mars 1900.
74. A. H. Becquerel, « Déviation du rayonnement du radium dans un champ électrique », *Comptes Rendus de l'Académie des Sciences* **130**, 809–815, séance du 26 mars 1900.
75. A. H. Becquerel, « Note sur la transmission du rayonnement du radium au travers des corps », *Comptes Rendus de l'Académie des Sciences* **130**, 979-984, séance du 9 avril 1900.
76. W. Kaufmann, « Die elektronische Masse des Elektrons », *Physikalische Zeitschrift* **1**, 54–57, 10 octobre 1902.
77. Lettre de Rutherford à sa mère, datée du 5 janvier 1902, reproduite dans A. S. Eve, *Rutherford*, p. 80.

78. E. Rutherford, « A radio-active substance emitted from thorium compounds », *Philosophical Magazine* **49**, 1–14, janvier 1900.
79. P. Curie et M. Curie, « Sur la radioactivité provoquée par les rayons de Becquerel », *Comptes Rendus de l'Académie des Sciences* **129**, 714–716, séance du 6 novembre 1899.
80. E. Rutherford, « Radioactivity produced in substances by the action of thorium compounds », *Philosophical Magazine* **49**, 161–192, février 1900; le manuscrit est daté du 22 novembre 1899.
81. E. Rutherford, « Excited Radioactivity and the Method of its Transmission », *Philosophical Magazine* **5**, 95–117, janvier 1903.
82. J. Elster et H. Geitel, « Versuche an Becquerelstrahlen », *Annalen der Physik, Leipzig* **66**, 735–740, 1898.
83. J. Elster et H. Geitel, « Weitere Versuche an Becquerelstrahlen », *Annalen der Physik, Leipzig* **69**, 83–90, 1899.
84. J. Elster et H. Geitel, « Über eine fernere Analogie im elektrischen Verhalten der natürlichen Luft und der durch Becquerelstrahlen abnorm leitend gemachten Luft », *Physikalische Zeitschrift* **2**, 590–593, 6 juillet 1901; « Über die Radioaktivität der in Erdboden enthaltenen Luft », *ibid.*, **3**, 574–577, 15 septembre 1902.
85. W. Gerlach, *Dictionary of scientific biography*, C. Coultson Gillispie (dir.) p. 354 et 341.
86. P. Villard, « Sur la réflexion et la réfraction des rayons cathodiques et des rayons déviables du radium », *Comptes Rendus de l'Académie des Sciences* **130**, 1010–12, séance du 9 avril 1900.
87. P. Villard, « Sur le rayonnement du radium », *Comptes Rendus de l'Académie des Sciences* **130**, 1178–1182, séance du 30 avril 1900.
88. E. Rutherford et F. Soddy, « The Radioactivity of Thorium Compounds. I. An Investigation of the Radioactive Emanation », *Transactions of the Chemical Society* **81**, 321–350, 1902.
89. W. Crookes, « Radio-Activity of Uranium », *Proceedings of the Royal Society of London* **66**, 409–422, 1899-1900.
90. A. H. Becquerel, « Note sur le rayonnement du radium », *Comptes Rendus de l'Académie des Sciences* **130**, 1583–1585, séance du 11 juin 1900.
91. A. H. Becquerel, « Sur le rayonnement de l'uranium », *Comptes Rendus de l'Académie des Sciences* **131**, 137–138, séance du 16 juillet 1900.
92. A. H. Becquerel, « Sur la radioactivité de l'uranium », *Comptes Rendus de l'Académie des Sciences* **133**, 977–80, séance du 9 décembre 1901. **134**, 85, séance du 13 janvier 1902.
93. A. H. Becquerel, « Sur le rayonnement de l'uranium et sur les diverses propriétés physiques du rayonnement des corps radioactifs », *in* Ch.-Ed. Guillaume et L. Poincaré (dir.), *Rapports présentés au Congrès international de physique réuni à Paris en 1900*, t. III, p. 47–78.
94. P. Curie et M. Curie, « Les nouvelles substances radioactives et les rayons qu'elles émettent », *ibid.* p. 79–114.
95. E. Rutherford et F. Soddy, « The Radioactivity of Thorium Compounds. II. The Cause and Nature of Radioactivity. », *Journal of the Chemical Society* **81**, 837–60, 1902.
96. F. Soddy, « The Radioactivty of Uranium », *Journal of the Chemical Society* **81**, 860–865, 1902.
97. H. Becquerel, « Note sur quelques propriétés du rayonnement de l'uranium et des corps radioactifs », *Comptes Rendus de l'Académie des Sciences*, **128**, 771–778, séance du 27 mars 1899 ; « Influence d'un champ magnétique sur le rayonnement des corps radioactifs », *ibid.*, **129**, 996–1001, séance du 11 décembre 1899 ; « Contribution à l'étude du rayonnement du radium », *ibid.*, **130**, p. 206–211, séance du 29 janvier 1900 ; « Sur la dispersion du rayonnement du radium dans un champ magnétique », *ibid.*, p. 372–376, séance du 12 février 1900 ; « Déviation du rayonnement du radium dans un champ électrique », *ibid.*, p. 809–815, séance du 26 mars 1900.

98. E. Rutherford, « Die magnetische und elektrische Ablenkung der leicht absorbierbaren Radiumstrahlen », *Physikalische Zeitschrift* **4**, 235–40, 5 mars 1903.
99. E. Rutherford, « The Magnetic and Electric Deviation of the easily absorbed Rays from Radium », *Philosophical Magazine* **5**, 177–87, février 1903.
100. A. Romer, *The Discovery of Radioactivity and Tranmutation*, Dover, New York, 1964.
101. E. Rutherford et F. Soddy, « The Cause and Nature of Radioactivity », *Philosophical Magazine* **4**, Part I : 376–396, septembre 1902 ; Part II : 569–585, novembre 1902.
102. E. Rutherford et F. Soddy, « Radioactive Change », *Philosophical Magazine* **5**, 576–91, mai 1903.
103. P. Curie et A. Laborde, « Sur la chaleur dégagée spontanément par les sels de radium », *Comptes Rendus de l'Académie des Sciences* **136**, 673–675, séance du 16 mars 1903.
104. E. Rutherford, *Radioactivity*, Cambridge, Cambridge University Press, 1904.
105. J. N. Lockyer, « Notice of the Observation of the Spectrum of a Solar Prominence », *Proceedings of the Royal Society, London* **17**, 91–92, 1868.
106. W. Ramsay et F. Soddy, « Gas Occluded by Radium Bromide », *Nature* **68**, 246, 16 juillet 1903.
107. E. Rutherford, « The succession of changes in radioactive bodies », *Philosophical Transactions of the Royal Society of London* **A204**, 169–219, 1904.
108. E. Crawford, *La Fondation des prix Nobel scientifiques 1901-1915*.
109. *Les prix Nobel en 1903.*, Stokholm, Imprimerie Royale, P. A. Norstedt & Söner, 1906
110. F. Giesel, « Ueber radioactive Stoffe », *Berichte der deutschen chemischen Gesellschaft* **33**, 3569–71, 1900.
111. A. H. Becquerel et P. Curie, « Action physiologique des rayons du radium », *Comptes Rendus de l'Académie des Sciences* **132**, 1289–91, séance du 3 juin 1901.
112. P. Curie, conférence Nobel, dans *Les prix Nobel en 1903*, Stokholm, Imprimerie Royale, P. A. Norstedt & Söner, 1906.
113. M. Curie-Skłodowska, *Pierre Curie*.
114. H. Poincaré, « Discours à la mémoire de Pierre Curie », *Comptes Rendus de l'Académie des Sciences* **142**, 939–941, séance du 23 avril 1906.

Deuxième partie : un noyau au cœur de l'atome

1. Lucrèce, *De rerum natura (De la nature)*.
2. A. Nollet, *Leçons de Physique Expérimentale*.
3. John Dalton, *New System of Chemical Philosophy*.
4. J. L. Gay-Lussac, « Mémoire sur la combinaison des substances gazeuses, les unes avec les autres », *Mémoires de physique et de chimie de la Société d'Arcueil* **2**, 207–234, 1809.
5. A. Avogadro, « Essai d'une manière de déterminer les masses relatives des molécules élémentaires des corps et les proportions selon lesquelles elles entrent dans ces combinaisons », *Journal de Physique* **73**, 58–76, 1811.
6. A.-M. Ampère, « Lettre de M. Ampère à M. le Comte Berthollet sur la détermination des proportions dans lesquelles les corps se combinent d'après le nombre et la disposition respective des molécules dont leurs particules intégrantes sont composées », *Annales de Chimie* **90**, 43–86, 1814.
7. W. Prout, « On the Relation between the Specific Gravities of Bodies in their Gaseous State and the Weights of their Atoms », *Annals of Philosophy* **6**, 321–330, novembre 1815.

8. W. Prout, « Correction of a Mistake in the Essay on the Relation between the Specific Gravities of Bodies in their Gaseous State and the Weight of their Atoms », *Annals of Philosophy* **7**, 111–113, février 1816.
9. A. Ganot, *Traité élémentaire de physique expérimentale*.
10. M. J. Nye, *The Question of the Atom from the Karlsruhe Congress to the first Solvay Conference, 1860-1911*.
11. J. C. Maxwell, « Illustration of the Dynamical Theory of Gases.— Part I. On the Motions and collisions of Perfectly Elastic Spheres », *Philosophical Magazine* **19**, 18–32, janvier 1860.
12. J. J. Loschmidt, « Zur Grösse der Luftmolecüle », *Sitzungsberichte der Akademie der Wissenschaften in Wien* **52**, 395–413, 1866, communication faite à la séance du 12 octobre 1865.
13. M. Charpentier-Morize, *Perrin, savant et homme politique*.
14. J. Perrin, « Les hypothèses moléculaires », *Revue Scientifique* **15**, 449–61, 13 avril 1901.
15. J. Perrin, « Mouvement brownien et réalité moléculaire », *Annales de Chimie et de Physique, Paris* **18**, 5–114, 1909.
16. J. Perrin, *Les Atomes*.
17. P. Lenard, « Über die Absorption von Kathodenstrahlen verschiedener Geschwindichkeit », *Annalen der Physik, Leipzig* **12**, 714–44, 1903.
18. J. Rydberg, « La distribution des raies spectrales », in *Congrès International de Physique*, C.-É. Guillaume et L. Poincaré (dir.), Paris, Gauthier-Villars, 1900, vol. Tome II, p. 200–24.
19. J. J. Balmer, « Notiz über die Spektrallinien des Wasserstoffs », *Annalen der Physik, Leipzig* **25**, 80–87, 1885.
20. Note 37 p. 507.
21. Notes 38 p. 507 et 39 p. 507.
22. R. A. Millikan, « The Isolation of an Ion, a Precision Measurement of its Charge, and the Correction of Stokes's Law », *Physical Review* **32**, 349–397, avril 1911.
23. Note 39 p. 507.
24. R. J. Strutt, Lord Rayleigh, *The life of Sir J. J. Thomson*, Cambridge University Press, Cambridge, 1942, p. 140 ; cité par A. Pais, *Inward Bound*, p. 179.
25. H. Nagaoka, « Kinetics of a System of Particles illustrating the Line and the Band Spectrum and the Phenomena of Radioactivity », *Philosophical Magazine* **7**, 445–55, mai 1904.
26. L. Kelvin, « Aepinus Atomized », *Philosophical Magazine* **[6] 3**, 257-83, mars 1902.
27. J. J. Thomson, « On the Structure of the Atom : an investigation of the Stability and Periods of Oscillation of a number of Corpuscles arranged at equal intervals around circumference of a Circle ; with Application to the results to the Theory od Atomic Structure », *Philosophical Magazine* **7**, 237–65, mars 1904.
28. A. M. Mayer, « Floating Magnets », *American Journal of Science* **15**, 276, 477, 1878 ; *Nature* **17**, 487-488, 18 avril 1878 ; *Nature* **18**, 258–260, 4 juillet 1878.
29. J. J. Thomson, « The Magnetic Properties of Systems of Corpuscles describing Circular Orbits », *Philosophical Magazine* **6**, 673–93, décembre 1903.
30. J. Perrin, « Décharge par les rayons de Röntgen. - Rôle des surfaces frappées », *Comptes Rendus de l'Académie des Sciences* **124**, 455–58, séance du 1er mars 1897.
31. J. Perrin, « Rayons cathodiques et rayons de Röntgen. Étude expérimentale. », *Annales de chimie et de physique, Paris* **11**, 496–555, 1897.
32. G. Sagnac, « Sur les propriétés des gaz traversés par les rayons X et sur les propriétés des corps luminescents ou photographiques », *Comptes Rendus de l'Académie des Sciences* **125**, 168–71, séance du 12 juillet 1897.
33. G. Sagnac, « Sur la transformation des rayons X par les métaux », *Comptes Rendus de l'Académie des Sciences* **125**, p. 230–32, séance du 26 juillet 1897 et p. 942–44, séance du 6 décembre 1897.

34. P. Curie et G. Sagnac, « Électrisation négative des rayons secondaires produits au moyen des rayons Röntgen », *Comptes Rendus de l'Académie des Sciences* **130**, 1013–1016, séance du 9 avril 1900.
35. P. Curie et G. Sagnac, « Électrisation négative des rayons secondaires issus de la transformation des rayons X », *Journal de Physique* **1**, 13–21, 1902.
36. C. G. Barkla, « Secondary Radiation from Gases subject to X-Rays », *Philosophical Magazine* **5**, 685–98, juin 1903.
37. C. G. Barkla, « Energy of Secondary Röntgen Radiation », *Philosophical Magazine* **7**, 543–60, mai 1904.
38. J. J. Thomson, *Conduction of Electricity through Gases*.
39. J. J. Thomson, « On the Number of Corpuscles in an Atom », *Philosophical Magazine* **11**, 769–81, juin 1906.
40. A. Pais, *Inward Bound*, p. 187.
41. C. G. Barkla, « On the Energy of Scattered X-radiation », *Philosophical Magazine* [6] **21**, 648–52, mai 1911.
42. M. Curie, « Sur la pénétration des rayons de Becquerel non déviables par le champ magnétique », *Comptes Rendus de l'Académie des Sciences* **130**, 76–79, séance du 8 janvier 1900.
43. Voir note 59 page 508.
44. G. M. Caroe, *William Henry Bragg, 1862-1942 : man and scientist*, Cambridge et New York, Cambridge University Press, 1978.
45. W. H. Bragg, « On the Absorption of α Rays, and on the Classification of the α Rays from Radium », *Philosophical Magazine* **8**, 719–25, décembre 1904.
46. W. H. Bragg et R. D. Kleeman, « On the Ionization Curves of Radium », *Philosophical Magazine* **8**, 726–39, décembre 1904.
47. W. H. Bragg et R. D. Kleeman, « On the α Particles of Radium, and their Loss of Range in passing through various Atoms and Molecules », *Philosophical Magazine* **10**, 318–40, septembre 1905.
48. R. K. McClung, « The absorption of α rays », *Philosophical Magazine* [6] **11**, 131–42, janvier 1906.
49. B. Kučera et B. Mašek, « Über die Strahlung des Radiotellurs. I », *Physikalische Zeitschrift* **7**, 337-40, 15 mai 1906.
50. B. Kučera et B. Mašek, « Über die Strahlung des Radiotellurs. II », *Physikalische Zeitschrift* **7**, 630-40, 15 septembre 1906.
51. E. Rutherford, « Some properties of the α Rays from Radium », *Philosophical Magazine* **11**, 163–76, juillet 1905.
52. E. Rutherford, « Some properties of the α Rays from Radium », *Philosophical Magazine* **11**, 166–76, janvier 1906.
53. E. Rutherford, « The Retardation of the Velocity of the α Particles in passing through Matter », *Philosophical Magazine* **11**, 553–4, avril 1906.
54. E. Rutherford, « The Retardation of the Velocity of the α Particles in passing through Matter », *Philosophical Magazine* **12**, 134–46, août 1906.
55. B. Kučera et B. Mašek, « Über die Strahlung des Radiotellurs III. Die Sekundärstrahlung der α-Strahlen », *Physikalische Zeitschrift* **7**, 650–4, 1er octobre 1906.
56. L. Meitner, « Über die Zerstreuung der α- und β-Strahlen », *Physikalische Zeitschrift* **8**, 489–91, 1er août 1907.
57. E. Meyer, « Die Absorption der α-Strahlen in Metallen », *Physikalische Zeitschrift* **8**, 425–430, 1er juillet 1907.
58. N. Feather, *Lord Rutherford*, p. 117.
59. E. Rutherford, « Recent Advances in Radio-activity », *Nature* **77**, 422–6, 1908.
60. Sources biographiques sur Hans Geiger: A.T. Krebs, « Hans Geiger, Fiftieth anniversary of the publication of his doctoral thesis, 23 july 1906 », *Science* **124**, p. 166, 1956; Otto Haxel, « Hans Geiger als Wissenschaftler und Lehrer », dans *Detectors in Heavy Ion Reactions, Proceedings of the Symposium Commemorating the 100th anniversary of Hans Geiger's birth*, Hahn-Meitner

institut, October 6-8, 1982, sous la direction de W. von Oertzen, Springer-Verlag, 1983, p. 1–9.

61. Hans Geiger, *Strahlungs-, Temperatur- und Potentialmessungen in Entladungsröhren bei Starken Strömen*, Thèse soutenue le 23 juillet 1906.
62. H. R. Robinson, « Rutherford: Life and Work to the Year 1919, with personal Reminiscences of the Manchester Period », in *Rutherford at Manchester*, sous la direction de J. B. Birks, p. 53–86.
63. A.S. Russell, Conférence à la Mémoire de Rutherford donnée le 8 décembre 1950, *ibidem*, p. 87–101.
64. J. S. Townsend, « The Conductivity of Gases by the Motion of Negatively charged ions », *Philosophical Magazine* [6] **1**, 198-227, février 1901; J. S. Townsend et P. J. Kirkby, « Conductivity produced in Hydrogen an Carbonic Acid Gas by the Motion of Negatively Charged Ions. », *Ibid.* **1**, 630-42, juin 1901; « The Conductivity produced in Gases by the Aid of Ultra-Violet Light », *Ibid.* [6] **3**, 557-76, juin 1902; **5**, 389-98, avril 1903; « The Genesis of Ions by the Motion of Positive Ions in a Gas and a Theory of the Sparking Potential », *Ibid.* [6] **6**, 598-618, novembre 1903.
65. P. J. Kirkby, « On the Electrical Conductivities produced in Air by the Motion of Negative Ions », *Philosophical Magazine* **3**, 212–25, février 1902.
66. E. Rutherford et H. Geiger, « A Method of Counting the Number of α-Particles from Radio-active Matter », *Memoirs of the Manchester Literary and Philosophical Society* **52**, 1–3, 1908.
67. E. Rutherford et H. Geiger, « An Electrical Method of Counting the Number of α -Particles from Radio-active Substances », *Proceedings of the Royal Society, London* **A81**, 141–61, 1908.
68. E. Rutherford et H. Geiger, « The Charge and Nature of the α-Particle », *Proceedings of the Royal Society, London* **A81**, 162–173, 18 juin 1908.
69. W. Crookes, « Certain Properties of the Emanations of Radium », *Chemical News* **87**, 241, 22 mai 1903.
70. J. Elster et H. Geitel, « Über die durch radioaktive Emanation erregte szintillierende Phosphoreszenz der Sidot-Blende », *Physikalische Zeitschrift* **4**, 439–40, 1er août 1903.
71. E. Rutherford, *Radioactive transformations*, p. 23.
72. *Ibid.* p. 24.
73. E. Regener, « Über Zählung der α-Teilchen durch die Szintillation und die Grösse des elektrischen Elementarquantums », *Verhandlungen der deutschen physikalischen Gesellschaft zu Berlin* **10**, 78–83, séance du 7 février 1908. « Beobachtung szintillierender Fluoreszenz, hervor gerufen durch β-Strahlen », *ibid.*, 351–353, séance du 1er mai 1908.
74. H. Geiger, « On the Scattering of α-Particles by Matter », *Proceedings of the Royal Society, London* **A81**, 174–77, août 1908.
75. H. Geiger, « The Scattering of the α-Particles by Matter », *Proceedings of the Royal Society, London* **A83**, 492–504, 17 février 1910.
76. « Forty years of physics », dans *Background to Modern Science,* J. Needham et W. Pagel (dir.), Cambridge, at the University Press, 1938; cet ouvrage contient une série de conférences sur l'histoire de la physique au XXe siècle, prononcées à Cambridge en 1936. Le texte de la conférence de Rutherford a été mis en forme après sa mort par un physicien de Cambridge, J. A. Ratcliffe, à partir de notes prises pendant la conférence.
77. H. Geiger et E. Marsden, « On a Diffuse Reflection of the α-Particles », *Proceedings of the Royal Society, London* **A82**, 495–500, 1909.
78. L. Rayleigh, *Theory of Sound*, Londres, MacMillan & Co, 2e édition, 1894.
79. E. Rutherford et B. Boltwood, *Letters on Radioactivity*, New Haven and London, Yale University Press, 1969, p. 235.
80. H. Geiger, « Some Reminiscences of Rutherford during his time in Manchester », in *The Collected Papers of Lord Rutherford of Nelson*, J. Chadwick (dir.), London, George Allen and Unwin Ltd, 1963, vol. 2, p. 295–298.

81. E. Rutherford, « The Scattering of α and β Particles by Matter and the Structure of the Atom », *Proceedings of the Manchester Literary and Philosophical Society* **IV**, 55, p. 18–20, 1911.
82. E. Rutherford, « The Scattering of α and β Particles by Matter and the Structure of the Atom », *Philosophical Magazine* **21**, 669–98, mai 1911.
83. S. Earnshaw, « On the Nature of the Molecular Forces which Regulate the Constitution of the Luminiferous Ether », *Transactions of the Cambridge Philosophical Society* **7**, 97, 1842.
84. E. Rutherford, « The Origin of β and γ Rays from Radioactive Substances », *Philosophical Magazine* **24**, 453–62, octobre 1912.
85. C. G. Barkla, « Secondary Röntgen Radiation. », *Philosophical Magazine* [6] **11**, 812-28, juin 1906; « Note on X-Rays and Scattered X-Rays. » *Ibid.* **15**, 288–96, février 1908; « Typical Cases of Ionization by X-Rays. » *Ibid.* **20**, 370–79, août 1910; « The Spectra of the Fluorescent Röntgen Radiations. », *Philosophical Magazine* **22**, 396–412, septembre 1911.
86. C. G. Barkla, « The Spectra of the Fluorescent Röntgen Radiations. », *op. cit.*
87. L.-G. Gouy, « Sur la réfraction des rayons X », *Comptes Rendus de l'Académie des Sciences* **122**, 1197–1198, séance du 26 mai 1896; « Sur la réfraction et la diffraction des rayons X », *Ibid.* **123**, 43–44, séance du 6 juillet 1896.
88. H. Haga et C. H. Wind, « Die Beugung der Röntgenstralen », *Annalen der Physik, Leipzig* **10**, 305–12, 1903.
89. B. Walter et R. Pohl, « Weitere Versuche über die Beugung der Röntgenstrahlen », *Annalen der Physik, Leipzig* **29**, 331–354, 1909.
90. von Laue, Max, Friedrich, Walter et Knipping, Paul, « Interferenz-Erscheinungen bei Röntgenstrahlen », *Sitzungsberichte der Königlich Bayerischen Akademie der Wissenschaften.* 303–322, séance du 8 juin 1912; W. Friedrich, P. Knipping et M. von Laue, « Phénomènes d'interférence des rayons de Röntgen », *Le Radium*, **10**, 47–57, 1913.
91. W. H. Bragg et W. L. Bragg, « The Reflexion of X-rays by Crystals », *Proceedings of the Royal Society, London* **A88**, 428–438, 1913.
92. W. H. Bragg, « X-rays and Crystals », *Nature* **92**, 307, 6 novembre 1913.
93. H. G. J. Moseley et C. G. Darwin, « The Reflexion of the X-rays », *Philosophical Magazine* **26**, 210–232, juillet 1913.
94. H. G. J. Moseley, « The High Frequency Spectra of the Elements », *Philosophical Magazine* **27**, 1024–1034, décembre 1913.
95. H. G. J. Moseley, « The high frequency spectra of the elements. Part II », *Philosophical Magazine* **27**, 703–713, avril 1914.

Troisième partie : mécanique quantique, le passage obligé

1. I. Newton, *Optique*, p. 294.
2. W. Wien, « Temperatur und Entropie der Strahlung », *Annalen der Physik, Leipzig* **52**, 132–65, 1894.
3. F. Paschen, « Über die Gesetzmäßigkeiten in den Spektren fester Körper », *Annalen der Physik, Leipzig* **58**, 455–492, 1896.
4. W. Wien, « Über die Energieverteilung im Emissionsspektrum des schwarzen Körpers », *Annalen der Physik, Leipzig* **58**, 662–669, 1896.
5. O. Lummer et E. Pringsheim, « Ueber die Strahlung des schwarzen Körpers für lange Wellen », *Verhandlungen der deutschen physikalischen Gesellschaft* **2**, 163–180, séance du 2 février 1900.
6. H. Rubens et F. Kurlbaum, « Über die Emission langwelliger Wårmestrahlen durch den schawarzen Körper bei verschiedenen Temperaturen », *Sitzungsberichte der Kaiserliche Preussischen Akademie der Wissenschaften zu Berlin* n°2, 929–41, séance du 25 octobre 1900.

7. J. W. S. Rayleigh, Lord, « Remarks upon the Law of Complete Radiation », *Philosophical Magazine* **49**, 539-540, juin 1900.
8. M. Planck, *Wissenschaftliche Selbstbiographie*, (1948) ; traduction française par André George dans *Autobiographie scientifique et derniers écrits*.
9. A. Hermann, *Planck*.
10. J. Heilbron, *Planck 1858-1947*.
11. A. Hermann, *The Genesis of Quantum Theory (1899-1913)* ; A. Pais, *Subtle is the Lord...*, p. 368.
12. M. Planck, « Die Entstehung und bisherige Entwickelung der Quantentheorie », Conférence Nobel faite le 2 juin 1920, dans *Les Prix Nobel et 1919 et 1920*, Imprimerie royale, P. A. Norsted & Söner, 1921.
13. J. L. Heilbron, *Planck*, p. 18.
14. M. Planck, lettre à Robert Wood du 7 octobre 1931, citée par A. Hermann, *The Genesis of Quantum Theory*, p. 23.
15. Voir note 68 p. 513.
16. Parmi les nombreux livres consacrés à Einstein, citons : la biographie classique de Philippe Frank, *Einstein, sa vie, son temps* ; l'étude très documentée de l'œuvre scientifique d'Einstein faite par A. Pais, *Subtle is the Lord...*, ; l'édition en français de *Textes choisis*, publiés sous la direction de F. Balibar, O. Darrigol et B. Jech ; enfin É. Klein, « Albert Einstein, un jeune homme à cheval sur les horaires », dans *Il était sept fois la révolution*, p. 51-80.
17. A. Einstein, « Über einen die Erzeugung und Verwandlung des Lichtes betreffenden heuristischen Gesichtspunkt », *Annalen der Physik, Leipzig* **17**, 132-148, 1905.
18. Léna Soler a analysé en profondeur la logique suivie par Einstein dans « Les quanta de lumière d'Einstein en 1905, comme point focal d'un réseau argumentatif complexe », *Philosophia Scientiæ*, (3) **3**, 107-144, 1999.
19. A. Einstein, « Über die Entwickelung unserer Anschauungen über das Wesen und die Konstitution der Strahlung », *Deutsche Physikalische Gesellschaft, Verhandlungen* **7**, 482-500, 1909 ; *Physikalische Zeitschrift* **10**, 817-825, 21 septembre 1909.
20. A. Einstein, *Correspondance avec Michele Besso 1903-1955*, lettre datée du 29 juillet 1918.
21. R. A. Millikan, « A Direct Photoelectric Determination of Planck's Constant "h" », *Physical Review* **7**, 355-88, mars 1916.
22. A. Einstein, « Zur Elektrodynamik bewegeter Körper », *Annalen der Physik, Leipzig* **17**, 891-921, 1905.
23. P. L. Dulong et A. T. Petit, « Sur quelques points importants de la théorie de la chaleur », *Annales de Chimie et de Physique, Paris* **10**, 395-413, 1819.
24. A. Einstein, « Die Plancksche Theorie der Strahlung und die Theorie der spezifischen Wärme », *Annalen der Physik, Leipzig* **22**, 180-190, 1907.
25. P. Marage et G. Wallenborn (dir.), *Les Conseils Solvay et les débuts de la physique moderne*, Bruxelles, Université Libre de Bruxelles, 1995.
26. M. de Broglie, *Les premiers conseils de physique Solvay et l'orientation de la physique depuis 1911.*
27. *La théorie du rayonnement et les quanta : rapports et discussions de la réunion tenue à Bruxelles, du 30 octobre au 3 novembre 1911.*
28. E. Rutherford, *Radioactive substances and their radiations*, 1913.
29. W. Heisenberg, *La Partie et le Tout*, p. 62.
30. J. L. Heilbron et T. Kuhn, « The Genesis of the Bohr Atom », *Historical Studies in the Physical Sciences* **1**, p. 211-290, Philadelphie 1969.
31. N. Bohr, *Collected Works*, t. 2, p. 110.
32. N. Bohr, « Reminiscences of the founder of nuclear science and some developments based on his work », dans J. B. Birks (dir.), *Rutherford in Manchester*, p. 114.
33. N. Bohr, *Collected Works*, t. 2, p. 103-158.

34. M. Jammer, *The Conceptual Development of Quantum Mechanics*, p. 85.
35. N. Bohr, « On the Constitution of Atoms and Molecules. Part II: Systems containing only a single nucleus », *Philosophical Magazine* **26**, 476–502.
36. E. C. Pickering, « Stars Having Peculiar Spectra: New Variable Stars in Crux and Cygnus », *Astrophysical Journal* **4**, 369–370, décembre 1896.
37. N. Bohr, « On the Constitution of Atoms and Molecules. Part III: Systems containing several nuclei », *Philosophical Magazine* **26**, 857–875, novembre 1913.
38. A. Pais, *Niels Bohr Times,* p. 152–55.
39. A. Fowler, « The Spectra of Helium and Hydrogen », *Nature* **92**, 95, 25 septembre 1913.
40. N. Bohr, « On the spectra of helium and hydrogen », *Nature* **92**, 231–2, 23 octobre 1913.
41. *Niels Bohr Collected Works*, t. 2, p. 326.
42. J. Franck, « Über Zusammenstöße zwischen Elektronen und den Molekülen des Quecksilberdampfes und die Ionisierungsspannung derselben », *Verhandlungen der deutschen physikalischen Gesellschaft, Berlin* **16**, 457–67, séance du 24 avril 1914.
43. A. A. Michelson, « On the Application of interference methods to spectroscopic measurements », *Philosophical Magazine* **31**, 338–346, 1891; **34**, 280–299, 1892.
44. P. Zeeman, « On the Influence of Magnetism on the Nature of the Light emitted by a Substance », *Philosophical Magazine* **43**, 226–239, mars 1897. Version originale parue dans les Comptes rendus de l'Académie des sciences néerlandaise, **5**, p. 181 et 242, 1896.
45. T. Preston, « Radiative phenomena in a strong magnetic field », *Scientific Transactions of the Royal Dublin Society* **6**, 385–91, 1897.
46. F. Paschen et E. Back, « Normale und anomale Zeemaneffekte », *Annalen der Physik, Leipzig* **39**, 897–932, 1912; **40**, 960–70, 1912.
47. J. Stark, « Beobachtung über den Effekt des elektrischen Feldes auf Spektrallinien », *Annalen der Physik, Leipzig* **43**, 1914: « I. Quereffekt », p. 965–82; « II Längseffekt », p. 983–90; « III. Abhängichkeit von der Feldstärke », p. 991–1016; « IV. Linienarten, Verbreitung », p. 1017–1047.
48. A. Sommerfeld, « Zur Theorie der Balmerschen Serie », *Sitzungsberichte der Baycrishen Akademie der Wissenschaften zu München* 425–458, séance du 6 décembre 1915.
49. A. Sommerfeld, « Die Feinstruktur der Wasserstoff und der wasserstoff-ähnlichen Linien », *Sitzungsberichte der Bayerishen Akademie der Wissenschaften zu München* 459–500, séance du 8 janvier 1916.
50. A. Sommerfeld, « Zur Theorie des Zeemaneffektes der Wasserstofflinien mit einem Anhang über den Starkeffekt », *Physikalische Zeitschrift* **17**, 491–507, séance du 15 octobre 1916.
51. G. Beck, H. A. Bethe et W. Riezler, « Bemerkung zur Theorie der Nullpunktstemperatur », *Naturwissenschaften* **19**, 39, 9 janvier 1931.
52. A. Einstein, *Correspondance avec Michele Besso 1903-1955*, p. 48 (édition de 1979).
53. A. Einstein, « Zur Quantentheorie der Strahlung », *Physikalische Zeitschrift* **18**, 121–128, 15 mars 1917.
54. P. S. Epstein, « Zur Theorie des Starkeffekts », *Physikalische Zeitschrift* **17**, 148–150, 15 avril 1916; *Annalen der Physik, Leipzig* **50**, 489–521, 1916.
55. K. Schwarzschild, « Zur Quantentheorie », *Sitzungsberichte der Preussische Akademie der Wissenschaften* 548–68, 1916. Cet article est paru le 11 mai, jour de la mort de Karl Schwarzschild.
56. A. Sommerfeld, *Atombau und Spektrallinien*, 1919; traduction française: *La constitution de l'atome et les raies spectrales*, 1923.
57. *Atomes et électrons, rapports et discussions du Conseil de Physique tenu à Bruxelles du 1er au 6 avril 1921.*
58. *Ibid.* p. 248.

59. N. Bohr, « Über die Anwendung der Quantentheorie auf den Atombau. I. Die Grundpostulaten der Qnantentheorie », *Zeitschrift für Physik* **13**, 117–65, 1923.
60. N. Bohr, « On the application of the quantum theory to atomic structure. I. The fundamental postulates », *Proceedings of the Cambridge Philosophical Society, Supplement* 1924.
61. W. L. Kossel, « Über Molekülbildung als Frage des Atombaues », *Annalen der Physik, Leipzig* **49**, 229–362, 1916.
62. N. Bohr, « Atomic Structure », *Nature* **107**, 104–114, 24 mars 1921.
63. N. Bohr, « Atomic structure », *Nature* **108**, 208–11, 13 octobre 1921.
64. N. Bohr, « Unsere heutige Kenntnis vom Atom », *Die Umschau* **25**, 229–34, 1921.
65. W. Pauli, « Relativitätstheorie », in *Encyklopädie der mathematischen Wissenschaften*, Leipzig, B. G. Teubner, 1921, t. 5, part 2, p. 539–775.
66. Renseignements biographiques sur Wolfgang Pauli : l'introduction biographique de Charles P. Enz à W. Pauli, *Writings on Physics and Philosophy*, p. 13–26 ; Charles P. Enz, *No time to be brief: a scientific biography of Wolfgang Pauli* ; A. Pais, *Wolfgang Ernst Pauli*, dans *The Genius of Science*, p. 210–262 ; É. Klein, « Les variations cachées de Wolfgang Pauli », dans *Il était sept fois la révolution*, p. 153–189.
67. W. Pauli, « Über die Energiekomponenten des Gravitationsfeldes », *Physikalische Zeitschrift* **20**, 25–27, 15 janvier 1919.
68. W. Pauli, « Zur Theorie der Gravitation und der Elektrizität von Hermann Weyl », *Physikalische Zeitschrift* **20**, 457–67, 15 octobre 1919.
69. W. Pauli, « Mercurperihelbewegung und Strahlenablenkung in Weyls Gravitationstheorie », *Verhandlungen der deutschen physikalischen Gesellschaft, Berlin* **21**, 742–50, séance du 5 décembre 1919.
70. M. Born, *My life*.
71. W. Heisenberg, préface du livre *Albert Einstein/Max Born. Correspondance 1916-1955*, p. 10.
72. *Ibid.*
73. N. Bohr, *Collected Works* t. 2 p. 341.
74. W. Pauli, « Remarks on the History of the Exclusion Principle », *Science* **103**, 213–215, 1946 ; *Collected Works* t. 2, p. 1073–75.
75. Ainsi dénommé par W. Pauli, « Quantentheorie und Magneton », *Physikalische Zeitschrift* **21**, 615–617, 1920.
76. O. Stern, « Ein Weg zur experimentellen Prüfung der Richtungsquantelung im Magnetfeld », *Zeitschrift für Physik, Leipzig* **7**, 249–253, 1921.
77. W. Gerlach et O. Stern, « Der experimentelle Nachweis des magnetischen Moments des Silberatoms », *Zeitschrift für Physik* **8**, 110–111, 1922.
78. W. Gerlach et O. Stern, « Der experimentelle Nachweis der Richtungsquantelung im Magnetfeld », *Zeitschrift für Physik* **9**, 349–352, 1922.
79. A. Einstein et P. Ehrenfest, « Quantentheoretische Bemerkungen zum Experiment von Stern und Gerlach », *Zeitschrift für Physik* **11**, 31–34, 1922 ; traduction française dans les *Œuvres choisies* t. 1 « Quanta » p. 157–160.
80. A. H. Compton, « A Quantum Theory of the Scattering of X-Rays by Light Elements », *Physical Review* **21**, 483–502, mai 1923.
81. W. Pauli, « Über den Einfluss der Geschwindigkeitsabhängigkeit der Elektronenenmasse auf den Zeemaneffekt », *Zeitschrift für Physik* **31**, 373–385, 1925.
82. W. Pauli, « Über den Zusammenhang des Abschlusses der Elektronengruppen in Atom mit der Komplexstruktur der Spektren », *Zeitschrift für Physik* **31**, 765–783, 1925.
83. G. E. Uhlenbeck et S. A. Goudsmit, « Ersetzung der Hypothese vom unmechanischen Zwang durch eine Forderung bezüglich des inneren Verhaltens jeden einzelnen Elektrons », *Naturwissenschaften* **13**, 353–354, 17 octobre 1925.
84. Sur Paul Ehrenfest, voir É. Klein, « Paul Ehrenfest, l'oncle Socrate », dans *Il était sept fois la révolution*, p. 191–210.

85. Lettre de Bohr à Ralph Kronig, datée du 26 mars 1926, reproduite dans *Niels Bohr Collected Works*, t. 5, p. 234.
86. G. E. Uhlenbeck et S. A. Goudsmit, « Spinning Electrons and the Structure of Spectra », *Nature* **117**, 264–265, 20 février 1926.
87. L. de Broglie, *Recherches sur la théorie des quanta*, p. 4.
88. L. de Broglie, « Ondes et quanta », *Comptes Rendus de l'Académie des Sciences* **177**, 507–510, séance du 10 septembre 1923 ; « Quanta de lumière, diffraction et interférences », *Ibid.* 548–550, séance du 24 septembre 1923.
89. Einstein à P. Langevin, 13 janvier 1925, *Œuvres choisies*, t. 4, p. 173.
90. Einstein à H. A. Lorentz, 16 décembre 1924, *Œuvres choisies*, t. 1, p. 187.
91. L. de Broglie, « Recherches sur la théorie des quanta », *Annales de Physique (Paris)* **3**, 22–128, 1925.
92. C. J. Davisson et L. H. Germer, « The scattering of electrons by a single crystal of nickel », *Nature* **119**, 558–560, 15 avril 1927 ; « Diffraction of Electrons by a Crystal of Nickel », *Physical Review* **30**, 705–740, décembre 1927.
93. G. P. Thomson, « Diffraction of a cathode ray by a thin film », *Nature* **119**, 890, 18 juin 1927 ; « Experiments on the Diffraction of Cathode Rays », *Proceedings of the Royal Society, London* **A117**, 600–609, 1928.
94. L. de Broglie, *Recherches sur la théorie des quanta*, p. 112.
95. W. Heisenberg, *Der Teil und das Ganze, Gespräche im Umkreis der Atomphysik* ; traduction française: *La partie et le tout, le Monde de la physique atomique*, p. 62.
96. M. Born, *My life*, p. 212.
97. W. Heisenberg, « Stabilität und Turbulenz von Flüssigkeitsströmen », Thèse soutenue le 10 juillet 1923 à l'Université *Ludwig-Maximilian* de Munich.
98. W. Heisenberg, *La Partie et le Tout*, p. 58.
99. *Ibid*, p. 92.
100. *Ibid.*
101. A. Einstein / M. Born. *Correspondance 1916-1955*, p. 100.
102. M. Born et E. P. Jordan, « Zur Quantenmechanik », *Zeitschrift für Physik* **34**, 858–88, 1925.
103. M. Born, W. Heisenberg et E. P. Jordan, « Zur Quantenmechanik. II », *Zeitschrift für Physik* **35**, 577–615, 1926.
104. N. Bohr, « On the law of conservation of energy », *Nature* **116**, 262, 25 août 1925.
105. R. Omnès, *Philosophie de la science contemporaine*.
106. A. Einstein, *Correspondance avec Michele Besso 1903-1955*, p 128.
107. A. Einstein, *Œuvres choisies*, t. 1, p. 199.
108. W. Pauli, « Über das Wasserstoffspektrum vom Standpunkt der neuen Quantenmechanik », *Zeitschrift für Physik* **36**, 336–63, 1926.
109. A. Einstein, « Quantentheorie des einatomigen idealen Gases. Zweite Abhandlung », *Sitzungsberichte der Preussischen Akademie der Wissenschaften* 3-14, 1925 ; traduction française dans les *Œuvres choisies*, t. 1, p. 180–192.
110. Sur la vie et de l'œuvre de Schrödinger voir J. Mehra et H. Rechenberg, *The Historical Development of Quantum Theory*, t. 5, Springer, New York, 1987 ; É. Klein, « Erwin Schrödinger, l'homme des superpositions », dans *Il était sept fois la révolution*, p. 211–233.
111. E. Schrödinger, « Quantisierung als Eigenwertproblem. Erste Mitteilung », *Annalen der Physik* **79**, 361-76, 1926 ; « Zweite Mitteilung », 489-527, 1926. Les principaux articles de Schrödinger sur la mécanique ondulatoire de la période 1926-27 ont été traduits en français par Alexandre Proca et publiés en 1933 sous le titre *Mémoires sur la mécanique ondulatoire*.
112. K. Przibram (dir.), *Schrödinger, Planck, Einstein, Lorentz: Briefe zur Wellenmechanik* ; traduction française dans les *Œuvres choisies* d'Einstein, t. 1, p. 201.
113. *Ibid.*, lettre du 2 avril 1926, p. 3.

114. E. Schrödinger, « Über das Verhältnis der Heisenberg-Born-Jordanschen Quantenmechanik zu der meinen », *Annalen der Physik, Leipzig* **79**, 734–756, 1926.
115. M. Born, « Zur Quantenmechanik der Stoßprozesse », *Zeitschrift für Physik* **37**, 863–867, 1926; **38**, 807–827, 1926.
116. W. Pauli, « Zur Quantenmechanik des magnetisches Elektrons », *Zeitschrift für Physik* **43**, 601–623, 1927.
117. S. Bose, « Plancks Gesetz und Lichtquantenhypothese », *Zeitschrift für Physik* **26**, 178–181, 1924.
118. J. Leite Lopes et B. Escoubès, *Sources et évolution de la physique quantique*, p. 85–88.
119. A. Einstein, « Quantentheorie des einatomigen idealen Gases », *Sitzungsberichte der Preußischen Akademie der Wissenschaften*, 1924, p. 262–67; «Zweite Abhandlung », 1925, p. 3–14; « Quantentheorie des idealen Gases », *Ibid.*, p. 18-25.
120. D. S. Jin, J. R. Ensher, M. R. Matthews, C. E. Wieman et E. A. Cornell, « Collective Excitations of a Bose-Einstein Condensate in a Dilute Gas », *Physical Review* **77**, 420–423, 15 juillet 1996.
121. D. Ouellet, *Franco Rasetti*.
122. L. Fermi, *Atoms in the family*, p. 36–37.
123. E. Fermi, « Zur Quantelung des idealen einatomigen Gases », *Zeitschrift für Physik* **36**, 902–12, 1926.
124. A. Pais, « Dirac, aspects of his life and work », dans *The Genius of Science*, p. 48–76; É. Klein, « Paul Dirac ou la beauté silencieuse du monde », dans *Il était sept fois la révolution*, p. 81–121.
125. P. A. M. Dirac, « Recollections of an exciting era », in *History of Twentieth Century Physics, International School of Physics « Enrico Fermi » LVII, Varenna on Lake Como*, London et New York, Academic Press, 1977, p. 109–146.
126. P. A. M. Dirac, « The fundamental equations of quantum mechanics », *Proceedings of the Royal Society, London* **A109**, 642–53, reçu le 7 novembre 1925.
127. P. A. M. Dirac, « Quantum mechanics and a preliminary investigation of the hydrogenatom », *Proceedings of the Royal Society, London* **A110**, 561–79, reçu le 22 janvier 1926.
128. P. A. M. Dirac, « On the Theory of Quantum Mechanics », *Proceedings of the Royal Society, London* **A112**, 661–77, reçu le 26 août 1926.
129. P. A. M. Dirac, « The Quantum Theory of the Electron », *Proceedings of the Royal Society, London* **A117**, 610–624, 1928.
130. W. Gordon, « Der Comptoneffekt nach der Schrödingerschen Theorie », *Zeitschrift für Physik* **40**, 117-133, 1926.
131. O. Klein, « Elektrodynamik und Wellenmechanik vom Standpunkt des Korrespondenzprinzips », *Zeitschrift für Physik* **41**, 407–442, 1927.
132. *Électrons et photons, rapports et discussions du cinquième conseil de physique Solvay tenu à Bruxelles du 24 au 29 octobre 1927*, p. 269.
133. D. M. Dennison, « A note on the Specific Heat of the Hydrogen Molecule », *Proceedings of the Royal Society, London* **A115**, 783–786, juin 1927.
134. T. Hori, « Über die Analyse des Wasserstoffbandenspektrums im äußersten Ultraviolet », *Zeitschrift für Physik* **44**, 834–54, 1927.
135. W. Pauli, « The Connexion between Spin and Statistics », *Physical Review* **58**, 716-722, 15 octobre 1940.
136. W. Heisenberg, *La Partie et le tout*, p. 93.
137. *Ibid.* p. 94.
138. *Ibid.* p. 110.
139. *Ibid.* p. 113.
140. W. Heisenberg, « Über den anschaulichen Inhalt der quantentheoretischen Kinematik und Mechanik », *Zeitschrift für Physik* **43**, 172–98, 1927.

141. *Électrons et photons, rapports et discussions du cinquième conseil de physique Solvay tenu à Bruxelles du 24 au 29 octobre 1927.*

Quatrième partie : une enfance discrète

1. Note 35 p. 516.
2. Note 82 p. 514.
3. *La structure de la matière : rapports et discussions du Conseil de physique tenu à Bruxelles du 27 au 31 octobre 1913*, Paris, Gauthier-Villars, 1921.
4. E. Rutherford, « The Structure of the Atom », *Nature* **92**, 423, septembre 1913.
5. F. Soddy, *Radioactivity and atomic theory*.
6. F. Soddy, « The Chemistry of Mesothorium », *Journal of the Chemical Society. Transactions* **99**, 72–83, 1911.
7. W. Crookes, « Opening address to the Chemical Section of the British Association at Birmingham », *Nature* **34**, 423–432, 2 septembre 1886.
8. F. Soddy, « Intra-atomic Charge », *Nature* **92**, 399–400, 4 décembre 1913.
9. K. Fajans, « Über eine Beziehung zwischen der Art einer radioaktiven Umwandlung und dem elektrochemischen Verhalten der betreffenden Radioelemente », *Physikalische Zeitschrift* **14**, 131-6, 15 février 1913.
10. K. Fajans, « Position des éléments dans le système périodique », *Le Radium* **10**, 57–65, 1913 ; « Remarques sur le travail "Position des éléments dans le système périodique" », *Le Radium* **10**, 171–174, 1913
11. J. J. Thomson, « Rays of positive Electricity », *Philosophical Magazine* **13**, 561–75, mai 1907; **14**, 359–64, septembre 1907.
12. J. J. Thomson, « Rays of Positive Electricity », *Philosophical Magazine* **20**, 752–67, octobre 1910.
13. J. J. Thomson, « Rays of Positive Electricity », *Philosophical Magazine* **21**, 225–49, février 1911.
14. Watson, « The Densities and Molecular Weights of Neon and Helium », *Journal of the Chemical Society, Transactions* **97**, 811–833, 1910.
15. F. W. Aston, *Mass Spectra and Isotopes*, 1ᵉ édition (1933), p. 30.
16. J. J. Thomson, *Rays of Positive Electricity*.
17. F. W. Aston, « A positive Ray Spectrograph », *Philosophical Magazine* **38**, 707–14, décembre 1919.
18. F. W. Aston et R. H. Fowler, « Some Problems of the Mass-Spectrograph », *Philosophical Magazine* **43**, 514–28, mars 1922.
19. F. W. Aston, « The Constitution of Atmospheric Neon », *Philosophical Magazine* **39**, 449–55, avril 1920.
20. F. W. Aston, « The Mass-Spectra of Chemical Elements », *Philosophical Magazine* **39**, 611–25, mai 1920.
21. F. W. Aston, *Isotopes* (1922).
22. F. W. Aston, *Les isotopes*, p. 96.
23. *Engineering* **110**, 382–383, 17 septembre 1920 ; *Nature* **106**, 357, 11 novembre 1920.
24. M. Jammer, *Concepts of Mass in classical and modern physics*, p. 136.
25. M. Abraham, « Prinzipien der Dynamik des Elektrons », *Physikalische Zeitschrift* **1**, 57–63, 10 octobre 1902.
26. F. W. Aston, *Les isotopes*, p 102.
27. Note 22 p. 515.
28. A. Einstein, « Ist die Trägheit eines Körpers von seinem Energieinhalt abhängig ? », *Annalen der Physik, Leipzig* **18**, 639–41, manuscrit daté de septembre 1905.

29. P. Langevin, « L'inertie de l'énergie et ses conséquences », *Journal de Physique (Paris)* **3**, 553-91, 1913.
30. W. Kaufmann, « Über die Konstitution des Elektrons », *Annalen der Physik, Leipzig* **19**, 487–553, 1906.
31. A. J. Dempster, « A new method of positive ray analysis », *Physical Review* **11**, 316–25, avril 1918.
32. A. J. Dempster, « Positive-Ray Analysis of Lithium and Magnesium », *Physical Review* **18**, 415–22, décembre 1921; « Positive-Ray Analysis of Potassium, Calcium and Zinc », *Physical Review* **20**, 631–8, décembre 1922.
33. J.-L. Costa, « Spectres de masse de quelques éléments légers », *Annales de Physique (Paris)* **4**, 425–56, 1923; « Détermination précise de la masse du lithium 6 (méthode d'Aston) », *Comptes Rendus de l'Académie des Sciences* **180**, 1661–62, séance du 2 juin 1925.
34. F. W. Aston, « A New Mass-Spectrograph and the Whole Number Rule », *Proceedings of the Royal Society, London* **A114**, 487–514, 1927.
35. F. W. Aston, *Mass Spectra and Isotopes.*
36. *Ibid.*, p. 170.
37. Note 68, p. 508.
38. P. Bouguer, *Traité d'optique sur la gradation de la lumière*, p. 232.
39. F. Soddy, « Annual Report for the Chemical Society for 1908/09 », Vol. 6, p. 232-67, 1910; dans *Radioactivity and Atomic Theory* p. 184–219.
40. Sources biographiques: Otto Hahn, *Von Radiothor zur Uranspaltung*; traduction anglaise: *Otto Hahn, a scientific autobiography*; W. Gerlach et D. Hahn, *Otto Hahn, 1879-1968: ein Forscherleben unserer Zeit.*
41. O. Hahn, « A new radio-active element, which evolves thorium emanation. Preliminary communication », *Proceedings of the Royal Society, London* **76A**, 115–17, 1905; *Nature* **71**, 574, 13 avril 1905.
42. E. Rutherford et B. Boltwood, *Letters on Radioactivity*, p. 72.
43. *Ibid.* p. 81.
44. *Ibid.* p. 90.
45. E. Rutherford et F. Soddy, « The Radioactivity of Thorium Compounds. I. An Investigation of the Radioactive Emanation », *Journal of the Chemical Society, Transactions* **81**, 321–50, 1902.
46. R. L. Sime, *Lise Meitner, a life in Physics.*
47. P. Rife, *Lise Meitner and the Dawn of Nuclear Age.*
48. L. Meitner, « Über die Absorption der α- und β-Strahlen », *Zeitschrift für Physik* **7**, 588–590, 1906.
49. L. Meitner, « Looking back », *Bulletin of the Atomic Scientists* **20**, 2–7, novembre 1964.
50. O. Hahn et L. Meitner, « Über die Absorption der β-Strahlen einiger Radioelemente », *Physikalische Zeitschrift* **9**, 321–333, 15 mai 1908.
51. O. Hahn et L. Meitner, « Über die β-Strahlen des Aktiniums », *Physikalische Zeitschrift* **9**, 697–702, 1908.
52. E. Rutherford et O. Hahn, « Mass of the α Particles from Thorium », *Philosophical Magazine* **12**, 371–78, octobre 1906.
53. O. Hahn, *Otto Hahn: a Scientific Autobiography*, p. 55.
54. O. von Baeyer et O. Hahn, « Magnetische Linienspektren von Beta-Strahlen », *Physikalische Zeitschrift* **11**, 488–493, 1er juin 1910.
55. O. von Baeyer, O. Hahn et L. Meitner, « Über die β-Strahlen des aktiven Niederschlags des Thoriums », *Physikalische Zeitschrift* **12**, 273–79, 15 avril 1911.
56. F. Soddy, « Annual Report for the Chemical Society for 1908-09, vol. 6 », in *Radioactivity and Atomic Theory*, p. 230.
57. W. Wilson, « On the Absorption of Homogeneous Beta Rays by Matter and on the Variation of the Absorption of the Rays with velocity », *Proceedings of the Royal Society, London* **A82**, 612–628, 1909.

58. W. Wilson, « Über das Absorptiongesetz der β-Strahlung », *Physikalische Zeitschrift* **11**, 101–104, 1910.
59. F. Soddy, *Annual Report for 1908-1909*, dans *Radioactivity and Atomic Theory*, p. 192.
60. J. Danysz, « Sur les rayons β de la famille du radium », *Comptes Rendus de l'Académie des Sciences* **153**, 339–341, séance du 31 juillet 1911.
61. J. Danysz, « Sur les rayons β de la famille du radium », *Comptes Rendus de l'Académie des Sciences* **153**, 1066–1068, séance du 27 novembre 1911.
62. J. Danysz, « Sur les rayons β de la famille du radium », *Le Radium* **9**, 1–5, 1912.
63. Note 84 p. 514.
64. E. Rutherford et H. Robinson, « The Analysis of the β Rays from Radium B and Radium C », *Philosophical Magazine* [6] **26**, 717–29, octobre 1913.
65. A. Brown, *The Neutron and the Bomb. A biography of Sir James Chadwick.*
66. Lettre de J. Chadwick à E. Rutherford du 14 janvier 1914, citée par A. Brown, *The Neutron and the Bomb*, p. 24.
67. J. Chadwick, « Intensitätsverteilung im magnetischen Spektrum der β-Strahlen von Radium B+C », *Verhandlungen der deutschen physikalischen Gesellschaft* **16**, 383–91, 1914.
68. A. Pais, *Inward Bound*, p. 129.
69. L. Meitner, « Über die β-Strahl-Spektra und ihren Zusammenhang mit der γ-Strahlung », *Zeitschrift für Physik* **11**, 35–54, 1922.
70. L. Meitner, « Über eine mögliche Deutung des kontinuirlichen β-Strahlenspektrums », *Zeitschrift für Physik* **19**, 307–312, 1923.
71. L. Meitner, « Über eine notwendige Folgerung aus dem Comptoneffekt und ihre Bestätigung », *Zeitschrift für Physik* **22**, 334–42, 1924.
72. C. D. Ellis et W. A. Wooster, « The Average Energy of Disintegration of Radium E », *Proceedings of the Royal Society, London* **A117**, 109–123, 1927.
73. L. Meitner et W. Orthmann, « Über eine absolute Bestimmung der Energie der primären β-Strahlen von Radium E », *Zeitschrift für Physik* **60**, 143–155, 1930.
74. Lettre de L. Meitner à C. Ellis, 20 juillet 1929, citée par Ruth L. Sime, *Lise Meitner*, p. 105.
75. N. Bohr, H. A. Kramers et J. C. Slater, « The quantum theory of radiation », *Philosophical Magazine* **47**, 785–822, octobre 1924.
76. A. Pais, *Subtle is the Lord...* p. 420.
77. E. Segrè, *Les physiciens modernes et leurs découvertes. Des rayons X aux quarks.*
78. W. Bothe et H. Geiger, « Experimentelles zur Theorie von Bohr, Kramers und Slater », *Naturwissenschaften* **13**, 440–441, 15 mai 1925.
79. W. Bothe et H. Geiger, « Über das Wesen des Comptoneffekts; ein experimenteller Beitrag zur Theorie der Strahlung », *Zeitschrift für Physik* **32**, 639–663, 1925.
80. W. Pauli, *Wissenschaftlicher Briefwechsel mit Bohr, Einstein, Heisenberg*, p. 39.
81. *Ibid.* note 2 p. 39.
82. E. Rutherford, H. Robinson et W. F. Rawlinson, « Spectrum of the β Rays excited by γ Rays », *Philosophical Magazine* **28**, 281–286, août 1914.
83. E. Rutherford, « The connexion between the β and the γ ray spectra », *Philosophical Magazine* **28**, 305–19, septembre 1914.
84. C. D. Ellis, « The Magnetic Spectrum of the β-Rays Excited by γ-Rays », *Proceedings of the Royal Society, London* **A99**, 261–271, 1921.
85. E.Rutherford, *Popular Science Monthly*, août 1915, cité par N. Feather, *Lord Rutherford*, p. 144.
86. E. Marsden, « The Passage of α particles through Hydrogen », *Philosophical Magazine* **27**, 824–830, mai 1914.
87. E. Marsden et W. C. Lantsberry, « The Passage of α particles through Hydrogen II », *Philosophical Magazine* **30**, 240–243, août 1915.

88. E. N. da Costa Andrade, « Rutherford at Manchester, 1913-14 », in *Rutherford at Manchester*, p. 27-42.
89. C. Darwin, « Collisions of α Particles with Light Atoms », *Philosophical Magazine* **27**, 499–507, 1914.
90. E. Rutherford, « Collision of α-Particles with Light Atoms », , *Philosophical Magazine* **37**, juin 1919 : « I. Hydrogen », p. 537–561; « II. Velocity of the Hydrogen Ions », p. 562–571; « III. Nitrogen and Oxygen Atoms », p. 571–580; « IV. An anomalous effect in nitrogen », p. 581–587.
91. E. Rutherford et J. Chadwick, « The Disintegration of Elements by α-Particles », *Nature* **107**, 41, 10 mars 1921.
92. E. Rutherford et J. Chadwick, « The Artificial Disintegration of Light Elements », *Philosophical Magazine* **42**, 809–825, novembre 1921.
93. E. Rutherford et J. Chadwick, « The Disintegration of Elements by α Particles », *Philosophical Magazine* **44**, 417–432, septembre 1922.
94. E. Rutherford et J. Chadwick, « Further Experiments on the Artificial Disintegration of Elements », *Proceedings of the Physical Society* **36**, 417–22, août 1924.
95. G. Kirsch et H. Petterson, « The Artificial Disintegration of Atoms », *Nature* 603, 26 avril 1924; « Experiments on the Artificial Disintegration of Atoms », *Philosophical Magazine* **47**, 500-12, mars 1924.
96. E. Rutherford et J. Chadwick, « The Bombardment of Elements by α-Particles », *Nature* **113**, 457, 29 mars 1924.
97. Lettre de Rutherford à S. Meyer datée du 23 décembre 1926, citée par A. Brown, *The Neutron and the Bomb*, p. 84.
98. Lettre de Chadwick à Rutherford datée du 12 décembre 1927, *Ibid.* p. 87.
99. E. Rutherford, « Disintegration of Atomic Nuclei », *Nature* **115**, 493–494, 4 avril 1925.
100. E. Rutherford, « La Structure de l'Atome », in *Atomes et électrons, Rapports et discussions du Conseil de Physique tenu à Bruxelles du 1er au 6 avril 1921*, Paris, Gauthier-Villars, 1923, p. 36-79.
101. *Atomes et électrons, rapports et discussions du Conseil de Physique tenu à Bruxelles du 1er au 6 avril 1921*, p. 68.
102. E. Rutherford, « Bakerian Lecture : Nuclear Constitution of Atoms », *Proceedings of the Royal Society, London* **A97**, 374–400, 1920.
103. E. Rutherford, « La structure de l'atome », in *Atomes et électrons, Rapports et discussions du Conseil de Physique tenu à Bruxelles du 1er au 6 avril 1921*, *Op. cit.*
104. B. Bensaude-Vincent, *Langevin, science et vigilance*, p. 98.
105. G. L. Glasson, « Attempts to detect the presence of neutrons in a discharge tube », *Philosophical Magazine* **42**, 596–600, juillet 1921.
106. J. Chadwick, « The Charge of the Atomic Nucleus and the Law of Force », *Philosophical Magazine* **40**, 734–746, décembre 1920.
107. J. Chadwick et É. S. Bieler, « The Collisions of α Particles with Hydrogen Nuclei », *Philosophical Magazine* **42**, 923–940, décembre 1921.
108. C. Weiner, Sir James Chadwick, oral history. American Institute of Physics, College Park, Maryland, 1969, cité par A. Brown, *The Neutron and the Bomb*, p. 51.
109. É. Bieler, « The Large-Angle Scattering of α-Particles by Light Nuclei », *Proceedings of the Royal Society, London* **A105**, 434–450, 1er avril 1924.
110. H. Geiger et E. Rutherford, « Photographic Registration of α particles », *Philosophical Magazine* **24**, 618–23, octobre 1912.
111. H. Geiger, « Über eine einfache Methode zur Zählung von α und β-Strahlen », *Verhandlungen der deutschen physikalischen Gesellschaft* **15**, 534–539, séance du 27 juillet 1913.
112. H. Geiger, « Demonstration einer einfachen Methode zur Zählung von α- and β-Strahlen », *Physikalische Zeitschrift* **14**, 1129, 15 novembre 1913.

113. H. Geiger, « Sur une méthode simple de numération des rayons α et β », *Le Radium* **10**, 316–18, 1913.

114. H. Geiger et O. Klemperer, « Beitrag zur Wirkungsweise des Spitzenzähler », *Zeitschrift für Physik* **49**, 753–60, 1928.

115. H. Geiger et W. Müller, « Das Elektronenezählrohr », *Physikalische Zeitschrift* **29**, 839–841, 15 novembre 1928.

116. A. Vasseur, *De la T.S.F. à l'électronique* ;

117. H. Lilen, *Une (brève) histoire de l'électronique*.

118. H. Greinacher, « Über die akustische Beobachtung und galvanometrische Registrierung von Elementarstrahlen und Einzelionen », *Zeitschrift für Physik* **23**, 361–78, 1924.

119. H. Greinacher, « Eine neue Methode zur Messung der Elementarstrahlen », *Zeitschrift für Physik* **36**, 364–73, 1926.

120. H. Greinacher, « Über die Registrierung von α- und H-Strahlen nach der neuen elektrischen Zählmethode », *Zeitschrift für Physik* **44**, 319–25, 1927.

121. G. Ortner et G. Stetter, « Über den elektrischen Nachweis einselner Korpuscularstrahlen », *Zeitschrift für Physik* **54**, 449–76, 1929.

122. F. A. B. Ward et C. E. Wynn-Williams, « The Rate of Emission of Alpha Particles from Radium », *Proceedings of the Royal Society, London* **A125**, 713–30, 1929.

123. L. Leprince-Ringuet, « L'amplificateur à lampes et la détection des rayonnements corpusculaires isolés », *Annales des Postes Télégraphes et Téléphones* 480–492, juin 1931.

124. L. Leprince-Ringuet, « Relation entre le parcours d'un proton rapide dans l'air et l'ionisation qu'il produit. Application à l'étude de la désintégration artificielle des éléments », *Comptes Rendus de l'Académie des Sciences* **192**, 1543–45, séance du 15 juin 1931.

125. W. Bothe et W. Kolhörster, « Das Wesen der Höhenstrahlung », *Zeitschrift für Physik* **56**, 751–77, 1929.

126. C. T. R. Wilson, « On an Expansion Apparatus for making Visible the Tracks of Ionising Particles and some results obtained by its Use », *Proceedings of the Royal Society, London* **A87**, 277–92, 1912.

127. W. Bothe, « Zur Vereinfachung von Koinzidenzzählungen », *Zeitschrift für Physik* **59**, 1–5, 1930.

128. B. Rossi, « Method of Registering Multiple Simultaneous Impulses of Several Geiger's Counters », *Nature* **125**, 636, 26 avril 1930.

129. E. Rutherford et E. N. da Costa Andrade, « The Wavelength of the Soft γ Rays from Radium B », *Philosophical Magazine* **27**, 854-68, mai 1914.

130. E. Rutherford et E. N. da Costa Andrade, « The Spectrum of the Penetrating γ Rays from Radium B and Radium C », *Philosophical Magazine* **28**, 263-73, août 1914.

131. M. de Broglie, « La spectroscopie des rayons de Röntgen », *Journal de Physique* **4**, 101–116, 1914.

132. J. Thibaud, « La spectrographie des rayons gamma. Spectres β secondaires et diffraction cristalline » *Annales de Physique (Paris)* **5**, 73–152, 1926.

133. M. Frilley, « Spectrographie par diffraction cristalline des rayons γ de la famille du radium », *Annales de Physique (Paris)* **11**, 483–567, 1929.

134. J. Aitken, « On the number of dust particles in the atmosphere », *Transactions of the Royal Society of Edinburgh* **35**, 1–20, séance du 6 février 1888.

135. C. T. R. Wilson, « Condensation of Water Vapour in the Presence of Dust-free Air and other Gases », *Transactions of the Royal Society* **A188**, 265–307, 1897.

136. C. T. R. Wilson, « On the Condensation Nuclei produced in Gases by the Action of Röntgen Rays, Ultra-violet Light and other Agents », *Proceedings of the Royal Society, London* **64**, 127–29, 1898.

137. C. T. R. Wilson, « On the cloud method of making visible ions and the tracks of ionizing particles », Conférence Nobel, 12 décembre 1927.

138. C. T. R. Wilson, « Sur un appareil à détente destiné à rendre visibles les chemins de particules ionisantes dans les gaz et quelques résultats obtenus grâce à lui », *Le Radium* **10**, 7–15, 1913 ; « Description d'un appareil de détente premettant de rendre visibles les trajectoires des particules inisantes et de quelques résultats obtenus par son emploi », *Journal de Physique (Paris)* **3**, 529–553, 1913.
139. A. H. Compton et A. W. Simon, « Measurements of β-Rays associated with scattered X-Rays », *Physical Review* **25**, 306–313, mars 1925.
140. P. M. S. Blackett, « The Ejection of Protons from Nitrogen Nuclei, Photographed by the Wilson Method », *Proceedings of the Royal Society, London* **107**, 349–60, 1925.
141. E. Rutherford, « Atomic Nuclei and their Transformations », Twelfth Guthrie Lecture, *Proceedings of the Physical Society* **39**, 359–372, 1927.
142. E. Rutherford, « Structure of the Radioactive Atom and Origin of the α-Rays », *Philosophical Magazine* **4**, 580–605, septembre 1927.
143. H. Geiger et J. M. Nuttall, « The Ranges of the α particles from Various Radioactive Substances and a Relation between Range and Period of Transformation », *Philosophical Magazine* **22**, 613–21, octobre 1911.
144. P. Ehrenfest et J. R. Oppenheimer, « Note on the statistics of nuclei », *Physical Review* **37**, 333–338, 15 février 1931.
145. F. Rasetti, « Selection Rules in the Raman Effect », *Nature* **123**, 757–9, 18 mai 1929.
146. W. Heitler et G. Herzberg, « Gehorchen die Stickstoffkerne der Boseschen Statistik? », *Naturwissenschaften* **17**, 673–674, 23 août 1929.
147. F. Rasetti, « Über die Rotations-Ramanspektren von Stickstoff und Sauerstoff », *Zeitschrift für Physik* **61**, 598–601, 1930.
148. L. S. Ornstein et W. R. van Wijk, « Untersuchungen über das negative Stickstoffbandenspektrum », *Zeitschrift für Physik* **49**, 315–22, 1928.
149. R. Kronig, « Der Drehimpuls des Stickstoffkerns », *Naturwissenschaften* **16**, 335, 11 mai 1928.
150. J. G. Dorfman, « Le moment magnétique du noyau de l'atome », *Comptes Rendus de l'Académie des Sciences* **190**, 924–5, séance du 14 avril 1930.
151. V. Ambarzumjan et D. Ivanenko, « Les électrons observables et les rayons β », *Comptes Rendus de l'Académie des Sciences* **190**, 582–84, séance du 3 mars 1930.
152. « Discussion on the Structure of Atomic Nuclei », *Proceedings of the Royal Society, London* **A136**, 735-62, 1932.

Cinquième partie : un développement fulgurant

1. G. Gamow, « Zur Quantentheorie des Atomskernes » *Zeitschrift für Physik* **51**, 204–12, 1928. Sur George Gamow, voir É. Klein, « George Gamow, joyeux passe-frontières », dans *Il était sept fois la révolution,* p. 17–49.
2. R. W. Gurney et E. U. Condon, « Wave mechanics and radioactive decay », *Nature* **122**, 439, 22 septembre 1928. Cette brève communication sera suivie d'un article plus détaillé, envoyé le 20 novembre: « Quantum mechanics and Radioactive Disintegration », *Physical Review* **33**, 127–40, février 1929.
3. S. Rosenblum, « Structure fine du spectre magnétique des rayons α du thorium C », *Comptes Rendus de l'Académie des Sciences* **188**, 1401–1403, séance du 27 mai 1929.
4. Sources biographiques: Archives Joliot-Curie, Musée Curie, Paris ; J. Hurwick, « Salomon Rosenblum (1896-1959) et la découverte de la structure fine des rayons α », *Bulletin de la Société Française de Physique* **108**, 27, mars 1997; préface de Francis Perrin aux *Œuvres* de Salomon Rosenblum, p. 1–6.
5. A. Cotton, « Le grand électro-aimant de l'Académie des Science », *Comptes Rendus de l'Académie des Sciences* **187**, 77–89, séance du 9 juillet 1928.

6. A. Cotton et G. Dupouy, « Champs magnétiques donnés par le grand électro-aimant de Bellevue », *Comptes Rendus de l'Académie des Sciences* **190**, 544–47, séance du 10 février 1930.
7. S. Rosenblum, « Structure fine du spectre magnétique des rayons α », *Comptes Rendus de l'Académie des Sciences* **188**, 1549–1550, séance du 10 juin 1929; **190**, 1124–1127, séance du 12 mai 1930.
8. E. Rutherford, J. Chadwick et C. D. Ellis, *Radiations from Radioactive Substances,* note p. 47.
9. E. Rutherford, F. A. B. Ward et C. E. Wynn-Williams, « A New Method of Analysis of Groups of Alpha-Rays (1) The Alpha-Rays from Radium C, Thorium C, and Actinium C », *Proceedings of the Royal Society, London* **A129**, 211–34, 1930.
10. E. Rutherford, F. A. B. Ward et W. B. Lewis, « Analysis of the Long Range α-Particles from Radium C », *Proceedings of the Royal Society, London* **A131**, 684–703, 1931.
11. E. Rutherford, C. E. Wynn-Williams et W. B. Lewis, « Analysis of the α-Particles Emitted from Thorium C and Actinium C », *Proceedings of the Royal Society, London* **A133**, 351–66, 1931.
12. W. B. Lewis et C. E. Wynn-Williams, « The Ranges and the α-Particles from the Radioactive Emanations and "A" Products and from Polonium », *Proceedings of the Royal Society, London* **A136**, 349–63, 1932.
13. E. Rutherford, C. E. Wynn-Williams et B. V. Bowden, « Analysis of α-Rays by an Annular Magnetic Field », *Proceedings of the Royal Society, London* **A139**, 617–37, 1933.
14. G. Gamow, « Fine Structure of α-Rays », *Nature* **126**, 397, 13 septembre 1930.
15. E. Rutherford et C. D. Ellis, « Origin of the γ-Rays », *Proceedings of the Royal Society, London* **A132**, 667–88, 1931.
16. *Convegno di Fisica Nucleare*, Rome, Reale Accademia d'Italia, 1931.
17. S. Goudsmit, « Present difficulties in the theory of hyperfine structure », *Ibidem* p. 33–49.
18. W. Pauli, « Zur Frage der theoretischen Deutung der Satelliten einiger Spektrallinien und ihrer Beeinflussung durch magnetische Felder », *Naturwissenschaften* **12**, 741–43, 12 septembre 1924.
19. W. Bothe, « α-Strahlen, künstlich Kernumwandlung und -anregung, Isotope », *Convegno di Fisica Nucleare* p. 83–106.
20. W. Bothe et H. Becker, « Eine γ-Strahlung des Poloniums », *Zeitschrift für Physik* **66**, 307–10, 3 décembre 1930.
21. W. Bothe, « Erzwungene Kernprozesse », *Physikalische Zeitschrift* **32**, 661-62, 1er septembre 1931.
22. G. Gamow, « Quantum theory of nuclear structure », *Convegno di Fisica Nucleare* p. 65–81.
23. R. T. Birge et D. H. Menzel, « The relative abundance of the oxygen isotopes and the basis of the Atomic Weight System », *Physical Review* **37**, 1669–71 (L), 15 juin 1931.
24. H. C. Urey, F. G. Brickwedde et G. M. Murphy, « An Hydrogen Isotope of Mass 2 », *Physical Review* **39**, 164–5, 1er janvier 1932.
25. H. C. Urey, F. G. Brickwedde et G. M. Murphy, « An Hydrogen Isotope of Mass 2 and its concentration. », *Physical Review* **40**, 1–15, 1er avril 1932.
26. R. H. Stuewer, « The naming of the deuteron », *American Journal of Physics* **54**, 206–18, 1986.
27. G. M. Murphy et H. Johnston, « The Nuclear Spin of Deuterium », *Physical Review* **46**, 95-98, 15 juillet 1934.
28. « Sir James Chadwick, oral history », American Institute of Physics, College Park, Maryland; cité par A. Brown, *The Neutron and the bomb*, p. 56.
29. A. Brown, *The Neutron and the bomb* p. 80.
30. P. Biquard, *Frédéric Joliot-Curie et l'énergie atomique.*

Cinquième partie : un développement fulgurant 527

31. M. Goldsmith, *Frédéric Joliot-Curie, a biography*.
32. M. Pinault, *Frédéric Joliot-Curie*.
33. P. Biquard, *Frédéric Joliot-Curie*, p. 17.
34. *Ibid.* p. 27
35. N. Loriot, *Irène Joliot-Curie*.
36. Les notes d'une des élèves de Marie Curie, Isabelle Chavannes, ont été rééditées récemment sous le titre : *Leçons de Marie Curie, recueillies par Isabelle Chavannes en 1907*.
37. I. Curie, « Recherches sur les rayons α du polonium, oscillations de parcours, vitesse d'émission, pouvoir ionisant », *Annales de Physique (Paris)* **3**, mai-juin 1925.
38. F. Joliot « Étude électrochimique des radioéléments. Applications diverses », *Journal de Chimie Physique* **27**, 119, 1930.
39. I. Curie et F. Joliot, « Sur le nombre d'ions produits par les rayons α du RaC' dans l'air », *Comptes Rendus de l'Académie des Sciences* **186**, 1722–1724, séance du 18 juin 1928.
40. I. Curie et F. Joliot, « Sur la nature du rayonnement absorbable qui accompagne le rayonnement α du polonium », *Comptes Rendus de l'Académie des Sciences* **189**, 1270–1272, séance du 30 décembre 1929.
41. I. Curie et F. Joliot, « Rayonnements associés à l'émission des rayons α du polonium », *Comptes Rendus de l'Académie des Sciences* **190**, 1292–94, séance du 2 juin 1930.
42. I. Curie et F. Joliot, « Préparation des sources de polonium de grande densité d'activité », *Journal de Chimie Physique* **28**, 201, 1931.
43. I. Curie, « Sur le rayonnement γ nucléaire excité dans le glucinium et dans le lithium par les rayons α du polonium », *Comptes Rendus de l'Académie des Sciences* **193**, 1412–14, séance du 28 décembre 1931.
44. F. Joliot, « Sur l'excitation des rayons γ nucléaires du bore par les particules α. Énergie quantique du rayonnement γ du polonium », *Comptes Rendus de l'Académie des Sciences* **193**, 1415-17, séance du 28 décembre 1931.
45. I. Curie et F. Joliot, « Émission de protons de grande vitesse par les substances hydrogénées sous l'influence des rayons γ très pénétrants », *Comptes Rendus de l'Académie des Sciences* **194**, 273–5, séance du 18 janvier 1932.
46. I. Curie et F. Joliot, « Effet d'absorption de rayons γ de très haute fréquence par projection de noyaux légers », *Comptes Rendus de l'Académie des Sciences* **194**, 708–11, séance du 22 février 1932.
47. J. Chadwick, « Some Personal Notes on the Search for the Neutron », in *Actes du dixième congrès international d'Histoire des Sciences*, H. Guerlac (dir.), Paris, Hermann, 1962, p. 159–162.
48. Jules Six, *La découverte du neutron (1920-1936)*.
49. J. Chadwick, « Possible existence of a neutron », *Nature* **129**, 312, 27 février 1932.
50. A. Brown, *The Neutron and the Bomb*, p. 365.
51. J. Chadwick, « The Existence of a Neutron », *Proceedings of the Royal Society, London* **A136**, 692–708, 1932.
52. I. Curie et F. Joliot, « La complexité du proton et la masse du neutron », *Comptes Rendus de l'Académie des Sciences* **197**, 237–38, séance du 17 juillet 1933.
53. K. T. Bainbridge, « The mass of Be^9 and the atomic weight of Beryllium », *Physical Review* **43**, 367–8, 1er mars 1933.
54. I. Curie et F. Joliot, « Mass of the Neutron », *Nature* **133**, 721, 12 mai 1934.
55. J. Chadwick, « A 'Nuclear Photoeffect': Disintegration of the Diplon by γ-Rays », *Nature* **134**, 237–38, 18 août 1934.
56. J. Chadwick et M. Goldhaber, « The Nuclear Photoelectric Effect », *Proceedings of the Royal Society, London* **A151**, 479–493, 2 septembre 1935.

57. F. Perrin, « L'existence des neutrons et la constitution des noyaux atomiques », *Comptes Rendus de l'Académie des Sciences* **194**, 1343–47, séance du 18 avril 1932.
58. D. Ivanenko, « The Neutron Hypothesis », *Nature* **129**, 798, 28 mai 1932.
59. W. Heisenberg, « Über den Bau der Atomkerne I », *Zeitschrift für Physik* **77**, 1–11, 1932.
60. G. Gamow et F. G. Houtermans, « Zur Qnantenmechanik des radioaktiven Kerns », *Zeitschrift für Physik* **52**, 496–509, 1928.
61. W. Heitler et F. W. London, « Wechselwirkung neutraler Atome und homöopolare Bindung nach der Quantenmechanik », *Zeitschrift für Physik* **44**, 455–72, 1927.
62. W. Heitler, « La théorie quantique des forces de valence », *Annales de l'Institut Henri Poincaré* **4**, 237–72, 1933.
63. W. Heisenberg, « Über den Bau der Atomkerne II », *Zeitschrift für Physik* **78**, 156–164, 21 septembre 1932.
64. W. Heisenberg, « Über den Bau der Atomkerne III », *Zeitschrift für Physik* **80**, 587–96, 1933.
65. E. Amaldi, « Ettore Majorana, man and scientist », in *Strong and weak interactions, 1966 International School of Physics "Ettore Majorana", Erice, June 19 - July 4*, A. Zichichi (dir.), New York, Academic Press, 1966, p. 10–77.
66. E. Fermi, « Un metodo statistico per la determinazione di alcune proprietà dell'atomo », *Atti della R. Accademia Nazionale dei Lincei. Rendiconti della Classe di scienze fisiche, matematiche e naturali* **6**, 602–607, séance du 4 décembre 1927 ; « Eine statistische Methode zur Bestimmung einiger Eigenschaften des Atoms und ihre Anwendung auf die Theorie des periodischen Systems der Elemente », *Zeitschrift für Physik* **48**, 73–79, 1928.
67. L. H. Thomas, « The calculation of atomic fields », *Proceedings of the Cambridge Philosophical Society* **23**, 542–548, séance du 22 novembre 1927.
68. E. Fermi, « État actuel de la physique du noyau atomique », in *Comptes rendu de la première section du congrès international d'électricité, Paris 1932*, R. de Valbreuze (dir.), Paris, Gauthier-Villars, 1932, vol. 1, p. 789–807.
69. E. Majorana, « Über die Kerntheorie », *Zeitschrift für Physik* **82**, 137–145, 1933.
70. Sources biographiques sur E. P. Wigner : A. Pais, *The Genius of Science. A Portrait Gallery*, p. 331–51 ; Jagdish Mehra, « Eugene Paul Wigner : a biographical sketch », dans *The Collected Works of Eugene Paul Wigner*, Volume 1, Berlin, Springer Verlag, 1993, p. 3–14.
71. Heisenberg W, « Über die Spektra von Atomsystem mit zwei Elektronen », *Zeitschrift für Physik* **39** 499–518, 1926.
72. E. P. Wigner, « Über nicht kombinierende Terme in der neueren Quantenmechanik », *Zeitschrift für Physik* **40**, « Erster Teil », p. 492–500 ; « Zweiter Teil », p. 883–92, 1927.
73. E. P. Wigner, « Über die elastischen Eigenschweigungen symmetrischer Systeme », *Nachrichten der Gesellschaft der Wissenschaften zu Göttingen* 133–146, 1930.
74. L. P. Bouckaert, R. Smoluchowski et E. P. Wigner, « Theory of Brillouin Zones and Symmetry Properties of Wave Functions in Crystals », *Physical Review* **50**, 58–67, 1er juillet 1936.
75. E. P. Wigner, « Über die Erhalttungssätze in der Quantenmechanik », *Nachrichten der Gesellschaft der Wissenshcaften zu Göttingen*, 375-81, 1927.
76. E. P. Wigner, « On the mass defect of Helium », *Physical Review* **43**, 252–57, 15 février 1933.
77. E. P. Wigner, « Über die Streuung von Neutronen an Protonen », *Zeitschrift für Physik* **83**, 253–258, 1933.
78. I. Curie et F. Joliot, « Projection de noyaux atomiques par un rayonnement très pénétrant. L'existence du neutron », *Actualités scientifiques et industrielles* **32**, Paris, Hermann, 1932.

79. W. D. Harkins, « Energy Relations involved in the Formation of Complex Atoms », *Philsophical Magazine* **30**, 723–34, novembre 1915.
80. W. D. Harkins, « Isotopes: Their Number and Classification », *Nature* **107**, 202–3, 14 avril 1921.
81. W. D. Harkins, « The Periodic System of Atomic Nuclei and the Principle of Regularity and Continuity of Series », *Physical Review* **38**, 1270–88, 1er octobre 1931.
82. J. H. Bartlett, « Structure of Atomic Nuclei », *Physical Review* **41**, 370–71, 1er août 1932.
83. J. H. Bartlett, « Structure of Atomic Nuclei. II », *Physical Review* **42**, 145–146 (L), 1er octobre 1932.
84. W. M. Elsasser, « Sur le principe de Pauli dans les noyaux », *Journal de Physique et Le Radium* **4**, 549–56, octobre 1933.
85. W. M. Elsasser, *Memoirs of a Physicist in the Atomic Age*.
86. *Ibid.* p. 187.
87. K. Guggenheimer, « Remarques sur la constitution des noyaux atomiques I », *Journal de Physique et Le Radium* **5**, 253–56, juin 1934.
88. K. Guggenheimer, « Remarques sur la constitution des noyaux II », *Journal de Physique et Le Radium* **5**, 475–485, septembre 1934.
89. W. M. Elsasser, « Sur le principe de Pauli dans les noyaux II. », *Journal de Physique et Le Radium* **5**, 389–97, octobre 1934.
90. W. Heisenberg, « Die Struktur der leichten Atomkerne », *Zeitschrift für Physik* **96**, 473–484, 1935.
91. D. R. Hartree, « The Wave Mechanics of an Atom with a Non-Coulomb Central Field. Part I-Theory and Methods », *Proceedings of the Cambridge Philosophical Society* **24**, 89–110; « Part II–Some Results and Discussion », *ibid.*, 111–132, séance du 21 novembre 1927; « Part III. Term Values and Intensities in Series in Optical Spectra », *Ibid.*, 426–437, séance du 23 juillet 1928.
92. V. Bush, « The Differential Analyser. A New Machine for Solving Differential Equations », *Journal of the Franklin Institute* **212**, 447–488, octobre 1931.
93. D. R. Hartree, « Approximate Wave Functions and Atomic Field for Mercury », *Physical Review* **46**, 738–743, 15 octobre 1934.
94. E. Feenberg et E. P. Wigner, « On the Structure of Nuclei between Helium and Oxygen », *Physical Review* **51**, 95–106, 15 janvier 1937.
95. K. A. Brueckner, C. E. Campbell, J. W. Clark et A. Primakoff, « Eugene Feenberg 1906–1977 », *Nuclear Physics* **A317**, i–vii, 1979.
96. V. Fock, « Näherungsmehtode zur Lösung des quantenmechanischen Mehrkörperproblems », *Zeitschrift für Physik* **61**, 126–48, 1930; « "Selfconsistent field" mit Austausch für Natrium », *Zeitschrift für Physik* **62**, 795–805, 1930.
97. F. Hund, « Symmetrieeigenschaften der Kräfte in Atomkernen und Folgen für deren Zustände, insbesondere der Kerne bis zu sechszehn Teilchen », *Zeitschrift für Physik* **105**, 202–228, 1937.
98. Note 135 p. 524.
99. H. Geitel, « Über die Elektrizitätszerstreuung in abgeschlossenen Luftmengen », *Physikalische Zeitschrift* **2**, 117–119, 24 novembre 1900.
100. C. T. R. Wilson, « On the leakage of Electricity through dust-free air », *Proceedings of the Cambridge Philosophical Society* **11**, 32, séance du 26 novembre 1900.
101. C. T. R. Wilson, « On the Ionisation of the Atmospheric Air », *Proceedings of the Royal Society, London* **68**, 151–161, séance du 14 mars 1901, publié en septembre 1901.
102. C. Coulomb, *De la quantité d'électricité qu'un corps isolé perd dans un temps donné, soit par le contact de l'air plus ou moins humide, soit le long des soutiens plus ou moins idio-électriques. Troisième mémoire sur l'électricité, 1785*, Paris, Gauthier-Villars pour la Société Française de Physique, 1884.

103. E. Rutherford et S. J. Allen, « Excited Radioactivity and Ionization of the Atmosphere », *Philosophical Magazine* **4**, 704-723, décembre 1902.
104. V. F. Hess, « Messungen der durchdringenden Stahlung bei zwei Ballonfahrten », *Sitzungsberichte der Akademie der Wissenschaften, Vienne* **120**, 1575–1585, séance du 9 novembre 1911; « Über die Absorption der γ-Strahlen in der Atmosphäre », *Physikalische Zeitschrift* **12**, 998–1001, 15 novembre 1911.
105. V. F. Hess, « Beobachtung der durchdringenden Strahlung bei sieben Freiballonfahrten », *Sitzungsberichte der Kaiserlichen Akademie der Wissenschaften, Vienne* **121** IIa, 2001-2032, séance du 17 octobre 1912; *Physikalische Zeitschrift* **13**, 1084–1091, 1er novembre 1912.
106. W. Kolhörster, « Messungen der durchdringenden Strahlung im Freiballon in grösseren Höhen », *Physikalische Zeitschrift* **14**, 1153–1156, 15 novembre 1913; *Verhandlungen der Deutsche physikalischen Gesellschaft* **15**, 1111-1116, 15 novembre 1913.
107. W. Kolhörster, « Messungen der durchdringenden Strahlungen bis in Höhen von 9300 m », *Verhandlungen der Deutsche physikalischen Gesellschaft* **16**, 719–721, séance du 10 juillet 1914.
108. R. A. Millikan, « High Frequency Rays of Cosmic Origin », *Proceedings of the National Academy of Sciences of the United States of America* **12**, 48–55, 15 janvier 1926; R. A. Millikan et I. S. Bowens, « High Frequency Rays of Cosmic Origin. I. Sounding Balloon Observations at Extreme Altitudes », *Physical Review* **27**, 353–361, avril 1926.
109. Note 125 p. 524.
110. C. D. Anderson, « The Apparent Existence of Easily Deflectable Positives », *Science* **76**, 238–239, 9 septembre 1932.
111. C. D. Anderson, « The Positive Electron », *Physical Review* **43**, 491–494, 15 mars 1933.
112. P. M. S. Blackett et G. P. S. Occhialini, « Photography of Penetrating Corpuscular Radiation », *Nature* **130**, 363, 3 septembre 1932.
113. P. M. S. Blackett et G. P. S. Occhialini, « Some Photographs of Penetrating Radiation », *Proceedings of the Royal Society, London* **139**, 699–718, 1933.
114. D. Skobel'cyn, « Die Intensitätsverteilung in dem Spektrum der γ-Strahlen von RaC », *Zeitschrift für Physik* **43**, 354–78, 1927.
115. D. Skobel'cyn, « Über eine neue Art sehr schneller β-Strahlen », *Zeitschrift für Physik* **54**, 686–702, 1929.
116. E. Segrè, *Les physiciens modernes et leurs découvertes*, p. 264.
117. P. A. M. Dirac, « A Theory of Electrons and Protons », *Proceedings of the Royal Society, London* **A126**, 360–65, 1er janvier 1930.
118. P. A. M. Dirac, « The Proton », *Nature* **126**, 605–6, 18 octobre 1930.
119. Une biographie de Robert Oppenheimer vient de paraître: K. Bird et M. J. Sherwin, *American Prometheus, The Triumph and Tragedy of J. Robert Oppenheimer.*
120. J. R. Oppenheimer, « On the Theory of Electrons and Protons », *Physical Review* **35**, 562–63, 1er mars 1930.
121. P. A. M. Dirac, « Quantized Singularities in the Electromagnetic Field », *Proceedings of the Royal Society, London* **A133**, 60–72, 1er septembre 1931.
122. P. A. M. Dirac, « Théorie du positon », in *Structures et propriétés des noyaux atomique,* rapports et discussions du septième Conseil de Physique Solvay (1934), p. 205–212.
123. I. Curie et F. Joliot, « Sur la nature du rayonnement pénétrant excité dans les noyaux légers par les particules α », *Comptes Rendus de l'Académie des Sciences* **194**, 1229–32, séance du 11 avril 1932.
124. J. Chadwick, P. M. S. Blackett et G. P. S. Occhialini, « New Evidence for the Positive Electron », *Nature* **131**, 473, 1er avril 1933.
125. L. Meitner et K. Philipp, « Die bei Neutronenanregung auftretenden Elektronenbahnen », *Naturwissenschaften* **21**, 286-87, 14 avril 1933.

126. I. Curie et F. Joliot, « Contribution à l'étude des électrons positifs », *Comptes Rendus de l'Académie des Sciences* **196**, 1105-7, séance du 10 avril 1933.

127. I. Curie et F. Joliot, « Sur l'origine des électrons positifs », *Comptes Rendus de l'Académie des Sciences* **196**, 1581-83, séance du 22 mai 1933.

128. L. Meitner et K. Philipp, « Die Anregung positiver Elektronen durch γ-Strahlen von ThC" », *Naturwissenschaften* **21**, 468, 16 juin 1933.

129. C. D. Anderson, « Free Electrons Resulting from the Impact upon Atomic Nuclei of the Photons from TH C" », *Science* **77**, 432-433, 5 mai 1933.

130. I. Joliot-Curie et F. Joliot, « Électrons positifs de transmutation », *Comptes Rendus de l'Académie des Sciences* **196**, 1885-87, séance du 19 juin 1933.

131. E. Rutherford, « Collision of α particles with light atoms. IV. An anomalous effect in nitrogen », *Philosophical Magazine* **37**, 581-87, juin 1919.

132. E. Rutherford, « Address of the President, Sir Ernest Rutherford, O. M., at the Anniversary Meeting, November 30, 1927. », *Proceedings of the Royal Society, London* **A117**, 300-316, 1928.

133. « Verfahren zur Schlagprüfung von Isolatoren und anderer elektrischen Vorrichtungen », Brevet allemand n°455933, 12 octobre 1923.

134. A. Brasch et F. Lange, « Experimentelle-technische Vorbereitungen zur Atomzerstrümmerung mittels hoher elektrischer Spannungen », *Zeitschrift für Physik* **70**, 10-37, 1931.

135. M. Schenckel, « Eine neue Schaltung für die Erzeugung hoher Gleichspannungen », *Elektrotechnische Zeitschrift* **40**, 333-334, 10 juillet 1919.

136. H. Greinacher, « Über eine Methode, Wechselstrom mittels elektrischer Ventile und Kondensatoren in hochgespannten Gleichstrom umzuwandeln », *Zeitschrift für Physik* **4**, 195-205, 1921.

137. J. D. Cockcroft et E. T. S. Walton, « Experiments with High Velocity Ions », *Proceedings of the Royal Society, London* **A129**, 477-89, 1930.

138. J. D. Cockcroft et E. T. S. Walton, « Disintegration of Lithium by Swift Protons », *Nature* **129**, 649, 30 avril 1932.

139. J. D. Cockcroft et E. T. S. Walton, « Experiments with High Velocity Positive Ions. (II).-The Disintegration of Elements by High Velocity Protons. », *Proceedings of the Royal Society, London* **A137**, 229-42, 1932.

140. R. van de Graaff, « A 1 500 000 volt electrostatic generator », *Physical Review* **38**, 1919-20 (A), 15 novembre 1931.

141. R. E. Vollrath, « A High Voltage Direct Current Generator », *Physical Review* **42**, 298-304, 15 octobre 1932.

142. R. van de Graaff, K. T. Compton et L. C. van Atta, « The Electrostatic Production of High Voltage for Nuclear Investigations », *Physical Review* **43**, 149-57, 1er février 1933.

143. L. C. van Atta, D. L. Northrup, C. M. van Atta et R. van de Graaff, « The Design, Operation, and Performance of the Round Hill Electrostatic Generator », *Physical Review* **49**, 761-76, 15 mai 1936.

144. L. C. van Atta, D. L. Northrup, R. van de Graaff et C. M. van Atta, « Electrostatic Generator for Nuclear Research at M.I.T. », *Review of Scientific Instruments* **12**, 534-45, novembre 1941.

145. M. A. Tuve, L. R. Hafstad et O. Dahl, « Nuclear Physics Studies Using the Van de Graaff Electrostatic Generator », *Physical Review* **43**, 1055 (A), 15 juin 1933.

146. M. A. Tuve, L. R. Hafstad et O. Dahl, « Disintegration Experiments on Elements of Medium Atomic Number », *Physical Review* **43**, 942 (L), 1er juillet 1933.

147. M. A. Tuve, L. R. Hafstad et O. Dahl, « The Technique of Focussed Ion-Beams with Cascade Tubes and Electrostatic Generators », *Physical Review* **45**, 768 (A), 15 mai 1934.

148. G. Ising, « Prinzip einer Methode zur Herstellung von Kanal-Strahlen hoher Voltzahl », *Arkiv för matematik, astronomi och fysik* **18**, 1-4, 1924.

149. R. Wideröe, *The Infancy of Particle Accelerators*.

150. E. T. S. Walton, « The Production of High Speed Electrons by Indirect Means », *Proceedings of the Cambridge Philosophical Society* **25**, 469–481, séance du 29 juillet 1929.

151. R. Wideröe, « Über ein neues Prinzip zur Herstellung hoher Spannungen », *Archiv für Elektrotechnik* **21**, 387–406, 1928.

152. E. O. Lawrence, E. McMillan et R. L. Thornton, « The Transmutation function for Some Cases of Deuteron-Induced Radioactivity », *Physical Review* **48**, 493–499, septembre 1935.

153. E. O. Lawrence et N. E. Edlefsen, « On the Production of High Speed Protons », *Science* **72**, 376-77, 10 octobre 1930.

154. D. H. Sloan et E. O. Lawrence, « The Production of Heavy High Speed Ions Without the Use of High Voltages », *Physical Review* **38**, 2021–32, 1er décembre 1931.

155. W. M. Coates et D. H. Sloan, « High-velocity mercury ions », *Physical Review* **43**, 212-13 (A), 1er février 1933.

156. D. H. Sloan et W. M. Coates, « Recent Advances in the Production of Heavy High Speed Ions Without the Use of High Voltages », *Physical Review* **46**, 539–42, 1er octobre 1934.

157. M. S. Livingston, « The Production of High Velocity Hydrogen Ions Without the Use of High Voltage », Thèse de l'Université de Californie, Berkeley, 1931.

158. E. O. Lawrence et M. S. Livingston, « The Production of High Speed Protons Without the Use of High Voltages », *Physical Review* **38**, 834 (L), 15 août 1931.

159. E. O. Lawrence et M. S. Livingston, « The Production of High Speed Light Ions without the use of High Voltages », *Physical Review* **40**, 19–35, 1er avril 1932.

160. E. O. Lawrence, M. S. Livingston et M. G. White, « The Disintegration of Lithium by Swiftly Moving Protons », *Physical Review* **42**, 150–51, 1er octobre 1932.

161. E. O. Lawrence, M. C. Henderson et M. S. Livingston, « The Transmutation of Fluorine by Proton Bombardment and the Mass of Fluorine 19 », *Physical Review* **46**, 324–5 (A), 15 août 1934.

162. C. C. Lauritsen, H. R. Crane et W. W. Harper, « Artificial Production of Radioactive Substances », *Science* **79**, 234, 9 mars 1934.

163. H. R. Crane, C. C. Lauritsen et A. Soltan, « Artificial Production of Neutrons », *Physical Review* **44**, 514 (L), 15 septembre 1933 ; **45**, 507 512, 15 avril 1934.

164. M. C. Henderson, M. S. Livingston et E. O. Lawrence, « Artificial Radioactivity Produced by Deuton Bombardment », *Physical Review* **45**, 728-29, 15 mars 1934.

165. E. O. Lawrence et M. S. Livingston, « The Multiple Acceleration of Ions to Very High Voltages », *Physical Review* **45**, 608–12, 1er mai 1934.

166. E. O. Lawrence et D. Cooksey, « On the Apparatus for the Multiple Acceleration of Light Ions to High Speeds », *Physical Review* **50**, 1131–1140, 15 décembre 1936.

167. E. O. Lawrence, L. W. Alvarez, W. M. Brobeck, D. Cooksey, D. R. Corson, E. McMillan, W. W. Salisbury et R. L. Thornton, « Initial Performance of the 60-Inch Cyclotron of the William H. Crocker Radiation Laboratory, University of California », *Physical Review* **56**, 124 (L), 1er juillet 1939.

168. Lettre de M. Nahmias à F. Joliot, 18 mars 1937, Archives Joliot-Curie, Musée Curie, Paris ; citée par M. Pinault, *Frédéric Joliot-Curie*, p. 112.

169. Sur les accélérateurs et leur histoire, on peut consulter M. S. Livingston, « Particle Accelerators, a Brief History » ; « The Development of High Energy Accelerators », réimpression de 28 articles fondamentaux, publiés sous la direction de M. S. Livingston ; M. S. Livingston et J. P. Blewett, « Particle Accelerators » ; P. Lapostolle, « Les accélérateurs de particules ».

170. E. Feenberg et J. Knipp, « Intranuclear forces », *Physical Review* **48**, 906–12, 1er décembre 1935.

171. W. H. Wells, « The Scattering of Protons on Protons », *Physical Review* **47**, 591-596, 15 avril 1935.

172. M. G. White, « Scattering of High Energy Protons in Hydrogen », *Physical Review* **49**, 309-316, 15 février 1936.

173. M. A. Tuve, N. P. Heydenburg et L. R. Hafstad, « The Scattering of Protons by Protons », *Physical Review* **50**, 806–25, 1er novembre 1936.

174. G. Breit, E. U. Condon et R. D. Present, « Theory of Scattering of Protons by Protons », *Physical Review* **50**, 825–45, 1er novembre 1936.

175. Voir plus loin note 235.

176. *Structure et propriétés des noyaux atomiques*, rapports et discussions du septième Conseil de Physique Solvay, 1934.

177. B. Bensaude-Vincent, *Paul Langevin, science et vigilance*.

178. F. et I. Joliot-Curie, « Rayonnement pénétrant des atomes sous l'action des rayons α », *Structure et propriétés des noyaux atomiques*, Rapports et discussions du septième Conseil de Physique Solvay, p. 121–156.

179. I. Curie et F. Joliot, « Sur les conditions d'émission des neutrons par action des particules α sur les éléments légers », *Comptes Rendus de l'Académie des Sciences* **196**, 397–99, séance du 6 février 1933.

180. L. Meitner, *Structure et propriétés des noyaux atomiques*, Rapports et discussions du septième Conseil de Physique Solvay, p. 176.

181. I. et F. Joliot-Curie, « La découverte de la radioactivité artificielle », *Atomes*, p. 9–12, janvier 1951.

182. P. Radvanyi et M. Bordry, *La radioactivité artificielle et son histoire*.

183. I. Curie et F. Joliot, « Un nouveau type de radioactivité », *Comptes Rendus de l'Académie des Sciences* **198**, 254-56, séance du 15 janvier 1934.

184. I. Curie et F. Joliot, « Séparation chimique des nouveaux radioéléments émetteurs d'électrons positifs », *Comptes Rendus de l'Académie des Sciences* **198**, 559-561, séance du 29 janvier 1934.

185. I. Curie et F. Joliot, « Artificial production of a new kind of radio-elements », *Nature* **133**, 201–202, 10 février 1934.

186. I. Curie et F. Joliot, « I.— Production artificielle d'éléments radioactifs. II.— Preuve chimique de la transmutation des éléments », *Journal de Physique et Le Radium* **5**, 153–156, avril 1934.

187. Lettre de Rutherford à Irène et Frédéric Joliot-Curie, 29 janvier 1934, Archives Joliot-Curie, Musée Curie, Paris.

188. J. D. Cockcroft, Gilbert et E. T. S. Walton, « Production of Induced Radioactivity by High Velocity Protons », *Nature* **133**, 328, 3 mars 1934.

189. S. H. Neddermeyer et C. D. Anderson, « Energy Spectra of Positrons Ejected by Artificially Stimulated Radioactive Substances », *Physical Review* **45**, 498–49, 1er avril 1934.

190. O. R. Frisch, « Induced Radioactivity of Sodium and Phosphorus », *Nature* **133**, 721, 12 mai 1934.

191. *Papers and discussion of the Joint Conference of the International Union of Pure and Applied Physics and the Physical Society*, vol. 1, Cambridge, Cambridge University Press, 1935.

192. F. A. Paneth et G. von Hevesy , « Über Versuche zur Trennung des Radiums D von Blei », *Sitzungsberichte der Kaiserlichen Akademie der Wissenschaften, Vienne* **122** Abteilung IIa, 993–1000, séance du 24 avril 1913.

193. F. A. Paneth et G. von Hevesy, « Über Radioelemente als Indikatoren in der analytischen Chemie », *Sitzungsberichte der Kaiserlichen Akademie der Wissenschaften, Vienne* Abteilung IIa, 1001–1007, séance du 24 avril 1913.

194. G. de Hevesy et L. von Putnoky, « The Diffusion of Uranium », *Philosophical Magazine* **25**, 415–18, 1913.

195. D. Coster et G. von Hevesy, « On the Missing Element of Atomic Number 72 », *Nature* **111**, 79, 20 janvier 1923; « On the New Element Hafnium », *Nature* **111**, 182, 10 février 1923 et 252, 24 février 1923; « On Celtium and Hafnium », *Nature* **111**, 402–403, 7 avril 1923.

196. G. von Hevesy, « The Absorption and Translocation of Lead by Plants. A contribution to the application of the method of radioactive indicators in the investigation of the change of substance in plants. », *Biochemical Journal* **17**, 439-445, 1923.

197. J. A. Christiansen, G. de Hevesy et S. Lomholt, « Recherche, par une méthode radiochimique, sur la circulation du bismuth dans l'organisme », *Comptes Rendus de l'Académie des Sciences* **178**, 1324-26, séance du 24 avril 1924 ; « Recherches, par une méthode radiochimique, sur la circulation du plomb dans l'organisme », *Ibid.* **179**, 291-293, séance du 28 juillet 1924.

198. Frédéric Joliot, Conférence Nobel, *Œvres scientifiques complètes*, p. 552.

199. E. Fermi, *Collected Papers (Note e memorie)*, p. XXVIII.

200. E. Segrè, *Enrico Fermi Physicist*, p. 70.

201. *Ibid.*, p. 72.

202. E. Fermi, « Versuch einer Theorie der β-Strahlen », *Zeitschrift für Physik* **88**, 161-77, 1934. Une traduction en anglais a été publiée par Fred L. Wilson, *American Journal of Physics* textbf36, 1150-60, décembre 1968.

203. B. W. Sargent, « Energy distribution curves of the disintegration electrons », *Proceedings of the Cambridge Philosophical Society* **28**, 538-553, 1932; « The Maximum Energy of the β-Rays from Uranium X », *Proceedings of the Royal Society, London* **A139**, 659-673, 1933.

204. C. L. Cowan, F. Reines, F. B. Harrison, H. W. Kruse et A. D. McGuire, « Detection of the Free Neutrino: a Confirmation », *Science* **124**, 103-4, 1956.

205. F. Reines et C. L. Cowan, « The Neutrino », *Nature* **178**, 446-49, 1er septembre 1956.

206. E. Fermi, « Radioattività indotta da bombardamento di neutroni. — I. », *Ricerca Scientifica* **5**, 283, 1934.

207. E. Fermi, « Radioattività provocata da bombardamento di neutroni.— II. », *Ricerca Scientifica* **5**, 330-31, 1934.

208. E. Fermi, « Radioactivity induced by neutron bombardment », *Nature* **133**, 757 (L), 19 mai 1934.

209. E. Amaldi, O. D'Agostino, E. Fermi, F. Rasetti et E. Segrè, « Radioattività « beta » provocata da bombardamento di neutroni. — III. », *Ricerca Scientifica* **5**, 452-53, 1934.

210. E. Amaldi, O. D'Agostino, E. Fermi, F. Rasetti et E. Segrè, « Radioattività provocata da bombardamento di neutroni. — IV. », *Ricerca Scientifica* **5**, 652-53, 1934.

211. E. Amaldi, O. D'Agostino, E. Fermi, F. Rasetti et E. Segrè, « Radioattività provocata da bombardamento di neutroni. — V. », *Ricerca Scientifica* **5**, 21-22, 1934.

212. E. Amaldi, O. D'Agostino et E. Segrè, « Radioattività provocata da bombardamento di neutroni. — VI », *Ricerca Scientifica* **5**, 381, 1934.

213. Lettre de Rutherford à Fermi datée du 23 avril 1934, citée par E. Segrè, dans *E. Fermi Collected Papers*, p. 641.

214. E. Fermi, F. Rasetti et O. D'Agostino, « Sulla possibilità di produre elementi di numero atomico maggiore di 92 », *Ricerca Scientifica* **5**, 536-37, 1934.

215. E. Fermi, « Possible Production of Elements of Atomic Number Higher than 92 », *Nature* **133**, 898-99, 16 juin 1934.

216. E. Segrè, *Enrico Fermi Physicist*, p. 76.

217. L. Fermi, *Atoms in the family*, p. 91.

218. O. Hahn et L. Meitner, « Über die künstliche Umwandlung des Urans durch Neutronen », *Naturwissenschaften* **23**, 37-38, 11 janvier 1935.

219. L. Fermi, *Atoms in the family*, p. 97.

220. E. Fermi, E. Amaldi, O. D'Agostino, F. Rasetti et E. Segrè, « Artificial radioactivity produced by neutron bombardment », *Proceedings of the Royal Society, London* **A146**, 483-500, 1934.

221. E. Fermi, « Artificial Radioactivity Produced by Neutron Bombardment », in *International Conference on Physics, London 1934*, Londres, 1935, vol. I, p. 75–77.

222. E. Fermi, E. Amaldi, B. Pontecorvo, F. Rasetti et E. Segrè, « Azione di sostanze idrogenate sulla radioattività provocata da neutroni.— I. », *Ricerca Scientifica* **5**, 282–283, 1934.

223. E. Fermi, B. Pontecorvo et F. Rasetti, « Effetto di sostanze idrogenate sulla radioattività provocata da neutroni. — II. », *Ricerca Scientifica* **5**, 380–81, 1934.

224. E. Amaldi, O. D'Agostino, E. Fermi, B. Pontecorvo, F. Rasetti et E. Segrè, « Artificial Radioactivity Produced by Neutron Bombardment.—II. », *Proceedings of the Royal Society, London* **A149**, 522–558, 10 avril 1935.

225. T. Bjerge et C. H. Westcott, « On the Slowing Down of Neutrons in Various Substances Containing Hydrogen », *Proceedings of the Royal Society, London* **A150**, 709, 1er mai 1935.

226. J. R. Dunning, G. B. Pegram, E. Segrè et D. P. Mitchell, « Interaction of Neutrons with Matter », *Physical Review* **48**, 265–280, 1er août 1935.

227. I. Curie, F. Joliot et P. Preiswerk, « Radioéléments créés par le bombardement de neutrons. Nouveau type de radioactivité », *Comptes Rendus de l'Académie des Sciences* **198**, 198, séance du 11 juin 1934.

228. P. B. Moon et J. R. Tillman, « Evidence on the Velocity of 'Slow' Neutrons », *Nature* **135**, 904, 12 avril 1935.

229. L. Arsimovitch, I. Kourtschatov, L. Miççovskiï et P. Palibin, « Au sujet de la capture des neutrons lents par un noyau », *Comptes Rendus de l'Académie des Sciences* **200**, 2159–2162, séance du 24 juin 1935.

230. J. R. Tillman et P. B. Moon, « Selective Absorption of Slow Neutrons », *Nature* **136**, 66–67, 13 juillet 1935.

231. P. B. Moon et J. R. Tillman, « Neutrons of Thermal Energies », *Proceedings of the Royal Society, London* **A153**, 476–492, 1er janvier 1936.

232. L. Szilard, « Absorption of Residual Neutrons », *Nature* **136**, 950–951, 14 décembre 1935.

233. E. Amaldi et E. Fermi, « Sull'assorbimento dei neutroni lenti.– I. », *La Ricerca Scientifica* **6**, 344–347, 1935.

234. E. Fermi et E. Amaldi, « Sull'assorbimento dei neutroni lenti.– II. », *Ricerca Scientifica* **6**, 443–447, 1935.

235. E. Amaldi et E. Fermi, « Sull'assorbimento dei neutroni lenti.– III. », *Ricerca Scientifica* **7**, 56–59, 1936.

236. E. Amaldi et E. Fermi, « Sul cammino libero medio dei neutroni lenti nella paraffina », *Ricerca Scientifica* **7-1**, 223–225, 1936.

237. E. Amaldi et E. Fermi, « Sui gruppi dei neutroni lenti », *Ricerca Scientifica* **7-1**, 310–315, 1936.

238. E. Amaldi et E. Fermi, « Sulle proprietà di diffusione dei neutroni lenti », *Ricerca Scientifica* **7-1**, 393–395, 1936.

239. F. Rasetti, E. Segrè, G. A. Fink, J. R. Dunning et G. B. Pegram, « On the Absorption Law for Slow Neutrons », *Physical Review* **49**, 104 (L), 1er janvier 1936.

240. E. Amaldi et E. Fermi, « Sopra l'assorbimento e la diffusione dei neutroni lenti », *Ricerca Scientifica* **7-1**, 454–503, 1936.

241. E. Amaldi et E. Fermi, « On the Absorption and Diffusion of Slow Neutrons », *Physical Review* **50**, 899–928, 15 novembre 1936.

242. Sur les scientifiques sous le troisième Reich : A. D. Beyerchen, *Scientists under Hitler : politics and the physics community in the third reich*; S. Guérout, *Science et politique sous le Troisième Reich*.

243. O. Klein et Y. Nishina, « Über die Streuung von Srahlung durch freie Elektronen nach der neuen relativistischen Quantendynamik von Dirac », *Zeitschrift für Physik* **52**, 853-68, 1929.

244. H. Yukawa, *L'itinéraire intellectuel d'un physicien japonais*.

245. H. Yukawa, « On the Interaction of Elementary Particles. I. », *Proceedings of the Physico-Mathematical Society of Japan* **17**, 48–57, 1935.
246. I. E. Tamm, « Exchange Forces between Neutrons and Protons, and Fermi's Theory », *Nature* **133**, 981, 30 juin 1934.
247. H. Yukawa, *L'itinéraire intellectuel d'un physicien japonais*, p. 180–181.
248. C. G. Wick, « Range of Nuclear Forces in Yukawa Theory », *Nature* **142**, 993–994, 3 décembre 1938.
249. S. H. Neddermeyer et C. D. Anderson, « Note on the Nature of Cosmic-Ray Particles », *Physical Review* **51**, 884–886, 15 mai 1937.
250. J. C. Street et E. C. Stevenson, « New Evidence for the Existence of a Particle of Mass Intermediate Between the Proton and Electron », *Physical Review* **52**, 1003–1004 (L), 1er novembre 137.
251. C. D. Anderson et S. H. Neddermeyer, « Mesotron (Intermediate particle) as a Name for the New Particles of Intermediate Mass », *Nature* **142**, 878, 12 novembre 1938.
252. H. J. Bhabha, « The Fundamental Length Introduced by the Theory of the Mesotron (Meson) », *Nature* **143**, 276–277, 18 février 1939.
253. H. A. Bethe, « Theory of Disintegration of Nuclei by Neutrons », *Physical Review* **47**, 747–59, 15 mai 1935.
254. F. Perrin et W. M. Elsasser, « Théorie de la capture sélective des neutrons lents par certains noyaux », *Comptes Rendus de l'Académie des Sciences* **200**, 450–52, séance du 4 février 1935.
255. G. Breit et E. P. Wigner, « Capture of slow neutrons », *Physical Review* **49**, 519–31, 1er avril 1936.
256. N. Bohr, « Neutron Capture and Nuclear Constitution », *Nature* **137**, 344–48, 29 février 1936.
257. N. Bohr et F. Kalckar, « On the transmutation of atomic nuclei by impact of material particles. I. General theoretical remarks », *Det Kongelig Danske Videnskabernes Selskab, Matematisk-fysiske Meddleser* **14**, n°10, p. 1-38, 1937.
258. E. Feenberg, *Shell theory of the nucleus*.
259. Lettre citée par Norman Feather, *Lord Rutherford*, p. 189.
260. N. Feather, *Lord Rutherford*, p. 184.
261. A. Brown, *The Neutron and the Bomb*, p. 158.
262. A. S. Eve, J. Chadwick, J. J. Thomson, W. H. Bragg, N. Bohr, F. Soddy et F. E. Smith, « The Right Hon. Lord Rutherford of Nelson, O. M., F. R. S. », *Nature* **140**, 746–754, 30 octobre 1937.
263. *Ibid.* p. 749-750.
264. E. Fermi, « Tribute to Lord Rutherford », *Nature* **140**, 1052, 1937.
265. H. A. Bethe et R. F. Bacher, « Nuclear Physics. A. Stationary States of Nuclei », *Reviews of Modern Physics* **8**, 82–229, avril 1936.
266. H. A. Bethe, « Nuclear Physics. B. Nuclear Dynamics, Theoretical », *Reviews of Modern Physics* **9**, 69–244, avril 1937.
267. M. S. Livingston et H. A. Bethe, « Nuclear Physics. C. Nuclear Dynamics, Experimental », *Reviews of Modern Physics* **9**, 245–390, juillet 1937.
268. S. S. Schweber, *In the Shadow of the Bomb : Bethe, Oppenheimer, and the Moral Responsability of the Scientist*.
269. E. Pollard, « Nuclear Potential Barriers: Experiments and Theory », *Physical Review* **47**, 611–20, 1935.
270. C. F. von Weizsäcker, « Zur Theorie der Kernmasse », *Zeitschrift für Physik* **96**, 431–58, 1935.
271. H. Schüler et T. Schmidt, « Über Abweichungen des Atomkerns von der Kugelsymmetrie », *Zeitschrift für Physik* **94**, 457–468, 1935.
272. H. A. Bethe et G. Placzek, « Resonance Effects in Nuclear Processes », *Physical Review* **51**, 450–84, 15 mars 1937.
273. E. Amaldi, « George Placzek », *Ricerca Scientifica* **26**, 2038–2042, juillet 1956.

274. A. von Grosse et M. S. Agruss, « Fermi's Element 93 », *Nature* **134**, 773, 17 novembre 1934.
275. O. Hahn et L. Meitner, « Die Muttersubstanz des Actiniums, ein neues radioaktives Element von langer Lebensdauer », *Physikalische Zeitschrift* **19**, 208–212, 15 mai 1918 ; L. Meitner, « Über das Protactinium », *Naturwissenschaften* **6**, 324–26, 31 mai 1918.
276. L. Meitner, « Über die von I. Curie und F. Joliot entdeckte künstliche Radioaktivität », *Naturwissenschaften* **22**, 172–174, 16 mars 1934.
277. L. Meitner, « Wege und Irrwege zur Kernenergie », *Naturwissenschaftliche Rundschau* **16**, 167–169, 1963.
278. L. Meitner, « Einige Erinnerungen an das Keiser-Wilhelm-Institute für Chemie in Berlin-Dahlem », *Naturwissenschaften* **41**, 97–99, mars 1954.
279. I. Noddack, « Über das Element 93 », *Zeitschrift für Angewandte Chemie* **47**, 653–55, 1934.
280. O. Hahn et L. Meitner, « Über die künstliche Umwandlung des Urans durch Neutronen. Zweite Abteilung », *Naturwissenschaften* **23**, 230, 5 avril 1935.
281. O. Hahn et L. Meitner, « Einige weitere Bemerkungen über die künstlichen Umwandlungsprodukte beim Uran », *Naturwissenschaften* **23**, 544, 2 août 1935.
282. L. Meitner et O. Hahn, « Neue Umwandlungsprozesse bei Bestrahlungdes Uran mit Neutronen », *Naturwissenschaften* **24**, 158, 6 mars 1936.
283. L. Meitner, O. Hahn et F. Strassmann, « Über die Umwandlungsreihen des Urans, die durch Neutronbestrahlung erzeugt werden », *Zeitschrift für Physik* **106**, 249–270, 1937.
284. O. Hahn, « Über ein neues radioaktives Zerfallsprodukt im Uran », *Naturwissenschaften* **9**, 84, 4 février 1921 ; « Über eine neue radioaktive Substanz im Uran », *Berichte der deutschen chemischen Gesellschaft* **B 54**, 1131–1142, 11 juin 1921.
285. C. F. von Weizsäcker, « Metastabile Zustände der Atomkerne », *Naturwissenschaften* **24**, 813–814, 18 décembre 1936.
286. G. von Droste, « Über Versuche eines Nachweiss von α-Strahlen während der Bestrahlung von Thorium und Uran mit Radium + Beryllium-Neutronen », *Zeitschrift für Physik* **110**, 84–94, 1938.
287. B. Goldschmidt, *Pionniers de l'atome*, p. 27.
288. B. Goldschmidt, « Hans Halban (1908–1964) », *Nuclear Physics* **79**, 1–11, 1966.
289. I. Curie, H. von Halban et P. Preiswerk, « Sur la création artificielle des éléments d'une famille radioactive inconnue lors de l'irradiation du thorium par les neutrons », *Comptes Rendus de l'Académie des Sciences* **200**, 1841–43, séance du 27 mai 1935 et 2079–80, séance du 17 juin 1935 ; « Sur la création artificielle d'éléments appartenant à une famille radioactive inconnue lors de l'irradiation du thorium par les neutrons », *Journal de Physique et Le Radium* **6**, 361–64, septembre 1935.
290. H. von Halban et P. Preiswerk, « Sur l'existence de niveaux de résonance pour la capture de neutrons », *Comptes Rendus de l'Académie des Sciences* **202**, 133–35, séance du 13 janvier 1936 ; « Recherches sur les neutrons lents », *Journal de Physique et Le Radium* **8**, 29–40, janvier 1937.
291. I. Curie et P. Savitch, « Sur les radioéléments formés dans l'uranium irradié par les neutrons (I) », *Journal de Physique et Le Radium* **8**, 385–87, octobre 1937.
292. *Ibid.*
293. Lettre de Lise Meitner et Otto Hahn à Irène Curie, 20 janvier 1938, Archives Joliot-Curie, Musée Curie, Paris.
294. I. Curie et P. Savitch, « Sur le radioélément de période 3,5 heures formé dans l'uranium irradié par les neutrons », *Comptes Rendus de l'Académie des Sciences* **206**, 906–908, séance du 21 mars 1938.
295. I. Curie et P. Savitch, « Sur la nature du radioélément de période 3,5 heures formé dans l'uranium irradié par les neutrons », *Comptes Rendus de l'Académie des Sciences* **206**, 1643–44, séance du 30 mai 1938.
296. F. Joliot, *Textes choisis*, p. 35.

297. I. Curie et P. Savitch, « Sur les radioéléments formés dans l'uranium irradié par les neutrons (II) », *Journal de Physique et Le Radium* **9**, 355–59, septembre 1938.
298. L. G. Cook, « Personal reminiscences of the *Kaiser Wilhelm Institut*, Berlin, 1937–38 and the nuclear project in Canada, 1944–45. », *50 years with nuclear fission, 25-28 avril 1989, Gaitherzburg*, J. W. Behrens (dir.), La Grange Park, American Nuclear Society, 1989.
299. O. Hahn, L. Meitner et F. Strassmann, « Ein neues langlebiges Umwandlungsprodukt in den Trans-Uranreihen », *Naturwissenschaften* **26**, 475–476, 22 juillet 1938.
300. O. Hahn et F. Strassmann, « Über die Entstehung von Radiumisotopen aus Uran durch Bestrahlen mit schnellen und verlangsamten Neutronen », *Naturwissenschaften* **26**, 755–56, 18 novembre 1938.
301. R. L. Sime, *Lise Meitner*, p. 227.
302. F. Krafft, *Im Schatten der Sensation*, p. 263.
303. O. Hahn et F. Strassmann, « Über den Nachweis und das Verhalten bei der Bestrahlung des Urans mittels Neutronen entstehenden Erdalkalimetalle », *Naturwissenschaften* **27**, 11–15, 6 janvier 1939.
304. F. Krafft, *Im Schatten der Sensation*, p. 264.
305. W. Noddack et I. Tacke, « Die Ekamangane, Chemischer Teil », *Naturwissenschaften* **13**, 567–571, 26 juin 1925.
306. O. Berg et I. Tacke, « Die Ekamangane, Röntgenspektrosokopischer Teil », *Naturwissenschaften* **13**, 571–574, 26 juin 1925.
307. C. Perrier et E. Segrè, « Some Chemical Properties of Element 43 », *Journal of Chemical Physics* **5**, 712–716, septembre 1937.
308. O. R. Frisch et J. A. Wheeler, « The discovery of fission », *Physics Today* 43–48, novembre 1967.
309. O. R. Frisch, *What Little I Remember*, p. 115.
310. *Ibid.* p. 116.
311. Sur la façon dont la nouvelle est arrivée et s'est répandue aux États-Unis, voir R. H. Stuewer, « Bringing the news of fission to America », *Physics Today*, octobre 1985, p. 49–56.
312. R. L. Sime, *Lise Meitner*, p. 243.
313. L. Meitner et O. R. Frisch, « Disintegration of Uranium by Neutrons: a New Type of Nuclear Reaction », *Nature* **143**, 239–240, 11 février 1939.
314. O. R. Frisch, « Physical Evidence for the division of Heavy Nuclei Under Neutron Bombardment », *Nature* **143**, 276, 18 février 1939.
315. B. Goldschmidt, *Pionniers de l'atome*, p. 102.
316. P. Biquard, *Frédéric Joliot-Curie et l'énergie atomique*, p. 55.
317. F. Joliot, « Preuve expérimentale de la rupture explosive des noyaux d'uranium et de thorium sous l'action des neutrons », *Comptes Rendus de l'Académie des Sciences* **208**, 341–43, séance du 30 janvier 1939.
318. F. Joliot, « Observation par la méthode de Wilson des trajectoires de brouillard des produits de l'explosion des noyaux d'uranium », *Comptes Rendus de l'Académie des Sciences* **208**, 647–649, séance du 27 février 1939.
319. B. Goldschmidt, *Pionniers de l'atome*, p. 39.
320. L. Meitner et O. R. Frisch, « Products of the Fission of the Uranium Nucleus », *Nature* **143**, 471–472, 18 mars 1939.
321. P. Abelson, « Cleavage of the Uranium Nucleus », *Physical Review* **55**, 418 (L), 15 février 1939; « Further Products of Uranium Cleavage », *Physical Review* **55**, 876–877, 1ᵉʳ avril 1939; « The Identification of Some of the Products of Uranium Cleavage », *Physical Review* 876–877 (L), 1ᵉʳ mai 1939; « An Investigation of the Products of the Disintegration of Uranium by Neutrons », *Physical Review* **56**, 1–9, 1ᵉʳ juillet 1939.
322. H. L. Anderson, E. T. Booth, J. R. Dunning, E. Fermi, G. N. Glasoe et F. G. Slack, « The Fission of Uranium », *Physical Review* **55**, 511–12 (L), 1ᵉʳ mars 1939.

Sixième partie : les bouleversements de la guerre 539

323. A. von Grosse, E. T. Booth et J. R. Dunning, « The Fission of Protactinium (Element 91) », *Physical Review* **56**, 382 (L), 15 juillet 1939.
324. E. Bretscher et L. G. Cook, « Transmutations of Uranium and Thorium Nuclei by Neutrons », *Nature* **143**, 559–560, 1er avril 1939.
325. L. A. Turner, « Nuclear fission », *Reviews of Modern Physics* **12**, 1–29, janvier 1940.
326. N. Bohr, « Resonance in Uranium and Thorium Disintegrations and the Phenomenon of Nuclear Fission », *Physical Review* **55**, 418–19, 15 février 1939.
327. A. O. Nier, « The Isotopic Constitution of Uranium and the Half-Livres of the Uranium Isotopes. I. », *Physical Review* **55**, 150–153, 15 janvier 1939.
328. N. Bohr et J. A. Wheeler, « The Mechanism of Nuclear Fission », *Physical Review* **56**, 426–450, 1er septembre 1939.
329. W. Lanouette, *Genius in the shadows. A biography of Leo Szilard.*
330. A. Brasch, F. Lange, A. Waly, T. E. Banks, T. A. Chalmers, L. Szilard et F. L. Hopwood, « Liberation of Neutrons from Beryllium by X-Rays : Radioactivity Induced by Means of Electron Tubes », *Nature* **134**, 880, 8 décembre 1934.
331. F. Soddy, *Le Radium, interprétation et Enseignement de la Radioactivité*, 1919 ; édition originale : *The Interpretation of Radium*, 1909.
332. *Ibid.* p. 254.
333. *Ibid.* p. 268.
334. H. G. Wells, *The World Set Free*, 1914.
335. S. Weart, *Scientists in power*, p. 67.
336. « Atomic Transmutations », résumé du discours de E. Rutherford devant la *British Association*, *Nature* **132**, 432–433, 16 septembre 1933.
337. S. Weart et G. Weiss Szilard (dir.), *Leo Szilard : His Version of the Facts*, p. 38.
338. *Ibid.* p. 55.
339. H. von Halban, F. Joliot et L. Kowarski, « Liberation of neutrons in the nuclear explosion of uranium », *Nature* **143**, 470, 18 mars 1939.
340. L. Szilard et T. A. Chalmers, « Detection of Neutrons Liberated from Beryllium by Gamma Rays: A New Technique for Inducing Radioactivity », *Nature* **134**, 494–495, 29 septembre 1934.
341. M. Dodé, H. von Halban, F. Joliot et L. Kowarski, « Sur l'énergie des neutrons libérés lors de la partition nucléaire de l'uranium », *Comptes Rendus de l'Académie des Sciences* **208**, 995–997, séance du 27 mars 1939.
342. L. Szilard et W. H. Zinn, « Instantaneous Emission of Fast Neutrons in the Interaction of Slow Neutrons with Uranium », *Physical Review* **55**, 799–800, 15 avril 1939.
343. C. D. Anderson, E. Fermi et H. B. Hanstein, « Production of Neutrons in Uranium Bombarded by Neutrons », *Physical Review* **55**, 797–798 (L), 15 avril 1939.
344. H. L. Anderson, E. Fermi et L. Szilard, « Neutron Production and Absorption in Uranium », *Physical Review* **56**, 284–286, 1er août 1939.
345. H. von Halban, F. Joliot et L. Kowarski, « Number of neutrons liberated in the nuclear fission of uranium », *Nature* **143**, 680–, 22 avril 1939.
346. S. Flügge, « Kann der Energieinhalt der Atomkerne technisch nutzbar gemacht werden ? », *Naturwissenschaften* **27**, 402–410, 9 juin 1939.
347. W. H. Zinn et L. Szilard, « Emission of Neutrons by Uranium », *Physical Review* **56**, 619–168, 1er octobre 1939.
348. C. Marbo, *A travers deux siècles, souvenirs et rencontres : 1883-1967*, p. 183.
349. H. v. Halban, F. Joliot, L. Kowarski et F. Perrin, « Dispositif de production d'énergie ». Brevet d'invention Gr. 5. – Cl. 2 N° 976.741, demandé par la Caisse Nationale de la Recherche Scientifique le 1er mai 1939 ; *Œuvres scientifiques complètes* de Frédéric et Irène Joliot-Curie, p. 678–683.

Sixième partie : les bouleversements de la guerre

1. M. Gowing, *Britain and atomic energy, 1939-1945*.
2. F. M. Szasz, *British Scientists and the Manhattan Project*.
3. W. Lanouette, *Genius in the shadows, a biography of Leo Szilard*, p. 205.
4. A. O. Nier, E. T. Booth, J. R. Dunning et A. von Grosse, « Nuclear Fission of Separated Uranium Isotopes », *Physical Review* **57**, 546 (L), 15 mars 1940.
5. R. Peierls, *Bird of Passage*.
6. R. Peierls, « Critical conditions in neutron multiplication », *Proceedings of the Cambridge Philosophical Society* **35**, 610–615, 1939.
7. Reproduit dans F. M. Szasz, *British Scientists and the Manhattan Project*.
8. Archives de l'*Association Curie et Joliot-Curie*, 11 rue Pierre et Marie Curie, 75005 Paris.
9. B. Goldschmidt, *Pionniers de l'atome*, p. 100.
10. B. Goldschmidt, *Le complexe atomique*.
11. W. Lanouette et B. Silard, *Genius in the shadows. A biography of Leo Szilard*.
12. G. Herken, *Brotherhood of the Bomb. The Tangled Lives and Loyalties of Robert Oppenheimer, Ernest Lawrence and Edward Teller*.
13. W. Lanouette et B. Silard, *Genius in the Shadows, A Biography of Leo Szilard*, p. 305–313.
14. A. Weinberg, « Impact of Large-Scale Science and the United States », *Science* **134**, 161–194, 21 juillet 1961.
15. L. Kowarski, « Psychology and structure of Large-Scale Physical Research », *Bulletin of the Atomic Scientists*, mai 1949, repris dans Kowarski, *Réflexions sur la science*, p. 169–185.
16. L. Kowarski, « Nuclear Research Centres », *OEEC Publications* **2**, 77–81, 1958; dans L. Kowarski, *Réflexions sur la science*, p. 169–185.
17. L. Kowarski, « New Forms of Organisation in Physical Research after 1945 », in *Storia della fisica del XX secolo, Scuola internazionale di fisica « Enrico Fermi »*, C. Weiner (dir.), New York et Londres, Academic Press, 1977, p. 370–401.
18. P. Goodchild, *Edward Teller : the real Dr. Strangelove*.
19. Sur ces événements voir : P. J. McMillan, *The ruin of J. Robert Oppenheimer and the birth of the modern arms race*.
20. M. Pinault, *Frédéric Joliot-Curie*, p. 310.
21. D. J. de Solla Price, *Little science, big science*.
22. J. Lankford et R. L. Slavings, « The Industrialization of American Astronomy, 1880-1940 », *Physics Today* 34-40, janvier 1996.

Septième partie : le temps de la maturité

1. J. L. Heilbron et R. W. Seidel, *Lawrence and his laboratory Vol 1*.
2. E. McMillan, « The Synchrotron—A Proposed High Energy Particle Accelerator », *Physical Review* **68**, 143–144, 1er septembre 1945.
3. V. J. Veksler, « A new method for acceleration of relativistic particles », *Comptes Rendus de l'Académie des Sciences de l'URSS* **43**, 329–331, 1944.
4. J. R. Richardson, K. R. MacKenzie, E. J. Lofaren et B. T. Wright, « Frequency Modulated Cyclotron », *Physical Review* **69**, 669–670 (L), 1er juin 1946.
5. W. M. Brobeck, E. O. Lawrence, K. R. MacKenzie, E. McMillan, R. Serber, D. C. Sewell, K. M. Simpson et R. L. Thornton, « Initial Performance of the 184-Inch Cyclotron of the University of California », *Physical Review* **71**, 449–450, 1er avril 1947.
6. M. S. Livingston et J. P. Blewett, *Particle Accelerators*.

7. M. L. Oliphant, J. S. Gooden et G. S. Hide, « The acceleration of charged particles to very high energies », *Proceedings of the Royal Society, London* **59**, 666–677, 1947.
8. J. S. Gooden, H. H. Jensen et J. L. Symonds, « Theory of the protons synchrotron », *Proceedings of the Royal Society, London* **59**, 677–693, 1947.
9. D. W. Kerst, « Acceleration of Electrons by Magnetic Induction », *Physical Review* **58**, 841 (L), 1er novembre 1940; « The Acceleration of Electrons by Magnetic Induction », *Ibid.* **60**, 47-53, 1er juillet 1941.
10. D. W. Kerst et R. Serber, « Electronics Orbits in the Induction Accelerator », *Physical Review* **60**, 53-60, 1er juillet 1941.
11. D. W. Kerst, « A New Induction Accelerator Generating 20 Mev », *Physical Review* **61**, 93–94 (L), 1er janvier 1942.
12. W. F. Westendorp et E. E. Charlton, « A 100-Million Volt Induction Electron Accelerator », *Journal of Applied Physics* **16**, 581–593, octobre 1945.
13. D. W. Kerst, G. D. Adams, H. W. Koch et C. S. Robinson, « Operation of a 300-Mev Betatron », *Physical Review* **78**, 297 (L), 1er mai 1950.
14. M. S. Livingston et J. P. Blewett, *Particle Accelerators*, p. 397.
15. *Ibid.* p. 328.
16. M. Chodorow, E. L. Ginzton, W. W. Hansen, R. L. Kyhl, R. B. Neal et W. K. H. Panofsky, « Stanford High-Energy Linear Electron Accelerator (Mark III) », *Review of Scientific Instruments* **26**, 134–204, février 1955.
17. R. van de Graaff, J. G. Trump et W. W. Buechner, « Electrostatic Generators for the Acceleration of Charged Particles », *Reports on Progress in Physics* **11**, 1–18, 1948.
18. W. H. Bennett et P. F. Darby, « Negative Atomic Hydrogen Ions », *Physical Review* **49**, 97–99, 1er janvier 1936.
19. H. Greinacher, « Über einen hydrolischen Zähler für Elementarschtrahlen », *Helvetica Physica Acta* **7**, 360–367, 1934; « Über ein hydrolischen Zähler für Elementarstrahlen. Messung des elementaren Photoeffekts an Wasser », *Ibid.* **7**, 515–519, 1934; « Über einen weiteren hydroelektrischen Zähler für Elementarstrahlen und Photo-Elektronen », *Ibid.* **8**, 89–96, 1935; « Zur Kennzeichnung und Benennung der neuen Zähler für Elementarstrahlen und Photo-Elektronen. Der Funkenzähler », *Ibid.* **8**, 265–266, 1935.
20. W. Y. Chang et S. Rosenblum, « A Simple Counting System for Alpha-Ray Spectra and the Energy Distribution of Po Alpha-Particles », *Physical Review* **67**, 222-227, 1er avril 1945.
21. L. Madansky et R. W. Pidd, « Characteristics of the Parallel-Plate Counter », *Physical Review* **73**, 1215–1216, 15 mai 1948.
22. Z. Bay, « Electron Multiplier as an Electron Counting Device », *Review of Scientific Instruments* **12**, 127–133, mars 1941.
23. W. K. Zworykin, G. A. Morton et L. Malter, « The Secondary Emission Multiplier—A New Electronic Device », *Prodeedings of the Institute of Radio Engineers* **24**, 351–375, mars 1936.
24. V. K. Zworykin et J. A. Rajchman, « The Electrostatic Electron Multiplier », *IRE Proceedings* **27**, 558–566, septembre 1939.
25. M. Blau et B. Dreyfus, « The Multiplier Photo-Tube in Radioactive Measurements », *Review of Scientific Instruments* **16**, 245–248, septembre 1945.
26. S. C. Curran et W. R. Baker, « Photoelectric Alpha-Particle Detector », *Review of Scientific Instruments* **19**, 116, février 1948. Cet article faisait partie d'un rapport secret du projet *Manhattan* envoyé en novembre 1944, mais tenu secret jusqu'en 1948.
27. J. A. McIntyre et R. Hofstadter, « Measurement of Gamma-Ray Energies with One Crystal », *Physical Review* **78**, 617–619, 1er juin 1950.
28. A. H. Wilson, « The Theory of Electronic Semi-Conductors », *Proceedings of the Royal Society, London* Part I: **A133**, 458–491, 1er octobre 1931; Part II: **A134**, 277–287, 3 octobre 1931.

29. A. H. Wilson, « A Note on the Theory of Rectification », *Proceedings of the Royal Society, London* **A136**, 487–498, 1er juin 1932.
30. W. Schottky, « Zur Halbleitertheorie der Sperrschit- und Spitzengleichrichter », *Zeitschrift für Physik* **113**, 367–414, 1939 ; « Vereinfachte une erwerterte Theorie der Randschichtgleichrichter », *ibid.* **118**, 539–592, 1942.
31. N. F. Mott, « The Theory of Crystal Rectifiers », *Proceedings of the Royal Society, London* **A171**, 27–38, 1er mai 1939.
32. J. Bardeen et W. H. Brattain, « The Transistor, A Semi-Conductor Triode », *Physical Review* **74**, 230–231, 15 juillet 1948.
33. A. Rey, *Dictionnaire historique de la langue française*, Paris, Dictionnaires le Robert, 1992.
34. W. Shockley, « Theory of p-n Junctions in Semiconductors and p-n Junction Transistors », *The Bell System technical journal* **28**, 435–489, juillet 1949.
35. K. G. McKay, « The Crystal Conduction Counter », *Physics Today* **6**, 10–13, mai 1953.
36. W. C. Röntgen et A. Joffé, « Ueber die Elektrizitätsleitung in einiger Kristallen und über den Einfluss der Bestrahlung darauf », *Annalen der Physik, Leipzig* **41**, 449–498, 1913.
37. P. J. van Heerden, « The Crystal Counter. A New Apparatus in Nuclear Physics for the Investigation of β and γ-rays. Part I », *Physica* **16**, 505–516, juin 1950 ; P. J. van Heerden et J. M. W. Milatz, « The Crystal Counter. A New Apparatus in Nuclear Physics for the Investigation of β and γ-rays. Part II », *Ibid.*, 517–527, juin 1950.
38. D. E. Wooldridge, A. J. Ahearn et J. A. Burton, « Conductivity Pulses Induced in Diamond by Alpha-Particles », *Physical Review* **71**, 913 (L), 15 juin 1947.
39. L. F. Curtiss et B. W. Brown, « Diamond as a Gamma-Ray Counter », *Physical Review* **72**, 643 (L), 1er octobre 1947.
40. R. Hofstadter, J. C. D. Milton et S. L. Ridgway, « Behavior of Silver Chloride Crystal Counters », *Physical Review* **72**, 977–978, 15 novembre 1947.
41. A. G. Chynoweth, « Conductivity Crystal Counters », *American Journal of Physics* **20**, 218–226, avril 1952.
42. K. G. McKay, « Electron-Hole Production in Germanium by Alpha-Particles », *Physical Review* **84**, 829–832, 15 novembre 1951.
43. J. Mayer et B. Gossick, « The Use of Au-Ge Broad Area Barrier as Alpha-Particle Spectrometer », *Review of Scientific Instruments* **27**, 407–408 (L), juin 1956.
44. J. M. McKenzie et D. A. Bromley, « Observation of Charged-Particle Reaction Products », *Physical Review Letters* **2**, 303–305, 1er avril 1959.
45. G. L. Miller, W. M. Gibson et P. F. Donovan, « Semiconductor Particle Detectors », *Annual Review of Nuclear Science* **12**, 189–220, 1962.
46. M. Reinganum, « Streuung und photographische Wirkung ser α-Strahlen », *Physikalische Zeitschrift* **12**, 1076, 1er décembre 1911 ; M. Blau, « Über die photographische Wirkung natürlicher H-Strahlen », *Sitzungsberichte der Akademie der Wissenschaften in Wien* **134**, 427–436, séance du 9 juillet 1925 ; « Die photographische Wirkung von H-Strahlen aus Paraffin und Aluminium », *Zeitschrift für Physik* **34**, 285–295, 1925.
47. L. H. Rumbaugh et G. L. Locher, « Neutrons and Other Heavy Particles in Cosmic Radiation of the Stratosphere », *Physical Review* **49**, 855 (L), 1er juin 1936.
48. T. R. Wilkins et H. St. Helens, « Direct Photographic Tracks of Atomic Cosmic-Ray Corpuscles », *Physical Review* **49**, 403 (L), 1er mars 1936.
49. M. Blau et H. Wambacher, « Vorläufiger Bericht über photographische Ultrastrahluntersuchungen nebst einigen Versuchen über die „spontane Neutronemission". Auftreten von H-Strahlen ähnlichen Bahnen entsprechend mehreren Metern Reichweite in Luft », *Sitzungsberichte der Akademie der Wissenschaften in Wien* **146**, 469–477, séance du 1er juillet 1937 ; « Disintegration Processes by Cosmic Rays with the Simultaneous Emission of Several Heavy Particles », *Nature* **140**, 585, 2 octobre 1937.

50. C. Møller, « On the theory of mesons », *Det Kongelig Danske Videnskabernes Selskab, Matematisk-fysiske Meddleser* **18**, 6, 1, 1941.
51. E. Segrè, « An Unsuccessful Search for Transuranic Elements », *Physical Review* **55**, 1104-1105, 1er juin 1939.
52. E. McMillan et P. H. Abelson, « Radioactive Element 93 », *Physical Review* **57**, 1185–1186, 15 juin 1940.
53. G. T. Seaborg, *The Plutonium story*, 1994.
54. G. Seaborg, E. M. McMillan, J. W. Kennedy et A. C. Wahl, « Radioactive Element 94 from Deuterons on Uranium », *Physical Review* **69**, 366–367 (L), reçu le 28 janvier 1941, publié le 1er avril 1946.
55. G. Seaborg, A. C. Wahl et J. W. Kennedy, « Radioactive Element 94 from Deuterons on Uranium », *Physical Review* **69**, 367 (L), reçu le 7 mars 1941, publié le 1er avril 1946.
56. G. Seaborg et A. C. Wahl, « The Chemical Properties of Elements 94 and 93 », *Journal of the American Chemical Society* **70**, 1128–1134, reçu le 21 mars 1942, publié en mars 1948.
57. A. von Grosse, « The Chemical Properties of Elements 93 and 94 », *Journal of the American Chemical Society* **57**, 440-441, mars 1935.
58. M. Goeppert Mayer, « Rare-Earth and Transuranic Elements », *Physical Review* **60**, 194–187, 1er août 1941.
59. G. Seaborg, « The Chemical and Radioactive Properties of the Heavy Elements », *Chemical and Engineering News* **23**, 2190–93, 10 décembre 1945.
60. G. Seaborg, « Place in the Periodic System and Electronic Structure of the Heaviest Elements », *Nucleonics* **5**, 16–36, novembre 1949.
61. A. H. Snell, F. Pleasonton et R. V. McCord, « Radioactive Decay of the Neutron », *Physical Review* **78**, 310–11, 1er mai 1950 (article daté du 3 mars).
62. J. M. Robson, « Radioactive Decay of the Neutron », *Physical Review* **78**, 311–312 (L), 1er mai 1950 (article daté du 13 mars).
63. N. F. Mott, « The Scattering of Fast Electrons by Atomic Nuclei », *Proceedings of the Royal Society, London* **A124**, 425–442, 1934.
64. E. Guth, « Über die Wechselwirkung zwischen schnellen Elektronen und Atomkernen », *Anzeiger der Akademie der Wissenschaften in Wien* **24**, 299–306, séance du 22 novembre 1934.
65. M. E. Rose, « The Charge Distribution in Nuclei and the Scattering of High Energy Electrons », *Physical Review* **73**, 279–284, 15 février 1948.
66. L. R. B. Elton, « The Effect of Nuclear Structure on the Elastic Scattering of Fast Electrons », *Proceedings of the Royal Society, London* **A63**, 1115–1124, 1950.
67. R. W. Pidd, C. L. Hammer et E. C. Raka, « High-Energy Electron Scattering by Nuclei », *Physical Review* **92**, 436–437, 15 octobre 1953.
68. R. Hofstadter, H. R. Fechter et J. A. McIntyre, « Scattering of High-Energy Electrons and the Method of Nuclear Recoil », *Physical Review* **91**, 422–423, 15 juillet 1953; « High-Energy Electron Scattering and Nuclear Structure Determinations », *Ibid.* **92**, 978–987, 15 novembre 1953.
69. R. Hofstadter, B. Hahn, A. W. Knudsen et J. A. McIntyre, « High-Energy Electron Scattering and Nuclear Structure Determinations. II », *Physical Review* **95**, 512–515, 15 juillet 1954.
70. J. H. Frégeau et R. Hofstadter, « High-Energy Electron Scattering and Nuclear Structure Determinations. III. Carbon-12 Nucleus », *Physical Review* **99**, 1503–1509, 1er septembre 1955.
71. B. Hahn, D. G. Ravenhall et R. Hofstadter, « High-Energy Electron Scattering and the Charge Distributions of Selected Nuclei », *Physical Review* **101**, 1131–1142, 1er février 1956.
72. R. Hofstadter, « Electron Scattering and Nuclear Structure », *Reviews of Modern Physics* **28**, 214–254, juillet 1956.
73. E. P. Wigner, « On the Structure of Nuclei beyond Oxygen », *Physical Review* **51**, 947–58, 1er juin 1937.

74. E. P. Wigner et E. Feenberg, « Symmetry properties of nuclear levels », *Reports on Progress in Physics* **8**, 274–317, 1941.
75. M. Goeppert Mayer, « On Closed Shells in Nuclei », *Physical Review* **74**, 235–39, 1er août 1948.
76. Note 94 p. 529.
77. W. H. Barkas, « The Analysis of Nuclear Binding Energies », *Physical Review* **55**, 691–98, 15 avril 1939.
78. M. Goeppert-Mayer, « The Shell Model », *Conférence Nobel*, 12 décembre 1963.
79. J. Hans D. Jensen, « Glimpses at the history of the nuclear structure theory », *Conférence Nobel*, 12 décembre 1963; « The History of the Theory of Structure of the Atomic Nucleus », *Science* **147**, 1419–1423, 19 mars 1965.
80. M. Goeppert Mayer, « On Closed Shells in Nuclei. II », *Physical Review* **75**, 1969–70 (L), 15 juin 1949.
81. H. E. Sueß, O. Haxel et J. H. D. Jensen, « Zur Interpretation der ausgezeichneten Nucleonenzahlen im Bau der Atomkerne », *Naturwissenschaften* **36**, 153–155, juillet 1949.
82. J. H. D. Jensen, H. E. Sueß et O. Haxel, « Modelmäßige Deutung der ausgezeichneten Nucleonenzahlen im Kernbau », *Naturwissenschaften* **36**, 155–156, juillet 1949.
83. O. Haxel, J. H. D. Jensen et H. E. Suess, « On the "Magic Numbers" in Nuclear Structure », *Physical Review* **75**, 1766, 1er juin 1949.
84. O. Haxel, J. H. D. Jensen et H. E. Suess, « Modellmäßige Deutung der ausgezeichneten Nukleonenzahlen im Kernbau », *Zeitschrift für Physik* **128**, 295–311, 1950.
85. O. Haxel, J. H. D. Jensen et H. E. Suess, « Das Schalenmodel des Atomkerns », *Ergebnisse der Exakten Naturwissenschaften* **26**, 244–290, 1952.
86. Note 265 p. 536.
87. E. Fermi, *Nuclear Physics*, Notes de cours de Jay Orear, A. H. Rosenfeld et R. A. Schluter, Chicago, The University of Chicago Press, 1949.
88. V. F. Weisskopf, « Nuclear Models », *Science* **113**, 101–102, 26 janvier 1951.
89. E. Feenberg, « Nuclear Shell Structure and Isomerism », *Physical Review* **75**, 320–22 (L), 15 janvier 1949.
90. T. Schmidt, « Über die magnetischen Momente der Atomkerne », *Zeitschrift für Physik* **106**, 358–361, 1937.
91. E. Feenberg et K. C. Hammack, « Nuclear Shell Structure », *Physical Review* **75**, 1877–1893, 15 juin 1949.
92. L. W. Nordheim, « On Spins, Moments, and Shells in Nuclei », *Physical Review* **75**, 1894–1901, 15 juin 1949.
93. M. Goeppert-Mayer et J. H. D. Jensen, *Elementary Theory of Nuclear Shell Structure*.
94. L. G. Cook, E. M. McMillan, J. M. Peterson et D. C. Sewell, « Total Cross Sections of Nuclei for 90-Mev Neutrons », *Physical Review* **72**, 1264–1265, 15 décembre 1947.
95. R. Serber, « Nuclear Reactions at High Energies », *Physical Review* **72**, 1114–1115, 1er décembre 1947.
96. H. A. Bethe, « A Continuum Theory of the Compound Nucleus », *Physical Review* **57**, 1125–1144, 15 juin 1940.
97. S. Fernbach, R. Serber et T. B. Taylor, « The Scattering of High Energy Neutrons by Nuclei », *Physical Review* **75**, 1352–1355, 1er mai 1949.
98. J. W. Burkig et B. T. Wright, « Survey Experiment on Elastic Scattering », *Physical Review* **82**, 451–452, 1er mai 1951.
99. R. E. Richardson, W. P. Ball, C. E. Leith et B. J. Moyer, « Elastic Scattering of 340-Mev Protons », *Physical Review* **83**, 859–860 (L), 15 août 1951.
100. K. M. Gatha et J. Riddell, R. J., « An Investigation into the Nuclear Scattering of High Energy Protons », *Physical Review* **86**, 1035–1039, 15 juin 1952.

101. P. C. Gugelot, « Some Data on the Elastic Scattering of 18.3-Mev Protons », *Physical Review* **87**, 525–526, 1er août 1952.

102. R. E. Le Levier et D. S. Saxon, « An Optical Model for Nucleon-Nuclei Scattering », *Physical Review* **87**, 40–41, 1er juillet 1952.

103. B. L. Cohen et R. V. Neidigh, « Angular Distributions of 22-Mev Protons Elastically Scattered by Various Elements », *Physical Review* **93**, 282–287, 15 janvier 1954.

104. I. E. Dayton, « The Elastic Scattering of 18-Mev Protons by Al, Fe, Ni, and Cu », *Physical Review* **95**, 754–758, 1er août 1954.

105. D. M. Chase et F. Rohrlich, « Elastic Scattering of Protons by Nuclei », *Physical Review* **94**, 81–86, 1er avril 1954.

106. R. D. Woods et D. D. Saxon, « Diffuse Surface Optical Model for Nucleon-Nuclei Scattering », *Physical Review* **95**, 577–578, 15 juillet 1954.

107. P. Breton, *Une histoire de l'informatique*, 1987.

108. N. Bohr, R. Peierls et G. Placzek, « Nuclear Reactions in the Continuous Energy Region », *Nature* **144**, 200–201, 29 juillet 1939.

109. A. C. Helmholz, E. M. Mcmillan et D. C. Sewell, « Angular Distribution of Neutrons from Targets Bombarded by 190-Mev Deuterons », *Physical Review* **72**, 1003–1007, 1er décembre 1947.

110. R. Serber, « The Production of High Energy Neutrons by Stripping », *Physical Review* **72**, 1008–1016, 1er décembre 1947.

111. D. C. Peaslee, « Deuteron-Induced Reactions », *Physical Review* **74**, 1001-1013, 1er novembre 1948.

112. H. B. Burrows, W. M. Gibson et J. Rotblat, « Angular Distributions of Protons from the Reaction $O^{16}(d,p)O^{17}$ », *Physical Review* **80**, 1095, 15 décembre 1950.

113. S. T. Butler, « On Angular Distributions from (d,p) and (d,n) Nuclear Reactions », *Physical Review* **80**, 1095–1096 (L), 15 décembre 1950.

114. J. R. Holt et C. T. Young, « The Angular Distribution of Protons from the Reaction $^{27}Al(d,p)^{28}Al$ », *Proceedings of the Physical Society* **68**, 833–838, août 1950.

115. S. T. Butler, « Angular distributions from d,p and d,n nuclear reactions », *Proceedings of the Royal Society, London* **A202**, 559–579, 2 septembre 1951.

116. J. Rotblat, « The Spins and Parities of the 3.7-3.9-Mev Doublet in C^{13} », *Physical Review* **83**, 1271–1272, 15 septembre 1951.

117. J. Horowitz et A. M. L. Messiah, « The Mechanism of Stripping Reactions », *Physical Review* **92**, 1326–1327, 1er décembre 1953 ; « Sur les réactions (d,p) et (d,n) », *Journal de Physique et Le Radium* **14**, 695–706, décembre 1953.

118. N. C. Francis et K. M. Watson, « The Theory of the Deuteron Stripping Reactions », *Physical Review* **93**, 313–317, 15 janvier 1954.

119. W. Tobocman, « Theory of the (d,p) Reaction », *Physical Review* **94**, 1655–1663, 15 juin 1954.

120. W. Tobocman et M. H. Kalos, « Numerical Calculation of (d,p) Angular Distributions », *Physical Review* **97**, 132–136, 1er janvier 1955.

121. R. G. Thomas, « Collision Matrix for (n,d) and (p,d) Reactions », *Physical Review* **100**, 25–32, 1er octobre 1955.

122. N. F. Mott et H. S. W. Massey, *The Theory of atomic collisions*, 1933, p. 100–105.

123. Note 266 p. 536.

124. J. Rostand, *Peut-on modifier l'Homme?* p. 129.

125. W. Bothe et W. Horn, « Die Sekundärstrahlung harter γ-Strahlen », *Zeitschrift für Physik* **88**, 683–698, 1934.

126. W. Bothe et W. Gentner, « Die Streu- und Sekundärstrahlung harter γ-Strahlen », *Naturwissenschaften* **24**, 171—172, 13 mai 1936.

127. G. C. Baldwin et H. W. Koch, « Threshold Measurements on the Nuclear Photo-Effect », *Physical Review* **67**, 1–11, 1er janvier 1945.

128. G. C. Baldwin et G. S. Klaiber, « Photo-Fission in Heavy Elements », *Physical Review* **71**, 3–10, 1er janvier 1947.

129. J. McElhinney, A. O. Hanson, R. A. Becker, R. B. Duffield et B. C. Diven, « Thresholds for Several Photo-Nuclear Reactions », *Physical Review* **75**, 542–554, 15 février 1949.

130. M. Goldhaber et E. Teller, « On Nuclear Dipole Vibrations », *Physical Review* **74**, 1046–1049, 1er novembre 1948.

131. Note 328 p. 539.

132. W. Gordy, « Relation of Nuclear Quadrupole Moment to Nuclear Shell Structure », *Physical Review* **76**, 139–140, 1er juillet 1949.

133. C. H. Townes, H. M. Foley et W. Low, « Nuclear Quadrupole Moments and Nuclear Shell Structure », *Physical Review* **76**, 1415–1416 (L), 1er novembre 1949.

134. J. Rainwater, « Nuclear Energy Level Argument for a Spheroidal Nuclear Model », *Physical Review* **79**, 432–434, 1er août 1950.

135. A. Bohr, « On the Quantization of Angular Momenta in Heavy Nuclei », *Physical Review* **81**, 134–138, 1er janvier 1951.

136. A. Bohr, « Nuclear Magnetic Moments and Atomic Hyperfine Structure », *Physical Review* **81**, 331–335, 1er février 1951.

137. A. Bohr, « The Coupling of Nuclear Surface Oscillations to the Motion of Individual Nucleons. », *Det Kongelig Danske Videnskabernes Selskab, Matematisk-fysiske Meddleser* **26**, n°14, p. 1–40, 1952.

138. *Ibid.*

139. A. Bohr et B. R. Mottelson, « Beta-Decay and the Shell Model, and the Influence of Collective Motion on Nuclear Transitions », *Physica* **18**, 1066–1078, 1952.

140. M. Goldhaber et A. W. Sunyar, « Classification of Nuclear Isomers », *Physical Review* **83**, 906–918, 1er septembre 1951.

141. G. Scharff-Goldhaber, « Excited States of Even-Even Nuclei », *Physica* **18**, 1105–1109, 1952.

142. F. Asaro et I. Perlman, « First Excited States of Even-Even Nuclides in the Heavy Element Region », *Physical Review* **87**, 393–394, 15 juillet 1952.

143. I. Curie, « Étude du rayonnement γ de l'ionium », *Journal de Physique et Le Radium* **10**, 381–386, décembre 1949.

144. F. Rasetti et E. C. Booth, « Gamma-Ray Spectrum of Ionium (Th^{230}) », *Physical Review* **91**, 315–318, 15 juillet 1953.

145. M. Goldhaber et R. D. Hill, « Nuclear Isomerism and Shell Structure », *Reviews of Modern Physics* **24**, 179–239, juillet 1952.

146. G. Scharff-Goldhaber, « Excited States of Even-Even Nuclei », *Physical Review* **90**, 587–602, 15 mai 1953.

147. A. Bohr et B. R. Mottelson, « Interpretation of Isomeric Transitions of Electric Quadrupole Type », *Physical Review* **89**, 316–317, 1er janvier 1953.

148. A. Bohr et B. R. Mottelson, « Rotational States in Even-Even Nuclei », *Physical Review* **90**, 717–719, 15 mai 1953.

149. A. Bohr et B. R. Mottelson, « Collective and Invidual Aspects of Nuclear Structure », *Det Kongelig Danske Videnskabernes Selskab, Matematisk-fysiske Meddleser* **27**, n°16, 1953.

150. S. G. Nilsson, « Binding States of Individual Nucleons in Strongly Deformed Nuclei », *Det Kongelig Danske Videnskabernes Selskab, Matematisk-fysiske Meddleser* **29**, n°16, p. 1–68, 1955.

151. V. F. Weisskopf, « Excitation of Nuclei by Bombardment with Charged Particles », *Physical Review* **53**, 1018 (L), 15 juin 1938.

152. K. A. Ter-Martirosjan, « Vozbuždenie jader kulonovskim polem zarjažennyh častic » (Excitation des noyaux par le champ coulombien de particules chargées), *Journal de Physique théorique et expérimentale de l'URSS* **22**, 284–296, 1952.

153. K. Alder et A. Winther, « The Theory of Coulomb Excitation of Nuclei », *Physical Review* **91**, 1578–1579 (L), 15 septembre 1953.

154. T. Huus et Č. Zupančič, « Excitation of Nuclear Rotational States by the Electric Field of Impinging Particles », *Det Kongelig Danske Videnskabernes Selskab, Matematisk-fysiske Meddleser* **28**, 1–19, n°1, 1953.

155. C. L. McClelland et C. Goodman, « Excitation of Heavy Nuclei by the Electric Field of Low-Energy Protons », *Physical Review* **91**, 760–761, 1er août 1953.

156. G. M. Temmer et N. P. Heydenburg, « Rotational Nuclear Energy Levels from Coulomb Excitation », *Physical Review* **94**, 1399–1400 (L), 1er juin 1954.

157. K. Alder, A. Bohr, T. Huus, B. R. Mottelson et A. Winther, « Study of Nuclear Structure by Electromagnetic Excitation with Accelerated Ions », *Reviews of Modern Physics* **28**, 432–542, octobre 1956.

158. G. Seaborg, « Table of Isotopes », *Reviews of Modern Physics* **16**, 1–32, janvier 1944.

159. G. Seaborg et I. Perlman, « Table of Isotopes », *Reviews of Modern Physics* **20**, 585–667, octobre 1948.

160. J. M. Hollander, I. Perlman et G. Seaborg, « Table of Isotopes », *Reviews of Modern Physics* **25**, 469–651, avril 1953.

161. D. Strominger, J. M. Hollander et G. T. Seaborg, « Table of Isotopes », *Reviews of Modern Physics* **30**, 585–904, avril 1958.

162. L. E. Hoisington, S. S. Share et G. Breit, « Effects of Shape of Potential Energy Wells Detectable by Experiments on Proton-Proton Scattering », *Physical Review* **56**, 884–890, 1er novembre 1939.

163. H. Yukawa et S. Sakata, « Mass and Mean Life-Time of the Meson », *Nature* **143**, 761–762, 6 mai 1939.

164. L. W. Nordheim, « Lifetime of the Yukawa Particle », *Physical Review* **55**, 506 (L), 1er mars 1939.

165. H. A. Bethe et L. W. Nordheim, « On the Theory of Meson Decay », *Physical Review* **57**, 998–1006, 1er juin 1940.

166. S.-I. Tomonaga et G. Araki, « Effect of the Nuclear Coulomb Field on the Capture of Slow Mesons », *Physical Review* **58**, 90–91, 1er juillet 1940.

167. M. Conversi, E. Pancini et O. Piccioni, « On the Disintegration of Negative Mesons », *Physical Review* **71**, 209–210 (L), 1er février 1947.

168. S. Sakata et T. Inoue, « On the Correlations between Mesons and Yukawa Particles », *Progress of Theoretical Physics.* **1**, 143–150, novembre-décembre 1946.

169. Y. Tanikawa, « On the Cosmic-Ray Meson and the Nuclear Meson », *Progress of Theoretical Physics* **2**, 220–221, novembre-décembre 1947.

170. R. E. Marshak et H. A. Bethe, « On the Two-Meson Hypothesis », *Physical Review* **72**, 506–509, 15 septembre 1947.

171. C. M. G. Lattes, H. Muirhead, G. P. S. Occhialini et C. F. Powell, « Processes Involving Charged Mesons », *Nature* **159**, 694–697, 24 mai 1947.

172. C. M. G. Lattes, G. P. S. Occhialini et C. F. Powell, « Observation of the Tracks of Slow Mesons in Photographic Emulsions », *Nature* **160**, I : p. 453–456 ; II : p. 486–492, 4 octobre 1947.

173. E. Gardner et C. M. G. Lattes, « Production of Mesons by the 184-Inch Berkeley Cyclotron », *Science* **107**, 270–271, 12 mars 1948.

174. J. R. Richardson, « The Lifetime of the Heavy Meson », *Physical Review* **74**, 1720–1721, 1er décembre 1948.

175. J. Steinberger, W. K. H. Panofsky et J. Steller, « Evidence for the Production of Neutral Mesons by Photons », *Physical Review* **78**, 802–805, 15 juin 1950.

176. N. Kemmer, « The Charge Dependence of Nuclear Forces », *Proceedings of the Cambridge Philosophical Society* **34**, 354–364, séance du 16 mai 1938.

177. N. Kemmer, « Quantum theory of Einstein-Bose particles and nuclear interactions », *Proceedings of the Royal Society, London* **A166**, 127–153, 1938.

178. H. Frölich, W. Heitler et N. Kemmer, « On the nuclear forces and the magnetic moment of the neutron and the proton », *Proceedings of the Royal Society, London* **A166**, 154–177, 1938.

179. W. K. H. Panofsky, « The Gamma-Ray Spectrum Resulting from Capture of Negative π-Mesons in Hydrogen and Deuterium », *Physical Review* **81**, 565–574, 15 février 1951.
180. R. Peierls, dans *Nuclear Physics in retrospect*, R. H. Stuewer (dir.), p. 187.
181. O. Chamberlain et C. Wiegand, « Proton-Proton Scattering at 340 Mev », *Physical Review* **79**, 81–85, 1er juillet 1950.
182. R. Jastrow, « On the Nucleon-Nucleon Interaction », *Physical Review* **81**, 165–170, 15 janvier 1951.
183. J. M. Blatt et V. F. Weisskopf, *Theoretical Nuclear Physics*, p. 777.
184. M. H. Johnson et E. Teller, « Classical Field Theory of Nuclear Forces », *Physical Review* **98**, 783–787, 1er mai 1955.
185. K. A. Brueckner, R. J. Eden et N. C. Francis, « High-Energy Reactions and the Evidence for Correlations in the Nuclear Ground-State Wave Function », *Physical Review* **98**, 1445–1455, 1er juin 1955.
186. K. A. Brueckner, C. A. Levinson et H. M. Mahmoud, « Two-Body Forces and Nuclear Saturation. I. Central Forces », *Physical Review* **95**, 217–228, 1er juillet 1954.
187. K. A. Brueckner, « Nuclear Saturation and Two-Body Forces. II. Tensor Forces », *Physical Review* **96**, 508–516, 15 octobre 1954.
188. K. A. Brueckner et C. A. Levinson, « Approximate Reduction of the Many-Body Problem for Strongly Interacting Particles to a Problem of Self-Consistent Fields », *Physical Review* **97**, 1344–1352, 1er mars 1955.
189. K. A. Brueckner, « Two-Body Forces and Nuclear Saturation. III. Details of the Structure of the Nucleus », *Physical Review* **97**, 1353–1366, 1er mars 1955.
190. K. A. Brueckner, R. J. Eden et N. C. Francis, « High-Energy Reactions and the Evidence for Correlations in the Nuclear Ground-State Wave Function », *Physical Review* **98**, 1445–1455, 1er juin 1955 ; « Nuclear Energy Level Fine Structure and Configuration Mixing », *Ibid.* **99**, 76–87, 1er juillet 1955 ; « Theory of Neutron Reactions with Nuclei at Low Energy », *Ibid* **100**, 891–900, 1er novembre 1955.
191. H. A. Bethe, « Nuclear Many-Body Problem », *Physical Review* **103**, 1353–1390, 1er septembre 1956.
192. J. Goldstone, « Derivation of the Brueckner many-body theory », *Proceedings of the Royal Society, London* **A239**, 267–279, 26 février 1957.
193. R. P. Feynman, « The Theory of Positrons », *Physical Review* **76**, 749–759, 15 septembre 1949.
194. Les exposés de la conférence d'Amsterdam sur les réactions nucléaires ont été publiés dans *Physica* **22**, décembre 1956, p. 941–1123.
195. H. J. Lipkin (dir.),*Proceedings of the Rehovoth Conference on Nuclear Structure held at the Weizmann Institute of Science, Rehovoth, September 8-14, 1957*, Amsterdam, North Holland, 1958.
196. *Comptes rendus du congrès international de physique nucléaire, Interactions nucléaires aux basses énergies et structure des noyaux, Paris, 2-7 juillet 1958*, présentés par P. Gugenberger, Paris, Dunod, 1959.

Bibliographie des ouvrages cités

Aston, Francis William, *Isotopes*, Londres, Edward Arnold & Co, 1922 ; traduction française : *Les isotopes*, Paris, Hermann, 1923.

―― , *Mass Spectra and Isotopes*, Londres, E. Arnold & Co, 1933.

Barbo, Loïc, *Curie, le rêve scientifique*, Paris, Belin, 1999.

―― , *Les Becquerel, une dynastie scientifique*, Paris, Belin, 2003.

Bauer, Étienne, *L'électromagnétisme hier et aujourd'hui*, Paris, Albin Michel, 1949.

Bensaude-Vincent, Bernadette, *Langevin, science et vigilance*, Paris, Belin, 1987.

Beyerchen, Alan D., *Scientists under Hitler : politics and the physics community in the third reich*, New Haven, Yale University Press, 1977.

Biquard, Pierre, *Frédéric Joliot-Curie et l'énergie atomique*, Paris, Seghers, 1961.

Bird, Kai et Sherwin, Martin J., *American Prometheus, the triumph and tragedy of J. Robert Oppenheimer*, New York, Alfred A. Knopf, 2005.

Birks, John Betteley (dir.), *Rutherford at Manchester*, Londres, Heywood & Company Ltd., 1962.

Blatt, John Markus et Weisskopf, Victor Frederick, *Theoretical Nuclear Physics*, New York, John Wiley & Sons, 1952.

Bohr, Niels, *Collected Works*, Amsterdam, Noth Holland, 1972–96 ; publié sous la direction de Léon Rosenfeld (t. 1 à 4) puis Erik Rüdinger et Finn Aaserud ; t. 1, 1972 : *Early work (1905-1911)* ; t. 2, 1981 : *Work on atomic physics (1912-1917)* ; t. 3, 1976 : *The Correspondence principle (1918-1923)* ; t. 4, 1977 : *The Periodic system (1920-1923)* ; t. 5, 1984 : *The Emergence of* quantum mechanics (mainly 1924-1926); t. 6, 1985 : *Foundations of quantum physics I (1926-1932)*; t. 7, 1996 : *Foundations of quantum physics II (1933-1958)*; t. 8, 1986 : *The Penetration of charged particles through matter (1912-1954)*.

BORN, MAX, *My life: recollections of a Nobel Laureate*, New York, Charles Scribner's Sons, 1958.

BOUGUER, PIERRE, *Traité d'optique sur la gradation de la lumière*, Paris, H.L. Guérin et L.F. Delatour, 1760.

BRETON, PHILIPPE, *Une histoire de l'informatique*, Paris, Le Seuil, 1987.

BROGLIE, LOUIS DE, *Recherches sur la théorie des quanta*, Paris, Masson, 1963.

BROGLIE, MAURICE DE, *Les premiers conseils de physique Solvay et l'orientation de la physique depuis 1911*, Paris, Albin Michel, 1951.

BROWN, ANDREW, *The Neutron and the Bomb. A biography of Sir James Chadwick*, Oxford, Oxford University Press, 1997.

CHARPENTIER-MORIZE, MICHELINE, *Perrin, savant et homme politique*, Paris, Belin, 1997.

CRAWFORD, ELISABETH, *The Beginnings of the Nobel Institution. The Science Prizes, 1901–1905*, Cambridge, Maison des Sciences et de l'Homme et Cambridge University Press, 1984 ; traduction française de Nicole Dhombres, *La Fondation des prix Nobel scientifiques 1901-1915*, Paris, Belin, 1988.

CURIE, ÈVE, *Madame Curie*, Paris, Gallimard, 1938 ; réédition Folio, 1981.

CURIE, PIERRE, *Œuvres scientifiques*, Paris, Gauthier-Villars, 1908 ; rééditées par les Éditions des archives contemporaines, Paris et Montreux, 1984.

CURIE-SKŁODOWSKA, MARIE, *Pierre Curie*, Paris, Odile Jacob, 1996 ; réédition de l'édition originale Payot, 1923, augmentée d'une étude par Irène Curie des cahiers de laboratoire de Pierre et Marie Curie.

——, *Leçons de Marie Curie, recueillies par Isabelle Chavannes en 1907*, Paris, EDP Sciences, 2003.

DALTON, JOHN, *New System of Chemical Philosophy*. Volume 1, 1e partie, Manchester, Bickerstaff, 1808 ; Volume 1, 2e partie, Manchester, Bickerstaff, 1810 ; Volume II, Londres, Bickerstaff, 1827.

EINSTEIN, ALBERT, *The Collected papers of Albert Einstein*, Princeton University Press, t. 1, 1987 : *The early years, 1879–1902* ; t. 2, 1989 : *The swiss years: writings, 1900–1909* ; t. 3, 1993 : *The swiss years: writings, 1909–1911* ; t. 4, 1995: *The swiss years: writings, 1912–1914* ; t. 5, 1993 : *The swiss years: correspondence, 1902–1914* ; t. 6, 1996 : *The Berlin years: writings, 1914–1917* ; t. 7, 2002 : *The Berlin years: writings, 1918–1921* ; t. 8, 1998 : *The Berlin years: correspondence, 1914–1918* ; t. 9, 2004 : *The Berlin years: correspondence, January 1919–April 1920*.

——, *Correspondance avec Michele Besso 1903-1955*, traduction, introduction et notes de Pierre Speziali, Paris, Hermann, 1972.

——, *Textes choisis*, traduits et annotés sous la direction de F. Balibar, O. Darrigol et B. Jech, Paris, Éditions du Seuil/Éditions du CNRS, 1989–1991.

―― ET INFELD, LEOPOLD, *The Evolution of Physics*, Londres, Cambridge University Press, 1938 . Traduction française : *L'évolution des idées en physique*, Paris, Flammarion, 1938.

―― ET BORN, MAX, *Albert Einstein/Max Born Briefwechsel 1916-1955*, Munich, Nymphenburger Verhandlung, 1969, traduction française : *Albert Einstein/Max Born. Correspondance 1916-1955*, Paris, Le Seuil, 1972.

ENZ, CHARLES PAUL, *No time to be brief: a scientific biography of Wolfgang Pauli*, Cambridge, Cambridge University Press, 2002.

ELSASSER, WALTER MAURICE, *Memoirs of a Physicist in the Atomic Age*, New York & Bristol, Science History Publications & Adam Hilger, 1978.

EVE, ARTHUR STEWART, *Rutherford*, Cambridge, The University Press, 1939.

FEATHER, NORMAN, *Lord Rutherford*, Glasgow, Blackie & Sons, 1940 ; Londres, Priory Press, 1973.

FEENBERG, EUGENE, *Shell theory of the nucleus*, Princeton, Princeton University Press, 1955.

FERMI, ENRICO, *Collected Papers (Note e memorie)*, publié sour la direction de E. Segrè, Chicago/Rome, The University of Chicago Press/Accademia Nazionale dei Lincei, 1962.

FERMI, LAURA, *Atoms in the family. My life with Enrico Fermi*, Chicago, The University of Chicago Press, 1954.

FRANK, PHILIPPE, *Einstein, his life and times*, New York, Alfred A. Knopf, 1947 ; traduction française, complétée par un chapitre signé A. George sur la fin de la vie d'Einstein : *Einstein, sa vie, son temps*, Paris, 1960.

FRISCH, OTTO ROBERT, *What Little I Remember*, Cambridge, Cambridge University Press, 1979.

GANOT, ADOLPHE, *Traité élémentaire de physique expérimentale et appliquée et de météorologie, à l'usage des Établissements d'instruction, des aspirants aux grades des Facultés et des candidats aux diverses écoles du Gouvernement*, Paris, chez l'auteur, 1853.

GERLACH, WALTHER ET HAHN, DIETRICH, *Otto Hahn. Ein Forscherleben unserer Zeit*, Stuttgart, Wissenschaftliche Verlagsgesellschaft MbH, 1984.

GOEPPERT-MAYER, MARIA ET JENSEN, JOHANNES HANS DANIEL, *Elementary Theory of Nuclear Shell Structure*, New York, John Wiley & Sons, 1954.

GOLDSCHMIDT, BERTRAND, *Le complexe atomique*, Paris, Fayard, 1980.

――, *Pionniers de l'atome*, Paris, Stock, 1987.

GOLDSMITH, MAURICE, *Frédéric Joliot-Curie, a biography*, Londres, Lawrence and Wishart, 1976.

GOODCHILD, PETER, *Edward Teller : the real Dr. Strangelove*, Cambridge, Mass., Harvard University Press, 2004.

GOWING, MARGARET, *Britain and atomic energy, 1939-1945*, New York, St Martin's Press, 1964.

GROVES, LESLIE RICHARD, *Now It Can Be Told. The story of the Manhattan project*, New York, Harper, 1962.

GUÉROUT, SERGE, *Science et politique sous le Troisième Reich*, Paris, Ellipses, 1992.

HAHN, OTTO, *Von Radiothor zur Uranspaltung*, Braunschweig, Friedrich Vieweg & Sohn, 1962; traduction anglaise: *Otto Hahn, a scientific autobiography*, Charles Scribner's Sons, New York, 1966.

HEILBRON, JOHN LEWIS, *The Dilemmas of an upright man: Marx Planck as spokesman for German science,* Berkeley, University of California Press, 1986; édition allemande: *Max Planck. Ein Leben für die Wissenschaft 1858–1947. Mit einer Auswahl seiner allgemeinverständlichen Schriften*, Stuttgart, S. Hirzel, 1988; traduction française: *Planck 1858-1947. Une conscience déchirée*, Paris, Belin, 1988.

—— ET SEIDEL, ROBERT W., *Lawrence and his laboratory Vol. 1*, Berkeley, University of California Press, 1989.

HEISENBERG, WERNER, *Der Teil und das Ganze*, Munich, R. Piper & Co Verlag, 1969; traduction française: *La Partie et le Tout. Le monde de la physique atomique*, Paris, Albin Michel, 1972.

HERKEN, GREGG, *Brotherhood of the Bomb. The Tangled Lives and Loyalties of Robert Oppenheimer, Ernest Lawrence and Edward Teller*, New York, Henry Holt and Co., 2002.

HERMANN, ARMIN, *The Genesis of Quantum Theory (1899-1913)*, Cambridge, M.I.T. Press, 1971; édition originale: *Frühgeschichte der Quantentheorie (1899-1913)*, Mosbach/Baden, Physik Verlag, 1971.

——, *Planck*, Reinbeck bei Hamburg, Rohwohlt Taschenbuch, 1973; traduction française: *Max Planck*, Paris, Éditions du CNRS, 1977.

HURWIC, ANNA, *Pierre Curie*, Paris, Flammarion, 1995.

JAMMER, MAX, *Concepts of Mass in classical and modern physics*, Cambridge, Harvard University Press, 1961.

——, *The Conceptual Development of Quantum Mechanics*, New York, McGraw Hill, 1996.

JOLIOT, FRÉDÉRIC, *Textes choisis*, Paris, Éditions sociales, 1959.

—— ET CURIE, IRÈNE, *Œuvres scientifiques complètes*, publié sous la direction de H. Faraggi, H. Langevin-Joliot, N. Marty et P. Radvanyi, Presses Universitaires de France, 1961.

KLEIN, ÉTIENNE, *La physique quantique,* Paris, Flammarion (Dominos), 1998.

——, *Petit voyage dans le monde des quanta,* Flammarion (Champs), 2004.

——, *Il était sept fois la révolution, Albert Einstein et les autres...*, Paris, Flammarion, 2005.

KOWARSKI, LEW, *Réflexions sur la science, la pensée de Lew Kowarski à travers ses écrits de 1947–1977*, Gabriel Minder, Genève, Institut universitaire de hautes études internationales, 1978.

KRAFFT, FRITZ, *Im Schatten der Sensation, Leben und Wirken von Fritz Strassmann*, Weinheim, Verlag Chemie, 1981.

LANOUETTE, WILLIAM ET SILARD, BELA, *Genius in the shadows. A biography of Leo Szilard : the man behind the bomb*, New York, C. Scribner's Sons, 1992.

LAPOSTOLLE, PIERRE, *Les accélérateurs de particules*, Paris, Fayard, 1964.

LEITE LOPES, JOSÉ ET ESCOUBÈS, BRUNO, *Sources et évolution de la physique quantique, textes fondateurs*, Paris, Masson, 1995.

LILEN, HENRI, *Une (brève) histoire de l'électronique*, Paris, Vuibert, 2003.

LIVINGSTON, MILTON STANLEY (dir.), *The Development of High Energy Accelerators*, New York, Dover, 1966.

―――, *Particle Accelerators : A Brief History*, Cambridge, Harvard University Press, 1969.

――― ET BLEWETT, JOHN PAUL, *Particle Accelerators*, New York, McGraw-Hill, 1962.

LORIOT, NOËLLE, *Irène Joliot-Curie*, Paris, Presses de la Renaissance, 1991.

LUCRÈCE, *De Rerum Natura*, Traduction, introduction et notes par Alfred Ernout, Paris, Les Belles Lettres, 1962.

MCMILLAN, PRISCILLA JOHNSON, *The ruin of J. Robert Oppenheimer and the birth of the modern arms race*, New York, Viking, 2005.

MOTT, NEVILL FRANCIS ET MASSEY, HARRIE STEWART WILSON, *The Theory of atomic collisions*, Oxford, Clarendon Press, 1933.

NEWTON, ISAAC, *Optique*, Paris, Christian Bourgois, 1989.

NICOLLE, JACQUES, *Röntgen et l'ère des rayons X*, Paris, Éditions Seghers, 1965.

NOBEL FOUNDATION, *Nobel Lectures, including presentation speeches and laureates' biographies, Physics,* Amsterdam/Londres/New York, Elsevier : 1901–1921, paru en 1967 ; 1922–1941, paru en 1965 ; 1942–1962, paru en 1964.

NOLLET, ABBÉ, *Leçons de Physique Expérimentale*, Paris, chez Durand, 1743.

NYE, MARY JO (dir.), *The Question of the Atom from the Karlsruhe Congress to the first Solvay Conference, 1860-1911*, Los Angeles/San Francisco, Tomash Publishers, 1984.

OMNÈS, ROLAND, *Philosophie de la science contemporaine*, Paris, Gallimard, 1995.

OUELLET, DANIELLE, *Franco Rasetti, physicien et naturaliste*, Montréal, Guérin, 2000.

PAIS, ABRAHAM, *Subtle is the Lord... The Science and the Life of Albert Einstein*, Oxford, Oxford University Press, 1982.

―――, *Inward Bound. Of Matter and Forces in the Physical World*, Londres/New York, Clarendon Press/Oxford University Press, 1986.

―――, *Niels Bohr Times*, Oxford, Clarendon Press, 1991.

―――, *The Genius of Science. A Portrait Gallery*, Oxford, Oxford University Press, 2000.

PAULI, WOLFGANG, *Wissenschaftlicher Briefwechsel mit Bohr, Einstein, Heisenberg, u.a. Wolfgang Pauli, Scientific correspondence with Bohr, Einstein, Heisenberg a.o.*, publié par Karl von Meyenn, Armin Hermann et Victor F. Weisskopf, New York, Springer-Verlag, 1979.

―――, *Writings on Physics and Philosophy*, Charles P. Enz et Karl von Meyenn (dir.), Berlin, Springer Verlag, 1994.

PEIERLS, RUDOLF, *Bird of Passage. Recollections of a physicist*, Princeton, Princeton University Press, 1985.

PERRIN, JEAN, *Les Atomes*, Paris, Librairie Félix Alcan, 1913.

PINAULT, MICHEL, *Frédéric Joliot-Curie*, Paris, Odile Jacob, 2000.

PLANCK, MAX, *Wissenschaftliche Selbstbiographie*, Barth, Leipzig, 1948 ; traduction française par André George dans *Autobiographie scientifique et derniers écrits*, Albin Michel, Paris, 1960 ; réédition Flammarion (Champs), Paris, 1990.

PRICE, DEREK JOHN DE SOLLA, *Little science, big science,* New York, Columbia University Press, 1963 ; traduction française : *Science et suprascience*, Paris, Fayard, 1972.

PRIESTLEY, JOSEPH, *Histoire de l'électricité*, Paris, Hérissant fils, 1771 ; traduit de l'édition anglaise de 1767.

PRZIBRAM, KARL (dir.), *Schrödinger, Planck, Einstein, Lorentz : Briefe zur Wellenmechanik*, Vienne, Springer Verlag, 1963.

QUINN, SUSAN, *Marie Curie, a life*, New York, Simon & Schuster, 1995 ; traduction française : *Marie Curie*, Paris, Odile Jacob, 1996.

RADVANYI, PIERRE ET BORDRY, MONIQUE, *La radioactivité artificielle et son histoire*, Paris, Seuil/CNRS, 1984.

REID, ROBERT, *Marie Curie, derrière la légende*, Londres, Collins, 1974 ; traduction de *Marie Curie*, New York, Dutton, 1974.

RIFE, PATRICIA, *Lise Meitner and the Dawn of Nuclear Age*, Boston, Birkhäuser, 1999.

ROMER, ALFRED, *The discovery of radioactivity and transmutations*, New York, Dover, 1964.

ROSENBLUM, SALOMON, *Œuvres de Salomon Rosenblum*, Paris, Gauthier-Villars, 1969.

ROSTAND, JEAN, *Peut-on modifier l'Homme ?*, Paris, Gallimard, 1956.

RUTHERFORD, ERNEST, *Radioactivity*, Cambridge, Cambridge University Press, 1904 et 1905.

―――, *Radioactive transformations*, New York, Charles Scribner's Sons, 1906 ; issu d'un cours donné à l'Université de Yale dans le cadre des *Silliman Lectures*.

____ , *Radioactive Substances and their Radiations*, Cambridge, Cambridge University Press, 1912.

____ , CHADWICK, JAMES ET ELLIS, CHARLES DRUMMOND, *Radiations from Radioactive Substances*, Londres, Cambridge University Press, 1931 ; réédité en 1951.

____ ET BOLTWOOD, BERTRAM BORDEN, *Letters on Radioactivity*, publié par L. Badash, New Haven and London, Yale University Press, 1969.

SCHRÖDINGER, ERWIN, *Mémoires sur la mécanique ondulatoire*, Paris, Librairie Félix Alcan, 1933 ; réédition Jacques Gabay, 1988.

SCHWEBER, SILVAN S., *In the Shadow of the Bomb : Bethe, Oppenheimer, and the Moral Responsability of the Scientist*, Princeton, Princeton University Press, 2000.

SEABORG, GLENN THEODORE, *The Plutonium story. The journals of professor Glenn T. Seaborg, 1939-1946*, présentation et notes de Ronald L. Kathren, Jerry B. Gough et Gary T. Benefiel, Columbus, Battelle Press, 1994.

SEGRÈ, EMILIO, *Enrico Fermi Physicist*, Chicago, The University of Chicago Press, 1970.

____ , *From X-Ray to quarks. Modern physicists and their discoveries*, San Francisco, W. H. Freeman, 1980 ; traduction française : *Les physiciens modernes et leurs découvertes. Des rayons X aux quarks*, Paris, Fayard, 1984.

SIME, RUTH LEWIN, *Lise Meitner, a life in Physics*, Berkeley, University of California Press, 1996.

SIX, JULES, *La découverte du neutron (1920-1936)*, Paris, Éditions du CNRS, 1987.

SKŁODOWSKA-CURIE, MARIE, *Œuvres*, recueillies par Irène Joliot-Curie, Varsovie, Panstwowe wydawnictwo naukowe, 1954.

SMYTH, HENRY DEWOLF, *Atomic energy for military purposes, the official report on the development of the atomic bomb under the auspices of the United States Government, 1940-1945*, Princeton, Princeton University Press, 1948.

SODDY, FREDERICK, *The Interpretation of Radium*, Londres, John Murray, 1909 ; traduction française, avec un chapitre supplémentaire, de J. Lepape : *Le Radium, interprétation et Enseignement de la Radioactivité*, Librairie Félix Alcan, Paris, 1919.

____ , *Radioactivity and atomic theory*, publié sous la direction et avec une introduction de Thaddeus J. Trenn, Londres, Taylor & Francis, 1975.

SOLVAY, INSTITUT INTERNATIONAL DE PHYSIQUE, *La théorie du rayonnement et les quanta,* Rapports et discussions de la Réunion tenue à Bruxelles du 30 octobre au 3 novembre 1911, P. Langevin et M. de Broglie (dir.), Paris, Gauthier-Villars, 1912.

____ , *La structure de la matière,* rapports et discussions du Conseil de physique tenu à Bruxelles du 27 au 31 octobre 1913, Paris, Gauthier-Villars, 1921.

____ , *Atomes et électrons,* rapports et discussions du Conseil de Physique tenu à Bruxelles du 1er au 6 avril 1921, Paris, Gauthier-Villars, 1923.

———, *Électrons et photons,* rapports et discussions du cinquième conseil de physique Solvay tenu à Bruxelles du 24 au 29 octobre 1927, Paris, Gauthier-Villars, 1928.

———, *Structure et propriétés des noyaux atomiques,* rapports et discussions du septième Conseil de Physique tenu à Bruxelles du 22 au 29 octobre 1933, Paris, Gauthier-Villars, 1934.

SOMMERFELD, ARNOLD, *Atombau und Spektrallinien,* Braunschweig, Vieweg, 1919 ; traduction française de la 3e édition allemande : *La constitution de l'atome et les raies spectrales,* Paris, Librairie Scientifique Albert Blanchard, 1923.

STUEWER, ROGER H. (dir.), *Nuclear Physics in retrospect, Proceedings of a Symposium on the 1930s,* Minneapolis, University of Minnesota Press, 1979.

SZASZ, FERENC MORTON, *British Scientists and the Manhattant Project. The Los Alamos Years,* Londres, MacMillan, 1992.

TATON, RENÉ, *La Science contemporaine. 1. Le XIXe siècle,* Paris, Presses Universitaires de France, 1961.

THOMSON, JOSEPH JOHN, *Rays of Positive Electricity and their Application to Chemical Analyses,* Londres, Longmans, Green and Co., 1913 ; traduction française d'après la 2e édition : *Les rayons d'électricité positive et leur application aux analyses chimiques,* Paris, Hermann, 1923.

VASSEUR, ALBERT, *De la T.S.F. à l'électronique. Histoire des techniques radio-électriques,* Paris, Éditions Techniques et Scientifiques Françaises, 1975.

WEART, SPENCER, *Scientists in power,* Cambridge, Harvard University Press, 1979 ; adaptation française : *La grande aventure des atomistes français,* Paris, Fayard, 1980.

——— ET WEISS SZILARD, GERTRUD (dir.), *Leo Szilard : His Version of the Facts,* Cambridge, The MIT Press, 1978.

WELLS, HERBERT GEORGE, *The World Set Free,* Londres, E. P. Dutton & Company, 1914 ; ce roman plusieurs fois réédité en anglais n'a jamais été traduit en français.

WIDERÖE, ROLF, *The Infancy of Particle Accelerators,* sous la direction de P. Waloschek, Braunschweig/Wiesbaden, Vieweg & Sohn, 1994.

WILSON, DAVID, *Rutherford simple genius,* London, Hodder & Stoughton, 1983.

YUKAWA, HIDEKI, *"Tabibito" : (the traveler),* traduit du japonais par L. Brown et R. Yoshida, World Scientific, 1982 ; traduction française : *L'itinéraire intellectuel d'un physicien japonais,* Paris, Belin, 1982.

Glossaire

Les entrées de ce glossaire sont signalées dans le corps du texte par un petit losange en exposant$^\diamond$.

action

Ce mot un peu étrange et peut-être malheureux, désigne, pour un objet mécanique classique (une particule, une bille, une planète...) une quantité reliée à la distance parcourue, à la masse en mouvement, et à la vitesse du déplacement : c'est en fait le produit, intégré tout au long du chemin parcouru, de la masse par la vitesse, et par la distance parcourue. L'intérêt pour cette quantité est ancien, et il découle d'une propriété remarquable découverte par Maupertuis (1698-1759) : les lois de la mécanique sont telles que lorsqu'un objet décrit une trajectoire, l'action calculée tout au long de cette trajectoire est plus petite que celle calculée pour toute autre trajectoire. C'est le fameux *principe de moindre action*.

Le *quantum d'action h* découvert par Max Planck est l'unité, non divisible, la plus petite action possible, on pourrait dire *l'atome d'action*. Une action ne peut être égale qu'à h, $2h$, $3h$, ... nh. Évidemment si n est très grand, comme c'est le cas dans la vie courante (car h est très petit), la discontinuité est imperceptible, mais elle ne l'est plus à l'échelle atomique.

atome-gramme

Voir *mole*.

Avogadro, nombre d'Avogadro

Au début du XIXe siècle, Dalton avait montré comment on pouvait déterminer les rapports entre les masses des atomes des différents éléments, moyennant quelques hypothèses sur la formule chimique de leurs composés. Mais il a fallu attendre la fin du siècle pour déterminer par exemple le nombre d'atomes d'hydrogène contenus dans un gramme d'hydrogène. C'est ce nombre N que Jean Perrin a proposé d'appeler la *constante d'Avogadro* et que nous nommons aujourd'hui le *nombre d'Avogadro*. Dès qu'il fut connu, la masse de l'atome d'hydrogène était connue, ainsi que, de proche en proche, la masse de tous les atomes.

Le nombre d'Avogadro est connu aujourd'hui avec une précision d'une partie pour six millions : $N = 6,022\,141\,5 \times 10^{23}$ à $0,000\,001 \times 10^{23}$ près.

bar

Unité de mesure de pression. Voir : *pascal*.

brownien (mouvement brownien)

En observant au microscope de fines particules de pollen en suspension dans l'eau, le botaniste Robert Brown s'aperçut en 1827 qu'elles étaient animées de mouvements erratiques. Il se rendit compte que ce mouvement n'avait rien à voir avec le caractère biologique de ces particules, ni avec les mouvements de l'eau elle-même. L'origine de ce phénomène resta longtemps mystérieuse. En 1860, l'idée que cela pouvait être dû au mouvement des molécules du liquide entrant en collision avec ces fines particules fut suggérée par Giovanni Cantoni en Italie et par les pères jésuites belges Joseph Delsaux et Ignace Carbonelle, cinq ans avant la première estimation de la taille des molécules, faite par Loschmidt en 1865. Or la différence de taille et de masse entre une de ces particules et une molécule d'eau était beaucoup trop grande et les chocs beaucoup trop nombreux pour qu'on pût observer le déplacement dû à un seul choc (il y a des milliers de milliards de chocs par seconde sur une petite particule). L'idée d'Einstein dans son article de 1905 est que le déplacement observé est dû à des fluctuations dans les innombrables chocs subis : la particule ne reçoit pas exactement le même nombre de chocs dans toutes les directions, donc elle dérive. C'est le phénomène de diffusion qui se manifeste quand on verse une goutte de vin dans de l'eau très calme : elle diffuse lentement. Einstein relie la vitesse de cette diffusion au nombre d'Avogadro. En mesurant cette vitesse de diffusion Jean Perrin parvint à estimer ce nombre.

calorie, calorie-gramme

Une calorie, qu'on appelait petite calorie, ou calorie-gramme, c'est la quantité de chaleur, c'est-à-dire d'énergie, qu'il faut fournir à un gramme d'eau pour élever sa température de 1°C (on utilisait aussi la grande calorie, ou kilocalorie, valant 1 000 petites calories). On utilise aujourd'hui une unité d'énergie universelle, le Joule (et le kilojoule, qui vaut 1 000 joules). Il faut 4,18 Joules pour élever la température d'un gramme d'eau de 1°C, c'est-à-dire qu'il faut faire fonctionner un réchaud de 1 watt pendant 4,18 secondes.

Les calories ne sont plus guère utilisées que dans l'étiquetage des produits alimentaires pour lesquels on donne la « valeur calorique ». Il s'agit en général de kilocalories (kcal), avec souvent leur équivalent en Joules (J), ou en kilojoules (kJ).

chaîne, réaction en chaîne

Voir : *réaction en chaîne*.

Glossaire

champ électrique, champ magnétique

Lorsqu'on établit entre deux plaques métalliques parallèles une tension électrique en les reliant par exemple aux bornes d'une pile, l'espace qui sépare les deux plaques est le siège d'un champ électrique, ce qui signifie que dans cet espace une particule chargée est soumise à une force qui l'attire vers la plaque dont la charge est du signe opposé. Le champ est la force que subit une charge unité. Le champ électrique s'exprime en volts par mètre, car la force subie par une particule entre deux plaques soumises à une tension donnée (exprimée en volts) est d'autant plus grande que les plaques sont plus rapprochées.

Un aimant permanent établit autour de lui un champ magnétique, qui agit sur d'autres aimants ou sur un fil parcouru par un courant électrique, c'est-à-dire sur des charges électriques en mouvement (il n'a pas d'action sur des charges immobiles). Un aimant a un pôle Nord, qui attire le pôle Sud des autres aimants, et un pôle Sud. Les petits aimants que sont les boussoles s'orientent sous l'action du champ magnétique de la terre qui agit là comme un gigantesque aimant.

charge électrique élémentaire

C'est la plus petite quantité d'électricité pouvant exister à l'état libre. Un proton possède une charge élémentaire positive, un électron une charge élémentaire négative. Le courant électrique est une circulation d'électrons. Un ampère est un flot de 6×10^{23} électrons par seconde.

constante des gaz parfaits

Voir : *gaz parfaits*.

corps noir

voir : *rayonnement du corps noir*.

Curie (Pierre) : loi de Curie, température de Curie

C'est en étudiant l'aimantation de différents corps que Pierre Curie fut amené à énoncer la loi qui porte son nom. Quand on place un corps dans un champ magnétique, par exemple près d'un aimant, on observe selon la nature du corps l'un des phénomènes suivants : le champ magnétique à l'intérieur du corps diminue un peu (on dit que le corps est diamagnétique), ou augmente un peu (corps paramagnétique), ou encore, pour certains métaux comme le fer, le nickel et le cobalt, il augmente énormément (il peut être 10 000 fois plus intense) : ils deviennent eux-mêmes des aimants, ce sont les corps ferromagnétiques. Pierre Curie montra qu'au-delà d'une certaine température (la température de Curie), les corps ferromagnétiques devenaient paramagnétiques.

décharges électriques dans les gaz

Lorsqu'un condensateur placé dans un gaz à faible pression est *chargé* à un potentiel électrique assez fort (quelques milliers de volts) le gaz ne se comporte plus comme un isolant, il s'établit un courant électrique entre les bornes positive et négative qui *décharge* le condensateur. Cette décharge peut être douce et continue ou au contraire brutale. Elle provoque des phénomènes très variés, et quelquefois spectaculaires, qui dépendent du potentiel, et de la pression du gaz. La foudre est un exemple de décharge électrique brutale, tandis que dans les tubes fluorescents on provoque une décharge douce, dont la lumière excite la fluorescence de la peinture sur la paroi du tube.

Les décharges peuvent être produites par un appareil à haute tension (quelques milliers de volts). À la fin du XIXe siècle, on utilisait la bobine de Rühmkorff dans laquelle une brusque augmentation de la tension a lieu dans le circuit secondaire à chaque interruption du courant fourni par une pile dans le circuit primaire. Avant l'avènement de l'allumage électronique, le même phénomène était utilisé dans les voitures automobiles : un rupteur interrompait le courant dans le circuit primaire de la bobine d'induction, et la tension élevée ainsi créée dans le circuit secondaire servait à produire des étincelles afin d'allumer le mélange air-essence dans les cylindres.

demi-vie

Voir : *période radioactive*.

diffraction

Nous avons tous observé les vagues venant du large, et arrêtées par la jetée du port. Au bout de la jetée, les ondulations tournent quelque peu, comme si cette extrémité irradiait tout l'intérieur des eaux calmes du port. C'est le phénomène de diffraction, qui fait que les ondes tournent un peu autour de tout obstacle, si bien qu'aucune ombre n'est parfaitement nette. C'est pour cette raison 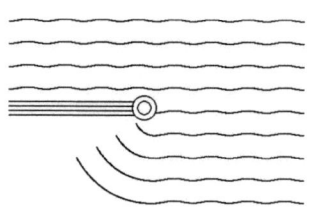 qu'on peut s'entendre parler d'une pièce à une autre, malgré des obstacles qui empêchent la propagation du son en ligne droite. Les ondes tournent d'autant moins que leur longueur d'onde est petite, donc que leur fréquence est élevée, raison pour laquelle les fréquences musicales élevées, donc aiguës, sont nettement plus directives que les fréquences basses, graves. La diffraction limite ainsi le pouvoir séparateur des optiques de microscopes ou d'appareils photographiques, car les bords du diaphragme dévient un peu de lumière, créant un flou inévitable, lié à la nature ondulatoire de la lumière.

On peut également observer le phénomène de diffraction en regardant un point lumineux (feu arrière de voiture) à travers un voile fin : on voit plusieurs points lumineux, comme si la source était démultipliée ; la lumière tourne en effet un peu autour des fils du voile, et peut parvenir à notre œil en passant par plusieurs trous proches.

diffusion

On emploie souvent en physique nucléaire le terme *diffusion* pour désigner le phénomène de la *déviation* de particules rapides par le noyau d'un atome, accompagnée ou non d'une perte d'énergie cinétique. Dans le cas d'un rebondissement parfaitement élastique, comme celui de boules de billard idéales, on parle de *diffusion élastique*. Il y a certes un certain transfert de vitesse de la particule au noyau, comme dans le cas des boules de billard, mais l'énergie cinétique totale n'est pas modifiée. Si par contre je lance contre un mur une boule de pâte à modeler, elle ne rebondit pas : son énergie cinétique a été absorbée par la déformation de la boule, et produit un certain échauffement. On parle dans ce cas, en physique nucléaire, de *diffusion inélastique*. Ce mot de *diffusion* peut paraître étrange : il provient du phénomène de diffusion, de dispersion, on a aussi dit de dissémination des rayons lumineux lorsqu'ils traversent de la matière comme un simple gaz, et qui est bien un phénomène de déviation des rayons lumineux. De la même façon un faisceau de protons qui traverse une feuille mince de matière est, du fait des déviations des protons qui s'approchent des noyaux, plus *diffus*.

ébonite

L'une des premières matières dites « plastiques », l'ébonite, est un caoutchouc durci par vulcanisation, qui contient 30 à 35% de soufre. Il a été utilisé jusque dans les années 50 comme isolant électrique. C'est une matière noire, élastique et cassante.

énergie de liaison

Voir : *liaison*.

effet photoélectrique

Découvert par Hertz en 1887, au cours de ses expériences sur la propagation des ondes électromagnétiques. Il s'agit de l'émission d'électrons par une surface métallique quand elle est éclairée par une lumière de longueur d'onde (couleur) convenable. En 1902 Phillipp Lenard avait montré que l'énergie des électrons ne dépendait pas de l'intensité de la source lumineuse, mais seulement de sa longueur d'onde$^\diamond$ (c'est-à-dire de sa couleur). En 1905 Einstein expliqua ce phénomène en faisant appel à l'hypothèse des quanta de lumière.

C'est par effet photoélectrique qu'on peut transformer directement, dans des cellules photovoltaïques, l'énergie lumineuse du soleil en énergie électrique.

électrolyse

L'électrolyse a été découverte en 1800 par deux Anglais, Anthony Carlisle (1768-1840) et William Nicholson (1753-1815), qui avaient fabriqué une pile, à peine quelques mois après la démonstration de Volta. Ils plongèrent deux électrodes connectées à la pile dans de l'eau, qui contenait quelque sel en solution, et observèrent qu'il se formait des bulles d'hydrogène à l'électrode négative (la cathode) et d'oxygène à l'électrode positive (l'anode). L'eau était donc décomposée par le passage d'un courant électrique. La raison (qui ne fut comprise que bien plus tard) pour laquelle l'eau permet le passage du courant électrique est que la forme très particulière des molécules d'eau leur permet de séparer les sels dissous en deux « ions » : l'un, chargé positivement, le cation, est attiré par l'électrode négative, tandis que l'autre, chargé négativement, l'anion, est attiré par l'électrode positive, ce qui provoque le passage du courant électrique. Les phénomènes complexes qui se produisent au contact des électrodes, où ils sont neutralisés, conduisent finalement au dégagement d'hydrogène et d'oxygène.

électronvolt (eV), million d'électronvolts (MeV)

Nous décrivons le courant électrique qui permet de faire fonctionner une lampe électrique comme un flot d'électrons partant de la borne négative de la pile et arrivant à la borne positive. L'énergie fournie par le courant électrique est mesurée d'habitude en joules par seconde, ou watts, et elle est obtenue en multipliant la tension aux bornes de la pile (4,5 V par exemple pour une pile plate ordinaire) par l'intensité du courant, exprimé en Ampères (souvent 0,3 A pour une lampe de poche, qui consomme ainsi 1,35 W). Or un courant électrique d'un ampère consiste en un flot de N électrons par seconde : N est le nombre d'Avogadro, environ $6,022 \times 10^{23}$. Chaque électron fournit donc une énergie minuscule, qu'on a l'habitude de mesurer plutôt en électronsvolts, abrégé en eV : c'est l'énergie d'un électron qui franchit une différence de potentiel de 1 volt. Cette unité est particulièrement bien adaptée aux mesures des phénomènes qui ont lieu dans un seul atome, car les énergies mises en jeu, dans l'atome ainsi que dans toutes les réactions chimiques, sont de l'ordre de quelques électronvolts.

Dans le noyau de l'atome, les énergies mises en jeu sont environ un million de fois plus grandes, si bien qu'on utilise une unité mieux adaptée, le million d'électronvolts, en abrégé MeV. L'énergie de liaison d'un neutron ou d'un proton dans un noyau, c'est-à-dire l'énergie qu'il faut fournir pour l'en extraire, est ainsi de 7 ou 8 MeV en général. L'énergie libérée par la fission d'un noyau d'uranium est de l'ordre d'une cinquantaine de MeV. Dans un accélérateur de particules, les énergies doivent être au moins de plusieurs MeV ou dizaines de MeV pour provoquer des réactions nucléaires.

électroscope à feuilles d'or

C'est une bouteille dont le bouchon isolant est traversé par un fil conducteur relié à l'intérieur de la bouteille à deux feuilles d'or très minces et légères. Au repos, les feuilles d'or pendent verticalement, au contact l'une de l'autre. Si on électrise le fil, les feuilles d'or, chargées d'électricité de même signe, se repoussent, et se séparent.

énergie potentielle

On parle d'une énergie potentielle pour désigner une quantité d'énergie qui ne se manifeste pas, mais qui existe sous forme latente. L'eau d'un lac de montagne possède une énergie potentielle, qu'on peut transformer en énergie mécanique si elle s'écoule et fait fonctionner une turbine, par exemple. Un pile électrique possède sous forme chimique une énergie potentielle qui peut se transformer en chaleur et en lumière si l'on s'en sert pour allumer une lampe électrique. Le carburant d'une voiture possède une énergie potentielle chimique qui, par la combustion dans les cylindres, se transforme pour partie en énergie mécanique (la voiture se déplace) et pour partie en chaleur (évacuée dans les gaz d'échappement). Voir *puits de potentiel*.

entropie

L'entropie est une grandeur introduite par Rudolf Clausius. C'est une notion abstraite, définie mathématiquement, et qui de plus ne peut être mesurée directement : il n'existe pas d'entropiemètre, comme il existe des thermomètres. Boltzmann a montré qu'elle est une mesure du désordre d'un système physique,

Glossaire 563

pris dans le sens : information maximale qu'on peut avoir sur le système. Par exemple un système composé d'eau et de vin non mélangés a une entropie plus faible qu'après le mélange, car les molécules de vin sont localisées dans un volume plus grand, l'information maximale sur leur localisation est moindre. L'entropie a un intérêt fondamental, lié au second principe[◇] de la thermodynamique.

femtomètre, abréviation *fm*

C'est la longueur-type de l'univers du noyau de l'atome : c'est l'ordre de grandeur des dimensions des protons et des neutrons ; quant aux noyaux, leurs rayons varient en gros de 1 à 6 femtomètres. Le femtomètre vaut 10^{-15} mètre (un milliardième de millionième de mètre). C'est un cent-millième d'*Ångström*, rayon typique de l'atome, qui vaut lui-même un dix-millionième de millimètre. On a un temps appelé cette longueur le *fermi*.

état

La mécanique quantique montre que les atomes ou les noyaux ne peuvent exister que dans certaines configurations, d'énergie de liaison bien déterminée, qu'on appelle des *états*. Si l'on modifie l'arrangement des électrons d'un atome, par exemple, en faisant passer un électron d'une orbite à une autre, l'énergie de liaison, qui est l'énergie nécessaire pour séparer complètement tous les électrons de l'atome, est modifiée. La plus grande énergie de liaison correspond donc à l'état le plus stable : c'est ce qu'on appelle l'*état fondamental*. C'est bien l'état le plus stable, car il ne peut changer que si on lui fournit de l'énergie. Par contre si l'atome est dans un état d'énergie de liaison moindre, qu'on appelle *état excité*, il peut retourner spontanément à l'état fondamental en rayonnant l'énergie superflue.

fondamental, état fondamental

Voir *état*

gaz parfait

Un gaz parfait, que les Allemands appellent plus justement gaz idéal, est un gaz dont les molécules seraient infiniment petites, et sans interaction entre elles. Un gaz réel à pression assez faible en est très proche. L'intérêt de cette notion est que pour un gaz parfait la température absolue T, la pression P et le volume V sont liés par une loi très simple : le produit de la pression par le volume est égal à la température absolue, multipliée par une constante universelle, la constante des gaz parfaits R :

$$PV = RT$$

Ainsi, si l'on augmente la pression d'une certaine quantité en maintenant la température constante, le volume diminue dans les mêmes proportions.

groupes, théorie des groupes

Certaines opérations qu'on peut faire sur un système physique, par exemple le déplacer ou le faire tourner (translations et rotations) ont en commun une propriété remarquable : la succession de deux déplacements, translations ou rotations, est aussi un déplacement. Autre exemple, la modification de la place des convives autour d'une table, qu'on appelle en mathématiques une *permutation* (même s'il ne s'agit pas de permuter deux à deux des convives) : deux permutations successives sont encore une permutation. Ces propriétés peuvent s'exprimer mathématiquement à l'aide de *groupes*, objets mathématiques inventés entre 1830 et 1832 par le mathématicien français Évariste Gallois (1811-1832). On parle du *groupe des rotations*, du *groupe des déplacements*, ainsi que du *groupe des permutations*.

La théorie des groupes s'avère très utile en physique lorsque certaines propriétés d'un système ne changent pas (on dit qu'elles sont invariantes) au cours d'une de ces opérations : un cercle est invariant par rotation autour de son centre, car il ne change pas s'il tourne d'un angle quelconque ; si un joueur de dames échange deux de ses pions, il a exactement le même jeu ; la fonction d'onde d'un atome ne doit pas changer, ou doit changer de façon très précise, lorsqu'on échange deux électrons. On dit alors que le système possède une symétrie. En 1927 Wigner a montré comment appliquer la théorie des groupes pour classer les états quantiques d'un système composé d'un grand nombre d'électrons.

hectopascal

Mesure de pression : cent pascals (voir ce mot).

inverse carré

On parle de loi en inverse carré à propos par exemple de la loi de Newton selon laquelle les corps, les astres par exemple, s'attirent mutuellement. Cela signifie que l'attraction diminue quand la distance augmente, et de façon précise que si la distance est multipliée par un nombre, la force d'attraction est divisée par ce nombre au carré : si la distance est dix fois plus grande, l'attraction est cent fois plus petite. Cette même loi en inverse carré est celle qui gouverne l'interaction entre deux particules chargées d'électricité.

ion

Les atomes sont constitués par un noyau très petit qui possède une charge électrique positive, et autour duquel se répartissent des électrons chargés négativement. Pour chaque élément, le nombre d'électrons est bien déterminé, ce qui fixe du même coup la charge positive du noyau, car celle-ci neutralise celle-là. C'est ainsi que l'atome d'hydrogène possède un électron, et que son noyau (le proton) a une charge positive. L'atome de carbone a 6 électrons et son noyau 6 protons, l'atome d'oxygène a 8 électrons, et son noyau 8 charges positives, et ainsi de suite. Le nombre d'électrons des atomes d'un élément donné est ce qu'on appelle son numéro atomique, noté d'habitude Z.

Or l'atome peut perdre un électron (ou plusieurs), à la suite d'un choc avec un électron, ou avec un autre atome. Sa charge globale est alors positive, c'est un *ion positif*. Il arrive aussi qu'un atome puisse capturer un électron, et devienne un *ion négatif*. Le même phénomène d'ionisation se produit également quand on dissout un sel, du sel de cuisine par exemple, dans de l'eau : sous l'action des molécules d'eau, les molécules de chlorure de sodium (sel de cuisine) se dissocient en ions chlore négatifs et ions sodium positifs.

liaison, système lié, énergie de liaison

Le système terre-soleil, avec la terre qui gravite autour du soleil, est un système qu'on appelle lié parce qu'il ne peut se séparer sans qu'on lui fournisse de l'énergie.

Glossaire 565

Une fusée posée sur la terre est évidemment liée à la terre. Si elle est envoyée dans l'espace avec une énergie suffisante (donc une vitesse suffisante) elle peut se transformer en satellite de la terre, en lui restant liée. Il faut fournir une énergie plus grande pour que la fusée quitte la terre « définitivement », il en faut une encore plus grande pour qu'elle puisse quitter le système solaire : on appelle *vitesse de libération* (de la terre, du soleil) cette vitesse minimum nécessaire. De la même façon un atome est un système lié, constitué par un noyau et des électrons. Pour arracher un électron à un atome (ce qui fait qu'il n'est plus neutre, et devient un ion positif) il faut lui fournir (par exemple par collision) une énergie suffisante, au moins égale à l'énergie de liaison de l'électron dans l'atome. Inversement, quand un électron est capturé par un ion, il dégage sous forme de rayonnement (de quanta de lumière) l'équivalent de son énergie de liaison.

longueur d'onde, période, fréquence

Si l'on regarde des ondes qui se propagent à la surface d'une eau calme, observant un bouchon de liège flottant sur l'eau, on voit qu'en fait le bouchon reste sur place, avec un simple mouvement régulier de haut en bas, puis de bas en haut. Ce mouvement d'oscillation est transmis de proche en proche par les molécules d'eau à leurs voisines. Ce qu'on voit se déplacer, c'est l'onde. Cet exemple montre que le concept d'onde est plus subtil qu'il n'en a l'air : il n'y a pas d'eau entraînée dans le déplacement, seulement de l'énergie. Ce qui se déplace, c'est l'ébranlement, l'onde.

Pendant que notre bouchon fait un cycle haut-bas-haut, l'onde s'est déplacée d'une certaine distance, qu'on appelle la longueur d'onde. Le temps nécessaire au bouchon pour faire un cycle est la période, tandis que le nombre de cycles aller-retour faits en une seconde est ce qu'on nomme la fréquence.

Les ondes électromagnétiques sont des oscillations du champ électrique et du champ magnétique en général extrêmement rapides, et qui se propagent à la vitesse de la lumière, 300 000 km par seconde. La lumière visible est constituée d'ondes électromagnétiques dont la longueur d'onde varie entre 0,4 micromètre pour le rouge, et 0,7 micromètre pour le violet (un micromètre est un millionième de mètre, ou un millième de millimètre). Les fréquences utilisées en radio (modulation de fréquence, ou « FM ») sont voisines de 100 mégahertz (abréviation MHz), c'est-à-dire cent millions de cycles par seconde. Elles se déplacent à 300 000 km/s, ce qui se traduit par des longueurs d'onde de 3 mètres environ (la longueur d'onde est la distance parcourue par l'onde pendant un cycle, soit dans l'exemple choisi, pendant un cent-millionième de seconde). Les « grandes ondes » radio ont des longueurs d'onde de l'ordre de 1 000 à 2 000 mètres, et par voie de conséquence des fréquences plus faibles, de 150 à 300 kilohertz, ou milliers d'Hertz.

luminescence

La luminescence est le phénomène par lequel certaines substances deviennent lumineuses quand elles sont éclairées par de la lumière, visible ou invisible (lumière ultraviolette par exemple). La lumière émise par une substance fluorescente donnée a une couleur (une longueur d'onde°) bien déterminée, propre à chaque substance. En général il s'écoule un temps très court (de l'ordre d'un cent-millionième de seconde) entre le moment où la substance reçoit la lumière « excitatrice » et le moment où elle émet à son tour sa lumière caractéristique. À l'intérieur d'un tube fluorescent, on produit de la lumière violette par passage de l'électricité dans un gaz raréfié (une « décharge ») et cette lumière frappe la substance fluorescente qui recouvre l'intérieur du tube, ce qui provoque l'éclairement.

La longueur d'onde de la lumière émise par une substance fluorescente est toujours plus grande que celle de la lumière incidente, qui a provoqué la fluorescence : c'est la loi de Stokes, qu'Einstein expliqua en 1905 par l'hypothèse des quanta de lumière.

Il arrive que la lumière ne soit ré-émise que beaucoup plus lentement, certains corps pouvant rester lumineux pendant des heures : c'est ce qu'on nomme la phosphorescence (car le phosphore est dans ce cas).

masse et poids

Dans le langage courant, masse et poids sont quasiment interchangeables. Ce sont pourtant des concepts bien distincts. Le poids est la force avec laquelle mon corps appuie sur le ressort de mon pèse-personne qui indique alors, effectivement, mon poids. C'est la force d'attraction de la terre sur mon corps.

La masse, qu'on appelle aussi masse d'inertie (et quelquefois tout simplement inertie), est liée directement à la quantité de matière d'un corps. *C'est elle qui fait qu'avec le même effort je ne communique pas la même vitesse à une grande masse (un camion) ou à une petite masse (une bicyclette)* même si les deux flottent sur un coussin d'air qui supprime tout contact avec le sol. La masse de l'astronaute est la même sur la terre et sur la lune, mais son pèse-personne (s'il en a emporté un) indique un poids six fois moindre sur la lune. La lune, moins massive que la terre, exerce en effet une attraction moins grande sur lui. Mieux, dans sa station orbitale, l'astronaute ne pèse rien, il flotte dans l'espace de la cabine (un pèse-personne serait inopérant, il flotterait comme lui), mais il a toujours la même masse ! En mission hors de la station, il ne peut déplacer celle-ci avec la même facilité qu'une boîte de conserves flottant devant lui dans l'espace, bien que ni la boîte ni la station ne *pèsent* rien : leurs masses sont très différentes.

méson, méson π, méson μ

Voir *pion* et *muon*.

MeV

Un million d'électronvolts (voir ce mot). Cette énergie est utilisée comme unité en physique nucléaire, car les énergies mises en jeu dans le noyau de l'atome sont de cet ordre, alors que celles qui sont mises en jeu dans l'atome, dans les interactions entre les électrons et le noyau, donc dans les réactions chimiques, sont plutôt de l'ordre de l'électron-volt (eV).

Un électron-volt vaut $1,602177 \times 10^{-19}$ joule, et un MeV un million de fois plus.

millibar

Unité de pression, un millième de bar. Voir : *pascal*.

molécule-gramme

Voir *mole*.

Glossaire

mole

Une mole, qu'on appelait naguère *molécule-gramme*, est une quantité de matière contenant un nombre de molécules égal au nombre d'Avogadro N, environ $6,022 \times 10^{23}$, 6 suivi de 23 zéros ! On appelait de même *atome-gramme* un ensemble de N atomes. Un gramme d'hydrogène contient N atomes, c'est donc un atome-gramme. Une mole d'hydrogène a une masse de 2 grammes, car chacune de ses molécules contient deux atomes. L'hypothèse d'Avogadro dit qu'une mole de n'importe quel gaz contient toujours le même nombre de molécules. Une mole de gaz a un volume de 22,4 litres, à la pression atmosphérique et à 20°, et ce, quel que soit le gaz.

moment angulaire

Le mouvement rectiligne d'un corps pesant est caractérisé par sa vitesse, et mieux encore par son *impulsion*, qu'on appelait naguère sa *quantité de mouvement*, obtenue en multipliant la vitesse par la masse en mouvement. C'est ainsi qu'un corps deux fois plus lourd qu'un autre a, pour une même vitesse, une *quantité de mouvement* deux fois plus grande.

Pour un corps en rotation autour d'un axe (par exemple une planète qui tourne autour du soleil, ou une fronde qu'on fait tourner autour de sa main, au bout d'un fil, ou encore une toupie bien lancée) il existe de la même manière un *moment angulaire*, ou moment cinétique, qu'on pourrait appeler une *quantité de rotation*, et qui est obtenue en multipliant la quantité de mouvement, ou impulsion◇, par la distance entre l'axe de rotation (le soleil, la main) et l'objet tournant (la planète, la fronde). Le calcul du moment angulaire d'une toupie est plus complexe, car les différentes parties de la toupie ne sont pas à la même distance de l'axe, une même masse tournant à la même vitesse plus loin de l'axe a un moment angulaire plus grand, mais l'idée est la même. Un moment angulaire a une orientation dans l'espace, on le représente par un vecteur dirigé suivant l'axe de rotation.

L'intérêt physique de ce concept est qu'un système (comme le système soleil-terre) qui ne subit pas d'influence extérieure ni de freinage quelconque voit son moment angulaire se maintenir indéfiniment. Bien lancée, une bonne toupie tourne assez longtemps autour de son axe, et sans le freinage inévitable de la pointe sur la table, elle verrait son mouvement et son orientation dans l'espace maintenus indéfiniment. C'est sur ce principe que sont construits les compas modernes permettant aux bateaux de s'orienter.

Le moment angulaire s'exprime dans les mêmes unités que l'*action*◇. C'est la raison pour laquelle il est quantifié : il ne peut prendre que des valeurs multiples d'un moment angulaire élémentaire. Le moment angulaire qui correspond à une rotation, et qu'on appelle pour cette raison moment angulaire *orbital*, ne peut prendre que des valeurs multiples de ce qu'on a coutume d'appeler le moment angulaire élémentaire, égal à la constante de Planck h divisée par 2π, qu'on note de la lettre h barrée, $\hbar$.

Les particules (protons, électrons, neutrons...) ont un moment angulaire intrinsèque qu'on appelle le *spin* de la particule. Il ne correspond à aucune rotation de matière et ne peut pas être arrêté. Il peut prendre des valeurs qui sont des multiples entiers ou demi-entiers de $\frac{h}{2\pi}$, ou $\hbar$. L'électron, le proton et le neutron ont un spin $\frac{1}{2}$ (c'est-à-dire la moitié de l'unité de moment angulaire $\hbar$). Le photon et le méson ont un spin 1.

muon

Nom actuel du méson μ. Voir *pion*.

neutron

Un des constituants du noyau, le neutron est très semblable au proton, à part sa charge électrique qui est nulle. Les noyaux d'un élément donné ont tous le même nombre de protons, mais un nombre de neutrons qui peut varier : ce sont les isotopes de cet élément.

nucléon

Nom donné aux protons ou neutrons lorsqu'on ne veut retenir que leur caractère semblable (masse, spin, interaction entre eux) : *le noyau de carbone 12 contient 12 nucléons* (6 protons et 6 neutrons).

pascal

Unité de pression, qui correspond à la pression d'une force d'un Newton (une masse de 1 kg pèse environ 10 Newtons) répartie sur un mètre carré. Cela correspond en fait à une pression très faible, un cent-millième environ de la pression atmosphérique, si bien qu'on utilise fréquemment l'hectopascal, qui vaut cent pascals.

Une unité utilisée fréquemment est également le bar (c'est en bars qu'on donne la pression de l'eau dans les canalisations), qui vaut 100 000 pascals, et qui est proche de la pression atmosphérique normale qui est de 1,013 bar, ou 1013 hectopascals, ou 101 300 pascals.

On utilise enfin, pour des raisons historiques, une autre mesure de pression : la hauteur en millimètres ou en centimètres de la colonne de mercure d'un baromètre (76 cm, ou 760 mm pour la pression atmosphérique normale). On a même donné le nom de Torricelli (abrégé en torr) à l'unité de 1 mm de mercure, ce qui équivaut à 1,33 hectopascal.

période radioactive

Tout corps radioactif subit une « décroissance radioactive » : son activité décroît avec le temps, le corps radioactif se transformant en un autre corps (radioactif ou pas). Cette décroissance se fait de façon exponentielle, ou géométrique, c'est-à-dire que le nombre d'atomes qui se désintègrent pendant un intervalle de temps donné est une fraction fixe du nombre total d'atomes présents dans un échantillon. Au fur et à mesure des désintégrations, ces atomes sont moins nombreux, et en conséquence le nombre de désintégrations par seconde, c'est-à-dire l'activité, diminue. Si l'activité d'un échantillon a par exemple diminué de moitié au bout d'un jour, son activité sera chaque jour exactement la moitié de l'activité de la veille. Un échantillon de 1 kg par exemple sera réduit à 500 g après un jour, à 250 g après deux jours, à 125 g après trois jours, etc.

C'est cet intervalle de temps au bout duquel l'activité est réduite de moitié qu'on appelle la période radioactive. Les valeurs des périodes radioactives sont extrêmement variées, les plus longues atteignant des milliards d'années (4,5 milliards d'années pour l'uranium), les plus courtes d'infimes fractions de seconde.

On parle quelquefois de « demi-vie » pour désigner la période radioactive, ce

Glossaire

appellation	gamme des énergies (électronvolts)	gamme des longueurs d'onde
radiofréquences	10^{-10} à 10^{-5}	10 km à 10 cm
micro-ondes (RADAR, fours domestiques)	10^{-6} à 0,1	1 mm à 1 m
infrarouge (four, fer à repasser)	10^{-4} à 1	1 cm à 1 μm
lumière visible (par l'œil humain)	1,2 à 2,5	0,4 à 0,8 μm
ultraviolet	2,5 à 2000	0,4 à 0,0005 μm
rayons X	10 à 100 000	0,1 à 10^{-5} μm
rayons γ	plus de 10 000	moins de 10^{-5} μm

TAB. 9.1 – *Gammes des énergies et de longueurs d'onde des photons. On voit que les différentes catégories se chevauchent, quelquefois largement. Un μm, ou micromètre, qu'on appelle encore souvent micron, vaut 10^{-6} m, soit un millionième de mètre.*

qui peut prêter à confusion : le double de la « demi-vie » n'est pas la vie entière ! Pour reprendre notre exemple, notre échantillon n'aura pas entièrement disparu après deux périodes, il sera simplement réduit au quart de sa valeur initiale.

photon

C'est le nom des *quanta de lumière*, la plus petite quantité de lumière pouvant être échangée entre deux corps, deux atomes. Leur énergie est directement liée à leur fréquence ν par la formule de Planck $E = h\nu$, dans laquelle h est la constante de Planck. Donc un photon de fréquence élevée (c'est-à-dire de longueur d'onde courte) transporte plus d'énergie qu'un photon de fréquence faible. On range ainsi les photons selon leur fréquence (voir le tableau).

pion, méson π

Le nom de *méson* a été donné à la particule découverte en 1937 par Anderson et Neddermeyer(voir p. 102) parce qu'elle avait une masse intermédiaire entre celle du proton et celle de l'électron. Or on découvrit en 1947 qu'il existait deux particules de ce type, qui furent nommées *méson π* et *méson μ*(voir p. 489). Nous nommons aujourd'hui *pion* le méson π, ou plutôt les mésons π, puisqu'il en existe trois : un pion chargé positivement, un pion chargé négativement et un pion neutre.

Quant au méson μ, nous le nommons aujourd'hui *muon*.

poids atomique, masse atomique

Au XIXe siècle on ignorait la valeur du nombre d'Avogadro (voir *Avogadro*), donc il était impossible de connaître le poids d'un atome. Par contre on savait très bien comparer les poids atomiques entre eux. Comme on s'était rendu compte qu'en prenant comme unité l'atome d'hydrogène les poids des autres éléments étaient proches de nombre entiers, on décida d'établir ainsi des poids atomiques relatifs. En fait, pour des raisons pratiques, on prit plutôt comme unité 1/16 du poids atomique de l'oxygène, ce qui revenait à peu près au même. De nos jours on parle de masse (voir ce mot) plutôt que de poids. En effet, le poids d'un atome, qui est l'attraction que la terre exerce sur lui, est négligeable comparé aux autres forces auxquelles il est soumis, et surtout la masse d'un atome est la même dans toutes les circonstances (sur terre, dans l'espace, dans le soleil...) alors que son poids varie beaucoup.

potentiel

La *différence de potentiel* entre un point A et un point B, dans un champ de force, est l'énergie potentielle qu'acquiert une charge unité (pour un potentiel électrique), ou une masse unité (pour un champ de gravitation) en se déplaçant du point A au point B : un électron acquiert une énergie potentielle de 1 eV en franchissant une différence de potentiel électrique de 1 V. La force exercée sur la charge est directement liée à la variation du potentiel : si celui-ci augmente, elle s'oppose au déplacement, s'il diminue, elle le favorise, et ce, d'autant plus que la pente est forte. La force nucléaire est souvent représentée par un potentiel en forme de puits (voir ce mot) dont les abords sont très abrupts, ce qui signifie que la force subie par une particule est très grande à la frontière du noyau ; le fond du puits est par contre pratiquement plat, si bien que la particule subit peu de force tant qu'elle est à l'intérieur du noyau.

potentiel, puits de potentiel

Lorsqu'une particule chargée, une particule α par exemple, s'approche d'un noyau avec une certaine vitesse, elle commence par subir une répulsion due à la charge de même signe, positif, du noyau. Cela provoque son ralentissement, et transforme progressivement son énergie cinétique, qui est liée à sa vitesse, en énergie potentielle. On observe le même phénomène si on lance une boule sur une pente ascendante. Lorsque la particule arrive assez près du noyau, elle subit une forte attraction due à la force nucléaire, un peu comme la boule

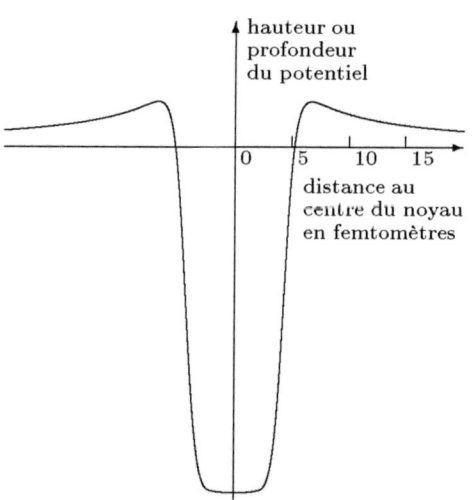

qui tomberait dans un trou, un puits, qu'on appelle un *puits de potentiel*. Il faudra fournir de l'énergie pour extraire la particule du noyau, une énergie égale à la profondeur du puits, comptée à partir de la « margelle ». La radioactivité α correspond à des particules auxquelles il manque peu d'énergie pour sortir du noyau, et selon les règles de la mécanique classique elles ne peuvent pas sortir. Mais la mécanique quantique permet, avec une probabilité très faible mais non nulle, de traverser une barrière à condition qu'elle ne soit pas trop épaisse, donc que l'énergie de la particule soit tout près du sommet de la margelle du puits. La figure ci-contre représente de façon qualitative le potentiel subi par une particule α à l'approche d'un noyau de calcium 40 : on peut voir la pente douce due à la répulsion coulombienne, et l'attraction subite du potentiel nucléaire, qui la fait littéralement tomber dans un puits. Voir : *potentiel*.

pouvoir séparateur (d'un appareil de mesure)

Voir : *résolution*.

précision d'un appareil de mesure

La précision d'un appareil est la qualité qui permet de donner une valeur précise à une mesure : si je mesure la longueur d'une salle de 10 m à 1 mm près, je dis que j'ai une précision de 1 mm, ou un dix-millième de la longueur totale.

La précision d'un appareil n'est pas nécessairement liée à sa résolution$^\diamond$, qui mesure sa capacité à séparer des images proches. Pour prendre l'exemple d'un appareil photographique, un objectif peut avoir un piqué exceptionnel, ce qui correspond à une grande résolution, mais l'image peut être entachée de distorsions qui ne donnent qu'une précision moyenne, si l'on veut par exemple utiliser cette image pour évaluer des distances, mesurer la hauteur d'un pylône, d'une construction. Pour mesurer la hauteur d'un pylône avec une lunette, il me faut un appareil de précision, mais pour distinguer des détails lointains, je désire de la résolution.

principe de conservation de l'énergie, ou « premier principe » de la thermodynamique

Le principe de conservation de l'énergie repose sur l'équivalence des différentes sortes d'énergie : énergie liée au mouvement, ou énergie cinétique (c'est l'énergie emmagasinée par une voiture qui a une certaine vitesse, ou celle d'une balle de fusil), énergie chimique (c'est l'énergie fournie par la combustion de l'essence dans un moteur de voiture), énergie électrique, chaleur. Le premier principe dit qu'*on ne peut pas créer d'énergie,* on peut seulement transformer un type d'énergie en un autre : énergie mécanique en énergie électrique dans un alternateur, énergie électrique en énergie mécanique dans un moteur électrique, énergie chimique en énergie mécanique (moteur à explosion), n'importe quelle énergie en chaleur, la chaleur en une autre énergie, mais avec un rendement limité par le second principe, énoncé pour la première fois par Carnot.

principe de Carnot, ou « second principe » de la thermodynamique

Dans un moteur de voiture, ou dans un canon, on transforme de la chaleur (produite par la combustion d'un carburant quelconque) en énergie mécanique (la voiture avance, l'obus acquiert une certaine vitesse). Carnot remarqua qu'un moteur thermique ne peut fonctionner qu'en prenant de la chaleur à une source de chaleur à une certaine température, et en cédant une partie de cette chaleur à un réservoir de chaleur à une température plus basse : le moteur ne peut fonctionner que parce qu'il y a une différence entre la température du mélange qui vient d'exploser et la température ambiante. On ne peut donc jamais transformer intégralement de la chaleur en énergie mécanique. Le rendement maximum, c'est-à-dire la proportion maximum de la chaleur qu'on peut transformer, dépend de l'écart des températures entre les deux sources. Dans les moteurs courants, la source chaude est le gaz produit par la combustion, et la source froide est l'atmosphère qui sert à refroidir le moteur, à évacuer la chaleur non utilisée. Une centrale thermique produit de la chaleur (source chaude) qui chauffe de l'eau, qui elle-même actionne une turbine, et se refroidit à l'air ou par un circuit de refroidissement (c'est la source froide, qui évacue les calories non transformées en énergie mécanique de la turbine). Le rendement théorique maximum s'exprime en fonction des températures absolues des deux sources (les températures absolues sont obtenues en ajoutant 273,15° aux températures habituelles, dites Celsius). Le rendement maximum d'une machine thermique est égal au rapport entre la différence des deux températures et la température de la source chaude, soit entre 20 et 40% en pratique.

Clausius a montré que le second principe peut s'énoncer d'une autre façon, tout à fait équivalente, mais qui le rend intuitivement évident : la chaleur ne peut pas s'écouler spontanément d'un corps froid vers un corps chaud, ce que confirme notre expérience la plus quotidienne. Ses conséquences sont innombrables et quelquefois surprenantes. Clausius a également énoncé le second principe de façon plus abstraite : l'entropie d'un système isolé ne peut pas décroître, ce qu'on peut exprimer également en disant que le désordre d'un système ne peut pas décroître sans apport d'énergie venue de l'extérieur du système.

proton

Un des constituant du noyau de tous les atomes (l'autre étant le neutron). Le noyau de l'atome le plus léger, l'hydrogène, contient un unique proton en général, mais il a un isotope rare qui contient un proton et un neutron, c'est le deutérium. Le proton possède une charge électrique élémentaire positive.

puits de potentiel

Voir : *potentiel*

R, constante des gaz parfaits

Voir : *gaz parfaits*.

raie (spectroscopie)

En observant la lumière du soleil à travers un prisme, ou, mieux, un spectroscope moderne, on voit toute la gamme des couleurs de l'arc-en-ciel, avec cependant quelques raies sombres, comme de fines ombres noires. Si en revanche on regarde avec le même spectroscope la lumière jaune produite par du sel de cuisine jeté sur la flamme du gaz, on n'observe que quelques fines raies brillantes. Chaque élément possède un certain nombre de raies qui lui sont propres, l'analogue de véritables empreintes digitales : là se trouve la base de la spectroscopie, fondée par Kirchhoff et Bunsen, qui montrèrent que les raies sombres du soleil correspondaient de façon précise aux raies brillantes d'éléments connus, révélant ainsi leur présence à la surface du soleil.

rayonnement du corps noir

Il suffit d'approcher la main d'un fer à repasser bien chaud pour se convaincre qu'il rayonne de la chaleur. Cette chaleur est émise sous forme d'ondes électromagnétiques, identiques à des ondes lumineuses de grande longueur d'onde, ce qui les rend invisibles à notre œil. C'est ce qu'on nomme le rayonnement infrarouge. Si l'on chauffe un morceau de fer, il commence à devenir faiblement lumineux, rouge sombre, vers 500°C, puis de plus en plus brillant. Dans le même temps sa couleur change. Le filament de tungstène des lampes à incandescence est porté à des températures de l'ordre de 2 600 degrés, ce qui produit une lumière beaucoup plus blanche. D'une manière générale, le rayonnement ainsi émis par un corps porté à une certaine température comporte un mélange, une certaine gamme de longueurs d'onde (de couleurs), mélange qui change avec la température. Ce que nous appelons lumière « blanche » est en fait une lumière dont la proportion des différentes couleurs (telles qu'elles apparaissent dans l'arc-en-ciel) est proche de celle du soleil, dont la surface (visible) est à une température de 5 600°C environ.

Chaque corps possède un coefficient d'absorption, qui dépend de la nature de sa surface : plus celle-ci est brillante, ou blanche, plus elle réfléchit la lumière ou la chaleur rayonnante qui la frappe. Le concept de « corps noir » a été introduit par Kirchhoff en 1860 pour désigner un corps idéal qui absorberait au contraire 100% du rayonnement qu'il reçoit. Si la surface d'un corps est recouverte d'une peinture noire mate, il ressemble au « corps noir » des physiciens. Mais ce qui s'en approche le mieux c'est une cavité fermée, dont les parois sont assez absorbantes, et munie d'un petit orifice par lequel on peut observer l'intérieur : un four de boulanger en somme. En effet un rayonnement qui entre par cet orifice a très peu de chance de ressortir, donc il est presque totalement absorbé.

Pour le physicien ce corps noir est un concept très utile, car on a pu établir grâce à lui des lois fondamentales, déduites des principes de la thermodynamique. La loi de Stefan-Boltzmann (1879-1885) dit par exemple que l'énergie rayonnée est en raison de la puissance quatrième de la température absolue.

Les conséquences pratiques de ces lois sont considérables. Par exemple si l'on parvient à augmenter la température des filaments des lampes de 2 600° à 3 000° (comme dans les lampes à halogène) l'énergie émise augmente de 68%, et de plus elle contient moins d'infrarouges et plus de lumière visible : le rendement lumineux est quasiment doublé.

Est-il possible de calculer à partir des seuls principes de la thermodynamique la répartition des couleurs (ou des longueurs d'onde) de la lumière émise par un corps noir porté à une certaine température ? Voilà le problème redoutable auquel furent confrontés les physiciens de la fin du XIXe siècle, tels que Wilhelm Wien, Lord Rayleigh, James Jean, Max Planck. Ce dernier résolut le problème en 1900 en supposant que ces rayonnements n'étaient pas émis de façon continue, mais par paquets indivisibles, les quanta. La figure ci-contre donne la répartition de l'énergie rayonnée par un corps noir à la température de la surface du soleil, selon la formule de Planck (voir p. 107). Le maximum d'énergie est rayonnée dans le domaine visible, entre 0,4 et 0,8 micromètre.

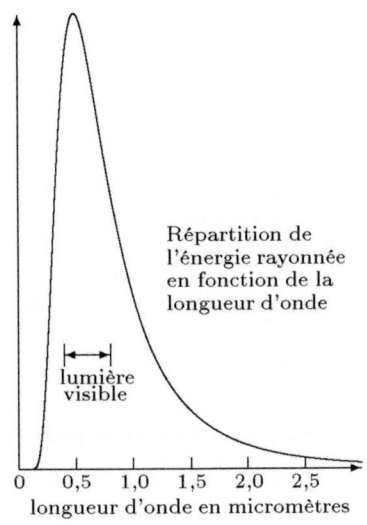

Répartition de l'énergie rayonnée en fonction de la longueur d'onde

rayons cathodiques

Dans le tube cathodique d'un appareil de télévision, on a deux bornes électriques : la borne positive, l'anode, qui est l'écran lui-même, et la borne négative, la cathode. Quand on soumet le tube à une tension suffisante, des électrons s'échappent de la cathode : ce sont des rayons cathodiques, que les physiciens de la fin du XIXe siècle ont étudiés avec tant d'acharnement avant d'élaborer une théorie permettant de comprendre les phénomènes observés. Quand ils frappent l'écran, les électrons provoquent un phénomène de luminescence$^\diamond$. Dans un tube de télévision, les électrons sont déviés pour balayer l'écran luminescent et dessinent ainsi des images : chaque point de l'écran est illuminé pendant 1/15 625 seconde, tous les 1/25 de seconde. La persistance pendant environ 1/10 de seconde de l'image sur notre rétine donne l'illusion que le point est illuminé de façon continue.

réaction en chaîne

La notion de réaction en chaîne est à la base de tout processus d'explosion. Lorsque du gaz de ville s'est accumulé dans un local où se trouve de l'air, donc de l'oxygène, une simple étincelle peut provoquer l'explosion. Les molécules de gaz peuvent en effet se combiner aux molécules d'oxygène en dégageant de la chaleur (c'est ce qu'on appelle une réaction *exo-énergétique*) mais il faut pour cela que le mélange soit porté à une certaine température, ce qui est précisément réalisé dans l'étincelle. Lorsque quelques molécules se combinent entre elles, suffisamment de chaleur est dégagée pour chauffer les molécules environnantes, provoquer leur combinaison, dégager plus de chaleur, etc. L'effet « boule de neige » (si l'on ose dire) va propager la réaction chimique à tout le gaz dans un temps très bref, provoquant une grande production de chaleur, donc une dilatation brutale du gaz, une *explosion*.

Dans le cas de la réaction en chaîne nucléaire, le principe est le même, sauf que la chaleur dégagée par chaque fission dégage une chaleur plus d'un million de fois plus grande que lors d'une réaction chimique, d'où le caractère colossal de l'explosion d'une bombe atomique.

réfraction

Quand la lumière passe d'un milieu comme l'air dans un milieu comme le verre ou l'eau, elle change de direction, c'est ce qu'on appelle la réfraction. C'est pour cette raison qu'une règle plongée obliquement dans l'eau paraît pliée. C'est le phénomène de la réfraction qui est utilisé dans les lunettes, les loupes, les microscopes, etc.

Le changement de direction n'est pas exactement le même pour les différentes longueurs d'onde$^\diamond$ (différentes couleurs). C'est ce qu'on observe quand on fait passer la lumière blanche à travers un prisme : le rouge est plus dévié que le bleu. C'est ainsi que Newton découvrit que la lumière blanche est une superposition de lumières de toutes les couleurs de l'arc-en-ciel. Naguère le bord des miroirs était taillé en biseau, ce qui permettait de voir les merveilleuses couleurs de l'arc-en-ciel.

Voir : *diffraction*.

résolution, pouvoir séparateur

Résoudre (du latin *resolvere*, délier, détacher) signifie à l'origine « décomposer un corps en ses éléments constituants ». Pour un objectif photographique, la résolution est la capacité à produire une image assez nette pour que deux détails proches (deux points lumineux par exemple) aient deux images distinctes. Plus généralement la résolution ou pouvoir séparateur d'un instrument scientifique est sa capacité à détecter de façon distincte deux objets séparés, selon la fonction de l'instrument, par une très courte distance (résolution spatiale) ou un temps très court (résolution temporelle) ou des énergies très proches (résolution en énergie), etc. Dire par exemple que la résolution des images de la terre données par les photographies de satellites est de 40 m signifie que deux objets éloignés de moins de 40 m n'apparaîtront pas distincts sur la photographie.

Voir : *précision*.

résonance

Le phénomène de résonance se manifeste dans tous les cas où l'on a affaire à des mouvements vibratoires, caractérisés par une fréquence (nombre d'oscillations par seconde). On peut communiquer à un système oscillant de l'énergie à condition de le faire à une fréquence convenable, proche de la fréquence naturelle du système. Par exemple on peut communiquer un mouvement de plus en plus ample à une balançoire en lui donnant une impulsion à intervalles réguliers, selon la fréquence naturelle de ses va-et-vient : il est essentiel de donner ces impulsions au bon moment. Un exemple célèbre est celui du pont qui se serait effondré car une troupe marchait dessus au pas cadencé, cette cadence correspondant par hasard à la fréquence des oscillations du pont : celles-ci se seraient amplifiées au point de provoquer sa rupture. Depuis, les troupes ne marchent plus jamais au pas cadencé sur les ponts... D'une manière générale, tout ce qui peut vibrer se met à le faire de façon de plus en plus importante s'il reçoit des impulsions à la fréquence de ses vibrations propres.

En mécanique quantique toute particule d'une certaine énergie E est caractérisée par une fréquence $\nu = h/E$, donc le phénomène de résonance est d'une certaine façon consubstantiel à la mécanique quantique.

section efficace

Prenons l'exemple d'un flot de neutrons qui traverse de la matière. Ils ne peuvent interagir qu'avec les noyaux des atomes présents. Vus de loin, tous ces noyaux se présentent comme de minuscules disques, ayant chacun une certaine surface apparente, qui est en gros la surface d'un cercle de même rayon. Imaginons que s'il frappe le noyau, le neutron s'y agglomère à coup sûr, et forme un nouvel isotope du même élément, contenant un neutron de plus : on dit que la *section efficace* du processus est cette surface du cercle apparent. Mais imaginons qu'il ait une chance sur deux de s'agglomérer au noyau, et une chance sur deux de simplement rebondir : on dit alors que la *section efficace* de production du nouvel isotope est la moitié de cette surface apparente, comme si, *pour ce processus*, le noyau présentait une surface apparente plus petite. Cette section efficace est donc liée directement à la probabilité d'un processus donné. Mesurer la *section efficace* d'un processus donné, c'est en fait mesurer la probabilité qu'il ait lieu.

Les noyaux sont très petits, leurs rayons s'échelonnent en gros entre 10^{-15} et 6×10^{-15} m : des milliardièmes de millimètre. Les sections efficaces sont donc de l'ordre de 10^{-28} m^2, quantité qui fut appelée par plaisanterie *barn**. On donne souvent les sections efficaces habituelles en *millibarns*, c'est-à-dire en millièmes de barn.

spectroscopie

Voir : *raie*.

---

*L'origine de l'unité *barn* vient de l'expression familière américaine *as big as a barn* (grand comme une grange), qui fut appliquée par antiphrase aux sections efficaces d'interaction des neutrons lents avec certains noyaux atomiques durant le projet *Manhattan* pendant la seconde guerre mondiale (R. D. Evans, *Le noyau atomique*, Paris, Dunod 1961, note p. 10).

spin

Mot anglais signifiant « tournoiement », adopté dans toutes les langues pour désigner tout d'abord une grandeur physique attachée à l'électron, un moment angulaire$^\diamond$ qui n'est relié à aucune rotation de matière. C'est un moment angulaire intrinsèque, une grandeur purement quantique, sans équivalent classique. Le moment angulaire de l'électron vaut $\frac{1}{2}\hbar$, où $\hbar$ est la constante de Planck h divisée par 2π, et on dit que l'électron a un spin $\frac{1}{2}$. Le proton, le neutron, le neutrino ont un spin $\frac{1}{2}$. Le photon, ou quantum de lumière, a un spin 1. Quant aux noyaux des atomes, les spins et autres moments angulaires des constituants se combinent comme des vecteurs, ce qui signifie que lorsque deux spins de même valeur ont des directions opposées, le spin résultant est nul, ce qui est vrai pour les noyaux contenant un nombre pair de protons et un nombre pair de neutrons : dans l'état d'énergie le plus bas, l'état fondamental du noyau (l'état dans lequel il se trouve normalement dans la nature) les protons ont tendance à former des paires avec des spins de directions opposées, donc des paires de spin total zéro. Comme les neutrons font de même, le spin de ces noyaux, qu'on appelle pairs-pairs, est nul.

système lié

Voir : *liaison*.

sursaturée (vapeur)

À une température donnée, l'air peut contenir au maximum une certaine quantité d'humidité, une certaine quantité d'eau sous forme gazeuse. Le degré d'humidité que donne un hygromètre indique, en pourcentage de ce maximum, la quantité effectivement présente dans l'air. Quand l'air se refroidit, cette quantité maximum diminue, et la quantité en excédent se condense : c'est la buée sur les vitres, la rosée, le brouillard, les nuages. Mais il y a ici un phénomène particulier : si on abaisse lentement la température d'un air calme, on n'observe pas de condensation quand on atteint 100% d'humidité, on peut en fait dépasser (un peu) 100%. On dit que la vapeur est *sursaturée*. Pour s'amorcer, la condensation a besoin d'impuretés, de poussières, d'ions, qui servent de noyaux de condensation. L'atmosphère contient toujours quelques poussières, et de plus le bombardement constant des rayons cosmiques y crée en permanence des ions.

température absolue

Voir *zéro absolu*.

théorie cinétique des gaz

Dans cette théorie, apparue au milieu du XIXe siècle, et à laquelle sont attachés les noms de Clausius, Maxwell, Boltzmann et Gibbs, on considère que les gaz sont constitués de molécules se déplaçant de façon chaotique en tous sens, rebondissant sur les parois des récipients, se cognant les unes les autres. Dans cette façon de voir, la pression est simplement le résultat du bombardement constant de molécules sur les parois. La température est d'autant plus grande que la vitesse des molécules est plus grande (la température absolue est la somme des énergies cinétiques des molécules, cette énergie cinétique étant la moitié du produit de sa masse par le carré de sa vitesse, $\frac{1}{2}mv^2$).

Maxwell montra que la viscosité d'un gaz (qu'on mesure par la vitesse plus ou moins grande avec laquelle il s'écoule par un petit trou, ou une paroi poreuse) est liée à la distance moyenne qu'une molécule parcourt en moyenne entre deux chocs contre d'autres molécules, distance qu'on nomme le *libre parcours moyen,* et qui dépend de la taille des molécules. Donc si l'on mesure la viscosité, on peut en déduire le libre parcours moyen, ce qui permet de calculer la taille des molécules, ce que fit Loschmidt en 1865.

La taille des molécules est de l'ordre de 10^{-7} mm (un dix-millionième de millimètre) pour les plus petites. Dans de l'oxygène à 20°, la vitesse moyenne des molécules est de 460 mètres par seconde. À la pression atmosphérique leur libre parcours moyen est de l'ordre de 0,05 μm, soit 5 cent-millièmes de millimètre, ce qui représente en gros 500 fois leur taille. Une molécule subit environ dix milliards de chocs par seconde contre d'autres molécules.

théorie des groupes

Voir : *groupes.*

u.e.s. (pour unité électrostatique)

Les unités utilisées naguère pour la quantité d'électricité statique étaient appelées simplement unités d'électricité statique, abrégée en u.e.s. L'unité moderne est le Coulomb, qui vaut 2997924580 u.e.s. La charge électrique de l'électron, qui est la plus petite charge électrique pouvant exister à l'état libre, vaut $1,6021773 \times 10^{-19}$ Coulomb ou $4,803207 \times 10^{-10}$ u.e.s.

Zeeman (effet −)

Lorsqu'on observe le spectre de raies d'un élément, ce spectre est modifié si un champ magnétique agit sur les atomes au moment où ils émettent la lumière. Chaque raie est démultipliée, donnant naissance à trois, quatre, cinq raies proches (leur distance dépend de l'intensité du champ magnétique). Ce phénomène découvert en 1897 par Pieter Zeeman conduisit à la découverte du spin$^\diamond$ de l'électron.

zéro absolu

C'est la température la plus basse possible, soit -273,15°C. La *température absolue* est la température comptée à partir du zéro absolu, elle est donc obtenue en ajoutant 273,15 à la température habituelle, dite Celsius.

Dans la théorie cinétique des gaz, on considère que les molécules sont en perpétuelle agitation désordonnée. La vitesse moyenne des molécules du gaz reflète directement la température absolue : elle lui est proportionnelle. Quand la température atteint le point dit de condensation, le gaz se liquéfie, les molécules sont encore en agitation, mais elles sont « au contact » les unes des autres : c'est l'état liquide. Si la température baisse encore, le liquide se solidifie, cristallise. Les molécules sont alors réparties régulièrement, à des distances données les unes des autres, mais elles ne sont pas immobiles, elles vibrent sans quitter leur site. Le zéro absolu est atteint lorsque les molécules sont absolument immobiles, ce qui, on le conçoit, est une limite inaccessible. Il est clair, dans cette description, qu'il ne peut exister de températures inférieures au zéro absolu : on ne peut pas ralentir une molécule immobile.

Index

Abelson, Philip Hauge [1913–2004], 388, 406, 440–443
Abragam, Anatole [1914–], 418
Abraham, Max [1875–1922], 189, 191, 208
Aitken, John [1839–1919], 242
Alder, Kurt, 485
Amaldi, Edoardo [1908–1989], 282, 283, 320, 334, 338, 340, 342–344, 368
Ambarzumjan, Viktor Amazasp [1908–1996], 251, 335
Ampère, André Marie [1775–1836], 20, 63
Anderson, Carl David [1905–1991], 299, 300, 303, 322, 354, 355, 489, 490
Anderson, Herbert Lawrence [1914–1988], 388, 396, 412
Aoyama, Shin-ichi [1882–1959], 420
Aston, Francis William [1877–1945], 19, 185–189, 191–193, 215, 261, 264, 268, 279, 281, 306, 312, 326
Auger, Pierre Victor [1899–1993], 417
Avogadro, Amedio [1776–1856], 63, 64, 66, 67, 86, 109, 185

Bacher, Robert Fox [1905–2004], 363, 366, 367
Baeyer, Otto von [1877–1946], 202, 203, 205
Bahr-Bergius, Eva von [1874–1962], 383
Bainbridge, Kenneth Tompkins [1904–1996], 275, 365
Baldwin, George Curriden [1917–], 474, 475
Balmer, Johann Jacob [1825–1898], 71, 73, 119, 121, 153
Bardeen, John [1908-1991], 434
Barkas, Walter Henry [1912–1969], 450
Barkla, Charles Glover [1887–1944], 19, 76, 77, 93, 94, 96, 97, 179, 180, 225, 240, 388
Bay, Zoltán [1900–1992], 432
Beck, Guido [1903–1988], 129
Becker, Herbert, 262, 267, 270, 296
Becquerel, Antoine Henri [1852–1908], 3–9, 11, 17, 23, 33, 34, 39, 40, 42, 43, 53–56, 328, 436
Bennett, Willard Harrison [1903–1987], 430
Berzelius, Jöns Jacob [1779–1848], 64
Besso, Michele Angelo [1873–1955], 111, 130, 152
Bethe, Hans Albrecht [1906–2005], 129, 348, 363–368, 412, 415, 439, 452, 458–460, 464, 468, 492, 493, 497, 498
Bhabba, Homi Jehangir [1909–1966], 355
Bieler, Étienne [1895–1929], 229, 230, 279, 365
Birge, Raymond Thayer [1887–1980], 264
Blackett, Patrick Maynard Stuart [1897–1974], 19, 244, 245, 261, 297, 298, 303, 304, 361, 364
Blatt, John Markus [1921–1990], 495
Blau, Marietta [1894–1970], 348, 432,

436, 437
Bloch, Claude [1923–1971], 417
Bloch, Félix [1905–1983], 348
Bohr, Aage Niels [1922–], 477–479, 481–487, 495, 499
Bohr, Niels Hendrik [1885–1962], 117–123, 125–128, 130–136, 139–145, 148–154, 157, 163, 164, 167, 168, 170–172, 179, 180, 208, 210, 212, 213, 215, 249, 258, 259, 261, 273, 293, 322, 323, 329, 344, 352, 357–361, 365–367, 380, 384, 385, 388–390, 398, 441, 442, 447, 448, 450, 452, 453, 455, 457, 458, 463, 464, 468, 476–478, 481, 486, 498–500
Boltwood, Bertram Borden [1870–1927], 90, 97, 197, 198
Boltzmann, Ludwig Eduard [1844–1906], 13, 19, 104, 106–110, 112, 158, 199
Booth, Eugene Theodore [1912–2005], 389, 404
Born, Max [1882–1970], 38, 125, 138–140, 149–153, 155, 156, 160, 163, 167, 170–172, 255, 256, 280, 348, 444, 449, 467, 468, 500
Bose, Satyendranâth [1894–1974], 158–161, 163–165, 249, 251, 279, 280, 354
Bothe, Walther [1891–1957], 211, 212, 238, 239, 244, 261, 262, 267, 270, 283, 296, 419, 473
Bragg, Sir William Henry [1862–1942], 19, 80–82, 95, 196, 258, 259
Bragg, Sir William Lawrence [1890–1971], 19, 95, 171, 225, 240, 403
Branly, Édouard [1844–1940], 234
Brasch, Arno A. [1909?–1963], 307, 349, 392
Brattain, Walter Houser [1902–1987], 434
Breit, Gregory [1899–1981], 291, 307, 320, 356, 357, 368
Bretscher, Egon [1901–1973], 389, 408
Brickwedde, Ferdinand Graft [1903–1989], 264, 265
Briggs, Lyman James [1874–1963], 404, 406, 407
Brillouin, Léon [1889–1969], 114, 171, 260, 261, 417
Broglie, Louis de [1892–1987], 147–149, 153, 157, 170–172, 260, 342
Broglie, Maurice de [1875–1960], 113, 114, 147, 148, 225, 237, 240
Brueckner, Keith Allen [1924–], 496–499

Bunsen, Robert Wilhelm [1811–1899], 12, 65
Burrows, Hannah B., 465, 466
Bush, Vannevar [1890–1974], 291, 406, 407
Butler, Stuart Thomas [1926–1982], 465–467

Cannizzaro, Stanislao [1826–1910], 64
Carnot, Nicolas Léonard Sadi [1796–1832], 12, 13, 20, 27, 29, 37, 40
Cavendish, Henry [1731–1810], 18, 19
Chadwick, Sir James [1891–1974], 19, 204–208, 219–222, 228, 229, 244, 264, 267, 268, 271–275, 278, 281, 283, 303, 304, 331, 361, 392, 408, 465, 474, 500
Chalmers, Thomas A., 392, 396
Chamberlain, Owen [1920–2006], 492
Chang, W. Y., 431
Charpak, Georges [1924–], 431
Chase, David Marion [1930–], 459
Chavannes, Édouard [1865–1918], 269
Clausius, Rudolf [1822–1888], 13, 104
Cockcroft, Sir John Douglas [1897–1967], 308–311, 316, 322
Cohen, Bernard Leonard [1924–], 459
Compton, Arthur Holly [1892–1962], 141, 171, 209, 211, 212, 241, 244, 261, 271, 407, 408, 474
Compton, Karl Taylor [1887–1954], 311
Conant, James Bryan [1893–1978], 407, 408
Condon, Edward Uhler [1902–1974], 255, 257, 320, 412
Cook, Leslie Gladstone [1914–1998], 389, 457
Corbino, Orso Mario [1876–1937], 160, 261, 333, 334, 339
Coster, Dirk [1889–1950], 379
Cotton, Aimé [1869–1951], 258
Coulomb, Charles Augustin de [1736–1806], 284, 295
Cowan, Clyde Lorrain [1919–1974], 336
Crookes, Sir William [1832–1919], 8, 15, 17, 19, 37, 39, 50, 87, 183–185
Curie, Irène [1897–1956], 216, 267, 269–271, 275–277, 283, 286, 303, 322–326, 328–331, 342, 370, 374–377, 379–382, 386–388, 393, 398, 406, 416, 418, 463, 499
Curie, Marie, née Marya Skłodowska, [1867–1934], 23–29, 33, 35–37, 39–41, 47, 54, 55, 79–82, 113, 171, 179–181, 203, 207, 215, 216, 225, 236, 258, 261, 268, 269, 310, 322, 326, 330,

331, 338, 370, 374, 375, 381, 386
Curie, Pierre [1859–1906], 24–27, 33–36, 40, 41, 47–49, 54–56, 75, 79, 112, 214, 260, 269, 321, 331, 370, 374, 392

D'Agostino, Oscar [1901–1975], 338, 343
da Costa Andrade, Edward Neville [1887–1971], 240
Daitch, Paul Bernard [1925–], 466
Dalton, John [1766–1844], 63
Danysz, Jan (Jean) Kasimierz [1884–1914], 203, 208, 216, 259
Darby, Paul F., 430
Darwin, Charles Galton [1887–1962], 95, 217
Dautry, Raoul Francis [1880–1951], 405
Davisson, Clinton Joseph [1881–1958], 149
Dayton, Irving E., 459
Debierne, André Louis [1874–1949], 374, 375
Debye, Peter [1884–1966], 128, 141, 171, 213, 334
Demarçay, Eugène [1852–1904], 27
Dempster, Arthur Jeffrey [1886–1950], 192
Dennison, David Mathias [1900–1976], 165
Dirac, Paul Adrien Maurice [1902–1984], 102, 161–165, 167, 170–172, 250, 251, 295, 300–303, 322, 338, 444
Dorfman, Jakov' Grigor'evič [1898–1975], 251
Doyle, Sir Arthur Conan [1859–1930], 21
Droste, Gottfried von, 380
Dulong, Pierre Louis [1785–1838], 112
Dunning, John Ray [1907–1975], 343, 389, 404

Earnshaw, Samuel [1805–1888], 92
Eckert, John Presper [1919–1995], 461
Eden, Richard John [1922–], 497
Edlefsen, Niels, 314, 315
Ehrenfest, Paul [1880–1933], 132, 140, 145, 171, 225, 250, 261, 287
Einstein, Albert [1879–1955], 109–114, 118, 121, 126, 130, 135, 137, 138, 140, 141, 145, 147, 148, 151–154, 157–161, 163–168, 170–172, 190, 191, 193, 207, 208, 210, 226, 241, 250, 251, 274, 279, 300, 353, 384, 385, 391, 398, 404, 426, 500
Ellis, Charles Drummond [1895–1980], 207–210, 214, 260, 261, 322, 361

Elsasser, Walter Maurice [1904–1991], 287, 288, 290, 348, 360, 366, 447, 448, 450
Elster, Johann Philipp Ludwig Julius [1854–1920], 37, 38, 87
Elton, Lewis Richard Benjamin [1923–], 445
Epstein, Paul Sophus [1883–1966], 130, 141
Eve, Arthur Stewart [1862–1948], 229, 361
Ewald, Paul Peter [1888–1985], 94, 142

Fajans, Kasimir [1887–1975], 184
Faraday, Michael [1791–1867], 13, 15, 16
Feenberg, Eugene [1906–1977], 291, 292, 319, 360, 448–450, 454, 455
Fermi, Enrico [1901–1954], 159–161, 163–165, 172, 213, 250, 251, 261, 282, 283, 291, 320, 322, 333–344, 349, 352, 355, 362, 364, 369–372, 375, 385, 388, 395–397, 406–408, 412, 413, 415, 417, 440, 442, 449, 451, 453, 463, 490, 498, 500
Fernbach, Sidney [1917–1991], 458
Ferrié, Gustave [1868–1932], 235
Feynman, Richard Phillips [1918–1988], 481, 498
Fink, George A., 343
Fischer, Hermann Emil [1852–1919], 200
Fleming, John Ambrose [1849–1945], 235
Flügge, Siegfried [1912–1997], 397, 419
Fock, Vladimir Aleksandrovič [1898–1974], 291, 292
Forest, Lee de [1873–1961], 235
Fowler, Alfred [1868–1940], 123, 125
Fowler, Ralph Howard [1889–1944], 162, 171, 187, 251, 261
Francis, Norman C. [1922–], 467
Franck, James [1882–1964], 126, 138, 172, 287, 297, 347, 391, 412, 415
Fraunhofer, Joseph von [1787–1826], 12
French, James Bruce [1921–2002], 466
Fresnel, Augustin Jean [1788–1827], 20
Friedrich, Walter [1883–1968], 94, 95
Frilley, Marcel, 241
Frisch, Robert Otto [1904–1979], 348, 383–388, 404–408, 476
Frobenius, Ferdinand Georg [1849–1917], 285
Fuchs, (Emil Julius) Klaus [1911–1988], 408

Gaboriau, Émile [1832–1873], 21
Galois, Évariste [1811–1832], 285

Gamow, George Anthony [1904–1968], 255–257, 260–264, 279, 281, 290, 308, 309, 322, 365, 389
Ganot, Pierre Benjamin Adolphe [1804–1887], 64
Gay-Lussac, Joseph Louis [1778–1850], 63
Geiger, Hans [1882–1945], 83–91, 109, 180, 204–207, 211, 212, 215, 222, 226, 231–234, 236, 238, 239, 244, 248, 255, 257, 261, 272, 297, 298, 318, 324, 330, 334, 337, 340, 376, 387, 412, 431, 432, 435, 474
Geissler, Johann Heinrich Wilhelm [1815–1879], 14–16
Geitel, Hans [1855–1923], 37, 38, 87, 295
Gentile, Giovanni [1906–1942], 283
Gentner, Wolfgang [1906–1980], 324, 417, 419, 474
Gerlach, Walther [1889–1979], 140, 172, 348, 419
Germer, Lester Halber [1896–1971], 149
Gibson, William Martin, 465, 466
Giesel, Friedrich Oskar [852–1927], 33, 54
Goeppert-Mayer, Maria, *voir* Mayer, Maria Gertrude *née* Goeppert
Goldhaber, Maurice [1911-], 275, 276, 392, 475, 482, 483
Goldschmidt, Bertrand [1912–2002], 374, 386, 387, 409, 417
Goldstein, Eugen [1850–1930], 16, 17
Goldstone, Jeffrey [1933–], 416, 498
Gordon, Walter [1893–1939], 163
Gordy, Walter [1909–1925], 477
Gossick, Ben Roger [1914–], 434
Goudsmit, Samuel Abraham [1902–1978], 144, 145, 163, 172, 261, 262
Gouy, Louis-Georges [1854–1926], 94
Graaff, Robert Jemison Van de [1901–1967], 310, 311, 320, 429, 430
Greinacher, Heinrich [1880–1974], 236, 237, 308, 431
Grosse, Aristid von [1905–1985], 370, 389, 404, 442
Groves, Leslie Richard [1896–1970], 407–409, 411, 412, 415
Gugelot, Piet Cornelis [1918–], 459
Guggenheimer, Kurt, 288–290, 348, 360, 366, 447, 448, 450
Gurney, Ronald Wilfrid [1898–1953], 255, 257
Guth, Eugen [1905–1990], 444
Guéron, Jules [1907–1990], 417

Haas, Wander Johannes [1878–1960], 225

Haber, Fritz [1868–1934], 207, 347, 391
Hafstad, Lawrence Randolph [1904–1993], 320
Hahn, Otto [1879–1968], 51, 197, 198, 200–205, 207, 334, 340, 347, 370–377, 379–383, 385, 387–389, 392, 394, 397, 404, 413, 419, 420, 440, 463, 500
Halban, Hans von [1908–1964], 375, 386, 391, 394–397, 399, 405, 406, 413
Hale, George Ellery [1868–1938], 421
Hamilton, Sir William Rowan [1805–1965], 114, 128
Hansen, William Webster [1909–1949], 429
Hartree, Douglas Rayner [1897–1958], 290–292
Haxel, Otto [1909–1998], 451, 452
Heilbron, John Lewis [1934–], 108
Heisenberg, Werner Karl [1901–1976], 118, 128, 138, 139, 145, 149–153, 155–157, 162–172, 261, 277–286, 289–292, 302, 319, 322, 335, 348, 352, 353, 356, 357, 364, 366, 419, 420, 477, 491, 493, 500
Heitler, Walter [1904–1981], 250, 251, 280, 348
Helmholtz, Hermann Ludwig Ferdinand von [1821–1894], 19, 105, 107
Henry, Joseph [1797–1878], 14
Hertz, Gustav [1878–1975], 126
Hertz, Heinrich Rudolf [1857–1894], 7, 14, 16, 70, 104, 234
Herzberg, Gerhard [1904–1999], 250, 251, 348
Hess, Viktor Franz [1883–1964], 296, 348, 436
Hevesy, György (Georg) [1885–1966], 329, 330
Heydenburg, Norman Paulson [1908–], 320
Hittorf, Johann Wilhelm [1824–1914], 16
Hofstadter, Robert [1915–1990], 445, 446
Hori, Takeo [1899–1994], 165, 351, 420
Horowitz, Jules [1921–1995], 417, 467
Hund, Friedrich [1896–1997], 173, 292, 293, 419, 448
Huus, Torben, 485, 486

Inoue, Takesi [1921–], 490
Ising, Gustaf Adolf [1883–1960], 312, 313
Ivanenko, Dmitrij Grigor'evič [1904–1994], 251, 277, 278, 283, 335, 352

Jammer, Max [1915–], 121
Jastrow, Robert [1925–], 492, 493
Jeans, Sir James [1877–1946], 106, 114
Jensen, Johannes Hans Daniel [1907–1973], 451–455, 457, 458, 477, 478, 484, 487, 495, 499
Johnson, Montgomery Hunt [1907–], 496
Joliot, Jean Frédéric [1900–1958], 267–272, 275, 276, 278, 283, 286, 287, 303, 304, 318, 322–331, 337, 338, 342, 343, 370, 374, 375, 377, 379, 387, 388, 390, 391, 393–399, 405, 406, 413, 416–418, 463, 499
Joliot-Curie, Frédéric, *voir* Joliot, Jean Frédéric
Joliot-Curie, Irène, *voir* Curie, Irène
Jordan, Pascual [1902–1980], 152, 153, 156, 163, 167
Joule, James Prescott [1818–1889], 13, 18

Kalckar, Fritz [1908–1938], 359, 360
Kalos, Malvin Howard [1928–], 467
Kamerlingh-Onnes, Heike [1853–1926], 114, 225
Kaufmann, Walter [1871–1947], 69
Kekulé von Stradonitz, Friedrich August [1829–1896], 64
Kelvin, Lord (William Thomson) [1824–1907], 13, 19, 40, 49, 50, 74, 362
Kennedy, Joseph William [1916–1957], 407, 441
Kerst, Donald William [1911–1983], 428
Kimura, Kenjiro [1896–1988], 420
Kirchhoff, Gustav Robert [1824–1887], 12, 65, 107
Kirsch, Gerhard [1890–1956], 220, 221
Klaiber, George Stanley [1916–], 475
Kleeman, Richard Daniel [1875–1932], 80–82
Klein, Oskar [1894–1977], 163, 351, 477
Knipping, Paul [1883–1935], 94, 95
Knudsen, Martin [1871–1949], 119, 171, 225
Koch, Herman William [1920–], 474, 475
Kolhörster, Werner [1887–1946], 296, 436
Kossel, Walther Ludwig [1888–1956], 132, 133
Kowarski, Lew [1907–1979], 386, 387, 391, 393–397, 399, 405, 406, 413, 417, 418
Kramers, Hendrik Anton [1894–1952], 167, 171, 210, 212, 477
Kratzer, Adolf [1893–1980], 128
Kronig, Ralph de Laer [1904–1995], 145

Kurlbaum, Ferdinand [1857–1927], 106, 172

Landé, Alfred [1888–1975], 128, 134, 141–144, 172
Lange, Fritz [1899–1987], 307, 349, 392
Langevin, Paul [1872–1946], 54, 114, 147, 148, 164, 171, 179, 190, 216, 225, 268, 269, 288, 321, 398, 417
Laplace, Pierre Simon, marquis de [1749–1827], 20
Laporte, Otto [1902–1971], 128
Larmor, Sir Joseph [1857–1942], 225
Lattes, Cesare Mansueto Giulio [1924–2005], 490
Laue, Max von [1879–1960], 38, 94, 95, 121, 140, 142, 153, 165, 240, 391, 419
Lavoisier, Antoine Laurent de [1743–1794], 61, 62
Lawrence, Ernest Orlando [1901–1958], 313–318, 322, 327, 386, 388, 413–415, 426
Le Levier, Robert Ernest [1923–], 459
Lenard, Philipp Eduard Anton [1862–1947], 16, 19, 38, 70
Lenz, Wilhelm [1888–1957], 128
Lewis, Gilbert Newton [1875–1946], 441
Lie, Marius Sophus [1842–1899], 285
Livingston, Milton Stanley [1905–1986], 314–316, 363
Lockyer, Sir Joseph Norman [1836–1920)], 50
Lodge, Sir Oliver [1851–1940], 234
London, Fritz [1900–1954], 159, 280, 348
Lorentz, Hendrik Anton [1853–1928], 19, 54, 70, 111, 113, 127, 145, 148, 152, 170, 189, 321
Loschmidt, Johann Joseph [1821–1895], 65
Lummer, Otto [1860–1925], 106, 172

Madansky, Leon [1923–2000], 431
Majorana, Ettore [1906–1938], 172, 261, 277, 282–286, 291, 322, 334, 366, 492
Marbo, Camille (Marguerite Borel, *née* Berthe Élisabeth Marguerite Appell) [1883–1969], 398
Marconi, Guglielmo [1874–1937], 234, 235
Marsden, Ernest [1889–1970], 89, 90, 180, 216, 217, 226, 232
Marshak, Robert Eugene [1916–1992], 490
Marx, Erwin [1893–1980], 307
Mattauch, Josef [1895–1976], 365
Mauchly, John William [1907–1980], 461

Index

Maupertuis, Pierre Louis Moreau de [1698–1759], 109
Maxwell, James Clerk [1831–1879], 7, 13, 14, 19, 20, 65, 97, 103, 234
May, Andrew Jackson [1875–1959], 411
Mayer, Alfred [1836–1897], 74
Mayer, James Walter [1930–], 434
Mayer, Joseph Edward [1904–1983], 449
Mayer, Julius Robert [1814–1878], 13
Mayer, Maria Gertrude, née Goeppert [1906–1972], 442, 449–455, 457, 458, 477, 478, 484, 487, 495
McCarthy, Joseph Raymond [1908–1957], 415
McKay, Kenneth Gardiner [1917–], 434
McMahon, Brien [1903–1952], 412
McMillan, Edwin Mattison [1907–1991], 406, 407, 427, 429, 440–443, 457
Meitner, Lise [1878–1968], 197–210, 212, 214, 259, 261, 304, 323, 334, 340, 347, 348, 370–377, 379–385, 388, 389, 397, 404, 413, 440, 476, 500
Mendeleev, Dmitrij Ivanovič [1834–1907], 18, 44, 96, 119, 133, 134, 141, 184, 192, 226, 287, 370, 371, 377, 439–441, 443
Messiah, Albert Moïse Louis [1921–], 418, 467
Meyer, Julius Lothar [1830–1895], 18
Meyer, Stefan [1872–1949], 33, 44, 199, 220, 221
Michelson, Albert Abraham [1852–1931], 127
Millikan, Robert Andrews [1868–1953], 71, 111, 112, 172, 225, 250, 261, 296, 299, 334
Moon, Philip Burton [1907–1994], 408
Morse, Samuel Finley Breese [1791–1872], 234
Moseley, Henry Gwyn Jeffreys [1887–1915], 95–97, 192, 215, 226, 229, 388
Mott, Sir Nevill Francis [1905–1996], 433, 444
Mottelson, Ben Roy [1926–], 481–486, 495, 499
Mouton, Henri [1869–1935], 269
Murphy, George Moseley [1905–1968], 264, 265
Møller, Christian [1904–1980], 439
Müller, Walter [1905–1979], 231, 233, 234, 238, 297, 298, 318, 324, 330, 334, 337, 340, 431, 435

Nagaoka, Hantaro [1865–1950], 73, 74, 92, 351, 420

Nahmias, Maurice Élie [1908–], 318, 386
Neddermeyer, Seth Henry [1907–1988], 354, 489
Neidigh, Rodger V., 459
Nernst, Hermann Walther [1864–1941], 113–115, 165, 207, 210, 391
Neumann, John (János) von [1903–1957], 285, 348, 385, 461
Newton, Sir Isaac [1642-1727], 12, 97, 103, 104, 111, 150, 152, 362
Nier, Alfred Otto Carl [1911–1994], 365, 404
Nilsson, Sven Gösta [1927–1979], 485
Nishina, Yoshio [1890–1951], 351, 420, 477
Nobel, Alfred Bernhard [1833–1896], 53
Noddack, Ida Eva, née Tacke [1896–1979], 372, 388
Noddack, Walter Carl Friedrich [1893–1960], 383
Nollet, abbé Jean Antoine [1700–1770], 62
Nordheim, Lothar Wolfgang [1899–1985], 348, 455
Nuttall, John Mitchell [1890–1958], 248, 255, 257

Occhialini, Giuseppe Paolo Stanislao [1907–1993], 297, 298, 303, 490
Oliphant, Marcus Laurence Elwin [1901–2000], 361, 403, 404, 427
Oppenheimer, Julius Robert [1904–1967], 250, 301, 302, 364, 407, 408, 412, 415, 458

Pais, Abraham [1918–2000], v, 77, 173, 174, 208, 210
Paneth, Friedrich Adolf [1887–1958], 329, 330
Paschen, Friedrich [1865–1947], 105, 125, 172
Pasteur, Louis [1822–1895], 20
Pauli, Wolfgang [1900–1958], 128, 137–139, 142–145, 149, 150, 153, 157, 160, 161, 163, 165, 168, 170–172, 190, 191, 195, 210, 212, 213, 250, 261, 280, 285, 287–289, 291, 292, 300, 302, 303, 322, 323, 327, 334, 338, 352, 364, 367, 404, 447, 449, 453, 477, 493, 496, 498, 499
Peaslee, David Chase [1922–1972], 465
Pegram, George Braxton [1876–1958], 343
Peierls, Rudolf [1907–1995], 348, 404–408, 416, 466, 492

Perrin, Francis Henri Jean Siegfried [1901–1992], 277, 322, 397–399, 417
Perrin, Henriette, née Duportal [1869–1938], 269
Perrin, Jean [1870–1942], 16, 54, 65–67, 72, 73, 75, 92, 101, 114, 148, 192, 216, 222, 223, 225, 245, 261, 269, 321, 386, 387, 398, 399, 417
Persico, Enrico [1900–1969], 261, 333
Petit, Alexis Thérèse [1791–1820], 112
Pettersson, Hans [1888–1966], 220, 221
Philipp, Kurt, 304
Pickering, Edward Charles [1846–1919], 122, 125
Pierce, John Robinson [1910–2002], 434
Placzek, George [1905–1955], 348, 368, 385, 408, 464
Planck, Max Karl Ernst Ludwig [1858–1947], 19, 38, 66, 86, 102, 107–114, 118, 120–122, 125, 129–131, 135, 138, 141, 142, 148, 154, 158, 159, 164, 165, 167, 169–172, 198, 199, 203, 207, 211, 357, 391, 419
Plücker, Julius [1801–1868], 16
Poincaré, Jules Henri [1854–1912], 4, 5, 20, 56, 113–115, 358, 398
Pollard, Ernest Charles [1906–1997], 365
Pontecorvo, Bruno [1913–1993], 340, 343, 349, 375
Popov, Aleksandr Stepanovič [1859–1906], 234
Powell, Cecil Frank [1903–1969], 490, 491
Price, Derek John de Solla [1922–1983], 420
Pringsheim, Ernst [1859–1917], 106, 172
Proca, Alexandre [1897–1955], 260, 417
Proust, Joseph Louis [1754–1826], 63
Prout, William [1785–1850], 63, 64, 188
Pryce, Maurice Henry Lecorney [1913–2003], 416

Rainwater, Leo James [1917–1986], 477–479, 487
Ramsay, Sir William [1852–1916], 19, 44, 50, 182, 197
Rasetti, Franco [1901–2001], 160, 250, 251, 261, 265, 282, 327, 334, 340, 342, 343, 349
Rayleigh, Lord (John William Strutt) [1842–1919], 18, 19, 44, 50, 90, 106
Regaud, Claudius [1870–1940], 215
Regener, Erich [1881–1955], 87, 88
Reines, Frederick [1918–1998], 336
Reinganum, Max [1876–1914], 436

Richardson, Sir Owen Williams [1879–1959], 171, 225
Richter, Jeremias Benjamin [1762–1807], 63
Riezler, Wolfgang [1905–1962], 129
Robson, John Michael [1920–2000], 443
Rohrlich, Fritz [1921–], 459
Roosevelt, Franklin Delano [1882–1945], 404, 406–408, 419
Rosanes, Jakob [1842–1922], 138
Rose, Morris Edgar [1911–], 444
Rosenblum, Salomon [1896–1959], 258–260, 431
Rosenfeld, Léon [1904–1974], 385
Rossi, Bruno Benedetti [1905–1994], 238, 239, 297, 324
Rostand, Jean [1894–1977], 469
Rotblat, Joseph [1908–2005], 465, 466
Rubens, Heinrich [1865–1922], 106, 107, 114, 165, 172, 198–200
Rutherford, Lord Ernest [1871–1937], 11, 19, 31–36, 38, 39, 41–51, 54–56, 75, 81–92, 95, 97, 101, 109, 114, 117–120, 122, 123, 179, 180, 182, 188, 195–198, 202, 204, 205, 208, 213–223, 225–229, 232, 236, 237, 240, 243–245, 247–249, 251, 257, 260, 264, 265, 267, 268, 272, 296, 298, 305, 306, 308–310, 312, 321, 327, 329, 334, 337, 338, 361, 362, 365, 392–394, 444, 463, 476
Rydberg, Johannes Robert [1854–1919], 71, 73, 96, 121, 122, 141
Röntgen, Wilhelm Conrad [1845–1923], 4, 5, 7–9, 15, 54, 434
Rühmkorff, Heinrich Daniel [1803–1874], 8, 15, 16

Sachs, Alexander, 404
Sagnac, Georges [1869–1928], 75, 76
Sakata, Shoichi [1911–1970], 490
Sargent, B. W., 336
Savić, Pavle [1903–1994], 375, 377, 380, 382, 387
Saxon, David Stephen [1920–], 459–461
Scharff-Goldhaber, Gertrude [1911–1998], 483
Schenkel, Moritz, 308
Schmidt, Gerhard Carl [1865–1949], 26
Schmidt, Theodor [1908–1986], 367, 454, 455, 476
Schottky, Walter [1886–1976], 433
Schrödinger, Erwin [1887–1961], 153–157, 162, 163, 167, 170, 172, 210, 290, 322, 349, 391, 458, 460, 500
Schuster, Arthur [1851–1934], 51
Schwarzschild, Karl [1873–1916], 130

Schweidler, Egon Ritter von [1873–1948], 33, 44
Schüler, Hermann [1894–1964], 367, 476
Seaborg, Glenn Theodore [1912–1999], 407, 441–443, 487
Segrè, Emilio [1905–1989], 282, 283, 333, 334, 338, 342, 343, 345, 349, 383, 440
Serber, Robert [1909–1997], 457–459, 464, 465
Shockley, William Bradford [1910–1989], 434
Siegbahn, Karl Manne Georg [1886–1978], 225, 379
Skobel'cyn, Dmitrij [1912–1992], 297, 298
Skłodowska, Marya, *voir* Curie, Marie
Slater, John Clarke [1900–1976], 210, 212
Slepian, Joseph [1891–1969], 432
Sloan, David, 314, 315, 429
Snell, Arthur Hawley, 443
Soddy, Frederick [1877–1956], 38, 39, 41–47, 49, 50, 182–184, 187, 196, 198, 202, 329, 361, 370, 392
Solvay, Ernest [1858–1922], 113
Sommerfeld, Arnold [1868–1951], 94, 114, 125, 127–130, 132, 134, 138, 140–143, 148–151, 172, 210, 291, 364, 404
Stark, Johannes [1874–1957], 127
Stas, Jean Servais [1813–1891], 64
Stefan, Joseph [1835-1893], 104
Stern, Otto [1888–1969], 138–140, 145, 172, 334, 348
Stevenson, Edward Carl [1907–2002], 354
Stimson, Henry Lewis [1867–1950], 407
Stoney, George Johnstone [1826–1911], 17
Strassmann, Fritz [1902–1980], 373, 374, 376, 380, 381, 383, 385, 388, 389, 392, 394, 397, 404, 413, 419, 440, 463
Strauss, Lewis Lichtenstein [1896–1974], 415
Street, Jabez Curry [1906–1989], 354
Strutt, John William, Baron Rayleigh, *voir* Rayleigh
Suess, Hans Eduard [1909–1993], 451, 452
Sunyar, Andrew W. [1920–1986], 482, 483
Szilard, Leo [1898–1964], 343, 348, 391–397, 404, 406, 408, 411, 412, 415

Tacke, Ida Eva, *voir* Noddack, Ida Eva

Tamm, Igor' Evgenievič [1895–1971], 352
Tanikawa, Yasukata [1916–], 490
Teller, Edward [1908–2003], 349, 404, 414, 415, 475, 490, 496
Ter-Martirosjan, Karen Avetovič [1922–], 485
Thibaud, Jean [1901–1960], 241
Thomas, Llewellyn Hilleth [1903–1992], 282
Thomson, Sir George Paget [1892–1975], 149, 403
Thomson, Sir Joseph John [1856–1940], 16, 17, 19, 29, 31, 32, 34, 49, 69, 71, 72, 74–77, 80, 90, 91, 117–120, 122, 127, 133, 179, 184–187, 189, 215, 242
Thomson, Sylvanus Phillips [1851–1916], 9
Thomson, William, *voir* Kelvin, Lord
Tobocman, William [1926–], 467
Tomonaga, Sin-itiro [1906–1979], 420
Townsend, Sir John Sealy Edward [1868–1957], 84, 85, 321
Trabacchi, Giulio Cesare, 337
Trocheris, Michel [1921–], 417
Truman, Harry S. [1884–1972], 408
Trump, John George [1907–1985], 430
Turing, Alan Mathison [1912–1954], 461
Tuve, Merle Antony [1901–1982], 307, 311, 313, 320

Uhlenbeck, George Eugene [1900–1988], 144, 145, 163, 172
Urey, Harold Clayton [1893–1981], 264, 265, 449

Van Atta, Lester Clare [1905–1994], 311
Veksler, Vladimir Josifovič [1907–1965], 427
Verne, Jules [1828–1905], 21
Villard, Paul [1860–1934], 38

Wahl, Arthur Charles [1917–], 407, 441
Walton, Ernest Thomas Sinton [1903–1995], 308–312, 316
Watson, Kenneth Marshall [1921–], 467
Weinberg, Alvin Martin [1915–], 413
Weiss, Pierre [1865–1940], 225
Weisskopf, Victor Frederick [1908–2002], 349, 452, 453, 465, 485, 490, 495, 496, 498, 499
Weizsäcker, Carl Friedrich von [1912–], 365, 366, 374, 420, 454
Wells, Herbert George [1866–1946], 393, 394, 397
Wells, William H., 320
Wentzel, Gregor [1898–1978], 128
Wheeler, John Archibald [1911–], 385, 389, 390, 476

Wick, Gian Carlo [1909–1992], 353
Wideröe, Rolf [1902–1996], 312, 313, 315, 428, 429
Wiechert, Emil [1861–1928], 69
Wiegand, Clyde Edward [1915–1996], 492
Wien, Wilhelm [1864–1928], 17, 19, 105–107, 114, 150, 189
Wigner, Eugene Paul (Jenö Pal) [1902–1995], 285, 286, 290–292, 319, 322, 348, 356, 357, 360, 366, 368, 385, 394, 404, 412, 448–451, 487
Wilson, Alan Herries [1906–1995], 433
Wilson, Charles Thomas Rees [1869–1959], 19, 165, 167, 168, 171, 223, 231, 238, 241–244, 271, 295–299, 303, 310, 320–322, 334, 354, 370, 387, 412, 436
Winther, Aage [1926–], 485, 486
Woods, Roger David [1924–], 459–461

Yukawa, Hideki [1907–1981], 352–355, 366, 420, 489, 490
Yvon, Jacques [1903–1979], 417

Zeeman, Pieter [1865–1943], 15, 54, 70, 127, 131, 133, 139, 142, 145, 225, 261, 334, 351
Zinn, Walter Henry [1906–2000], 394, 396, 397
Zupančič, Črtomir, 485
Zworykin, Vladimir Kosma [1889–1982], 432

Table des matières

Avant-propos   v

I   La Radioactivité, premières énigmes   1

1   Henri Becquerel : les « rayons uraniques »   3
La découverte 4
Vous avez dit phosphorescence ? 6
Quelle est la nature de ces radiations ? 7
Un impact scientifique et public limité 8
Une découverte « par hasard » ? 9

2   La physique à la fin du XIXe siècle   11
Une promenade à grandes enjambées 12
     Optique et spectroscopie 12
     Thermodynamique 12
     Électricité, magnétisme, électromagnétisme 13
     Quelques avancées techniques cruciales 14
     Décharges électriques dans les gaz, rayons cathodiques,
         l'électron 15

      « Rayons canaux », ou rayons d'électricité positive 17
      Lothar Meyer et Dmitrij Mendeleev : le tableau périodique
          des éléments 18
   Une organisation de la Recherche en pleine évolution 18
   L'arrière-plan politique, industriel et social : espoirs et inquiétudes 20

3 Le polonium et le radium 23
   Marya Skłodowska 23
   Pierre Curie 24
   Le polonium et le radium : Pierre et Marie Curie inventent la ra-
       diochimie 25
   Énigmes 28

4 L'émanation du thorium 31
   Ernest Rutherford 31
   Rutherford aborde la radioactivité : rayons α et β 33
   Les rayons β sont des électrons 33
   Rutherford à Montréal : l'émanation du thorium, la décroissance
       exponentielle 34
   Radioactivité « induite », radioactivité « provoquée » 35
   Elster et Geitel : la radioactivité de l'air et de la terre 37
   Une troisième sorte de rayons : les rayons γ 38
   L'émanation du thorium est un gaz de la famille de l'argon 38
   Tout se complique : la multiplication des « X » 39
   « Une énigme, un sujet d'étonnement profond » 40

5 L'écheveau démêlé 41
   Les rayons α revisités 43
   La radioactivité est une désintégration atomique 44
   L'écheveau démêlé : les familles radioactives 45
   D'où provient l'énergie de la radioactivité ? l'hypothèse de Rutherford 46
   La preuve concrète de la transmutation 49
   La radioactivité établie. Les familles radioactives 50

6 Consécrations, deuils : la fin d'une époque 53
   1903 : le prix Nobel pour Henri Becquerel, Pierre et Marie Curie . 54
   La mort de Pierre Curie 56
   1908 : Le prix Nobel de chimie pour Rutherford 56
   La mort d'Henri Becquerel 56

II Un noyau au cœur de l'atome 59

1 Préhistoire de l'atome 61
   Au XVIIIe siècle : l'abbé Nollet 62
   Au début du XIXe siècle : John Dalton, William Prout,
       Gay-Lussac, Avogadro, Ampère 62
   Mais les atomes existent-ils réellement ? 64
   1865 : Loschmidt estime la taille des molécules de l'air 65

Table des matières 589

    Les spectres de raies, premiers témoins de la structure interne des atomes 65
    Jean Perrin, avocat de la réalité des atomes 65

2 1897 : les électrons sont dans l'atome   **69**
    L'atome selon Philipp Lenard : les « dynamides » 70
    Tentatives « numérologiques » pour décrire les spectres de raies : Balmer, Rydberg 70
    Premier modèle de J. J. Thomson : un atome entièrement fait d'électrons 71
    Une spéculation de Jean Perrin : l'atome comme système solaire en miniature 72
    Un atome « saturnien » : Hantaro Nagaoka 73
    L'atome « plum pudding » de J. J. Thomson 74
    Charles Barkla mesure le nombre d'électrons de l'atome 75

3 La « diffusion » des particules α permet de voir un noyau dans l'atome   **79**
    William Henry Bragg : le freinage des particules α dans la matière 80
    La « diffusion » des particules α 81
    La nature de la particule α, une question en suspens 83
    Le premier compteur « Geiger » 83
    La nature de la particule α 86
    Une autre méthode de comptage : les scintillations 86
    Retour sur la diffusion des particules α 88
    Les expériences de Geiger et Marsden 89
    Les grandes déviations sont-elles dues à de multiples petites déviations ? 90
    Rutherford invente le noyau 90

4 Dernière touche : Moseley mesure la charge du noyau   **93**
    Barkla crée la spectroscopie X 93
    La diffraction des rayons X : Max von Laue, William Henry et William Lawrence Bragg 94
    Henry Moseley mesure la charge des noyaux 95
    Paradoxe 97

III Mécanique quantique, le passage obligé   99

1 Bifurcation   **101**

2 Débuts improbables   **103**
    Un problème qui résiste 104
    1900 : Max Planck invente le « quantum d'action » 107
    Le quantum d'action 109
    Einstein et les quanta de lumière 109
    La chaleur spécifique des solides 112
    Le premier Conseil Solvay et la théorie des quanta 113

3 Niels Bohr : les quanta sont dans l'atome — 117
Bohr introduit les quanta dans la théorie atomique 118
« Sur la constitution des atomes et des molécules » 120
Les deux autres articles de la « trilogie » de 1913 122

4 1913-1923 : victoires et déboires — 125
Confirmation : l'expérience de Franck et Hertz 126
La multiplication des raies : effets Zeeman et Stark 126
Arnold Sommerfeld : orbites elliptiques, nouveaux nombres quantiques 127
Les corrections relativistes et la *constante de structure fine* 128
Un canular ! 129
Nouvelle intervention d'Einstein : l'interaction rayonnement-matière 129
Une victoire de la théorie des quanta : l'effet Stark 130
Le « principe de correspondance » 131
Bohr et le tableau de Mendeleev 132
Le cas des terres rares 134
1918, 1921 et 1922 : trois prix Nobel pour les quanta 135

5 1925 : le principe de Pauli, le spin — 137
Wolfgang Pauli 137
Max Born 138
L'expérience de Stern et Gerlach 140
L'effet Compton 141
Une explication étrange de l'effet Zeeman 141
Le principe d'exclusion de Pauli 142
Le « spin » de l'électron 144

6 La mécanique quantique — 147
Louis de Broglie 147
Heisenberg et la mécanique des matrices 149
Une physique d'un type nouveau 152
Pauli applique la nouvelle mécanique quantique au spectre de l'hydrogène 153
L'équation de Schrödinger 153
Heisenberg et Schrödinger, bonnet blanc et blanc bonnet 155
L'interprétation probabiliste de Max Born et l'abandon du déterminisme 155
Les matrices de Pauli 157
Des particules indiscernables : la « statistique » de Bose-Einstein . 158
Enrico Fermi : une nouvelle « statistique » 159
Paul Adrien Maurice Dirac 161
« Bosons » et « fermions » 164
Les « relations d'incertitude » de Heisenberg 165
Consécrations 170
Cinquième Conseil Solvay : le point sur la nouvelle mécanique . . 170
Langue allemande, langue de la mécanique quantique 172
Une bibliographie succincte 173

Table des matières

IV   Une enfance discrète — 177

1   Le noyau de l'atome en 1913 — 179

**2   La découverte des isotopes
et la mesure des masses des noyaux** — 181
Frederick Soddy 182
Les isotopes 182
La première méthode physique de mesure des masses des atomes . 184
Francis Aston : le premier « spectromètre de masse » 185
La loi des nombres entiers et la vieille hypothèse de Prout 187
L'exception de l'hydrogène 188
Le prix Nobel pour la règle des nombres entiers 191
De nouveaux spectromètres de masse 192
La connaissance des masses des noyaux en 1932. L'énergie de liaison des noyaux 192

3   Une enquête à rebondissements : la radioactivité β — 195
Lise Meitner 198
Hahn et Meitner et la radioactivité β 200
Le premier « spectromètre β » 201
Le *Kaiser Wilhelm Institut* 203
Des nuages s'amoncellent 203
James Chadwick : un spectre continu ! 204
Un spectre continu, vraiment ? 206
À Berlin, la guerre 207
Lise Meitner reprend l'étude de la radioactivité β 208
L'expérience décisive de Charles Ellis 209
Scandale : l'énergie ne serait pas conservée ! 210
Geiger et Bothe : une expérience de « coïncidences » 211
L'idée de Wolfgang Pauli 212
Mais alors pourquoi toutes ces raies ?
   la clé du mystère 213

4   Premières réactions nucléaires — 215
La première réaction nucléaire 216
Sir Ernest Rutherford, *Cavendish Professor of Physics* 218
Nouvelles réactions nucléaires 219
Une polémique entre Vienne et Cambridge 220
Comment se passent ces transmutations ? 222

5   Le noyau en 1920 selon Rutherford — 225
Dimensions du noyau 226
La constitution du noyau et des isotopes 227
Rutherford visionnaire : le neutron 227
Chadwick à la recherche de nouvelles forces 228

6 L'essor des moyens expérimentaux 231
Fin de la méthode des scintillations 232
Le compteur à pointe 232
Le compteur Geiger-Müller 233
Une digression : naissance et développement de la T. S. F. 234
La chambre à ionisation à amplification électronique 236
Le développement des mesures « en coïncidence » 238
La mesure de l'énergie du rayonnement γ 240
    Mesures d'absorption 240
    Diffraction sur des cristaux 240
    L'effet photoélectrique 241
    Les électrons de conversion 241
Un détecteur à nul autre pareil : la chambre à brouillard de
C. T. R. Wilson 241
    Charles Thomas Rees Wilson et les nuages 241
    Un détecteur hors du commun 243
    L'effet Compton vu dans la chambre à brouillard 244
    Voir une réaction nucléaire 244

7 Le noyau de l'atome en 1930 247
Des certitudes, et un casse-tête 249
    Une évidence. 249
    . . . et une énigme : le noyau d'azote 14 249
    Faut-il envisager une solution radicale ? 251
Au début de 1932 : toujours l'énigme 251

V 1930-1940 : un développement fulgurant 253

1 Le noyau, nouvelle frontière 255
La mécanique quantique dans le noyau 255
    George Gamow 255
Salomon Rosenblum et la structure fine de la radioactivité α . . . 258
1931 : premier congrès international de physique nucléaire 260
    Goudsmit et le moment magnétique des noyaux 261
    Walther Bothe : le mystère du rayonnement pénétrant . . . 262
    Georges Gamow : le noyau comme une goutte liquide . . . 262
Découverte d'un isotope exceptionnel : le deuton 264
    Bataille pour un nom 265
    Le spin du deuton 265

2 La découverte du neutron 267
Frédéric et Irène Joliot-Curie 268
Une projection de protons 270
Le neutron dévoilé 271
La question de la masse du neutron 273

Table des matières

3 La théorie du noyau après la découverte du neutron   277
    Werner Heisenberg 278
        L'interaction d'« échange » de Heisenberg 279
        Le neutron, particule « élémentaire » : un argument de plus . 281
        Neutrons et protons se repoussent-ils à très courte distance? . 281
    Ettore Majorana 282
    Eugene P. Wigner 285
    Les protons et neutrons sont-ils disposés en couches dans le noyau,
    comme les électrons dans l'atome? 286
        Avant la découverte du neutron : William Harkins 286
        James Bartlett 287
        Walter Elsasser et Kurt Guggenheimer 287
        Heisenberg et la méthode de Hartree 290
        Wigner et Feenberg, la méthode de Hartree-Fock 291
        Friedrich Hund 292
        Le modèle des couches, une idée d'avenir? 293

4 Une nouvelle particule : le positon   295
    Les rayons cosmiques 295
    Blackett et Occhialini 297
    Carl Anderson découvre l'électron positif 299
    L'électron positif d'Anderson et celui de Dirac 300
    Irène et Frédéric Joliot-Curie 303

5 Naissance des accélérateurs de particules   305
    L'accélération directe, une course aux hautes tensions 306
        La foudre, le générateur à impulsion 307
        La bobine de Tesla 307
        John Cockcroft et Ernest Walton : la première réaction nu-
        cléaire provoquée avec un accélérateur 308
        Robert van de Graaff 310
    Accélérer en plusieurs fois 311
        Gustaf Ising 311
        Rolf Wideröe 312
        Une idée d'Ernest O. Lawrence 312
        David Sloan : un accélérateur linéaire pour ions lourds 315
        Stanley Livingston : le cyclotron 315

6 L'indépendance de charge de la force nucléaire   319

7 La découverte de la radioactivité artificielle   321
    Les Joliot-Curie après le Conseil Solvay 323
    « Un nouveau type de radioactivité » 324
    La preuve chimique 326
    Comme une traînée de poudre 327
    L'importance de la découverte 328
    De nouvelles perspectives pour les indicateurs radioactifs 329
    En marge de la découverte, la mort de Marie Curie 330

Les prix Nobel 1935 : Chadwick et les Joliot-Curie 331

8 L'École de Rome 333
La théorie de la radioactivité β 334
La physique des neutrons à Rome 337
    Des radioéléments par dizaines 337
    Des transuraniens? 339
Les neutrons « lents » 340
Une nouvelle branche de la physique nucléaire 342
Les résonances 343
Le prix Nobel pour Fermi et la disparition de l'équipe de Rome . . 344

9 Le grand exode des savants juifs sous le nazisme 347

10 Foisonnement théorique : Yukawa, Breit et Wigner, Bohr 351
Hideki Yukawa 352
    La théorie de Yukawa 352
    Est-il possible d'observer ce « quantum hypothétique »? . . . 354
    Les forces fondamentales de la nature 354
    Le nom de la bête 355
Premières théories des réactions nucléaires 355
    Breit et Wigner 356
    Niels Bohr et la théorie des réactions nucléaires 357
La structure du noyau selon Bohr en 1937 359

11 Mort d'un géant : Ernest Rutherford 361

12 Hans Bethe fait le point en 1936-1937 363
Hans Albrecht Bethe 364
La structure des noyaux 364
    Taille des noyaux 364
    Masse et énergie de liaison : la formule de Weizsäcker 365
    Forces nucléaires 366
    Structure du noyau 366
    Les moments angulaires ou *spins* des noyaux 367
    Les moments magnétiques des noyaux 367
    Certains noyaux sont-ils déformés?
        les « moments quadrupolaires » 367
Les réactions nucléaires 368

13 La fission de l'uranium 369
Une découverte *molle* : les « transuraniens » 369
Des « transuraniens » à la pelle 372
À l'Institut du Radium 374
Lise Meitner fuit l'Allemagne nazie 379
Otto Hahn et Fritz Strassmann se remettent au travail 379
Des résultats de plus en plus déconcertants 381
Le mot de l'énigme 383
La nouvelle se répand aux États-Unis 385

Table des matières

Confirmations 386
Niels Bohr : la théorie de la fission, l'uranium 235 389
La multiplication des neutrons 390
Leo Szilard 391
La réaction en chaîne est-elle possible ? 392
Dernières publications avant le début de la guerre 395
Francis Perrin et la masse critique 398
Les brevets français 399

VI Les bouleversements de la guerre — 401

1 Une chronologie — 403

2 Après la guerre, le nouveau visage de la physique — 411
La physique à grande échelle, dite *big science* 412
Un travail en équipe 413
Les enjeux politiques et militaires, la bombe H 414
Suprématie américaine 415
Europe et Japon après la guerre 416
    La Grande Bretagne 416
    La France 416
    L'Allemagne 418
    Le Japon 420
La *big science* est-elle vraiment l'enfant de la guerre ? 420

VII Le temps de la maturité — 423

1 Les nouveaux moyens expérimentaux — 425
Nouveaux accélérateurs, envolée des énergies 426
    Le synchro-cyclotron 426
    Le synchrotron à protons 427
    L'accélération des électrons 428
    Les accélérateurs électrostatiques 429
Nouveaux détecteurs, nouveaux appareils de mesure 431
    Le compteur à étincelles et à plaques parallèles 431
    Le retour des scintillations
        par la grâce du *photomultiplicateur* 432
    L'invention du transistor et de la *jonction p-n* 433
    Présence grandissante de l'électronique 435
    Un cas à part : les émulsions photographiques 436

2 Les données s'accumulent — 439
Les articles de Bethe 439
Les véritables transuraniens 440
    Le neptunium 440
    Le plutonium 441

	Les actinides	442
	L'espérance de vie du neutron	443
	La diffusion des électrons et la distribution de la charge dans le noyau	444
3	**La structure « en couches » du noyau**	**447**
	Un modèle à particules quasi-indépendantes?	448
	Wigner et Feenberg: symétries et supermultiplets	448
	Les arguments de Maria Goeppert Mayer	449
	L'interaction spin-orbite	451
	Johannes Hans Daniel Jensen	451
	Un modèle paradoxal	452
4	**Le modèle optique**	**457**
	Le noyau comme boule de cristal semi-opaque	458
	Tentatives « optiques »	459
	Le potentiel « optique » de Woods et Saxon	459
	L'ordinateur, instrument décisif	461
5	**Les réactions nucléaires *directes***	**463**
	Le « stripping » du deuton	464
	À Berkeley: comment « déshabiller » le deuton	464
	Birmingham: les distributions angulaires, Stuart Butler . . .	465
	Succès et développement de la théorie de Butler	466
	La DWBA et l'ordinateur, une union indissoluble	468
	Réactions directes, réactions par formation de noyau composé . . .	470
6	**Un comportement collectif**	**473**
	Réactions photonucléaires	473
	Les résonances géantes	475
	Les noyaux sont-ils tous sphériques?	476
	Un témoin de la déformation: le moment quadrupolaire	476
	James Rainwater et Aage Bohr	477
	Aage Bohr, du paradoxe à l'unification	478
7	**Aage Bohr et Ben Mottelson: un modèle unifié du noyau**	**481**
	Ben Mottelson	481
	Nouvelles données, nouvelles confirmations	482
	Bohr et Mottelson, ou la clé des spectres nucléaires	483
	Une spectroscopie nucléaire	485
	Les « orbites de Nilsson »	485
	L'excitation coulombienne	485
	La véritable naissance de la spectroscopie nucléaire	486
	Couronnements	487
8	**La force nucléaire**	**489**
	La découverte du méson π	490
	Le méson π^0 complète le trio des *pions*	491
	Le cœur dur	491

9 La matière nucléaire — 495
Le défi 495
Keith Brueckner, Jeffrey Goldstone, Hans Bethe et quelques autres 496
Des bases enfin solides 498
L'objection de Niels Bohr est-elle oubliée? 498
Trois conférences internationales 499
Fin d'une époque 499

Suspension 501

Notes 505

Bibliographie des ouvrages cités 549

Glossaire 557

Index 578

Tableau périodique des éléments ou tableau de Mendeleev

Dans ce tableau les éléments sont rangés, de la gauche vers la droite et de haut en bas, par ordre de numéro *atomique*, qui apparaît en haut de chaque case : c'est le nombre de protons du noyau et le nombre des électrons de l'atome. Dans chaque case on peut lire successivement, sous le numéro atomique : le symbole de l'élément, son nom complet et la masse atomique, qui est la moyenne des masses des différents isotopes éventuels, pondérée par leurs abondances respectives. L'observation originale de Mendeleev est que les éléments d'une même colonne ont des propriétés chimiques proches.

1	2	3	4	5	6	7	8	9	10	11	12	13	14	15	16	17	18
1 H hydrogène 1,00794																	2 He hélium 4,003
3 Li lithium 6,941	4 Be béryllium 9,012182											5 B bore 10,811	6 C carbone 12,0107	7 N azote 14,00674	8 O oxygène 15,9994	9 F fluor 18,99840	10 Ne néon 20,1797
11 Na sodium 22,98977	12 Mg magnésium 24,3050											13 Al aluminium 26,981538	14 Si silicium 28,0855	15 P phosphore 30,973761	16 S soufre 32,066	17 Cl chlore 35,4527	18 Ar argon 39,948
19 K potassium 39,0983	20 Ca calcium 40,078	21 Sc scandium 44,9559	22 Ti titane 47,867	23 V vanadium 50,9415	24 Cr chrome 51,9961	25 Mn manganèse 54,938049	26 Fe fer 55,845	27 Co cobalt 58,9332	28 Ni nickel 58,6934	29 Cu cuivre 63,546	30 Zn zinc 65,39	31 Ga gallium 69,723	32 Ge germanium 72,61	33 As arsenic 74,9216	34 Se sélénium 78,96	35 Br brome 79,904	36 Kr krypton 83,80
37 Rb rubidium 85,4678	38 Sr strontium 87,62	39 Y yttrium 88,90585	40 Zr zirconium 91,224	41 Nb niobium 92,90638	42 Mo molybdène 95,94	43 Tc technecium (98)	44 Ru ruthenium 101,07	45 Rh rhodium 102,9055	46 Pd palladium 106,42	47 Ag argent 107,8682	48 Cd cadmium 112,411	49 In indium 114,818	50 Sn étain 118,710	51 Sb antimoine 121,760	52 Te tellure 127,60	53 I iode 126,90447	54 Xe xénon 131,29
55 Cs césium 132,90545	56 Ba baryum 137,327	57 La lanthane 138,9055	72 Hf hafnium 178,49	73 Ta tantale 180,9479	74 W tungstène 183,84	75 Re rhénium 186,207	76 Os osmium 190,23	77 Ir iridium 192,217	78 Pt platine 195,078	79 Au or 196,96655	80 Hg mercure 200,59	81 Tl thallium 204,3833	82 Pb plomb 207,2	83 Bi bismuth 208,98038	84 Po polonium (209)	85 At astate (210)	86 Rn radon (222)
87 Fr francium (223)	88 Ra radium (226)	89 Ac actinium (227)	104 Rf rutherfordium (261)	105 Ha dubnium (262)	106 Sg seaborgium (263)	107 Ns bohrium (262)	108 Hs hassium (265)	109 Mt meitnerium (266)	110 (269)	111 (272)	112 (277)	113	114				

Lanthanides (tous dans la case du lanthane, numéro atomique 57)

58 Ce cérium 140,116	59 Pr praséodyme 140,90765	60 Nd néodyme 144,24	61 Pm prométhium (145)	62 Sm samarium 150,36	63 Eu europium 151,964	64 Gd gadolinium 157,25	65 Tb terbium 158,92534	66 Dy dysprosium 162,50	67 Ho holmium 164,93032	68 Er erbium 167,26	69 Tm thulium 168,93421	70 Yb ytterbium 173,04	71 Lu lutecium 174,967

Actinides (tous dans la case de l'actinium, numéro atomique 89)

90 Th thorium 232,0381	91 Pa protactinium 231,03588	92 U uranium 238,0289	93 Np neptunium (237)	94 Pu plutonium (244)	95 Am américium (243)	96 Cm curium (247)	97 Bk berkelium (247)	98 Cf californium (251)	99 Es einsteinium (252)	100 Fm fermium (257)	101 Md mendelevium (258)	102 No nobelium (259)	103 Lr lawrencium (262)